ORNITHOLOGIE

EUROPÉENNE

II

CORBEIL. TYP. ET STÉR. DE CRÉTÉ.

ORNITHOLOGIE

EUROPÉENNE

OU ,

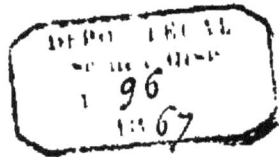

CATALOGUE DESCRIPTIF, ANALYTIQUE ET RAISONNÉ

DES

OISEAUX OBSERVÉS EN EUROPE

DEUXIÈME ÉDITION, ENTIÈREMENT REFONDUE

PAR

C. D. DEGLAND

Membre de la Société impériale des Sciences,
de l'Agriculture et des Arts de Lille (Nord), Conservateur
du Musée d'Histoire naturelle de Lille.

Z. GERBE

préparateur du Cours d'Embryogénie comparée
du Collège de France, lauréat de l'Institut
(Académie des Sciences).

TOME II

PARIS

J. B. BAILLIÈRE et FILS,

LIBRAIRES DE L'ACADÉMIE IMPÉRIALE DE MÉDECINE,

19, rue Hautefeuille, près le boulevard Saint-Germain

Londres	Madrid	New-York
HIPPOLYTE BAILLIÈRE	C. BAILLY-BAILLIÈRE	BAILLIÈRE BROTHERS

1867

TABLE MÉTHODIQUE

DU TOME SECOND

FIN DE LA TABLE METHODIQUE DU TOME SECOND

ORNITHOLOGIE EUROPÉENNE

TROISIÈME ORDRE

PIGEONS — *COLUMBÆ*

Passeres, p. Linn. *S. N.* (1735).
Columbæ, Lath. *Ind. orn.* (1790).
Gallinæ, p. G. Cuv. *Tabl. élém. d'Hist. nat.* (1797).
Rasores, p. Illig. *Prod. syst.* (1811).
Sylvicolæ, p. Vieill. *Ornith. élém.* (1816).
Sponsores, De Blainville, *Princ. d'Anat. comp.* (1822).
Passerigalles, Latreille, *Fam. nat. du Règ. anim.* (1825).
Gallinaceæ, p. Keys. et Blas. *Wirbelth.* (1840).
Gemitrices, Macgill. *Man. Brit. Ornith.* (1840).

Bec droit, voûté, crochu ou seulement incliné à la pointe, garni à la base de la mandibule supérieure d'une membrane cartilagineuse, molle, renflée, dans laquelle s'ouvrent les narines ; jambes couvertes de plumes jusqu'à l'articulation tibio-tarsienne ; quatre doigts, trois devant, un derrière, articulé au niveau des doigts antérieurs.

Les Pigeons sont un passage naturel des Passereaux aux Gallinacés ; ils participent des uns et des autres par plusieurs de leurs caractères, par quelques-unes de leurs habitudes. Tous ont des mœurs sociables et douces. Ils vivent une partie de l'année rassemblés en familles ; sont réglés dans leurs besoins, en d'autres termes, ne vont pâturer qu'à des heures fixes, et chôment le reste de la journée ; se nourrissent de semences, de graines, de fruits, et quelques espèces mêlent à ce régime des hélices et d'autres petits mollusques à coquille. Ils sont généralement migrateurs et passent, selon les saisons, d'une contrée dans une autre. Ces déplacements sont annuels et réguliers. Leur vol puissant et soutenu permet à beaucoup d'entre eux d'entreprendre de lointains voyages. Ils sont plus ou moins doués de la faculté d'enfler leur jabot, au moyen de l'air qu'ils y accumulent, et de produire des sons particuliers qu'on nomme *roucoulements*. Ils sont à peu près les seuls, parmi les oiseaux, à faire entendre de pareils sons ; seuls aussi, ils ont la singulière habitude de boire d'un seul trait.

Tous les Pigeons sont monogames et leur union paraît indissoluble. Leur ponte, qui a lieu une ou deux fois dans le courant de l'année, n'est ordinairement que de deux œufs blancs, que le père et la mère couvent alternativement. De ces deux œufs, l'un donne presque toujours naissance à un mâle, l'autre à une femelle. Les petits naissent débiles, vêtus d'un rare duvet, comme la plupart des Passereaux, et sont incapables d'abandonner le nid avant un temps plus ou moins long, selon les espèces. Le premier aliment qu'ils reçoivent est une espèce de bouillie qui a beaucoup d'analogie avec le lait des Mammifères. Cette bouillie est en grande partie le produit des glandes mucipares du jabot, auquel se mêlent des substances ingérées, et qui ont subi, par l'effet de la digestion, une décomposition préalable. Lorsqu'ils sont plus forts, les graines, ou les autres substances que leurs parents leur dégorgent, sont seulement à moitié digérées, ou n'ont subi qu'un commencement de macération. Contrairement à ce qui a lieu chez la plupart des oiseaux qui pourvoient aux besoins de leurs nouveau-nés, ce n'est pas le mâle ou la femelle qui introduit son bec dans celui des petits, pour leur dégorger des aliments ; ce sont, au contraire, les petits qui introduisent le leur dans celui des parents.

Observations. — L'opinion des ornithologistes a été longtemps partagée sur la question de savoir si les Pigeons sont ou Passereaux ou Gallinacés, ou bien s'ils forment un ordre indépendant des uns et des autres.

Ceux qui, à l'exemple de Linné, en ont fait une division ou une famille de l'ordre des Passereaux, ont allégué que les Pigeons, comme les oiseaux de cet ordre, sont monogames ; que le mâle et la femelle travaillent en commun au nid, partagent les fonctions de l'incubation et les soins de l'éducation des jeunes ; que ceux-ci naissent aveugles et incapables de chercher eux-mêmes leur nourriture ; qu'ils ont, enfin, le pouce articulé au niveau des doigts antérieurs, ce qui leur permet de percher à la manière des Passereaux.

Les ornithologistes, au contraire, qui ont vu des Gallinacés dans les Pigeons ont fondé leur opinion sur ce que ceux-ci avaient, aussi bien que les premiers, des formes généralement lourdes, un bec voûté, des narines percées dans un large espace membraneux et recouvertes par une écaille renflée, un sternum profondément et doublement échancré, enfin un jabot extérieurement dilatable.

De ce que les Pigeons ont des attributs et des habitudes que l'on retrouve chez les Passereaux et les Gallinacés, il ne s'ensuit pas qu'ils appartiennent, soit à l'ordre que forment les premiers, soit à l'ordre que forment les seconds. Ils composent manifestement un ordre particulier, intermédiaire, si l'on veut, à celui des Passereaux et à celui des Gallinacés, mais parfaitement distinct de l'un et de l'autre. Ils ont, en effet, des caractères qui leur sont propres et qui serviront toujours à les distinguer. Indépendamment de la manière dont ils appâtent leurs petits ; du son guttural qu'ils font entendre à défaut de chant ; de la faculté qu'ils ont de dilater leur œsophage ; de leur naturel indolent ; de leurs singuliers témoignages de tendresse ; de leurs habitudes monogames ; de la fixité remarquable du nombre d'œufs qu'ils pondent ; de la façon dont ils boivent ; du balancement de leurs corps lorsqu'ils marchent, etc., toutes choses qui leur sont généralement communes et particulières, les Pigeons ont encore un facies tellement caractéristique qu'on ne les confond jamais, quelle qu'en soit l'espèce, avec un autre oiseau. C'est donc avec raison que Brisson les a distingués des Passereaux et des Gallinacés, et a fondé sur eux l'ordre que les naturalistes sont à peu près unanimes à reconnaître aujourd'hui.

Cet ordre, l'un des plus naturels, comprend pour quelques méthodistes une famille unique ; d'autres en reconnaissent également une seule qu'ils subdivisent en deux ou trois sous-familles ; il en est enfin qui ont porté jusqu'à cinq le nombre des divisions principales qu'il comporte. Une d'elles a des représentants en Europe : les autres, reposant sur des espèces exotiques, ne doivent pas nous occuper.

FAMILLE XXIX
COLOMBIDÉS — *COLUMBIDÆ*

Colombins ou Péristérés, Dum. *Zool. anal.* (1806).
Giranti, Ranzani, *Elém. d'Ornith.* (1823).
Columbidæ, Leach, *Syst. Cat. M. and B. Brit. Mus.* (1816).

Bec pourvu d'une enveloppe cornée seulement au bout, à mandibules lisses et mousses sur les bords ; narines ouvertes vers le milieu du bec ; ailes allongées ; queue de forme variable, composée de douze rectrices ; tarses courts, scutellés, plus ou moins emplumés.

Les Colombidés d'Europe, si l'on considère leur taille, la forme générale de leur corps, celle des narines, le plus ou moins de longueur et de vestiture des tarses, peuvent être subdivisés, comme l'a fait le prince Ch. Bonaparte, en *Columbinæ* et en *Turturinæ*.

SOUS-FAMILLE XLIV
COLOMBIENS — *COLUMBINÆ*

Formes massives ; lames membraneuses qui recouvrent les fosses nasales séparées par un sillon profond ; tarses courts, plus ou moins vêtus au-dessous de l'articulation tibio-tarsienne.

Les Colombiens ont des représentants dans toutes les parties du monde.

GENRE CXXXVI

COLOMBE — *COLUMBA*, Linn.

COLUMBA, Linn. *S. N.* (1735).
PALUMBUS, Kaup, *Nat. Syst.* (1829).
LIVIA, O. Des Murs, *Encycl. d'Hist. nat. Ois.* (1852).
PALUMBÆNA, Bp. *Pigeons* (1855).

Bec médiocre, droit, comprimé, renflé et arrondi à l'extrémité ; narines étroites, oblongues, horizontales, surmontées par une membrane cartilagineuse très-bombée ; ailes allongées, pointues, sub-obtuses ; queue ample, arrondie sur les côtés ou rectiligne ; tarses courts, plus ou moins emplumés au-dessous de l'articulation.

Les Colombes peuvent être considérées comme types, non-seulement de la famille des Colombidés, mais aussi de l'ordre entier des Pigeons.

Elles ont des mœurs très-sociables, forment de grandes bandes qui ne se séparent qu'au moment de la reproduction, et encore cette séparation n'est-elle pas absolue pour toutes les espèces ; car, alors, la plupart s'établissent par couples plus ou moins nombreux dans le même canton, nichent sur le même arbre, sur le même rocher, ou sur des arbres, sur des rochers voisins les uns des autres. Les uns habitent de préférence les bois de haute futaie ; les autres, les côtes, les montagnes rocheuses. Celles-ci ont des habitudes plus terrestres ; celles-là sont plus sylvaines. La plupart sont à la fois séminivores, léguminivores et frugivores.

Le mâle et la femelle portent la même livrée. Les jeunes, avant la première mue, en diffèrent fort peu. Leur mue est simple.

Observations. — Les trois espèces que nous réunissons sous le générique *Columba*, ont été réparties dans trois genres ou sous-genres distincts. M. Kaup a fait du Ramier le type de son genre *Palumbus*, et le prince Ch. Bonaparte a établi sur le Colombin le sous-genre *Palumbæna*, les Bisets seuls conservant le nom primitif *Columba*.

Ces coupes reposent presque uniquement sur des caractères tirés des tarses et de la queue. Quelques millimètres de plus ou de moins dans la longueur des premiers et dans leur vestiture au-dessous de l'articulation ; la forme un peu plus ou un peu moins arrondie, un peu plus ou un peu moins carrée de la seconde, ont paru suffisants pour les motiver. On a voulu aussi les justifier

par des différences d'habitudes, et on a allégué que les espèces à tarses courts
et notablement couverts de plumes au-dessous de la jambe, comme les Ramiers,
étaient plus sylvaines et partant plus percheuses ; que celles à tarses à peine
plus longs, mais un peu moins couverts, comme les Bisets, avaient des mœurs
plus terrestres et étaient plus marcheuses. Ces différences sont loin d'être aussi
tranchées qu'on semble l'admettre. Si les Ramiers habitent plus les bois, si les
Bisets fréquentent plus les lieux rocailleux, tout porte à croire que ceux-ci
n'en sont pas moins percheurs que ceux-là ; dans tous les cas, les premiers ne
sont pas moins marcheurs que les seconds. Il suffit, pour s'en convaincre, de
voir comment les Ramiers se comportent, soit dans nos jardins publics, soit
dans les champs. Les arbres sont leur refuge et leur lieu de repos, comme les
rochers le sont pour les Bisets, mais la vie active des uns aussi bien que des
autres a réellement le sol pour théâtre. Les Bisets errants et libres autant que
peuvent l'être ceux qui vivent volontairement dans les fermes isolées, adoptent,
sur la lisière d'un bois, un grand chêne ou un autre arbre, qu'ils habitent plus
volontiers que leur colombier. Ils s'y rendent dès que le soleil commence à
se montrer à l'horizon et ne l'abandonnent, durant le jour, que pour aller
pâturer. Ce n'est pas là une exception, mais un fait que nous pourrions dire
général, tant nous l'avons fréquemment observé sur divers points du midi de
la France. Si l'espèce, à l'état de semi-domesticité, est percheuse à ce degré, ne
faut-il pas en conclure qu'elle doit l'être à l'état sauvage, quoique les rochers
soient ses lieux favoris de repos? Il n'y a donc pas entre les habitudes des Ramiers et celles des Bisets des différences aussi profondes et, par conséquent,
aussi caractéristiques qu'on a pu le croire. Les Bisets sont, dans le genre *Columba*, ce qu'est, dans le genre *Turtur*, la Tourterelle rupicole, qui paraît se
plaire sur les rochers plus que sur les arbres, et qu'on n'a pas pour cela séparée
génériquement des Tourterelles.

Quant aux Colombins, on ne voit pas sur quoi peut reposer le sous-genre que
le prince Ch. Bonaparte a fondé sur eux. Leurs mœurs ne diffèrent en rien de
celles de leurs congénères et, par tous leurs caractères, ce sont de vrais Bisets ;
ils ont, comme eux, les tarses peu couverts et plus longs que le doigt médian,
et leurs ailes sont relevées par des taches transversales noires.

Les Ramiers, les Colombins, les Bisets ne peuvent donc être séparés : ils ont
le même genre de vie, le même facies, des couleurs fort analogues et les très-
légères différences que certains de leurs caractères présentent, ne sont pas de
nature à autoriser des genres, mais de simples groupes. Ce n'est qu'à ce titre
que nous admettrons les deux suivants.

A — *Espèces à tarses plus courts que le doigt médian, assez emplumés au-dessous de l'articulation, et dont l'aile ne porte, en dessus,
ni bande, ni taches transversales noires.*

285 — COLOMBE RAMIER — *COLUMBA PALUMBUS*
Linn.

(Type du genre *Palumbus*, Kaup.)

Ailes à bord externe blanc, sans taches ni bandes noires sur leur face externe ; côtés du cou marqués d'une tache blanche en forme de croissant (adultes), *ou sans taches* (jeunes).

Taille : 0^m^,45.

COLUMBA PALUMBUS, Linn. *S. N.* (1766), t. I, p. 282.
PALUMBUS, Briss. *Ornith.* (1760), t. I, p. 89.
COLUMBA PALUMBES, Pall. *Zoogr.* (1811-1831), t. I, p. 563.
COLUMBA TORQUATA, Leach, *Syst. Cat. M. and B. Brit. Mus.* (1816), p. 26.
PALUMBUS TORQUATUS, Bp. *Cat. Parzud.* (1856), p. 9.
Buff. *Pl. enl.* 316.

Mâle adulte, en été : Tête, cou, croupion et couvertures supérieures de la queue d'un cendré bleuâtre ; dos et couvertures des ailes d'un cendré brun ; derrière et côtés du cou d'un vert doré, à reflets bleu et cuivre rosette ; partie inférieure du cou ornée de chaque côté d'un croissant d'un blanc de plomb ; bas du cou en avant et poitrine d'une couleur vineuse à reflets ; ventre, flancs et sous-caudales d'un gris bleuâtre ; bord des ailes blanc ; rémiges primaires brunes et bordées de blanc, les secondaires d'un gris brun ; queue d'un cendré foncé en dessus, passant au noir vers l'extrémité, avec une large bande transversale d'un gris bleuâtre en dessous ; bec rouge de chair, avec le bout jaune orange et les narines couvertes d'une sorte de poussière blanche ; pieds rouges ; ongles d'un brun de corne ; iris jaune pâle.

Femelle adulte : Semblable au mâle, mais avec le croissant blanc du cou moins étendu.

Mâle et femelle adultes, en automne : Ils ont les teintes moins pures, moins reflétantes ; le bec rougeâtre et terminé de jaune pâle.

Jeunes sortant du nid : Teintes générales ternes ; point de blanc ni de reflets au cou.

Ce n'est que vingt-cinq ou trente jours environ après la sortie du nid, que quelques-unes des plumes blanches des côtés du cou commencent à se montrer.

Le Ramier est répandu dans toute l'Europe, mais en plus ou moins grand nombre selon les régions. On le dit très-abondant en Suède, dans les grandes forêts du nord de l'Allemagne et dans les pays qui avoisinent la mer Noire. En

France, il se montre partout en grandes troupes à son double passage, et il n'est pas rare, durant l'été, dans les forêts et les bois de nos départements du centre et du nord; mais il n'est nulle part aussi sédentaire et aussi commun que dans les jardins publics de Paris, où il vit, huit mois de l'année, dans une sorte de domesticité.

Il établit son nid vers le milieu des grands arbres et, le plus ordinairement, sur des branches qui ont une direction oblique par rapport au sol. C'est au mâle qu'est dévolu le rôle le plus actif : il remplit en quelque sorte les fonctions de manœuvre. C'est lui qui va chercher sans relâche, durant des heures entières, sur les arbres voisins, rarement sur le sol, les bûchettes, les brindilles, les racines que la femelle se borne à recevoir et à disposer. Elle coordonne ces matériaux avec si peu d'art et de solidité, que le nid, presque tout à jour, est souvent détruit avant que les jeunes aient acquis assez de force pour prendre leur essor. Les grosses branches qui le supportaient sont alors pour eux un appui bien insuffisant, et qui ne les met pas toujours à l'abri des chutes qu'un vent un peu violent peut leur faire éprouver. Très-souvent, la ponte commence lorsque le nid n'est qu'à moitié construit. Assez généralement, le Ramier fait deux nichées : une dès la fin de mars, lorsqu'à cette époque les froids ne sont pas trop intenses; l'autre vers la fin de juin. Nous avons vu l'année dernière et cette année (1865), plusieurs des couples qui viennent se reproduire au jardin du Luxembourg, élever encore des petits au nid du 10 au 15 septembre. Le nombre d'œufs par nichée n'est jamais de plus de deux, et même la dernière n'en contient-elle parfois qu'un seul. Ces œufs sont oblongs, presque également obtus aux deux bouts et d'un blanc pur ou d'un blanc légèrement teinté de bleuâtre. Ils mesurent :

Grand diam. 0m,040 à 0m,042; petit diam. 0m,030 à 0m,031.

Le Ramier se nourrit de pois, de fèves, de haricots, de blé, de navette, de glands, de faines et même de fraises sauvages, dont il paraît très-friand. A défaut, il s'attaque aux feuilles nouvelles et tendres de diverses plantes. Durant la belle saison, il ne va régulièrement à la recherche de sa nourriture que deux fois par jour : de 10 heures du matin jusqu'à la troisième heure de l'après-midi, il reste tranquille au fond des bois. L'hiver, la rareté des substances dont il se nourrit lui fait abréger ses heures de repos et le rend plus actif. Les repas des petits ne sont pas moins réglés ; ils ne sont donnés que le matin vers 9 heures, et le soir vers 4 ou 5 heures. Quelque attention que nous y ayons mise, nous n'avons jamais pu surprendre le père ou la mère donnant à manger aux jeunes en dehors de ces heures.

Les Ramiers sont essentiellement migrateurs. Ceux qui se sont reproduits dans un canton, aussi bien que ceux qui y sont nés, l'abandonnent ordinairement, jusqu'au dernier, pendant l'automne. Cependant, le fait n'est pas général, et, dans quelques localités, un certain nombre d'individus hivernent ou ne s'éloignent qu'à de faibles distances. Leurs passages se font à des époques parfaitement déterminées, et, dans beaucoup de pays, la connaissance de ces voyages périodiques et réguliers donne lieu à des chasses très-productives.

Lorsqu'on observe le Ramier en pleine nature, c'est-à-dire dans les forêts ou dans les campagnes, et lorsqu'on étudie ses mœurs au sein de nos cités po-

puleuses, il semble qu'il y ait en lui deux oiseaux. Dans le premier cas, on
voit qu'il est farouche, méfiant; qu'il fuit l'homme du plus loin et ne se laisse
jamais surprendre : dans le second cas, il montre autant et plus de confiance
que les races de Gallinacés et de Pigeons qui vivent dans nos demeures depuis
des siècles. Ainsi les Ramiers qui habitent les Tuileries, le Luxembourg, loin
d'être effarouchés par le nombreux public qui en fréquente les promenades, se
rendent familiers au point de venir prendre dans la main, dans la bouche même,
les aliments qu'on leur présente. Nous en avons vu jusqu'à cinq sur les épaules, les bras, les doigts d'un de leurs pourvoyeurs journaliers, et c'était chose
excessivement curieuse de les voir se chasser à grands coups d'aile et de bec,
pour la possession d'une mie de pain. Peu de nos oiseaux les mieux domesti-
qués sont à ce point confiants.

B — *Espèces à tarses aussi longs que le doigt médian, médiocrement couverts au-dessous de l'articulation, et dont l'aile est relevée,
en dessus, par des bandes ou des taches transversales noires.*

286 — COLOMBE COLOMBIN — *COLUMBA OENAS*
Linn.

(Type du sous-genre *Palumbœna*, Bp.)

*Ailes à bord externe noir, avec une tache noire à l'extrémité
des rémiges secondaires et une seconde sur les grandes couvertures;
croupion et sus-caudales cendrés ; barbes externes de la moitié
basale de la rectrice la plus extérieure blanches.*

Taille : $0^m,35$.

Columba œnas, Linn. *Faun. Suec.* (nec *S. N.*) (1761), p. 75.
Œnas *sive* vinago, Briss. *Ornith.* (1760), t. I, p. 86.
Palumbæna columbella, Bp. *Cat. Parzud.* (1856), p. 9.
Gould, *B. of Eur.* pl. 244.

Mâle adulte, au printemps : Tête, cou et dessus du corps d'un cendré bleuâtre, plus foncé sur le haut du dos, beaucoup plus clair sur le
croupion et les sus-caudales, avec des reflets métalliques d'un vert violet derrière et sur les côtés du cou, changeant suivant l'incidence de la
lumière ; bas du cou en devant et poitrine d'un rouge vineux ; abdomen,
flancs et sous-caudales d'un cendré bleuâtre ; ailes pareilles au manteau,
avec deux taches irrégulières noires sur chacune d'elles, l'une sur les
deux pennes les plus rapprochées du corps et l'autre sur les grandes

couvertures supérieures ; rémiges noirâtres, lisérées de gris ; queue d'un cendré bleuâtre dans les deux tiers antérieurs, et noire dans le tiers postérieur, avec la penne la plus latérale, de chaque côté, blanche en dehors, dans la moitié antérieure ; bec rouge, avec la pointe jaune ; pieds rouge de sang ; iris rouge-brun.

Femelle adulte, au printemps : Elle ressemble au mâle ; mais elle est un peu plus petite et a les teintes un peu moins pures. L'un et l'autre, *en automne*, ont le plumage plus rembruni, et les plumes du cou ont des reflets plus verdâtres.

Jeunes avant la première mue : Teintes générales ternes, point de reflets au cou ni de taches noires sur les ailes.

Le Colombin est répandu dans toute l'Europe : on le trouve aussi dans la Sibérie occidentale, et il visite, en hiver, le nord de l'Afrique.

En France, on le voit, durant l'automne, par bandes quelquefois prodigieuses, surtout dans nos départements méridionaux ; pendant la belle saison il fait sa demeure des grandes forêts du Centre et du Nord. Il est très-commun alors dans celles de Compiègne et de Rambouillet.

Il niche dans les cavités que présentent les troncs des vieux arbres, ou à l'appui des troncs secondaires qui en partent. Sa ponte est généralement de deux œufs, très-rarement de trois, un peu moins gros que ceux du Ramier, mais exactement de même forme et entièrement d'un blanc faiblement lavé de bleuâtre. Ils mesurent :

Grand diam. 0ᵐ,038 à 0ᵐ,040 ; petit diam. 0ᵐ,028 à 0ᵐ,029.

Le Colombin se nourrit de céréales, de légumineuses, de chènevis, de glands et, au besoin, de semences de pin et d'autres conifères. Il est d'un naturel farouche, fuit la demeure de l'homme, et vit dans les bois touffus ; mais, pris jeune et élevé en captivité, il devient aussi familier que le Ramier, et pond même en volière, ce que ne fait pas, ou ce que ne fait que très-accidentellement ce dernier. A l'époque des migrations, les deux oiseaux vont souvent de compagnie. La chair du Colombin est excellente.

287 — COLOMBE BISET — *COLUMBA LIVIA*
Briss.

Ailes à bord externe cendré, avec une double bande transversale noire ; croupion blanc.

Taille : 0ᵐ,32.

COLUMBA LIVIA, Briss. *Ornith.* (1760), t. I, p. 82.
COLUMBA ŒNAS, Linn. *S. N.* (1766), t. I, p. 279.
COLUMBA DOMESTICA, Gmel. *S. N.* (1780), t. I, p. 769.
Buff. *Pl. enl.* 510, sous le nom de *Biset.*

Mâle adulte : Plumage gris ardoisé, avec les côtés et le bas du cou vert et vert-violet, chatoyant suivant l'incidence de la lumière ; croupion blanc ; ailes barrées transversalement de noir, et marquées d'une grande tache de même couleur sur les pennes les plus rapprochées du corps ; rémiges et rectrices brunes, terminées de noir ; la rectrice la plus extérieure blanche, en dehors, dans la plus grande partie de son étendue ; bec brun, avec la membrane qui recouvre les narines farineuse ; pieds rouges ; iris rouge-jaune.

Femelle adulte : Semblable au mâle, mais un peu plus petite et avec des teintes moins éclatantes.

Jeunes avant la première mue : Leurs teintes sont très-ternes, et ils se distinguent des jeunes colombins par leur croupion blanc et par la bande noire qui coupe l'aile dans toute son étendue.

Le Biset vit dans une liberté aussi complète que le Ramier ou le Colombin, dans beaucoup de contrées de l'Europe. On le rencontre à l'état réellement sauvage sur les côtes rocheuses de l'Angleterre, de la Suède, de la Norwége, de l'Italie, de la Sardaigne, de la Sicile, de la plupart des îles de l'Archipel grec ; on le trouve, en France, sur les mornes d'Agay, dans le département du Var ; sur quelques-uns des grands rochers qui bordent la Méditerranée, depuis Saint-Tropez, jusqu'à Cannes ; dans l'île de Port-Cros, où il est devenu très-rare, et sur les côtes de la Corse, où nous l'avons vu en assez grand nombre, surtout dans les environs de Bonifacio. M. Ménétries le dit commun sur les roches de Tarki, non loin de la mer Caspienne, et Pallas l'a rencontré sur les bords du Volga, du Tanaïs et dans le Caucase. Il habite aussi en grand nombre les côtes de la Barbarie.

Il niche, en société, dans des lieux inaccessibles, sur les tours en ruines, dans les cavernes, les anfractuosités des rochers les plus escarpés. Il fait ordinairement deux pontes par an, et pond chaque fois deux œufs, ayant la forme de ceux des espèces précédentes, et d'un blanc également lavé d'une très-faible teinte azurée. Ils mesurent :

Grand diam. 0^m,036 ; petit diam. 0^m,026 à 0^m,027.

Le Biset est considéré comme la souche de toutes les races de Pigeons domestiques, quelles que soient les déviations qu'elles présentent. C'est lui, dans tous les cas, qui a formé, de tout temps, la population des demeures que l'homme a construites pour le retenir et le multiplier. Les individus qui vivent à l'état sauvage ont exactement les mœurs de nos autres Colombiens. Ils sont méfiants, farouches, très-difficiles à aborder et ne montrent pas plus de tendance à la domestication que les Ramiers qui s'établissent spontanément dans nos jardins publics. Ils émigrent, comme eux, à l'automne ; se répandent alors dans l'intérieur des pays et regagnent leurs masures, leurs rochers, vers la fin de février.

Il se nourrit de toute espèce de graines, notamment de céréales et de légumineuses. Nous avons trouvé dans le jabot de plusieurs individus tués en Corse, mêlés à du blé, des fèves et de petits cailloux, une grande quantité d'hélix de petite taille et surtout des espèces du genre *Pupa*.

Observation. Le Biset à croupion blanc paraît être la forme la plus commune et la plus répandue : aussi a-t-elle été considérée, avec raison, comme typique. Cependant il y a telle contrée en Europe, comme en Toscane, dans les États romains, où l'on ne rencontre presque que des Bisets à croupion d'un gris bleu, se rapportant à la *Columba saxatilis* de Brisson et plus ou moins semblables à l'individu qui est représenté pl. 466 des *Enluminures* de Buffon, sous le nom de *Pigeon commun*. Mais ces Bisets à croupion bleu, dont le prince Ch. Bonaparte a fait la *Columba turricola* (qui devrait reprendre le nom de *saxatilis*, Briss., si l'espèce était confirmée), ne sont certainement que des variétés accidentelles, quoique fréquentes, de ceux à croupion blanc. Dans les localités où les premiers dominent, on trouve également les seconds, et réciproquement. Les uns et les autres vivent de compagnie, se reproduisent ensemble, et sont liés par des individus chez lesquels le bleu se dégrade, et passe au blanc par des nuances insensibles.

SOUS-FAMILLE XLV

TURTURIENS — *TURTURINÆ*

Formes élancées ; lames membraneuses qui recouvrent les fosses nasales sans sillons de séparation ; tarses le plus ordinairement allongés et nus.

GENRE CXXXVII

ECTOPISTE — *ECTOPISTES,* Swains.

Columba, p. Linn. *S. N.* (1766).
Ectopistes, Swains. *Zool. Journal* (1827).

Bec médiocre, à bords des mandibules un peu flexueux ; narines linéaires, s'ouvrant vers le milieu du bec, surmontées par une membrane cartilagineuse médiocrement renflée, de forme ovalaire et convexe ; ailes longues, pointues, sub-aiguës ; queue longue, flabelliforme, à pennes très-étagées ; tarses courts, robustes, un peu emplumés au-dessous de l'articulation ; ongle du doigt médian large et médiocrement recourbé.

Ce genre, particulièrement caractérisé par la forme de la membrane qui couvre les narines et surtout par celle de la queue, ne repose que sur la *Co-*

lumba migratoria, oiseau célèbre dans l'Amérique du Nord par ses habitudes et par les ressources qu'il fournit à l'homme.

Il n'est pas de Colombiens plus sociables que les Ectopistes ou Pigeons voyageurs : ils se rassemblent et émigrent par bandes composées de plusieurs millions d'individus, et nichent sur le même arbre par centaines de couples. Leur régime est granivore et frugivore.

Le mâle porte un plumage un peu différent de celui de la femelle. Les jeunes s'en distinguent un peu. Leur mue est simple.

L'espèce type et unique du genre s'égare très-accidentellement en Europe.

288 — ECTOPISTE MIGRATEUR
ECTOPISTES MIGRATORIUS
Swains. ex Linn.

Ailes noires sur le bord externe, variées, en dessus, de quelques taches de même couleur ; toutes les rectrices latérales cendrées, marquées d'une tache noire sur les barbes internes.

Taille : 0^m,40 à 0^m,41.

COLUMBA MIGRATORIA, Linn. *S. N.* (1766), t. I, p. 285.
COLUMBA CANADENSIS, Gmel. *S. N.* (1788), t. I, p. 785.
ECTOPISTES MIGRATORIUS, Swains. *Zool. Journ.* (1827), t. III, p. 362.
ECTOPISTES MIGRATORIA, Bp. *B. of Eur.* (1838), p. 41.
Buff. *Pl. enl.* 176, *femelle*, sous le nom de *Tourterelle du Canada*.
Wils. *Amer. Orn.* pl. 44, f. 1, *mâle*.

Mâle adulte : Tête, nuque, dos et sus-caudales d'un gris bleuâtre, avec des reflets bleus, violets et dorés au bas des côtés et du derrière du cou ; devant du cou, poitrine et abdomen d'un roux vineux ; région anale et sous-caudales d'un blanc pur ; couvertures supérieures des ailes cendrées comme la tête, avec les scapulaires lavées de brunâtre et marquées de quelques taches irrégulières noires, reflétantes ; rémiges noirâtres, bordées de blanchâtre et de roussâtre ; les deux rectrices médianes d'un noir ardoisé, les latérales cendrées, passant graduellement au blanchâtre, de la base à la pointe, toutes marquées d'une grande tache noire sur les barbes internes ; bec noir ; narines légèrement protubérantes, paupières nues, d'un rouge de chair pourpre ; pieds rouge de laque ; iris orange.

Femelle du même âge : Un peu moins grande, avec la queue moins longue, les couleurs moins vives ; dessus du cou tirant sur le gris ; taches noires des ailes plus petites et moins brillantes ; la poitrine d'un cendré brun et sus-caudales brunes.

Jeunes avant la première mue : Point de reflets sur les côtés du cou ni de taches sur les ailes ; d'une taille plus petite que celle des adultes.

L'Ectopiste migrateur, vulgairement connu sous les noms de *Tourterelle du Canada*, *Pigeon de passage*, *Pigeon voyageur*, habite l'Amérique septentrionale et s'égare accidentellement en Europe. Temminck parle de captures qui auraient été faites en Norwége et en Russie, et les auteurs anglais signalent son apparition dans le Fifeshire, en Angleterre.

Cette espèce se reproduit dans les forêts, et niche ordinairement par bandes considérables sur le même arbre. Sa ponte est de deux œufs blancs, de la grosseur de ceux du Biset.

Au rapport de Vieillot et d'Audubon, c'est par centaines de millions que ce Colombien se réunit et effectue ses voyages. Les bandes qu'il forme couvrent quelquefois de leur vol deux milles d'étendue en longueur, un quart de mille en largeur, et elles sont si compactes que le jour en est littéralement obscurci. Les battements d'ailes de ces immenses légions émigrantes, produisent un bruit semblable à celui du vent le plus tempétueux. Audubon a vu des arbres de $0^m,60$ de diamètre rompus, à peu de distance de leur base, par le poids des individus qui les surchargeaient, et le sol, au pied de ces arbres, uniformément couvert d'une couche de leurs excréments, de plus de $0^m,027$ d'épaisseur. Ces grands passages ont lieu périodiquement tous les huit ans, et sont si réguliers, que l'année où le phénomène se produit est dite l'*Année des Pigeons*.

L'Ectopiste migrateur vit de riz, de baies desséchées, de bourgeons, de jeunes pousses de bouleau et de glands de divers chênes propres à l'Amérique.

Sa chair est, dit-on, très-recherchée pour la table. Celle des milliers d'individus que l'on tue aux époques des grandes migrations est salée, comme provision de bouche, et les débris, les abattis servent à engraisser, sur les lieux mêmes, des centaines de porcs dont les chasseurs se font suivre.

GENRE CXXXVIII

TOURTERELLE — *TURTUR*, Selby

COLUMBA, p. Linn. *S. N.* (1735).
PERISTERA, Boie, *Isis* (1828).
TURTUR, Selby, *Brit. Birds* (1835).

Bec grêle, droit, peu renflé à l'extrémité ; narines oblongues, étroites, horizontales, surmontées par une membrane cartilagineuse, médiocrement voûtée, convexe ; ailes allongées, sub-aiguës ; queue de médiocre longueur, plus ou moins arrondie ; tarses longs, minces, nus ; ongle du doigt médian étroit, comprimé ; cercle palpébral nu.

Les Tourterelles ont des formes gracieuses, sveltes ; des mœurs douces, tranquilles ; des habitudes plus solitaires que nos autres Colombidés. Si l'on en juge par l'espèce commune d'Europe, elles ne se réunissent jamais en grandes troupes, mais seulement par petites familles. Les bois sombres, frais sont leur refuge habituel. Elles émigrent vers la fin de l'été et sont séminivores.

Le mâle et la femelle portent le même plumage. Les jeunes, avant la première mue, s'en distinguent par l'absence de quelques attributs. Leur mue est simple.

Parmi les espèces qui appartiennent à ce genre, une est propre à l'Europe, deux autres s'y montrent accidentellement.

289 — TOURTERELLE VULGAIRE — *TURTUR AURITUS* Ray.

Queue blanche au bout et sur les barbes externes de la rectrice la plus latérale de chaque côté ; rectrices médianes entièrement brunes ; sous-caudales blanches ; taches blanches et noires, en croissant, sur les côtés du cou, chez les adultes.

Taille : 0ᵐ,28 à 0ᵐ,29.

TURTUR AURITUS, Ray, *Synop. Av.* (1713), p. 184.
COLUMBA TURTUR, Linn. *S. N.* (1766), t. I, p. 284.
TURTUR, Briss. *Ornith.* (1760), t. I, p. 92.
PERISTERA TURTUR, Boie, *Isis* (1828), p. 327.
TURTUR MIGRATORIUS, Selby, *Brit. Birds* (1835).
TURTUR VULGARIS, Eyton, *Cat. Brit. Birds* (1836), p. 32.
Buff. *Pl. enl.* 394.

Mâle adulte, en été : Dessus de la tête et du cou cendré ; dessus du corps brun, avec les bordures des plumes roussâtres au dos, au croupion et sur les sus-caudales ; devant du cou et poitrine d'une teinte vineuse ; abdomen, sous-caudales et jambes blanches ; flancs d'un gris blanchâtre ; demi-collier noir, coupé obliquement par des raies blanches au bas des faces latérales du cou ; couvertures alaires noires, largement bordées de roux de rouille, les plus rapprochées des pennes primaires d'un cendré bleuâtre ; rémiges brunes, bordées de gris plus ou moins roussâtre ; rectrices médianes d'un brun roussâtre, les latérales d'un noirâtre plus foncé en dessous qu'en dessus, et terminées par un grand espace blanc, la plus externe, de chaque côté, bordée, en outre, de cette couleur, dans toute son étendue en dehors ; paupières nues et rouges ; bec brun blueâtre ; pieds rouges ; ongles brun de corne ; iris rouge-jaunâtre.

Femelle adulte : Un peu plus petite que le mâle, avec les teintes moins vives et le collier moins étendu.

Jeunes avant la première mue : Collier nul ou très-légèrement marqué ; teintes du plumage plus sombres ; sans couleur vineuse à la poitrine ; les plumes brunes et bordées de roussâtre ; iris gris-rougeâtre.

La Tourterelle vulgaire est répandue dans toute l'Europe, mais plus abondamment dans le midi que dans le nord. On la trouve aussi en Afrique et en Asie.

Elle vit dans les grands bois ; niche sur les arbres, quelquefois au milieu d'un buisson épais et à peu de. distance du sol ; construit grossièrement un nid à claire-voie, qu'elle garnit, au centre, de quelques menues racines, et pond deux œufs allongés, obtus aux deux bouts, et d'un blanc pur. Ils mesurent :

Grand diam. : 0ᵐ,03 ; petit diam. 0ᵐ,022.

La Tourterelle vulgaire se nourrit ordinairement de menues graines, de blé, de pois. Comme le Ramier, elle ne donne à manger à ses petits que deux fois par jour : la première distribution a lieu entre 8 et 9 heures du matin, et la seconde vers 3 heures du soir. Elle nous quitte dès le mois de septembre, par conséquent, avant les autres Colombidés d'Europe, et revient après eux. On ne la revoit guère en France, surtout dans le nord, avant la fin de mars ou le commencement d'avril. Elle émigre, vers la fin de l'été, par petites familles, et arrive par couples, au printemps.

Elle est d'un naturel sauvage, méfiant ; cependant, prise jeune, elle perd beaucoup de sa sauvagerie, se fait à la vie de volière, et s'y reproduit avec la Tourterelle à collier (*Columba risoria*, Linn.) ; mais les métis qui en proviennent sont généralement inféconds.

290 — TOURTERELLE RUPICOLE — *TURTUR RUPICOLA*
Bp. ex Pall.

Queue d'un cendré bleuâtre au bout et sur les barbes externes de la rectrice la plus latérale de chaque côté ; rectrices médianes noirâtres ; couvertures inférieures de la queue d'un cendré bleuâtre ; point de taches en croissant sur les côtés du cou.

Taille : 0ᵐ,31 à 0ᵐ,32.

Columba rupicola, Pall. *Zoogr.* (1811-1831), t. I, p. 566.
Columba gelastes, Temm. *Pl. col.* 550.
Columba ferrago. Eversm.
Turtur rupicola, Bp. *Coup d'œil sur l'ordre des Pig.* (1855), p. 29.

Adultes : Plumes du vertex, du cou en totalité, du dos et scapulaires d'un brun foncé au centre, avec de larges bordures roussâtres ;

croupion d'un bleu cendré uniforme; bas de la poitrine et abdomen nuancés d'une teinte lie de vin; flancs et couvertures inférieures de la queue d'un cendré bleuâtre; couvertures supérieures des ailes d'un brun foncé, entourées d'une bordure rousse; rectrices noirâtres, frangées extérieurement de roux; rectrices médianes entièrement noirâtres, toutes les autres noires, avec l'extrémité cendrée; la rectrice la plus extérieure, de chaque côté, est également cendrée en dehors; bec noirâtre; pieds d'un rouge livide; iris noisette.

La Tourterelle rupicole est propre aux Alpes froides de la Sibérie orientale, d'où elle fait de rares et accidentelles excursions dans le nord de l'Europe. Elle habite aussi le Japon.

Ses habitudes sont peu connues. Elle paraît cependant avoir des mœurs moins sylvestres que la Tourterelle vulgaire, car Steller, au rapport de Pallas, l'a fréquemment rencontrée sur les rochers, aux environs du lac Baïkal, ce qui, probablement, lui a valu le nom de *Rupicola*. Il paraît que les Japonais l'élèvent en cage.

Observation. — La Tourterelle rupicole est une espèce fort voisine de la Tourterelle vulgaire, mais elle en diffère par l'absence de taches sur les côtés du cou; par une queue plus courte et des ailes plus longues, ce qui modifie sa forme; par la couleur bleuâtre des sous-caudales et de la tache terminale de la queue.

291 — TOURTERELLE DU SÉNÉGAL
TURTUR SENEGALENSIS

Bp. ex Linn.

Queue noire en dessous dans sa moitié antérieure, les trois rectrices latérales, de chaque côté, blanches et les six intermédiaires cendrées dans le reste de leur étendue; sous-caudales blanches; point de taches en croissant sur les côtés du cou.

Taille : 0ᵐ,27 environ.

COLUMBA SENEGALENSIS, Linn. *S. N.* (1766), t. I.
TURTUR GUTTURE MACULATO SENEGALENSIS, Briss. *Ornith.* (1760), t. I, p. 121.
COLUMBA CAMBAYENSIS, Gmel. *S. N.* (1788), t. I, p. 79.
COLUMBA ÆGYPTIACA, Lath. *Ind.* (1790), t. II, p. 607.
COLUMBA SURATENSIS, Vieill. *Tabl. Encycl.* (1820?), p. 236.
COLUMBA MACULICOLLIS, Wagl. *Syst. Av.* (1827), n° 97.
TURTUR SENEGALENSIS , Bp. *Ucc. Europ.* (1842), p. 52.
Savig. *Descript. de l'Égypte*, pl. 9, f. 3.
Temm. *Pigeons*, pl. 45, sous le nom de *Colombe maillée.*

Mâle adulte: Tète, haut du cou et poitrine d'une belle couleur vineuse, prenant un ton roussâtre sur cette dernière partie ; dos, scapulaires, couvertures supérieures des ailes d'un brun roux lustré ; couvertures inférieures des ailes cendrées ; croupion d'un gris d'ardoise lavé de brun roux ; partie inférieure du cou, en avant, et haut de la poitrine ornés d'une sorte d'écharpe formée par des plumes bilobées à l'extrémité, d'un noir profond depuis la base jusqu'au milieu, puis un peu violettes, ensuite d'un roux de rouille brillant ; flancs d'un gris cendré ; abdomen et jambes d'un blanc légèrement lavé d'un gris bleuâtre ; sous-caudales d'un blanc pur ; rémiges d'un brun fuligineux, les primaires finement bordées de blanchâtre, les secondaires cendrées sur presque toute l'étendue de leurs barbes externes ; rectrices noires en dessous, dans leur première moitié ; l'autre moitié est cendrée dans les six médianes, blanche dans les trois latérales de chaque côté ; en dessus, les six rectrices médianes sont d'un brun cendré, et les trois latérales, de chaque côté, d'un cendré noirâtre de la base au milieu, et blanches dans le reste de leur étendue ; bec noirâtre ; pieds rouges ; ongles bruns ; tour des yeux bleuâtre ; iris brun foncé.

Femelle adulte : Semblable au mâle, mais avec des teintes un peu moins brillantes et une taille un peu moins grande.

La Tourterelle du Sénégal, ou Tourterelle maillée, habite l'Afrique australe et septentrionale et l'Asie. Elle est commune au cap de Bonne-Espérance, dans la Sénégambie, en Égypte, tout le long de la côte de Barbarie, dans la Turquie d'Europe ; se montre dans les îles de l'Archipel grec, et s'égare accidentellement en Espagne et en Portugal.

Elle fréquente les bosquets ; peuple, dit-on, les cimetières de Constantinople, établit son nid sur les arbres, et pond deux œufs semblables à ceux de la Tourterelle vulgaire. Elle aurait des mœurs plus sociables que celle-ci, s'il est vrai, comme l'avance Le Vaillant, qu'elle se réunisse par bandes de trois à quatre cents individus. Elle a le régime de notre Tourterelle.

QUATRIÈME ORDRE

GALLINACÉS — *GALLINÆ*

GALLINÆ, Linn. *S. N.* (1735).
RASORES, p. Illig. *Prod. Syst.* (1811).
GALLINACEI, Vieill. *Ornith. élém.* (1816).
GRADATORES, de Blainville, *Princ. d'Anat. comp.* (1822).
GALLINACEÆ, Keys. et Blas. *Wirbelth.* (1840).

Bec convexe, plus ou moins incliné à la pointe ; à mandibule supérieure voûtée et recouvrant l'inférieure ; narines percées dans un espace membraneux et recouvertes par une écaille cartilagineuse ; ailes généralement courtes et concaves ; quatre doigts, trois en avant et un en arrière, ou trois seulement en avant, libres ou réunis à la base, bordés et calleux en dessous, chez le plus grand nombre ; le pouce, quand il existe, articulé, à quelques exceptions près, plus haut que les doigts antérieurs.

Les Gallinacés, si l'on en excepte les Ptéroclidés, qui se lient manifestement aux Pigeons par beaucoup de points de leur organisation et par leurs habitudes, ont tous des caractères si tranchés, qu'il est impossible de les confondre avec aucune espèce des ordres précédents. Ils ont des formes ramassées et lourdes. Leur vol, généralement peu élevé, peu étendu, pesant, bruyant, dévie peu de la ligne directe et c'est à l'organisation de l'appareil sternal que tient surtout l'imperfection de leur locomotion aérienne. Leur sternum, en partie membraneux (sa surface osseuse étant diminuée par deux échancrures très-larges et très-profondes qui en occupent presque tous les côtés) ; le peu de développement de la crête médiane, dont cet os est pourvu ; les faibles connexions qui existent entre cette crête et la pointe de l'os furculaire, sont autant de conditions qui diminuent l'action des muscles pectoraux, et rendent le vol difficile.

La plupart des Gallinacés vivent en petites bandes, ont des mœurs assez sociables et des habitudes terrestres. Les uns vivent dans les forêts ; les autres, sur les montagnes nues et rocailleuses ; d'autres, dans les champs fertiles et cultivés ; il en est enfin qui n'habitent que les plaines arides et sablonneuses. Quelques espèces sont essentiellement voyageuses.

Ils se nourrissent de graines, de baies, de bourgeons, d'herbes, de vermisseaux et d'insectes.

Sauf quelques exceptions, ils sont polygames, nichent à terre, et pondent
un grand nombre d'œufs, que la femelle seule couve. Les petits abandonnent
le nid presque aussitôt après leur naissance, et cherchent leur nourriture sous
la conduite de leur mère, des soins de laquelle ils ne sauraient se passer.

Le mâle se distingue toujours de la femelle par quelque attribut particulier.
Les jeunes, en naissant, sont couverts d'un duvet qu'ils conservent quelque
temps, et qui fait place à un plumage tout différent de celui des adultes. Ce
n'est qu'après la première mue qu'ils ressemblent à ceux-ci.

La mue est simple chez les uns, double chez les autres.

Parmi les oiseaux utiles, les Gallinacés sont ceux qui fournissent le plus de
ressources à l'homme, comme nourriture. La chair de la plupart d'entre eux
est très-recherchée, et leurs œufs, d'une saveur délicate, jouent un grand rôle
dans l'alimentation des peuples.

FAMILLE XXX

PTÉROCLIDÉS — *PTEROCLIDÆ*

ALECTRIDES, p. Dumér. *Zool. anat.* (1806).
PLUMIPÈDES, p. Vieill. *Ornith. élém.* (1816).
TETRAONIDÆ, p. Leach, *Syst. Cat. M. and B. Brit. Mus.* (1816).
PTEROCLIDÆ, Bp. *B. of Eur.* (1838).
PTEROCLINÆ, G. R. Gray, *List. Gen. of B.* (1841).

Bec plus large que haut à la base; membrane qui surmonte
les narines entièrement emplumée; région sourcilière couverte de plumes; ailes longues, très-pointues, à première rémige la plus étendue; queue médiocre, conique, les deux rectrices médianes souvent prolongées en brins filiformes; tarses
courts, emplumés; quatre doigts, trois en avant, un en arrière,
ou trois seulement en avant, nus ou emplumés.

De Blainville, dans un Mémoire très-intéressant, lu en 1829 à l'Académie des
Sciences (1), établissait par des faits incontestables que le Ganga cata, type du
genre *Pterocles*, sur lequel est fondée la famille des *Ptéroclidés*; que ce Ganga,
rangé parmi les Tétraonidés, différait des espèces de cette famille, non-seulement par des caractères anatomiques importants, mais aussi par les habitudes;

(1) *Analyse des travaux de l'Acad. Royale des Sciences* pendant l'année 1829, p. 100.

par des ailes bien plus longues et un vol plus élevé et plus puissant. Il démontrait que le sternum des Gangas, plus développé, dans sa partie osseuse, que celui des Gallinacés, offrait une disposition très-semblable à celle que présente le sternum des Pigeons, ce qui devait leur faire assigner, dans la méthode, une place plus rapprochée de ces derniers, que celle qu'on leur accorde généralement. Cette remarquable analogie de forme sternale, signalée par de Blainville, se retrouve au même degré chez les Syrrhaptes, comme l'a constaté notre regrettable ami P. Gratiolet. Leur sternum a, en effet, les plus grands rapports avec celui des Pigeons. Si ce caractère ne doit pas nécessairement entraîner les Ptéroclidés dans l'ordre des *Columbœ*, il est cependant de nature, comme le pensait de Blainville, à les en rapprocher. Du reste, ils se lient encore à cet ordre par la forme et l'étendue de l'aile ; par un vol soutenu, élevé, varié dans ses allures, si nous pouvons ainsi dire ; analogue en un mot, à celui des Pigeons, de l'aveu de tous les observateurs qui ont vu des Syrrhaptes et des Gangas en liberté. Ils tiennent enfin à ceux-ci par la manière dont ils marchent, dont ils boivent ; par leurs mœurs monogames ; par leur fécondité restreinte ; par l'habitude qu'ils ont de nourrir, d'abreuver leurs petits, au moins pendant les premiers jours après l'éclosion, en leur dégorgeant la nourriture ou l'eau, à la manière des Pigeons.

Sans le *caractère Gallinacé* qui domine tous les autres ; caractère qui consiste dans l'insertion du pouce (lorsque ce doigt existe), bien au-dessus du plan des doigts antérieurs, les Ptéroclidés seraient donc plutôt *Columbœ* que *Gallinœ*. Toujours est-il qu'ils semblent établir, par leurs caractères mixtes, un passage naturel des uns aux autres.

La famille des Ptéroclidés, vu la forme des pieds, se décompose franchement en deux sous-familles, reposant, l'une sur les Gangas, l'autre sur les Syrrhaptes.

SOUS-FAMILLE XLVI

PTÉROCLIENS — *PTEROCLINÆ*

PTEROCLINÆ, Bp. *B. of Eur.* (1838).

Bec assez robuste ; tarses médiocres, emplumés sur le devant ; doigts nus ; pouce rudimentaire.

GENRE CXXXIX

GANGA — *PTEROCLES*, Temm.

TETRAO, p. Pall. *Voy.* (1776).
PERDIX, p. Lath. *Ind.* (1790).

Pterocles, Temm. *Pig. et Gallin.* (1813-1815).
Œnas, Vieill. *Ornith. élém.* (1816).
Pteroclurus, Bp. *C. R. de l'Acad. des Sc.* (1856).

Bec médiocre, beaucoup plus court que la tête, sub-conique, convexe, à mandibule supérieure voûtée, dépassant l'inférieure et légèrement courbée à la pointe, à arête arrondie, entamant un peu les plumes du front ; narines basales, latérales, semi-lunaires, obliques. surmontées par une membrane peu saillante et couverte de plumes ; ailes longues, étroites, pointues, à rémiges graduées, la première étant la plus longue de toutes ; queue médiocre, conique, composée de seize rectrices, les deux médianes se prolongeant quelquefois en brins ; tarses courts, couverts en devant de plumes piliformes très-courtes ; doigts courts, nus ; pouce fort petit, articulé très-haut, pourvu d'un ongle aigu, les antérieurs réunis par une membrane jusqu'à la première articulation ; ongles assez robustes, recourbés, obtus.

Les Gangas ne se plaisent que dans les vastes plaines pierreuses, sablonneuses, désertes, arides, nues ou à peine couvertes de quelques bruyères ou de quelques buissons rabougris. La plupart sont nomades et vivent par bandes de plusieurs centaines d'individus. Leur vol rapide, élevé, soutenu, leur permet de franchir d'une seule traite des distances immenses. Jamais ils ne se reposent sur les arbres. Ils sont monogames, n'ont d'autre nid qu'un petit creux pratiqué sur le sol, à l'abri d'une touffe de végétaux, et ne pondent qu'un très-petit nombre d'œufs, qui ont la plus grande analogie de forme avec les œufs des Pigeons. Leur nourriture consiste en insectes, en graines et en nouvelles pousses d'herbes.

Le mâle diffère toujours de la femelle, et les jeunes, avant la première mue, portent une livrée qui les distingue des vieux. Leur mue est simple.

Les Gangas sont propres aux régions chaudes de l'ancien continent. L'une des deux espèces qui font partie de la Faune d'Europe, vit sédentaire et se reproduit dans la France méridionale.

Observation. — Wagler a distribué les dix ou douze espèces de Gangas connues en deux groupes : dans l'un sont celles à rectrices médianes prolongées en brins ; dans l'autre sont celles à queue simplement cunéiforme. Le prince Ch. Bonaparte, voyant un caractère générique dans cette simple différence, a fait du premier groupe un genre *Pteroclurus*, et a réservé le nom *Pterocles* au second. Pour ceux qui admettent en principe, à l'exemple du prince, que *les caractères ne font pas le genre*, ces divisions seront plus que motivées ; mais nous doutons qu'elles soient ratifiées par tous les ornithologistes.

Au moins faudrait-il qu'en l'absence de tout caractère organique on pût invoquer des différences caractéristiques soit d'habitudes, soit de plumage, etc. Or tous les Gangas ont exactement le même genre de vie ; tous pondent des œufs de même forme, à peu près de mêmes couleurs et en nombre très-restreint, et, chez tous, la distribution des couleurs du plumage et les couleurs mêmes ont les plus grands rapports. La différence que présente la queue des Gangas ne peut donc caractériser des genres, mais de simples groupes, tels que les a établis Wagler.

A — *Espèces chez lesquelles les deux rectrices médianes se prolongent en brins filiformes.*

292 — GANGA CATA — *PTEROCLES ALCHATA*
Licht. ex Linn.

Gorge noire (mâle) *ou blanche* (femelle) : *sur la poitrine, un large ceinturon roux, limité en haut et en bas par une bande noire ; sous-caudales blanches, variées de traits bruns et jaunes.*

Taille : 0ᵐ,27.

TETRAO CAUDACUTUS, J. G. Gmel. *Reise durch Sibirien* (1751-1752), p. 93.
TETRAO ALCHATA, Linn. *S. N.* (1766), t. I, p. 276.
BONASA PYRENAICA, Briss. *Ornith.* (1760), t. I, p. 195.
PTEROCLES SETARIUS, Temm. *Pig. et Gallin.* (1813-1815), t. III, p. 259.
TETRAO CHATA, Pall. *Zoogr.* (1811-1831), t. II, p. 73.
ŒNAS CATA, Vieill. *N. Dict.* (1817), t. XII, p. 418.
PTEROCLES ALCHATA, Licht. *Doub. Zool. Mus.* (1823), p. 64.
PTEROCLURUS ALCHATA, Bp. *C. R. de l'Acad. des Sc.* (1856), t. XLII, p. 880.
Buff. *Pl. enl.* 105 *mâle*, et 106 *femelle*, sous le nom de *Gélinotte des Pyrénées.*

Mâle adulte : Dessus de la tête, nuque, dos, scapulaires variés d'olivâtre, de jaunâtre, de roussâtre, de noirâtre et de noir, donnant lieu à quelques bandes transversales ; sus-caudales rayées en travers de noir et de jaunâtre ; gorge noire ; devant et côtés du cou d'un roux nuancé de cendré ; poitrine d'un roux orange, encadré par deux bandes noires formant un double collier ; abdomen, jambes et sous-caudales blancs, avec quelques barres transversales brunes et jaunes sur ces dernières ; tour des yeux noirâtre ; une bande de cette couleur derrière ces organes ; joues d'un roux jaunâtre ; couvertures supérieures des ailes d'un cendré olivâtre, avec les petites et les moyennes marquées obliquement de marron rouge, et terminées par une bordure jaune et brune, les grandes nuancées de jaunâtre et terminées de noir ; les rémiges primaires cendrées en dehors, brunes en dedans et noires sur les baguettes ; queue d'un cendré bleuâtre, avec la penne externe, de chaque côté, terminée et bordée de blanc en dehors ; les deux médianes noirâtres dans leur partie excédante, les autres rayées de jaune en dehors et terminées de blanc ; tarses couverts en devant de petites plumes piliformes blanches ; bec et ongles brun de corne ; doigts cendré bleuâtre ; iris brun.

Femelle adulte : Elle diffère sensiblement du mâle ; elle a les parties supérieures variées de bandes alternatives noires et rousses, avec des taches d'un brun olivâtre cendré sur le dos et les scapulaires ; la gorge blanche ; un large demi-collier noir sur le cou, suivi d'un autre d'un cendré nuancé de roussâtre ; le reste des parties inférieures comme dans le mâle ; les petites et moyennes couvertures supérieures des ailes d'un cendré bleuâtre, avec des bandes obliques rousses et noires, sous forme de petits croissants ; les deux plumes médianes aussi longues et aussi effilées que chez le mâle.

Jeunes avant la première mue : Leur taille est plus petite que celle des adultes et leur plumage est plus varié. Ils ont la gorge blanche, les joues, les côtés et le devant du cou tachetés de brun sur un fond roux-jaunâtre, la poitrine nuancée de grisâtre et de roussâtre, avec des taches et des zigzags bruns ; le dessus du corps nuancé de plus de cendré olivâtre ; les flancs, les jambes et l'abdomen relevés par des bandelettes dentelées jaunes et brunes.

Le Ganga Cata habite les déserts de l'Afrique, de l'Asie, le midi de l'Europe, et particulièrement l'Espagne, la Sicile, l'île de Chypre ; il est sédentaire en Provence, dans la plaine immense et aride de la *Crau ;* se montre aussi, dit-on, au pied des Pyrénées, et s'égare accidentellement dans nos départements septentrionaux. Un jeune mâle, en mue, tué aux environs de la Bassée, faisait partie du cabinet de feu Albert Alavoine.

Il niche à terre, dans un petit enfoncement, parmi les pierres et à l'abri d'un petit arbuste ou d'une touffe d'herbes. Sa ponte est de deux, trois, rarement quatre œufs, un peu plus oblongs que ceux des Pigeons et également obtus des deux bouts. Leur teinte générale est d'un gris roussâtre ou d'un fauve clair, et ils sont parsemés de taches irrégulières grandes et petites, et de traits déliés et courts, d'un brun roux ou d'un roux cendré plus ou moins vif. Ces taches sont quelquefois confluentes sur un des bouts de l'œuf ou vers le centre et forment alors couronne. Ils mesurent :

Grand diam. 0^m,045 ; petit diam. 0^m,030 à 0^m,032.

Le Ganga cata est un oiseau excessivement méfiant, farouche et difficile à aborder, à moins qu'il ne soit égaré. Cependant la captivité paraît adoucir son naturel sauvage, car ceux que l'on retient en volière se familiarisent bientôt avec la personne qui les soigne. Il vit en troupes une grande partie de l'année ; se nourrit de graines et de feuilles de diverses plantes sauvages, et appâte, dit-on, ses petits, pendant quelques jours après l'éclosion, en leur dégorgeant de la nourriture à la manière des Pigeons. M. Eversmann, qui a vu en Asie, dans la steppe entre Boukhara et Karaghata, de grandes volées de Ganga cata, dit que la voix de cet oiseau a de la ressemblance avec celle de la Corneille et du Corbeau. M. Crespon lui trouve de l'analogie avec l'aboiement d'un petit chien, et l'exprime par les syllabes *kaak, kaat, ka*, redoublées. Le même observateur avance qu'il se mêle quelquefois, l'hiver, à des bandes de Pluviers dorés ; qu'il s'ébat avec eux dans les airs, et qu'à l'époque des amours le mâle poursuit sa femelle en baissant la tête près de terre et en écartant les ailes. Il manifeste sa colère par les mêmes mouvements et en étalant la queue, qu'il tient relevée.

B — *Espèces chez lesquelles les deux rectrices médianes ne se prolongent pas en brins filiformes.*

295 — GANGA UNIBANDE — *PTEROCLES ARENARIUS*
Temm. ex Pall.

Gorge avec une tache triangulaire noire (mâle) *ou jaunâtre, sans tache* (femelle) ; *une seule bande noire sur le bas de la poitrine ; une large écharpe de même couleur sur l'abdomen ; sous-caudales noires, terminées de blanc.*

Taille : $0^m,30$.

Tetrao arenarius, Pall. *N. Com. Petrop.* (1774), t. XIX, p. 418.
Tetrao orientalis, Hasselq. *Reise n. Palœstina* (1762), p. 330.
Tetrao fasciatus, Desfont. *Mém. de l'Acad. des Sc.* (1787), p. 502.
Perdix aragonica, Lath. *Ind.* (1790), t. II.
Pterocles arenarius, Temm. *Pig. et Gallin.* (1813-1815), t. III, p. 240.
Œnas arenarius, Vieill. *N. Dict.* (1817), t. XII, p. 423.
Temm. et Laug. *Pl. col.* 354 et 360.

Mâle adulte : Tête, cou, poitrine et épigastre cendrés, faiblement lavés de rougeâtre ; plumes du dos et couvertures supérieures des ailes d'un roux ocreux, terminées par une large tache jaune et marquées longitudinalement par deux traits convergents d'un cendré bleuâtre ; bande d'un roux marron étendue des commissures à la nuque, en passant sur les régions parotiques où elle se dilate ; gorge en

partie couverte par une tache triangulaire noire ; bande pectorale
s'étendant d'une aile à l'autre ; ventre, jambes, abdomen, région anale,
d'un brun noir profond ; sous-caudales de même couleur, mais avec une
tache terminale blanche ; pli de l'aile blanchâtre ; rémiges d'un cendré
noirâtre, les secondaires bordées extérieurement et terminées de cendré ;
rectrices noires en dessous et tachées de blanc à l'extrémité, d'un cendré foncé en dessus et vermiculées transversalement de roux et de jaunâtre ; plumes qui couvrent les tarses et partie nue des pieds jaunâtres ;
bec noirâtre ; iris d'un brun foncé.

Femelle adulte : Gorge jaunâtre, sans tache triangulaire noire ; tête,
cou, poitrine, dos et couvertures supérieures des ailes d'un roux ocreux,
avec de nombreuses stries noires, longitudinales sur la tête et le cou,
transversales et en zigzag sur les autres parties ; haut du cou, en avant,
marqué d'une étroite bande transversale cendrée, que surmonte un
fin trait noir ; bande pectorale noirâtre et moins large que chez le
mâle ; épigastre d'un jaune d'ocre, sans tache ; le reste du plumage
comme chez le mâle, mais avec des teintes un peu plus affaiblies.

Le Ganga unibande habite les plaines arides et sablonneuses de l'Asie et de
l'Afrique.

Pallas, qui en a donné, le premier, une bonne description, l'a fréquemment
trouvé par paires et par bandes dans les déserts sablonneux situés entre le Don,
le Volga, l'Oural, la mer Caspienne et le Caucase. Suivant Temminck, il habiterait plusieurs contrées de l'Espagne, telles que le royaume de Grenade, l'Andalousie et d'autres provinces, et le marché de Madrid en serait abondamment
pourvu en hiver. Il est très-commun dans les États barbaresques ; se montre
assez fréquemment en Anatolie, dans l'île de Chypre, et s'égare quelquefois
jusqu'en Allemagne, où il a été tué dans le territoire d'Anhalt. M. Nordmann
le dit très-rare dans la Nouvelle-Russie ; mais il le serait moins dans les steppes
situées plus à l'orient et dans celles du Caucase. Il n'a pas encore été rencontré
en France.

Il niche à terre comme le précédent, et pond de deux à quatre œufs très-allongés, blanchâtres et sans taches, d'après Wagler. Ceux qui nous ont été
communiqués par M. Loche, qui les avait recueillis lui-même dans le Sahara
algérien, après avoir tué la mère à côté du nid, étaient, au contraire, d'un
fauve clair, avec des taches et des traits irréguliers d'un brun roux et d'un
brun cendré, et ressemblaient beaucoup à ceux du Ganga cata. Ils mesuraient :

Grand diam. 0^m,046 à 0^m,048 ; petit diam. 0^m,032 à 0^m,034.

Le Ganga unibande, ou des sables, se nourrit des graines de diverses Astra-
gales propres aux contrées qu'il habite. Trois fois par jour, le matin, à midi et
le soir, il quitte les déserts arides et se rend aux sources où il a coutume de se
désaltérer. On le voit alors franchir l'espace d'un vol lent et contenu, à la ma-

nière des Pigeons, et il pousse, en volant, des cris aigus, qui ne sont pas sans agrément.

SOUS-FAMILLE XLVII

SYRRHAPTIENS — *SYRRHAPTINÆ*

Hétéroclites, Less. *Ornith.* (1831).
Syrrhaptidæ, Nitzsch, *Pterylogr.* (1833).
Syrrhaptinæ, Bp. *B. of Eur.* (1838).

Bec grêle; tarses courts, complétement emplumés ainsi que la face supérieure des doigts; pouce nul.

GENRE CXL

SYRRHAPTE — *SYRRHAPTES*, Illig.

Tetrao, p. Pall. *Voy.* (1776).
Syrrhaptes, Illiger, *Prod. Syst.* (1811).
Nematura, Fischer, *Mém. Soc. Imp. Nat. Moscou* (1812).
Heteroclitus, Vieill. *Ornith. élém.* (1816).

Bec petit, mince, plus court que la tête, sub-conique, convexe, à mandibule supérieure voûtée, légèrement courbée à la pointe, à arête arrondie, entamant un peu les plumes du front; narines basales, latérales, obliques, surmontées par une membrane entièrement couverte de plumes; ailes allongées, étroites, pointues, à première rémige très-longue et terminée en brin filiforme flottant; queue médiocre, conique, composée de seize rectrices pointues au bout, les deux médianes se terminant en longs brins minces et effilés; tarses très-courts, robustes, entièrement couverts de plumes duveteuses; trois doigts en avant, plus courts que le tarse, épais, réunis par une forte membrane jusqu'à l'extrémité, qui est seule libre, emplumés jusqu'aux ongles en dessus, calleux en dessous; pouce nul; ongles obtus et larges.

Les Syrrhaptes ont non-seulement les formes générales, et jusqu'au système de coloration des Gangas, mais ils en ont aussi les habitudes. Ils se réunissent en troupes plus ou moins nombreuses; leur vie se passe dans les déserts sablonneux; leur vol est étendu et rapide, et leur ponte est réduite à un très-petit nombre d'œufs.

Le mâle porte un plumage un peu différent de celui de la femelle. Les jeunes, avant la première mue, sont inconnus. Leur mue est simple.

Une des deux espèces qui composent ce genre s'égare très-accidentellement en Europe.

294 — SYRRHAPTE PARADOXAL
SYRRHAPTES PARADOXUS
Licht. ex Pall.

Sus et sous-caudales terminées en pointe, les secondes presque aussi longues que les rectrices ; une bande transversale d'un châtain pourpre sur l'aile ; sur l'épigastre, en avant des jambes, une autre large bande en écharpe; barbes externes de la première rémige noires (mâle) *ou d'un brun roux* (femelle).

Taille : du bec à l'extrémité des rectrices latérales, $0^m,23$ *à* $0^m,24$ *; à l'extrémité des rectrices médianes,* $0^m,32$ *à* $0^m,33$.

TETRAO PARADOXA, Pall. *Voy.* (1776), édit. franç. in-8°, t. VIII Append. p. 54.

SYRRHAPTES PALLASII, Temm. *Pig. et Gallin.* (1813-1815), t. III, p. 282.

HETEROCLITUS TARTARICUS, Vieill. *N. Dict.* (1817), t. XIV, p. 453.

SYRRHAPTES PARADOXUS, Licht. in : Eversm. *Reise n. Buchara* (1823), p. 134, et *Doubl. Zool. Mus.* (1823), p. 66.

SYRRHAPTES HETEROCLITUS, Vieill. *Gal. des Ois.* (1825), 3ᵉ part. p. 64.

Temm. et Laug. *Pl. col.* 95.

Mâle adulte : Sommet de la tête et régions parotiques d'un gris clair, plus ou moins nuancé de roussâtre ; face, gorge, un trait de chaque côté de la tête, partant des yeux, une grande tache triangulaire lui faisant suite et une faible bande à la nuque, résultant de la rencontre des deux taches triangulaires, d'un jaune orange vif ; cette teinte devient de plus en plus foncée en descendant vers la partie inférieure de la gorge, où elle tourne au brun châtain, formant anneau ; dos, scapulaires et sus-caudales d'un gris jaunâtre foncé, variés de lunules noires, qui occupent l'extrémité des plumes ; devant du cou, haut de la poitrine d'un gris cendré, limité par un étroit ceinturon, coupant la poitrine d'une aile à l'autre, et formé par une succession de petites taches transversales noires, en forme de croissants, auxquelles fait suite un filet blanc qui borde l'extrémité des plumes ; poitrine, au-dessous de ce ceinturon, d'un gris jaunâtre unicolore, un peu plus mat et plus foncé que sur le dos ; sur l'épigastre, une large ceinture d'un brun noir, variée de taches jaunes, plus étroite sur les côtés qu'au centre, où elle s'étend vers la poitrine ; hypogastre, région anale, sous-caudales, plumes duveteuses qui recouvrent les tarses et les doigts d'un blanc pur ; couvertures supérieures des ailes d'un gris jaunâtre, les petites unicolores, les moyennes et les grandes tachées à l'extrémité, les premières, de noir, les secondes, de châtain pourpre ; première rémige complétement noire sur les barbes externes, à filet terminal noirâtre, d'un gris bleuâtre pâle ou gris cendré sur les barbes internes ; toutes les autres rémiges également d'un gris cendré, tournant au brun roux vers l'extrémité, avec le rachis noir et les barbes internes bordées de blanc pur ; rectrices d'un cendré foncé, blanches à la pointe, tachées de roux sur les barbes internes, la plus latérale, de chaque côté, extérieurement bordée de blanc, et les longs filets qui terminent les deux médianes, noirâtres ; bec et iris bruns ; ongles noirs.

Sous son *plumage de première année,* le mâle adulte diffère un peu des mâles plus vieux : ses teintes sont généralement moins franches, plus sombres ; le ceinturon est incomplet ; les taches des parties supérieures paraissent plus nombreuses, et le blanc pur des rectrices, des sous-caudales, de l'hypogastre, des plumes des tarses, est remplacé par du blanchâtre lavé de fauve. En outre, les prolongements filiformes de la première rémige et des deux rectrices médianes sont beaucoup plus courts : ainsi les premiers sont souvent à peine accusés et les derniers ont au plus 0^m,08 à 0^m,09, tandis qu'ils en mesurent 0^m,13 et 0^m,14 chez les individus plus âgés.

Femelle adulte : Dessus de la tête, régions parotiques d'un gris sale, avec des taches longitudinales noirâtres ; face, tache derrière les yeux, nuque et gorge d'un roux jaunâtre pâle, relevé par quelques tons plus foncés et par des stries brunes ; menton grisâtre ; dessus du cou, dos, croupion et sus-caudales d'un gris jaunâtre, plus terne et plus sombre que chez le mâle, et varié d'un très-grand nombre de petites taches transversales noires ; des taches plus étroites et de même couleur forment, au bas de la gorge, une sorte de demi-collier interrompu ; cou au-dessous de ce collier, haut de la poitrine parsemés de taches noires arrondies, en croissant et cordiformes, sur un fond gris vineux ; le reste de la poitrine d'un blanchâtre sans taches, très-faiblement lavé de vineux ; ceinture de l'épigastre variée de roux pourpré ; hypogastre, région anale, sous-caudales et tarses d'un blanchâtre fauve ; couvertures supérieures des ailes à peu près comme chez le mâle ; première rémige à barbes externes d'un brun roux clair, à filet terminal brun et beaucoup plus court que chez le mâle ; toutes les autres bordées de blanchâtre sur les barbes internes ; rectrices terminées de gris fauve clair, la plus latérale frangée extérieurement de la même teinte ; les deux médianes à filets d'un brun clair et longs au plus de $0^m,05$ à $0^m,06$.

Les *jeunes femelles* n'ont ordinairement pas de filet aux ailes, et ceux de la queue sont peu accusés.

Les *jeunes avant la première mue* sont inconnus.

Le Syrrhapte paradoxal paraît propre à l'Asie centrale. Le premier spécimen connu, celui que Pallas a décrit à l'Appendice de ses *Voyages dans plusieurs provinces de l'Empire de Russie et de l'Asie septentrionale*, avait été rencontré par Rytschkof dans les déserts sablonneux de la Tartarie australe. C'est aussi dans les steppes nues de la Boukharie que M. Eversmann l'a trouvé.

Alternativement admis et rejeté comme européen, le Syrrhapte fait aujourd'hui définitivement partie de notre Faune, à titre d'oiseau accidentellement de passage. Son apparition en Europe, si l'on veut considérer que l'espèce habite les steppes du Turkestan, dans le voisinage de la mer Caspienne, n'a du reste rien qui doive nous étonner. On conçoit qu'une perturbation atmosphérique, ou toute autre cause, l'obligeant à abandonner les contrées natales, il puisse, à l'aide de son vol puissant, franchir aisément l'espace qui sépare ces contrées de l'Europe. Quel que soit le motif qui le détermine à s'éloigner des steppes qu'il habite, toujours est-il qu'en 1863 le Syrrhapte a, en quelque sorte, inondé l'Europe entière. Il s'est montré isolément ou par bandes plus ou moins nombreuses, sur beaucoup de points de la Russie, de l'Allemagne, du Danemark, de la Hollande, de l'Angleterre, de la France, de la Suisse, etc. Dans les trois royaumes unis de la Grande-Bretagne, plus de cent individus ont été tués dans l'espace de deux mois. Les captures qui ont eu lieu en France n'ont pas été relevées, mais certainement leur chiffre n'est pas inférieur à celui qu'elles ont atteint dans l'Empire Britannique. Ce qu'il y a de certain, c'est que cet oiseau s'était répandu dans les grands bassins de la Seine, de la Loire, de la Gironde, du Rhône, et qu'il y a peu de nos anciennes provinces qui n'aient quelques captures à enregistrer. Il s'est même montré, dans plusieurs départements, notamment dans ceux de la Somme et de l'Aube, de juin en septembre ; on l'a vu en novembre près des Sables-d'Olonne, en Vendée, et le 9 février 1864, M. Molinet, imprimeur à Metz, abattait du même coup de fusil, au village d'Hauconcourt, sur les bords de la Moselle, un mâle et une femelle qui probablement étaient appariés.

Avant cette émigration extraordinaire, le Syrrhapte paradoxal avait fait, paraît-il, quelques rares apparitions en Europe. Ainsi, d'après le journal *l'Ibis* (1859, p. 471), un individu, faisant actuellement partie du Musée de Liverpool, a été tué en 1859 dans le canton de Norfolk. Cet individu, d'après l'auteur de l'article, appartenait probablement à la bande qui avait été vue, le 9 juillet, à Tremadoc, en Galles, et dont a parlé M. T. G. Moore dans le *Zoologist* (1859, p. 6725). Le même journal cite une autre capture faite dans le Jutland, en 1861. Enfin, dans un article sur quelques oiseaux exotiques, pris en Hollande, article publié dans le Recueil : *Natura artis magistra*, M. Schlegel parle de deux Syrrhaptes que l'on vit dans les dunes, près de Zandvoort, vers la fin d'août 1860. L'un des deux fut tué dans le commencement d'octobre : il fait aujourd'hui partie des collections de la Société Zoologique d'Amsterdam.

Le mode de reproduction du Syrrhapte est aujourd'hui bien connu. M. Middendorff confirme ce qu'en avait dit M. Eversmann. Le nid de cette espèce consiste en un trou creusé dans le sable, parmi quelques rares végétaux et garni au centre de quelques brins d'herbes sèches. La ponte est de quatre œufs exactement semblables pour la forme, la couleur du fond et des taches à ceux du Ganga cata. Ils sont roussâtres ou d'un fauve clair et partout tachés de brun roux et de roux cendré. D'après les spécimens figurés par M. Middendorff, ils mesurent :

Grand diam. 0ᵐ,040 à 0ᵐ,042; petit diam. 0ᵐ,027 à 0ᵐ,028.

Ce que l'on savait aussi de ses habitudes se réduisait à ceci : que sa marche était lente, pénible en apparence ; que malgré son vol rapide et élevé, il avait besoin de se reposer fréquemment, et qu'il cherchait dans les sables mouvants des steppes les petites graines dont il se nourrit. La dernière apparition de cet oiseau, en Europe, a enrichi son histoire de quelques faits intéressants que nous trouvons dans d'excellents mémoires qu'ont publiés chacun de leur côté MM. de Montessus (1), Altum et Bosse (2).

La petite troupe qui s'est montrée vers les premiers jours de juin 1863 aux environs de Châlons-sur-Saône, fréquentait de préférence les champs de colza. M. de Montessus a découvert dans l'estomac d'un mâle qui en faisait partie, beaucoup de graines de cette crucifère, et il pense que les petites semences trouvées par M. Darracq dans une femelle tuée le 3 juin, à Biscarolle (Landes), étaient de même nature. Les Syrrhaptes que M. Altum a observés dans l'île Borkum, recherchaient avec avidité la graine du *Lotus corniculatus*. M. de Montessus nous apprend encore que les individus qui s'étaient égarés près de Châlon-sur-Saône, ne paraissaient pas très-farouches ; ils avaient les allures de la Tourterelle, marchaient avec vivacité et presque aussi rapidement que la Perdrix grise, même lorsqu'ils n'étaient pas inquiétés ; seulement leurs pas étaient proportionnés à la brièveté de leurs jambes, c'est-à-dire courts. Les uns s'avançaient la queue basse ou horizontale ; d'autres, au contraire, la relevaient presque verticalement. Avant de prendre leur essor, et au moment du départ, ils poussaient ordinairement un cri aigu. « Ils s'élevaient comme un trait, presque perpendiculairement, à 10 mètres environ, puis, tout à coup, leur vol précipité, qui semblait devoir les emporter hors de la vue, s'arrêtait, et ils gagnaient la terre dans une direction voisine encore de la perpendiculaire. Dans l'état de repos, pendant la marche, pendant le vol même, ils étaient agglomérés, réunis en un groupe compacte. » La détonation d'une arme à feu les épouvantait médiocrement.

(1) *Revue et Magasin de Zoologie*, 1863, 2ᵉ série, t. XV, p. 393.
(2) *Journal für Ornithologie*, nᵒ de juillet 1863.

Une de leurs habitudes rappelle beaucoup ce que nous connaissons des
Gangas et des Perdrix. Selon M. Altum, lorsqu'une bande prend terre, tous les
individus qui la composent se tapissent, restent un moment immobiles, serrés
les uns contre les autres, et ne se mettent en mouvement qu'après s'être
assurés que rien ne les menace. Si, pendant qu'ils sont occupés à chercher
leur nourriture, les cris poussés par l'un d'eux signalent un danger, tous se rapprochent de nouveau et se blottissent.

D'après M. de Montessus, la chair du Syrrhapte paradoxal, intermédiaire,
par sa coloration, à celle de la Perdrix rouge et à celle de la Perdrix grise,
aurait un goût très-délicat, et rappellerait, par sa saveur, la chair de la
Gélinotte.

Dans les préjugés des Kirguis, l'oiseau réduit en poudre aurait des vertus
médicinales. Pallas nous apprend qu'ils le recommandent comme remède
contre la folie.

FAMILLE XXXI

TÉTRAONIDÉS — *TETRAONIDÆ*

TETRAONIDÆ, Leach, *Syst. Cat. M. and B. Brit. Mus.* (1816).

Arête de la mandibule supérieure dessinant une courbe régulière et bien prononcée, de la base au sommet, qui est infléchi
et dépasse notablement la mandibule inférieure ; queue courte,
généralement étroite ; sus et sous-caudales médianes couvrant
en très-grande partie les rectrices, en atteignant l'extrémité dans
beaucoup de cas et même la dépassant ; tarses épais, médiocrement allongés, vêtus ou nus.

La famille des Tétraonidés répond presque intégralement au grand genre
Tetrao de Linnée.

Si quelques-unes des espèces qui la composent ont une partie de la région
périophthalmique dénudée, aucune n'a la tête ornée de caroncules charnues,
ni les joues nues sur un grand espace. Elles se distinguent encore par une
queue courte, peu développée en largeur, et dont les couvertures, aussi bien
du dessus que du dessous, atteignent, chez la plupart, l'extrémité des rectrices
et la dépassent même.

Presque tous les Tétraonidés vivent par petites familles une grande partie de
l'année, et sont, les uns polygames, les autres monogames. Tous nichent à
terre et pondent un grand nombre d'œufs. Les baies, les fruits, les graines, les
bourgeons, les herbes, les insectes, entrent dans leur alimentation. A quelques

exceptions près, ils sont sédentaires, et tandis que les uns habitent les hautes montagnes, où ils bravent, au milieu des neiges, les rigueurs de l'hiver, les autres ne fréquentent que les plaines basses ou les coteaux des régions tempérées et chaudes. Tous ont une chair excellente.

Observation. — La famille des Tétraonidés, en ne tenant compte ici que des espèces européennes, varie dans ses limites, selon les auteurs. Pendant que les uns y admettent les Tétras, les Lagopèdes, les Gélinottes, les Francolins, les Perdrix, les Cailles, les Gangas, etc., qu'ils subdivisent toutefois en *Tetraoninæ,* en *Perdicinæ* et en *Pteroclinæ ;* les autres n'y comprennent que les trois premiers genres et élèvent au rang de famille les *Perdicinæ* et les *Pteroclinæ.* Si les Gangas, sur lesquels repose principalement cette dernière division, diffèrent assez des autres Tétraonidés, par leurs habitudes, leurs mœurs, leurs caractères organiques , pour qu'on puisse les considérer comme types de familles, il n'en est plus tout à fait de même des Perdrix, des Francolins, etc. Ceux-ci se distinguent assez peu des Tétras pour qu'on doive ne pas les comprendre dans la même division. Les uns et les autres ont la même fécondité, les mêmes formes massives, le même vol lourd, bruyant, peu étendu. Des tarses vêtus chez les uns, nus chez les autres, et quelques autres particularités peu importantes sont les seuls caractères qui les différencient et sur lesquels la plupart des auteurs ont fait reposer les deux sous-familles que nous adoptons.

SOUS-FAMILLE XLVIII

TÉTRAONIENS — *TETRAONINÆ*

PLUMIPEDES, p. Vieill. *Ornith. élém.* (1816).
TETRAONINÆ, G. R. Gray, *List Gen. of B.* (1841).

Plumes du front s'avançant très-avant sur la mandibule supérieure et recouvrant les narines; tarses emplumés, dans une étendue variable; généralement, un espace nu au-dessus des yeux.

GENRE CXLI

LAGOPÈDE—*LAGOPUS*, Briss.

TETRAO, p. Linn. *S. N.* (1735).
LAGOPUS, Briss. *Ornith.* (1760).
OREIAS, Kaup, *Nat. Syst.* (1829).

Bec court, garni de plumes à peu près jusqu'au milieu de la

mandibule supérieure ; narines basales, oblongues, entièrement cachées par les plumes du front ; au-dessus des yeux une petite bande charnue et papilleuse ; ailes courtes, arrondies, sub-obtuses ; queue courte, arrondie, composée de quatorze rectrices ; tarses et doigts emplumés ; ongles larges, obtus, creusés en dessous.

Les Lagopèdes sont principalement caractérisés par les plumes décomposées qui couvrent les doigts en dessus, ce qui donne à leurs pieds une certaine ressemblance avec ceux du Lièvre. Ce caractère, qui leur a valu le nom générique qu'ils portent, est cependant un peu variable. Quelques espèces, et peut-être toutes, le perdent momentanément. Pendant le mois de juillet, leurs doigts se dépouillent ; mais, vers la fin d'août, de nouvelles plumes les couvrent déjà.

L'épais duvet qui protège leur corps permet à ces oiseaux d'habiter les régions glaciales des plus hautes montagnes de l'Ancien et du Nouveau Continent. Ils semblent confinés dans ces régions, et, s'ils en descendent, ce n'est que temporairement et dans des cas d'extrême urgence, par exemple, lorsque la trop grande accumulation des neiges y rend la vie impossible. Mais il est très-rare que dans ces déplacements, occasionnés par le besoin, ils descendent jusque dans les plaines.

Les Lagopèdes sont sociables, vivent en familles et demeurent réunis par troupes plus ou moins nombreuses, depuis le mois de septembre jusqu'en avril ou mai. A cette époque, ils se séparent par couples : ils sont donc monogames. Le mâle fait alors entendre, le matin, le soir et quelquefois durant la nuit, des cris d'appel bruyants, auxquels la femelle répond par des cris plus faibles, qui rappellent un peu le caquetage de nos jeunes poules. Ceux des mâles qui n'ont pu trouver de femelle se réunissent et se recherchent comme font les mâles Perdrix. D'ailleurs, ces deux genres d'oiseaux ont sous le rapport des mœurs et des habitudes plus d'un point de ressemblance.

C'est à terre que nichent les Lagopèdes. Leur nid consiste en un creux circulaire d'environ 0^m,20 de diamètre. La ponte n'a régulièrement lieu qu'une fois dans l'année, et le nombre d'œufs varie de sept ou huit à douze. Les petits naissent couverts d'un duvet brun, noir et jaunâtre ; quittent le nid après l'éclosion, et suivent leurs père et mère. Leur accroissement est prompt.

Les Lagopèdes se nourrissent de baies, de fruits, de bourgeons, de feuilles de diverses plantes et arbustes, de lichens et d'insectes. Leur chair, celle des jeunes surtout, est excellente et fort estimée.

L'âge et la saison apportent de grands changements dans les couleurs du plumage des Lagopèdes. A l'exception de l'espèce d'Ecosse, qui paraît conserver en tout temps sa robe d'été, ou ne la perdre que très-partiellement, toutes les autres prennent, l'hiver, un plumage blanc et ont, l'été, une livrée diversement colorée. Ces changements s'opèrent à l'aide de mues. Les auteurs n'en ont généralement admis que deux : une de printemps, donnant la robe de

noces; une autre d'automne, produisant celle d'hiver. M. l'abbé Caire a signalé
chez le Lagopède de nos Alpes une troisième mue qui commence vers le milieu
d'août pour finir vers la mi-septembre. Durant ce court espace de temps l'oiseau revêt un plumage qui n'est ni celui d'été, ni celui d'hiver, mais qui par-
ticipe plus ou moins de l'un et de l'autre. Les tarses, les rectrices et les rémiges
ne subissent qu'une mue.

Observations. — 1° M. Kaup (*Naturl. System der Europ. Thierwelt*, 1829,
p. 170), considérant, sans doute, que le *Lagopus scoticus* conserve, en toutes
saisons, à peu près le même plumage, tandis que les autres espèces portent,
l'été, une livrée différente de celle de l'hiver, a établi sur ce seul fait, pour le
Lagopus scoticus, une coupe particulière sous le nom de *Oreias*. Peu de naturalistes ont jusqu'ici partagé sa manière de voir, et nous ne pensons pas que le
genre ou sous-genre *Oreias* soit jamais sérieusement adopté.

2° Des cinq espèces de Lagopèdes mentionnés par Temminck dans la quatrième partie de son *Manuel d'Ornithologie*, trois seulement sont authentiques,
le *Tetrao brachydactylus* ne différant pas du *Lagopus albus*, et le *Tetrao Islandorum*, comme l'ont reconnu MM. Schlegel, Keyserling et Blasius, n'étant qu'une
variété à bec un peu plus fort du *Lagopus mutus*.

Le prince Ch. Bonaparte qui, en 1850 (*Rev. crit.* p. 173), faisait *Islandorum*
synonyme de *mutus*, a admis en 1856 (*Cat. Parzudoki*, p. 13), mais avec un
point de doute, un *Lagop. Islandorum* distinct du *Lagop. mutus*. Il a également
admis comme européen, toujours avec un point de doute, le *Lagop. Reinhardti*
(Brehm) : le *Lagop. Islandorum*, nous le répétons, est une espèce purement nominale; et il n'est pas démontré que le *Lagop. Reinhardti* (en le supposant bien
établi, ce qui est loin d'être), ait été rencontré en Europe. Ni l'un ni l'autre
n'est donc à conserver.

293 — LAGOPÈDE D'ÉCOSSE — *LAGOPUS SCOTICUS*
Bp. ex Briss.

(Type du genre *Oreias*, Kaup.)

*Rémiges brunes ; rectrices noirâtres, terminées de brun roux ;
plumage, en toutes saisons, plus ou moins vermiculé de roussâtre
et de noir; tarse gris.*

Taille : 0ᵐ,43 à 0ᵐ,44.

BONASA SCOTICA, Briss. *Ornith.* (1760), t. I, p. 199.
TETRAO SCOTICUS, Lath. *Ind.* (1790), t. II, p. 641.
LAGOPUS SCOTICUS, Leach, *Syst. cat. M. and B. Brit. Mus.* (1816), p. 27.
OREIAS SCOTICUS, Kaup, *Natur. Syst.* (1829), p. 177.
TETRAO SALICETI SCOTICUS, Schleg. *Rev. crit.* (1844), p. 76.
Gould, *B. of Eur.* pl. 252.

Mâle adulte, en été : Parties supérieures d'un noir plus ou moins
foncé, varié de taches rousses et roussâtres à la tête, au cou, de lignes

transversales vermiculées, en zigzag, au cou, au croupion et aux sus-caudales ; devant et côtés du cou, d'un brun rouge marron ; parties inférieures du corps d'un marron moins vif, avec de nombreux zigzags noirs à la poitrine, sur les flancs, les sous-caudales, et des taches noires et blanches au milieu du ventre ; plumes des jambes, des tarses et des doigts variées de blanc et de brunâtre ; membrane papilleuse du sourcil, dentelée, d'un rouge vermillon, saillante et élevée ; bord libre des paupières et une petite tache sur les côtés de la mandibule inférieure blancs ; quelques points blanchâtres sur le capistrum ; joues colorées comme les côtés du cou ; ailes variées comme le dos, avec les rémiges brunes ; rectrices également brunes, excepté les quatre médianes qui sont d'un roux marron rayé transversalement de noir ; pieds garnis de plumes piliformes d'un gris blanchâtre ; bec noir ; iris brun-noisette ; ongles cendrés.

Mâle adulte, en hiver : Membrane papilleuse du sourcil moins étendue, moins rouge ; chez les vieux individus, souvent des plumes blanches, plus ou moins nombreuses, se montrent au cou, sous les ailes, au milieu du ventre, aux cuisses, aux tarses et aux doigts.

Femelle adulte : Un peu plus petite ; teintes moins pures ; taches rousses de la tête et du cou tirant sur le jaune ; membrane papilleuse du sourcil très-peu étendue ; dos et croupion variés de grandes taches noires ; flancs marqués de quelques raies transversales blanches.

Jeunes avant la première mue : Plumage plus foncé en dessus qu'en dessous, avec les plumes variées de taches et de raies irrégulières rousses et jaunâtres sur le dos et les ailes, sous forme de bandes au cou et sur les parties inférieures ; abdomen cendré ; rémiges secondaires terminées de blanchâtre et les rectrices de roussâtre.

A la sortie de l'œuf, ils sont couverts de duvet touffu, roussâtre, un peu lavé de cendré en dessous, avec le vertex brun, nuancé de roux vif, les côtés de la tête variés de noir profond ; le dessus du corps tacheté de noirâtre ; les rémiges naissantes brunes, bordées et terminées de roussâtre ; les tarses longs, vêtus, ainsi que les doigts, de plumes piliformes roussâtres et brunâtres ; bec brun de corne ; ongles pointus, d'une teinte brun de corne clair.

Variétés : Cette espèce se présente quelquefois avec un plumage entièrement blanc, ou taché de blanc par plaques plus ou moins grandes et plus ou moins nombreuses. M. Selby rapporte que l'on a vu pendant quelques années, sur les terrains marécageux de Blanchland, dans le comté de Durham, une variété blanche ou d'un jaune brillant, tachée plus ou moins de brun foncé et de noir. L'acharnement que l'on a mis à sa poursuite, pour se la procurer, l'a anéantie avant qu'elle ait eu le temps de se multiplier, ce qu'elle aurait fait selon toute probabilité.

Le Lagopède rouge ou d'Ecosse est exclusivement propre à la Grande-Bretagne : son habitat ne s'étend pas au delà des trois Royaumes unis. Il abonde dans les parties montagneuses et couvertes de bruyère du nord de l'Angleterre ; vit en très-grand nombre sur les hautes terres de l'Écosse, et se trouve aussi dans les districts montagneux, au sud du pays de Galles, dans les fondrières et les marais de l'Irlande.

Il s'accouple de bonne heure, surtout lorsque l'hiver n'a pas été très-rigoureux ; niche sous une touffe de bruyère ou sous un buisson ; creuse, à cet effet, une petite cavité dans le sol, dont il garnit les bords avec quelques brins secs d'herbes et de bruyère, et pond, presque à nu, de huit à douze œufs, généralement d'un fauve rougeâtre ou d'un jaunâtre clair, et plus ou moins couverts de nombreux petits points et de taches irrégulières et confluentes d'un brun foncé ou noires. Ils mesurent :

Grand diam. 0ᵐ,042 à 0ᵐ,045 ; petit diam. 0ᵐ,030 à 0ᵐ,032.

La femelle seule couve. Le mâle, tant que dure l'incubation, n'abandonne pas les environs du nid et, après l'éclosion, se joint à la mère pour guider les petits et veiller sur eux. L'hiver, plusieurs familles se réunissent et forment alors de grandes troupes.

Ce Lagopède se nourrit des sommités tendres des bruyères, de bourgeons, de baies et de graines de divers arbrisseaux. Il est très-estimé comme gibier, et l'objet de chasses meurtrières. La quantité que l'on en tue en août et septembre dans les hautes terres de l'Ecosse est considérable ; aussi l'espèce finirait peut-être par disparaître, si des lois protectrices ne limitaient ces chasses à un temps très-court.

Le Lagopède d'Ecosse paraît supporter la captivité plus patiemment que ses congénères : on en a même vu qui se sont reproduits en volière.

296 — LAGOPÈDE BLANC — *LAGOPUS ALBUS*
Vieill. ex Gmel.

Rémiges blanches, les six premières à rachis brun cendré ; rectrices noires, terminées de blanc ; plumage, en été, varié de roux, de jaune et de noir, blanc en hiver ; ongles très-peu arqués, blanchâtres ; point de bande noire sur les lorums, en aucune saison et dans aucun sexe.

Taille : 0ᵐ,39 à 0ᵐ,41. .

TETRAO LAGOPUS, p. Linn. *Faun. Suec.* (1761), p. 73.
TETRAO ALBUS et LAPPONICUS, Gmel. *S. N.* (1788), t. I, p. 750.
TETRAO CACHINNANS, Retz. *Faun. Suec.* (1800), p. 210.
TETRAO SALICETI, Temm. *Man.* (1815), p. 295.

LAGOPUS ALBUS, Vieill. *N. Dict.* (1817), t. XVII, p. 203.

TETRAO SUBALPINUS, Nilss. *Ornith. Suec.* (1817), t. I, p. 307.

LAGOPUS SALICETI, Richards. *Faun. Bor. Amer.* (1831), t. II, p. 351.

TETRAO BRACHYDACTYLUS, Temm. *Man.* (1840), 4ᵉ part. p. 328.

Nilsson, *Skand. Faun.* pl. 6 *a, mâle* ; pl. 7, *femelle,* l'un et l'autre en plumage d'été.

Gould *B. of Eur.* pl. 255.

Mâle, vers le milieu du printemps : Tête et cou d'un roux châtain, varié, en dessus, d'un grand nombre de petites taches noires ; bas du cou, en arrière et sur les côtés, vermiculé de noir et de roussâtre ; dos blanc, mélangé de plumes noires ondulées de roux ; sus-caudales rousses et noires, à l'exception des grandes qui sont blanches ; gorge, plumes ciliaires, plumes qui recouvrent les narines, poitrine, abdomen région anale, sous-caudales, jambes et duvet des tarses d'un blanc pur ; couvertures supérieures des ailes blanches, avec quelques-unes d'entre elles variées de noir et de roux ; rémiges blanches, les six les plus extérieures à rachis brun ; rectrices blanches à la base et à l'extrémité, noires dans le reste de leur étendue ; doigts, en dessus, couverts de duvet jusqu'aux ongles ; bec brun de corne foncé ; iris brun foncé ; ongles bruns sur les bords, blanchâtres à la pointe ; espace papilleux au-dessus de l'œil d'un rouge vif et s'élevant en membrane dentelée.

Mâle en plumage parfait de noces : Tête, cou et poitrine d'un roux marron ou d'un roux de rouille, s'affaiblissant un peu à la gorge et sur les joues, avec des taches noires au vertex et à la nuque, des stries, quelques taches punctiformes et de fines bandes transversales noires sur la poitrine ; dos, scapulaires, croupion, sus-caudales, couvertures moyennes des ailes variées de nombreuses raies transversales, vermiculées, noires, rousses et blanches ; petites couvertures supérieures, les plus proches du bord de l'aile, rémiges et abdomen blancs ; région anale et jambes d'un blanc roussâtre ; sous-caudales d'un roux ferrugineux, avec des taches noires et la pointe blanche ; rectrices comme dans la livrée précédente, mais d'un noir nuancé de roux ; tarses couverts, en avant, de plumes duveteuses d'un blanc sale, nus en arrière ; doigts nus.

Femelle au printemps : Tête et cou d'un roux de rouille, varié de taches noires, principalement à l'occiput et à la nuque où le noir domine sur le roux, qui ne se présente plus que par petites taches ; dos, croupion, sus-caudales variés de stries et de bandes transversales, onduleuses, blanchâtres, noires, rousses et jaunâtres ; poitrine, flancs, sous-

caudales roussâtres, variés de plumes rayées transversalement de jaune
et de noir ; abdomen blanc ; quelques-unes des couvertures supérieures
de l'aile vermiculées de noir et de roussâtre ; rémiges, rectrices, tarses
et doigts comme chez le mâle à la même époque.

Le plumage d'été diffère peu de celui du printemps. Mais, dans cette
saison, la partie postérieure des tarses et les doigts sont nus.

La femelle se distingue encore du mâle par une taille de $0^m,01$ environ moins grande ; par des ailes un peu plus courtes, et par la bande
nue au-dessus des yeux moins étendue.

Mâle et femelle en automme et en hiver : Plumage d'un blanc pur,
avec les rectrices noires, à base et pointe blanche ; le rachis des six rémiges les plus extérieures brun ; les tarses entièrement vêtus, ainsi
que la partie supérieure des doigts ; le bec noir ; les ongles bruns seulement à la base, blanchâtres dans le reste de leur étendue, et la bande
nue au-dessus des yeux plus étroite.

Jeunes, quelques jours après l'éclosion : Parties supérieures du
corps variées de noir et de roux ferrugineux, avec quelques petites taches
blanchâtres aux couvertures supérieures des ailes ; rémiges d'un gris
brun, les primaires variées et lisérées extérieurement de roux pâle,
les secondaires largement bordées en dehors de roux plus foncé ; rectrices irrégulièrement variées de nombreuses taches noires et d'un
roux de rouille ; plumes duveteuses des tarses et des doigts d'un roussâtre pâle.

Vers le milieu du mois d'août la mue leur a fait presque revêtir la livrée de la femelle au printemps ; mais ils ont encore les quatre ou cinq
premières rémiges brunes et variées de roux sur les barbes externes,
et leurs doigts sont à demi vêtus. Après le mois d'août, la mue étant
complète, ils ressemblent aux adultes.

Nota : Le plumage de cette espèce non-seulement varie du printemps
à l'été, mais encore d'individu à individu : l'on peut dire qu'aucun n'est
absolument semblable. C'est ce qui explique les différences que présentent entre elles les descriptions que les auteurs donnent.

Le Lagopède blanc, que l'on nomme aussi Lagopède subalpin, habite le
nord de l'Europe et de l'Amérique, principalement la Laponie, la Suède et
la Norwége, où il est très-commun.

Il se reproduit en mai ; niche à terre, parmi les buissons, et pond de huit à
douze œufs d'un gris fauve, d'un blanc jaunâtre ou rougeâtre, couverts de
points noirs et de taches de même couleur, les unes grandes, les autres petites, très-irrégulières et généralement confluentes. Ils mesurent :

Grand diam. 0^m,040 à 0^m,041 ; petit diam. 0^m,029 à 0^m,030.

Il vit sur les plateaux humides, et se plaît surtout dans les bois de bouleau blanc et de bouleau nain. Quelquefois il s'engage dans les forêts. Sur les Alpes scandinaves, il ne s'élève pas au-dessus de la limite des bouleaux : jamais on ne le rencontre au sommet nu des montagnes. Le mâle, à l'époque des amours, fait entendre des cris d'appel qui ressemblent à des éclats de rire. Dans la même saison, lorsqu'il prend son vol, ou qu'il est effrayé, il pousse parfois aussi les mêmes cris. Ceux de la femelle sont plus faibles, plus plaintifs, et c'est en les imitant que les chasseurs attirent les mâles.

Cette espèce se nourrit de baies, de feuilles, de bourgeons et de graines. Sa chair est excellente.

297 — LAGOPÈDE MUET — *LAGOPUS MUTUS*
Leach ex Martin

Rémiges blanches, à rachis noirâtre ; rectrices noires, terminées de blanc ; plumage, en été, varié de gris brun, de jaunâtre et de noir, blanc en hiver ; ongles bien arqués, noirâtres ; à toutes les saisons, une bande noire couvrant les lorums et s'étendant en arrière des yeux, chez le mâle, jamais chez la femelle.

Taille : 0^m,35 à 0^m,36.

Tetrao lagopus, *Var. alpina, minor,* Linn. *Faun. Suec.* (1761), p. 73.
Lagopus, Briss. *Ornith.* (1760), t. II, p. 216.
Tetrao mutus, Martin, *Act. Soc. Physiogr. Lond.* (1776), t. I, p. 153.
Lagopus mutus, Leach, *Syst. Cat. M. and B. Brit. Mus.* (1816), p. 27.
Tetrao alpinus. Nilss. *Ornith. Suec.* 1817, t. I, p. 311.
Lagopus vulgaris, Vieill. *N. Dict.* (1817), t. XVII, p. 199.
Tetrao islandorum, Faber, *Prodr. Island. Ornith.* (1822), p. 6.
Lagopus montanus, Brehm, *Hand. Nat. Vög. Deuts.* (1831), p. 516.
Lagopus alpinus, Nilss. *Skand. Faun.* (1835), t. II, p. 98.
Tetrao rupestris, Jenyns. *Man. Brit. Vert. Anim.* (1835), p. 171.
Buff, *Pl. enl.* 129, *femelle* en plumage d'hiver ; — 494, *femelle,* prenant le plumage d'été, sous le nom de *Gelinotte blanche ou Lagopède.*

Mâle adulte, en été : Parties supérieures d'un cendré nuancé de roussâtre, avec des bandes transversales noires, en zigzag sur la tête et le cou, des raies de même couleur, très-nombreuses et ondulées au dos, aux scapulaires, au croupion et aux sus-caudales ; gorge, devant et côtés du cou, poitrine et flancs d'un brun noir velouté, varié de fauve et de cendré ; abdomen, sous-caudales, jambes, plumes duveteuses des tarses et des doigts d'un blanc pur ; bande noire étendue du bec au-dessus de la région parotique en passant par l'œil ; quelques-unes des couvertures supérieures des ailes, parmi celles qui sont le plus rapprochées du corps, de la couleur du dos, les autres blanches ; rémiges blanches, à rachis noirâtre ; rectrices blanches à la base et à l'extrémité, noires dans le reste de leur étendue ; bec noir ; ongles bruns de corne ou noirâtres ; iris brun ; espace papilleux au-dessus de l'œil d'un rouge vif et s'élevant en membrane dentelée.

Femelle adulte, en été : Teintes générales plus rousses que chez le mâle, avec le dessus de la tête et du cou plus noir ; le dos, le croupion, les sus-caudales, la poitrine et les flancs plus variés de noir et de jaunâtre ; l'abdomen, la région anale, les jambes et les plumes des tarses et des doigts blancs, et les sous-caudales jaunâtres, tachées transversalement de noir. Point de bande noire à travers l'œil, et l'espace nu au-dessus de cet organe peu développé.

Mâle adulte, en hiver : Tout le plumage d'un blanc pur, à l'exception de la bande noire qui, du bec, s'étend un peu au-dessus de la région parotique en passant par l'œil ; rémiges et rectrices comme en été ; duvet qui couvre les tarses et les doigts plus long et plus épais ; espace nu au-dessus de l'œil moins étendu.

La *femelle adulte, sous son plumage d'hiver*, ne se distingue du mâle que par l'absence de la bande noire à travers l'œil et par une taille plus petite.

Nota : M. l'abbé Caire (1) a constaté que les deux sexes, à l'état adulte, revêtaient vers la fin de l'été, et pour un mois ou un mois et demi environ, une troisième livrée tout aussi complète que celles de printemps et d'hiver, et résultant, comme elles, non de l'usure des plumes, mais d'une mue qui commencerait dans la dernière quinzaine d'août et serait achevée à la mi-septembre. De cette époque jusque vers le milieu d'octobre, commence la mue qui produit la livrée d'hiver. Le plumage foncé et usé du printemps serait remplacé, chez le mâle, par un plumage d'un gris blanchâtre, couvert de nombreux zigzags blancs à la poitrine, sur les flancs, au cou et sur le dos ; chez la femelle, par un plumage d'un gris roussâtre, avec des bandes noires et rousses, plus étroites et plus fines que celles que présente la livrée d'été.

Jeunes avant la première mue : Leur plumage a quelque rapport avec celui de la femelle, en été : il est vermiculé transversalement de fines bandes irrégulières, grises, noires et roussâtres.

Lorsqu'ils viennent d'éclore, ils sont couverts d'un duvet épais, va-

(1) *Revue et Magasin de Zoologie*, 2ᵉ série, 1854, t. VI, p. 694.

rié de gris, de brunâtre et de jaunâtre en dessus, et d'un blanc jaunâtre en dessous.

Le Lagopède muet, qu'on nomme aussi Lagopède alpin, Lagopède ptarmigan, habite principalement les hautes montagnes du centre et du nord de l'Europe. Il est abondant sur les Alpes de la Scandinavie, de la Laponie, de la Suisse et de la Savoie. En France, on le trouve communément, sur les Pyrénées, sur la chaîne des Hautes et Basses-Alpes, sur les montagnes élevées du Dauphiné et accidentellement, vers la fin de l'automne, sur celles de la Provence. Il a été tué cinq, ou six fois à notre connaissance, tant dans les bois de Bormes que dans ceux de la Sainte-Baume.

Il entre en amour vers la fin de mai ; niche en juin ; établit son nid à terre, soit à l'abri d'un rocher, soit sous un buisson, dans une touffe d'herbes ou de bruyères ; le garnit intérieurement de quelques feuilles sèches, de racines déliées et de brins d'herbe, et pond de huit à dix œufs au plus, comme l'ont constaté Nilsson et M. l'abbé Caire. Ces œufs varient beaucoup, quant à la teinte générale, à la forme et au nombre des taches. Le fond de la coquille est ou roux-jaunâtre (couleur nankin) comme dans les œufs des Tétras et des Gélinottes, ou d'un brun roussâtre clair, ou d'un blanc jaunâtre, ou d'un blanc presque pur. Cette dernière variété est la plus rare de toutes ; la plus commune est celle à fond jaunâtre plus ou moins intense. Les uns sont finement pointillés de brun noirâtre et présentent de rares taches de même couleur, petites, isolées et généralement rondes ; les autres sont couverts de points et de très-petites taches noires, très-rapprochées, se confondant par groupes, et dissimulant, en grande partie, le fond de la coquille ; sur d'autres, ces taches, auxquelles se mêlent toujours de petits points, sont larges, confluentes, à bords très-accidentés et produisent de grandes plaques noires ; d'autres enfin n'ont, vers le milieu, qu'une zone de taches grandes et petites, les extrémités étant presque unicolores, ou le paraissant, tant les points y sont rares et fins. Ils mesurent :

Grand diam. 0^m,042 à 0^m,046 ; petit diam. 0^m,030 à 0^m,031.

Ce Lagopède vit, l'été, dans les régions les plus élevées des Alpes, sur la limite des neiges éternelles, et descend, l'hiver, dans les régions moyennes. Il paraît préférer les lieux rocailleux et presque nus, à ceux qui sont couverts de bois. A l'époque des amours ou lorsque quelque chose l'effraye et le force à prendre son vol, le mâle fait entendre des cris sonores et rauques, qui rappellent le coassement de la Grenouille rousse ou muette (*Rana temporaria*). Ceux de la femelle sont très-faibles. Celle-ci couve avec tant d'ardeur qu'on peut la prendre sur ses œufs, comme l'a fait M. Necker, sans qu'elle cherche à fuir. Après l'éducation des jeunes, plusieurs familles se réunissent et forment alors de grandes troupes.

Le Lagopède alpin se nourrit de diverses sortes de baies, de feuilles, de bourgeons de plantes alpines, notamment de serpolet, de vaccinier ponctué, etc. Sa chair est bonne, mais moins estimée que celle de ses congénères.

GENRE CXLII

TÉTRAS — *TETRAO*, Linn.

Tetrao, Linn. *S. N.* (1735).
Lagopus, p. Briss. *Ornith.* (1760).
Urogallus, Scopoli, *Introd. ad Hist. Nat.* (1777).
Lyrurus, Swains. *Faun. Bor. Amer.* (1831).

Bec épais, moitié de la longueur de la tête, garni de plumes à peu près jusqu'au milieu de la mandibule supérieure, qui est fortement fléchie à la pointe, en forme de crochet; narines basales couvertes par les plumes du front; au-dessus des yeux, une large bande charnue, papilleuse; ailes courtes, arrondies, sub-obtuses; queue médiocre, de forme variable, composée de dix-huit rectrices; tarses emplumés jusqu'aux doigts; ceux-ci nus et pectinés sur les bords; ongles évasés à la pointe, obtus, creusés en dessous.

Les Tétras vivent dans les grandes forêts des contrées montagneuses. Ils sont pulvérateurs à la manière des Poules. Ordinairement ils se tiennent à terre, mais on les voit aussi sur les arbres. Ils y montent, la nuit, pour y prendre du repos; durant le jour, ils y cherchent un refuge contre l'ennemi qui les poursuit, et, à l'époque des amours, les mâles, pour appeler les femelles, perchent souvent sur les branches basses. Leur vol est bruyant, lourd, court, mais rapide; leur marche aisée et grave; leur course légère.

Ils sont polygames et très ardents en amour. A l'époque de la reproduction, les désirs violents qui les dominent les aveuglent et les rendent aussi imprudents qu'ils sont, d'ordinaire défiants, et farouches. Les femelles accourent à la voix des mâles et se préoccupent si peu des dangers, qu'on en a vu se laisser prendre à la main, dans un de leurs moments d'extase; les mâles, de leur côté, sont dans une excitation telle qu'ils n'aperçoivent souvent pas l'ennemi qui va les surprendre. Après le rapprochement, les femelles s'isolent. Les mâles, de leur côté, vivent solitaires ou se réunissent plusieurs ensemble dans le même canton, et laissent aux femelles le soin d'élever les petits.

Les Tétras se nourrissent de baies et de fruits de plusieurs arbrisseaux, de bourgeons de pins, de sapins, de graines, de vers et d'insectes. Leur chair est généralement estimée.

Le mâle et la femelle ont un plumage très-différent. La livrée des jeunes a de grands rapports avec celle de la femelle. Leur mue est simple.

Observations. — 1° Pour la plupart des ornithologistes, le genre *Tetrao* de Linné, dont on a successivement retiré les Lagopèdes, les Gélinottes, etc., ne renferme plus, comme espèces européennes, que le *Tetrao urogallus* et le *Tetrao tetrix* ; quelques auteurs n'y admettent même que l'*urogallus* et font du *tetrix*, à l'exemple de Swainson, le type d'un genre particulier, sous le nom de *Lyrurus*. Si l'on a eu raison de séparer les Lagopèdes et même les Gélinottes des vrais Tétras, on est moins fondé, ce nous semble, à établir deux coupes distinctes sur les *Tetrao urogallus* et *tetrix*. La forme en lyre de la queue du dernier est le seul caractère que l'on puisse prendre en considération, et il est loin d'être fondamental, puisqu'il n'existe d'une manière manifeste que chez le mâle : il ne saurait, par conséquent, quoi qu'on en ait dit, devenir générique et n'est pour nous qu'un simple caractère de groupe.

2° De l'alliance fortuite du mâle *Tetrao tetrix* avec la femelle soit du *Tetrao urogallus*, soit du *Lagopus albus*, naissent des produits mixtes dans lesquels quelques ornithologistes ont vu des espèces distinctes. Mais les recherches des naturalistes du Nord notamment celles de Nilsson, ont fixé l'opinion à ce sujet, et les espèces que l'on avait établies sont considérées aujourd'hui comme de purs hybrides. Le genre *Tetrao* n'est donc représenté en Europe que par l'*urogallus* et le *tetrix*.

A — *Espèces dont la queue, chez le mâle et la femelle, est arrondie à l'extrémité.*

298 — TÉTRAS UROGALLE — *TETRAO UROGALLUS*
Linn.

Rectrices médianes plus longues que les latérales ; sous-caudales blanches à l'extrémité et moins longues que les rectrices ; point de tache blanche sur les ailes.

Taille très-variable non-seulement de mâle à femelle, mais d'individu à individu : $0^m,70$ *à* $0^m,90,$ *et même* 1^m *(mâle) ; et* $0^m,55$ *à* $0^m,65$ *(femelle).*

TETRAO UROGALLUS, Lin. *S. N.* (1766), t. I, p. 274.
UROGALLUS MAJOR, Briss. *Ornith.* (1760), t. I, p. 186.
TETRAO CRASSIROSTRIS, Brehm, *Handb. Nat. Vög. Deuts.* (1831), p. 504.
Buff. *Pl. enl.* 73, *mâle* ; 74, *femelle*, sous les noms de *Coq* et *Poule de bruyère.*

Mâle adulte : Tête, cou, excepté la gorge, haut du dos, croupion et sus-caudales d'un noir cendré bleuâtre, varié et rayé de zigzags gris cendré ; gorge noire ; poitrine d'un vert foncé à reflets bleus et violets ; abdomen noir-bleuâtre, tacheté de blanc au milieu et sur les côtés du ventre ; sous-caudales noires, terminées de blanc pur ; une plaque nue, papilleuse, d'un rouge vif au-dessus des yeux ; scapulaires et couvertures supérieures des ailes d'un brun parsemé de nombreuses petites taches roussâtres, presque toutes réunies en zigzag, quelquefois cendrées vers l'extrémité des plumes ; rémiges brunes, moins foncées en dehors ; queue noire, marquée, en dessus et en dessous, de taches et de traits blancs se dessinant en forme d'arc de cercle, en dessus, lorsqu'elle est étalée ; jambes et tarses couverts de plumes brunes, décomposées, filamenteuses, quelquefois variées de blanc ; bec brunâtre à la base, blanchâtre dans le reste de son étendue ; doigts bruns, écailleux en dessus, pectinés sur les bords ; iris brun clair.

Femelle adulte : Parties supérieures rayées de roux, de noir, de cendré et de blanc ; parties inférieures d'un roux clair à la gorge et au cou ; d'un roux ardent à la poitrine, moins foncé à l'abdomen ; avec des bandes transversales noires et brunes et d'autres blanches sur les flancs, le bas-ventre et les sous-caudales ; ailes brunes, avec les petites et moyennes couvertures supérieures terminées de taches rousses, dont quelques-unes en zigzag et les grandes terminées de blanc ; rémiges brunes, avec des bordures, en dehors, formées de taches roussâtres ; queue noirâtre, barrée de larges bandes roux de tan et terminée par une bordure blanchâtre ; plumes des jambes et des tarses cendrées, avec des taches brunâtres et des barres transversales sur les premières parties ; bec brun de corne en dessus et blanchâtre en dessous.

Jeunes avant la première mue : Ils ressemblent aux femelles, dont ils diffèrent seulement par les bordures des plumes, qui sont moins rousses en dessus, et par les parties inférieures qui sont rayées de noirâtre, à la poitrine comme au ventre.

Après la mue , le mâle offre le plumage qui lui est propre, mais il est terne, incomplet ; le vert foncé de la poitrine est moins étendu, moins reflétant, et l'on voit çà et là des plumes du premier âge : ce n'est qu'après la seconde mue ou la troisième qu'il a tout son éclat.

Variétés accidentelles : Le plumage de cette espèce offre quelques variétés. Nilsson dans son *Ornithologia Suecica* cite les quatre suivantes : 1° Un mâle, dont la région antérieure du dos était blanche, parsemée de taches rousses finement ondulées de brun ; la région postérieure noire, avec quelques plumes blanches ; l'abdomen et la queue tachés de blanc , et les jambes blanchâtres ; 2° un autre mâle de petite taille, d'un gris cendré, plus foncé à la tête et au cou que sur le reste du corps ; 3° une femelle, dont les parties supérieures, d'un rouge de brique sale, offraient de rares bandes transversales blanches, et dont les parties inférieures étaient ondulées de blanchâtre et de rouge de brique ; 4° une autre femelle entièrement d'un blanchâtre sale, nuancé de brun.

Ces variétés se distinguent toujours, par la forme arrondie de la queue, de celles de l'espèce suivante, et des hybrides que produit l'accouplement fortuit du *Tetrao urogallus* femelle ou du *Lagopus albus*, avec le *Tetrao tetrix* mâle.

Nota : Les femelles de *Tetrao urogallus* dont la ponte est éteinte soit par l'âge, soit par l'atrophie accidentelle des ovaires, prennent en vieillissant, comme les Poules faisanes, un plumage plus ou moins semblable à celui des mâles. Quelques faits de ce genre ont été constatés.

Le Tétras urogalle, grand Tétras ou Tétras auerhan habite plusieurs des contrées montueuses et boisées de la France, de la Belgique, de l'Allemagne, de la Suisse, de la Suède, de la Laponie, de la Russie, de la Sibérie et de l'Écosse.

Il est beaucoup plus rare qu'autrefois en France, et paraît même avoir disparu de certaines localités où jadis il abondait. Ainsi, il est fort douteux qu'il existe encore sur les hautes montagnes de l'Auvergne, et, cependant, au commencement du siècle on le voyait, d'après Delarbre, à la Noriche et à la Catelade près d'Oliergues ; dans les bois de Menet, en haute Auvergne, et dans ceux du Mont-Dore. Aujourd'hui on ne le trouve plus que sur les hautes montagnes du Jura, des Vosges et des Pyrénées.

Il entre en amour en avril. La femelle court avec ardeur au-devant des mâles ; elle s'isole, lorsqu'elle est fécondée, établit son nid sous une broussaille, et pond de huit à douze œufs jaunâtres ou roussâtres, tantôt marqués de points isolés d'un brun roux, très-petits, peu nombreux, auxquels se mêlent d'autres points un peu plus gros, mais très-rares et de même couleur ; tantôt partout pointillés et couverts de taches les unes très-petites, les autres un peu plus grandes mais punctiformes, d'un brun roux et d'un gris roussâtre. Ils mesurent :

Grand diam. 0ᵐ,035 à 0ᵐ,058 ; petit diam. 0ᵐ,041 à 0ᵐ,043.

Le grand Tétras se plaît dans les épaisses forêts de pins et de sapins ; se nourrit, l'hiver, des bourgeons de ces arbres, de ceux du bouleau et de quelques autres arbustes, de baies de genévrier et même de graines du *Pinus cembra* ; l'été, il mêle à ces substances des insectes, des boutons de fleurs alpestres, les fruits des ronces, du framboisier sauvage, les baies de myrtille, etc.

B — *Espèces dont la queue est fourchue, les quatre rectrices les plus extérieures, surtout chez le mâle, étant beaucoup plus longues que les médianes et contournées en dehors.*

299 — TÉTRAS LYRE — *TETRAO TETRIX*
Linn.

(Type du genre *Lyrurus*, Swains.)

Rectrices médianes plus courtes que les latérales; sous-caudales entièrement blanches (mâle) *ou blanches, bordées de roux* (femelle) *et au moins aussi longues que les rectrices médianes; une grande tache blanche sur les rémiges.*

Taille variable : 0ᵐ,54 *à* 0ᵐ,65 (mâle) *et* 0ᵐ,42 *à* 0ᵐ,46 (femelle).

TETRAO TETRIX, Linn. *S. N.* (1766), t. I, p. 274.
UROGALLUS MINOR, Briss. *Ornith.* (1760), t. I, p. 186.
UROGALLUS TETRIX, Kaup, *Nat. Syst.* (1829), p. 180.
LYRURUS TETRIX, Swains. *Faun. Bor. Amer.* (1831), p. 497.
Buff. *Pl. enl.* 172, *mâle*; 173, *femelle*, sous le nom de *Coq de Bruyère à queue fourchue.*

Mâle adulte : Tête, cou, haut du dos, croupion et sus-caudales d'un bleu métallique à reflets violets ; milieu du dos brun, avec les plumes reflétantes ; parties inférieures d'un noir à reflets bleus et verdâtres sur la poitrine ; sous-caudales d'un blanc pur, quelques-unes dépassant la queue ; une membrane papilleuse d'un rouge vif au-dessus des yeux ; ailes brunes, avec l'extrémité des petites couvertures supérieures des ailes à reflets bleuâtres ; une grande barre blanche coupant obliquement les grandes couvertures ; rémiges primaires moins foncées en dehors, les secondaires terminées par un liséré blanchâtre ; queue noire, très-fourchue, les quatre pennes les plus externes, de chaque côté, beaucoup plus longues que les autres et contournées en dehors ; plumes des jambes filamenteuses, brunes et blanches, celles des tarses duveteuses, brunes et piquetées de blanc ; bec noir ; doigts bruns.

Femelle adulte : Un peu moins grosse ; parties supérieures rousses, avec des raies transversales noirâtres à la tête et au cou ; des bandes et des taches de même couleur, au dos, au croupion et aux sus-caudales ; parties inférieures roussâtres à la gorge, rousses à la poitrine et sur les flancs, avec des bandes noires nombreuses ; abdomen brun-noirâtre, avec des bandes rousses, grises et blanchâtres ; sous-caudales, les plus petites d'un blanc pur, les plus longues d'un blanc barré de brun et de roux ; ailes variées comme le dos, avec des taches blanches, formant deux bandes transversales et les grandes rémiges brunes

et tachetées de blanchâtre en dehors ; queue noire, barrée transversalement de roux, carrée dans la plus grande partie de sa largeur, les
quatre pennes les plus latérales, de chaque côté, un peu plus longues
que les autres, non contournées ; point de sous-caudales qui dépassent
la queue comme dans le mâle ; plumes des jambes d'un brun varié de
roux et de blanc, celles des tarses piliformes, tachetées de brun et de
roux ; bec brun de corne ; iris brun ; doigts comme ceux du mâle.

Jeunes avant la première mue : Ils ressemblent aux femelles, mais
les bordures des plumes sont plus grisâtres, les grandes couvertures
des ailes, les rémiges et les rectrices sont terminées de blanc. A cet âge
les deux sexes portent le même plumage ; mais les mâles se distinguent des femelles par les sous-caudales : chez les premiers elles sont
presque toutes blanches et quelques-unes dépassent le milieu de la queue,
comme dans les adultes ; chez les dernières elles sont d'un blanc nuancé
de roux et barrées de noir ; il n'y en a pas qui dépassent la queue.

Après la première mue, les jeunes mâles portent un plumage qui
diffère de celui des mâles adultes par des teintes plus ternes, et par des
stries ou de fines bordures grisâtres et roussâtres sur quelques-unes des
plumes de la tête, du cou, de la poitrine, des ailes, du dos. Quelquefois des plumes du premier âge se trouvent mêlées à celles qu'a
produites la mue. Au printemps, la mue ruptile détruit les bordures
et donne plus d'éclat au plumage, qui devient parfait à la deuxième
mue.

A la sortie de l'œuf, les jeunes sont couverts d'un duvet épais, d'un
roux marron sur la tête et le dos avec quelques bandes noirâtres à la
nuque, sur les côtés de la tête, au milieu du dos, et d'un brun jaunâtre aux parties inférieures.

Variétés accidentelles : Le plumage de cette espèce est sujet à varier comme celui de la précédente. Nilsson fait mention d'un mâle à
teinte générale d'un brun cendré, avec le bas-ventre et la bande oblique de l'aile blancs ; et d'une femelle blanche, variée, en dessus, de
quelques traits onduleux brunâtres, à plumes des jambes blanchâtres,
ondulées de bandes d'un brun terne.

Hybrides. Le mâle Tétras lyre, à défaut de femelle de son espèce, s'accouple
avec celle de sa congénère ou du Lagopède blanc. Les auteurs anglais citent
même plusieurs exemples de son union avec la Poule du *Phasianus colchicus.*
M. Will. Thompson a consacré dans le *Magazin of Zool. and Botany* (1837,
t. 1, p. 450) une notice aux produits de cette union. Les hybrides provenant de
l'alliance du *Tetrao tetrix* mâle avec le *Tetrao urogallus* et le *Lagopus albus*

femelles, assez communs et connus depuis fort longtemps, ont été bien étudiés
par Nilsson, qui signale les principales variétés suivantes :

A — *Hybrides ayant pour père le* Tetrao tetrix *et pour mère le*
Tetrao urogallus.

TETRAO HYBRIDUS, Linn. *Faun. Suec.* (1761), p. 72.
TETRAO TETRIX, Var. γ. Gmel. *S. N.* (1788), t. I, p. 748.
TETRAO INTERMEDIUS, Langsdorff, *Mém. Ac. de Saint-Pétersb.* (1811), t. III, p. 386.
TETRAO MEDIUS, Meyer, *Magaz. Ges. Nat. Freunde zu Berlin* (1811), p. 337.
Nilsson, *Skand. Faun.* pl. 4 *a.*
Naum. *Nat. Deuts. Neue Ausg.* pl. 156, *mâle* et *femelle.*

Mâle : Tête et cou d'un noir bleuâtre à reflets ; dos, scapulaires et
couvertures supérieures des ailes noirs, variés de roussâtre ; sus-caudales tachées de roussâtre et bordées de blanc à l'extrémité ; abdomen
noir, nuancé çà et là de blanc ; sous-caudales noires, avec la pointe
blanche ; rémiges brunes, à baguette blanchâtre ; les primaires variées
de blanc et de roux de rouille sur les barbes externes, les secondaires
blanches et maculées de brun de la base au milieu, ensuite tachées de
roux et bordées de blanc à l'extrémité ; rectrices noires, terminées de
blanc, à l'exception des deux médianes ; plumes des tarses d'un gris
brun, strié de blanc; bec d'un noir bleuâtre ; au-dessus des yeux une
petite bande nue papilleuse rouge ; plumes de la gorge plus longues que
chez le *Tetrao tetrix*, mais plus courtes que chez le *Tetrao urogallus*,
queue bifurquée, avec les rectrices les plus extérieures quelquefois
contournées en dehors ; taille à peu près égale à celle de la femelle du
Tetrao urogallus.

Autre mâle adulte: Tête, cou, dos, croupion et poitrine d'un noir
à reflets orangés et pourprés ; sus-caudales noires, terminées par un liséré blanc ; abdomen d'un noir mat ; bas-ventre d'un blanc sale ; sous-
caudales, les plus petites d'un blanc pur, les plus grandes noires et
terminées de blanc ; une plaque blanche au pli de l'aile ; celle-ci d'un
brun noirâtre, parsemé de petites taches roussâtres peu apparentes,
rassemblées en zigzags, avec les grandes couvertures supérieures terminées de blanc ; rectrices noires, les deux médianes bordées de blanc
à l'extrémité. (Collect. Degland.)

Femelle : Semblable à celle du *Tetrao tetrix*, dont elle ne diffère
que par une taille plus forte.

Les *jeunes, avant la première mue*, ressemblent à la femelle. Les mâles prennent le plumage qui les distingue, à la mue.

Cet hybride, dont les couleurs sont si variables qu'il est difficile de rencontrer deux individus à peu près semblables, est assez fréquent dans les localités où le Tétras urogalle et le Tétras lyre abondent et vivent ensemble. C'est surtout en Suède qu'on le trouve. On le rencontre aussi, mais accidentellement, en Allemagne et en Suisse.

B — *Hybrides ayant pour père le* Tetrao tetrix *et pour mère le* Lagopus albus.

TETRAO CANUS ? Gmel. *S. N.* (1788), t. I, p. 753.

Mâle : Dessus de la tête, du cou et collier noirs, tachetés et pointillés de blanc et de gris ; dos brun, finement ondulé de blanc ; couvertures supérieures des ailes blanches et relevées par des taches brunes, striées de blanc ; toutes les parties inférieures blanches, variées de taches noires, formant presque des bandes transversales au-devant du cou et sur l'abdomen ; tarses et doigts couverts d'un duvet blanchâtre ; bec noir ; queue fourchue ; taille du *Tetrao tetrix* mâle. (Thunberg, *Wetl. Ac. Handl.* pl. III.)

Autre mâle : Parties supérieures du corps comme chez le Tétras lyre, mais variées, sur le cou, de taches blanches confluentes ; ailes, poitrine et abdomen blancs, tachés de noir ; sus-caudales noires, avec l'extrémité blanche ; sous-caudales d'un blanc pur, excepté à la pointe, qui est noire ; rectrices noires, les deux médianes blanches au bout ; tarses et doigts couverts d'un duvet blanchâtre ; bec noir ; au-dessus des yeux une bande nue et rouge ; queue moins fourchue que celle du *Tetrao tetrix ;* taille du précédent. (Sparmann, *Mus carls.* t. III, p. 61.)

Nota : Ce qui distingue ces hybrides des variétés accidentelles de l'espèce, c'est qu'ils n'ont pas comme celle-ci, la queue profondément échancrée, et que les rectrices latérales sont très-peu contournées en dehors. On les trouve assez communément dans les régions septentrionales de l'Europe, là où le Tétras lyre et le Lagopède blanc vivent en nombre à côté l'un de l'autre.

Le Tétras lyre, connu aussi sous les noms de petit Coq de bruyère, Tétras

Birkan, habite les régions boisées et montueuses de la Suède, de la Norwége, de l'Allemagne, de la Suisse, de la Pologne, de l'Écosse, de la Hollande, de la France; mais il fréquente aussi le pays plat, et vit dans les vastes plaines couvertes de bruyères et de genévriers, du Jutland, du Holstein, du Hanovre, de Lunebourg, et, chose plus singulière, il séjourne toute l'année, selon M. Nordmann, dans les steppes nues de la Nouvelle-Russie.

Son habitat, en France, paraît plus étendu que celui du Tétras urogalle. Du reste, l'espèce est chez nous bien plus nombreuse.

Il entre en amour de bonne heure et s'accouple en mars et avril. Les mâles se disputent la possession des femelles. Celles-ci s'isolent après qu'elles ont été fécondées, et travaillent à leur nid, qui consiste en une petite cavité creusée sous un buisson, sous une touffe de bruyère et garnie de quelques brins d'herbe. La ponte est de huit à douze œufs, qui sont ou d'un blanc très-faiblement lavé de jaunâtre, ou d'un jaunâtre, sale ou d'un roux jaunâtre plus ou moins intense. En général, ils sont assez régulièrement parsemés de points d'un brun roux ou d'un roux de rouille; les uns très-petits, les autres un peu plus grands, auxquels se mêlent, par-ci, par-là, de rares taches de même couleur. Quelquefois les taches et les points sont à moitié effacés et ont des bords très-chagrinés. On rencontre enfin des variétés dont le fond est entièrement couvert de très-petites maculatures punctiformes et peu visibles, d'un roussâtre pâle. Ils mesurent :

Grand diam. 0^m,048 à 0^m,051 ; petit diam. 0^m,034 à 0^m,037.

Cette espèce se nourrit, selon la saison, de bourgeons, de feuilles tendres d'arbres et d'arbustes alpestres, de baies de génévrier, d'oseille, de mûres, de framboises sauvages, d'insectes, d'œufs de fourmis et de diverses semences. Sa chair, surtout dans la première moitié de l'automne, est excellente, et généralement plus estimée que celle du grand Tétras.

GENRE CXLIII

GÉLINOTTE — *BONASA*, Steph.

Tetrao, p. Linn. *S. N.* (1735).
Lagopus, p. Briss. *Ornith.* (1760).
Bonasa, Steph. in : Shaw, *General Zool. Aves.* (1819).
Bonasia, Bp. *B. of Eur.* (1838).
Tetrastes, Keys. et Blas. *Wirbelth.* (1840).

Bec médiocre, presque droit, garni de plumes à peu près jusqu'au milieu de la mandibule supérieure, qui est peu recourbée à l'extrémité; narines basales, latérales, couvertes par les plumes du front; au-dessus des yeux, un étroit espace nu; ailes courtes, arrondies, sub-obtuses; queue médiocre, arrondie, composée de seize rectrices; tarses aux deux tiers ou à moitié seulement emplumés; doigts nus, pectinés sur les bords; ongles allongés, obtus, creusés en dessous; plumes du vertex allongées et formant une petite huppe.

Les caractères qui isolent les Tétras des Lagopèdes en séparent aussi les Gélinottes, et celles-ci se distinguent des Tétras par un bec plus droit, moins recourbé à l'extrémité, et par la partie inférieure des tarses nue.

Les Gélinottes habitent les contrées alpestres, couvertes de bois, de bruyères. Leurs mœurs, leurs habitudes participent de celles des Tétras et des Lagopèdes: comme les premiers, elles se tiennent ordinairement dans l'épaisseur des forêts, et perchent souvent sur les arbres; comme les seconds, elles sont monogames.

Leur nourriture consiste en fruits, en baies, en bourgeons de plusieurs arbustes, et en insectes.

Le mâle et la femelle ne diffèrent pas beaucoup sous le rapport du plumage. Leur mue est simple.

300 — GÉLINOTTE DES BOIS — *BONASA SYLVESTRIS* G. R. Gray ex Brehm.

Plumes du ventre allongées et formant une petite huppe; une grande tache sur le méat auditif; parties supérieures variées de taches onduleuses; une large bande noire vers le bout de la queue; gorge noire (mâle) *ou blanchâtre* (femelle).

Taille : 0^m,36 à 0^m,37.

Tetrao bonasia, Linn. *S. N.* (1766), t. I, p. 275.
Bonasa, Briss. *Ornith.* (1760), t. I, p. 191.
Tetrao nemesianus et betulinus, Scop. *Annus I. Hist. Nat.* (1769), p. 118 et 119.
Bonasia sylvestris, Brehm, *Handb. Nat. Vög. Deuts.* (1831), p. 513.
Tetrao bonasia, Keys. et Blas. *Wirbelth.* (1840), p. 64.
Bonasa sylvestris, G. R. Gray, *List. Gen. of B.* (1841), p. 80.
Bonasia betulina, Bp. *Cat. Parzud.* (1856), p. 13.
Buff. *Pl. enl.* 174, *mâle*; 175, *femelle*.

Mâle adulte : Parties supérieures roussâtres, variées de petites taches grises à la tête, de taches transversales noires sur le corps; gorge noire, encadrée par une bande blanche qui prend naissance à la base de la mandibule supérieure, et s'élargit, sous forme de taches, au-devant du cou; une partie du cou, haut de la poitrine et flancs roux, avec les plumes terminées de brun; celles des flancs sont, en outre, tachetées de blanc; plumes abdominales noires à leur partie moyenne et blanches à leur extrémité ; bas-ventre blanc ; sous-caudales brunes et rousses dans leurs trois quarts supérieurs et blanches dans le reste de leur étendue ; quelques taches blanches derrière l'œil ; une partie du capistrum de cette couleur ; méat auditif brun ; ailes d'un roussâtre cendré, avec des taches d'un noir brunâtre et blanchâtres ; les rémiges brunes et d'un roussâtre tacheté de brunâtre en dehors ; queue cendrée, variée de zigzags noirs ; toutes les rectrices, excepté les deux médianes, traversées, vers l'extrémité, par une large bande noire, et terminées par une bordure cendrée ; tarses couverts par devant et sur les côtés de plumes soyeuses brunes et blanchâtres, jusqu'à leur tiers inférieur inclusivement ; bec, doigts et iris bruns.

Femelle adulte : Moins grande, colorée comme le mâle en dessus, mais avec des teintes moins foncées et des taches longitudinales à la tête ; point de noir à la gorge, celle-ci blanchâtre ; poitrine moins rousse ; blanc de l'abdomen tirant sur le roux ; bande transversale noire de la queue d'une teinte moins profonde, variée de grisâtre ; la bordure cendrée, tachetée de brun.

Les *jeunes, avant la mue,* ont un plumage plus terne et plus varié de brun que celui des adultes. Après la mue, les jeunes mâles se distinguent des vieux par les bordures grisâtres qui éteignent la vivacité de leurs couleurs ; par des taches blanches, plus abondantes, aux parties inférieures, et par la bordure terminale de la queue, qui est d'un gris brun.

A la sortie de l'œuf, les jeunes sont couverts d'un épais duvet, d'un jaunâtre uniforme aux parties inférieures, d'un jaunâtre très-faiblement rembruni aux parties supérieures, qui sont, en outre, variées de gris brun et de roux.

La Gélinotte habite les Alpes de l'Europe septentrionale et centrale.

En France, elle est assez abondante sur celles du Dauphiné, de la Savoie, sur les hautes montagnes des Vosges, sur les Basses-Alpes, les Pyrénées ; elle est plus rare dans les Ardennes, et se montre accidentellement en Auvergne, dans les Monts-Dores.

Elle niche sous une touffe de bruyère, de fougère, de coudrier, sous un épais buisson ; garnit son nid de brins d'herbes, de feuilles sèches, de racines ; et pond de dix à quinze œufs d'un roux jaunâtre clair, varié de points et de quelques taches d'un brun roux, tantôt abondants et très-petits, tantôt plus gros, mais bien moins nombreux. Du reste, les œufs de la Gélinotte sont ceux du Tétras urogalle et du Tétras lyre, sous de plus petites dimensions. Ils mesurent :

Grand diam. 0m,036 à 0m,038 ; petit diam. 0m,027 à 0m,028.

La Gélinotte se plaît dans les grands bois de pins, de sapins, de bouleaux, dans les taillis de coudriers, de hêtres. Lorsqu'elle est poursuivie, elle cherche un refuge sur les arbres ou dans les fourrés les plus sombres. Le mâle s'associe fréquemment à la femelle pour guider les petits et veiller sur eux.

La nourriture de cette espèce consiste en baies de myrtille, de framboisier, de ronces, de sorbiers; en bourgeons de pins, de sapins, de bouleaux ; en sommités de diverses plantes ou arbustes alpestres ; en insectes et en graines, lorsqu'elle en rencontre.

Sa chair est des plus estimées.

SOUS-FAMILLE XLVIII

PERDICIENS — *PERDICINÆ*

Nudipedes, p. Vieill. *Ornith. élém.* (1816).
Perdicinæ, G. R. Gray, *Gen. of B.* (1841).

Plumes du front ne s'avançant pas ou s'avançant peu sur la mandibule supérieure ; narines découvertes ; dessus des yeux emplumé.

Les Perdiciens se distinguent des Tétraoniens par leurs tarses et leurs doigts nus ; ils s'en distinguent aussi par quelques-unes de leurs habitudes. A quelques exceptions près, ils ne vivent point sur les hautes montagnes, et préfèrent aux régions froides que semblent rechercher les Tétraoniens, les régions chaudes et tempérées.

GENRE CXLIV

TÉTRAGALLE. — *TETRAOGALLUS*, J. E. Gray

Tetrao, p. Gmel. *S. N.* (1788).
Tetraogallus, J. E. Gray, *Ill. Ind. Zool.* (1833-1834).
Lophophorus, Jameson, *Journ. l'Institut* (1835).
Chourtka, Motschoulski, *Bull. Soc. Imp. Nat. Moscou* (1835).
Megaloperdix, Brandt, *Bull. Phys. et Mat. Acad. Saint-Pétersb.* (1843).

Bec robuste, allongé, large à la base, à bord de la mandibule supérieure onduleux, à sommet régulièrement arqué de la base à la pointe ; narines basales, latérales, percées en demi-cercle et surmontées d'une caroncule renflée, qu'entourent les plumes du front ; ailes sub-aiguës ; queue ample, arrondie, composée de dix-huit à vingt-deux rectrices ; tarses médiocrement allongés, robustes, pourvus d'un éperon chez le mâle ; doigts courts, épais, le médian à peu près aussi long que le tarse, ongles courts et larges ; les plus grandes des scapulaires atteignant presque l'extrémité des rémiges primaires ; plumes des flancs étroites, allongées.

Les Tétragalles, dont les formes ramassées et trapues rappellent celles des autres Perdiciens, ont encore des rapports avec ceux-ci par leurs tarses nus et éperonnés comme chez la plupart d'entre eux.

On ne connaît presque rien de leur histoire ; on sait seulement qu'ils vivent sur les sommets couverts de neige des grandes chaînes du Caucase et de l'Himalaya, dans des régions, par conséquent, où il est difficile de les atteindre et de les observer.

L'espèce suivante est généralement admise parmi les oiseaux d'Europe.

501 — TÉTRAGALLE CASPIEN
TETRAOGALLUS CASPIUS
Bp. ex S. G. Gmel.

Dix-huit pennes à la queue ; gorge blanche, encadrée de chaque côté par une bande cendrée qui descend des joues ; rectrices cendrées à la base, rousses à l'extrémité, d'un brun glacé de cendré dans le reste de leur étendue.

Taille : 0^m,60 (mâle) ; 0^m,52 à 0^m,54 (femelle).

Tetrao caspius, S. G. Gmel. *Voy.* (1752), t. IV, p. 67, pl. 10.

Perdix caspia, Lath. *Ind.* (1790), t. II, p. 655.

Tetrao caucasica, Pall. *Zoogr.* (1811-1831), t. II, p. 76, pl. (sans n° d'ordre).

Perdix alpina, Fischer de Wald. *N. Mém. Soc. Imp. Nat. Moscou* (1835), t. IV, p. 240.

Chourtka alpina, Motschoulski, *Bull. Soc. Imp. Nat. Moscou* (1839), t. I, p. 94.

Tetraogallus caucasicus, G. R. Gray, *Proc. Zool. Soc.* (1842), t. X, p. 105.

Perdix (*Megaloperdix*) caucasica, Brandt, *Bull. Phys. Mat. Acad. Saint-Pétersb.* (1843), t. I, p. 278 ; et (1845), t. III, p. 188.

Tetraogallus caspius, Bp. *C. R. de l'Acad. des Sc.* (1856), t. XLII, p. 882.

Mâle adulte : Dessus de la tête et du cou d'un gris cendré, un peu plus foncé latéralement que sur la ligne médiane ; parties supérieures finement vermiculées et pointillées de noir et de roussâtre, avec une tache longitudinale d'un roux jaunâtre sur le bord externe de la plupart des scapulaires et des couvertures supérieures des ailes ; croupion et sus-caudales vermiculés et pointillés de gris brun et de jaunâtre, avec les plumes extérieures, ainsi que les plus grandes des sus-caudales, lavées de roux à l'extrémité ; espace entre le bec et l'œil, et un trait sourcilier s'étendant au-dessus des oreilles, d'un blanc lavé de roussâtre ; région parotique d'un cendré clair, passant au blanc ; côtés du cou parcourus par deux bandes parallèles, l'une, blanche, descendant des régions parotiques ; l'autre, cendrée, prenant naissance aux joues et encadrant le blanc de la gorge et du devant du cou ; haut de la poitrine d'un cendré blanchâtre, relevé par des taches ovalaires d'un noir pâle ; bas de la poitrine, partie antérieure de l'abdomen et flancs vermiculés et piquetés de noir et de blanc roussâtre ; la plupart des plumes des flancs et de l'abdomen, portent, en outre, de chaque côté, une longue tache roux-marron, extérieurement bordée par une étroite bande noire ; partie postérieure de l'abdomen, région anale, jambes, cendrées et vermiculées de roux pâle ; sous-caudales blanches ; rémiges blanches à la base ; les primaires, d'un brun cendré, la plupart des secondaires d'un brun tiqueté de roussâtre à l'extrémité ; rectrices d'un brun cendré, extérieurement lavées de roussâtre et variées de traits irréguliers plus pâles, d'un roux marron à l'extrémité, avec des traits interrompus noirâtres ; espace nu derrière les yeux d'un rouge orange ; pieds d'un gris jaunâtre ; bec et ongles noirs.

Femelle adulte : Taille plus petite que celle du mâle et point d'ergot aux tarses. Dessus de la tête et du cou d'un gris brun, passant insensiblement au roux marron vers le bas de la nuque, tiqueté et pointillé de blanc jaunâtre et de noir au vertex ; parties supérieures vermiculées et pointillées de brun et de jaunâtre, avec une tache longitudinale blanche sur la plupart des plumes du dos, et une tache d'un roux jaunâtre, moins grande que chez le mâle, sur la plupart des scapulaires et des couvertures supérieures des ailes ; croupion et sus-caudales comme chez le mâle ; front, espace entre le bec et l'œil, trait sourcilier se prolongeant en arrière des yeux, gorge, devant et côtés du cou blancs ; joues et région parotique cendrées ; une grande tache d'un gris brun, striée de noir à son bord antérieur, et naissant du bas des joues, sépare le blanc de la gorge de celui des parties latérales du cou ; bas du cou et poitrine variés de bandes étroites, onduleuses et alternantes, noires et d'un blanc jaunâtre ou roussâtre ; le reste des parties inférieures à peu près comme chez le mâle, mais les plumes des flancs sont moins longues et moins variées, au centre, de traits et de stries roussâtres et noires, cette dernière teinte y dominant et y formant une grande tache : le reste du plumage diffère peu de celui du mâle.

Cette espèce habite les sommets les plus escarpés du Caucase, dans des régions, par conséquent, où il est excessivement difficile de l'atteindre ; aussi a-t-elle été longtemps rare dans les collections : aujourd'hui la plupart des grands musées la possèdent. Les naturalistes de la Russie, M. Brandt notamment, la considèrent comme européenne. Pallas, du reste, en appelant l'attention des ornithologistes sur cet oiseau, dont il n'a eu connaissance que d'après une courte description que lui en avait donnée le docteur Steven, et d'après un dessin de grandeur naturelle que le baron Marschal de Biberstein lui avait envoyé ; Pallas, disons-nous, émet l'opinion (1) qu'il « devait se trouver en deçà des montagnes (Caucase), à l'endroit où les bois cessent et où l'on commence à rencontrer le *Rhododendron*. » Les prévisions de Pallas se seraient donc réalisées. L'illustre voyageur nous apprend encore, d'après des renseignements recueillis sur les lieux, que l'espèce vit dans les monts de neige du pays des Ossètes, là où les bouquetins paissent ; qu'elle siffle lorsqu'elle aperçoit des hommes sur ces montagnes désertes, et avertit par là les bouquetins de l'approche du chasseur ; que les Ossètes l'appellent *Zym* ou *Sym*, les Tscherkesses et les Tartares du Caucase *Dsumaruk*; et que le mâle, à cause de son éperon, a reçu le nom particulier de *Beselbarmak*. On ne connaît rien de ses mœurs, de sa ponte et de la couleur de ses œufs.

Observation. — Le Tétragalle de l'Himalaya (*Tetraog. himalayensis* Gray, dont les uns font une race locale, les autres une espèce distincte du *Tetraog. caspius*, a de grands rapports avec ce dernier. Toutefois, il en diffère par le nombre des rectrices, qui est de dix-huit à vingt-deux, au lieu d'être de dix-huit seulement; par une large bande noire qui sépare le blanc de la gorge du blanc des côtés du cou ; par une autre bande d'un brun marron qui limite, de chaque côté, la teinte cendrée de la nuque et de la partie postérieure du cou ; par les taches carrées des plumes de la poitrine ; et par les rectrices, qui sont rousses dans une plus grande étendue. Ces différences nous paraissent distinguer suffisamment le *Tetraog. himalayensis* du *Tetraog. caspius*.

GENRE CXLV

FRANCOLIN — *FRANCOLINUS*, Steph.

Tetrao, p. Linn. *G. N.* (1766).
Perdix, p. Lath. *Ind.* (1790).
Francolinus, Steph. in : Shaw, *General Zool. Aves* (1810).
Chætopus, Swains. *Class. of B.* (1837).
Attagen, Keys. et Blas. *Wirbelth.* (1840).

(1) *Second voyage dans les Gouv. Mérid. de l'empire de Russie pendant les années* 1793 et 1794. Édit. franç. in-8 (1811), t. II, p. 176.

Bec robuste, allongé, plus large que haut à la base, à arête
entamant les plumes du front, à mandibule supérieure plus
longue que l'inférieure et notablement infléchie au bout ; narines basales, latérales, étroites, presque droites, ouvertes dans
une membrane écailleuse nue ; ailes courtes, sub-obtuses, les
plus grandes des rémiges secondaires dépassant les rémiges primaires ; queue médiocre, les grandes sus-caudales atteignant
l'extrémité des rectrices ; tarses élevés, pourvus chez le mâle d'un
fort éperon corné et obtus ; doigts allongés, le médian, y compris l'ongle, plus court que la partie nue du tarse, le pouce portant sur le sol par l'extrémité de l'ongle ; tour des yeux nu ;
plumes des flancs étroites, allongées.

Les Francolins ont de si grands rapports avec les Perdrix, qu'on les a longtemps confondus génériquement. Ils ne s'en distinguent guère que par un bec
généralement plus fort, un peu plus allongé ; par une queue également plus
longue, et par un éperon corné aux tarses, chez le mâle.

Leurs mœurs ont aussi la plus grande analogie avec celles des Perdrix.
Comme elles, ils sont monogames, demeurent habituellement dans la contrée
où ils sont nés, marchent plus qu'ils ne volent, ont un naturel farouche et
défiant, se rappellent lorsqu'ils sont séparés, se battent pour la possession d'une
femelle, sont très-réglés dans leurs besoins, sont très-féconds et ont beaucoup
d'attachement pour leurs petits. Mais ils ont des habitudes que n'ont pas les
Perdrix. Quelques espèces, parmi celles-ci, ne se posent sur les arbres que très-
accidentellement, par exemple, lorsqu'un ennemi les poursuit vivement : les
Francolins, au contraire, y perchent fréquemment, dit-on, et y passent habituellement la nuit. En outre, ils préfèrent les pays boisés aux lieux découverts ;
les plaines humides, marécageuses, couvertes de joncs, aux campagnes ou aux
coteaux secs. Ces différences dans les habitudes, en s'ajoutant aux quelques
particularités organiques qui distinguent les Francolins, contribuent à affirmer
le genre que l'on a fondé sur eux.

Les Francolins se nourrissent de baies, de graines, de vers, d'insectes, de
bulbes de plantes et de racines qu'ils découvrent en fouillant la terre avec leur
bec. Leur chair est très-délicate et plus estimée que celle des Perdrix.

Le mâle, à l'état adulte, se distingue de la femelle non-seulement par sa livrée, mais aussi par l'éperon des tarses. Leur mue est simple.

Les Francolins appartiennent plus particulièrement à l'Asie et à l'Afrique.
Une seule espèce habite l'Europe.

Observation. — Le prince Ch. Bonaparte (*C. R. de l'Acad. des Sciences*,
1856, t. XLII, p. 953) distingue sous le nom de *Francolinus tristriatus* une
deuxième espèce de Francolin d'Europe, qui différerait du *vulgaris* α par trois

bandes blanches le long des côtés de la tête, » et serait confinée dans l'île de Chypre, pendant que le Francolin vulgaire appartiendrait à la Sicile, à l'Asie Mineure, etc. Nous avons examiné l'individu sur lequel est fondée cette prétendue espèce géographique, et nous avons acquis la certitude qu'il n'était qu'un jeune *Francolinus vulgaris*, mâle, qui n'a pas encore revêtu sa livrée parfaite, et tel qu'on en trouve fréquemment en Sicile et dans les autres contrées où l'espèce existe.

502 — FRANCOLIN VULGAIRE — *FRANCOLINUS VULGARIS* Steph.

Gorge noire ; dessus de la tête varié de nombreuses taches noires, bordées de roux jaunâtre ; un grand collier marron et complet vers le milieu du cou ; croupion rayé transversalement de noir et de gris ; éperon mousse (mâle) ; *ou gorge d'un blanc roussâtre ; dessus de la tête brun ; croupion rayé transversalement de brun et de gris roussâtre* (femelle) ; *ailes variées de brun ou de noir et de roux.*

Taille : $0^m,30$ *à* $0^m,32$.

TETRAO FRANCOLINUS, Linn. *S. N.* (1766), t. I, p. 275.
FRANCOLINUS, Briss. *Ornith.* (1760), t. I, p. 245.
PERDIX FRANCOLINUS, Lath. *Ind.* (1790), t. II, p. 644.
FRANCOLINUS VULGARIS Steph. in : Schaw, *General Zool. Aves* (1819), t. XI, p.
CHÆTOPUS FRANCOLINUS, Swains. *Class. of. B.* (1837).
ATTAGEN FRANCOLINUS, Keys. et Blas. *Wirbelth.* (1840), p. 65.
FRANCOLINUS TRISTRIATUS. Bp. *C. R. de l'Acad. des Sc.* (1856), t. XLII, p. 882 et 953.
Buff. *Pl. enl.* 147, *mâle* ; 148, *femelle.*

Mâle adulte : Plumes du vertex et du haut de la nuque noires au centre et largement bordées de roux jaunâtre ; bas de la nuque entouré d'une série de taches blanches et noires ; bas du cou, en arrière, et haut du dos noirs, tachetés de blanc, avec les plumes bordées de roussâtre ; régions moyenne et postérieure du dos et sus-caudales rayées transversalement de noir et de gris ; parties inférieures d'un noir profond, avec un large collier marron vif à la partie moyenne du cou, comprenant toute la circonférence de cette partie, et des taches blanches ovalaires sur les côtés de la poitrine et sur les flancs ; des bandes transversales de même couleur et une teinte rousse sur les côtés du bas-ventre ; jambes et sous-caudales d'un marron foncé ; côtés du front, dessus des yeux, joues et gorge d'un noir profond, relevé, au-dessous des yeux, par une tache blanche

qui recouvre une partie des joues et les oreilles ; ailes d'un brun noirâtre, avec les plumes bordées largement de roux clair et les pennes marquées transversalement de taches ovalaires de même couleur ; queue
noire, avec des raies transversales blanches sur les pennes médianes, et
seulement dans leur moitié basale sur les latérales; bec noir ; pieds
rougeâtres.

Femelle adulte : Elle a le fond du plumage café au lait ; le dessus de la
tête brun ; une bande sourcilière et la gorge d'un blanc jaunâtre ; le dos et
les sus-caudales gris brun, rayés en travers d'une teinte plus claire. Le
cou et la poitrine parsemés de petites taches brunes; d'autres taches
brunes, sous forme de bandes transversales, sur les parties inférieures ;
les couvertures supérieures des ailes d'un gris rembruni, bordées de
blanc jaunâtre; les rémiges primaires noires, avec des taches ovalaires rousses, les secondaires rayées de roux et de brun ; les rectrices
médianes brunes, rayées transversalement de bandes de brun gris, les
autres noires, avec des raies blanches vers leur origine.

Jeunes après la première mue : Ils ressemblent aux adultes ; mais
les mâles ont sur les côtés de la tête, au-dessus de la bande noire qui
passe sur les yeux, une ligne blanche qui, du front, s'étend vers la
nuque ; et de chaque côté de la gorge, partant de la base de la mandibule inférieure, une autre série de plumes blanches formant une bande
étroite. Quelques plumes blanches isolées existent parfois aussi au menton. Dans cet état, les jeunes mâles représentent le *Francolinus tristriatus* du prince Ch. Bonaparte. Ils ont, en outre, un tubercule
arrondi à la partie interne des tarses, au lieu d'ergot. Ce tubercule s'allonge, devient aigu et dur à mesure que l'oiseau avance en âge.

Le Francolin vulgaire habite la Sicile, l'île de Chypre, la Turquie d'Europe,
les côtes sud et sud-ouest de la mer Noire et l'Afrique.

Il paraît qu'autrefois l'espèce habitait la Corse où on la connaissait sous le
nom de *Faisan des marais*, et qu'elle était commune dans quelques contrées de
la péninsule italienne. Si le fait est réel, les chasses abusives l'en ont fait disparaître, comme elles tendent à la faire disparaître de la Sicile et de quelques
îles de la Grèce, où elle était encore très-commune il y a cinquante ans. Toujours est-il que les lois qui réglaient les chasses, en Toscane, au xv⁵ et au
xvi⁵ siècle, énumèrent le Francolin comme gibier à protéger. Quelques-unes de
ces lois avaient même spécialement en vue la conservation et la multiplication
de cet oiseau.

Le Francolin niche à terre, au pied des bouleaux et dans les buissons. Sa
ponte est de dix à quatorze œufs d'un gris jaunâtre uniforme, comme ceux de
la Perdrix grise fraîchement pondus. Ils mesurent :

Grand diam. 0^m,039; petit diam. 0^m,031 à 0^m,032.

Tous les auteurs s'accordent à dire que le Francolin vulgaire vit en famille et se perche sur les arbres, surtout pendant la nuit. D'après les renseignements recueillis en Sicile par M. A. Malherbe, il ne percherait pas et vivrait solitairement, entre Callagiorne et Terranove, dans les plaines humides, ou près d'un ruisseau, au milieu des joncs.

«'Ce n'est qu'au printemps, dit ce savant ornithologiste, que l'accouplement des Francolins a lieu. Lorsqu'ils sont chassés, ils prennent un assez long vol, mais la pesanteur de leur corps les obligeant bientôt à ne plus quitter le sol, il devient facile, avec de la persévérance, de les prendre en vie, assure M. L. Benoît. Le naturel sauvage de ces oiseaux les rend très-difficiles à apprivoiser lorsqu'ils sont en captivité. Le chant: *tre, tre, tre,* que le mâle fait entendre au point du jour et le soir, dans le temps des amours, est assez sonore, et un adage, vulgaire en Sicile, prétend que cet oiseau indique lui-même par son cri *tre,* sa valeur de *tre* ou trois taris (monnaie sicilienne, équivalant à un franc vingt-cinq centimes). »

Il ajoute que c'est un gibier exquis, tellement chassé dans toutes les saisons que l'espèce devient de plus en plus rare.

GENRE CXLVI

PERDRIX — *PERDIX*, Briss.

TETRAO, p. Linn. *S. N.* (1735).
PERDIX, Briss. *Ornith.* (1760).
CACCABIS et ALECTORIS, Kaup, *Nat. Syst.* (1829).

Bec épais, plus long que la moitié de la tête, comprimé. plus haut ou aussi haut que large à la base; mandibule supérieure dépassant très-peu la mandibule inférieure, à bords presque droits dans leur moitié postérieure, ensuite légèrement courbes ; narines basales, obliques, à bords sinueux, à moitié fermées par une écaille membraneuse renflée et nue; ailes médiocres, arrondies, sub-obtuses; les plus longues des rémiges secondaires n'atteignant pas l'extrémité des plus grandes primaires; queue courte, arrondie ; grandes sus-caudales atteignant l'extrémité des rectrices; tarses épais, médiocrement allongés, pourvus, chez le mâle, d'un tubercule calleux, mousse; doigt médian, y compris l'ongle, plus long que la partie nue du tarse; pouce bien développé et portant à terre; ongles notablement arqués; un espace nu derrière les yeux; plumes des flancs médiocrement allongées et très-larges vers l'extrémité.

Les Perdrix ont une physionomie particulière qui les caractérise. Si elles ont, comme la plupart des Perdiciens, un corps arrondi, massif; une tête petite; une queue courte, pendante; des tarses peu élevés, elles s'en distinguent toutefois par leurs flancs couverts de plumes larges, comme écailleuses, coupées transversalement par plusieurs bandes de teintes différentes; par le plumage des parties supérieures qui n'est point tacheté, mais coloré par masses uniformes, et par la présence, chez toutes les espèces et dans les deux sexes, d'une bande en forme de collier, tranchant sur les autres couleurs, et encadrant la gorge et une partie du cou.

Les Perdrix ont des habitudes excessivement régulières. Elles sont sédentaires et ne s'écartent jamais du canton où elles sont nées. Si on les force à l'abandonner, elles ne tardent pas à y revenir. Leurs mœurs sont paisibles, douces, craintives. La vue d'un oiseau de proie les terrifie, et la poursuite du Renard les porte souvent à chercher un refuge sur les arbres. Elles sont monogames. Les mâles, à l'époque des pariades, deviennent querelleurs. A cette époque aussi leur circonspection habituelle les abandonne, et le cri d'appel d'une femelle suffit alors pour les aveugler devant le péril. C'est par petites familles que vivent les Perdrix. Rarement et très-accidentellement rencontre-t-on des individus solitaires. La société est pour elles un besoin : une cause quelconque force-t-elle une compagnie à se disperser, presque aussitôt on entend les individus qui la composent réclamer avec ardeur; on les voit accourir les uns vers les autres, et se réunir de nouveau. Ce besoin est si grand que les mâles supplémentaires d'un quartier, c'est-à-dire ceux qui n'ont pas trouvé de femelles pour accomplir l'acte de la reproduction, se rassemblent et reconstituent ainsi des compagnies temporaires plus ou moins nombreuses. Quelquefois même les mâles accouplés se joignent momentanément à eux; mais ce n'est là qu'une exception, car ceux-ci restent ordinairement attachés à la femelle que chacun d'eux s'est choisie; s'éloignent peu des environs du nid pendant l'incubation, et se joignent à leur compagne, après l'éclosion, pour guider les petits et veiller sur eux.

La marche et la course sont les modes de locomotion les plus habituels des Perdrix : l'une est gracieuse et dégagée; l'autre est très-rapide pour des animaux d'aussi petite taille, et pourvus de jambes aussi courtes. Elles n'ont recours au vol que pour franchir des distances un peu grandes, soit pour se soustraire aux poursuites d'un ennemi; soit pour se porter d'un coteau sur un autre qui en est séparé par quelque vallée profonde; soit pour gagner un champ éloigné, où elles ont l'habitude de pâturer. Ce vol, brusque, bruyant, rapide quoique pesant, ordinairement peu étendu et peu élevé, offre ceci de particulier qu'il est parallèle au sol dans presque tout son trajet. Ainsi, les Perdrix ne se portent pas d'un point sur un autre par un vol que représenterait une ligne horizontale, mais elles suivent, à la hauteur de 7 à 10 mètres, au plus, tous les accidents qu'elles rencontrent, de manière à décrire une ou plusieurs grandes courbes continues et plus ou moins fortes. Rarement elles dirigent leur vol vers le sommet des coteaux ou des collines : elles en suivent les flancs, les escarpements, et tendent toujours plus ou moins vers les bas-fonds. Le contraire a lieu lorsqu'elles ont gagné terre et qu'elles reprennent la marche ou la course : elles remontent alors, et cherchent à atteindre les points élevés des lieux qu'elles fréquentent.

C'est au milieu des pays les plus accidentés que vivent les Perdrix. Elles se plaisent sur les hauts plateaux ; sur les coteaux coupés de gorges, de vallées, couverts d'arbrisseaux, de bruyères, de vignes ; sur les collines boisées ; sur les montagnes rocailleuses et arides. Ce n'est qu'accidentellement qu'elles descendent dans les régions en plaine des contrées qu'elles habitent.

Elles se nourrissent de toute sorte de graines, de fèves, de haricots, de glands, de jeunes feuilles d'herbes, et même d'arbustes, de mûres, de raisins, de baies, d'insectes, de petits colimaçons et de vers. Leur chair est très-estimée, celle des vieux est presque aussi blanche que la chair des jeunes.

Le mâle et la femelle adultes ont à peu près le même plumage ; mais le mâle se distingue toujours de la femelle par un tubercule aux tarses. Les jeunes, avant la première mue, portent une livrée particulière. Leur mue est simple.

Observations. — 1° Les quatre espèces auxquelles nous conservons le générique *Perdix* ont été rangées par M. Kaup (*Natürl. System der Europ. Thierwelt*, 1829, p. 180) dans deux coupes distinctes : Celle des *Caccabis*, dont la Perdrix rouge peut être considérée comme type ; celle des *Alectoris*, reposant sur la Perdrix de roche ou Gambra. Le prince Ch. Bonaparte qui, en 1850 (*Rev. crit.* p. 175), réunissait ces espèces et la Perdrix grecque dans un seul genre, a fini (*C. R. de l'Acad. des Sciences*, 1856, t. XLII, p. 882, et *Cat. Parzud.* p. 13), à l'exemple de M. Kaup, par les subdiviser génériquement : la Perdrix grecque est restée pour lui type du genre *Perdix*, et la Perdrix de roche, réunie à la Perdrix rouge, est devenue non pas une *Alectoris*, mais une *Caccabis*.

On comprend, jusqu'à un certain point, que M. Kaup ait été tenté d'isoler la *Perdix petrosa*, à collier complet et sans bande noire encadrant la gorge, des *Perdix rubra* et *græca*, privées de collier et à gorge encadrée de noir ; mais séparer, comme l'a fait le prince Ch. Bonaparte, la *Perdix rubra* de la *Perdix græca*, qui lui ressemble tant, pour en composer avec la *Perdix petrosa*, qui en diffère si manifestement, le genre *Caccabis*, c'est ce qu'il est plus difficile de comprendre. Du reste, ni les *Alectoris* de M. Kaup, ni les *Caccabis* du prince Ch. Bonaparte ne sont acceptables, et nous serions bien surpris si ces coupes étaient jamais sérieusement adoptées. Les espèces sur lesquelles elles sont fondées, soit qu'on ait égard à la forme du bec, des ailes, des tarses, des plumes si caractéristiques des flancs ; soit que l'on prenne en considération les mœurs, le chant ou les cris d'appel, la forme et la couleur des œufs, etc., ne différant en rien de la Perdrix grecque, prise pour type du genre *Perdix* : elles appartiennent donc manifestement à ce genre.

2° M. Bouteille dans son *Ornithologie du Dauphiné* (t. II, Addit. et Correct. p. 337) décrit sous le nom de *Perdix Labatiei*, une perdrix qui, avec le devant et les côtés du cou parsemés de taches noires, comme chez la *Perdix rubra*, a les plumes des flancs semblables à celles de la *Perdix græca*, c'est à-dire coupées transversalement par deux bandes noires. Intermédiaire à ces deux espèces par la distribution des couleurs, la *Labatiei* le serait encore par la taille, et se distinguerait aussi, selon M. Bouteille, par des mœurs particulières.

Le prince Ch. Bonaparte qui, en 1850 (*Rev. crit.* p. 175), et à l'exemple de M. Bouteille, l'enregistrait comme espèce distincte; qui, en 1856 (*C. R. de l'Acad. des Sc.* t. XLII, p. 882), en faisait encore une espèce, mais avec un point de doute, ne l'inscrivait plus, quelques mois plus tard (*Catal. Parzud.* 1856, p. 13), et cette fois avec raison, qu'à titre d'hybride. C'est qu'en effet la *Perdix Labatiei* (Bout.) n'est que le produit de l'accouplement accidentel des *Perdix rubra* et *græca*. Nous avons examiné plusieurs de ces métis, et nous avons constaté entre eux des différences très-notables sous le rapport du nombre et de l'étendue des taches du cou. Chez un mâle, que M. Drevon a reçu de Grenoble, le bord externe de la bande noire qui encadre la gorge est à peine festonné par de rares taches qui s'en détachent; sur deux autres mâles, l'un provenant aussi de Grenoble et envoyé par M. Bouteille, l'autre d'origine inconnue, les taches un peu plus nombreuses se dispersent assez loin sur les côtés et le devant du cou; enfin deux femelles, dont l'une appartient au Muséum d'Histoire naturelle de Paris, diffèrent si peu par le nombre et l'étendue des taches du cou des femelles de la Perdrix rouge, qu'on les rapporterait volontiers à cette espèce si la double bande noire des plumes des flancs ne les en distinguait. Ce dernier caractère, moins variable que celui que fournissent les taches du cou, présente cependant quelques irrégularités, qu'il est bon de signaler. Ainsi, tantôt la bande noire terminale est étroite et en partie effacée, tandis que la seconde bande est large et bien accusée; tantôt, au contraire, celle-ci est réduite à un trait mince dont les extrémités, très-atténuées, semblent ne pas atteindre toutes les barbes de la plume, pendant que la bande terminale est largement accusée.

Ces hybrides ont-ils toujours pour père la *Perdix græca* et pour mère la *Perdix rubra*? Le contraire ne se produirait-il pas quelquefois? Ce sont là des questions que l'observation ultérieure peut seule résoudre.

303 — PERDRIX GRECQUE — *PERDIX GRÆCA*
Briss.

Tout l'espace compris entre l'une des branches de la mandibule supérieure et la fosse nasale du même côté, noir; joues, gorge, haut du cou en avant, encadrés par une large bande noire, en communication avec celle du front par un trait noir sourcilier bien marqué; plumes des flancs coupées transversalement par deux petites bandes noires distantes l'une de l'autre de 0^m,003 à 0^m,005; première rémige plus longue que la cinquième ou de même longueur, la troisième la plus longue.

Taille : 0^m,32 à 0^m,35.

Perdix græca, Briss. *Ornith.* (1760), t. I, p. 241.

Perdix saxatilis, Mey. et Wolf, *Tasch. Deuts.* (1860), t. I, p. 30 i.

Caccab s græca, Kaup, *Nat. Syst.* (1820), p. 18 i.

Tetrao rufa, Pall. *Zoogr.* (1811-1831), t. II, p. 79.

Chacura græca, G. R. Gray, *List Gen. of B.* (1841), p. 79.

Buff. *Pl. enl.* 231, *femelle* sous le nom de *Bartavelle.*

Mâle adulte : Parties supérieures d'un cendré bleuâtre sur le devant de la tête, au cou, au croupion ; d'un cendré lavé de roussâtre au vertex et au dos ; joues, gorge, haut du cou en avant, blancs, encadrés par une large bande noire qui commence au front, passe sur les lorums au-dessus des yeux, des régions parotiques, et descend sur les côtés et le devant du cou, où elle se réunit à celle du côté opposé ; une très-petite tache noire sur les côtés de la mandibule inférieure et au menton ; poitrine d'un cendré bleuâtre ; abdomen, bas-ventre et jambes d'un jaune d'ocre pâle ; flancs d'un gris bleuâtre, avec chaque plume largement traversée par deux bandes noires, séparées par une autre bande d'un blanc lavé de jaunâtre et terminée par une frange d'un roux vif, plus ou moins large ; sous-caudales de même couleur que le ventre, mais d'une teinte plus foncée ; un trait blanc au-dessus des yeux, se prolongeant derrière la région parotique, qui offre quelques taches rousses ; scapulaires et couvertures supérieures des ailes de la couleur du dos, avec des taches bleuâtres sur la plupart des scapulaires, et une bordure jaune d'ocre à l'extrémité des grandes couvertures ; un petit espace nu et rouge derrière l'œil ; rémiges brunes, bordées de jaune d'ocre vers leur extrémité ; queue cendrée supérieurement et rousse inférieurement, excepté les quatre pennes médianes, qui sont d'un cendré très-légèrement nuancé de roussâtre vers la pointe ; bec, tour des yeux et pieds rouges ; iris brun-grisâtre.

Femelle adulte : Elle ressemble au mâle ; mais elle est plus petite ; n'a pas de callosités aux tarses ; a le cendré moins vif, moins de blanc au cou, et les bandes noires, blanchâtres et rousses des flancs moins larges.

Jeunes avant la première mue : Ils sont, en dessus, d'un cendré plus ou moins lavé de roussâtre, linéolé et tacheté irrégulièrement de brun et de blanchâtre.

Variétés accidentelles : Le plumage de cette espèce est quelquefois varié de blanc pur ou de blanc sale, par tout le corps, ou seulement de blanc, distribué par plaques plus ou moins grandes.

La Perdrix grecque ou Bartavelle habite l'Italie, la Sicile, la Grèce, la Turquie d'Europe, les Alpes Suisses, quelques parties de l'Allemagne et de la France, où on la trouve sur les montagnes du Jura, sur les Hautes et Basses-Alpes et sur les Pyrénées.

Elle est, suivant M. Malherbe, l'espèce du genre la plus commune dans toute la Sicile, soit sur les montagnes, soit dans les plaines, et s'y vend à vil prix. Elle est aussi très-commune dans l'Asie occidentale. L'auteur du voyage d'Orenbourg à Boukhara, en 1820, dit qu'on en porte en très-grande quantité au marché de cette dernière ville, et qu'elles proviennent des montagnes qui entourent Samarcande.

Elle niche dans les endroits déserts et pierreux, à l'abri d'un buisson ou d'un rocher ; ses œufs, au nombre de douze à seize, sont d'un blanc jaunâtre ou d'un roux très-pâle, avec des points et des taches fauves ou brunâtres. Ils mesurent :

Grand diam. 0m,045 ; petit diam. 0m,032.

La Bartavelle paraît ne se plaire que dans les lieux élevés, arides, rocailleux ; elle ne descend dans les plaines ou dans des régions moins élevées que celles qu'elle fréquente habituellement, qu'à l'époque des amours, et au moment des froids les plus intenses.

Comme la chair de cette espèce est fort estimée, on a tenté plus d'une fois d'en peupler des parcs et des volières, afin de la multiplier ; mais les tentatives ont toujours été infructueuses. C'est un oiseau cependant qu'il serait possible de soumettre à une semi-domesticité, s'il est vrai, comme quelques auteurs l'ont avancé, qu'on l'ait élevé quelquefois librement dans les maisons et même en rase campagne. Tournefort raconte, dans son *Histoire du Levant*, qu'autrefois, dans l'île de Scio, on élevait des compagnies de Bartavelles, que l'on conduisait pâturer dans la campagne, comme, chez nous, on conduit les Dindons. Il dit même avoir vu près de Grasse, en Provence, un homme conduire un troupeau de ces mêmes oiseaux, lesquels étaient tellement familiers qu'on pouvait les prendre à la main et les caresser alternativement. Sonnini a également vu dans une maison, à Aboukir, deux Bartavelles, très-familières, qu'on nourrissait en domesticité.

La Perdrix grecque, comme nous l'avons dit plus haut, s'accouple quelquefois avec la Perdrix rouge, et de leur union résulte l'hybride dont M. Bouteille a voulu faire une espèce sous le nom de *Perdix Labatiei*.

Observation. — Cette espèce a le plumage plus ou moins lavé de roussâtre selon l'âge, le sexe, l'époque de l'année : les vieux mâles ont plus de cendré bleuâtre que les femelles et les jeunes, et les teintes rousses, par suite de l'usure des plumes, sont plus atténuées en été qu'en automne.

504 — PERDRIX CHUKAR — *PERDIX CHUKAR*
G. R. Gray.

Tout l'espace compris entre l'une des branches de la mandibule supérieure et la fosse nasale du même côté, d'un blanc roussâtre comme la gorge ; joues, gorge, haut du cou en avant, encadrés par une large bande noire qui descend de l'angle postérieur de l'œil ; *plumes des flancs coupées transversalement par deux bandes noires, plus larges que chez la* Perdrix grecque *et distantes l'une de l'autre de* 0^m,006 *à* 0^m,009 ; *première rémige plus courte que la cinquième, les troisième et quatrième les plus longues.*

Taille : 0^m,34 *à* 0^m,35.

PERDIX SAXATILIS, Brandt, *Bull. Phys. et Mat. Acad. Saint-Pétersb.* (1843).
CACCABIS CHUKAR, G. R. Gray, *Gen. of B.* (1841-1846), t. III, p. 508.
PERDIX GRÆCA, Bp. *C. R. de l'Acad. des Sc.* (1856), t. XLII, p. 882.

Mâle adulte : Parties supérieures d'un gris bleuâtre, blanchissant à la nuque, un peu lavées de roussâtre au dos et sur le milieu de la tête ; joues, gorge, partie antérieure et supérieure du cou d'un blanc roussâtre, encadré par une large bande noire en fer à cheval renversé et à bords francs, dont les branches s'arrêtent à l'angle postérieur des yeux ; bandeau noir étendu d'un œil à l'autre et passant sur le front ; tache noire oblongue, formant une petite moustache, sur les côtés de la mandibule inférieure ; une autre petite tache triangulaire, de même couleur, au menton ; bord supérieur des régions parotiques taché de noir roussâtre ; partie inférieure du cou et poitrine d'un gris bleuâtre uniforme ; abdomen, bas-ventre et jambes d'un jaune d'ocre pâle ; sous-caudales d'un jaune d'ocre plus foncé ; plumes des flancs d'un gris bleuâtre à la base, d'un roux marron vif à l'extrémité (1), coupées en travers par deux bandes noires séparées l'une de l'autre par un large espace d'un blanc roussâtre plus clair au centre que sur les côtés ; scapulaires et couvertures supérieures des ailes de la couleur du dos, les premières tachées de gris bleu, les plus grandes des couvertures bordées, à l'extrémité, de jaune d'ocre ; rémiges brunes, extérieurement frangées de jaune d'ocre ; queue cendrée en dessus, avec les quatre rectrices médianes légèrement roussâtres à l'extrémité ; rousse en dessous ; bec, cercle ophthalmique, espace nu derrière les yeux, et pieds, rouges ; iris brun gris.

Femelle adulte : Elle diffère du mâle par une taille un peu plus petite, par des tarses lisses, par des teintes cendrées moins intenses, par un bandeau frontal plus étroit, d'un noir moins pur, et par des bandes noires un peu moins larges sur les plumes des flancs.

(1) La frange rousse des plumes des flancs disparaît plus ou moins par l'usure, et, vers la fin de l'été, la plupart des plumes l'ayant complétement ou partiellement perdue, la bande noire qui lui fait immédiatement suite devient terminale en partie ou en totalité.

La Perdrix chukar habite la Grèce, notamment l'île de Crète et une partie de l'Asie centrale.

Elle a les mœurs et les habitudes de ses congénères ; vit comme elles sur les montagnes rocheuses, et pond de douze à seize œufs semblables, pour la forme, les dimensions et les couleurs, à ceux de l'espèce précédente.

Observations. — 1° Le prince Ch. Bonaparte a vu deux espèces distinctes dans la *Perdix chukar* de l'Himalaya et dans celle de la Grèce : il a conservé à la première le nom spécifique donné par M. G. R. Gray, et a considéré la seconde comme représentant la vraie *Perdix græca* des auteurs du xv.ᵉ siècle. Cette manière de voir soulève deux questions : Est-il certain que la *Perdix chukar* d'Europe soit la *Perdix græca* des modernes ? Rien ne le démontre, rien même ne l'indique.

Ce que l'on peut dire avec quelque certitude, c'est que ces auteurs ont confondu, tantôt sous le nom de *Perdix major*, tantôt sous celui de *Perdix græca*, ou encore sous celui de *Coturnix*, et la *Chukar* des contemporains, et la *Bartavelle* de Buffon, Bartavelle qui nous paraît devoir conserver le nom spécifique *græca*, sous lequel Brisson l'a si parfaitement décrite.

En second lieu, la Chukar de l'Asie centrale est-elle distincte de la Chukar d'Europe ? Nous avons examiné comparativement et avec le plus grand soin, au Muséum d'Histoire naturelle de Paris, plusieurs exemplaires de Perdrix chukar venant, les uns de Grèce, d'où ils ont été apportés par M. Gaudry ; les autres de l'Asie centrale, et il nous a été impossible de saisir entre eux la plus légère différence. De mâle à mâle, de femelle à femelle du même âge, c'est la même taille, ce sont exactement les mêmes couleurs , les mêmes dimensions des tarses et du bec, les mêmes proportions des rémiges. Nous ne croyons donc pas qu'il y ait lieu de distinguer spécifiquement la Chukar d'Europe de la Chukar de l'Himalaya.

2° Quoique la Perdrix chukar ait les plus grands rapports avec la Perdrix grecque ou Bartavelle, il est cependant impossible de confondre ces deux espèces : un seul caractère suffirait même pour les distinguer. La Chukar n'a jamais, comme la Bartavelle, de tache noire entre les narines et les branches de la mandibule supérieure, cette partie étant constamment, chez elle, d'un blanc roussâtre ; elle n'a pas de trait noir au-dessus des yeux, réunissant le bandeau du front à la bande qui encadre la gorge ; sa tache noire en forme de moustache est allongée et terminée en pointe, tandis qu'elle est courte et coupée carrément chez la *Perdix græca* ; sa gorge n'est pas blanche, mais d'un blanc roussâtre très-prononcé ; enfin les bandes transversales noires des plumes des flancs diffèrent notablement dans l'une et l'autre espèce. Chez la Perdrix grecque, ces bandes laissent entre elles un intervalle de 0ᵐ,003 à 0ᵐ,005, et celle qui est la plus voisine de la pointe est généralement plus large que l'autre ; chez la Perdrix chukar, les deux bandes noires, notablement plus larges, sont distantes de 0ᵐ,006 à 0ᵐ,009, et la plus extrême est généralement moins large que la seconde.

505 — PERDRIX ROUGE — *PERDIX RUBRA*
Briss.

Une petite tache noire dans l'espace compris entre l'une des branches de la mandibule supérieure et la fosse nasale du même côté; joues, gorge, une partie du cou blancs, encadrés par un collier noir, qui descend de l'angle postérieur de l'œil; côtés du cou et haut de la poitrine en dehors du collier, parsemés d'un grand nombre de taches noires; plumes des flancs coupées transversalement par une seule bande noire; première rémige égale à la sixième ou un peu plus courte, les troisième, quatrième et cinquième égales et les plus longues.

Taille : 0ᵐ,30 à 0ᵐ,31.

PERDIX RUBRA, Briss. *Ornith.* (1760), t. I, p. 236.
TETRAO RUFUS, Gmel. *S. N.* (1788), t. I, p. 756.
PERDIX RUFA, Lath. *Ind.* (1790), t. II, p. 647.
CACCABIS RUBRA, Kaup, *Nat. Syst.* (1789), p. 183.
CACCABIS RUFA, G. R. Gray, *Gen. of B.* (1844-1845), t. I, p. 508.
Buff. *Pl. enl.* 150, *mâle*, sous le nom de *Perdrix rouge de France.*

Mâle adulte : Parties supérieures d'un cendré roussâtre, plus roux à la tête, au cou et à la partie supérieure du dos; joues, gorge, d'un blanc pur, entouré par une bande noire, qui commence aux lorums, passe au-dessus des yeux, sur la région parotique, où elle est variée d'un peu de roussâtre, descend sur les côtés du cou, s'élargit ensuite et se divise en un grand nombre de taches sur un fond bleuâtre, depuis les oreilles jusqu'à la poitrine; milieu de cette région cendré; abdomen d'un roux clair; sous-caudales d'un roux plus foncé; flancs d'un cendré bleuâtre, avec chaque plume marquée d'une bande transversale blanchâtre, suivie d'une autre bande noire plus étroite et terminée par une large frange roux-marron; raie sourcilière blanche, commençant par une légère teinte roussâtre au front et s'étendant, sous forme de bande, jusqu'au bas du cou; ailes avec les pennes bordées en grande partie de jaunâtre en dehors; rectrices d'un marron rouge, plus rembruni à l'extrémité et sur les barbes externes, les médianes exceptées, qui offrent la même teinte que le dessus du corps; bec, tour des yeux, un espace derrière ces organes et pieds rouges; iris brun-roussâtre.

Femelle adulte : Un peu moins forte que le mâle, avec les teintes moins vives, le dessus de la tête nuancé de cendré, la bande noire qui entoure le blanc des joues et de la gorge moins large, se divisant en moins de taches, et d'un noir moins profond ; point de tubercules aux tarses.

Jeunes avant la première mue : Plus petits que les adultes ; d'un brun roux en dessus, avec des taches irrégulières d'un cendré roussâtre et d'un brun noirâtre aux scapulaires et aux ailes ; d'un cendré roussâtre en dessous ; milieu de la poitrine et flancs peu cendrés, avec une raie rousse à l'extrémité des plumes de ces dernières parties.

Après la mue, qui commence en septembre, ils ressemblent aux vieux ; ils n'en diffèrent plus que par la première rémige qui est pointue et terminée de blanchâtre ; les mâles se distinguent encore par le tubercule des tarses, qui est moins saillant.

A la sortie de l'œuf, le petit est couvert de duvet épais, roux sur la tête, varié de brun, de roussâtre, de cendré sur le corps et les ailes ; il est d'un cendré roussâtre en dessous, avec des taches brunes et rousses sur les côtés de la poitrine.

Variétés accidentelles : Cette espèce varie, comme la Perdrix grecque, du blanc pur au blanc grisâtre ou roussâtre. Ces couleurs sont quelquefois générales, d'autres fois elles sont partielles.

Elle varie aussi beaucoup sous le rapport de la taille. Sur les marchés, on en distingue de *grosses,* de *moyennes* et de *petites.* Les premières, qui proviennent du Midi, sont fort improprement nommées *Bartavelles.* Toujours est-il qu'elles sont plus fortes que celles provenant de quelques localités du Nord.

La Perdrix rouge habite l'Italie, l'Espagne, la France, certaines contrées de l'Autriche, de la Suisse, de l'Angleterre. D'après Charleton, elle était jadis abondante dans l'île Guernesey.

En France, elle est commune dans toute la Provence. On la trouve aussi en Bretagne, en Anjou, dans le Jura et dans quelques autres localités du Midi et du Centre. Elle est plus rare dans le Nord ; on l'y rencontre aux environs de Saint-Pol, où elle se reproduit.

Elle niche dans les champs, les guérets, sous les buissons, dans les herbes, les blés ; pond de douze à dix-huit œufs, d'un gris roussâtre, ou d'un fauve très-clair, avec des points et des taches d'un brun pâle. Ils mesurent :

Grand diam. 0m,039 ; petit diam. 0m,030.

Cette espèce aime les lieux accidentés, les coteaux couverts de bruyères, de chênes nains, de vignes. Rarement on la rencontre sur les montagnes élevées, et rarement aussi elle fréquente les bois de haute futaie. Elle est tellement sociable, qu'à l'époque de la reproduction, dans les pays où elle abonde, les mâles dépariés par accident, ou qui n'ont pu trouver de femelles, se rassemblent et vivent en société. Quoiqu'elle ait des habitudes essentiellement terrestres, cependant elle perche quelquefois sur les branches basses des arbres, et même, lorsqu'elle est trop vivement pressée par un ennemi, sur les branches qui sont à une hauteur moyenne. Il n'est pas rare, du reste, de voir les individus que l'on tient en volière, monter fréquemment sur les perchoirs. En captivité, la Perdrix rouge devient très-familière, comme les précédentes, et se reproduit même quelquefois. Nous avons vu des individus qui vivaient librement dans des basses-cours, dans des appartements d'où il leur eût été facile de s'échapper, et qui accouraient, comme des Poules, à l'appel des personnes qui les avaient élevées et qui leur continuaient leurs soins.

506 — PERDRIX DE ROCHE — *PERDIX PETROSA*
Lath.

(Type du genre *Alectoris*, Kaup.)

Lorums cendrés; vers le milieu du cou, un large collier roux, parsemé de petites taches arrondies blanches; plumes des flancs coupées transversalement par deux traits noirs, distants l'un de l'autre de 0^m,008 à 0^m,010; première rémige plus courte que la septième, ou à peine aussi longue, les quatrième et cinquième à peu près égales et les plus longues.

Taille : 0^m,31 à 0^m,32.

PERDIX RUBRA BARBARICA, Briss. *Ornith.* (1760), t. 1, p. 239.
TETRAO PETROSUS, Gmel. *S. N.* (1788), t. 1, p. 758.
PERDIX PETROSA, Lath. *Ind.* (1790), t. II, p. 548.
ALECTORIS PETROSA, Kaup, *Nat. Syst.* (1829), p. 180.
CACCABIS PETROSA, G. R. Gray, *Gen. of B.* (1844-1846), t. III, p. 508.
P. Roux, *Ornith. Prov.* pl. 260, mâle.
Gould, *B. of Eur* pl. 261.

Mâle adulte : Parties supérieures d'un cendré olivâtre, nuancé de roussâtre au dos, avec le dessus de la tête et du cou roux-marron ; joues, gorge d'un cendré bleuâtre ; poitrine d'un cendré bleuâtre plus foncé dans la plus grande partie de son étendue; bas de la poitrine, abdomen et jambes d'un roux jaunâtre pâle ; flancs cendrés, avec chaque plume coupée transversalement par une bande blanchâtre, puis par une bande noire, et terminée par une large frange rousse ; un large collier d'un roux foncé, couvert de taches blanches, arrondies, occupe le bas du cou et monte angulairement sur les côtés, jusqu'à la région parotique ; cette région variée de roux ; une bande d'un cendré bleuâtre au-dessus des yeux, s'étendant jusqu'au dos et séparant supérieurement le collier, des plumes de la nuque ; scapulaires variées de taches bleues et de roux rouge ; rémiges bordées de jaune d'ocre clair en dehors, vers l'extrémité ; rectrices d'un roux rouge, plus foncé à la base, les médianes exceptées, qui sont de la même couleur que le dos ; pieds, bec, espace autour et derrière les yeux rouges.

Femelle : Elle ne diffère du mâle que par une taille plus petite, un collier moins large, des teintes moins pures et par les tarses qui n'ont pas de tubercule.

La Perdrix de roche ou Gambra habite l'Espagne, la Sardaigne, la Corse, la Sicile, le nord de l'Afrique, et se montre accidentellement dans le midi de la France.

Elle niche dans les lieux déserts, à l'abri d'un buisson, d'un arbuste ou d'une touffe d'herbes, et pond de douze à seize œufs d'un gris jaunâtre ou roussâtre, avec des points et des taches d'un brun pâle. Ils mesurent :

Grand diam. 0^m,038 ; petit diam. 0^m,028.

Comme les précédentes, cette espèce ne se plaît que dans les contrées montueuses. Il serait excessivement facile de la multiplier dans les régions méridionales de la France, notamment en Provence, où l'espèce trouverait sur beaucoup de points exactement les mêmes conditions qu'elle rencontre en Corse et en Sardaigne.

Observation. — Les individus qui proviennent du nord de l'Afrique paraissent plus forts que ceux qui vivent en Europe. Le collier serait aussi un peu plus large.

GENRE CXLVII
STARNE — *STARNA*, Bp.

Tetrao, p. Linn. *S. N.* (1735).
Perdix, p. Briss. *Ornith.* (1760).
Starna, Bp. *B. of Eur.* (1838).

Bec médiocre, plus court que la moitié de la tête, comprimé à la pointe, plus large que haut à la base ; mandibule supérieure dépassant notablement l'inférieure, à bords décrivant une courbe dès la base ; narines, à peu près comme dans le genre *Perdix ;* ailes médiocres, arrondies, sub-obtuses, les plus longues des rémiges secondaires, de beaucoup plus courtes que les plus grandes des rémiges primaires ; queue courte , arrondie ; grandes sus-caudales atteignant l'extrémité des rectrices ; tarses minces, courts, lisses dans les deux sexes ; doigt médian, y compris l'ongle, plus long que la partie nue du tarse ; pouce court, portant à peine sur le sol par l'extrémité de l'ongle; ongles très-peu arqués; un espace nu derrière les yeux; plumes des flancs allongées, étroites.

Le genre *Starna* est sans contredit aussi légitime que les genres *Francolinus* et *Coturnix* établis aux dépens de l'ancien genre *Perdix*. Les espèces qui le composent se distinguent, en effet, sous bien des rapports des Perdrix proprement dites, vulgairement nommées *Perdrix rouges*. Si elles ont les mœurs, les habitudes générales de celles-ci; si elles sont, comme elles, sociables, timides, attachées aux lieux où elles sont nées, elles en diffèrent par un vol moins bruyant, moins soutenu; par un cri d'appel tout à fait particulier; par la couleur de leurs œufs; par leur habitat, les pays plats et cultivés étant à peu près les seuls lieux qu'elles fréquentent. Elles en diffèrent encore et surtout, par la forme du bec, de l'aile, des tarses, des ongles, des plumes des flancs et par le système de coloration.

Les Starnes se nourrissent de graines, d'herbes tendres, d'insectes, de baies et de fruits. La chair des jeunes est très-délicate et d'un blanc jaunâtre; celle des vieux est brune.

Le mâle adulte se distingue de la femelle par quelques petites différences dans le plumage. Les jeunes, avant la première mue, ont une livrée qui leur est propre. Leur mue est simple.

L'Europe ne possède que l'espèce type du genre.

307 — STARNE GRISE — *STARNA CINEREA*
Bp. ex Charlet.

Gorge rousse; devant du cou et poitrine vermiculés de noirâtre sur un fond gris cendré; milieu de l'abdomen couvert d'une tache marron en fer à cheval (mâle), *ou blanchâtre, avec quelques taches isolées roux-marron* (femelle); *plumes des flancs coupées obliquement par une large bande rousse, piquetées et vermiculées de brun sur toute l'étendue que ne couvre pas la bande rousse; première rémige plus courte que la sixième, les troisième et quatrième à peu près égales et les plus longues.*

Taille : 0^m,30.

Perdix cinerea et vulgaris, Charleton, *Exercit.* (1677), p. 83.
Tetrao perdix, Linn. *S. N.* (1766), t. I, p. 276.
Perdix cineracea, Brehm, *Hand. Nat. Vog. Deuts.* (1831), p. 523.
Starna cinerea, Bp. *B. of Eur.* (1838), p. 43.
Starna perdix, Bp. *Cat. Parzud.* (1856), p. 13.
Buff. *Pl. enl.* 170, *femelle.*
Gould, *B. of Eur.* 318.

Mâle adulte : Vertex, occiput et milieu de la nuque d'un brun rous-sâtre, nuancé de cendré et varié de taches jaunâtres ; dos, croupion, sus-caudales d'un cendré légèrement varié de zigzags noirâtres et de traits roux-marron ; cou, poitrine et abdomen d'un cendré parsemé de petites taches et de zigzags noirâtres, avec des raies transversales sur les côtés de la poitrine, des bandes d'un roux rouge sur les flancs et des traits blancs sur la tige des plumes ; une large tache marron foncé, en forme de fer à cheval, encadrée de blanc plus ou moins pur, occupe le milieu de l'abdomen ; parties comprises entre les branches du fer à che-val d'un cendré blanchâtre, rayé de brunâtre ; côtés du bas-ventre et sous-caudales roussâtres, parsemés de taches brunâtres ; front, face, gorge, d'un roux clair, s'étendant un peu sur le devant du cou ; ailes d'un cendré brun, avec des taches d'un roux rouge, des lignes longi-tudinales d'un blanc roussâtre et de nombreux zigzags sur les couver-tures ; rémiges brunes, avec des taches et des bandes d'un roux jaunâ-tre ; douze des rectrices latérales d'un roux rougeâtre, nuancé de brunâtre vers l'extrémité, qui est légèrement frangée de gris ; les mé-dianes variées de cendré, de noir et de roux ; bec brun-olivâtre, pieds gris ; iris brun-roussâtre.

Femelle adulte : Elle diffère sensiblement du mâle ; dessus de la tête et du cou couvert de petites taches arrondies d'un blanc roussâtre, dessus du corps d'une teinte brune, avec des taches grises, noirâtres, et des traits en travers roussâtres et roux-marron ; sus-caudales pareilles au dos ; milieu de l'abdomen blanc ou varié de quelques taches d'un roux marron (1) ; couvertures supérieures des ailes et scapulaires variées de roussâtre, de cendré, avec des raies noirâtres en zigzags, de grandes taches d'un brun roux et une ligne d'un blanc plus ou moins lavé de roussâtre sur la tige des plumes. Le reste comme dans le mâle.

Jeunes avant la première mue : Plus petits que les adultes ; d'un brun jaunâtre, varié de bandes et de raies d'un brun noirâtre en dessus ; point d'espace nu coloré derrière les yeux ; pieds jaunâtres. On ne peut alors distinguer les mâles des femelles.

Après la mue, qui commence vers la mi-septembre, ils ressemblent aux adultes, et on ne les distingue plus de ceux-ci qu'aux pattes, qui conservent encore jusqu'au printemps une teinte jaunâtre, et à la pre-

(1) Les vieilles femelles ont quelquefois l'abdomen aussi largement taché et aussi vive-ment coloré que les mâles ; M. De Selys-Longchamps en possède une dont le fer à cheval bien développé, est d'un brun presque noir.

mière rémige qui est pointue à son extrémité, au lieu qu'elle est arrondie chez les vieux individus.

Variétés accidentelles : La Starne grise se présente parfois avec un plumage complétement isabelle, ou blanc, ou blanchâtre, ou irrégulièrement et partiellement taché soit de blanc, soit de roux clair, soit de roux marron foncé. Une variété remarquable, que l'on rencontre quelquefois sur les terrains bourbeux des départements de la Somme, du Pas-de-Calais et du Nord, est généralement d'un joli gris de lin, même à la gorge, relevé par des taches et par des traits vermiculés plus foncés. Le Muséum d'Histoire naturelle de Paris en possède quelques exemplaires provenant de l'ancienne Picardie, et nous en avons vu deux autres que M. Prévost, de Dunkerque, avait envoyés en communication à MM. E. et J. Verreaux. Ces deux exemplaires, complétement semblables, avaient été abattus sur les terrains marécageux des environs de Dunkerque, et faisaient partie d'une compagnie dont tous les individus offraient, dit-on, à peu près le même plumage.

Nous rangeons aussi au nombre des variétés accidentelles, pour des motifs que nous exposons plus bas, la PERDRIX DE MONTAGNE (*Perdix montana*, Briss. *Ornith.* t. I, p. 224) qui a la tête, la gorge et le cou, dans une étendue variable, d'un fauve plus ou moins roussâtre ; le bas du cou, la poitrine, les flancs, les sous-caudales, le dessus du corps et des ailes d'un brun marron plus ou moins foncé ; les rémiges primaires d'un gris brun nuancé de roussâtre sur le bord externe ; les six rectrices médianes d'un marron brun, et les latérales d'un marron clair. (Des Vosges ? de la Seine-Inférieure.)

Variété locale, constante : PERDRIX DE DAMAS (*Perdix Damascena*, Briss. *Ornith*. t. I, p. 223). Absolument semblable pour le plumage à la *Starna cinerea*, mais de taille plus petite, à bec, à tarses et à doigts plus courts. (De plusieurs contrées de la France, selon Brisson ; commune en Égypte, d'après Sonnini.)

La Starne grise habite diverses contrées de l'Europe, le nord de l'Afrique et a partie occidentale de l'Asie.

[1] Elle est très-commune dans le nord et le centre de la France, en Allemagne, en Belgique, dans quelques parties de la Hollande, dans les steppes de la Russie. Elle est rare dans le midi de la France, autant que la Perdrix rouge y est abondante.

Elle niche dans les champs, les blés, les guérets, sous une touffe d'herbes, sous un buisson, et pond de douze à dix-huit œufs d'un gris jaunâtre uniforme et sans taches. Ils mesurent :

Grand diam. 0^m,036 ; petit diam. 0^m,028.

Cette espèce préfère les plaines aux pays montueux, accidentés. Si pendant une partie de la journée elle cherche un refuge dans les taillis, dans les vignes, dans les remises, elle en sort ordinairement le soir, et passe la nuit en rase campagne. En automne, elle forme parfois des bandes considérables, qui émigrent, si on ne parvient à les diviser.

Quoique d'un naturel sauvage, la Starne grise se plie aisément à la captivité, surtout lorsqu'elle est prise jeune, et devient même familière : plusieurs faits rapportés par divers auteurs en témoignent. Willughby avance qu'un particulier de Sussex avait si bien apprivoisé une couvée entière, qu'il la conduisait partout en la chassant devant lui, ce qu'avait vu faire Tournefort, près de Grasse, avec l'une de nos Perdrix à plumage rouge. Le cardinal de Châtillon, dans ses fermes de Lisieux, en nourrissait, dit-on, des troupeaux qui allaient aux champs tous les matins et revenaient le soir. Girardin cite un exemple analogue et émet l'opinion que cet oiseau pourrait être élevé dans nos basses-cours et soumis à une sorte de domesticité. Cette opinion, soulevée de nouveau vers ces dernières années, a provoqué quelques essais qui n'ont pas eu tout le succès qu'on semblait se promettre. Nous doutons même que l'on parvienne jamais à rendre l'espèce vraiment domestique : elle le serait depuis longtemps, si elle avait réellement de l'aptitude à le devenir.

La chair de cette espèce, surtout celle des individus jeunes, est très-estimée.

Observations. — Quelques auteurs ont élevé au rang d'espèces les *Perdix montana* et *damascena* de Brisson ; d'autres n'ont vu dans ces oiseaux que des variétés ou races locales de la *Starnea cinerea* ; il en est enfin qui ont considéré la *Perdix montana* comme un métis de la Perdrix rouge et de la Starne grise, opinion qui ne saurait être admise, attendu que la *Perdix montana* n'a absolument rien de la *Perdix rubra*, et qu'elle se produit là où celle-ci ne s'est jamais montrée.

Nous avons examiné bon nombre de *Perdix montana* tant en chair qu'en peau, et cet examen nous a conduit, en dernière analyse, à ne voir, avec Temminck, dans cette Perdrix, qu'une variété accidentelle de la *Starna cinerea*. Cette variété, pour être assez fréquente, n'est parfois que très-partielle, les parties inférieures étant largement tachées de brun marron, tandis que les parties supérieures diffèrent de celles de la *Starna cinerea* par des teintes à peine un peu plus sombres : elle ne se manifeste jamais sur toute une couvée, mais sur quelques rares individus seulement, le plus grand nombre portant le plumage de la Starne grise : jamais, enfin, on ne rencontre deux sujets qui soient à peu près semblables, la couleur fauve de la tête et du cou s'arrêtant quelquefois très-haut, descendant d'autres fois très-bas et variant en étendue, non-seulement d'individu à individu, mais même d'un côté à l'autre sur le même individu. En un mot, les couleurs du plumage n'ont pas ici ces limites parfaites, cette régularité que l'on observe chez toutes les espèces à teintes variées, et cela seul suffirait pour démontrer que la *Perdix montana* est un produit accidentel.

Quant à la *Perdix Damascena*, qui « ressemble tellement à la Perdrix grise par sa couleur, dit Brisson, qu'on a peine à la distinguer du premier coup d'œil, » et qui n'en diffère que par la taille, elle nous paraît former non plus une variété accidentelle, mais une variété locale ou race. Les Ornithologistes qui ont cru voir une espèce dans cette *Damascena*, ont cherché à étayer leur opinion sur des considérations tirées des mœurs, des habitudes. Contrairement à la Starne grise, qui est sédentaire ou qui ne se déplace qu'en partie et seulement lorsque la nécessité l'y oblige, la *Starna damascena*, a-t-on dit, ne reste pas dans le pays où elle est née et pousse très-loin ses migrations, d'où le nom de *Perdrix de passage* qu'on lui a aussi donné ; elle ne reste jamais longtemps dans le même endroit quelle que soit l'abondance de nourriture ; ne se mêle pas aux bandes de Starnes grises ; est très-farouche et se laisse difficilement approcher ; enfin son vol est plus élevé et plus soutenu. Mais ces différences d'habitudes, de mœurs, ne sont, très-probablement, comme les différences de taille, que le résultat de modifications produites par le milieu qu'habite l'oiseau.

Quoi qu'il en soit, la *Perdix damascena* se montre, dit-on, chaque année, par grandes troupes, dans l'Artois. Quelques couples y nichent même et s'établissent sur les points les plus élevés de la province. Leur ponte n'est guère de plus de treize à quatorze œufs, qui sont un peu moins gros et un peu plus allongés que ceux de la *Starna cinerea*. Elle se montre aussi en Vendée et l'on nous a assuré qu'elle passait annuellement en Bretagne, notamment dans le Finistère.

GENRE CXLVIII

CAILLE — *COTURNIX*, Mœhring

Tetrao, p. Linn. *S. N.* (1735).
Coturnix, Mœhring, *Avium Genera* (1752).
Perdix, p. Briss. *Ornith.* (1760).
Ortygion, Keys. et Blas. *Wirbelth.* (1840).
Ortyx? O. des Murs, *Encycl. d'Hist. Nat. Ois.* (1852).

Bec court, plus large que haut à la base, comprimé vers la pointe, à mandibules presque égales, la supérieure à bords droits dans leur plus grande étendue à partir de la base, ensuite courbes ; narines, basales, latérales, étroites, un peu obliques, recouvertes par une écaille membraneuse renflée ; ailes courtes, aiguës, les plus longues des rémiges secondaires beaucoup plus courtes que les plus grandes des rémiges primaires ; queue courte, arrondie, les sus-caudales dépassant un peu l'extrémité des rectrices et les recouvrant entièrement dans le repos ; tarses minces, médiocrement allongés, lisses dans les deux sexes ; doigt médian, y compris l'ongle, aussi long que la partie nue des tarses ; pouce court, élevé, portant à terre seulement

par l'extrémité de l'ongle ; ongles courts, médiocrement arqués ;
orbites emplumées ; plumes des flancs étroites, allongées, notablement acuminées.

Les Cailles se distinguent des autres Perdiciens par leurs mœurs, plus encore
que par leurs caractères. Elles ne vivent ni dans les lieux montueux et arides,
ni dans les bois, mais dans les plaines cultivées, dans les prairies naturelles et
artificielles, dans les blés, les vignobles, etc. Elles sont peu sociables, ne se
réunissent point par compagnies, et les liens de famille sont chez elles si peu
étroits, si peu durables, que les jeunes se séparent et se dispersent aussitôt
qu'ils peuvent se passer des soins de leur mère, et vivent solitaires. Elles
émigrent régulièrement à des époques déterminées, ce qui les rend rebelles à
la captivité. Les Cailles se distinguent encore des Perdrix et des Starnes, par un
vol plus vif, plus direct, plus bas ; par leur paresse à se déplacer, car il faut
qu'elles soient vivement pressées pour qu'elles se déterminent à prendre le
vol. Surprend-on une famille qui est encore sous la conduite de la mère ? jamais les individus qui la composent ne prennent ensemble leur essor pour
suivre leur guide, comme font les Perdreaux : ils s'envolent, au contraire, un
à un et se dispersent en prenant des directions différentes. Ce qui les caractérise aussi, c'est qu'elles ont de la tendance à l'obésité. Sous ce rapport, elles
ne le cèdent point aux Ortolans.

Les Cailles sont très-ardentes en amour. Les mâles surtout, à l'époque des
pariades, ne voient plus le danger lorsqu'ils sont sollicités par la voix des femelles, et se jettent en quelque sorte d'eux-mêmes dans les mains du chasseur ;
alors, aussi, ils se battent entre eux avec acharnement.

Leur nourriture consiste en insectes, en jeunes pousses d'herbe, en semences et en petites graines de toutes sortes.

Le mâle se distingue généralement de la femelle par quelque attribut particulier. Les jeunes, avant la première mue, diffèrent de l'un et de l'autre. Leur
mue est simple.

Observation. — Nous ne pouvons nous dispenser de signaler à l'attention
des naturalistes la capture, en Europe, d'un oiseau qui a les plus grands
rapports avec les Cailles australiennes dont M. Gould a fait son genre *Synoicus*,
MM. J. Verreaux et O. des Murs qui l'ont fait connaître sous le nom de *Synoicus Lodoisiæ* (1) en donnent la description suivante :

« Plumage général brun-roux ; dessus de la tête varié de brun noirâtre, surtout au vertex, ne laissant voir qu'une indication à peine sensible de la bande centrale, si bien dessinée dans les espèces australiennes ;
cette bande est de couleur plus rousse. Occiput varié de flammèches
brun-noirâtre ; de grandes taches de cette dernière couleur s'observent
sur les côtés et le derrière du cou, plus larges encore sur le dos, les sca-

(1) *Revue et Magas. de Zool.* 1862, t. XIV, p. 226, pl. 11.

pulaires, le croupion et même les couvertures sus-caudales ; formant, dans certaines places, des raies plus ou moins larges, qui sont mélangées de roussâtre ; une teinte grise colore aussi l'extrémité des plumes dans diverses parties, principalement sur le dos et les scapulaires. Les baguettes du rachis présentent le même caractère que dans les autres espèces, sauf qu'elles sont ici d'une teinte rousse ; l'on voit aussi sur la partie externe des rémiges primaires et secondaires, de petits zigzags roussâtres en très-grand nombre, et il n'y a que l'extrémité des premières qui soit d'un brun uniforme. Face, menton et devant du cou roussâtre pâle, avec quelques gouttelettes brunes sur les parties latérales ; régions inférieures du corps, à partir du cou, fasciées de brun noir et de roussâtre, cette dernière teinte plus prononcée sur la poitrine; ventre largement barré de noir et de blanc roussâtre clair ; plumes variées de roux plus foncé et de noir, mais presque toutes terminées de blanc ou de blanchâtre; couvertures sous-caudales plus uniformément roussâtres, ainsi que les cuisses, mais les premières fasciées de noirâtre et de blanchâtre vers leur extrémité. On distingue aussi en dessous de l'oiseau cette même disposition de baguette ou rachis roussâtre au centre des plumes, le milieu du ventre excepté, là où les bandes sont le mieux marquées. Queue très-courte, cachée par ses couvertures, d'un brun roussâtre avec des bandes noirâtres et roussâtres à partir du milieu de sa longueur. Couvertures du dessous des ailes gris-roussâtre ; partie inférieure des rémiges d'un gris cendré; les deux premières les plus longues. Bec beaucoup plus petit que dans le *Diemensis*, quoique la taille soit à peu près la même, de couleur noirâtre, blanchâtre à la pointe. Tarses d'un brun rougeâtre ; ongles d'un brun très-clair.

« Longueur totale, 0ᵐ,13 ; — de l'aile fermée, 0ᵐ,11 ; — du bec, à partir de la base supérieure, 0ᵐ,013 ; — du tarse, 0ᵐ,028 ; — du doigt médian, 0ᵐ,026. »

Cette description a été faite d'après un individu mâle adulte, que M. Turati, de Milan, avait envoyé en communication à M. J. Verreaux. M. Turati tenait cet oiseau d'un de ses amis, qui l'avait pris, vivant, près de Busto-Arsizio, en Lombardie, et l'avait conservé en cage pendant plus d'un an. Depuis, un exemplaire en tout semblable à celui-ci a été abattu le 20 septembre 1861 ? dans le département de la Somme, par M. A. Delignières qui en a fait don au Musée d'Abbeville. Cet exemplaire, que nous avons vu chez MM. E. et J. Verreaux, est d'une très-grande fraîcheur de plumage. Comment cet oiseau, qui évidemment se rapporte par ses formes et son système de coloration aux Cailles de l'Australie, et n'est point une variété de notre Caille commune, a-t-il pu se ren-

contrer dans le Milanais et en Picardie ? Doit-on supposer qu'apporté captif de
son pays natal, il a recouvré accidentellement la liberté à son arrivée en Europe ?
Il est assez naturel de le penser ; cependant nous ne voudrions point en décider.

308 — CAILLE COMMUNE — *COTURNIX COMMUNIS*
Bonnaterre.

*Une bande longitudinale blanchâtre sur le milieu de l'oc-
ciput, accompagnée de chaque côté par une autre bande de même
couleur, étendue au-dessus des yeux ; barbes externes des rémiges
variées de taches transversales roussâtres ; rectrices noirâtres,
rayées, en travers, de roussâtre.*

Taille : 0^m,16 à 0^m,17.

TETRAO COTURNIX, Linn. *S. N.* (1766), t. I, p. 278.
COTURNIX, Briss. *Ornith.* (1760), t. I, p. 247.
PERDIX COTURNIX, Lath. *Ind.* (1790), t. II, p. 651.
COTURNIX COMMUNIS, Bonnat. *Encycl. Méth.* (1791), p. 217.
COTURNIX DACTYLISONANS, Mey. *Vög. Liv. und Esthl.* (1815), p. 167.
COTURNIX VULGARIS, Fleming, *Brit. Anim.* (1828), p. 45.
ORTYGION COTURNIX, Keys. et Blas. *Wirbelth.* (1840), p. 66.
Buff. *Pl. enl.* 96.

Mâle adulte : Dessus de la tête noir, varié de roussâtre, avec trois
bandes longitudinales d'un blanc roussâtre, dont une sur la ligne médiane, les deux autres au-dessus de chaque œil ; dessus du cou et du
corps, sus-caudales, d'un brun cendré, avec des taches noires, des raies
transversales roussâtres et des traits d'un blanc roux jaunâtre sur les
tiges des plumes ; gorge d'un roux brun, entourée de deux bandes noires, séparées l'une de l'autre par du blanc jaunâtre ; dessous du corps
d'un roux clair, un peu plus foncé au bas du cou et à la poitrine, avec
des raies longitudinales blanches sur la tige des plumes, et des taches
brunes et rousses sur les flancs ; joues brunâtres, parsemées de petites
taches roussâtres ; ailes d'un brun grisâtre, avec des taches, des raies
transversales et des zigzags sur les couvertures et les rémiges ; queue
brunâtre, avec des raies transversales et un trait longitudinal d'un
blanc jaunâtre sur sa penne externe ; bec noir ; pieds couleur de chair ;
iris brun-noisette.

Femelle adulte : Elle a les teintes plus foncées en dessus, la gorge
blanchâtre, et la poitrine d'un roussâtre tacheté de brun.

Jeunes avant la première mue : Ils ressemblent à la femelle ; mais ils sont plus petits, ont les parties supérieures d'une teinte générale tirant sur l'olive, les parties inférieures moins jaunâtres et les pieds jaunes.

Variétés accidentelles : L'albinisme complet ou partiel et le mélanisme atteignent quelquefois le plumage de cette espèce ; mais le mélanisme est excessivement rare. Nous n'avons jamais vu qu'un seul individu à teintes générales d'un brun de suie clair.

La Caille commune habite l'Europe une partie de l'année : on la trouve aussi en Asie et en Afrique.

Elle est répandue dans toute la France pendant la belle saison : elle y arrive en avril et mai, et en repart en septembre. Au moment de son arrivée et à l'époque de son départ, elle est très-abondante sur les côtes de la Méditerranée ; mais elle ne se montre nulle part en aussi grand nombre que dans quelques îles de l'Archipel grec. Celles du Levant, s'il faut en croire les rapports de quelques voyageurs, sont, en automne, littéralement couvertes de Cailles, et les habitants en font un objet de grande spéculation. A Caprée, île située à l'entrée du golfe de Naples, l'espèce passe également en quantité considérable. Jadis l'évêque de l'île percevait une dîme sur les Cailles qu'on y prenait, et bénéficiait, dit-on, d'une somme de 40 à 50,000 francs. D'après Sonnini, sur la côte de la Morée, et particulièrement à Maïna, on sale les Cailles et on vient les vendre ensuite dans les îles de l'Archipel ; les habitants de l'île Santorin en font également des provisions d'hiver et les conservent dans du vinaigre.

La Caille niche dans les prés, les blés, les luzernes, les champs de colza, de haricots, etc., dans un petit enfoncement tapissé d'herbes sèches. Sa ponte est ordinairement de huit à quinze œufs, ventrus, un peu pyriformes, à fond blanchâtre, jaunâtre ou fauve ; tantôt finement et très-régulièrement tachés de brun foncé ; tantôt largement maculés et comme marbrés de brun roussâtre, intense par-ci, clair par-là ; dans certaines variétés les taches courent presque tout le fond ; dans d'autres elles sont confluentes seulement vers le milieu ou sur le gros bout, et forment une sorte de couronne ; il en existe, enfin, qui sont totalement dépourvus de taches et ne présentent que de rares points à peine visibles. Ils mesurent :

Grand diam. 0^m,029 à 0^m,030 ; petit diam. 0^m,024.

La Caille se reproduit quelquefois en captivité, nous avons vu une femelle séquestrée dans une étroite cage, mais qu'on livrait de temps en temps au mâle, pondre successivement soixante et treize œufs, qui, retirés au fur et à mesure qu'ils étaient pondus, et mis ensuite en incubation sous une poule, sont tous éclos, à deux ou trois près.

La chair des Cailles, surtout en septembre, est très-délicate et fort estimée.

FAMILLE XXXII

CRYPTURIDÉS — *CRYPTURIDÆ*

TETRAONIDÆ, p. Leach, in : Vig. *Gen. of B.* (1825).
CRYPTURIDÆ, Bp. *B. of Eur.* (1838).
TINAMIDÆ, G. R. Gray, *List Gen. of B.* (1841).

Bec médiocre, l'arête de la mandibule supérieure dessinant une courbe peu prononcée et seulement dans la moitié antérieure ; fosses nasales oblongues et se prolongeant jusqu'au milieu du bec ; queue très-courte ou nulle, les rectrices, lorsqu'elles existent, étant entièrement cachées par les sus et les sous–caudales ; quatre doigts, trois en avant, entièrement divisés, un en arrière, ou trois seulement en avant, le pouce faisant complètement défaut.

Les Crypturidés ont de grands rapports avec les Tétraonidés, aussi Gmelin rangeait-il les espèces qu'il a connues dans le grand genre *Tetrao* de Linné. Cependant, par leur bec généralement grêle, peu voûté ; par la forme et l'étendue de leurs narines, et surtout par leur queue réduite à des rectrices très-courtes, flexibles, entièrement cachées, ou représentée seulement par un faisceau de plume coccygiennes, les Crypturidés se séparent assez des Tétraonidés pour constituer une famille à part.

Leurs mœurs ont beaucoup d'analogie avec celles des Cailles : ils courent plus qu'ils ne volent ; ne s'attroupent point ; sont indolents et tristes comme elles ; mais ils ont des habitudes sédentaires.

Eu égard à la forme de la queue et au nombre des doigts, les Crypturidés se divisent en deux sous-familles : la suivante est seule représentée en Europe.

SOUS-FAMILLE XLIX

TURNICIENS — *TURNICINÆ*

ORTYGINÆ, Bp. *B. of Eur.* (1838).
TURNICINÆ, G. R. Gray, *List Gen. of B.* (1841.)

Trois doigts seulement en avant ; pouce nul ; queue courte, composée de dix rectrices fort peu résistantes.

Cette sous-famille comprend les plus petits des Gallinacés, et repose presque exclusivement sur le genre *Turnix*.

GENRE CXLIX

TURNIX — *TURNIX*, Bonnat.

Tetrao, p. Gmel. *S. N.* (1788).
Perdix, p. Lath. *Ind.* (1790).
Turnix, Bonnat. *Tabl. Encyclop. Ois.* (1791).
Ortygis, Illig. *Prod. Syst.* (1811).
Hemipodius, Temm. *Man.* (1815).

Bec grêle, droit, très–comprimé, à mandibule supérieure un peu courbée à la pointe et plus longue que l'inférieure, qui est légèrement renflée vers le bout ; narines nues, latérales, longitudinalement fendues jusqu'au milieu du bec, à moitié fermées par une membrane; ailes moyennes, concaves, sur-aiguës ; queue inclinée, composée de dix rectrices très-courtes, flexibles, entièrement cachées par les sus-caudales ; tarses médiocres, nus, réticulés; trois doigts en avant, entièrement séparés, le médian un peu plus court que le tarse; pouce nul; ongles minces, légèrement courbés, pointus.

Les Turnix vivent solitaires dans les plaines sablonneuses et stériles, parmi les hautes herbes, les broussailles, et paraissent ne pas s'éloigner des lieux où ils sont nés. Au moindre danger, ils se cachent ou fuient en courant. Lorsqu'on les force à prendre leur vol, ils s'élèvent tout au plus au-dessus des grandes herbes et s'abattent presque aussitôt. Après un premier vol, il est rare de les voir prendre une seconde fois leur essor. Ils se blottissent alors dans les herbes, et se laissent écraser ou prendre à la main plutôt que de fuir. Leur nourriture consiste principalement en insectes et en semences. Ils sont, dit-on, polygames, et les mâles, jaloux et querelleurs, surtout à l'époque des amours, se battent entre eux avec acharnement. Les Javanais, au rapport de Temminck, ont su faire de cette humeur belliqueuse une cause d'amusement et même de spéculation, en dressant pour les combats l'une des espèces des îles de la Sonde. Les sommes que l'on engage sur deux combattants sont quelquefois considérables, et l'individu vaillant et éprouvé dans ces sortes de luttes vaut près de 150 francs.

Le mâle porte un plumage différent de celui de la femelle. La mue est simple.

Les espèces connues sont propres aux contrées chaudes de l'ancien continent et de l'Australie : l'une d'elles se trouve en Europe.

509 — TURNIX SAUVAGE — *TURNIX SYLVATICUS*
Bp. ex Desfont.

Plumage ondé de noir, de brun, de roussâtre et de blanchâtre en dessus, varié de roussâtre et de roux vif en dessous ; rémiges primaires larges et contournées en dedans en forme de faucille ; la première, la plus longue de toutes.

Taille : $0^m,15$ à $0^m,16$.

TETRAO SYLVATICUS, Desfontaines, *Ois. de Barbarie, Mém. de l'Acad. R. des Sc.* (1787), p. 500, pl. XIII.
TETRAO GIBRALTARICUS et ANDALUSICUS, Gmel. *S. N.* (1788), t. I, p. 766.
PERDIX GIBRALTARICA, Lath. *Ind.* (1790), t. II, p. 658.
TURNIX AFRICANUSI, GBLALTARICUS et ANDALUSICUS, Bonnat. *Tabl. Encyclop. Ois.* (1791), t. I, p. 6 et 7.
HIMIPODIUS TACHYDROMUS et LUNATUS, Temm. *Man.* (1820), t. II, p. 494 et 495.
ORTYGIS GIBRALTARICA, Bp. *B. of Eur.* (1838), p. 44.
TURNIX ALBIGULARIS, Malherbe, *Faune Ornith. de l'Algérie* (1855), p. 26.
TURNIX SYLVATICUS, Bp. *Cat. Parzud.* (1856), p. 13.
P. Roux, *Ornith. Prov.* pl. 23 *bis*, jeune.
Gould, *Birds of Eur.* pl. 264.

Mâle et femelle adultes : Dessus et derrière de la tête variés de noir, de roux, avec une raie blanche longitudinale sur la ligne médiane ; dessus du cou, du corps et les scapulaires noirâtres, avec des zigzags roux et les plumes encadrées par une bande étroite blanchâtre ou roussâtre ; gorge, quelquefois le bas de la poitrine et l'abdomen d'un blanc tirant plus ou moins sur le roussâtre ; milieu du cou, de la poitrine, d'un roux vif, avec les plumes des côtés noires au centre et blanc-roussâtre sur les bordures ; flancs et sous-caudales d'un roux moins vif qu'au cou ; couvertures supérieures des ailes marquées d'une tache noire sur les barbes externes, et d'une tache rousse sur les barbes internes ; rémiges d'un brun cendré, les deux premières largement bordées de blanchâtre en dehors ; extrémité du bec et pieds couleur de chair.

Femelle jeune : Front, côtés de la tête et joues d'un brun roussâtre clair, parsemé de plumes blanches ; vertex, occiput, lavés de roussâtre chaque plume étant bordée de roux brun ; une bande d'un blanc roussâtre, s'étendant du front jusqu'à la nuque, divise la tête en deux parties égales ; le reste des parties supérieures et les ailes à peu près comme chez les adultes ; gorge et devant du cou d'un blanc pur ; toute la poitrine et les flancs d'un roux blanchâtre, parsemé de taches noires

ayant la forme de croissants, et affectant une forme plus allongée vers
les flancs ; abdomen d'un blanc roussâtre sans taches ; couvertures inférieures des ailes et de la queue d'un roux jaunâtre clair, uniforme ;
bec d'un brun jaunâtre clair vers l'extrémité ; tarses plus courts, et
taille plus petite qu'à l'âge adulte. (D'après M. Malherbe.)

Le Turnix sauvage ou tachydrome habite la Sicile, l'Andalousie et le nord de
l'Afrique, notamment les Etats barbaresques.

Il niche sous une touffe d'herbes, à l'abri d'un buisson, dans un petit enfoncement garni de quelques brins d herbes sèches, quelquefois sur le sable nu, et
pond de six à dix œufs courts, ventrus, très-renflés au gros bout, comme ceux
de la Caille, mais plus petits ,à coquille moins poreuse et presque mate. Ils ont
un fond jaunâtre et sont parsemés de points et de taches irrégulières, la
plupart confluentes, d'un brun noir et d'un gris violet. Quelquefois aux taches
noires et grises se mêlent d'autres petites taches plus ou moins nombreuses,
plus ou moins accusées, d'un brun roux, ou d'un roux jaunâtre. Ils mesurent :

Grand diam. 0^m,024 à 0^m,028 ; petit diam. 0^m,022 à 0^m,020.

Ce Turnix, d'après M. Malherbe, vit sédentaire au centre et au midi de la Sicile,
dans les environs de Terra-Nova ; dans les plaines de la province d'Oran, là
où croissent des palmiers nains, et sur les terrains couverts de broussailles de
la province de Bone.

Sa principale nourriture, du moins pendant une partie de l'année, consiste
en insectes de la famille des Formicidés et en graines de légumineuses. Dans
onze estomacs provenant d'individus tués au printemps, et que M. Loche avait
eu l'obligeance de nous envoyer d'Alger, nous n'avons absolument trouvé que
des débris, en quantité considérable, d'une fourmi d'assez grande taille, et
des semences, les unes entières, les autres broyées ,d'une petite légumineuse
dont nous n'avons pu reconnaître l'espèce. Quelques petites pierres arrondies,
usées par les frottements, se trouvaient mêlées à ces substances.

FAMILLE XXXIII
PHASIANIDÉS — *PHASIANIDÆ*

FAISANS, G. Cuv. *Tabl. élément. d'Hist. Nat.* (1797).
ALECTRIDES, p. Dumér. *Zool. anal.* (1806).
PHASIANIDÆ, Vig. *Gen. of B.* (1825).

Bec nu à la base, courbé et déprimé à la pointe ; tête surmontée d'une touffe de plumes ou d'une crête charnue ; joues
et tour des yeux nus, parfois couverts de papilles érectiles ;

gorge ornée de barbillons charnus ou couverte de plumes; queue longue dans les deux sexes, ou seulement chez le mâle, de forme variable ; quatre doigts, trois en avant, un en arrière.

La famille des Phasianidés n'a pas, dans les méthodes, des limites bien déterminées. Vigors la formait des genres Linnéens *Meleagris Pavo, Phasianus* et *Numida* ; M. G. R. Gray l'a composée à peu près de même, et le prince Ch. Bonaparte n'y a admis que les espèces comprises dans le grand genre *Phasianus* des auteurs, c'est-à-dire les Faisans, les Tragopans, les Coqs et les Lophophores. Ainsi réduite, la famille des Phasianidés renferme cependant encore des éléments disparates, qui ont nécessité l'établissement de sous-familles, parmi lesquelles est la suivante.

SOUS-FAMILLE L

PHASIANIENS — *PHASIANINÆ*

PHASIANINÆ, G. R. Gray, *Gen. of Birds* (1841).

Tête ordinairement ornée d'une touffe de plumes soyeuses; partie nue des joues couverte de papilles serrées et érectiles ; queue très-longue, surtout chez le mâle, très-étagée, terminée en pointe, les rectrices médianes recouvrant les autres comme un toit.

Les Phasianiens sont parfaitement caractérisés par la forme et les dimensions de leur queue, et constituent un groupe bien distinct qui a pour type le genre *Phasianus* des méthodes actuelles.

GENRE CL

FAISAN — *PHASIANUS*, Linn.

TETRAO, p. Linn. *S. N.* (1735).
PHASIANUS, Linn. *S. N.* (1748), et Auct.

Bec robuste, à mandibule supérieure voûtée, courbée vers le bout et dépassant la mandibule inférieure; narines basales, latérales, à moitié fermées par une membrane renflée; tour des yeux et joues garnis d'une peau verruqueuse qui s'étend jusqu'à la base du bec; ailes courtes, concaves, arrondies, sur-obtuses;

queue allongée, disposée en toit, terminée en pointe, composée
de dix-huit rectrices étagées, les médianes dépassant de beaucoup les latérales ; tarses robustes, scutellés, armés d'un fort
éperon conique chez le mâle ; doigt médian de la longueur du
tarse ; pouce court, ne portant à terre que sur l'extrémité.

Les Faisans sont les plus gracieux des Gallinacés, et la plupart d'entre eux
ne le cèdent pas, pour la beauté du plumage, aux oiseaux les plus richement
dotés sous ce rapport.

Ils sont farouches, assez peu sociables ; se plaisent dans les bois en plaine,
dans ceux surtout où règne une certaine humidité ; ils courent avec une grande
rapidité, ont un vol très-bruyant, et les mâles, à l'époque des amours principalement, poussent en volant des cris retentissants ; ils se perchent d'ordinaire
pour passer la nuit, et les jeunes, à la vue d'un chien, cherchent souvent un
refuge sur les branches d'un arbre. Un mâle suffit à plusieurs femelles.

Les Faisans se nourrissent de baies, de fruits, de végétaux, d'insectes, de
vers et de petits colimaçons. Leur chair est des plus estimées.

Le mâle adulte se distingue toujours de la femelle par des couleurs riches,
éclatantes, variées ; par une huppe ou tout autre ornement. Celle-ci est
privée de ces ornements, et son plumage, plus ou moins varié, est sombre et
terne. Les jeunes, avant la première mue, diffèrent peu de la femelle. Leur
mue est simple.

Les Faisans sont propres à l'Asie. Le genre est représenté en Europe par
l'espèce type.

310 — FAISAN DE COLCHIDE — *PHASIANUS COLCHICUS* Linn.

Occiput orné de deux petites touffes de plumes (mâle) *ou dépourvu de cet ornement* (femelle et jeune) ; *tête et cou d'un vert
à reflets métalliques* (mâle) *ou d'un roussâtre émaillé de noir* (femelle).

Taille : 0ᵐ,87 (le mâle).

TETRAO PHASIANUS, Linn. *S. N.* (1735), p. 65.
PHASIANUS COLCHICUS, Linn. *S. N.* (1766), t. I, p. 271.
PHASIANUS, Briss. *Ornith.* (1760), t. I, p. 262.
Buff. *Pl. enl.* 121, *mâle* sous le nom de *Faisan de France* ; 122, *femelle.*

Mâle adulte, au printemps : Dessus de la tête, d'un roux métallique
à reflets verts ; la plus grande partie du cou d'un vert métallique à reflets
bleus et violets, avec un beau bouquet de plumes de même couleur aux
deux côtés de l'occiput, et une large caroncule rouge écarlate, s'étendant

au-dessus des yeux et descendant sur les côtés du cou ; parties supérieures du corps d'un rouge bai brillant, avec les plumes du bas du cou échancrées en cœur, celles du dos, du haut des ailes, bordées et terminées de violet noirâtre, variées de taches d'un blanc jaunâtre plus ou moins régulières, ressemblant à des V un peu arrondis par le bas ; une teinte pourpre et violette au croupion et aux sus-caudales ; parties inférieures également d'un rouge bai, mais plus éclatant, plus reflétant, avec les plumes bordées et terminées de violet noirâtre ; rémiges brunâtres ; rectrices d'un gris olivâtre chatoyant, variées de bandes transversales noires, et frangées de roux marron, les deux médianes beaucoup plus longues que les autres, qui sont d'autant plus courtes qu'elles sont plus externes ; bec brun de corne ; iris rouge-jaunâtre ; pieds gris-brun.

Mâle adulte, en automne et en hiver : Plumage moins brillant ; caroncules faciales très-peu développées, d'un rouge terne.

Femelle adulte : Plus petite que le mâle ; dessus de la tête et du cou noir, avec les plumes du vertex bordées de roussâtre, celles de la nuque terminées de roux cendré et de brun à reflets pourprés ; haut du dos brun-noir, teinté de pourpre, avec les plumes très-arrondies, bordées de roux vif et terminées par une large bande cendré bleuâtre, suivie d'un très-petit liséré brun-pourpre ; le reste des plumes du dos, scapulaires, sus-caudales brunes, tachetées de roux, de brunâtre, bordées et terminées de cendré roussâtre, avec une ligne roussâtre sur la tige des plumes ; gorge d'un blanc roussâtre ; milieu de la face antérieure du cou, d'un cendré roussâtre, avec de petites raies transversales brun-pourpre ; poitrine, abdomen d'un cendré plus ou moins roux-jaunâtre clair, varié de taches et de raies transversales en zigzags brunâtres, peu apparentes, avec les côtés de la poitrine et les flancs marqués de grandes taches d'un brun roussâtre, bordé de jaunâtre et de cendré ; joues variées de roussâtre et de noirâtre, avec la paupière inférieure et le quart postérieur de la paupière supérieure blancs ; une raie ophthalmique rouge et peu étendue ; côtés du cou pareils à la nuque ; couvertures supérieures des ailes brunes au centre, bordées de cendré lavé de roussâtre, avec la tige et des bandes transversales d'un roux clair, sur les plus grandes ; rémiges brunes, tachetées et barrées de blanchâtre en dehors et de roussâtre en dedans ; queue beaucoup plus courte que celle du mâle ; d'une teinte générale cendré-roux, varié de taches brunes, de raies et de bandes transversales roussâtres et noires.

Nota : Les femelles chez lesquelles la ponte est éteinte, soit pour cause de vieillesse, soit par suite d'un accident qui a atrophié l'ovaire, finissent par prendre non-seulement le plumage du mâle, mais même sa voix. Is. Geoffroy-Saint-Hilaire, en France, et Yarrell, en Angleterre, ont fait des observations suivies à ce sujet, tant sur l'espèce en question, que sur le *Phas. torquatus* et le *Phas. nycthemerus*, et ont signalé plusieurs cas bien remarquables de ce changement de livrée. Les femelles qui présentent ce phénomène sont vulgairement connues sous le nom de *Faisans coquards*.

Jeunes avant la première mue : Ils ressemblent à la femelle ; ont le dessus de la tête et du cou parsemé de taches roussâtres ; le bas du cou, la poitrine, jaunâtres, pointillés de brun au centre et marqués sur les côtés et sur les flancs de grandes taches longitudinales d'un blanc roussâtre ; leur queue est courte par rapport à celle des adultes.

A la mue, les mâles prennent les plumes de leur sexe. Ces plumes paraissent d'abord aux flancs, sur les côtés de la poitrine et sur le dos.

Variétés accidentelles : Le plumage de cette espèce présente d'assez fréquentes variétés : il est ou totalement, ou partiellement et irrégulièrement blanc ; dans ce dernier cas on dit qu'il est panaché. On rencontre aussi des individus café au lait, et d'autres avec un collier blanc parfaitement dessiné et assez régulièrement limité. On croit généralement que cette dernière variété est le produit mixte du *Phas. colchicus* mâle avec la femelle du *Phas. torquatus*.

Le Faisan de Colchide ou vulgaire, originaire de l'Asie Mineure, est depuis très-longtemps naturalisé en France, en Angleterre, en Allemagne, etc. On le trouve encore à l'état sauvage dans quelques îles du Danube, sur toute l'étendue de la côte orientale du Pont-Euxin, au sud et à l'est du Kouban et dans le Caucase, où il serait très-commun, d'après M. Ménétrier, près des fleuves Terek et Soulak. Le même voyageur rapporte, qu'en automne, époque à laquelle ce Faisan se rend dans les steppes, on le chasse à cheval, et qu'après l'avoir fatigué, en le contraignant plusieurs fois à prendre son vol, on peut l'abattre à coups de cravache.

Il niche à terre, sous un buisson, et pond de douze à quatorze œufs (1) ventrus, renflés au gros bout, d'un gris roussâtre ou d'un gris olivâtre pâle, sans taches. Du reste, ils sont plus ou moins colorés suivant l'âge des femelles. Ceux des vieilles poules sont ordinairement très-foncés. Ils mesurent:

Grand diam. 0^m,042 ; petit diam. 0^m,034.

Le Faisan vulgaire se nourrit de toutes sortes de graines, de vers, d'insectes, de larves de fourmis, etc. Malgré son naturel sauvage il se plie assez bien à la domesticité ; vit en bonne intelligence avec les poules de nos basses-cours ; s'accouple même avec elles et de cet accouplement résultent de fort beaux

(1) En domesticité, une poule de cette espèce peut donner jusqu'à trente et trente six œufs, si on a le soin de les lui retirer à mesure qu'elle les pond.

métis, à queue plus longue que celle de nos Poules. Il produit aussi avec le *Phas. nycthemerus* et avec le *Phas. pictus*. Enfin, on a trouvé en Angleterre des hybrides provenant de son union, en liberté, avec le Tétras à queue four-chue.

Ce Faisan est un gibier des plus estimés et des plus recherchés pour les ta-bles somptueuses.

CINQUIÈME ORDRE

ÉCHASSIERS — *GRALLÆ*

Grallæ et Gallinæ, p. Linn. *S. N.* (1766).
Grallæ, Gallinæ, p. Pinnatipedes, p. Palmipedes, p. Lath. *Ind.* (1790).
Grallæ, G. Cuv. *Tabl. élément. d'Hist. Nat.* (1797).
Cursores, Grallæ et Natatores, p. Meyer, *Tasch. Deuts.* (1810).
Cursores et Grallatores, Illig. *Prod. Syst.* (1811).
Alectorides, Cursores, Grallatores et Pinnatipedes, Temm. *Man.* (1820).
Grallatores, Vig. *Gen. of B.* (1825).
Cursorii et Grallatores, Schinz, *Europ. Faun.* (1840).
Gralles, Schleg. *Rev. crit.* (1844).
Herodiones et Grallæ, Bp. *Consp. Syst. Ornith.* (1854).

Bec de forme et de longueur variables, rarement voûté ; narines découvertes, généralement percées de part en part et ouvertes dans un sillon plus ou moins profond, plus ou moins
prolongé ; ailes allongées et étroites, ou médiocres, amples et
concaves ; queue presque toujours courte ; tarses et jambes le
plus souvent élevés ; celles-ci, à quelques exceptions près (1),
plus ou moins nus au-dessus de l'articulation tibio-tarsienne ;
quatre doigts, trois en avant et un en arrière, ou trois seulement
en avant, quelquefois entièrement libres, ou bordés sur les
côtés, ou réunis à la base par une petite membrane, le plus
souvent l'externe et le médian seuls palmés ; le pouce, quand il
existe, articulé tantôt au niveau des autres doigts, tantôt plus ou
moins au-dessus.

Quoique les caractères principaux sur lesquels repose l'ordre des Échassiers,
tels que l'allongement et la gracilité des pieds, la nudité du bas de la jambe,
ne soient ni absolus, ni exclusivement propres à cet ordre, cependant les oiseaux que l'on y admet ont une physionomie particulière qui les fait aisément
distinguer de ceux des ordres voisins.

En général leur cou est grêle, et d'une longueur si bien en rapport avec

(1) Quelques espèces des genres Bécasse et Blongios.

celle des membres inférieurs, qu'ils peuvent recueillir sur le sol, dans la terre ou dans la vase, les substances dont ils se nourrissent, sans fléchir leurs pieds. Si l'on examine plus profondément leur organisation, on constate qu'au lieu d'un gésier musculeux comme celui des Gallinacés et du plus grand nombre des Palmipèdes, beaucoup d'entre eux ont un estomac membraneux. Enfin, certaines habitudes, sans leur être particulières, contribuent encore à les caractériser : ainsi, presque tous sont semi-nocturnes, et tous, en volant, tendent les jambes en arrière, ou les laissent pendantes, au lieu de les reployer sous le corps.

Parmi les Echassiers, les uns sont organisés pour courir et voler avec rapidité ; les autres, pour courir seulement, leur vol étant pénible et borné ; d'autres ne courent jamais ou courent mal, mais ont un vol puissant et soutenu qui leur permet de franchir des distances considérables ; quelques-uns, enfin, nagent assez bien, quoique ce mode de locomotion ne leur soit pas habituel.

La plupart vivent sur les bords des eaux, dans les plaines basses et marécageuses ; quelques-uns ne se plaisent que sur les terrains secs et improductifs. Ils se nourrissent, ceux-ci d'insectes, de colimaçons, de graines, de végétaux ; ceux-là de vers, de mollusques, d'insectes aquatiques, de poissons, de reptiles. Ceux qui nichent à terre sont en général polygames ; leurs petits, en naissant, abandonnent le nid, suivent leurs parents, et prennent eux-mêmes la nourriture que ceux-ci se bornent à leur indiquer ; ceux qui nichent sur les arbres, sur les roseaux, ou sur un point élevé de la surface du sol ou de l'eau, sont monogames et leurs petits n'abandonnent le nid que lorsqu'ils sont en état de voler. Le père et la mère les nourrissent tant que dure leur impuissance. Tous sont migrateurs ou erratiques.

Chez les uns, les sexes ne diffèrent pas ; chez les autres, le mâle se distingue de la femelle par quelques attributs. Leur mue est généralement double.

Les Echassiers ont une chair noire, et celle de la plupart d'entre eux, notamment des espèces vermivores, est très-délicate et fort estimée.

Observation. — L'ordre des Échassiers, en ne tenant compte ici que des espèces européennes, est loin d'avoir la même composition pour tous les auteurs. Selon qu'ils ont accordé plus d'importance à tel ou tel autre caractère, les uns en ont écarté les Outardes, pour en faire, ceux-ci des Struthiones, ceux-là des Gallinacés, quoiqu'elles s'éloignent des deux types par toute leur organisation ; les autres en ont distrait les Foulques qui sont de vrais Rallidés et les Phalaropes, qui sont de vrais Scolopacidés, pour les ranger à côté des Grèbes, soit parmi les Palmipèdes, soit dans l'ordre peu naturel des Pinnatipèdes ; d'autres ont élevé au rang d'ordre une partie des *Longirostres* de G. Cuvier, tels que les Ibis, et tous les *Cultrirostres*, c'est-à-dire les Grues, les Hérons, les Cigognes, les Spatules, etc. ; il en est enfin, qui en ont retiré les Phénicoptères, pour en faire des Palmipèdes.

Nous croyons devoir conserver dans l'ordre des Échassiers les éléments que l'auteur du *Règne animal* y a introduits. Quant aux grands groupes qu'il y a admis, comme ils sont, sans contredit, de toutes les divisions proposées, celles qui font en général le moins de violence aux rapports naturels, nous les adopterons aussi, mais en leur faisant subir quelques modifications.

PREMIÈRE DIVISION

ÉCHASSIERS COUREURS — *GRALLÆ CURSORES*

ALECTRIDES p. et TENUIROSTRES, Dum. *Zool. Anat.* (1806).
CURSORES et GRALLÆ p. Mey. *Tasch. Deuts.* (1810).
PEDIONOMES, ÆGIALITES et ELONOMES, Vieill. *Ornith. élém.* (1816).
PRESSIROSTRES et LONGIROSTRES, G. Cuv. *Rég. Anim.* (1817).
GALLINOGRALLES p. et TACHYDROMES, De Blainv. *Princ. d'Anat. comp.* (1822).

Doigts médiocrement allongés, au nombre de quatre ou de trois seulement ; le pouce, lorsqu'il existe, surmonté, court, souvent ne touchant pas à terre, et pourvu d'un ongle très-petit ; lorums et tour des yeux emplumés.

Les oiseaux que comprend cette division courent avec vitesse. Presque tous ne fréquentent que les lieux découverts, ceux-ci les plaines ou les coteaux arides et incultes, ceux-là les prairies nues, les terres humides et en labour ; d'autres les plages sablonneuses ou boueuses de la mer, des fleuves, des lacs, etc. A de rares exceptions près, tous nichent à terre, le plus souvent dans une simple cavité et sans aucune préparation. En général, ils pondent un petit nombre d'œufs, et les petits quittent le nid en naissant.

Les Échassiers coureurs sont très-nombreux et offrent, quant au bec, des formes assez variées, mais que l'on peut ramener à trois types sur lesquels reposent trois sections distinctes.

1° COUREURS UNCIROSTRES — *CURSORES UNCIROSTRES*

Cette section comprend les coureurs à pieds épais, dépourvus de pouce et dont le bec, robuste et convexe dans une certaine étendue, rappelle par sa forme celui des Gallinacés.

Elle répond, en partie, aux *Cursores* de Temminck.

FAMILLE XXXIV

OTIDIDÉS — *OTIDIDÆ*

CURSÓRES CAMPESTRES, Illig. *Prodr. Syst.* (1811).
PEDIONOMI, Vieill. *Ornith. élém.* (1816).
OUTARDES, Less. *Tr. d'Ornith.* (1831).
OTIDINÆ, Bp. *Ucc. Eur.* (1842).
OTIDÆ, Degl. *Ornith. Eur.* (1849).
OTIDIDÆ, Bp. *Rev. crit.* (1850).
OTIDES, p. Schleg. *Mus. d'Hist. Nat. des Pays-Bas,* 1865.

Bec déprimé à la base, un peu voûté et courbé vers la pointe ; ailes amples, mousses, recouvrant la queue, qui est courte ; tarses longs, robustes, réticulés de toutes parts ; doigts courts, épais, réunis à la base et bordés sur les côtés par une étroite membrane rugueuse.

Les Otididés se distinguent encore par des formes généralement massives, qui leur donnent une physionomie de Gallinacés ; par des yeux assez grands ; un plumage toujours plus ou moins vermiculé au dos, et quelquefois par des ornements, soit à la tête, soit sur une partie du cou.

Ils habitent les plaines désertes, arides et sablonneuses ; vivent en familles ou par petites troupes ; sont polygames ; volent bien, mais lourdement ; et sont propres à l'ancien monde, notamment à l'Afrique.

Deux genres représentent cette famille en Europe.

Observation. — Les Otididés ont une organisation mixte qui a souvent embarrassé les méthodistes, relativement à la place qu'ils doivent occuper. Ils semblent se rattacher aux Gallinacés par leur bec, leur port, leur corps massif et une partie de leurs habitudes ; mais ils s'en éloignent par leurs jambes longues et nues au-dessus de l'articulation tibio-tarsienne, par leur chair noire et surtout par leur gésier membraneux. Aussi, suivant le degré d'importance que l'on a donné à ces caractères, les Otididés ont-ils été placés tantôt parmi les Gallinacés, tantôt parmi les Échassiers. Quelques auteurs, cependant, ont vu en eux un type distinct des uns et des autres, et les ont rangés dans un ordre intermédiaire. Les rapports des Otididés avec les Gallinacés sont plus apparents que réels, et, comme l'a dit G. Cuvier, non-seulement la nudité du bas de leurs jambes, mais encore toute leur anatomie et jusqu'au goût de leur chair, en font des Echassiers : la majorité des naturalistes partage aujourd'hui cette manière de voir.

GENRE CLI

OUTARDE — *OTIS*, Linn.

Otis, Linn. *S. N.* (1855).
Tetrax, Leach, *Syst. Cat. M. and B. Brit. Mus.* (1816).

Bec plus court que la tête, robuste, élevé et large à la base, comprimé dans la moitié antérieure; mandibule supérieure voûtée et dessinant, au profil, une courbe bien prononcée à partir des narines, échancré à la pointe; mandibule inférieure droite; narines basales, elliptiques; fosses nasales peu profondes, sans sillon de prolongement; ailes allongées, amples, concaves, sub-aiguës; queue médiocre, large, arrondie; tarses élevés, épais, couverts d'un réseau de petites écailles hexagones; doigts couverts en dessus de larges scutelles; pouce nul; bas des joues parfois orné d'un faisceau de plumes décomposées.

Les Outardes sont mieux organisées pour la locomotion terrestre que pour la locomotion aérienne. Elles courent avec beaucoup de vitesse et peuvent fournir, sans fatigue, de longues traites. Leur vol n'est ni très-rapide, ni très-élevé. Elles vivent et émigrent ordinairement par petites troupes; habitent les vastes plaines désertes et incultes; se nourrissent d'herbes, de vers, de colimaçons et surtout d'insectes orthoptères. Elles paraissent être polygames, du moins a-t-on constaté qu'un seul mâle peut suffire à plusieurs femelles. D'un naturel très-farouche et défiant, elles sont difficiles à aborder. Leurs habitudes sont en partie crépusculaires, et leurs voyages ont lieu plutôt pendant la nuit que durant le jour. Leur chair est estimée.

Le mâle se distingue de la femelle par quelque attribut particulier, et les jeunes ressemblent à celle-ci. Leur mue est double.

311 — OUTARDE BARBUE — *OTIS TARDA*
Linn.

Base de la mandibule inférieure, chez les adultes, garnie de chaque côté d'une petite touffe de plumes plus ou moins allongées; dos-roux jaunâtre, ondé de noir; devant du cou blanc; rectrices marquées de deux bandes transversales noires.

Taille : 1^m à 1^m,08 *environ.*

Otis tarda, Linn. *S. N.* (1766), t. 1, p. 264.

OTIS, Briss. *Ornith.* (1760), t. V, p. 18.
OTIS MAJOR, Brehm, *Handb. Nat. Vög. Deuts.* (1831), p. 531.
Buff. *Pl. enl.* 245, *mâle* en robe d'hiver.

Mâle adulte, en juin : Dessus de la tête d'un cendré foncé, avec une
bande médiane longitudinale d'un brun roux ; cou d'un blanc lustré,
offrant à la partie supérieure et de chaque côté, un grand espace nu, violet, garni d'un duvet rare et de quelques plumes usées ; ailes et parties
supérieures du corps d'un rouge jaunâtre, rayé de noir profond ; une
touffe de plumes à barbes effilées, longues et déliées au-dessous de
chaque côté de la mandibule inférieure, formant une espèce de moustache (1) ; un large collier roux foncé, offrant des taches sous forme de
croissants à la poitrine ; taches semblables à celles du collier sur les
flancs ; abdomen d'un blanc plus ou moins grisâtre, avec la partie
duveteuse des plumes d'un rose vineux ; bec brun de corne ; tarses
gris ; iris jaune orangé (2).

Femelle adulte, en été : Beaucoup plus petite que le mâle ; avec des
moustaches moins longues, moins touffues (3) et l'espace nu de chaque
côté du cou couleur café au lait ; à cela près, elle ressemble entièrement
au mâle.

Mâle adulte, en hiver : Tête, cou, haut de la poitrine et bord de
l'aile d'un cendré clair, avec une bande longitudinale brunâtre peu apparente sur la ligne médiane du vertex ; point de nudité sur les côtés
du cou ; parties supérieures du corps d'un roux jaunâtre, traversé
d'une multitude de bandes noires et blanches à l'extrémité d'un grand

(1) La longueur de ces plumes varie beaucoup en raison de l'âge : plus l'oiseau est
vieux, plus elles sont longues. Quelques-unes mesurent quelquefois 0^m,15 à 0^m,16.

(2) D'après le docteur Dorin, de Châlons-sur-Marne (*in Litter.* à Degland), il se développe, à l'époque des amours, dans le lieu même où s'insèrent les moustaches, une sorte
de fanon, formé par une masse de tissu cellulaire graisseux lâche, dont le volume est
considérable, puisqu'il atteint et dépasse le poids d'un kilogramme. Cette sorte de fanon,
qui occupe la partie antérieure et latérale du cou, est formé de deux masses qui se réunissent sur la ligne médiane, à partir de la naissance des barbes jusqu'au bas du collier.
C'est au moyen de muscles peauciers, assez développés, que l'oiseau peut imprimer des
mouvements à cette masse, et par conséquent relever ou abaisser les plumes allongées
qui s'y implantent. A la fin de juillet, elle commence à s'affaisser, les plumes tombent,
se renouvellent, si bien qu'avant la fin de septembre il ne reste plus rien de cette grande
masse de tissu cellulaire.

(3) Les plumes qui forment les moustaches des femelles acquièrent, en été, de 0^m,05
à 0^m,06 de long ; toutefois M. Descourtils prétend que la femelle n'a jamais de moustaches, ni en été, ni en aucune autre saison. Le poids de la femelle varie de 2 kilogrammes et demi à 5 kilogrammes, et celui du mâle de 5 à 15 kilogrammes et même
plus.

nombre de plumes ; parties inférieures blanches ; une touffe de plumes longues, effilées, à la base de chaque branche de la mandibule inférieure, comme en été ; ailes colorées, en grande partie, comme le dos ; queue blanche sur les côtés et au bout, coupée par deux bandes transversales noires, et variée de roussâtre, de roux et de taches noirâtres dans les trois quarts de son étendue.

Femelle adulte, en hiver : Elle diffère également du mâle en cette saison ; plumes effilées, sous forme de moustaches, courtes ; cendré de la tête, du cou et de la poitrine plus foncé ; bande longitudinale du vertex moins apparente.

Jeunes de l'année : Ils ressemblent à la femelle sous sa robe d'hiver. Ce n'est qu'à l'âge de deux ans qu'ils prennent les longues plumes effilées de la base du bec.

A leur naissance : Ils ont tout le corps couvert d'un duvet jaune-nankin, varié de taches noirâtres en dessus ; les tarses très-gros et d'un gris verdâtre ; l'iris jaune-orange, comme dans les adultes.

L'Outarde barbue habite la Suède, le midi de la Russie, la Moldavie, la Valachie, la Hongrie, la Gallicie et la Dalmatie ; elle se montre en Allemagne, en Suisse, en Belgique, en France et a été observée dans l'Asie Mineure et jusqu'en Sibérie.

En France, l'espèce a été, jadis, bien plus commune qu'aujourd'hui. D'après le docteur Dorin, à qui nous devons d'excellents renseignements sur cet oiseau (*in Litter.* à Degland), les Outardes barbues arrivaient autrefois en nombre si considérable dans les environs de Châlons-sur-Marne, qu'il ne craint pas d'affirmer qu'on les voyait par milliers dans certains cantons. De nos jours elles y sont beaucoup plus rares, et on ne les trouve plus à l'état sédentaire que sur quelques points. Il en est de même de quelques autres localités de la Champagne dite *Pouilleuse,* où l'espèce se reproduisait assez souvent. Aujourd'hui elle y est devenue très-rare. Elle est de passage irrégulier dans le nord de la France. Quelques individus isolés s'y montrent vers la fin de février ou au commencement de mars ; mais pendant les hivers rigoureux, lorsque la neige est abondante, on y en voit de petites troupes.

La grande Outarde niche dans les blés, les seigles, les steppes. Selon le docteur Dorin, « elle se reproduit tous les ans, *sans exception,* en Champagne, aux environs de Suippes, Jonchery, Sommedengy, Cuperly, Camp d'Attila et Lachippe, pays découverts, dont les plaines sont immenses. La ponte varie de un à quatre œufs : ordinairement elle est de deux ou trois. La femelle les dépose dans un petit trou qu'elle fait en grattant légèrement la terre, qui reste nue et battue tout autour, dans une étendue de 2 à 3 mètres environ, espace qui lui est nécessaire pour qu'elle puisse prendre son essor. C'est toujours dans un champ de seigle, au milieu d'une plaine isolée et peu fréquentée qu'elle fait ses pontes. » Si pendant son absence, au rapport de M. Descourtils,

on touche à ses œufs, elle les abandonne, quelque avancée que soit l'incubation. Les œufs sont d'un gris cendré olivâtre avec des taches irrégulières d'un
gris sombre et d'un brun plus ou moins foncé. M. Baldamus possède deux variétés remarquables : l'une est d'un vert bleuâtre lustré, sans tache ; l'autre est
d'un brun noirâtre avec des taches noires. Ils mesurent :

Grand diam. 0ᵐ,074 à 0ᵐ,080 ; petit diam. 0ᵐ,053 à 0ᵐ,059.

Les observations de M. Descourtils avaient pu nous faire croire que l'Outarde barbue était plus insectivore qu'herbivore, du moins en été. Deux individus, l'un mâle, l'autre femelle, tués dans cette saison et examinés par lui,
semblaient n'avoir dans leur jabot que des débris de *Grillus campestris*, de *Lo-
custa grisea, fusca, dorsalis*, d'*Acridium migratorium, fuscum*, etc. ; mais le docteur Dorin, qui a ouvert au moins cinquante individus, tués à toutes les saisons,
n'a que rarement trouvé dans leur estomac des débris d'insectes; encore étaient-
ils enveloppés dans une masse si considérable de détritus de végétaux, qu'il
serait tenté de croire que ces insectes n'ont été avalés que parce qu'ils étaient
cachés dans les replis des feuilles. Selon le même observateur, le tube intesti-
nal de cette espèce est fort long, très-large et toujours rempli de matières vertes plus ou moins liquides. Enfin, d'après lui, c'est la feuille de navette que
cette Outarde préférerait pour sa nourriture d'hiver ; quelquefois elle mange-
rait du blé, de l'orge, du seigle, de l'avoine, mais en petite quantité. L'Outarde
barbue serait donc plus herbivore qu'insectivore ; mais il pourrait se faire,
comme tendraient à le démontrer les observations de M. Descourtils, que dans
certaines localités plus riches en insectes qu'en plantes de leur choix, elle fît
de ceux-ci une plus grande consommation.

La grande Outarde est polygame : un mâle suffit à plusieurs femelles. A l'é-
poque des amours, celui-ci piaffe et fait la roue comme les dindons; ses com-
pagnes, selon le docteur Dorin, auraient aussi cette habitude. C'est également
à cette époque que les mâles se livrent de fréquents combats, et se disputent la
possession des femelles. Dans ces luttes, les vieux, plus forts, plus vigoureux
que les jeunes, demeurent presque toujours vainqueurs; battent et chassent
avec acharnement les vaincus, jusqu'à ce qu'ils soient loin du troupeau des
femelles. « Les coups d'ailes qu'ils se portent, dit le docteur Dorin (*in Litter.*),
« sont si violents, qu'on rencontre souvent, chez les derniers, non-seulement
« des ecchymoses considérables, mais encore des dénudations à toute la face
« inférieure des ailes, sur les humérus, les radius et les cubitus. » Tout rival
étant écarté, le mâle vainqueur reste en possession d'un certain nombre de femelles. Après l'accouplement, qui a lieu vers la fin de février, celles-ci s'isolent, se cantonnent pour vaquer seules, et chacune de son côté, aux soins de
l'incubation. C'est à elles seules aussi qu'est confiée l'éducation des petits.
Ceux-ci, pris très-jeunes, ne répondent point aux soins qu'on veut leur donner.
Deux Outardeaux, dont M. Descourtils venait de tuer la mère, ont refusé toute
nourriture, et sont morts le troisième jour, après n'avoir cessé de faire entendre
des cris plaintifs.

Si, d'après M. Descourtils, l'Outarde abandonne facilement ses œufs, il n'en
est pas de même à l'égard de ses petits. M. Jules Ray, auteur de la *Faune de
l'Aube*, raconte dans son ouvrage, p. 83, qu'un faucheur, à Premierfait, pour-

suivait deux jeunes Outardes qui ne pouvaient pas encore voler, quand la mère, accourant au secours de ses petits, vint s'élancer contre le faucheur qui, pour se défendre, fut forcé d'avoir recours à sa faulx, avec laquelle il lui trancha le cou.

L'Outarde barbue est un oiseau craintif, farouche, défiant, ayant toujours l'œil au guet, fuyant de loin à la moindre apparence de danger ; aussi est-il difficile de l'approcher. Elle fait entendre quelquefois, avant de s'envoler pour éviter un ennemi, un cri ou sifflement très-aigu. Avant de prendre son essor, elle court quelque temps, avec les ailes ouvertes ; jamais elle ne s'élève très-haut.

On ne peut considérer l'Outarde barbue comme oiseau voyageur ; car ses migrations ne sont pas constantes et dépendent de causes difficiles à déterminer. M. Nordmann dit que dans la Nouvelle Russie, où les Outardes vivent en grand nombre, lorsque l'hiver est très-doux, une partie, au moins, restent dans la contrée septentrionale ; que dans le cas contraire, elles se rassemblent dans la Crimée ; et lorsque la neige devient trop épaisse, elles passent la mer Noire et gagnent les vastes plaines de l'Asie Mineure ; qu'à la mi-décembre 1837, par un froid de 18° Réaumur, le pays étant couvert d'une couche profonde de neige, il vit de grandes troupes de ces oiseaux se diriger du nord au midi, et au mois de janvier suivant, sans que la température eût éprouvé de changement notable, il remarqua de semblables troupes prenant une direction opposée. Ne pourrait-on pas inférer de là que ces oiseaux ne changent de séjour que par le manque de nourriture ; qu'ils ne quittent une contrée pour se transporter dans une autre que dans l'espoir d'en trouver une suffisante à leur entretien. Quoi qu'il en soit, M. Nordmann ajoute, que lorsqu'ils sont surpris par la gelée, en Crimée, ils se trouvent dans un état d'engourdissement tel, durant les premières heures de la matinée, que les habitants en tuent bon nombre à coups de bâtons.

L'Outarde est un gibier très-recherché et toujours d'un prix élevé. Il est étonnant qu'on ne l'ait pas encore réduite à l'état de domesticité ; car, au rapport de M. Nordmann, on en voit de privées et vivant en bonne intelligence avec les oiseaux de basse-cour, dans les fermes et les demeures rustiques dispersées dans les steppes russes, où elles vivent un certain nombre d'années.

On y parviendrait, suivant M. Fréd. Cuvier (1), en faisant éclore les œufs par une poule, en élevant les petits comme les jeunes Faisans, en les ayant sans cesse près de soi, afin que leur apprivoisement devînt aussi complet que possible et qu'ils fussent portés à se reproduire. « Si cette première génération se reproduit, dit-il, si les femelles qui naîtront sont fécondées par les mâles qui auront été élevés avec elles, la race domestique a pris naissance ; mais sa domesticité n'est encore qu'en germe, et ce ne sera qu'à la suite d'un nombre de générations plus ou moins grand que cette race pourra être abandonnée à elle-même pour sa propre conservation et traitée à cet égard comme les autres oiseaux de basse-cour. »

(1) *Supplément à l'histoire générale et particulière de Buffon*, t. II, p. 230.

312 — OUTARDE CANEPETIÈRE — *OTIS TETRAX*
Linn.

(Type du genre *Tetrax*, Steph.)

*Point de touffe de plumes à la base de la mandibule supérieure;
dos et dessus des ailes jaunâtres, variés de nombreux zigzags noirâtres; une partie des sus-caudales blanches; rectrices marquées
d'une bande transversale brune.*

Taille : 0^m,45.

OTIS TETRAX, Linn. *S. N.* (1766), t. I, p. 264.
OTIS MINOR, Briss. *Ornith.* (1760), t. V, p. 24.
TETRAX CAMPESTRIS, Leach, *Syst. Cat. M. and B. Brit. Mus.* (1816), p. 28.
Buff. *Pl. enl.* 10, *femelle ;* 25, *mâle*, sous le nom de *Petite Outarde ou Cane-
petière.*

Mâle adulte, en été : Vertex, occiput, d'un jaune clair, varié de taches noires ; nuque couverte de plumes noires, assez rares sur la ligne
médiane ; dessus du corps du même jaune qu'à la tête, marqué d'un
grand nombre de raies en zigzag brunes, de grandes taches noires ovalaires sur le dos, le croupion, les scapulaires, avec une partie des sus-
caudales blanches ; joues, gorge, haut du cou, d'un cendré lavé de bleuâtre sur les côtés et de noirâtre inférieurement ; le reste du cou garni
de plumes d'un noir profond, longues sur les côtés, formant une sorte
de fraise ou collerette que l'oiseau élargit à volonté, avec un collier
blanc en sautoir remontant jusqu'à l'occiput exclusivement ; un demi-
collier plus large, de même couleur, sur le haut de la poitrine, suivi
d'un autre de couleur noire ; côtés de la poitrine roussâtres, marqués
de raies brunes en zigzag ; les autres parties inférieures blanches, avec
quelques taches brunes sur les sous-caudales ; ailes d'un roux blanchâtre, finement varié de zigzags brunâtres, avec la moitié postérieure des
quatre premières rémiges d'un brun roussâtre, la moitié antérieure
blanche, ainsi que les autres pennes ; rectrices blanches dans leur
tiers supérieur, avec une raie transversale et de nombreuses taches brunes sur le reste de leur étendue, les deux médianes exceptées, qui sont
tachetées partout ; bec et pieds gris ; iris jaune.

Mâle adulte, en automne : Il n'a plus de collier blanc ni de plumes
noires au cou ; ces plumes sont remplacées par d'autres plumes plus
courtes et d'une teinte grise.

Femelle adulte : Plus petite que le mâle ; parties supérieures d'un jaune ocreux tacheté de noir à la tête, piqueté de noirâtre au cou, avec une multitude de raies transversales et de zigzags noirs sur le corps, et quelques grandes taches de même couleur ; joues, côtés et devant du cou, poitrine, flancs d'une teinte rousse ocreuse, comme le dessus du corps, rayée longitudinalement de brun au centre des plumes, à la tête, au cou, et transversalement à la poitrine et sur les côtés du corps ; gorge, milieu de l'abdomen et sous-caudales blanches, avec quelques taches noirâtres sur ces dernières et les côtés du ventre ; bord de l'aile blanc, rayé transversalement de brun ; les trois premières rémiges en grande partie brunes, les autres brunes seulement à la pointe, le reste blanc ; queue en grande partie blanche, tachetée de brun, avec deux raies transversales noires sur toutes les pennes, à l'exception des deux médianes, qui en portent trois, ont des taches plus larges et sont lavées de roussâtre.

Jeunes avant la première mue : Ils ressemblent à la femelle, mais les zigzags de la queue sont blancs et noirs sans mélange de jaune.

Variétés accidentelles : Nous avons vu dans la collection de M. Hardy, un individu de cette espèce à plumage d'un joli gris de lin.

L'Outarde canepetière habite les contrées chaudes et tempérées de l'Europe. On la trouve en France, en Espagne, en Italie, en Sicile, en Sardaigne, dans les steppes arides du midi de la Russie, où elle est très-commune, et se montre accidentellement en Belgique, en Angleterre, en Hollande et sur plusieurs points de l'Allemagne. Ses apparitions dans nos départements septentrionaux sont également irrégulières.

Elle se reproduit en France dans les plaines de Montreuil-Bellay, de Doué ; dans celles de la Champagne, aux environs de Troyes ; dans la Vendée, près de Niort. Elle arrive dans ces diverses contrées isolément ou par petites troupes, vers la fin de mars ou au commencement d'avril, et les quitte à la fin de septembre. Le même canton renferme souvent plusieurs colonies qui restent étrangères l'une à l'autre durant l'époque des pontes, de l'incubation et de l'éducation des jeunes. Dès leur arrivée, les sexes se recherchent, et les mâles se battent pour la possession des femelles. Les pontes paraissent avoir lieu de fin mai, en fin juillet : c'est, du moins, ce qui résulte des observations que M. J. Ray a faites durant plusieurs années. Si, vers le 10 juin, quelques-uns des œufs que l'on recueille sont déjà en pleine voie de développement ; si même quelques jeunes se montrent dans le milieu de ce mois ; il arrive assez fréquemment, d'un autre côté, que du 20 au 30 juillet, la plupart des œufs que l'on trouve trahissent à peine un commencement d'incubation ; il arrive même que quelques pontes ne sont pas encore achevées. Le 18 août 1833 et le 16 du même mois 1836, M. J. Ray a obtenu plusieurs œufs chez lesquels le développement du petit n'était pas arrivé à son terme, et dont la ponte, si l'on suppose une incubation de vingt à vingt-un jours, n'avait par conséquent eu lieu que vers la fin de juillet.

La Canepetière établit son nid dans les champs, parmi les herbes. Sa ponte est souvent de trois ou quatre œufs, très-rarement de cinq. Ils sont le plus ordinairement d'un brun olive bronzé, plus ou moins foncé, tantôt uniforme ou à peu près, tantôt varié de grandes maculatures nuageuses d'un brun roux ou verdâtre et à bords fondus; quelquefois une foule de taches de même couleur, un peu plus accentuées, mais comme essuyées dans le sens de la longueur de l'œuf, couvrent une grande partie du fond; quelquefois aussi ces taches sont plus accumulées sur un hémisphère et laissent l'autre presque libre; enfin, mais très-accidentellement, l'un des bouts (ordinairement le gros) est couronné par une teinte plus foncée. Quoique la couleur brun olive bronzé soit la plus fréquente, on trouve cependant des œufs à fond verdâtre et même nuancé de bleuâtre. Moquin-Tandon nous avait signalé une variété d'un brun roux, et M. Hardy, une autre d'un vert olive, marbré de rougeâtre. Leurs dimensions offrent aussi d'assez grandes variations. Ils mesurent :

Grand diam. 0^m,050 à 0^m,056; petit diam. 0^m,038 à 0^m,040.

La Canepetière est un oiseau taciturne, timide, craintif. Les individus que M. J. Ray a élevés étaient vivement affectés du moindre objet qu'ils ne voyaient pas habituellement. Un rapace, au plus haut des airs, les rendait immobiles, inquiets, attentifs. La cause de leur frayeur était-elle moins éloignée? un oiseau s'abattait-il dans leur voisinage? ils se hérissaient en quelque sorte, faisaient la roue, prenaient une posture grotesque. Ce qu'il y a de singulier, c'est qu'un sentiment contraire produisait un effet à peu près semblable. Ainsi, ils exprimaient leur contentement ou leur gaîté, comme le dit M. J. Ray dans les notes d'où nous extrayons ces détails, en faisant une roue à la manière du Coq-Dinde. Dans cet acte, leur jabot touchait presque à terre, leurs ailes étaient à demi ouvertes, leur tête renversée en arrière, les plumes de la queue, dont les médianes se rabattaient sur la tête, formaient éventail; les scapulaires frémissaient, tout le corps était agité d'un mouvement de trépidation, et les jambes étaient fléchies sur les tarses qui restaient perpendiculaires. M. J. Ray a encore observé que les Canepetières ne voyaient plus très-clair quand la nuit commençait à se faire, et que, cependant, celles qu'il nourrissait dans une cour n'étaient en grand mouvement et ne cherchaient à s'envoler que le soir et le matin. Il les a vues souvent avaler de petits fragments de calcaire et de coquilles d'œufs, et se rouler dans la poussière à la manière des Perdrix, mais sans gratter le sol avec leurs pattes.

Les jeunes nouvellement éclos poussent continuellement, comme les poussins des Gallinacés et de la plupart des Charadriens, de petits cris d'appel. Ils sont excessivement gloutons; se jettent avec avidité sur les sauterelles, les criquets et généralement sur tous les insectes qu'ils avalent entiers, quelle qu'en soit la taille. Ils mangent aussi, sans les dépecer, des vers de terre, des limaces, de petits escargots et même de petites grenouilles et des souris. Un jour ou deux suffisent pour les rendre familiers.

M. J. Ray a constaté que la nourriture animale est indispensable aux Canepetières tant jeunes que vieilles, et qu'on ne peut les conserver qu'à la condition de leur en fournir. Il pense, avec raison, que ce régime sera un des grands obstacles à leur domestication, en supposant, toutefois, que leur naturel pût s'y prêter. Celles qu'il a cherché à élever étaient nourries avec un mélange de chair crue, de mie de pain, de feuilles de salade ou de choux, le tout haché menu. Elles prenaient assez de goût à cette espèce de pâtée, mais il fallait d'abord leur en faire avaler de force quelques boulettes. C'est, du reste, ainsi qu'il traitait toujours ses nouvelles captives, sans quoi elles se seraient laissées mourir de faim. Elles restaient indifférentes devant toute autre nourriture qui leur était inconnue, et ne se jetaient spontanément que sur les Orthoptères sauteurs, ce qui semble indiquer, qu'en l'état de nature, ces insectes forment la base de leur alimentation.

Il est certain, d'après les recherches de M. J. Ray, que le nombre des Canepetières augmente d'année en année dans le département de l'Aube. Il y a vingt ans, elles étaient rares ; aujourd'hui elles peuplent les plaines.

La chair des jeunes Canepetières est très-délicate.

GENRE CLII

HOUBARA — *HOUBARA*, Bp.

Psophia, Jacq. *Beitr. Gesch. der Vögel* (1784).
Otis, Desfont. *Acad. R. des Sc.* (1787).
Houbara, Bp. *Distrib. Met. degli An. Verteb.* (1832).
Chlamydotis, Less. *Synop. Av. Rev. Zool.* (1839).
Hobara, Bp. *Cat. Parzud.* (1856).

Bec à peu près aussi long que la tête, médiocrement épais, très-déprimé dans les deux tiers de sa longueur à partir de la base, à mandibule supérieure très-évasée au niveau des narines, courbé seulement vers l'extrémité, qui est étroite et comprimée, à mandibule inférieure droite; narines presque médianes, latérales, ovalaires ; fosses nasales très-larges et se prolongeant en un sillon au delà du milieu du bec; ailes allongées, amples, surobtuses ; tarses et doigts comme dans le genre *Otis ;* sommet de la tête, côtés et bas du cou, en avant , ornés de faisceaux de plumes décomposées.

Les Houbaras sont principalement caractérisées par la forme de leur bec et par les ornements de la tête et du cou. Leurs ailes variées de blanc et de noir, et leur queue marquée de trois bandes transversales, fournissent aussi des caractères, très-secondaires à la vérité, mais bien propres à les faire distinguer des Outardes proprement dites et de la plupart des autres Otididés.

Elles ont les mœurs, les habitudes, le genre de vie des Outardes, et fréquentent les lieux incultes, voisins des déserts.

Le mâle et la femelle ont à peu près le même plumage : les jeunes s'en distinguent.

315 — HOUBARA ONDULÉE — *HOUBARA UNDULATA*
G. R. Gray ex Jacquin

Sommet de la tête orné d'une épaisse touffe de plumes blanches, allongées, recourbées, presque décomposées : sur la région moyenne et latérale du cou, de chaque côté, une série de plumes décomposées, tombantes, en très-grande partie noires, les plus inférieures blanches, et dont les plus longues atteignent le milieu de la poitrine ; plumes allongées du jabot, blanches.

Taille : 0ᵐ,65 *environ.*

PSOPHIA UNDULATA, Jacquin, *Betrage zur Geschichte der Vögel* (1784), pl. 2.
OTIS HOBARA, Defont. *Ois. de Barbarie, Mém. de l'Acad. R. des Sci.* (1787), p. 496, pl. 10.
OTIS HOUBARA, Gmel. *S. N.* (1788), t. I, p. 725.
HOUBARA UNDULATA, G. R. Gray, *List Gen. of B.* (1841), p. 83.
EUPODOTIS UNDULATA, G. R. Gray, *Gen. of B.* (1844-1846), t. III, p. 533.
Vieill. *Gal. des Ois.* pl. 227.
Gould, *Birds of Eur.* pl. 268.

Mâle adulte : Dessus de la tête d'un blanc pur au centre, et roux, tacheté de brun sur les côtés et au front ; dessus du cou blanchâtre, parsemé de taches brunes ; dessus du corps d'un jaune d'ocre, varié de raies noirâtres très-rapprochées, ondées irrégulièrement, laissant entre elles de grands espaces au centre des plumes ; gorge blanche ; devant du cou blanchâtre, parsemé, comme le dessus, de petites taches brunes ; dessous du corps blanc, avec des taches noirâtres, en raies ondées transversalement sur les côtés du bas-ventre ; joues roussâtres, avec des raies longitudinales brunes au centre des plumes ; une bande de plumes noires au milieu des faces latérales du cou, allongées et formant panache inférieurement, suivies d'autres plumes blanches, toutes à barbes décomposées ; rémiges blanches antérieurement, noires postérieurement, avec la pointe des secondaires blanche ; queue, en dessus, d'un roux ocreux, avec trois larges bandes transversales d'un cendré bleuâtre, et les pennes terminées de blanc, excepté les deux médianes ; bec brun-grisâtre ; pieds verdâtres ; iris couleur d'eau.

Femelle adulte : Elle diffère peu du mâle ; est un peu plus petite et a des teintes moins vives. Elle porterait, comme lui, suivant Desfontaines, une huppe sur la tête et une fraise autour du cou. D'après Temminck, elle n'aurait ni huppe, ni fraise ou panache ; la tête et le dessus du cou seraient blanchâtres, parsemés de taches brunes ; les plumes noires et blanches des côtés du cou, seraient courtes et soyeuses ; le devant du cou roussâtre, avec de petites taches noires et des zigzags bruns.

Jeunes mâles : Plumes de la huppe moins longues, avec de fines raies cendrées et rousses vers leur extrémité ; plumes noires et blanches des côtés du cou également moins longues, variées de brun et de blanchâtre ; dos et ailes roux-isabelle, variés de zigzags bruns et tachetés de noir ; devant du cou roussâtre, varié aussi de zigzags bruns.

La Houbara ondulée habite particulièrement le nord de l'Afrique et n'est pas rare aux environs de Tripoli et de Constantine. Elle est de passage presque annuel dans le midi de l'Espagne, où elle se montre parfois en très-grand nombre ; on la rencontre aussi en Portugal, en Turquie et dans les îles de l'Archipel.

La Houbara ondulée niche à terre, parmi les herbes, dans les lieux incultes ; pond de trois à cinq œufs, à coquille le plus souvent mate et parfois très-faiblement vernie ; couleur café au lait ou d'un roux olivâtre, avec quelques points, quelques stries, mêlés à des taches irrégulières plus ou moins grandes, généralement oblongues dans le sens du grand diamètre ; les unes profondes et d'un gris violet ou franchement vineux ; les autres superficielles, d'un brun roux de rouille et quelquefois d'un brun foncé presque noirâtre. Leur forme est généralement celle des œufs de l'Outarde barbue, cependant ils varient sous ce rapport comme aussi sous celui des dimensions. Ils mesurent :

Grand diam. 0^m,060 à 0^m,066 ; petit diam. 0^m,044 à 0^m,047.

Nous en possédons un, très-oblong, dont le grand diam. est de 0^m,073, et le petit de 0^m,044 seulement.

Elle vit dans les plaines désertes et incultes, et s'établit quelquefois en grand nombre dans le même canton ; mais les individus ne paraissent pas se réunir en troupe ; ils vont ordinairement seuls ou deux à deux, suivant Desfontaines.

Cette espèce s'accommode assez bien du régime de la basse-cour ; vit en bonne intelligence avec les autres oiseaux domestiques, et pond même en captivité. Nous avons reçu de Tripoli plusieurs œufs qui avaient été pondus par des femelles Houbara, que le Consul de France élevait avec des Poules et des Pintades.

314 — HOUBARA DE MACQUEEN
HOUBARA MACQUEENII
G. R. Gray.

Sommet de la tête orné d'une petite touffe de plumes allongées,

*peu recourbées et décomposées, blanches à la base, noires au milieu,
d'un gris roussâtre piqueté de noir à l'extrémité ; au-dessous de la
région parotique, de chaque côté, et s'étendant sur le cou, une touffe
de plumes décomposées, les supérieures noires, quelques-unes des
inférieures blanches, dont les plus longues atteignent à peine la
limite inférieure du cou ; plumes allongées du jabot cendrées.*

    Taille : 0ᵐ,56 à 0ᵐ,58 *environ.*

Oᴛɪs ʜᴏᴜʙᴀʀᴀ, Aliq.
Oᴛɪs Mᴀᴄᴏ̨ᴜᴇᴇɴɪɪ, J. E. Gray, in : Hardw. *Ill. Ind. Zool.* (1830-1834), p. 786.
Hᴏᴜʙᴀʀᴀ Mᴀᴄᴏ̨ᴜᴇᴇɴɪɪ, G. R. Gray, *List of Birds Brit. Mus.* (1844), part. III,
p. 57.
    Hardw. *Illust. Ind. Zool.* pl. 47.

Adultes : Plumes qui couvrent le sommet de la tête médiocrement
allongées, légèrement recourbées, peu décomposées ; celles du vertex
blanches à la base, noires au centre, roussâtres à l'extrémité ; celles du
sinciput blanches à la base, d'un gris brun-roussâtre dans le reste de leur
étendue ; nuque noire ; côtés de la tête, cou, dessus du corps d'un gris
brun-roussâtre, ondé de noir au dos et partout très-finement vermiculé
de noir ; scapulaires et couvertures supérieures des ailes d'un roussâtre un peu plus clair que le dos, et tournant au blanchâtre vers le bord
externe de l'aile, avec les plus grandes des scapulaires barrées transversalement de noir, et la plupart des couvertures variées de taches angulaires noires ; de chaque côté de la tête, en arrière des régions parotiques, un faisceau de plumes décomposées, tombantes, en très-grande
partie noires, quelques-unes des plus inférieures étant seules blanches ;
gorge blanche ; plumes allongées du jabot d'un joli gris cendré ; tout
le reste des parties inférieures blanc, à l'exception des sous-caudales
latérales qui sont roussâtres, vermiculées de brun ; rémiges blanches
dans leur moitié antérieure, lavées de roux très-clair sur les barbes externes, noires dans le reste de leur étendue, avec la fine pointe parfois
blanche ; grandes couvertures supérieures des ailes d'un roux clair à
la base ; rectrices, en dessus, d'un roux ocreux, vif à la base, plus terne
dans la moitié postérieure qui est finement vermiculée de brun noir ;
coupées transversalement, les deux médianes par deux bandes d'un
brun noir, les autres par trois bandes d'un cendré bleuâtre, et terminées de blanc ; en dessous, les bandes sont brunes, sur un fond roussâtre pâle ; bec jaunâtre jusqu'au delà des narines, ensuite noir ; pieds
d'un jaune verdâtre ; iris ?

La Houbara de Macqueen est propre à l'Asie. On la trouve principalement en Perse, en Tartarie, dans l'Indoustan. Elle se montre aussi en Arabie, plus rarement en Turquie, et s'égare dans l'ouest de l'Europe, où elle a été observée plusieurs fois.

Trois individus ont été tués en Belgique à des époques assez rapprochées pour faire admettre une certaine périodicité dans ses apparitions en Europe : un premier a été abattu en septembre 1842 près de Virton ; un second, en 1841, à Rotselar, près de Louvain ; et un troisième, le 13 décembre 1845, dans la plaine du Voluwe, à 4 kilomètres de Bruxelles : le Muséum Royal d'Histoire naturelle de cette ville est devenu possesseur de ce dernier spécimen. L'espèce a aussi été vue en Angleterre, dans le Lincolnshire. Un individu que l'on conserve dans le Muséum de l'Association Philosophique d'York, y a été tué en octobre 1847.

C'est probablement aussi à la Houbara de Macqueen que doivent être rapportées les *Otis Houbara* signalées en Allemagne par Bechstein, Meyer et Brehm ; et en Suisse, par M. Schinz.

2º COUREURS PRESSIROSTRES — *CURSORES PRESSIROSTRES*

Cette section est particulièrement caractérisée, sauf de rares exceptions, par un bec droit, plus court que la tête, déprimé à la base de la mandibule supérieure, comprimé à l'extrémité, le plus souvent étranglé vers le milieu.

A l'exception des Glaréoles que nous y introduisons, elle répond aux *Pressirostres* de G. Cuvier.

FAMILLE XXXV

GLARÉOLIDÉS — *GLAREOLIDÆ*

Charadridæ, p. Bp. *B. of Eur.* (1838).
Charadrinæ, p. G. R. Gray, *List Gen. of B.* (1841).
Glareolidæ, de Sélys, *Faun. Belge* (1842).

Bec très-court, à mandibule supérieure courbée presque dès la base, largement fendu jusqu'au dessous des yeux ; fosses nasales peu prolongées ; ailes très-longues, très-étagées, étroites ; scapulaires dépassant très-peu les plus courtes des rémiges primaires ; queue plus ou moins fourchue ; tarses scutellés en avant

et en arrière ; quatre doigts ; le pouce bien développé et portant
à terre par le bout ; l'ongle du doigt médian pectiné sur son
bord interne.

Les Glaréolidés, si bien caractérisés par la forme du bec, de la queue, de
l'ongle du doigt médian ; par le grand allongement des ailes ; par les scutelles
qui couvrent les faces antérieure et postérieure des tarses, et par un pouce
bien développé, se distinguent encore par un vol rapide et varié, et par la
manière dont souvent ils chassent leur proie. Leurs mœurs et leurs habitudes,
comme l'a très-bien fait observer M. Naumann, sont un mélange bizarre des
habitudes naturelles d'oiseaux qui n'ont entre eux aucun rapport. On a donc eu
raison de les séparer des Charadriidés pour en faire une famille distincte. Mais
quelle place assigner à cette famille ? Les méthodes offrent, à cet égard, la plus
grande divergence.

Brisson rangeait les espèces qui la composent entre les Sanderlings et les
Râles, à la suite des Vanneaux ; Linnée, dans la douzième édition du *Systema
naturæ*, les a placées, entre les Ombrettes et les Huîtriers, avant les Pluviers ;
Latham, entre les Huîtriers et les Râles, à la suite des Pluviers ; pour Illiger
et Vieillot, elles font partie d'une famille qui comprend les Kamichis, les
Agamis, les Cariamas et même les Céréopsis ; Temminck les met dans son ordre
des *Alectorides*, répondant à la famille du même nom d'Illiger, moins les
Céréopsis ; Latreille, parmi ses Échassiers cultrirostres, entre les Caurales et
les Savacous ; G. Cuvier, voyant dans les Glaréoles « un genre difficile à asso-
cier à d'autres, » les a reléguées à la fin des Échassiers, dans une sorte d'*incertæ
sedis*, qui comprend encore les Chinois et les Phénicoptères ; Lesson les a mises
en tête de ses Charadriées ou Pluviers, immédiatement avant les Vanneaux ;
Meyer et Wolf les ont éloignées des Courvites et des Outardes, pour les ranger
entre les Vanneaux et les Râles ; le prince Ch. Bonaparte, qui trouvait que
« c'est rompre les affinités naturelles les mieux tracées que de les placer entre
les Vanneaux et les Pluviers » (*Rev. crit.* 1850, p. 85), quoiqu'il les mît lui-
même en tête de ses Charadridés, entre les Courvites et les Pluviers, a fini par
les transporter loin des Outardes, à la suite des Charadriidés, entre les Courvites
et les Huîtriers ; M. Nordmann, qui cependant a observé les Glaréoles en
l'état de nature, ce qui aurait dû lui révéler leurs affinités (si affinités il y avait),
bien mieux que l'étude des espèces conservées dans nos musées, en a fait, dans
ses Grallatores, une division qu'il place entre les Phénicoptères et les Râles ;
M. Schlegel, eu égard à leur bec largement fendu, les rapprochant des Outardes, comme l'avait fait en premier lieu le prince Ch. Bonaparte, les range
entre les Courvites et les Œdicnèmes ; enfin, L. Brehm les a classées après la
famille des Charadriidés, immédiatement à la suite des Huîtriers, par lesquels il
termine cette famille.

Un aussi grand désaccord, dont nous sommes loin d'avoir épuisé les exemples,
est manifestement la preuve que les affinités naturelles ne sont pas ici aussi
bien tracées que l'a prétendu le prince Ch. Bonaparte. Les Glaréolidés paraissent avoir avec les Coureurs à bec largement fendu plus de rapports qu'avec
les autres Échassiers ; cependant ils se séparent aussi franchement soit des Ou-

tardes, soit des Courvites, soit des Œdicnèmes, que des Huîtriers, des Pluviers, des Tourne-pierre, etc. Leurs caractères généraux en font des Coureurs, mais ils forment dans cette division un type à part, dont la place est mal arrêtée, et qui peut tout aussi bien précéder les Charadriidés, que leur faire suite.

GENRE CLIII

GLARÉOLE — *GLAREOLA*, Briss.

Pratincola, Kramer, *Elench. Veget. et Anim.* (1756).
Glareola, Briss. *Ornith.* (1760).
Trachelia, Scopoli, *Introd. ad Hist. Nat.* (1777).

Bec bien plus court que la tête, convexe, à bords des mandibules dessinant une courbe bien prononcée, plus large que haut à la base, plus haut que large du milieu à la pointe ; narines ovales, basales, latérales, obliques ; ailes beaucoup plus longues que la queue, sur-aiguës ; queue fourchue ; tarses médiocrement allongés, minces, finement réticulés sur les côtés de l'articulation tibio-tarsienne, scutellés sur le reste de leur étendue ; doigts grêles, le médian et l'externe réunis à la base par une membrane peu étendue ; ongles longs, comprimés.

Les Glaréoles, par leurs formes, rappellent beaucoup celles des Hirondelles ; aussi comprend-on qu'on ait pu les ranger parmi celles-ci : elles volent avec la même rapidité, se jouent comme elles dans les airs, et chassent de la même façon. M. J. Verreaux, au rapport de M. O. des Murs, a vu les Glaréoles au moment du passage des sauterelles accompagner ces insectes, les poursuivre, les saisir en volant, et les déglutir sans les dépecer. M. J. Verreaux a même été témoin d'un fait assez singulier : les Glaréoles, après avoir digéré d'une sauterelle toute la partie assimilable, en rejettent par défécation l'enveloppe extérieure, sans que la forme de l'insecte soit en rien altérée.

Les Glaréoles courent aussi avec une extrême célérité. Les plaines arides, sablonneuses ou graveleuses sont les lieux qu'elles fréquentent de préférence ; elles y font la chasse aux insectes, notamment aux Coléoptères et aux Orthoptères. Elles vivent réunies par troupes comme la plupart des Charadriens ; nichent les unes près des autres, et poussent, surtout en volant, des cris rauques et retentissants.

Le mâle et la femelle portent la même livrée. Les jeunes, avant la première mue, ont un plumage qui les distingue. Leur mue est double.

Les Glaréoles appartiennent aux contrées méridionales de l'ancien monde. Deux espèces se rencontrent en Europe.

513 — GLARÉOLE PRATINCOLE
GLAREOLA PRATINCOLA
Leach ex Linn.

Moyennes couvertures inférieures de l'aile d'un marron vif dans toute leur étendue ; lorums de la couleur du front.

Taille : $0^m,25$.

GLAREOLA, GLAREOLA NÆVIA et SENEGALENSIS, Briss. *Ornith.* (1760), t. V, p. 141, 147 et 14°.

HIRUNDO PRATINCOLA, Linn. *S. N.* (1766), t. I, p. 345.

GLAREOLA AUSTRIACA, Gmel. *S. N.* (1788), t. I, p. 695 et 696.

GLAREOLA TORQUATA, Mey. et Wolf, *Tasch. Deuts.* (1810), t. II, p. 404.

GLAREOLA PRATINCOLA, Leach, *Trans. Linn. Soc.* (1822), t. XIII, p. 131.

GLAREOLA LIMBATA, Rüpp.

PRATINCOLA GLAREOLA, Degl. *Ornith. Europ.* (1843), t. II, p. 107.

Buff. *Pl. enl.* 822.

Mâle et Femelle adultes, en été : Dessus de la tête, du cou et du corps d'un gris brun, nuancé de roussâtre à la nuque ; sus-caudales blanches ; gorge d'un blanc lavé de roux jaunâtre clair, encadré par une bande noire, étroite, finement bordée de blanc, qui prend naissance de chaque côté à la paupière inférieure et descend au-devant du cou en forme de collier ; bas du cou, poitrine, d'un cendré brun ; haut de l'abdomen roussâtre, se confondant avec la couleur précédente ; bas-ventre, sous-caudales, blancs ; lorums gris-brun ; côtés du cou et couvertures supérieures des ailes pareils au dos ; couvertures inférieures, en partie, et plumes axillaires d'un roux marron vif ; rémiges d'un brun noir ; rectrices d'un blanc pur vers leur base, noirâtres vers leur extrémité, la plus externe de chaque côté dépassant de moitié les médianes ; bec noir, avec sa base et le bord libre des paupières rouges ; pieds et iris brun-roussâtre.

Mâle et femelle adultes, en hiver : Teintes plus rembrunies, à reflets verdâtres sur le dos et les ailes ; poitrine d'un roussâtre prononcé ; couleur des pieds plus foncée.

Jeunes avant la première mue : Ils ont les parties supérieures d'un gris brun, variées de taches plus sombres et ondulées de blanchâtre ; la gorge d'un blanc roussâtre terne, striée de noirâtre ou de brun, et circonscrite par une série interrompue de taches de même couleur, indiquant le collier des adultes ; les plumes de la poitrine brunes dans le milieu et largement bordées de jaunâtre ; ventre et sous-caudales d'un blanc sans taches ou avec des taches brunes, et la queue moins longue et moins fourchue.

Variétés accidentelles : M. Nordmann, dans son *Catalogue raisonné des Oiseaux de la Faune pontique*, cite une variété d'un isabelle clair.

Cette espèce habite l'Europe méridionale et orientale, l'Asie et l'Afrique septentrionales.

En Europe, on la trouve plus particulièrement dans les plaines et les steppes du midi de la Russie, dans tous les parages de la mer Noire et de la mer Caspienne, en Sardaigne, en Morée, en Dalmatie, en Hongrie, en Espagne et en France, dont elle fréquente les plages sablonneuses de la Méditerranée. Elle se montre accidentellement dans nos départements du Nord.

Elle se reproduit en France sur les bords de la mer, des étangs salés, des marécages couverts de salicornes ligneuses, établit son nid parmi ces plantes, et pond de deux à quatre œufs, courts, ventrus, d'un jaune d'ocre sale, avec des points et des taches irrégulières, nombreuses, tantôt isolées, tantôt confluentes et si rapprochées que les deux tiers de l'œuf en sont couverts et comme marbrés. Ces points et ces taches sont, les unes d'un brun cendré ; les autres, d'un brun noir comme velouté. Quelquefois, au lieu d'être jaune, le fond de la coquille est grisâtre ; d'autres fois il est légèrement verdâtre ou olivâtre. Ils mesurent :

Grand diam. 0ᵐ,031 à 0ᵐ,032 ; petit diam. 0ᵐ,023 à 0ᵐ,025.

M. Crespon, dans son *Ornithologie du Gard*, nous apprend que cette Glaréole arrive vers le milieu d'avril dans le midi de la France, et repart vers la fin d'août ; qu'elle voyage par petites troupes de quinze à vingt individus ; que lorsqu'on approche de l'endroit où est établi son nid, on la voit accourir en criant, passer et repasser sans cesse au-dessus de soi et fondre même sur les chiens ; que lorsqu'on blesse un individu de la bande, tous viennent auprès en poussant leurs cris habituels, et qu'un jour il en abattit six sur le même lieu, en un instant, parce qu'il en avait démonté un qui criait en courant. Il a constamment trouvé des calandres du blé (*Curculio granarius* Linn.) dans leur estomac.

Dans les parages de la mer Noire et de la mer Caspienne, cet oiseau, selon M. Nordmann, arrive par grandes volées vers la fin de mars, et demeure jusque dans le mois de novembre. « Son vol, dit cet habile observateur, qui tantôt se dirige en ligne droite avec une rapidité extraordinaire, tantôt décrit toutes sortes de figures irrégulières, ressemble à celui de l'Hirondelle. Sa voix perçante est absolument pareille à celle d'une *Sterna minuta* ou d'une *Sterna cantiaca* : les mouvements particuliers de la queue rappellent ceux des *Saxicola* ; enfin la vitesse avec laquelle elle court sur la terre lui est commune avec les espèces de Charadriens. Peu de temps après leur arrivée au printemps, ces oiseaux se réunissent en grandes troupes à différentes heures de la journée, et se divertissent à passer et à repasser au-dessus d'une contrée, remplissant l'air de leurs cris. Ils s'attroupent de même après avoir terminé l'œuvre de la

propagation : ces troupes ne se séparent plus, et couvrent souvent de grandes
étendues de terrain dans les steppes arides et sur les grands chemins, où elles
montrent si peu de crainte qu'elles se dérangent à peine à l'approche d'une
voiture ; aussi les tire-t-on très-facilement. »

316 — GLARÉOLE MÉLANOPTÈRE
GLAREOLA MELANOPTERA
Nordm.

*Moyennes couvertures inférieures des ailes d'un noir enfumé
dans toute leur étendue* (adultes) *ou avec l'extrémité d'un rouge
brun* (jeunes) ; *lorums noirâtres.*

Taille : 0ᵐ,26 *environ.*

GLAREOLA PRATINCOLA, Pall. *Zoogr.* (1811-1831), t. II, p. 150.
GLAREOLA PALLASII, Bruch, in : Schleg. *Rev. crit.* (1844), p. 81.
GLAREOLA MELANOPTERA, Nordm. *Bull. Soc. Imp. Nat. Moscou* (1842), t. II,
p. 314, pl. 2.
GLAREOLA NORDMANNI, Fisch. *Bull. Soc. Imp. Nat. Moscou* (1842), t. II, p. 314.
? Werner, *Atl. des Ois. d'Eur.* (sans n° d'ordre), sous le nom de *Glareola
torquata.*

Mâle adulte : Parties supérieures d'un gris brunâtre, avec plus
de cendré au vertex, plus de ferrugineux à la nuque que chez
l'espèce précédente ; sus-caudales latérales blanches ; lorums noirs ;
paupière inférieure blanche, gorge et haut du cou, en avant, d'un blanc
sale, encadré par une étroite ligne noire qui prend naissance au-dessous des yeux, et tend à se confondre avec les lorums ; bas du cou et poitrine d'un cendré clair ; ventre blanchâtre ; couvertures supérieures
des ailes pareilles au manteau ; couvertures inférieures et plumes axillaires noirâtres ; rémiges d'un noir enfumé, avec la baguette blanche ;
queue assez fourchue, les rectrices médianes à moitié blanches, les trois
les plus extérieures de chaque côté blanches, avec l'extrémité noire ;
les plus longues très-pointues ; bec noir, passant au jaunâtre en dessous vers la base et aux commissures ; bord libre des paupières noir ;
pieds noirâtres ; iris brun-jaunâtre.

Femelle adulte : Elle diffère à peine du mâle par des teintes un peu
plus affaiblies et par un collier moins marqué.

Jeunes avant la première mue : Ils ont les plumes des parties supérieures brunâtres et frangées de grisâtre ; les sus-caudales grises au
bout et tachées de brun ; la poitrine ondulée de brun ; la queue courte,

peu échancrée, avec les rectrices arrondies à l'extrémité ; le bec plus court que chez les adultes, et les pieds livides.

La Glaréole Mélanoptère habite la Russie méridionale, l'Asie Mineure, l'Arabie, et s'égare quelquefois en Grèce.

Selon Pallas, elle est très-commune, de la fin d'avril à l'automne, dans les plaines désertes de la Tartarie, depuis le Volga jusque près de l'Irtisch. Elle erre par petites troupes et, après l'éducation des jeunes, se réunit en bandes nombreuses. Elle ne fréquente point le bord des eaux, mais les terrains arides, ceux principalement qui sont imprégnés de sel. C'est le soir qu'elle fait la chasse aux insectes, notamment aux grillons, dont elle diminue considérablement le nombre. Elle court comme les Charadriens, vole presque comme les Sternes, pousse des cris en volant, s'effarouche peu de la présence de l'homme, et émigre à l'automne.

Elle niche sur le sol, parmi les plantes herbacées, et non dans des trous, à la manière des Guêpiers, comme on l'avait rapporté à Pallas. Sa ponte est de deux à quatre œufs jaunâtres ou d'un jaune verdâtre, couverts de points et de petites taches souvent confluentes, les unes cendrées, les autres d'un brun cendré, et les plus superficielles d'un brun noir. Ils mesurent :

Grand diam. 0^m,035 ; petit diam. 0^m,025 à 0^m,026.

FAMILLE XXXVI

CHARADRIIDÉS — *CHARADRIIDÆ*

Cursores littorales, Illig. *Prod. Syst.* (1811).
Ægialites, Vieill. *Ornith. elém.* (1816).
Charadriadæ, Leach, in : Vig. *Gen. of B.* (1825).
Charadriées, Less. *Tr. d'Ornith.* (1831).
Charadridæ, Bp. *Distr. Meth. degli Anim. Verteb.* (1831).
Charadriidæ, Bp. *Rev. crit.* (1850).
Charadrii, Schleg. *Mus. d'Hist. nat. des Pays-Bas* (1865).

Bec ordinairement membraneux dans la moitié de sa longueur, à partir de la base, renflé et dur dans le tiers antérieur ; fosses nasales amples, le plus souvent prolongées au moins jusqu'au milieu du bec ; narines percées de part en part ; ailes allongées, étroites, acuminées ; tarses généralement réticulés.

Les Charadriidés, que distinguent encore des yeux gros et notablement reculés à l'arrière de la tête, fréquentent en général les lieux découverts et bas, les plaines marécageuses, les bords graveleux et sablonneux de la mer, des rivières ; quelques-uns n'habitent que les terrains arides et incultes. Tous ont un régime animal. Ils sont répandus dans toutes les parties du monde.

Les diverses subdivisions que l'on peut établir dans cette famille sont assez naturelles et reposent sur des caractères facilement appréciables.

SOUS-FAMILLE LI

OEDICNÉMIENS — *ŒDICNEMINÆ*

Œdicneminæ, G. R. Gray, *List Gen. of B.* (1841).

Bec fendu jusqu'au delà de l'angle antérieur de l'œil ; queue conique ; grandes sous-caudales atteignant ou dépassant l'extrémité des rectrices latérales ; pouce nul ; doigts antérieurs unis à la base par de larges membranes ; tarses réticulés ; plumage varié de taches oblongues, qui occupent généralement le centre des plumes.

Cette sous-famille a pour type le genre suivant.

GENRE CLIV

OEDICNEME — *OEDICNEMUS*, Temm.

Charadrius, p. Linn. *S. N.* (1735).
Otis, p. Lath. *Ind.* (1790).
Œdicnemus, Temm. *Man.* (1815).
Fedoa, Leach, *Syst. Cat. M. and B. Brit. Mus.* (1816).

Bec de la longueur de la tête, ou un peu plus court, épais, triangulaire, légèrement déprimé à la base, comprimé dans la moitié antérieure, à mandibule inférieure anguleuse en dessous ; narines linéaires, étendues jusqu'au milieu du bec ; fosses nasales peu profondes, ne se prolongeant pas en un sillon ; ailes moyennes, aiguës, n'atteignant pas l'extrémité de la queue ; celle-ci composée de douze rectrices ; tarses longs, minces, couverts de toutes parts d'un réseau de petites écailles ; trois doigts seulement en avant, courts, épais, bordés et réunis à la base, l'externe et le médian par une large membrane qui dépasse la première articulation, le médian et l'interne par une membrane moins étendue, mais qui atteint presque la première articulation ; ongles très-courts, celui du doigt médian à bord interne très-dilaté, tranchant et creusé en dessous.

Ce genre, indiqué par Aldrovande, Ray, Buffon, a été établi et caractérisé par Temminck. Les espèces qu'il comprend ont été placées, tantôt parmi les Outardes, tantôt parmi les Pluviers. Leurs caractères sont mixtes et semblent être une transition des premières aux seconds.

Les OEdicnèmes vivent sur les terrains élevés et arides, sur les coteaux pierreux, nus ou couverts de bruyères. Ils se nourrissent de vers, d'insectes, d'hélix, et même, dit-on, de petits mammifères.

Le mâle et la femelle se ressemblent. Les jeunes, avant la première mue, en diffèrent assez peu. Leur mue est simple.

Les OEdicnèmes appartiennent presque tous à l'ancien continent et à l'Australie. Une seule espèce existe en Europe.

517 — ŒDICNÈME CRIARD — *OEDICNEMUS CREPITANS* Temm.

Plumage en dessus, au cou et sur la poitrine, varié de taches oblongues, étroites ; une bande d'un blanc jaunâtre, en écharpe, sur les petites couvertures supérieures de l'aile ; une grande tache blanche vers le milieu de la première rémige ; une tache de même couleur, plus petite, sur la seconde ; sous-caudales roussâtres, avec un trait noirâtre sur le rachis.

Taille : 0^m,40 *à* 0^m,43.

CHARADRIUS ŒDICNEMUS, Linn. *S. N.* (1766), t. I, p. 255.
PLUVIALIS MAJOR, Briss. *Ornith.* (1760), t. V, p. 76.
OTIS ŒDICNEMUS, Lath. *Ind.* (1790), t. II, p. 661.
ŒDICNEMUS CREPITANS, Temm. *Man.* (1815), p. 322.
FEDOA ŒDICNEMUS, Leach, *Syst. Cat. M. and B. Brit. Mus.* (1816), p. 28.
ŒDICNEMUS GRISEUS, Koch, *Baier. Zool.* (1816), t. I, p. 266.
ŒDICNEMUS EUROPEUS, Vieill. *N. Dict.* (1818), t. XXIII, p. 230.
ŒDICNEMUS BELLONI, Fleming, *Brit. Anim.* (1828), p. 114.
Buff. *Pl. enl.* 319, sous le nom de *Grand Pluvier.*

Mâle et femelle adultes, au printemps : Dessus de la tête, du cou et du corps, d'un roussâtre tirant sur le cendré, avec une tache longitudinale au centre des plumes, dont les bords, à la pointe, sont d'une teinte plus claire ; gorge, bas-ventre et jambes d'un blanc pur, devant du cou et poitrine roussâtres, avec des raies longitudinales brunes ;

abdomen blanc, tirant sur le roussâtre ; sous-caudales rousses ; lorums, une bande au-dessus de l'œil, une autre au-dessous de cet organe, d'un blanc pur ; région parotique et une sorte de moustache, partant de la commissure du bec, d'un brun varié de roussâtre ; ailes d'un cendré blanchâtre dans la moitié de son étendue, avec une teinte roussâtre ou brunâtre sur les bords des plumes ; le reste varié de brun et de roux ; rémiges noires, avec une grande tache blanche vers le milieu de la première ; une moins grande sur la deuxième ; les septième et huitième terminées de blanc ; rectrices rayées et terminées de noir, excepté les deux médianes, qui sont d'un roux cendré, marbré de noirâtre ; base du bec et paupières d'un jaune citron ; bout du bec noir ; pieds d'un jaune pâle verdâtre ; iris jaune citron.

Nota: Quoique cet oiseau ne mue qu'unefois, cependant les teintes de son plumage varient sensiblement selon les saisons : ainsi, en été, les teintes sont plus claires et les plumes du dessus du corps sont plus ou moins usées ; en automne et en hiver, les teintes brunes et rousses sont plus foncées.

Jeunes avant la première mue : Ils ont des teintes moins décidées ; le brun forme des traits longitudinaux au centre des plumes, qui ont une apparence soyeuse. Ils sont plus bas sur pattes ; ont le bec plus court que les adultes ; le bas des jambes et le haut des tarses considérablement renflés. Ils sont, en naissant, couverts de duvet gris-roussâtre.

L'Œdicnème criard est répandu dans toute l'Europe ; il habite aussi l'Asie occidentale, et s'avance jusqu'au nord de l'Afrique.

En France, il est plus commun dans le midi que dans le nord.

Il niche à terre, dans les endroits pierreux et les guérets, et dans un petit enfoncement. Ses œufs, le plus ordinairement au nombre de deux, quelquefois de trois ou de quatre, sont très-gros relativement au volume de l'oiseau, presque également épais aux deux bouts, et d'un gris jaunâtre ou roussâtre, avec des mouchetures et des taches nombreuses, irrégulières, souvent d'un gris brun et d'un brun foncé. Ils mesurent :

Grand diam. 0^m,055 ; petit diam. 0^m,042.

Cet oiseau préfère, en France, les plaines arides, crayeuses et sablonneuses. En Sicile, il affectionnerait les prairies humides, suivant M. Malherbe C'est vers le soir qu'il se montre et se fait entendre ; il court très-vite et se laisse difficilement approcher. On en trouve toute l'année en Anjou. Dans le nord de la France, il arrive en avril et repart en automne.

On dit que les jeunes sont un assez bon manger.

SOUS-FAMILLE LII

CURSORIENS — *CURSORIINÆ*

CURSORINÆ, G. R. Gray, *List Gen. of B.* (1841).
CHARADRINÆ, p. Bp. *Ucc. Eur.* (1842).
CURSORIINÆ, Bp. *Rev. crit.* (1850).

Bec un peu fléchi et voûté à la pointe, fendu jusqu'au-dessous des yeux ; queue égale ; grandes sous-caudales atteignant l'extrémité des rectrices latérales ; pouce nul ; doigts antérieurs très-courts, libres ; tarses scutellés ; plumage coloré par grandes masses.

Les Cursoriens, particulièrement caractérisés par leurs doigts libres et excessivement courts, relativement à l'allongement des pieds, ne sont pas nombreux en espèces. Ils appartiennent exclusivement à l'ancien monde et sont surtout propres à l'Afrique. Le genre suivant les représente en Europe.

GENRE CLV

COURVITE — *CURSORIUS*, Lath.

CHARADRIUS, p. Gmel. *S. N.* (1788).
CURSORIUS, Lath. *Ind.* (1799).
TACHYDROMUS, Illig. *Prod. Syst.* (1811).
CURSOR WAGL. *Syst. Av.* (1827).

Bec plus court que la tête, un peu déprimé à la base, légèrement voûté et courbé vers la pointe ; narines basales, ovales ; fosses nasales peu profondes et ne se prolongeant pas en un sillon ; ailes moyennes, sur-aiguës, à rémiges étagées ; queue courte, presque rectiligne ; tarses longs, grêles, couverts de trois rangées de scutelles s'imbriquant ; une rangée assez grande pour couvrir la face antérieure et une partie des faces latérales, et deux plus petites en arrière ; trois doigts en avant, les latéraux beaucoup plus courts que le médian, celui-ci réuni à l'externe par un rudiment de membrane ; pouce nul.

Les Courvites ont les mœurs et les habitudes des Outardes ; comme elles, ils vivent dans les terrains arides et sablonneux.

Le mâle et la femelle ne paraissent pas différer l'un de l'autre; mais les jeunes ont une livrée parfaitement distincte de celle des vieux. L'on ne sait si leur mue est simple ou double.

Ce genre renferme sept espèces propres aux contrées chaudes de l'Afrique et de l'Asie. L'une d'elles fait des apparitions accidentelles, mais assez fréquentes, en Europe.

318 — COURVITE GAULOIS — *CURSORIUS GALLICUS*
Bp. ex Gmel.

Fond du plumage de couleur isabelle ; toutes les parties inférieures unicolores ; deux raies noires ou brunes derrière les yeux; occiput gris.

Taille : ·0ᵐ,26 *environ.*

CHARADRIUS GALLICUS, Gmel. *S. N.* (1788), t. I, p. 692.
CURSORIUS EUROPÆUS, Lath. *Ind.* (1790), t. II, p. 751.
CHARADRIUS CORRIRA, Bonnat. *Tabl. Encycl.* (1791), p. 23.
CURSORIUS ISABELLINUS, Meyer, *Tasch. Deuts.* (1810), t. II, p. 328.
TACHYDROMUS EUROPÆUS, Vieill. *N. Dict.* (1817), t. VIII, p. 293.
CURSOR ISABELLINUS, Wagl. *Syst. Av.* (1827), *Gen. Cursor,* sp. 1.
CURSOR EUROPÆUS, Naum. *Vög. Deuts.* (1834), t. VII, p. 77.
CURSORIUS GALLICUS, Bp. *Ucc. Eur.* (1842), p. 57.
Buff. *Pl. enl.* 795, sous le nom de *Courvite.*

Mâle et femelle adultes : Front et vertex d'un roux isabelle; occiput cendré ; dessus du cou et du corps d'un roux isabelle comme le dessus de la tête; gorge, haut de la face antérieure du cou, bas-ventre, sous-caudales et jambes plus ou moins blanchâtres ; bas de la face antérieure du cou, poitrine, flancs d'un isabelle clair ; deux raies noires derrière les yeux, séparées par une bande blanche, se réunissant à la nuque ; la supérieure recouverte en partie par les plumes cendrées de l'occiput ; joues d'un blanchâtre lavé d'isabelle clair ; ailes comme le dos, avec les pennes noires et terminées de roussâtre; queue de la même couleur que le dessus du corps, avec toutes les pennes, excepté les deux médianes, tachetées de noir vers leur extrémité, et terminées de blanchâtre; bec noir ; partie nue des jambes bleuâtre; pieds jaunâtres; iris noisette.

Jeunes avant la première mue : Parties supérieures d'un roux jaunâtre, varié, surtout aux scapulaires et aux couvertures supérieures des ailes, de taches et de traits anguleux d'un brun olivâtre ; parties inférieures plus claires que sur le corps; dessus de la tête d'un brun roux, parsemé de très-petites taches noirâtres ; les quatre premières rémiges primaires finement bordées de roux à l'extrémité, et la double raie derrière les yeux indiquée par du brunâtre clair.

Le Courvite gaulois habite particulièrement les steppes du nord de l'Afrique et se montre accidentellement en Europe.

Il a été vu et tué aux environs de Paris, de Dunkerque, de Saint-Omer, de Calais, d'Abbeville, d'Amiens, de Dieppe, de Fécamp, de Metz, dans le midi de la France, en Suisse et dans la Lombardie.

Ses œufs ressemblent, pour la forme, à ceux des Charadriens en général, et pour les couleurs à certaines variétés d'œuf du *Charadrius cantianus*. Ils sont d'un gris verdâtre ou jaunâtre, couverts, surtout au gros bout, de nombreux petits points et des traits irréguliers, anguleux, la plupart enchevêtrés, les uns bruns, les autres d'un gris cendré plus ou moins foncé. Ils mesurent :

Grand diam. 0ᵐ,036 à 0ᵐ,038 ; petit diam. 0ᵐ,027 à 0ᵐ,029.

M. Crespon a nourri un individu pendant deux mois, dans une grande volière, avec d'autres oiseaux. Il avait été pris au milieu d'une bande de Vanneaux. Il lui donnait pour nourriture du foie de bœuf et de petits hélix qu'il écrasait d'avance. Il courait dans sa cage avec une célérité étonnante, s'arrêtait tout à coup, puis restait dans un état d'immobilité complète. Il aimait à fouiller avec son bec dans la terre humide qui entourait un petit bassin, et vivait en paix avec d'autres oiseaux.

Celui que l'on a pris près de Metz était en la compagnie d'une bande d'Alouettes.

SOUS-FAMILLE LIII

CHARADRIENS — *CHARADRIINÆ*

CHARADRINÆ, G. R. Gray, *List Gen. of B.* (1841).
CHARADRIINÆ, Bp. *Rev. crit.* (1850).

Bec droit, très-rarement fendu jusqu'à l'angle antérieur de l'œil ; queue égale ou arrondie ; grandes sous-caudales n'atteignant jamais l'extrémité des rectrices latérales ; le plus souvent trois doigts seulement en avant, l'externe et le médian unis à la base par une petite membrane ; le pouce, lorsqu'il existe, très-court et élevé ; tarses quelquefois en partie scutellés, le plus ordinairement réticulés ; plumage coloré par grandes masses, ou varié de taches irrégulières.

Les Charadriens sont beaucoup plus sociables que les espèces comprises dans les deux sous-divisions précédentes, et s'en distinguent parfaitement sous ce rapport. Ils se réunissent parfois en bandes considérables, ce que ne font ni les Cursoriens, ni surtout les OEdicnémiens. Les espèces en sont assez nombreuses et répandues dans toutes les parties du monde.

Plusieurs genres représentent cette sous-famille en Europe.

GENRE CLIV

PLUVIAN — *PLUVIANUS.*

CHARADRIUS, p. Linn. *S. N.* (1766).
PLUVIANUS, Vieill. *Ornith. élém.* (1816).
CURSOR, Wagl. *Syst. Av.* (1827).
CURSORIUS, Schleg. *Mus. Hist. Nat. des Pays-Bas* (1865).

Bec plus court que la tête, large à la base, qui est faiblement déprimée, comprimé dans la moitié antérieure, convexe, arqué, pointu, à bords rentrants ; narines basales, oblongues, étroites ; fosses nasales peu étendues, peu profondes ; ailes allongées, amples, atteignant l'extrémité de la queue, sur-aiguës, pourvues d'un tubercule mousse ; queue moyenne, bas des jambes nu sur une petite étendue ; tarses médiocrement élevés, minces, offrant trois rangs de scutelles ; deux qui couvrent à la fois les faces antérieures et latérales et une qui couvre la face postérieure ; trois doigts en avant, grêles, l'externe et le médian unis à la base par une membrane étroite ; pouce nul ; ongle du doigt médian dilaté, finement dentelé en dedans ; plumage coloré par grandes masses.

Les Pluvians ont des caractères mixtes qui les ont fait rapporter, par les uns, au genre *Charadrius* ; par les autres, au genre *Cursorius.* Ils semblent, en effet, se rattacher au premier par leurs tarses médiocres, leurs doigts latéraux assez allongés et même par leur physionomie ; tandis qu'ils paraissent appartenir au second par la forme de leur bec et par le peu de développement de leurs membranes interdigitales. Mais on ne saurait les ranger ni dans l'un ni dans l'autre de ces genres, et c'est avec raison qu'on a fondé sur eux une coupe générique à part, reliant les Cursoriens aux Charadriens.

Leurs habitudes rappellent beaucoup celles des espèces du genre *Charadrius.* Ils fréquentent les vastes plages sablonneuses et humides, mais évitent les terrains limoneux ; ne forment pas de grandes troupes, mais seulement de petites familles, et sont naturellement peu farouches.

Le mâle et la femelle portent le même plumage. Les jeunes s'en distinguent.
Ce genre ne repose que sur une espèce originaire d'Afrique.

519 — PLUVIAN D'ÉGYPTE — *PLUVIANUS ÆGYPTIUS*
Strickl. ex Linn.

*Toutes les parties supérieures, du front au bas du dos, une large
bande à travers l'œil, étendue du bec à la nuque et une écharpe
pectorale, d'un noir profond ; rémiges primaires blanches dans le
milieu, noires à la base et à l'extrémité, les secondaires blanches à
la base, ensuite noires ; pieds bleus.*

Taille : 0ᵐ,22 environ.

CHARADRIUS ÆGYPTIUS, Linn. in : Hasselquist, *It. Palæst.* (1757), p. 256.
CHARADRIUS MELANOCEPHALUS, Gmel. *S. N.* (1788), t. I, p. 692.
CHARADRIUS AFRICANUS, Lath. *Ind.* Suppl. (1802).
PLUVIANUS MELANOCEPHALUS, et CHLOROCEPHALUS, Vieill. *N. Dict.* (1818), t. XXVII,
p. 129 et 130.
CURSOR CHARADRIOIDES, Wagl. *Syst. avium* (1827), *Gen. Cursor*, sp. 6.
PLUVIANUS ÆGYPTIUS, Strickl.
CURSORIUS ÆGYPTIUS, Schleg. *Mus. d'Hist. Nat. des Pays-Bas.* Cursores (1865),
p. 14.
Buff. *Pl. enl.* 918, *jeune de l'année*, sous le nom de *Pluvian du Sénégal.*
Savigny, *Descript. de l'Égypte*, pl. 6, f. 4.

Mâle et femelle adultes : Front, dessus de la tête, du cou, dos, une
large bande à travers l'œil s'étendant du bec à la nuque, et une autre
bande en écharpe, ceignant tout le bas du cou, d'un noir profond,
nuancé quelquefois de verdâtre ; petites et moyennes couvertures des
ailes, scapulaires, croupion et sus-caudales d'un gris bleuâtre, avec les
plus grandes des scapulaires blanchâtres à la pointe ; une large bande
sourcilière, étendue des narines sur les côtés de la nuque ; joues, gorge,
grandes couvertures supérieures et toutes les couvertures inférieures
des ailes blanches ; devant et côtés du cou, poitrine, abdomen d'un isabelle pâle, ventre et sous-caudales d'un blanc lavé de roussâtre ; rémiges primaires, à l'exception de la première qui est unicolore, noires à
la base, ensuite blanches dans une assez grande étendue, et noires au
bout ; les quatre ou cinq premières des secondaires, blanches à la base
et à l'extrémité, noires dans le milieu, toutes les autres blanches de la
racine au milieu, ensuite noires ; rectrices médianes d'un gris bleuâtre,
toutes les latérales aux trois quarts de cette couleur, avec l'extrémité

blanche, précédée d'une bande noire ; bec noir ; pieds bleuâtres, iris brun.

Jeunes de l'année : Bande sourcilière, gorge, devant et côtés du cou, roussâtres ; bande en écharpe du bas du cou marquée seulement par quelques taches d'un noirâtre pâle, les autres couleurs comme chez les adultes, mais moins intenses et moins pures.

Cette espèce, comme son nom l'indique, est propre à l'Afrique. On la trouve dans la Sénégambie, la Nubie, la Barbarie et l'Égypte. Elle s'égare accidentellement sur notre continent. Son apparition en Europe repose sur la capture de deux individus faite en Espagne, d'après le pasteur Brehm.

Elle pond à découvert sur les plages sablonneuses. Ses œufs, à coquille mate et à grains très-serrés comme ceux de tous les Charadriens, sont d'un jaune d'ocre roussâtre, abondamment couverts, surtout à la grosse extrémité, de petites taches, de points, de stries, de traits anguleux et vermiculés, les uns, profonds et d'un gris brun plus ou moins clair ; les autres, superficiels, d'un joli brun châtain plus ou moins foncé. Ils mesurent :

Grand diam. 0ᵐ,032 à 0ᵐ,033 ; petit diam. 0ᵐ,023 à 0ᵐ,024.

Ses mœurs sont peu sociables : elle vit le plus souvent par couples ou par petites troupes de six à dix individus. D'un naturel confiant, elle se laisse facilement approcher. Son vol est assez rapide, et lorsqu'elle prend son essor, elle répète plusieurs fois un petit cri aigu. Elle se nourrit de vers et d'insectes qu'elle trouve sur les vastes grèves dont elle fait sa demeure habituelle, et qu'elle va même chercher jusque dans la gueule du crocodile. E. Geoffroy Saint-Hilaire a été témoin de ce dernier fait et il en a conclu que le Pluvian d'Égypte n'était autre que le *Trochilus* des anciens, auquel Hérodote et Aristote ont attribué la même habitude.

GENRE CLVII

PLUVIER — *PLUVIALIS*, Barrère.

Charadrius, p. Linn. *S. N.* (1735).
Pluvialis, Barrère, *Ornith. Spec. nov.* (1745).

Bec un peu plus court que la tête, droit, comprimé vers la pointe ; narines latérales, étroites, linéaires ; sillons nasaux prolongés au delà du milieu du bec ; ailes sur-aiguës, pourvues d'un simple tubercule mousse ; queue légèrement arrondie sur les côtés ou égale, variée de nombreuses bandes transversales ; tarses assez élevés, minces, couverts sur toutes les faces d'un réseau de plaques hexagones, très-fines sur les côtés et en arrière, un peu plus larges sur la face antérieure ; trois doigts en avant; pouce nul ou très-rudimentaire; plumage des parties supérieures varié de nombreuses taches.

Les Pluviers, que les bandes transversales dont leur queue est couverte et les nombreuses petites taches des parties supérieures, sous toutes les livrées, distinguent des autres Charadriens, sont des oiseaux très-sociables. Ils vivent presque constamment réunis en grandes bandes; semblent préférer les terrains secs aux prairies marécageuses; se nourrissent d'insectes et de vers; se reproduisent dans les contrées froides de l'hémisphère boréal et en émigrent l'automne.

Le mâle et la femelle se ressemblent sous leurs deux livrées. Les jeunes, avant la première mue, diffèrent des adultes. Leur mue est double.

Observation.—Le *Vanellus varius* ou *Helveticus* de Brisson, dont plusieurs ornithologistes ont fait, avec cet auteur, un Vanneau, pendant que d'autres l'ont séparé génériquement sous le nom de *Squatarola*, nous paraît devoir être rapporté au genre *Pluvialis*. Macgillivray l'y avait rangé dès 1840, et M. Schlegel, dans son catalogue du *Muséum d'Histoire naturelle des Pays-Bas*, l'y comprend aussi. Nous nous rangeons à leur manière de voir à cet égard. Le *Vanell. varius* (Briss.) doit être éloigné des Vanneaux pour prendre place à côté du Pluvier doré et dans le même genre. Par la forme de son aile; par les réticules des tarses; par son système de coloration, sous ses deux livrées, il s'éloigne autant du Vanneau huppé, type du genre *Vanellus* de la plupart des méthodes actuelles, qu'il se rapproche du Pluvier doré, sur lequel est fondé le genre *Pluvialis*; et il suffirait presque de convertir les taches blanches des parties supérieures en taches jaunes, pour en faire une espèce aussi voisine du *Pluvialis apricarius*, que l'est le *Pluv. fulvus*. A la vérité, le *Vanell. varius* a le bec un peu plus fort que le Pluvier doré, et ses tarses sont pourvus d'un rudiment de pouce, que n'a pas celui-ci; mais ces caractères n'ont manifestement ici qu'une importance secondaire, et doivent être considérés seulement comme caractères de groupe: nous ne croyons pas qu'on puisse leur reconnaître plus de valeur.

A — *Espèces pourvues de trois doigts seulement, le pouce faisant complétement défaut.*

520 — PLUVIER DORÉ — *PLUVIALIS APRICARIUS*
Bp. ex Linn.

Plumage, en dessus, brun-noir, varié de taches d'un jaune vif et blanchâtres, les taches jaunes dominant; grandes sous-caudales latérales marquées sur les barbes externes d'un assez grand nombre de bandes transversales brunes, généralement indépendantes, alter-

nant avec autant de bandes jaunâtres également indépendantes (adultes en noces ou en plumage de transition); *ailes longues de* 0ᵐ,18 *au moins ; bandes transversales de la queue bien marquées en dessus et en dessous.*

Taille : 0ᵐ,27.

CHARADRIUS APRICARIUS, Linn. *S. N.* 10ᵉ édit. (1758), sp. 7.
PLUVIALIS AUREA, Briss. *Ornith.* (1760), t. V, p. 42.
CHARADRIUS PLUVIALIS, Linn. *S. N.* (1766), t. I, p. 254.
CHARADRIUS AURATUS, Suckow, *Naturgesch. der Thiere* (1800-1801), t. II, p. 1592.
PLUVIALIS APRICARIUS, Bp. *Uccel. Eur.* (1842), p. 57.
Buff. *Pl. enl.* 904.

Mâle et femelle adultes, en robe d'amour : Parties supérieures d'un noir plus ou moins profond, marquées au bout et sur les bords des plumes, de taches d'un jaune doré vif ; joues, gorge, devant du cou, milieu de la poitrine et abdomen d'un beau noir lustré, encadré de blanc ; sous-caudales, front, sourcils et bord libre des paupières de cette dernière couleur, avec des bandes obliques d'un brun noir, alternant avec des bandes jaunes, sur les barbes externes des sous-caudales latérales ; côtés du cou, de la poitrine et flancs variés de taches noires et jaunes ; rémiges d'un brun noir, avec la tige des primaires blanche vers le bout, et les secondaires terminées de blanc, ainsi que les moyennes couvertures supérieures ; couvertures inférieures blanches ; queue brune, avec des raies transversales, un peu obliques, alternes, sur les barbes externes ; bec, pieds et iris noirs.

Mâle et femelle adultes, en hiver : D'un noir moins profond en dessus, avec les taches d'un jaune doré un peu plus grandes qu'en été ; gorge et abdomen d'un blanc sale, avec quelques plumes bordées faiblement de cendré roussâtre ; sous-caudales blanches, les latérales marquées sur les barbes externes de bandes alternes brunes et jaunes ; joues, devant et côtés du cou, poitrine et flancs variés de taches brunes, jaunes et cendrées ; ailes et queue comme en été ; bec et pieds brun foncé.

Jeunes avant la première mue: De taille plus petite ; d'un cendré noirâtre en dessus, avec des taches d'un gris jaunâtre ; parties inférieures comme chez les adultes en hiver, mais avec les teintes plus faibles. Après la mue, ils sont semblables à ceux-ci ; à la mue suivante au printemps, ils ont la gorge, le devant du cou, le milieu de la poitrine et l'abdomen noirs, avec des plumes blanches ou du jeune âge. Ce n'est qu'à la seconde mue de printemps, c'est-à-dire vers l'âge de deux ans, qu'ils ont le dessous du corps entièrement noir.

Le Pluvier doré habite l'Europe, l'Asie et le nord de l'Afrique ; il est en partie sédentaire en Angleterre et en Allemagne, et passe régulièrement tous les ans en Belgique, en Hollande et en France.

Dans nos départements septentrionaux, son passage du printemps commence dès les premiers jours de mars et se prolonge quelquefois jusqu'en avril. Celui d'automne a lieu dans les mois d'octobre et de novembre. Quelques individus restent dans le nord de la France jusqu'aux premières gelées, et y passent même l'hiver, quand il est modéré.

Le Pluvier doré niche à terre, dans les endroits marécageux, suivant les uns ; dans les terrains secs, suivant les autres. Sa ponte est de trois à cinq œufs gros, piriformes, d'un jaune clair, plus ou moins lavé de verdâtre, avec des points et quelques taches isolées d'un gris foncé, mêlés à des points et à de larges taches noires, la plupart confluentes et très-nombreuses au gros bout, où elles forment quelquefois couronne. Ils mesurent :

Grand diam. 0m,051 à 0m,053 ; petit diam. 0m,035 à 0m,036.

Ce Pluvier voyage par troupes composées d'un plus ou moins grand nombre d'individus et recherche les terrains secs et élevés.

On en prend beaucoup aux filets dans les arrondissements de Lille et de Douai ; mais on en trouve rarement en robe de noce complète, parce que, lorsqu'ils repassent en mars pour se rendre dans le nord du continent, où ils se reproduisent, la mue de printemps n'est pas terminée. Il n'y a que les très-neuf, en retard, et qui n'arrivent qu'à la fin de mars ou au commencement de mai, qui offrent le plumage d'amour.

Le Pluvier doré est très-recherché par les amateurs de bon gibier.

Il vit très-bien dans nos jardins et y recherche les vers et les limaçons. On le nourrit l'hiver de mie de pain et de petits morceaux de viande cuite.

521 — PLUVIER FAUVE — *PLUVIALIS FULVUS*
Schleg. ex Gmel.

Plumage, en dessus, brun-noir, varié de taches d'un jaune éteint et blanchâtres, celles-ci dominant ; sous-caudales latérales marquées sur les barbes externes de quelques taches brunes, confluentes sur le bord de la plume, et s'engrenant avec autant de taches blanches de même grandeur et de même forme (adultes en plumage de transition), *ou en partie bordées extérieurement de brun pâle* (femelle ou jeune de l'année? en plumage d'hiver) ; *ailes longues au plus de 0m,17 ; bandes transversales de la queue effacées en dessous.*

Taille : 0m,25 à 0m,26.

CHARADRIUS FULVUS, Gmel. *S. N.* (1788), t. I, p. 687.

CHARADRIUS GLAUCOPIS, Forst. *Descript. anim.* (1772), p. 176.

CHARADRIUS PLUVIALIS, Pall. (nec Linn.) *Zoogr.* (1811-1831), t. II, p. 141.

CHARADRIUS XANTHOCHELIUS, Wagl. *Syst. Av.* (1827), *Gen. Charadrius,* sp. 36.

CHARADRIUS LONGIPES, Temm. in : Bp. *Rev. crit.* (1850), p. 180.

CHARADRIUS TAÏTENSIS, Less. *Man. d'Ornith.* (1828), t. II, p. 321.

CHARADRIUS PLUVIALIS ORIENTALIS, Schleg. *Faune Jap.* (1847-1849), p. 104.

PLUVIALIS LONGIPES TAITENSIS et FULVUS, Bp. *C. R. de l'Acad. des Sc.* (1856), t. XLIII, p. 417.

Schleg. *Faune Jap.* pl. 62.

Adultes, en plumage d'hiver : Dessus de la tête d'un brun noir, marqué de petites taches d'un jaune pâle qui occupent les côtés des plumes; nuque et derrière du cou bruns, variés de taches jaunâtres ; parties supérieures du corps et sus-caudales d'un brun noir, variées, au dos, de petites taches blanchâtres, auxquelles se mêlent quelques taches jaunes, et, sur tout le reste, de taches plus nombreuses et plus grandes d'un jaune éteint ; scapulaires et couvertures supérieures des ailes brunes, les premières variées de taches et de bandes transversales jaunes, les secondes tachées de blanchâtre sur les bords ; face et gorge d'un blanc jaunâtre sale ; poitrine et flancs blanchâtres, tachés et ondés de brun pâle ; ventre blanc, très-faiblement lavé de jaunâtre ; sous-caudales médianes blanches ; les latérales blanches sur les barbes internes et variées sur les barbes externes de quelques denticules obliques bruns, confluentes sur le bord des plumes, et s'engrenant avec d'autres dentelures blanches ; rémiges brunes, à baguettes blanches à peu près dans la moitié postérieure ; rectrices brunes, coupées en dessus par des bandes plus claires, et marquées de quelques taches blanchâtres sur le bord interne ; bec d'un brun noir ; pieds d'un brun verdâtre ; iris?

Nota : Chez les individus en plumage de transition, la poitrine prend une teinte fauve et offre, ainsi que l'abdomen, quelques taches noires disséminées, ce qui fait supposer que les parties inférieures deviennent noires comme chez l'espèce précédente.

Chez des individus qui nous paraissent des *jeunes de l'année,* les denticules des sous-caudales n'existent pas ou sont peu prononcées : une bande longitudinale, d'un brun clair, les remplace.

Le Pluvier fauve habite l'Asie, l'Afrique, l'Océanie, et s'égare accidentellement en Europe. D'après M. W. Jardine, il aurait été pris à Malte.

Pallas l'a rencontré en grand nombre dans la Sibérie. Il dit qu'il émigre en automne, et se porte plus au midi ; qu'il fréquente les prairies et les bords des fleuves, et qu'il se reproduit dans les régions arctiques.

Observation. — Le Pluvier fauve, sous son plumage d'hiver, a de si grands rapports avec le *Pluvialis apricarius*, sous la même livrée, qu'à la première vue les deux espèces paraissent identiques. L'une et l'autre ont, à peu de chose près, la même taille, la même longueur de bec, d'ailes, de tarses, des couleurs presque identiques et distribuées de même. Cependant, malgré leurs affinités, un examen minutieux et comparatif permet de saisir quelques traits qui les différencient. L'on constate, en effet, que les parties supérieures du *Pluv. fulvus* sont variées de taches jaunes moins nombreuses et d'un jaune moins pur que chez le *Pluv. apricarius* ; que sur l'aile, principalement, les taches jaunes tournent au blanchâtre et sont plus larges ; que les jambes, dans leur ensemble, sont plus élevées, et l'aile pliée moins allongée chez le Pluvier fauve que chez le Pluvier doré. Mais ce qui nous a paru caractériser le mieux et le plus sûrement les deux espèces, c'est le nombre de bandes dentiformes, transversales et obliques, qui occupent les barbes externes des grandes sous-caudales latérales. Ces bandes, chez le *Pluv. fulvus*, sont ordinairement au nombre de six à huit, trois ou quatre brunes et autant de blanches, qui s'engrènent comme les dents de deux roues. Chez le *Pluv. apricarius*, au contraire, l'on en compte souvent jusqu'à douze et même seize, six ou huit brunes et six ou huit jaunes. En outre, sur cette dernière, les bandes sont généralement plus étroites, également épaisses dans toute leur étendue, et elles alternent sans s'engrener. Enfin les bandes transversales de la queue, si bien marquées en dessus et en dessous chez le *Pluv. apricarius*, n'existent chez le *Pluv. fulvus* qu'à la face supérieure.

Ces caractères se présentent-ils chez tous les individus ? Nous n'oserions l'affirmer, cependant nous les avons constatés sur cinq ou six Pluviers dorés et sur trois Pluviers fauves, les seuls que nous ayons pu examiner.

B — *Espèces à trois doigts en avant, et pourvues d'un pouce très-rudimentaire.*

522 — PLUVIER VARIÉ — *PLUVIALIS VARIUS*
Schleg. ex Briss.

Plumage, en dessus, noir, varié de taches blanches (adultes en noces) *ou d'un brun noir tacheté de blanchâtre* (adultes en automne), *ou d'un gris clair ondé de blanchâtre* (jeunes) ; *queue blanche, rayée de bandes transversales noires ou brunes* (adultes en noces et en automne), *ou rayée de gris.*

Taille : 0^m,28 à 0^m,29.

TRINGA SQUATAROLA, Linn. *S. N.* 10ᵉ édit. (1758), gen. 78, sp. 13.

VANELLUS GRISEUS, VARIUS et HELVETICUS, Briss. *Ornith.* (1760), t. V, p. 100, 103 et 106.

CHARADRIUS HYPOMELAS, Pall. *Voy.* (1778), édit. franç. in-8°, t. VIII, append. p. 51.

VANELLUS MELANOGASTER, Bechst. *Nat. Deuts.* (1809), t. IV, p. 356.

CHARADRIUS PARDELA, Pall. *Zoogr.* (1811-1831), t. II, p. 142.

SQUATAROLA GRISEA, Leach, *Syst. cat. M. and B. Brit. Mus.* (1816), p. 29.

VANELLUS HELVETICUS, Vieill. *N. Dict.* (1819), t. XXXV, p. 215.

SQUATAROLA VARIA, Boie, *Isis* (1828), p. 558.

CHARADRIUS HELVETICUS, Licht. *Doub. Zool. Mus.* (1823), p. 70.

SQUATAROLA CINEREA, Fleming, *Brit. An.* (1828), p. 111.

SQUATAROLA HELVETICA, Brehm, *Handb. Nat. Vög. Deuts.* (1831), p. 554.

VANELLUS GRISEUS, Jenyns, *Brit. Vert. Anim.* (1835), p. 181.

CHARADRIUS SQUATAROLA, Naum. *Vog. Deuts.* (1838), t. IX, p. 554.

CHARADRIUS HYPOMELANUS, Nordm. in : Demidoff, *Voy. dans la Russie mérid.* (1841), t. III, p. 235.

PLUVIALIS SQUATAROLA, Macgill. *Hist. Brit. B.* (1839-1841), t. II, p. 48.

VANELLUS SQUATAROLA, Schleg. *Rev. crit.* (1844), p. 84.

PLUVIALIS VARIUS, Schleg. *Mus. Hist. Nat. des Pays-Bas,* Cursores (1865), p. 53.

Buff. *Pl. enl.* 853, *adulte en plumage de noces,* sous le nom de *Vanneau Suisse,* 854, *jeune,* sous celui de *Vanneau gris ;* 923, *adulte,* en plumage d'hiver, sous le nom de *Vanneau varié.*

Mâle adulte, en été : Vertex, occiput, nuque, variés de cendré et de noir ; parties supérieures du corps noires, avec toutes les plumes terminées de blanchâtre et de blanc; face, gorge, devant du cou et une partie des côtés, poitrine, abdomen et flancs d'un noir profond ; front, sourcils, côtés du cou et de la poitrine, bas-ventre et jambes d'un blanc pur ; sous-caudales blanches, avec quelques taches transversales et obliques brunes ; couvertures supérieures des ailes noires, terminées de blanc ; rémiges d'un brun noir, avec les baguettes blanches ; rectrices blanches et rayées de brun, surtout les médianes ; bec et iris noirs.

Femelle : Elle ressemble au mâle ; ses teintes sont seulement un peu moins nettes; le noir des parties inférieures est souvent varié de plumes blanches.

Nota : M. Hardy pense (*in Litter.*) que cette espèce doit prendre bien tard sa robe complète de noces, car il n'a jamais rencontré un seul mâle sous son plumage d'été, même au commencement de juin. Les individus dont le noir du ventre est varié de plumes blanches se sont toujours trouvés être des mâles, qu'il considère comme des jeunes d'un an. Les femelles qu'il a tuées au printemps étaient toujours grises, à ventre blanc, légèrement marqué de quelques plumes noirâtres.

Mâle et femelle adultes en automne : Parties supérieures d'un brun noirâtre, varié de taches jaunâtres et blanchâtres ; parties inférieures blanches, avec des taches cendrées et brunes, de forme et de grandeur différentes, au cou, à la poitrine, sur les flancs et les sous-caudales; front, sourcils et joues variés comme le cou ; queue blanche, rayée de bandes brunes, moins apparentes sur les pennes latérales, et variées de jaune vers le bout; bec brun verdâtre ; iris brun-noir ; pieds bruns. Ils ressemblent beaucoup, en cet état, au Pluvier doré en robe d'hiver.

Jeunes avant la première mue : Parties supérieures d'un gris clair, avec les plumes terminées de blanchâtre ; parties inférieures blanches, variées de brun au cou, à la poitrine, sur les flancs et les sous-caudales; front, sourcils, joues, variés comme le cou ; queue blanche et barrée de gris brun.

Aux époques de la mue, on trouve des sujets dont le plumage est barriolé de plumes des deux saisons ; alors peu d'individus se ressemblent.

Le Pluvier varié, que l'on connaît aussi sous le nom de *Vanneau Suisse* et, vulgairement, sous celui de *Vanneau-Pluvier,* habite plus particulièrement le nord de l'Europe et de l'Amérique, et se répand sur presque toutes les parties du monde, à l'époque de ses migrations.

En France, il se montre périodiquement sur nos côtes maritimes du Nord et dans l'intérieur du pays, à son double passage. On l'y rencontre de la mi-mai vers la mi-juillet, et durant les mois d'août et de septembre.

Il se reproduit dans les régions arctiques; niche dans les prairies marécageuses et pond trois ou quatre œufs d'un brun olivâtre clair, avec des taches noires, selon Temminck. Cependant, d'après M. Baldamus on n'aurait encore aucune donnée certaine sur sa reproduction.

Le Pluvier varié vit en troupes excessivement nombreuses, surtout à l'arrière-saison, au moment où il va émigrer. Il se nourrit d'insectes et de vers. Ceux que l'on conserve quelquefois dans les jardins, en compagnie du Combattant, du Pluvier doré, du Vanneau huppé, s'accommodent même de pain trempé dans l'eau.

GENRE CLVIII

GUIGNARD — *MORINELLUS*

CHARADRIUS, p. Linn. *S. N.* (1735).
PLUVIALIS, p. Briss. *Ornith.* (1760).
EUDROMIAS, Boie, *Isis* (1822 ?).
MORINELLUS, Bp. *Cat. Parzud.* (1856).

Bec plus court que la tête, mince, médiocrement renflé à

l'extrémité, à mandibule inférieure à peu près droite dans toute
son étendue ; narines latérales, oblongues, étroites ; sillons nasaux prolongés au delà du milieu du bec ; ailes sur-aiguës, atteignant ou dépassant l'extrémité de la queue ; celle-ci de moyenne longueur, arrondie ; bas des jambes dénudé sur une étendue
qui égale, au plus, la longueur du doigt médian ; tarses médiocrement élevés, finement réticulés sur la face postérieure et sur
les articulations, couverts en avant et sur les côtés d'une double
rangée de plaques hexagones, pentagones ou tétragones, selon
le point qu'elles occupent ; trois doigts seulement en avant, les
latéraux courts ; la membrane interdigitale qui unit le doigt
externe au médian, étroite et n'atteignant pas la première articulation ; plumage coloré par grandes masses, ou en partie varié.

Les Guignards se distinguent des autres Charadriens par un bec plus mince
et relativement moins renflé à l'extrémité. Leurs formes sont trapues comme
celles des Pluviers, et ils ont la poitrine ou le haut de l'abdomen d'un roux généralement intense et traversé par une bande noire.

Ils ont les mœurs de la plupart des autres Charadriens ; vivent et émigrent par
troupes ; recherchent les terrains arides et dépouillés, ou les maigres pâturages,
et se nourrissent principalement de petits orthoptères.

Le mâle et la femelle diffèrent peu l'un de l'autre. Les jeunes, avant la première mue, portent un plumage distinct. Leur mue est double.

323 — GUIGNARD DE SIBÉRIE — *MORINELLUS SIBIRICUS*
Bp. ex Lepechin.

Sur la tête une calotte de plumes noirâtres, bordées de roussâtre,
circonscrite par une bande blanche (adultes) *ou roussâtre* (jeunes);
sur la poitrine une étroite bande noire, suivie d'un large ceinturon
blanc (adultes) ; *rachis de la première rémige, seul, blanc; rachis*
des autres rémiges brun.

Taille : 0^m,32 environ.

CHARADRIUS LAPPONICUS, Linn. *S. N.* 6e édit. (1748), gen. 61, sp. 5. (fœmina).
PLUVIALIS MINOR *sive* MORINELLUS et MORINELLUS ANGLICANUS, Briss. *Ornith.* (1760),
t. V, p. 54 et 58.
CHARADRIUS MORINELLUS, Lin. *S. N.* (1766), t. I, p. 254.
CHARADRIUS SIBIRICUS, Lepechin, *Itin.* (1771-1780), pl. 6.

CHARADRIUS TATARICUS, Pall. *Voy.* (1776), édit. franç. in-8°, t. VIII, Append. p. 50.

EUDROMIAS MORINELLA, Brehm, *Handb. Nat. Vög. Deuts.* (1831), p. 545.

MORINELLUS SIBIRICUS, Bp. *Cat. Parzud.* (1856), p. 14.

Buff. *Pl. enl.* 832, individu en plumage d'été sous le nom de *Guignard.*

Mâle adulte, en été : Dessus de la tête noir, avec quelques plumes finement bordées d'olivâtre ou de roussâtre ; dessus du cou et du corps d'un cendré brun, lavé d'olivâtre, avec les plumes du manteau et des ailes encadrées de roussâtre ; gorge et une partie de la face antérieure du cou blanches ; bas du cou, haut de la poitrine, d'un cendré rayé transversalement de roussâtre, suivi d'une bande étroite noire et d'un large ceinturon blanc ; haut de l'abdomen et flancs d'un roux vif ; milieu de l'abdomen noir ; bas-ventre et sous-caudales blancs, quelquefois lavés de roussâtre ; sourcils et face d'un blanc plus ou moins pur ; pennes alaires et caudales d'un brun noirâtre, avec la tige de la première rémige blanche ; rectrices terminées de blanc plus ou moins pur ; bec noir ; pieds cendré verdâtre ; iris brun foncé.

Femelle adulte, en été : Elle ressemble au mâle, mais elle a le roux des flancs nuancé de cendré, et le noir du ventre moins foncé et varié de blanc.

Mâle et femelle adultes, en automne : Dessus de la tête d'un brun noirâtre, tacheté de roussâtre ; dessus du cou et du corps d'un cendré brun, avec les plumes légèrement bordées de roux ; gorge moins blanche ; devant du cou d'un cendré roussâtre, tacheté de noirâtre ; poitrine avec un ceinturon blanc à peine dessiné ; haut de l'abdomen et flancs d'un roux terne, lavé de cendré ; le reste de l'abdomen blanc, sans trace de noir ; sourcils d'un blanc roussâtre ; joues blanches, pointillées de noir ; pennes alaires et caudales brunes, avec les dernières terminées de blanc roussâtre (1).

Jeunes avant la première mue : D'un brun fortement varié de roux en dessus, de roussâtre en dessous, de brun au cou et sur les côtés de

(1) En 1834, un passage de Guignards, qui a duré du 28 août au 31 octobre, ayant eu lieu dans les environs de Lille, j'ai pu constater que les femelles étaient sensiblement plus fortes que les mâles, et que le plumage offrait des variations, suivant l'âge et suivant que la mue était plus ou moins avancée. Il y avait des individus qui conservaient les plumes du printemps, seulement elles étaient considérablement ternies.

Je ferai encore observer qu'en avril et en mai on trouve des sujets qui ont les plumes rousses de l'abdomen et des flancs nuancées de cendre, et les plumes noires du ventre variées de taches blanches. Cet état n'est pas propre à la femelle, il dépend aussi de l'âge et appartient aux jeunes de l'année, dont la mue ne se fait pas complétement au premier printemps.   (DEGLAND.)

la poitrine ; blanchâtres aux sourcils et à la gorge ; pointillés de brun au front et aux joues ; blancs au bas-ventre ; blanchâtres aux sous-caudales et aux jambes, avec les pennes alaires et caudales brunes, ces dernières terminées de roux.

Variétés accidentelles : On trouve des individus à plumage généralement blanchâtre (Musée de Boulogne-sur-mer).

Le Guignard habite le nord de l'Europe. On le trouve aussi en Asie et en Afrique.

Il est de passage périodique dans le nord de la France en mai et en août.

Il niche sur les montagnes, pond quatre ou cinq œufs gros, piriformes, d'un gris roussâtre ou olivâtre, avec de grandes taches noires, plus rapprochées au gros bout que sur le reste de l'œuf. Ils mesurent :

Grand diam. 0^m,039 à 0^m,040 ; petit diam. 0^m,030.

D'après les renseignements recueillis par M. J. Ray, le Guignard nichait autrefois dans les grandes plaines de l'Aube. Nous lisons dans les notes qu'il a bien voulu nous communiquer, qu'avant les plantations de sapins et l'extension de la culture, on trouvait son nid dans les friches arides, en compagnie de celui de l'Œdicnème criard, entre les villages de Dicvrey, de Villeloup, d'Échemines, etc. Ses œufs reposaient dans une petite cavité tapissée de lichens.

Comme le Pluvier doré, le Guignard voyage en grandes bandes et recherche les terrains élevés, secs ou crayeux.

Il est très-recherché pour le goût de sa chair.

Cet oiseau est très-facile à tirer ; il suffit d'en avoir blessé un pour voir toute la troupe venir tournoyer au-dessus de lui et se laisser fusiller avec une stupidité remarquable. On peut, quand on a l'habitude de la chasse, détruire en un instant la bande entière.

324 — GUIGNARD ASIATIQUE — *MORINELLUS ASIATICUS*

Dessus de la tête d'un gris brun uniforme ; face et gorge d'un blanc pur (adultes) ou d'un blanc roussâtre (jeunes) ; poitrine rousse ; cette teinte, chez les adultes, limitée en bas par une étroite bande transversale noire ; rachis des rémiges blanc, celui des cinq premières rémiges primaires taché de brun vers le milieu.

Taille : 0^m,21 environ.

CHARADRIUS ASIATICUS, Pall. *Voy.* (1776), édit. franç. in-8°, t. VIII, Append. p. 49.

CHARADRIUS CASPIUS, Pall. *Zoogr.* (1811-1831), t. II, p. 136, pl. LVIII (d'après le texte).

CHARADRIUS JUGULARIS, Wagl. *Syst. Avium* (1827), Gen. *Charadrius*, sp. 39.

MORINELLUS CASPIUS, Bp. *Cat. Parzud.* (1856), p. 14.

Mâle adulte, au printemps : Dessus de la tête, du cou et du corps d'un gris brun cendré ; front, sourcils, côtés de la tête, gorge et abdomen blancs ; devant du cou, haut de la poitrine de couleur cannelle, avec une bande transversale noire sur cette dernière partie ; ailes pareilles au dos, à rémiges noires, les secondaires terminées de blanc et les baguettes des cinq premières rémiges primaires blanches, avec, un espace brun sur le milieu de leur longueur ; queue arrondie, brune ; les rectrices bordées de blanchâtre et terminées de noir ; bec et pieds d'un jaune orange, le premier noir à la pointe.

Femelle adulte, au printemps : Elle diffère du mâle par l'absence du roux au cou et à la poitrine ; ces parties sont entièrement semblables au dessus du corps ; la pointe des rémiges secondaires est noire et non blanche comme chez le mâle.

Mâle adulte, en hiver : Il a les teintes plus ternes ; le devant du cou et le haut de la poitrine sont ferrugineux, et la bande transversale est brune.

Cette espèce habite, selon Pallas, les bords de la mer Caspienne et des lacs salés des déserts de la Tartarie australe. On l'y trouve solitaire et en petit nombre. Elle aurait également été observée dans l'Afrique australe.

Ses apparitions en Europe sont très-accidentelles. M. Nordmann nous apprend dans son *Catalogue raisonné des oiseaux de la Faune Pontique,* qu'un individu a été tué aux environs d'Odessa en 1836 ; et M. Schlegel, dans le *Catalogue du Muséum des Pays-Bas,* cite une autre capture qui aurait été faite à Helgoland.

On ne connaît rien de son genre de vie, ni de sa nidification.

GENRE CLIX

GRAVÉLOT — *CHARADRIUS*, Linn.

Charadrius, Lin. *S. N.* (1735).
Pluvialis, Briss. *Ornith.* (1760).
Ægialites, Boie, *Isis* (1822).
Hiaticula, G. R. Gray, *List Gen. of Birds* (1840).

Bec généralement plus court que la tête et mince, à mandibule inférieure droite de la base vers le milieu, ensuite relevée jusqu'à la pointe ; narines basales, latérales, médiocres, parallèles aux bords de la mandibule supérieure ; sillons nasaux étendus jusqu'au milieu du bec, obtus en avant ; ailes sur-aiguës, atteignant ou dépassant l'extrémité de la queue ; celle-ci en général de moyenne longueur, arrondie ; tarses médiocres, grêles, finement réticulés en arrière, couverts en avant d'une double rangée de plaques qui sont ou tétragones ou pentagones ou hexagones selon la position qu'elles occupent ; trois doigts seulement en avant ; membranes interdigitales peu développées, celle qui unit le doigt externe au médian insérée bien en arrière de la première articulation ; plumage coloré par grandes masses.

Les espèces qui composent ce genre sont généralement de petite taille, et la plupart sont remarquables par un bandeau frontal, dont la couleur varie selon les espèces, ou par un collier plus ou moins complet et plus ou moins large, au bas du cou.

Elles vivent par familles, par petites troupes et rarement par grandes bandes, comme la plupart des Charadriens. Elles volent et courent avec une grande rapidité ; poussent souvent en volant des cris aigus ; ont la singulière habitude, lorsque quelque chose les affecte, de relever et de baisser brusquement la tête, à peu près comme font les Chouettes ; nichent à découvert sur le sol nu, et fréquentent le plus ordinairement, ceux-ci les bords sablonneux de la mer, ceux-là les rives graveleuses des fleuves. Leur nourriture consiste en petits crustacés, en petits coquillages et en vers.

Le mâle et la femelle portent à peu près le même plumage. Les jeunes, avant la première mue, ont une livrée qui les distingue. Leur mue est double.

Ce genre a des représentants dans toutes les parties du monde. Les quatre espèces suivantes se rencontrent en Europe.

525—GRAVELOT HIATICULE—*CHARADRIUS HIATICULA* Linn.

Bec, mesuré du front à la pointe, plus court que le doigt interne, l'ongle compris ; les deux mandibules jaunes de la base au delà du milieu, ensuite noires (adultes) ou noires dans toute leur étendue (jeunes) ; rémiges primaires noirâtres, toutes avec la baguette en partie blanche du côté de la pointe ; pieds d'un jaune orange ; plumes du front autour du bec noires (adultes) ou blanches (jeunes); la rectrice la plus extérieure blanche dans toute son étendue : un collier blanc, suivi d'un collier noir.

Taille : 0^m,16.

CHARADRIUS HIATICULA, Linn. *S. N.* 10e édit. (1758), sp. 3.
PLUVIALIS TORQUATA et PLUVIALIS TORQUATA MINOR, Briss. *Ornith.* (1760), t. V, p. 60 et 63.
CHARADRIUS TORQUATUS, Leach, *Syst. Cat. M. and B. Brit. Mus.* (1816), p. 23.
ÆGIALITES HIATICULA, Boie, *Isis* (1822), p. 558.

Hiaticula annulata. G. R. Gray, *List Gen. of B.* (1840), p. 85.

Hiaticula torquata, G. R. Gray, *List of Spec. Brit. Mus.* (1844)? part. III, p. 68.

Buff. *Pl. enl.* 920, *mâle adulte*, sous le nom de *Pluvier à collier.*

Mâle et femelle adultes, au printemps : Partie postérieure du vertex, occiput, dessus du cou et du corps d'un cendré brun uniforme ; partie moyenne du vertex traversée par une large bande noire, qui se rend d'un œil à l'autre, où elle se confond avec une autre bande qui ceint la tête, de la base du bec à la nuque, en passant au-dessous des yeux ; front, raie sourcilière prenant derrière l'œil, gorge, devant et côtés du cou, d'un blanc pur, formant un collier complet, très-étroit à la nuque ; un large plastron noir, dont les extrémités bordent en arrière le dessous du collier blanc, occupe presque toute l'étendue de la poitrine ; une petite partie de la poitrine, abdomen et sous-caudales d'un blanc pur ; grandes couvertures supérieures des ailes d'un blanc pur à l'extrémité ; rémiges primaires d'un brun noir, avec la tige blanche vers le bout, et une tache blanche oblongue vers le milieu de la cinquième et des suivantes ; queue avec la penne externe de chaque côté blanche, la suivante blanche et marquée d'une tache transversale brune sur les barbes internes en dedans, les autres d'un brun noir, avec les troisième et quatrième terminées de blanc, et les deux médianes entièrement d'un gris cendré à la base et brunes à leur extrémité ; moitié postérieure du bec d'un jaune orange, le reste noir ; bord libre des paupières et iris noirs ; pieds d'un jaune orange.

Mâle et femelle adultes, en hiver : Ils ont le noir moins pur, moins profond et légèrement bordé de cendré. En tout temps, la femelle a le bandeau du vertex et le plastron noir un peu moins étendus que le mâle. Pendant la mue d'automne, le dessus du corps est d'un cendré brun, avec plus ou moins de plumes usées d'un cendré clair.

Jeunes avant la première mue : D'un brun cendré en dessus et à la poitrine, avec les plumes bordées de grisâtre ; point de bandeau noir au sommet de la tête ni à la base du bec, cette dernière partie étant blanche comme le reste du front ; rémiges primaires blanches à la pointe, comme les grandes couvertures ; bec noir ; pieds d'un gris olivâtre, glacé de jaunâtre.

Cette espèce est répandue dans toute l'Europe et se trouve aussi en Arabie et en Afrique, jusqu'au cap de Bonne-Espérance, d'après M. Schlegel.

En France, elle est assez commune à son passage d'automne sur les côtes de l'Océan et de la Méditerranée, notamment sur les dunes et les plages sablonneuses de la Bretagne, du Poitou, de la Gascogne, du Roussillon et du Languedoc.

Elle est de passage régulier dans le Nord en août, septembre, octobre, avril et mai, surtout sur les côtes maritimes. Quelques individus se reproduisent sur celles de Dunkerque et de Calais.

Le Gravelot hiaticule niche sur les plages, aux bords des eaux et des étangs, dans un enfoncement ou entre des galets, et le plus souvent à découvert. Ses œufs, au nombre de trois ou quatre. assez gros, piriformes, sont d'un gris jaunâtre, quelquefois légèrement olivâtre, avec de petites taches anguleuses d'un brun noir, ordinairement plus nombreuses au gros bout, et quelques points d'un gris foncé. Ils mesurent :

Grand diam. 0^m,033 à 0^m,035; petit diam. 0^m,025.

Aussitôt que les couvées sont terminées, tous les individus d'un quartier se réunissent en troupes plus ou moins nombreuses et se mêlent, aux époques des migrations, aux Échassiers de petite taille, connus dans nos ports de mer sous le nom général et vulgaire de Guerlettes, et même aux Pluviers dorés, aux Chevaliers.

La chair de cette espèce est assez bonne.

526 — GRAVELOT DES PHILIPPINES
CHARADRIUS PHILIPPINUS
Scopoli.

Bec, mesuré du front à la pointe, plus long que le doigt interne, l'ongle compris; les deux mandibules complétement noires (vieux) ou noires, avec la base de la mandibule inférieure jaunâtre (jeunes de l'année); rémiges primaires brunes, la première seule avec le rachis presque entièrement blanc, les autres à rachis brun; pieds jaunâtres; plumes du front, autour du bec, noires (adultes) ou gris cendré (jeunes); la rectrice la plus extérieure blanche dans toute son étendue; un collier blanc, suivi d'un collier noir.

Taille : 0^m,13.

Charadrius Philippinus, Scopoli, *Annus I Hist. Nat.* (1769), n° 147.
Charadrius curonicus, Beseke, *Vög. Kurlands, in : Schrift der Berl. naturf. Ges.* (1787), t. VII, p. 404.
Charadrius fluviatilis, Bechst. *Naturg. Deuts.* (1809), t. IV, p. 422.
Charadrius minor, Mey. et Wolf. *Tasch. Deuts.* (1810), t. II, p. 324.
Charadrius hiaticula, Pall. *Zoogr.* (1811-1831), t. II, p. 144.
Ægialites minor, Boie, *Isis* (1822), p. 558.
Charadrius intermedius, Ménét. *Cat. rais.* (1832), p. 53.
Charadrius zonatus, Swains. *B. of West. Afr.* (1837), t. II, p. 235.
Ægialites curonicus, Keys. et Blas. *Wirbelth.* (1 80), p. 71.
Buff. *Pl. enl.* 921, *adulte*, sous le nom de *Petit Pluvier à collier.*

Mâle et femelle adultes : Plumage fort semblable à celui de l'espèce précédente. Derrière de la tête, du cou, dos, dessus des ailes, d'un cendré uniforme ; bande sur la tête, s'étendant d'un œil à l'autre et se réunissant à une autre bande qui, de la base du bec, va couvrir les régions parotiques en passant au-dessous des yeux, d'un noir profond ; bandeau frontal, gorge, devant et côtés du cou, d'un blanc pur, formant un collier complet derrière la nuque ; haut de la poitrine couvert d'un plastron noir, dont les branches latérales remontent vers la nuque et limitent inférieurement le collier blanc ; tout le reste des parties inférieures d'un blanc pur ; grandes couvertures supérieures des ailes cendrées à l'extrémité, ou très-finement bordées de blanchâtre ; rémiges primaires brunes, la première à baguette complétement blanche, ou d'un blanc lavé de brun à la base et à l'extrémité de la plume, toutes les autres à baguette brune ; les deux rectrices les plus extérieures, de chaque côté, blanches, avec une petite tache noirâtre sur les barbes internes ; les trois suivantes cendrées à la base, ensuite noirâtres et largement terminées de blanc ; les deux intermédiaires totalement cendrées, avec l'extrémité noirâtre ; bec complétement noir ; pieds jaunâtres ; iris noirs.

Chez la femelle, le bandeau frontal est un peu plus étroit et d'un noir moins pur que chez le mâle.

Jeunes avant la première mue : Dessus de la tête, du cou et du corps d'un cendré brun olivâtre, avec les plumes finement bordées de roussâtre ; gorge, milieu du cou et de la poitrine, abdomen et sous-caudales blancs ; côtés de la poitrine d'un cendré nuancé de roussâtre, s'étendant en arrière pour former une sorte de demi-collier étroit ; front, sourcils, d'un blanc roussâtre ; joues brunes, avec quelques plumes rousses ; rémiges et rectrices comme chez les adultes, seulement les rémiges ont la fine pointe blanche ; mandibule supérieure noire ; mandibule inférieure d'un jaunâtre clair à la base, noire dans le reste de son étendue ; pieds d'un gris rougeâtre livide.

Après la mue, ils ressemblent aux adultes ; mais les plumes des parties supérieures restent finement bordées d'une teinte plus claire, et la base de la mandibule inférieure conserve généralement des traces de jaunâtre.

Cette espèce, vulgairement connue sous le nom de Petit Pluvier à collier, est répandue dans une grande partie de l'Europe, de l'Asie et de l'Afrique.

Elle est commune en Allemagne, dans les contrées méridionales de la France, plus rare dans nos départements du Nord et du Centre, quoique quelques couples s'y reproduisent et que l'espèce y soit de passage régulier; se montre accidentellement en Hollande, et remonte au nord de la Russie, jusqu'au pied des monts Ourals, d'où M. Hardy a reçu des œufs.

Elle niche sur la grève, au bord de la mer, des fleuves, des étangs, quelquefois sur les champs sablonneux assez éloignés de l'eau, et pond trois ou quatre œufs assez gros, piriformes, d'un gris roussâtre, d'un jaunâtre clair ou d'un gris un peu rosé, avec de très-petites stries et des points bruns et cendrés. Ils mesurent :

Grand diam. 0ᵐ,028 à 0ᵐ,031 ; petit diam. 0ᵐ,021 à 0ᵐ,022.

Ses mœurs sont identiques à celles du Gravelot hiaticule, en compagnie duquel elle voyage assez ordinairement; mais l'espèce fréquente beaucoup plus les grèves des rivières et des fleuves que celles des côtes maritimes.

527 — GRAVELOT DE KENT — *CHARADRIUS CANTIANUS* Lath.

Bec, mesuré du front à la pointe, plus long que le doigt interne, l'ongle compris ; les deux mandibules complétement noires, à tous les âges ; rémiges primaires d'un brun noirâtre, la première à rachis blanc dans toute son étendue, le rachis de toutes les autres en partie blanc seulement du côté de la pointe ; pieds noirâtres ; plumes du front, autour du bec, blanches ou blanchâtres à tous les âges ; les trois rectrices les plus extérieures, de chaque côté, blanches ou blanchâtres ; colliers blanc et noir incomplets.

Taille : 0ᵐ,14 à 0ᵐ,15.

CHARADRIUS CANTIANUS, Lath. *Ind.* supplém. (1802), p. 66.
CHARADRIUS LITTORALIS, Bechst. *Naturg. Deuts.* (1809), t. IV, p. 430.
CHARADRIUS ALBIFRONS, Mey. et Wolf, *Tasch. Deuts.* (1810), p. 323.
ÆGIALITES CANTIANUS, Boie, *Isis* (1822), p. 558.
P. Roux, *Ornith. Prov.* pl. 277, *femelle.*
Gould, *Birds of Eur.* pl. 298.

Mâle adulte : Vertex, occiput et nuque d'un roux ocreux clair ; dessus du corps d'un cendré brun, nuancé de roussâtre sur les ailes ; front, raie sourcilière, gorge, devant et côtés du cou et toutes les parties inférieures du corps d'un blanc pur ; devant du vertex, lorums, une partie de la région parotique et côtés de la poitrine d'un noir plus ou moins profond ; grandes couvertures supérieures des ailes à fine pointe blanche ; rémiges primaires d'un brun foncé passant au noirâtre, la première avec la baguette d'un blanc pur dans la plus grande étendue, d'un blanc lavé de brunâtre à la base et à la pointe ; toutes les autres à baguette brune à la base, blanche ou blanchâtre vers l'extrémité ; rémiges secondaires en partie blanches sur les barbes externes ; les trois rectrices les plus extérieures, de chaque côté, blanches ; la suivante d'un cendré clair, avec les barbes externes blanches ; les quatre intermédiaires d'un cendré lavé de brunâtre vers l'extrémité ; bec, pieds et iris noirs.

Femelle adulte : Vertex, occiput et nuque roussâtres, avec des teintes cendrées ; une bande étroite, variée de noir, sur la tête, au lieu de la bande anguleuse noire que possède le mâle ; le bandeau blanc du front plus étroit ; lorums, bande au-dessus des régions parotiques et taches sur les côtés de la poitrine d'un brun cendré.

Jeunes avant la première mue : Point de bande noire sur la tête ; front, sourcils et nuque blanchâtres ; taches des côtés de la poitrine d'un brun clair ; parties supérieures du corps d'un brun cendré clair, avec de fines bordures roussâtres.

Le Gravelot de Kent ou à collier interrompu habite plus particulièrement le nord de l'Europe et l'Asie : on le trouve aussi en Égypte, en Nubie et en Barbarie.

Il est très-commun en Hollande, en Angleterre, sur les côtes méridionales et septentrionales de la France, sur celles de l'Espagne, de l'Allemagne, etc.

Il niche sur les plages maritimes, à nu sur le sable, dans un petit enfoncement, parmi des galets, de petits coquillages ou quelques brins de graminées ; pond rarement plus de trois œufs, un peu gros, d'un jaune clair et salé, ou d'un gris verdâtre plus ou moins foncé ; tantôt avec de nombreux petits points mêlés à de nombreuses stries ; tantôt avec des traits allongés, irréguliers, anguleux, se croisant et se confondant ; d'autres fois avec des points grands et petits, confluents et formant alors tache, les uns noirs, les autres d'un gris cendré. Ces traits ou ces taches sont généralement plus abondants vers le gros bout de l'œuf et y forment quelquefois couronne. Ils mesurent :

Grand diam. 0^m,031 à 0^m,034 ; petit diam. 0^m,023 à 0^m,024.

Il se reproduit abondamment sur les côtes maritimes de Dunkerque, de Calais, de la Bretagne, de la Saintonge, de la Guienne, du Roussillon et du Languedoc ; se mêle au printemps et en automne, comme le Gravelot hiaticule, aux bandes nombreuses de petits Échassiers qui fréquentent à cette époque les bords de la mer.

528 — GRAVELOT MONGOL — *CHARADRIUS MONGOLICUS* Pall.

(Type des genres *Pluviorhynchus* et *Cirrepidesmus*, Bp.)

Bec, mesuré du front à la pointe, de la longueur du doigt externe ; les deux mandibules complétement noires ; rémiges primai-

*res brunes, la première seule avec le rachis entièrement blanc,
le rachis des autres en partie blanc seulement vers le milieu;
d'une oreille à l'autre, et passant sous les yeux et sur le front, une
large bande noire continue (adultes) ou interrompue sur les côtés
du front par un trait blanc (jeunes) ; sur le bas du cou un large
plastron roux, formant collier chez les adultes.*

   Taille : 0^m,18 à 0^m,19.

CHARADRIUS MONGOLUS, Pall. *Voy.* (1776), édit franç. in-8°, t. VIII, Append.
p. 52, et CHARADRIUS MONGOLICUS, *Zoogr.* (1811-1831), t. II, p. 136.
   CHARADRIUS RUBRICOLLIS, G. Cuv. in : Schleg. *Rev. crit.* (1844), p. 95.
   CHARADRIUS CIRREPIDESMOS et JUGULARIS, Wagl. *Syst. Avium* (1827), *Gen. Cha-
radrius,* sp. 18 et 40.
   CHARADRIUS LESCHENAULTII et SANGUINEUS, Less. *Man. d'Ornith.* (1828), t. II,
p. 322 et 330.
   CHARADRIUS RUFINELLUS, Blyth, *Journ. As. Soc. Beng.* (1843), t. XII, p. 180.
   CHARADRIUS PYRRHOTHORAX, Temm. *Man.* (1840), 4^e partie, p. 355.
   CHARADRIUS INCONSPICUUS, Licht. *Nomencl. Av.* (1854), p. 94.
   ÆGIALITES PYRRHOTHORAX, Keys. et Blas. *Wirbelth.* (1840), p. 70.
   CHARADRIUS SUBRUFINUS, Hodgs.
   PLUVIORHYNCHUS MONGOLUS, Bp. *Cat. Parzud.* (1856), p. 14.
   CIRREPIDESMUS PYRRHOTHORAX, Bp. *Cat. Parzud.* (1856), p. 14.
   Gould, *Birds of Eur.* p. 299.

   Mâle et femelle ? adultes, en noces : Sommet de la tête, dessus du
corps et des ailes d'un cendré brun clair, chaque plume étant finement
striée de brun foncé sur le rachis, et largement bordée de blanchâtre ou
de blanc roussâtre ; nuque d'un roux isabelle, ou d'un roussâtre lavé
de gris; une partie du front, lorums, devant et dessous des yeux, régions parotiques, couverts d'une large bande continue noire ; le reste du
front, au-dessus du bandeau, noir; trait sourcilier s'étendant et s'élargissant derrière l'œil, d'un blanc lavé de roussâtre ; gorge, partie supérieure du cou en avant et sur les côtés, extrémité des grandes couvertures supérieures des ailes, abdomen et sous-caudales d'un blanc
pur ; bas du cou et haut de la poitrine couverts par une large écharpe
d'un joli roux clair, à bords fondus inférieurement, à bords tranchés supérieurement, remontant sur les côtés du cou, et formant par leur fu-
sion avec la tache rousse de la nuque une sorte de collier complet ; hy-
pochondres variés en avant de taches rousses, en arrière de taches d'un
brun cendré ; petites couvertures inférieures du bord externe de l'aile
d'un gris brun au centre ; rémiges primaires brunes, la première à ra-

chis complétement blanc, les suivantes à rachis seulement blanc vers le milieu ; rémiges secondaires blanches sur le rachis et à l'extrémité, d'un gris brun sur les barbes externes ; rectrices médianes brunes, la plus extérieure, de chaque côté, entièrement blanche, les autres d'un gris cendré ; bec noir ; pieds noirâtres.

Les *adultes, en plumage incomplet,* ne diffèrent des individus en plumage de noces que par deux taches blanches, enchâssées dans le noir du front, et se dirigeant obliquement du bec vers les yeux.

Jeunes : Ils ont les parties supérieures, comme chez les adultes, mais avec des bordures d'un roussâtre terne ; tout le front, la gorge, un trait sourcilier, blanchâtres ; la ceinture peu marquée, d'un roussâtre pâle et à bord supérieur diffus ; la bande qui, des lorums, passe sous les yeux et s'étend sur les régions parotiques, d'un gris brun ; et les flancs, sur toute leur étendue, variés de taches d'un brun cendré.

Nota : Tout le blanc des parties inférieures est parfois lavé de jaunâtre.

Cette espèce habite l'Asie occidentale et orientale, les Philippines et la plupart des îles de l'archipel Indien. Pallas a rencontré des individus solitaires aux environs des lacs salés de la Mongolie et le long des affluents du fleuve Amour.

Elle s'égare quelquefois, dit-on, dans la Russie. D'après Temminck, un individu aurait été tué près de Saint-Pétersbourg.

Elle vit d'insectes. Ses mœurs et ses œufs sont peu connus.

Observations. — Le *Charadrius mongolus* a été rangé par le prince Ch. Bonaparte dans deux genres distincts : sous son plumage d'adulte (*Charad. mongolus,* Pall.), il en forme, avec le *Charad. obscurus* de Gmelin, son genre *Pluviorhynchus ;* et sous sa livrée de jeune ou peut-être d'hiver (*Charad. cirrepidesmos,* Wagl.), il en fait en quelque sorte le type de son genre *Cirrepidesmus.* Non-seulement le *Char. cirrepidesmos* doit être identifié au *Char. mongolus,* mais encore l'espèce ne peut, sous aucun rapport, être détachée du genre *Charadrius.* Son bec un peu plus fort ; sa ceinture rousse, au lieu d'être noire ; l'absence d'un collier blanc ne nous paraissent même pas des différences assez importantes pour devenir caractères de groupe.

GENRE CLX

HOPLOPTÈRE — *HOPLOPTERUS,* Bp.

CHARADRIUS, p. Linn. *S. N.* (1760).
PLUVIALIS, p. Briss. *Ornith.* (1760).
HOPLOPTERUS, Bp. *Distr. Meth. degli Anim. verteb.* (1831).

Bec plus court que la tête, un peu élevé à la base ; sillons nasaux larges et se prolongeant bien au delà du milieu du bec ; narines latérales, linéaires, étroites ; ailes amples, dépassant l'extrémité de la queue, aiguës, armées d'un fort éperon corné, aigu ; queue assez allongée, à rectrices larges et coupées presque carrément à l'extrémité ; partie nue du bas des jambes égalant presque en étendue la longueur du doigt médian ; tarses très-élevés, minces ; doigts grêles, au nombre de trois seulement, occiput orné d'une touffe de plumes tombantes ; plumage coloré par grandes masses.

Les Hoploptères se rapportent aux Vanneaux par leurs ailes amples ; par la touffe de plumes qui orne l'occiput et un peu par leur système de coloration ; mais ils en diffèrent par l'absence du pouce ; par la forte épine dont les ailes sont pourvues ; par des jambes dénudées sur une plus grande étendue et par des tarses plus allongés et relativement plus grêles.

Ils ont, d'ailleurs, le genre de vie et les mœurs des Vanneaux, mais ils paraissent habiter plus particulièrement les champs cultivés.

Le mâle et la femelle portent le même plumage. Leur mue est double.

529 — HOPLOPTÈRE ÉPINEUX — *HOPLOPTERUS SPINOSUS* Bp. ex Linn.

Tout le dessus de la tête et le devant du corps, depuis le menton jusqu'au ventre, d'un noir profond ; toutes les petites couvertures supérieures des ailes de la couleur du dos.

Taille : 0^m,30 *environ.*

Charadrius spinosus, Linn. *S. N.* (1766), t. I, p. 256.
Pluvialis senegalensis armata, Briss. *Ornith.* (1760), t. V, p. 86.
Charadrius persicus, Bonnat. *Tabl. Encycloped.* (1791), t. I, p. 21.
Charadrius cristatus, Shaw, *Gen. Zool. Aves* (1800-1819).
Charadrius melasomus, Swains. *Birds West. Afr.* (1837), t. II, p. 237, pl. 26.
Hoplopterus spinosus, Bp. *B. of Eur.* (1838), p. 46.
Buff. *Pl. enl.* 801, sous le nom de *Pluvier armé du Sénégal.*
Savigny, *Descript. de l'Égypte*, Ois. pl. 6, fig. 3.
Gould, *Birds of Eur.* pl. 293.

Mâle et femelle adultes : Plumes de l'occiput d'un noir profond, quelquefois lustré de vert, longues, obtuses, formant une huppe épaisse et tombant sur la nuque ; dos, scapulaires, petites et moyennes couvertures supérieures des ailes, rémiges les plus rapprochées du corps d'un gris brun, quelquefois à reflets pourprés ; menton, tout le cou en avant, poitrine, épigastre, rémiges primaires, la plupart des rémiges secondaires sur la moitié postérieure des barbes externes, queue dans sa moitié terminale, bec et pieds d'un noir profond ; joues, cou en arrière et sur les côtés, ventre, région anale, sous-caudales, jambes, grandes couvertures supérieures des ailes, couvertures inférieures, rémiges primaires, sur les barbes internes à la base de la plume, rémiges secondaires sur la moitié antérieure des barbes externes, moitié antérieure de la queue et fine pointe des trois rectrices latérales, de chaque côté, blancs ; bec et pieds noirs ; iris rouges.

Les *jeunes de l'année* ont l'éperon et les côtés de la poitrine blanchâtres.

Les *jeunes avant la première mue* nous sont inconnus.

L'Hoploptère épineux habite la Sénégambie, l'Abyssinie, la Barbarie, l'Egypte, où il est très-commun ; on le rencontre aussi dans la Turquie d'Europe et d'Asie, en Grèce, d'où le professeur Schinz l'a reçu, et il visite annuellement et régulièrement, selon M. Nordmann, le midi de la Russie et les parages de la mer Noire.

Il se reproduit en grand nombre en Égypte. Ses œufs, sous des dimensions plus petites, ressemblent, pour la forme et pour les couleurs, à ceux du *Vanellus cristatus*. Ils sont d'un gris olivâtre ou d'un jaune verdâtre, pointillés et tachés de noir et de brun cendré. Les taches sont plus nombreuses au gros bout de l'œuf et y forment une sorte de couronne par leur réunion. Ils mesurent :

Grand diam. 0ᵐ,042 à 0ᵐ,044 ; petit diam. 0ᵐ,030 à 0ᵐ,031.

Cette espèce a une voix très-criarde et vit au milieu des champs cultivés.

GENRE CLXI

CHÉTUSIE — *CHETUSIA*, Bp.

CHARADRIUS, p. Pall. *Voy.* (1776).
TRINGA, p. Gmel. (1788).
VANELLUS, p. Savig. *Ois. d'Égypt.* (1810).
CHETUSIA, Bp. *Uccel. Eur.* (1842).

Bec aussi long que la tête, mince, droit ; sillons nasaux larges et prolongés au delà de la moitié du bec ; narines linéaires, étroites, presque droites ; ailes amples, dépassant un peu l'extrémité de la queue, aiguës, armées d'un simple tubercule ; queue

médiocre, égale ; partie nue du bas des jambes égalant ou sur-
passant en étendue le doigt externe ; tarses très-longs, grêles,
irrégulièrement écussonnés en avant, presque membraneux
sur les côtés ; quatre doigts : trois en avant, un peu allongés et
grêles ; un en arrière, bien développé, articulé très-haut et ne
portant pas sur le sol ; tête dépourvue de huppe et d'appendices
membraneux ; plumage coloré par grandes masses.

Les Chétusies, que beaucoup d'auteurs rangent dans le genre *Vanellus*, nous
paraissent pourtant suffisamment caractérisées pour former un groupe distinct
de celui des Vanneaux proprement dits, et même un groupe particulier parmi
les Vanneaux à tarses très-allongés et à jambes bien dénudées. Si elles ont des
ailes assez amples, dépassant la queue ou en atteignant l'extrémité ; un pouce
bien développé et un simple tubercule aux ailes, comme les vrais Vanneaux,
elles s'en séparent par un bec plus allongé, plus mince, par des tarses plus élevés, par des jambes dénudées sur une plus grande étendue, par l'absence de
huppe et par des formes moins trapues.

Les Chétusies ont les mœurs des Vanneaux et vivent par grandes troupes
dans les déserts sablonneux et arides. Elles se nourrissent de coléoptères et
d'orthoptères.

Le mâle et la femelle adultes diffèrent peu. Les jeunes, avant la première
mue, s'en distinguent. Leur mue est double.

550 — CHÉTUSIE SOCIALE — *CHETUSIA GREGARIA*
Bp. ex Pall.

*Les deux rectrices les plus extérieures, de chaque côté, d'un
blanc pur ; toutes les autres blanches dans leur plus grande étendue
et marquées en travers, près de l'extrémité, d'une bande noire, qui
grandit des latérales aux médianes ; bec et pieds noirs ; sus-alaires
secondaires blanches ; un trait noir à travers l'œil.*

Taille : 0^m,30 environ.

CHARADRIUS GREGARIUS, Pall. *Voy.* (1776), édit. franç. in-8°, t. VIII, Append.
p. 50.

TRINGA KEPTUSCHKA, Lepechin, *Itin.* (1771-1780), t. II, p. 229.

TRINGA FASCIATA, S. G. Gmel. *Reise* (1774-1784), t. II, p. 194, pl. 26.

CHARADRIUS WAGLERI, J. E. Gray, *Illust. Ind. Zool.* (1830-1834).

VANELLUS PALLIDUS et MACROCERCUS, Heuglin. *Vög N.-O. Afrik.* (1855), p. 55.

VANELLUS KEPTUSCHKA, Temm. *Man.* (1840), 4° part. p. 360.

CHETUSIA GREGARIA, Bp. *Ucc. Eur.* (1842), p. 58.

VANELLUS GREGARIUS, Schleg. *Mus. d'Hist. Nat. des Pays-Bas*, Cursores (1865),
p. 58.

Bp. *Fauna Ital.* pl. 41.

Nordmann, *Fauna Pontica, Aves,* pl. 3.

Mâle adulte : Dessus de la tête d'un noir profond , complétement circonscrit par une large couronne blanche qui couvre le front, la région des sourcils et l'occiput; nuque, derrière du cou, dos, scapulaires, petites et moyennes couvertures supérieures des ailes d'un gris cendré, lavé de brun ; lorums et un trait derrière l'œil bordant en haut la région des oreilles, noirs; gorge blanchâtre ; joues et côtés de la partie supérieure du cou d'un jaune d'ocre clair, qui s'étend, en s'affaiblissant, sur la partie antérieure ; devant du cou, poitrine et haut de l'épigastre à peu près de la couleur du dos ; bas de l'épigastre et une partie du ventre, d'un côté à l'autre, d'un brun noir, à bords fondus antérieurement, et passant au roux-marron sur les côtés du ventre ; région anale et sous-caudales d'un blanc pur ; rémiges primaires noires, grandes sus-alaires, rémiges secondaires et les deux rectrices les plus extérieures, de chaque côté, d'un blanc pur ; les autres rectrices blanches et marquées, vers l'extrémité, d'une bande transversale noire, grandissant des latérales aux médianes, qui sont complétement noires dans leur tiers postérieur, et finement bordées de blanc roussâtre à l'extrémité ; bec et pieds noirs ; iris d'un jaune orange.

Femelle adulte : Elle ressemble beaucoup au mâle, mais ses teintes sont moins pures et plus lavées, surtout aux parties inférieures; les plumes noires du sommet de la tête sont ordinairement bordées de brunâtre ; le noir de l'épigastre tourne au brun ; les grandes sus-alaires secondaires sont d'un gris cendré, et les sous-caudales d'un blanc moins pur.

Jeunes de l'année : Dessus de la tête brun cendré, liséré de roussâtre ; manteau, ailes, d'un brun olivâtre, avec des lisérés d'un brun plus clair; front, raie sourcilière, brun très-clair ; gorge blanche ; côtés de la tête, cou et poitrine pareils au manteau; abdomen d'un blanc pur ; le reste comme chez les adultes.

La Chétusie sociale habite l'Asie occidentale, l'Afrique orientale et se montre accidentellement en Hongrie, en Dalmatie, en Allemagne, en Italie et dans le midi de la France.

Pallas l'a rencontrée en grand nombre dans les parties chaudes des déserts de la Grande Tartarie, depuis le Don jusqu'aux monts Altaï. M. Nordmann en a vu, surtout dans la Crimée, entre Pérékop et Symphéropol, de grandes troupes, parmi lesquelles se trouvait quelquefois l'Hoploptère épineux. Il suppose que l'espèce doit se reproduire dans le midi de la Russie.

Pallas dit qu'elle niche à terre, dans les champs incultes. Ses œufs sont d'un jaune ocreux ou verdâtre, parsemés de points et de taches, la plupart confluentes, d'un gris foncé, brunes et noirâtres. Ils mesurent :

Grand diam. 0ᵐ,045 ; petit diam. 0ᵐ,033.

Elle a aussi, d'après Pallas, les mœurs du Vanneau huppé. Jeunes et vieux se réunissent en automne et forment des bandes considérables, qui émigrent de bonne heure vers les régions méridionales. Elle se nourrit d'insectes coléoptères et de grillons.

531 — CHÉTUSIE ALBICAUDE — *CHETUSIA LEUCURA* Bp. ex Licht.

Queue entièrement blanche ; pieds d'un jaune verdâtre vif ; bec noir ; une bande noire, suivie d'une bande terminale blanche sur les sus-alaires secondaires ; point de trait noir à travers l'œil.

Taille : 0ᵐ,27 environ.

CHARADRIUS LEUCURUS, Licht. in : Eversm. *Reise Orenb. nach Buch.* (1823), p. 137.
VANELLUS VILLOTÆI, Audouin, *Descript. de l'Egypte* (1828), t. XXIII, p. 388.
VANELLUS GRALLARIUS, Less. *Tr. d'Ornith.* (1831), p. 542.
CHETUSIA LEUCURA, Bp. *Rev. crit.* (1850), p. 180.
Savigny, *Descript. de l'Egypte*, Ois. pl. 6, f. 2.

Mâle adulte : Dessus de la tête, du cou et dos d'un gris brun à reflets verdâtres pourprés ; petites couvertures supérieures de l'aile et scapulaires de la couleur du dos, mais à teintes plus affaiblies ; grandes couvertures primaires entièrement blanches, les secondaires cendrées à la base, barrées obliquement de noir un peu au delà du milieu, et blanches au bout ; rémiges primaires noires ; rémiges secondaires blanches, avec les trois ou quatre premières terminées de noir et les plus rapprochées du corps grises à la base sur les barbes externes, bordées de brun noir, et blanches à l'extrémité ; toutes les rectrices et les sus-caudales d'un blanc pur ; face et gorge blanchâtres ; côtés du cou d'un gris roussâtre clair ; poitrine et une partie de l'épigastre d'un gris bleuâtre un peu violacé, légèrement lavé de roux jaunâtre sur les côtés de la poitrine ; ventre et sous-caudales blancs ; bec noir ; pieds d'un jaune verdâtre vif ; iris brun.

Femelle adulte : Elle ne diffère du mâle que par des teintes moins vives en dessus, par la face et la gorge qui sont d'un blanc roussâtre ; par la poitrine qui est moins violacée et ondée de blanchâtre, et par la teinte fauve clair du ventre et des sous-caudales.

Cette espèce habite l'Égypte, la Nubie, la Tartarie, où M. Eversmann l'a observée dans son voyage d'Orembourg à Boukhara, et s'égare accidentellement en Europe.

M. Crespon, dans sa *Faune méridionale*, décrit une femelle qui fut abattue le 25 novembre 1840, près de Maguelone (Hérault), au milieu d'une bande de Vanneaux huppés, qui l'avaient probablement entraînée dans leurs migrations. Cet oiseau fait aujourd'hui partie de l'intéressante collection de M. Doumet, à Cette, où nous l'avons vu il y a quelques années.

GENRE CLXII

VANNEAU — *VANELLUS*, Linn.

Vanellus, Linn. *S. N.* (1735).
Tringa, Linn. *S. N.* (1766).
Parra, Lacép. *Mem. de l'Institut* (1800-1801).
Charadrius, p. Wagl. *Syst. Avium* (1827).

Bec plus court que la tête, mince, brusquement renflé ; narines latérales, longues, linéaires, parallèles aux bords de la mandibule supérieure ; sillons nasaux étendus jusqu'aux deux tiers du bec ; ailes sub-aiguës, atteignant ou dépassant l'extrémité de la queue, amples, à pennes larges, pourvues d'un tubercule qui se prolonge quelquefois en éperon ; queue médiocre, égale ou légèrement échancrée ; tarses longs, minces, réticulés de toutes parts, les écailles antérieures étant un peu plus larges que les autres ; quatre doigts : trois en avant, un en arrière, articulé assez haut et ne portant à terre que par l'extrémité de l'ongle ; tête lisse ou ornée d'une touffe de plumes relevées et tombantes ; plumage coloré par grandes masses.

Les Vanneaux, par leurs formes générales, par l'ensemble de leurs caractères et par leurs mœurs, ont de très-grands rapports avec les Pluviers : ils n'en diffèrent essentiellement que par des ailes beaucoup plus amples et par la présence d'un pouce.

Ce sont des oiseaux très-sociables, vivant en troupes, voyageant en bandes très-nombreuses, nichant même par colonies, selon les lieux. Ils habitent les bords de la mer, des grands fleuves, particulièrement les vastes prairies humides, et sont vermivores. Ils sont naturellement défiants et il est assez difficile de les approcher. Leur vol est aisé, élevé, assez lent, et ils se jouent dans les airs de mille manières. Leurs migrations sont régulières et ont lieu deux fois l'an.

Le mâle et la femelle n'offrent que de très-légères différences. Les jeunes, avant leur première mue, s'en distinguent notablement. Leur mue est double.

352 — VANNEAU HUPPÉ — *VANELLUS CRISTATUS*
Meyer et Wolf.

Huppe occipitale composée de cinq ou six plumes effilées, se re-courbant en haut ; ailes armées d'un simple tubercule ; rectrices la plus latérale entièrement blanche, les autres en partie blanches, en partie noires ; bec noir dans toute son étendue.

Taille : 0^m,34.

TRINGA VANELLUS, Linn. *S. N.* (1766), t. I, p. 248.
VANELLUS, Briss. *Ornith.* (1760), t. V, p. 94.
VANELLUS CRISTATUS, Mey. et Wolf, *Tasch. Deuts.* (1810), t. II, p. 400.
VANELLUS GAVIA, Leach, *Syst. Cat. M. and B. Brit. Mus.* (1816), p. 29.
CHARADRIUS GAVIA, Lichst. *Doubl. Zool. Mus.* (1823), p. 70.
CHARADRIUS VANELLUS, Wagl. *Syst. Avium* (1827). *Gen. Vanellus*, sp. 47.
VANELLUS BICORNIS, Brehm, *Hundb. Nat. Vög. Deuts.* (1831), p. 557.
Buff. *Pl. enl.* 242, mâle.

Mâle adulte, en été : Sommet de la tête et front d'un noir à reflets ; nuque d'un cendré varié de verdâtre ; dessus du corps d'un vert à re-flets métalliques, changeant en vert doré sur le dos et le croupion, en rouge doré sur les scapulaires ; tour du bec, gorge, devant du cou et haut de la poitrine d'un noir à reflets bleuâtres ; bas de la poitrine et abdomen blancs ; sous-caudales rousses ; raie sourcilière blanche, va-riée de noir ; une bande noire, en forme de moustache, sous les yeux ; région parotique variée de noir et de roussâtre sur un fond blanc ; faces latérales du cou blanches ; couvertures supérieures des ailes d'un vert à reflets violet sombre ; rémiges noires, avec les trois primaires grises vers le bout ; queue carrée, blanche sur plus de la moitié, le reste noir, en exceptant la penne la plus externe de chaque côté, qui est entière-ment blanche ; bec et iris noirs ; pieds d'un rouge clair.

Femelle adulte : Couleur noire de la tête, du cou et de la poitrine moins reflétante ; huppe occipitale plus courte.

Mâle et femelle adultes, en automne : Ils ont la huppe moins lon-gue ; le noir moins pur, sans reflets ; les pieds rouge-brun.

Jeunes avant la première mue : Côtés de la tête nuancés de roux et variés de brun ; huppe courte ; gorge, devant du cou et haut de la poi-trine variés de blanc et de brun cendré ; plumes des parties supérieures bordées de jaune ocreux ; pieds olivâtres.

Variétés accidentelles : Cet oiseau offre quelques variétés de plumage : on rencontre des individus à dos blanc (Collect. Deméézemaker, à Bergues) ; d'autres, couleur isabelle (musée de Boulogne) ; d'autres enfin, à plumage complétement blanc, avec tout ce qui est noir dans l'espèce d'une belle couleur café au lait. Dans cette dernière variété les sous-caudales restent ordinairement rousses.

Le Vanneau huppé habite toute l'Europe, l'Asie occidentale et l'Afrique septentrionale.

En Europe, il n'est nulle part aussi commun que dans les steppes de la Russie méridionale et en Hollande, durant la saison des amours. Il est de passage périodique et régulier en France, où quelques-uns se reproduisent dans plusieurs localités.

Il niche dans les prairies marécageuses, parmi les joncs et les herbes, sur une petite élévation ; pond trois ou quatre œufs, assez gros, olivâtres, avec des taches et des points gris, bruns et noirs, confluents, plus rapprochés au gros bout, où ils forment couronne. Ils mesurent :

Grand diam. 0ᵐ,045 à 0ᵐ 047 ; petit diam. 0ᵐ,032 à 0ᵐ,034.

Son passage d'automne, dans le nord de la France, a lieu vers la fin de novembre ou au commencement de décembre ; on le voit alors souvent en plaine : le passage du printemps commence dès les premiers jours de mars, dure deux, trois semaines et quelquefois plus. A cette époque, il fréquente les lieux bas et humides. La préférence que le Vanneau semble généralement accorder aux plaines, aux prairies fréquemment couvertes par l'eau, fait considérer cet oiseau comme un véritable habitant des marais ; mais dans la Russie méridionale il vit constamment, selon M. Nordmann, dans les plaines arides des steppes et se trouve même en très-grand nombre dans les parties entièrement nues, couvertes d'un sable mouvant subtil, et n'offrant qu'à de rares intervalles quelques petites îles de verdure.

La chair tant vantée de cet oiseau n'est cependant pas un mets des plus délicats. On fait en Hollande un grand commerce de ses œufs, et on les présente cuits, dans un dessert.

Ses mues commencent, l'une, à la fin de juillet ; l'autre, à la fin de février.

SOUS-FAMILLE LIV

HÆMATOPODIENS — *HÆMATOPODINÆ*

HÆMATOPODINÆ, G. R. Gray, *List Gen. of B.* (1841).
HÆMATOPIDÆ, De Sélys, *Faune Belge* (1842).

Bec plus long que la tête, terminé en coin, droit, médiocrement fendu ; queue égale ; grandes sous-caudales n'atteignant jamais l'extrémité des rectrices latérales ; pouce nul ; doigts antérieurs bordés de larges callosités raboteuses ; tarses complétement réticulés; plumage coloré par grandes masses.

Cette sous-famille se lie par les caractères généraux et par les mœurs des espèces qui la composent, aux autres Charadriidés, mais la longeur et la forme du bec, les bordures des doigts, attributs qui lui sont propres, la caractérisent parfaitement. Elle repose presque exclusivement sur le genre suivant.

GENRE CLXIII

HUÎTRIER — *HÆMATOPUS*, Linn.

HÆMATOPUS, Linn. S. N. (1735).
OSTRALEGA, Briss. *Ornith.* (1760).

Bec beaucoup plus long que la tête, robuste, aussi haut que large à la base, ensuite rétréci, comprimé et plus haut que large; narines oblongues, latérales, percées dans une rainure qui se prolonge en pointe jusqu'au milieu du bec; ailes allongées, relativement étroites, sur-aiguës, atteignant presque l'extrémité de la queue, qui est médiocre et composée de douze rectrices; jambes nues sur une petite étendue au-dessus de l'articulation tibio-tarsienne; tarses robustes, médiocrement allongés, couverts de toutes parts d'un réseau d'écailles, plus petites en arrière et aux articulations qu'à la face antérieure; trois doigts seulement en avant, épais, courts, bordés; ongles courts et larges.

Les Huîtriers, indépendamment des caractères qui les rapprochent des Charadriens, ont encore, par leurs habitudes, beaucoup de rapports avec la plupart des oiseaux de cette division. Ils sont très-sociables; vivent en troupes une grande partie de l'année; se réunissent même souvent en familles pour nicher; courent avec vitesse; ont un vol facile, rapide et bas; font entendre, surtout lorsqu'ils volent ou qu'ils sont attroupés, des cris aigus et retentissants, qui redoublent presque toujours à l'aspect d'un objet qui les offusque; ne construisent pas de nid et déposent simplement leurs œufs dans une petite excavation. Sans être des oiseaux nageurs, les Huîtriers, cependant, se reposent assez fréquemment sur l'eau, mais toujours près des côtes, s'abandonnent à tous les mouvements des flots et nagent avec grâce. M. Hardy a même constaté qu'ils plongent très-bien lorsqu'ils sont démontés. C'est ordinairement sur les plages qui découvrent à la marée, sur les bords des marais salants ou des grands fleuves, près de leur embouchure, que se plaisent ces oi-

seaux. Leur nourriture consiste en mollusques, principalement en bivalves, en
petits crustacés, en annélides et en astéries.

Le mâle et la femelle adultes portent le même plumage. Les jeunes avant la[1]
première mue s'en distinguent. Leur mue est double.

Les Huîtriers, que caractérisent parfaitement un bec et des pieds rouges, sont
répandus sur presque toutes les mers du globe. Une seule espèce habite l'Europe.

555 — HUITRIER PIE — *HÆMATOPUS OSTRALEGUS*
Linn.

Paupière inférieure, sus-caudales dans toute leur étendue, une
double tache longitudinale sur les rémiges primaires, et grandes cou-
vertures supérieures de l'aile d'un blanc pur ; queue blanche à la
base, noire à l'extrémité.

   Taille : 0^m,42.

HÆMATOPUS OSTRALEGUS, Linn. *S. N.* (1766), t. I, p. 257.
OSTRALEGA, Briss. *Ornith.* (1760), t. V, p. 38.
HÆMATOPUS HYPOLEUCA, Pall. *Zoogr.* (1811-1831), t. II, p. 129.
OSTRALEGA EUROPEA, Less. *Man. d'Ornith.* (1828), t. II, p. 300.
HÆMATOPUS BALTICUS et ORIENTALIS, Brehm, *Hand. Nat. Vôg. Deuts.* (1831),
p. 563.
OSTRALEGUS VULGARIS, Less. *Rev. Zool.* (1839), p. 47.
HÆMATOPUS LONGIROSTRIS, Swinhoe, *Ornith. of Amoy*, in : *Ibis* (1860), t. II.
Buff. *Pl. enl.* 229, *Jeune de l'année.*

Mâle et femelle adultes : D'un noir profond lustré, avec le bas du
dos, les sus-caudales, un petit espace de la paupière inférieure, le bas
de la poitrine, l'abdomen, les sous-caudales, les jambes, une large bande
sur l'aile, et la queue, dans sa moitié antérieure, d'un blanc pur ; bec
d'un jaune rouge dans les deux tiers postérieurs, d'une teinte brunâtre au tiers antérieur ; bord libre des paupières jaune orange ; pieds
rouge-livide ; iris rouge de vin.

Mâle et femelle avant l'âge adulte : Ils ont un collier blanc qui occupe les trois quarts de la partie supérieure du cou et qui ne disparaît
qu'à la deuxième ou à la troisième mue ; le noir moins profond et les
plumes du dessus du corps très-faiblement lisérées de brunâtre.

Jeunes avant la première mue : D'une taille plus petite, avec le
noir moins pur, brunâtre et moins foncé sur les bords des plumes ; une
teinte grisâtre indique l'emplacement du collier blanc qui existe après
la mue ; bec moins long et d'une couleur orange moins vive ; pieds
gris livide.

Variétés accidentelles : L'on rencontre des individus à plumage maculé de blanc sur le dos, et sans collier (Collect. Degland et Musée de Boulogne-sur-mer).

L'Huîtrier pie ou vulgaire habite une grande partie des côtes maritimes de l'Europe, de l'Asie tempérée et de l'Afrique septentrionale.

En France, il est commun toute l'année sur les côtes de Dunkerque, sur celles de la Bretagne, de la Normandie, dans la baie de Somme, etc. Il s'égare quelquefois, mais isolément, dans les marais des environs de Lille.

Il niche sur les dunes, sur les grèves, quelquefois dans les endroits marécageux, à découvert, parmi des coquillages roulés ou parmi les herbes rabougries dont les dunes sont parsemées. Sa ponte est de deux ou trois œufs, assez gros, d'un roux sale ou d'un jaune verdâtre, avec des traits irréguliers et des taches d'un brun noir. Ils mesurent :

Grand diam. 0^m,035 ; petit diam. 0^m,038 à 0^m,041.

L'Huîtrier pie, sur nos côtes, paraît se nourrir en grande partie d'Anomies et de Vénus ; du moins un assez grand nombre d'individus, tués près de Granville et dans la baie de la forêt, près de Concarneau, n'avaient dans leur estomac que des débris, facilement reconnaissables, de ces genres de mollusques. En captivité, il devient bientôt familier, et mange volontiers du pain.

———

SOUS-FAMILLE LV

STREPSILIENS — *STREPSILINÆ*

Cinclinæ, G. R. Gray, *List Gen. of B.* (1841).
Hæmatopodinæ, p. Bp. *Ucc. Eur.* (1842).
Strepsilinæ, Bp. *Consp. Syst. Ornith.* (1850).

Bec légèrement relevé en haut ou droit, médiocrement fendu ; un petit bourrelet membraneux à la base de la mandibule supérieure ; queue arrondie ; grandes sous-caudales atteignant presque l'extrémité des rectrices latérales ; quatre doigts, ou trois seulement ; les antérieurs unis à la base par un étroit repli membraneux ; tarses scutellés en avant, réticulés en arrière ; plumage coloré par grandes masses et largement taché.

Les Strepsiliens, dont on a fait longtemps des *Charadriinæ*, ont avec ceux-ci des rapports plus apparents que réels, et leurs affinités avec les *Hæmatopodinæ*, parmi lesquels le prince Ch. Bonaparte les avait d'abord placés, sont plus éloignées encore. Ils ont un corps plus massif que les premiers, des doigts plus divisés, des jambes moins dénudées, des tarses plus courts ; ils n'ont ni le bec, ni les pieds épais, ni les membranes digitales des seconds ; et ils se distinguent encore des uns et des autres par la forme et la disposition des écailles qui recouvrent les tarses, et par le petit repli membraneux qui, chez l'espèce vulgaire, au moins, enveloppe la base de la mandibule supérieure, comme chez les Bécassines et quelques Tringiens. En outre, leurs œufs n'ont aucun rapport avec ceux des Hæmatopodiens, et ressemblent moins à des œufs de Charadriidés qu'à des œufs de Scolopacidés. Nous dirons, d'ailleurs, que leurs caractères généraux les lient presque autant à ceux-ci qu'aux Charadriidés.

Les Strepsiliens sont représentés en Europe par le genre type de la sous-famille.

GENRE CLXIV

TOURNE-PIERRE — *STREPSILAS*, Illig.

Tringa, p. Linn. *S. N.* (1748).
Cinclus, Mœhring, *Avium Gen.* (1752).
Arenaria, Briss. *Ornith.* (1760).
Strepsilas, Illig. *Prod. Syst.* (1811).
Morinella, Meyer, *Vög. Liv. und Esthl.* (1815).
Charadrius, p. Pall. *Zoogr.* (1811-1831).

Bec à peu près aussi long que la tête, conique, à arête apla-tie, à pointe dure, comprimée, mousse ; narines basales, latérales, linéaires ; ailes étroites, sur-aiguës, dépassant un peu l'extrémité de la queue, qui est composée de douze rectrices ; jambes peu dénudées au-dessus de l'articulation ; tarses médiocrement al-longés, recouverts en avant par une rangée de plaques étroites, presque d'égale grandeur et paraissant s'imbriquer, garnis en arrière et sur les côtés de l'articulation tibio-tarsienne d'un réseau de fines écailles ; quatre doigts, dont trois antérieurs et un pouce ; le doigt médian, y compris l'ongle, de la longueur du tarse ; membranes interdigitales presque nulles.

Les Tourne-Pierres ont les habitudes de la plupart des Charadriens ; mais ils ne se réunissent pas en grandes troupes ; ils vivent le plus souvent par peti-tes familles ou isolément ; fréquentent les plages émergentes et graveleuses, courent et volent avec rapidité, et se nourrissent de vers, de crustacés et de petits mollusques qu'ils découvrent en retournant les galets.

Le mâle et la femelle portent la même livrée. Les jeunes, avant la pre-mière mue, en diffèrent. Leur mue est simple.

354 — TOURNE-PIERRE VULGAIRE
STREPSILAS INTERPRES
Illig. ex Linn.

Bec légèrement retroussé vers la pointe ; pieds d'un rouge oran-
ge; dos et ailes, en dessus, variés de rouge brun (adultes en noces) ;
queue blanche à la base, ensuite noire et terminée de blanc 'ou de
blanc roussâtre.

Taille : 0ᵐ,22 environ.

Tringa interpres et morinella, Linn. *S. N.* (1766), t. I, p. 248 et 249.
Arenaria.... et Arenaria cinerea, Briss. *Ornith.* (1760), t. V, p. 132 et 137.
Morinella collaris, Mey. et Wolf. *Tasch. Deuts.* (1810), t. II, p. 383 (note).
Strepsilas interpres, Illig. *Prod. Syst.* (1811), p. 263.
Strepsilas collaris, Temm. *Man.* (1815), p. 349.
Arenaria interpres, Vieill. *N. Dict.* (1819), t. XXXV, p. 345.
Charadrius cinclus, Pall. *Zoogr.* (1811-1831), t. II, p. 148.
Cinclus morinellus, G. R. Gray, *List Gen. of B.* (1841), p. 85.
Cinclus interpres, G. R. Gray. *Gen. of B.* (1844-1846), t. III, p. 549.
Buff. *Pl. enl.* 340, *jeune*, sous le nom de *Coulon-chaud de Cayenne* ; 856,
adulte, en plumage d'été, sous le nom de *Coulon-chaud* ; 857, *jeune* sous le
nom de *Coulon-chaud gris de Cayenne*.

Mâle adulte, en été : Dessus de la tête et du cou d'un blanc pur, avec
des raies longitudinales noires au vertex et à l'occiput ; haut du dos et
scapulaires d'un noir varié de roux ferrugineux, le roux d'une teinte plus
pâle vers les ailes ; bas du dos et grandes sus-caudales blancs ; petites
sus-caudales supérieures noirâtres, avec quelques plumes terminées de
blanchâtre et de roussâtre ; gorge, bas de la poitrine, abdomen et sous-
caudales d'un beau blanc ; bas du cou, parties supérieure et latérales de
la poitrine d'un noir profond, formant une sorte de plastron échancré
inférieurement au centre, et allant se confondre, supérieurement, avec
le noir du dos, qui est distribué par masses ; front, côtés de la tête et
du cou blancs, avec un trait noir au milieu du front, se confondant
avec une bande de même couleur, qui descend de chaque côté au-devant de l'œil, s'élargit immédiatement au-dessous de cet organe pour
se confondre avec un autre qui part de la mandibule inférieure ; un autre
trait noir, qui provient du plastron de la poitrine, traverse les côtés du
cou et y forme un collier incomplet, qui est suivi d'un autre collier entièrement blanc et plus étendu ; couvertures supérieures des ailes brunes,
avec les petites bordées de gris, les moyennes de blanchâtre, et les gran-

des de roussâtre; rémiges d'un brun noirâtre, avec la tige des primaires blanche, et les secondaires terminées de grisâtre ; queue blanche, traversée d'une bande noirâtre sur le tiers inférieur, plus large au milieu que sur les côtés, suivie d'une bordure blanche ; bec noir de corne ; iris brun-noir ; pieds tirant sur l'orange.

Femelle adulte, en été : Semblable au mâle ; mais avec moins de blanc à la tête et au cou ; des raies plus larges au vertex et plus de brun noirâtre à la nuque.

Mâle et femelle adultes, en automne : Ils ont les teintes beaucoup moins pures et moins de roux.

Jeunes avant la première mue : Très-distincts des adultes, d'une teinte brune en dessus, avec les plumes bordées et terminées de cendré et de roussâtre à la tête et au cou, de roussâtre au dos et sur les ailes ; noir du front, des joues, des côtés et du bas du cou, des côtés de la poitrine très-terne, varié de blanchâtre ; les quatre rectrices médianes terminées de roussâtre.

Après la mue : Leur plumage est plus coloré, et au printemps suivant, au mois de mai, il est semblable à celui des vieux, à quelques plumes près du jeune âge, qui ne sont pas encore tombées.

Le Tourne-Pierre vulgaire habite le nord de l'Europe et de l'Amérique, et se répand, à l'époque de ses migrations, dans toutes les parties du monde.

Il est de passage régulier en Sicile et sur les côtes maritimes de la Hollande, de la Belgique, de la France. On le voit sur celles de Dunkerque dans les mois d'août, de septembre et de mai.

Il se reproduit dans les régions arctiques ; niche sur le sable ; pond trois ou quatre œufs, assez gros, un peu courts, d'un gris jaunâtre ou légèrement verdâtre, ou d'un blanc sale grisâtre, avec de grosses taches, les unes profondes et d'un gris violet plus ou moins foncé ; les autres superficielles et brunes, quelquefois d'un brun noirâtre, le plus souvent confluentes au gros bout et ayant la plupart une direction plus ou moins oblique par rapport au grand axe ; quelques points de même couleur que les taches, ou noirs, et parfois de rares traits en crochet, oblongs ou en zigzag, sont répandus parmi les taches. Ils mesurent :

Grand diam. 0^m,040 à 0^m,042 ; petit diam. 0^m,029 à 0^m,031.

Le Tourne-Pierre vulgaire se nourrit principalement de petites coquilles bivalves et d'insectes marins ; vit très-bien dans les jardins, à la manière des Pluviers, et se prive facilement.

3° COUREURS LONGIROSTRES — *CURSORES LONGIROSTRES*

Les oiseaux qui font partie de cette section ont en général un bec faible, au moins aussi long que la tête, et souvent beaucoup plus long, toujours sillonné sur les côtés de la mandibule supérieure, sur une étendue plus ou moins grande, à partir de la base. Tous fréquentent les bords des eaux.

Cette section répond aux *Echassiers longirostres* de G. Cuvier, moins les Ibis qui appartiennent à une autre division.

FAMILLE XXXVII

SCOLOPACIDÉS — *SCOLOPACIDÆ*

LIMICOLÆ, Illig. *Prod. Syst.* (1811).
HELONOMI, Vieill. *Ornith. élém.* (1816).
SCOLOPACIDÆ, Vig. *Gen. of B.* (1825).
BÉCASSES et LOBIPÈDES, Less. *Tr. d'Ornith.* (1831).

Bec de forme et de longueur variables, mais généralement plus long que la tête, grêle, plus ou moins cylindrique, flexible, à extrémité molle et obtuse, ou dure et pointue; ailes sur-aiguës, le plus souvent étroites et très-étagées; queue courte; tarses médiocres ou longs, scutellés ou réticulés en avant et en arrière, ou scutellés seulement en avant; doigts, sauf quelques rares exceptions, au nombre de quatre; pouce plus ou moins allongé, mais toujours grêle, surmonté et pourvu d'un ongle très-petit.

Les Scolopacidés, que caractérise particulièrement la forme du bec, ont des habitudes plus ou moins nocturnes, des mœurs généralement sociables, et un régime exclusivement animal. Ils fréquentent les bords fangeux des rivières, des lacs, de la mer; les prairies humides, les terrains marécageux, et cherchent leur nourriture en fouillant, à l'aide de leur long bec, les vases ou les sols détrempés. Tous sont migrateurs, et presque tous subissent une double mue.

La famille des Scolopacidés se subdivise en plusieurs sous-familles très-naturelles, correspondant aux genres Courlis, Barge, Bécasse, Bécasseau, Chevalier, de quelques auteurs contemporains.

SOUS-FAMILLE LVI

NUMÉNIENS — *NUMENIINÆ*

LIMOSINÆ, p. G. R. Gray, *List Gen. of B.* (1841).
NUMENIINÆ, Bp. *C. R. de l'Acad. des Sc.* (1856).

Mandibule supérieure sillonnée dans les trois quarts environ de son étendue, dure, obtuse, lisse à l'extrémité; tarses presque entièrement réticulés sur toutes les faces; quatre doigts : les trois antérieurs unis à la base par deux palmures presque aussi étendues l'une que l'autre.

Les Numéniens, qui sont pour quelques auteurs des Limosiens, et pour d'autres des Tringiens, nous paraissent différer assez des autres Scolopacidés pour former une sous-famille. Leurs tarses presque entièrement réticulés, couverts de scutelles seulement sur le tiers inférieur de la face antérieure, les distinguent soit des Tringiens, soit des Scolopaciens, soit des Totaniens, etc., chez lesquels ces organes sont couverts de scutelles au moins sur toute la face antérieure. Leurs formes assez massives, leur bec démesurément allongé, cylindrique et très-arqué comme celui des Ibis, les caractérisent aussi très-bien ; enfin leur système de coloration s'éloigne également de celui des autres espèces de la famille. Au surplus, leur mue est simple et, par conséquent, leur plumage est à peu près invariable en toutes saisons ; tandis que les Limosiens et la plupart des Tringiens se présentent, l'été, sous une livrée différente de celle d'hiver.

Cette sous-famille répond presque entièrement au genre *Numenius* des auteurs.

GENRE CLXV

COURLIS — *NUMENIUS*, Mœhr.

NUMENIUS, Mœhring, *Av. Gen.* (1752).
SCOLOPAX, p. Linn. *S. N.* (1766).
CRACTICORNIS, G. R. Gray, *List Gen. of B.* (1841).

Bec beaucoup plus long que la tête, grêle, très-arqué, un peu comprimé, à pointe de la mandibule supérieure dépassant l'inférieure; narines basales, latérales, linéaires; ailes longues, pointues, sur-aiguës; queue courte, égale, ou légèrement arrondie; tarses assez allongés, scutellés sur le tiers inférieur environ de la face antérieure, réticulés dans tout le reste de leur étendue; doigts relativement courts, le médian bien moins long que le tarse; pouce ne portant que sur l'extrémité.

Les Courlis, dont on a fait longtemps des oiseaux voisins des Ibis, à cause de leur bec arqué, diffèrent pourtant de ceux-ci par plusieurs de leurs caractères : leurs orbites ne sont point nus, leur pouce est très-surmonté, leurs ailes sont étroites et pointues; leur bec est pourvu, à l'extrémité, de nerfs déliés qui rendent cet organe sensible au toucher.

Leurs mœurs, leurs habitudes, leur mode de nidification les éloignent aussi des Ibis. Ils ont un vol rapide; leur marche est précipitée, souvent même ils courent; ils émigrent par bandes quelquefois considérables, et les troupes voyageuses n'adoptent aucun ordre dans leur vol. Ils fréquentent les bords des eaux douces et salées, se nourrissent de vers, d'insectes aquatiques, de mollusques, qu'ils cherchent sur les plages vaseuses, et nichent à terre. Leurs œufs ont des couleurs foncées et sont toujours parsemés de grandes et de nombreuses taches.

Le mâle et la femelle ne diffèrent pas. Les jeunes de l'année portent un plumage semblable à celui de leurs parents, mais ils s'en distinguent par un bec moins long, moins courbé. Cet organe s'allonge à mesure que l'oiseau vieillit. Leur mue est simple.

Les Courlis sont répandus dans toutes les parties du monde. Trois des espèces connues se rencontrent en Europe, et une quatrième, d'après des observations récentes, y ferait parfois des apparitions.

Observation. — Le prince Ch. Bonaparte a signalé avec un point de doute, dans le *Conspectus system. Grallorum* (*C. R. de l'Acad. des Sc.* 1856, t. XLIII, p. 597), sans le signe dubitatif, dans le *Catalogue Parzudaki* (1856, p. 15), l'existence, en Europe, d'une nouvelle espèce de Courlis, qu'il a nommée *Numenius melanorhynchus*.

D'après l'examen que nous avons fait de deux types que possède le Muséum d'Histoire naturelle de Paris, il nous semble que la première impression du prince était la bonne. Le *Numen. melanorhynchus*, en effet, est douteux en tant qu'espèce : il ne diffère absolument en rien du *Numen. phæopus* quant aux teintes du plumage, à leur distribution et à la forme des taches. La couleur noire du bec, indiquée comme caractéristique de l'espèce, n'est probablement qu'un attribut de noces, comme cela se voit chez beaucoup d'autres oiseaux. Du reste, ce caractère est loin d'être invariable. Si chez l'un des deux individus que nous avons examinés, cet organe est entièrement noir; chez l'autre, il est jaunâtre à la base de la mandibule inférieure et sur une assez grande étendue; il en est de même des pattes, qui sont noires chez le premier, grisâtres chez le second. Ce qui nous a paru distinguer le *Numen. melanorhynchus* du *Numen. phæopus*, c'est une taille généralement un peu plus grande, un bec un peu plus robuste, des tarses un peu plus épais, et des ailes sensiblement plus longues. Le *Numen. melanorhynchus*, en admettant toutefois que les dimensions plus fortes qu'il présente ne soient pas individuelles, serait au *Numen.*

phæopus, ce que la *Pyrrhula coccinea* est à la *Pyrrh. vulgaris* : il formerait, par
conséquent, une simple variété locale, comme le pense M. de Sélys-Longchamps,
ayant le Groënland pour patrie.

Mais cette variété, en la supposant bien établie, se montre-t-elle en Europe ?
Le fait n'est pas impossible, toutefois il n'est point acquis. Le *Numen. melanorhynchus* ne peut donc, jusqu'à nouvel ordre, compter parmi les oiseaux
européens.

555 — COURLIS CENDRÉ — *NUMENIUS ARQUATA*
Lath. ex Linn.

*Dos, sus et sous-caudales blancs, avec des taches brunes, le plus
ordinairement transversales, surtout aux sus-caudales ; sous-alaires
blanches, tachées de brun ; rectrices marquées en travers de bandes
alternes brunes et cendrées.*

Taille : 0ᵐ,60 *environ.*

SCOLOPAX ARQUATA, Linn. *S. N.* (1766), t. I, p. 242.
NUMENIUS, Briss. *Ornith.* (1760), t. V, p. 311.
NUMENIUS ARQUATA, Lath. *Ind.* (1790), t. II, p. 710.
NUMENIUS MAJOR, Steph. (nec Schleg.), in Shaw, *Gen. Zool.* (1826), t. XII,
p. 26.
NUMENIUS MEDIUS, Brehm, *Hand. Nat. Vög. Deuts.* (1831), p. 609.
Buff. *Pl. enl.* 818.

Mâle adulte : D'un brun noir en dessus, avec toutes les plumes bordées de cendré clair plus ou moins lavé de roussâtre, le bas du dos
et les sus-caudales blancs, marqués de quelques taches brunes ; parties inférieures blanches, lavées de roussâtre au cou, à la poitrine, avec
des raies longitudinales sur ces parties, l'abdomen et les sous-caudales ;
raie sourcilière et paupières blanches, variées de taches brunes ; joues,
parties latérales du cou cendrées, tachetées de brun ; couvertures supérieures des ailes bordées de cendré et marquées de taches dentées ;
rémiges noirâtres, avec la tige de la première blanche, et celle des autres brune ; rémiges secondaires terminées et tachetées de blanc sur les
bordures ; queue d'un cendré blanchâtre et lavé de roussâtre sur les
pennes médianes, blanche sur les autres, avec des bandes transversales
brunes ; bec brun en dessus, cendré en dessous ; pieds brun de plomb ;
iris brun fauve.

Les teintes rousses sont plus prononcées au printemps qu'en automne.

Femelle adulte : Plus forte que le mâle, avec moins de roux dans le plumage et les teintes cendrées plus prononcées.

Jeunes avant la première mue : Plus petits ; plumage un peu plus cendré ; bec plus court, moins arqué.

Le Courlis cendré, que l'on connaît aussi sous le nom de *Grand Courlis*, habite l'Europe et l'Asie ; il est de passage annuel en France, et pousse ses migrations, en hiver, jusqu'en Sicile et en Afrique.

Nous le voyons en octobre et en novembre dans le nord de la France ; il s'y montre de nouveau vers la fin de mars et en avril. Il arrive en grandes troupes, en automne, et suit principalement les côtes maritimes ; au printemps, il voyage isolément ou par petites bandes de quatre ou cinq.

Il niche sur les plages et dans les endroits marécageux. Ses œufs, au nombre de trois ou quatre au plus, sont très-ventrus, d'un jaunâtre sale, ou d'un jaune verdâtre, avec des taches profondes grises, et d'autres taches plus superficielles rousses et noirâtres. Ils mesurent :

Grand diam. 0^m,063 ; petit diam. 0^m,050 environ.

Le Courlis cendré, lorsqu'il vole, et souvent au repos, fait entendre un double cri aigu. Il s'abat, à mer basse, sur les vastes terrains vaseux que l'eau en se retirant laisse à découvert, pour y chercher les vers et les mollusques dont il se nourrit en grande partie. Il est très-défiant et se laisse difficilement approcher.

336 — COURLIS A BEC GRÊLE
NUMENIUS TENUIROSTRIS
Vieill.

Dos d'un blanc pur ; sus-caudales blanches, avec quelques taches longitudinales ou cordiformes ; sous-caudales et sous-alaires blanches, ordinairement sans taches ; quelquefois les premières tachées de brun ; rectrices marquées, en travers, de bandes alternes brunes et blanches.

Taille : 0^m,43 environ.

NUMENIUS TENUIROSTRIS, Vieill. *N. Dict.* (1817), t. VIII, p. 202.
Ch. Bp. *Faun. Ital.* pl. 42.

Mâle adulte : Brun en dessus ; plumes du vertex bordées de roussâtre, celles du cou de cendré blanchâtre, celles du corps de cendré lavé de roussâtre, avec le bas du dos et les sus-caudales d'un blanc pur, et quelques taches brunes longitudinales sur ces dernières ; gorge, bas-ventre, jambes et sous-caudales d'un beau blanc ; devant du cou, poitrine, marqués, sur fond blanc très-faiblement lavé de roussâtre, de taches brun-noirâtre, sous forme de gouttelettes ; abdomen et flancs marqués de taches de même couleur, en fer de lance, plus grandes sur cette dernière région ; raie sourcilière, joues et côtés du cou cendrés, tachetés de brun ; couvertures supérieures des ailes brunes et bordées de blanc ; rémiges brunes, la première avec la baguette blanche, et celles qui suivent la quatrième terminées et tachetées de blanc sur les bordures ; queue blanche, portant des bandes brunes en zigzags ; bec brun noirâtre en dessus, couleur de chair en dessous à la base ; pieds d'un bleu de plomb ; iris brun.

Femelle adulte : Elle ressemble au mâle ; mais elle est sensiblement plus forte, a le bec plus long et les taches du cou et de l'abdomen allongées, et non en gouttelettes.

Jeunes avant la première mue : Ils sont inconnus ; mais ils ressemblent probablement aux adultes, dont ils doivent différer cependant par un bec plus court et moins courbé, comme chez toutes les espèces du genre.

Le Courlis à bec grêle habite l'Egypte, l'Algérie, la Sicile, et ne serait pas rare sur quelques points de la Russie orientale, d'après des renseignements fournis à M. Hardy, par M. Martin.

Il est de passage en Grèce, en Italie, dans le midi et le nord de la France.

On en a capturé près de Montpellier, de Nîmes, de Marseille, en automne ; aux environs de Calais, en février 1840. Nous avons vu, chez M. le docteur Lesauvage, à Caen, et dans le muséum de cette ville, des sujets qui ont été tués sur les plages maritimes du Calvados, et plusieurs fois nous l'avons rencontré sur les marchés de Paris, venant de la baie de Somme, et d'autres points de la Picardie. Suivant M. Malherbe, ce Courlis serait plus commun, en Sicile, que les *Numen. arquata* et *phæopus*.

Il se reproduit en Afrique, en Russie, près de l'Oural, et probablement aussi en Sicile et en Italie. Il niche dans les plaines marécageuses, au milieu des herbes, en compagnie du Combattant et des Bécassines et pond quatre à cinq œufs d'un blanc laiteux, ou d'un blanc nuancé de jaunâtre, marqués de points bruns et de taches irrégulières, les unes brunes, les autres cendrées, plus larges et plus nombreuses sur le gros bout ; quelques-unes sont confluentes. Deux œufs que M. Hardy a reçus de l'Oural ressemblent par la forme et la couleur à ceux du Courlis cendré, et sont plus courts que ceux du Courlis corlieu. Ils mesurent :

Grand diam. 0m,055 à 0m,057 ; petit diam. 0m,038 à 0m,042.

Le Courlis à bec grêle, lorsqu'il se pose à terre fait entendre un cri très-doux et monotone. Il est d'un naturel très-méfiant et se nourrit d'insectes.

Observation. Le Courlis à bec grêle paraît s'accoupler quelquefois soit avec le Courlis cendré, soit avec le Courlis Corlieu, et de ces alliances accidentelles résultent des métis qui ont été décrits comme espèces. Tels sont le *Numen.*

syngenicos (Von der Mühle, *Beitr. zur Ornith. Griechenlands*) et *Numen. hastatus* (Contarini, *Venezia e le sue lagune*). Le premier, selon toute probabilité, n'est qu'un hybride du Courlis à bec grêle et du Corlieu ; le second serait également un hybride de ce même Courlis à bec grêle et du Courlis cendré.

557 — COURLIS CORLIEU — *NUMENIUS PHÆOPUS*
Lath.

(Type du sous-genre *Phæopus*, Steph)

Calotte brune, divisée longitudinalement par une bande jau-
nâtre ou roussâtre ; dos et sus-caudales blancs ou blanchâtres, avec
des taches brunes, plus ou moins rhomboïdes au dos, transversales
aux sus-caudales ; plumes axillaires blanches, rayées en travers de
nombreuses bandes brunes ; rectrices coupées de bandes alternes
brunes et cendrées.

Taille : 0ᵐ,43 environ.

NUMENIUS MINOR, Linn. *S. N.* 6ᵉ édit. (1748).
SCOLOPAX PHÆOPUS, Linn. *S. N.* (1766), t. I, p. 245.
SCOLOPAX LUZONIENSIS, Gmel. *S. N.* (1788), t. I, p. 656.
'NUMENIUS PHÆOPUS, Lath. *Ind.* (1790), t. II, p. 711.
NUMENIUS ATRICAPILLUS, Vieill. *N. Dict.* (1818), t. VIII, p. 303.
PHÆOPUS ARQUATUS, Steph. in : Shaw, *Gen. Zool.* (1826), t. XII, p. 36.
Buff. *Pl. enl.* 842.

Mâle adulte : Dessus de la tête brun, avec une grande raie d'un blanc jaunâtre sur la ligne médiane ; nuque rayée longitudinalement de brun et de cendré roussâtre ; dessus du corps brun, avec les bordures des plumes d'une teinte plus claire, tirant sur le blanchâtre ; le bas du dos, les sus-caudales blancs, barrés de brun ; gorge, abdomen, d'un blanc pur ; cou, poitrine, roussâtres, marqués de nombreuses taches longitudinales brunes ; des raies et des bandes de même couleur, en zigzag sur les flancs et les sous-caudales, dont le fond est blanc ; large et longue raie sourcilière, joues, paupières, d'un blanc tacheté de brun ; lorums de cette dernière couleur, très-légèrement variés de cendré ; couvertures supérieures des ailes d'un brun foncé, avec les bordures d'une teinte tirant sur le blanchâtre ; bordures des plus longues ; couvertures en zigzags ; couvertures inférieures et plumes axillaires d'un blanc pur, cou-pées par des bandes brunes ; rémiges noirâtres, avec la baguette des deux premières blanche, les autres terminées de blanchâtre ; queue cendrée en dehors, blanchâtre en dedans, terminée de blanc et barrée de brun ; bec noir en dessus, rougeâtre en dessous ; pieds plombés ; iris brun.

Femelle adulte : Semblable au mâle, mais un peu plus petite.

Jeunes avant la première mue : Beaucoup plus petits, colorés comme les adultes, avec le bec plus court et moins arqué.

Le Corlieu est répandu en Europe ; mais il est moins commun que l'espèce précédente ; on le voit annuellement à l'époque de ses migrations dans une grande partie de la France et notamment sur nos côtes maritimes du Nord. Il y passe en grand nombre en septembre, octobre et novembre ; y fait son second passage en avril et en mai, et se montre alors isolément ou en compagnie de deux ou trois individus de son espèce.

Il niche dans les endroits marécageux des régions froides de l'Europe et de l'Asie ; pond trois ou quatre œufs, un peu plus petits et plus allongés que ceux du Courlis cendré, piriformes, d'un olivâtre sombre, avec des taches brunes et noirâtres, assez grandes, plus rapprochées au gros bout. Ils mesurent :
Grand diam. 0ᵐ,060 ; petit diam, 0ᵐ,048.

Observation. M. Schlegel fait observer dans sa *Revue des Oiseaux d'Europe* que des bandes plus ou moins considérables de cette espèce passent l'été en Hollande, sans s'y reproduire, d'où il conclut que cet oiseau n'est propre à la propagation qu'à l'âge de deux ans.

558 — COURLIS DE LA BAIE D'HUDSON
NUMENIUS HUDSONICUS (1)
Lath.

Calotte d'un brun châtain, divisée longitudinalement par une bande blanche ; dos brun, taché de blanc jaunâtre ou roussâtre ; sus-caudales brunes, marquées de taches transversales roussâtres ; plumes axillaires roussâtres, rayées en travers de nombreuses et larges bandes d'un gris brun ; rectrices coupées de bandes alternes brunes et d'un gris roussâtre.

Taille : 0ᵐ,31 à 0ᵐ,33.

Scolopax borealis, Gmel. (nec Forst.), *S. N.* (1788), t. I, p. 654.
Numenius hudsonicus, Lath. *Ind.* (1790), t. II, p. 712.
Numenius borealis Ord, in : Wils. (nec Lath.), *Amer. Ornith.* (1829), t. III, p. 99.

(1) Le nom d'espèce *hudsonicus* (Lath.), quoique postérieur à *borealis* (Gmel.), doit être adopté, par la raison que ce dernier fait double emploi et qu'il a été donné par Forster, non pas à la présente espèce, comme l'a cru Gmelin, mais à un autre Courlis, qui doit le conserver.

Numenius intermedius, Nuttall, *Man. Ornith. Unit. Stat. and Canada* (1834), t. II, p. 100.

Mâle et femelle adultes : Sommet de la tête d'un brun châtain, divisé sur la ligne médiane par une grande raie blanche ou blanchâtre ; bande sourcilière de même couleur, étendue du bec à la nuque ; un trait brun, passant par l'œil, couvre les lorums et borde en haut le méat auditif ; derrière du cou d'un gris roussâtre, tacheté et strié longitudinalement de brun ; dos et scapulaires bruns, variés de quelques taches oblongues et bien détachées, d'un blanc jaunâtre, ces taches sur les scapulaires sont plus larges et plus nombreuses qu'au milieu du dos, et disposées par paires sur les côtés des plumes ; croupion et sus-caudales de la couleur du dos, avec des taches jaunâtres plus nombreuses, mais un peu plus ternes et devenant transversales sur les sous-caudales ; gorge d'un blanc roussâtre, devant du cou et poitrine d'un gris roussâtre, marqué de nombreuses taches et de stries longitudinales brunes ; flancs variés de bandes irrégulières brunes ; tout le reste des parties inférieures d'un blanc lavé de roussâtre et relevé aux sous-caudales latérales par quelques traits ou par des taches brunes ; couvertures supérieures brunes, bordées de blanchâtre ; couvertures inférieures et plumes axillaires d'un roussâtre sale, coupées par de larges bandes d'un brun gris ; rémiges noirâtres, tachées en travers de gris roussâtre, sur les barbes externes ; rectrices coupées des bandes alternes brunes et d'un gris roussâtre ou blanchâtre ; bec noir, avec la base de la mandibule inférieure d'un jaune rougeâtre ; pieds noirâtres ou d'un gris brun ; iris brun.

Le Courlis de la baie d'Hudson est propre, comme son nom l'indique, à l'Amérique septentrionale, et pousse ses migrations jusqu'en Europe.

M. Kjarbölling signale dans la *Naumannia* pour 1854, l'apparition de cet oiseau en Islande. On l'aurait également observé au nord des îles britanniques.

Ce Courlis se reproduit dans les régions froides du nouveau continent ; niche à terre parmi les herbes et pond trois ou quatre œufs absolument semblables pour la forme, les dimensions et les couleurs à ceux du *Numenius phæopus.*

Il a du reste les mœurs, les habitudes et le genre de vie de ce dernier.

Observation : Le *Numenius hudsonicus* a les plus grands rapports avec le *Numen. phæopus,* qu'il paraît remplacer dans l'Amérique du Nord. Toutefois celui-ci a constamment le dos blanc ou blanchâtre, taché de brun ; les plumes axillaires et les sous alaires blanches, barrées de brun ; tandis que le *Numen. hudsonicus* a le dos brun, taché de blanc roussâtre ou jaunâtre, les plumes axillaires et les sus-alaires roussâtres, barrées de brun. Les deux espèces se reconnaissent aisément à ces signes. En outre, le *Numen. hudsonicus* se distingue du *Numen. borealis,* Lath. (*Numen. brevirostris,* Licht.), qui présente les mêmes teintes de plumage, par une taille plus forte et par un bec beaucoup plus long. Cet organe chez le Courlis boréal n'a, au maximum que 6 centimètres et il mesure chez le Courlis de la baie d'Hudson au minimum 7 centimètres et jusqu'à près de 10 au maximum.

SOUS-FAMILLE LVIII

LIMOSIENS — *LIMOSINÆ*

LIMOSINÆ, G. R. Gray, *List. Gen. of B.* (1841).
TRINGINÆ, p. Bp. *Rev. crit.* (1850).
LIMOSEÆ, Bp. *Consp. Syst. Ornith.* (1854).

Mandibule supérieure sillonnée jusque près de l'extrémité, qui est molle, déprimée, dilatée, obtuse et lisse; tarses scutellés en avant, réticulés en arrière; quatre doigts; l'externe et quelquefois l'interne unis au médian par une palmure.

Les Limosiens, par leur bec très-long, à sillons très-prolongés, à pointe obtuse, molle, élargie, ont de grands rapports avec les Scolopaciens et se lient même à ceux-ci, de la façon la plus manifeste, par les Macroramphes; mais ils en diffèrent, en général, par des jambes plus dénudées; par des ailes plus longues, plus effilées, à rémiges plus étagées; par une et quelquefois deux palmures à la base des doigts antérieurs; par des formes moins lourdes, une tête plus arrondie, un pouce plus court, et par leur double livrée. Les Limosiens ont aussi des mœurs et des habitudes bien différentes de celles de la plupart des Scolopaciens : ils ne sont point semi-nocturnes ; vivent en troupes, même à l'époque de la reproduction ; ont un vol plus régulier, un régime plus varié, ne se plaisent que sur les vastes vasières qu'offrent les plages maritimes; et poussent en volant des cris aigus et assez fréquemment répétés. La chair des Limosiens est loin d'avoir la délicatesse de celle des Scolopaciens.

Cette sous-famille, en y comprenant les Térékies, est représentée en Europe par les deux genres suivants.

GENRE CLXVI

BARGE — *LIMOSA*, Briss.

NUMENIUS, p. Linn. *S. N.* (1735).
LIMOSA, Briss. *Ornith.* (1760).

Totanus, p. Bechst. *Nat. Deuts.* (1809).
Scolopax, p. Linn. *S. N.* (1766).
Actitis, p. Illig. *Prod. Syst.* (1811).
Limicula, Vieill. *Ornith. élém.* (1816).
Gambetta, Koch, *Baier. Zool.* (1816).
Fedoa, Steph. in : Shaw, *Gen. Zool.* (1819-1826).

Bec deux fois au moins aussi long que la tête, mou et flexible
dans toute sa longueur, épais et droit à la base, plus ou moins
retroussé en avant, un peu épais au bout; narines basales, latérales, oblongues; ailes allongées, sur-aiguës, à rémiges étagées;
queue courte, égale; jambes couvertes de plumes sur la moitié
de leur longueur, la partie nue scutellée en avant; tarses longs,
grêles, couverts en avant d'une série de scutelles, réticulés en
arrière; doigts médiocres; le médian près d'une fois environ
plus court que le tarse, uni à l'externe, jusqu'à la première articulation, par une membrane qui se prolonge latéralement en
bordure, et pourvu d'un ongle à bord interne dilaté, tranchant
ou finement dentelé et creusé en dessous; point de palmure
entre le doigt médian et l'interne.

Les Barges sont des oiseaux d'assez forte taille et dont le plumage, à l'époque
de la reproduction, prend des teintes rousses.

Elles fréquentent les terrains marécageux, les plages limoneuses des embouchures des fleuves. Elles vivent de vers, de larves et d'insectes aquatiques,
qu'elles cherchent en fouillant avec leur long bec les boues et les sables vaseux. Leurs mœurs sont très-sociables, leur vol est rapide, leur voix criarde.
Elles vont se reproduire dans l'hémisphère boréal d'où elles émigrent en automne.

Le mâle et la femelle diffèrent peu sous leur plumage d'hiver; mais, sous
leur plumage d'été, celle-ci a des teintes moins vives. Elle se distingue d'ailleurs, en toute saison, par une taille toujours un peu plus forte. Les jeunes de
l'année portent à peu près la livrée des vieux en hiver, mais ils ont un bec
plus court. Leur mue est double.

On trouve les Barges dans toutes les parties du monde : deux espèces appartiennent à l'Europe.

Observation. La Barge de Meyer (*Limosa Meyeri*, Leisl.), admise par Temminck dans la première édition du *Manuel d'Ornithologie*, rejetée dans la seconde édition et considérée alors comme femelle en robe d'été de la Barge
rousse; admise de nouveau, comme espèce distincte de celle-ci, dans la quatrième partie du même ouvrage, n'est, en définitive, qu'une espèce nominale.

Les doutes émis depuis longtemps par MM. de Keyserling, Blasius, Schlegel, de Sélys-Longchamps, au sujet de cette prétendue espèce, sont aujourd'hui partagés par tous les ornithologistes, et il est reconnu que la Barge de Meyer ne représente qu'un des états de plumage de la Barge rousse.

559 — BARGE ÉGOCÉPHALE — *LIMOSA ÆGOCEPHALA*
Leach ex Linn.

Ongle du doigt médian dentelé sur son bord interne; dessous de l'aile blanc, à l'exception des plumes qui occupent le bord extérieur; queue blanche à la base, avec un grand espace d'un noir uniforme au bout; sus-caudales en partie blanches.
Taille : 0^m,41 et au-dessus.

SCOLOPAX LIMOSA et ÆGOCEPHALA, Linn. *S. N.* (1766), t. I, p. 244 et 246.
LIMOSA et LIMOSA RUFA MAJOR, Briss. *Ornith.* (1760), t. V, p. 282 et 284.
SCOLOPAX BELGICA, Gmel. S. *N.* (1788), t. I, p. 663.
TOTANUS ÆGOCEPHALUS, LIMOSA et RUFUS, Bechst. *Nat. Deuts.* (1809) t. IV, p. 234, 244 et 253.
LIMOSA MELANURA, Leisl. *Nacht. zu Bechst. Nat. Deuts.* (1811-1815), t. II, p. 150.
LIMICULA MELANURA, Vieill. *N. Dict.* (1815), t. III, p. 250.
GAMBETTA LIMOSA, Koch, *Baier. Zool.* (1816), t. I, p. 308.
LIMOSA ÆGOCEPHALA, Leach, *Syst. Cat. M. and B. Brit. Mus.* (1816), p. 34.
FEDOA MELANURA, Steph. in : Shaw, *Gen. Zool.* (1826), t. XII, p. 73.
LIMOSA ISLANDICA, Brehm, *Hand. Nat. Vög. Deuts.* (1831), p. 626.
Buff. *Pl. enl.* 874, *femelle*, sous le nom de *Barge*; 916, individu prenant sa robe d'été, sous le nom de *Grande Barge rousse.*

Mâle adulte, en été : Dessus de la tête et du cou d'un roux ardent, strié de noir au vertex, à l'occiput, et parsemé de points bruns peu apparents à la nuque; haut du dos et scapulaires d'un noir profond, avec les plumes tachetées sur les côtés et terminées de roux vif; bas du dos brun-noirâtre; sus-caudales en grande partie blanches, noires dans leur tiers postérieur; gorge, devant et côtés du cou d'un roux ardent; poitrine et flancs également roux, traversés de bandes noires en zig-zags; abdomen et sous-caudales d'un blanc pur, rayées transversalement de noir; paupières d'un roux blanchâtre; joues rousses, striées de noir; couvertures supérieures des ailes cendrées avec des bordures grisâtres; rémiges noires, avec un miroir blanc; rectrices en partie noires, en partie blanches, le blanc dominant sur les pennes les plus latérales, et diminuant graduellement d'étendue sur les voisines, de manière que les médianes n'en ont plus qu'à la base ; bec brun et orange vers son origine ; pieds noirâtres ; iris brun-roussâtre.

Femelle adulte : Plus grosse, plus haute sur ses pattes, avec des teintes moins pures et moins foncées que celles du mâle.

Mâle et femelle adultes, en hiver : Parties supérieures d'un brun cendré, avec la tige des plumes d'une teinte plus foncée, le bas du dos noirâtre et les sus-caudales comme en été ; parties inférieures d'un gris clair à la gorge, au cou, à la poitrine et sur les flancs ; d'un blanc pur à l'abdomen et aux sous-caudales ; paupières blanchâtres ; joues pareilles au cou ; rémiges brunes, avec un miroir blanc ; rectrices médianes terminées de blanc ; bec, iris et pieds comme en été, mais avec les teintes moins foncées.

Jeunes avant la première mue : Plumes du vertex brunes, avec des bordures d'un cendré roussâtre ; celles de la nuque et du haut du dos d'un gris roussâtre, avec un peu de cendré brunâtre au centre ; celles du milieu du dos et des scapulaires noirâtres, bordées de gris roussâtre ; bas du dos noirâtre, avec les plumes terminées par un faible liséré gris-roussâtre ; gorge, abdomen et sous-caudales d'un blanc pur ; cou, poitrine et flancs d'un cendré nuancé de roussâtre, avec quelques taches et de légères raies transversales brunâtres, peu apparentes, vers les côtés du corps ; une bande blanchâtre au-dessus de l'œil, partant de la base du bec ; joues cendrées et roussâtres ; couvertures supérieures des ailes d'un brun roussâtre, bordées et terminées de cendré blanchâtre ; toutes les pennes caudales terminées de cette dernière couleur ; bec, iris et pieds comme chez les vieux en hiver.

Nota. Les mâles adultes, au printemps, au moment où ils opèrent leur passage dans le nord de la France, sont en mue très-avancée. Les femelles n'offrent pas encore ou offrent à peine quelques plumes du plumage d'amour.

La Barge égocéphale, que l'on nomme aussi *Barge commune*, *Barge à queue noire*, a été observée à peu près dans toute l'Europe, en Asie et en Afrique.

Elle est de passage régulier en France en automne et au printemps ; on l'y voit en mars, avril, septembre et octobre.

Elle niche dans les prairies humides, parmi les herbes et les joncs. Ses œufs, au nombre de quatre, sont renflés, piriformes et assez variables sous le rapport de la couleur. En général, ils sont d'un olivâtre foncé, avec des points et des taches roussâtres ou d'un brun pâle, tantôt bien prononcées, d'autres fois presque effacées, plus nombreuses et plus rapprochées au gros bout.

Nous possédons des variétés d'un blanc roussâtre ou jaunâtre, d'autres d'un verdâtre très-pâle (les unes et les autres parsemées de taches plus foncées), d'autres enfin d'un gris cendré, sans taches. Ils mesurent :

Grand diam. 0^m,053 à 0^m,061 ; petit diam. 0^m,037 à 0^m,040.

La nourriture de cet oiseau consiste en larves, en vers et en insectes.

L'on en prend beaucoup au printemps, entre Douai et Cambrai, que l'on conserve dans les jardins clos de murs, en ayant soin de leur amputer une aile près de l'articulation radio-carpienne. Le plus grand nombre cependant périt l'hiver, faute de nourriture convenable en cette saison.

540 — BARGE ROUSSE — *LIMOSA RUFA*
Briss.

Ongle du doigt médian sans dentelures; dessous de l'aile blanc, avec des bandes transversales brunes plus ou moins apparentes selon la saison; queue rayée alternativement de brun et de roussâtre ou de blanchâtre; sous-caudales blanches et rousses, quelques-unes marquées de bandelettes transversales.

Taille : 0^m,35 à 0^m,36.

Limosa rufa, Briss. *Ornith.* (1760), t. V, p. 281.

Scolopax lapponica, Linn. *S. N.* (1766), t. I, p. 246.

Scolopax leucophæa, Lath. *Ind.* (1790), t. II, p. 719.

Totanus leucophæus et gregarius, Bechst. *Nat. Deuts.* (1809), t. IV, p. 237 et 258.

Totanus glottis, Mey. *Tasch. Deuts.* (1810), t. II, p. 372.

Limosa Meyeri, Leisl. *Nacht. zu Bechst. Nat. Deuts.* (1811-1815), t. II, p. 150.

Limosa ferruginea, Pall. *Zoogr.* (1811-1831), t. II, p. 180.

Limicula lapponica, Vieill. *N. Dict.* (1815), t. III, p. 250.

Limosa novedoracensis, Leach, *Syst. Cat. M. and B. Brit. Mus.* (1816), p. 32.

Fedoa Meyeri et pectoralis, Steph. in : Shaw, *Gen. Zool.* (1826), t. XII, p. 75 et 79.

Buff. *Pl. enl.* 900, individu en robe d'été.

Mâle adulte, en été : Dessus de la tête et du cou d'un roux clair, avec des raies longitudinales d'un brun foncé au centre des plumes; haut du dos et scapulaires noirs, avec des taches ovalaires rousses sur les côtés des plumes, ou des bordures rousses et blanches; bas du dos blanc, avec quelques taches brunes; sus-caudales blanches et rousses, quelques-unes barrées de brun ; parties inférieures d'un roux rougeâtre, plus ou moins vif, avec des traits longitudinaux noirs sur les côtés du cou, de la poitrine, et quelquefois sur les sous-caudales; sourcils, joues d'un roux rayé et tacheté de noirâtre ; couvertures supérieures des ailes cendrées, variées de quelques taches rousses et bordées de blanc ; rémiges noires sur les barbes externes, brunes sur les internes ; rectrices barrées alternativement de brun et de blanc, et terminées de cette dernière couleur ; bec rouge livide, avec le bout noir ; pieds noirs ; iris d'un brun tirant sur le roux.

Femelle adulte, en été : Elle ressemble au mâle, mais elle est plus forte et a le roux d'une teinte plus pâle.

Mâle et femelle adultes, en hiver : Parties supérieures brunes, avec les plumes bordées de cendré à la tête et au cou, de cendré roussâtre et blanchâtre à la partie supérieure du dos et aux scapulaires ; le bas du dos et les sus-caudales blancs, marqués de quelques taches brunes, parties inférieures blanches, avec le cou et la poitrine d'un cendré roussâtre, variés de petites stries brunes et d'autres plus étendues qui occupent les flancs ; sourcils, joues cendrées, tachetées de brun ; couvertures supérieures des ailes brunes, avec les tiges noirâtres et de larges bordures blanches ; rémiges noires ; queue barrée alternativement de brun et de blanc ; bec, iris et pieds comme en été.

Jeunes avant la première mue : Ils ressemblent aux adultes en robe d'hiver, mais ils ont le bec plus court, ont plus de brun aux parties supérieures, moins de cendré, et les bordures des plumes d'une teinte roussâtre.

La Barge rousse habite le nord et les parties tempérées de l'Europe ; se répand en hiver dans les régions méridionales ; est de passage régulier en automne et au printemps, en France, sur les bords de la mer.

On la rencontre dans le nord de cet État pendant les mois de septembre, d'octobre et de mai ; mais en moins grand nombre dans ce dernier mois que dans les autres.

Elle se reproduit dans les contrées septentrionales de l'Europe et aussi, dit-on, en Angleterre et en Hollande. Elle niche dans les endroits les plus marécageux ; pond quatre œufs, un peu plus allongés que ceux de la Barge commune, piriformes, roussâtres, avec des taches rousses et d'un brun noir, plus rapprochées au gros bout. Ils mesurent :

Grand diam. 0^m,056 ; petit diam. 0^m,036.

GENRE CLXVII

TÉRÉKIE — *TEREKIA*, Bp.

Scolopax, p. Lath. *Ind.* (1790).

Limosa, p. Pall. *Zoogr.* (1811-1831).

Fedoa, p. Steph. in : Shaw, *Gen. Zool.* (1826).

Xenus, Kaup, *Nat. Syst.* (1829).

Terekia, Bp. *B. of Eur.* (1838).

Bec près de trois fois aussi long que la tête, mou, flexible dans toute sa longueur, très-retroussé dans sa moitié antérieure narines basales, latérales, étroites, oblongues; ailes allongées, sur-aiguës, plus longues que la queue; celle-ci courte, arrondie; jambes couvertes de plumes sur la moitié de leur longueur, la partie nue scutellée en avant; tarses courts, grêles; doigts médians réunis par une membrane qui s'étend un peu au delà de la première articulation, entre le doigt externe et le médian, et jusqu'à la première, entre le doigt médian et l'interne; doigt médian, y compris l'ongle, presque aussi long que le tarse.

Les Térékies ont été placées par beaucoup d'auteurs, parmi les Barges, mais dans un groupe à part, caractérisé par la forme de leur bec et par l'étendue de leurs palmures. C'est de ce groupe que le prince Ch. Bonaparte a fait son genre *Terekia*, genre qui se caractérise par un bec relativement plus long que celui des Barges, par des jambes bien plus courtes, une queue arrondie, des doigts antérieurs palmés sur une assez grande étendue, enfin par un plumage d'été qui ne prend jamais les teintes rousses que manifeste constamment celui des Barges.

Du reste, elles ont les mœurs, les habitudes, le régime de ces dernières.

Le mâle et la femelle sont semblables sous leurs deux livrées. Leur mue est double.

541 — TÉRÉRIE CENDRÉE — *TEREKIA CINEREA*
Bp. ex Güldenst.

Fond du plumage, en dessus, cendré en toutes saisons; front extrémité des rémiges secondaires, dessous du corps, de l'aile et sous-caudales d'un blanc pur.

Taille : 0m,20.

SCOLOPAX CINEREA, Guldenst. *Nov. Com. Petrop.* (1774-1775), t. XIX, p. 473, pl. 19.

SCOLOPAX TEREK, Lath. *Ind.* (1790), t. II, p. 724.

LIMOSA RECURVIROSTRA, Pall. *Zoogr.* (1811-1831), t. II, p. 181.

LIMICULA TEREK, Vieill. *Faun. Franç.* (1825), p. 306.

FEDOA TEREKENSIS, Steph. in : Shaw, *Gen. Zool.* (1826), t. XII.

TOTANUS JAVANICUS, Horst. *Zool. Res. in Java* (1821-1828).

XENUS CINEREUS, Kaup, *Nat. Syst.* (1829), p. 115.

LIMOSA INDIANA, Less. *Tr. d'Ornith.* (1831), p. 551.

TEREKIA JAVANICA, Bp. *B. of Eur.* (1838), p. 52.

LIMOSA TEREK, Temm. *Man.* (1840), 4e part. p. 426.
TEREKIA CINEREA, Bp. *Cat. Parzud.* (1856), p. 15.
Gould, *Birds of Eur.* pl. 307.

Mâle et femelle adultes, en été : Dessus de la tête, du cou, du corps et sus-caudales d'un cendré ressemblant à celui de la Guignette, avec la tige des plumes brunes et de larges mèches noirâtres ; gorge blanchâtre ; devant et côtés du cou, haut de la poitrine d'un cendré clair, avec des stries d'un brun roussâtre ; bas de la poitrine, abdomen, sous-caudales blancs ; front et joues blancs, variés de stries cendrées ; ailes pareilles au dos, avec les épaules, le bord de l'aile et les pennes d'un brun noirâtre ; la première rémige à baguette blanche, et les secondaires terminées de blanc ; queue cendrée, avec les pennes latérales d'une teinte plus claire, et lisérées de blanc ; bec jaune livide à la base, noir dans le le reste de son étendue ; pieds d'un cendré jaunâtre.

Mâle et femelle adultes, en hiver : Dessus de la tête, du cou, du corps et sus-caudales d'un cendré clair, avec la tige des plumes d'une teinte plus foncée ; front, gorge, poitrine, abdomen et sous-caudales blancs ; de petites stries cendrées sur le devant du cou ; épaules, bord de l'aile et rémiges noirs, avec les pennes secondaires terminées de blanc.

La Térékie cendrée habite la Sibérie et les côtes de l'Asie, jusqu'à la terre de Diémen.

Dans ses migrations, elle s'égare assez fréquemment sur les bords de la mer Caspienne, et accidentellement dans quelques autres contrées de l'Europe. Suivant Temminck, elle aurait été tuée en Normandie et aux environs de Paris.

Elle niche parmi les herbes des marécages, et pond quatre œufs d'un gris jaunâtre ou olivâtre, avec des points et de grandes taches les unes profondes, d'un cendré plus ou moins foncé, les autres superficielles noires ou d'un brun noirâtre ; les taches sont ordinairement plus nombreuses et plus larges sur le gros bout ou sur la partie la plus renflée de l'œuf. Ils mesurent :

Grand diam. 0m,035 à 0m,037 ; petit diam. 0m,026 à 0m,027.

SOUS-FAMILLE LIX

SCOLOPACIENS — *SCOLOPACINÆ*

SCOLOPACINÆ, Bp. *B. of Eur.* (1838).

Mandibule supérieure sillonnée jusque près de l'extrémité, qui est molle, pourvue de nombreuses cryptes, renflée, creusée d'avant en arrière par un petit sillon médian ; extrémité de la mandibule inférieure également divisée par un sillon médian ; tarses scutellés en avant, réticulés en arrière ; quatre doigts, les antérieurs libres, rarement l'externe uni au médian par une membrane.

Les Scolopaciens forment un groupe très-naturel. Leur bec creusé d'un petit sillon médian dans sa partie terminale molle et renflée, suffirait pour les caractériser. Le plus grand nombre se distingue aussi par des doigts libres, une tête comprimée et dont les côtés sont comme coupés verticalement ; des yeux gros et reculés vers l'occiput, et des ailes plus courtes et plus arrondies que celles des autres Scolopacidés.

D'ailleurs, les mœurs et les habitudes de la plupart d'entre eux ne sont pas moins caractéristiques. Ce sont, en général, des oiseaux demi-nocturnes, sauvages, solitaires ou ne vivant que par couples et très-exceptionnellement par bandes. Ils fréquentent les bois et les prairies humides, les bords des fossés, des ruisseaux, les marais ou les savanes ; courent parmi les herbes et rarement à découvert. Leur vol est vigoureux, mais souvent entrecoupé de crochets. Presque tous ont la singulière habitude, lorsqu'ils veulent prendre terre, de se laisser tomber lourdement, les ailes pliées, la tête basse, et de rester un certain temps immobiles à la place où ils sont tombés, avant de se mettre en marche.

Ils sont essentiellement vermivores.

GENRE CLXVIII

MACRORAMPHE — *MACRORAMPHUS*, Leach.

SCOLAPAX, p. Gmel. *S. N.* (1788).
MACRORAMPHUS, Leach, *Syst. Cat. M. and B. Brit. Mus.* (1816).
LIMOSA, p. Schleg. *Mus. d'Hist. Nat. des Pays-Bas* (1860).

Bec près de deux fois aussi long que la tête, dilaté et chagriné à l'extrémité sur l'oiseau mort ; à mandibule inférieure creusée en dessous d'un sillon médian ; narines basales, latérales, linéaires ; ailes longues, étroites, sur-aiguës, dépassant un peu l'extrémité de la queue, qui est courte, égale ; jambes à moitié nues ; tarses assez longs, minces ; doigt médian, y compris l'ongle, un peu plus court que le tarse ; uni à l'externe par une membrane qui s'étend jusqu'à la première articulation, et à l'interne par un petit repli membraneux.

Avec un bec de Scolopacien, l'espèce type du genre a des habitudes et des attributs qui la lient aux Limosiens. Des palmures bien développées, des jambes à moitié dénudées, une tête plus ronde que comprimée; des ailes longues, étroites et pointues ; une livrée d'hiver qui diffère de celle d'été, sont des caractères qui rattachent les Macroramphes aux Barges, plutôt qu'aux Bécassines Ils se rapprochent encore des premiers par des mœurs excessivement sociables, par des habitudes plus diurnes que nocturnes ; par leur manière de voler et par leurs cris aigus. Cependant, leurs formes générales, l'ensemble et la disposition de leurs couleurs, et, par-dessus tout, les caractères que présente l'extrémité du bec, en font manifestement des Scolopaciens ; aussi, les rangerons-nous parmi ceux-ci, mais en reconnaissant, toutefois, qu'ils ont de la tendance à passer aux Limosiens ; en d'autres termes, qu'ils forment un genre de transition.

Le mâle et la femelle, sous leur double livrée, se ressemblent. Les jeunes en diffèrent notablement. Leur mue est double.

L'espèce sur laquelle repose ce genre s'égare accidentellement en Europe

542 — MACRORAMPHE GRIS — *MACRORAMPHUS GRISEUS*
Leach ex Gmel.

Point de bandes noires sur la tête ; croupion blanc, varié de taches noirâtres ; sus-caudales et rectrices rayées en travers d'un assez grand nombre de bandes alternes blanches et noires ; sous-alaires marquées de taches angulaires brunes ou noires ; toutes les rémiges secondaires bordées de blanc à l'extrémité.

Taille : 0^m,27 *environ.*

Scolopax grisea et noveboracensis, Gmel. *S. N.* (1788), t. I, p. 658.
Scolopax leucophæa, Vieill. *N. Dict.* (1815), t. III, p. 358.
Macroramphus griseus, Leach, *Syst. Cat. M. and B. Brit. Mus.* (1816), p. 31.
Scolopax Paykullii, Nilss. *Ornith. Suec.* (1821), t. II, p. 106.
Limosa grisea, Schleg. *Mus. d'Hist. Nat. des Pays-Bas* Scolopaces (1864), p. 26.
Vieill. *Gal. des Ois.* pl. 241.
Gould, *Birds of Eur.* pl. 323.

Adultes, en été : Parties supérieures d'un brun roussâtre, varié de taches noires, étroites et allongées à la tête, plus petites à la nuque, larges et irrégulières sur le haut du dos et les scapulaires ; bas du dos d'un blanc éclatant, marqué de quelques taches noires ; sus-caudales d'un cendré blanchâtre, avec de nombreuses taches noires sous forme de croissants ; parties inférieures d'un roux très-clair, parsemées de taches noirâtres très-petites aux faces antérieures et latérales du cou, plus grandes sur les côtés de la poitrine, transversales et lunulaires aux flancs et aux sous-caudales ; milieu de l'abdomen blanc, très-légèrement lavé de roussâtre, sourcils et joues d'un blanc jaunâtre, marqué de petits traits d'un cendré noirâtre ; ailes variées comme le manteau ; rémiges noirâtres ; queue blanche, portant des bandes noires irrégulières, transversales et longitudinales, plus rapprochées sur les pennes médianes ; bec noir ; pieds brun-rougeâtre.

Adultes, en hiver : Parties supérieures d'un cendré brun uniforme, avec les plumes du haut du dos et les scapulaires bordées et terminées par une teinte plus foncée ; bas du dos et sus-caudales blancs, marqués de croissants noirs, formant des bandes transversales sur ces dernières plumes ; sourcils, gorge, devant du cou et parties inférieures du corps d'un blanc pur, avec un peu de brunâtre sur les côtés du cou ; quelques taches grises sur les flancs et des raies transversales brunes sur les sous-caudales ; couvertures supérieures des ailes et rémiges secondaires d'un cendré rembruni ; ces dernières bordées et terminées de blanc ; rémiges primaires d'un brun noirâtre ; rectrices médianes grises, les autres blanches, avec des taches noires comme en été ; bec brun, avec la pointe noire ; pieds brun-rougeâtre.

Jeunes de l'année : Dessus de la tête, haut du dos, scapulaires noirâtres, avec chaque plume bordée de roux vif ; bas du dos blanc, avec quelques taches noires ; sus-caudales d'un blanc lavé de cendré et marqué de bandes transversales noires en zigzag ; sourcils, gorge, devant et côtés du cou et toutes les parties inférieures du corps d'un blanc roussâtre, plus foncé à la poitrine, plus clair au milieu de l'abdomen, avec de petites taches brunes sur les côtés du cou, de la poitrine, aux flancs, et des raies noirâtres en zigzag sur les sous-caudales ; couvertures supérieures des ailes pareilles au manteau ; rémiges primaires noirâtres, les secondaires cendrées et bordées de blanc ; rectrices médianes cendré roussâtre et terminées de roux ; les latérales blanches et variées de taches noires, comme dans les adultes.

Le Macroramphe gris habite en grand nombre l'Amérique du Nord et surtout l'état de New-York.

Il se montre accidentellement en Europe. Plusieurs captures y ont été faites tant en Angleterre qu'en Suède, en Allemagne et en France.

Un individu en robe d'hiver a été tué par M. R. Oursel dans les marais du Hoc près du Havre, sur une petite bande composée de cinq individus, et il a

été rencontré deux fois, à notre connaissance, sur les marchés de Paris, parm
d'autres Echassiers venant de la Picardie.

Le mode de nidification de cette espèce et ses œufs sont inconnus.

Vieillot et surtout Wilson qui ont eu occasion de l'observer, s'accordent à dir
qu'il fréquente les bords de la mer, des marais, des embouchures des fleuves o
se développent de vastes surfaces de vases. Wilson avance qu'il ne pénètre pa
dans l'intérieur du pays, qu'il s'ébat dans les airs à la manière des Tringiem
qu'il pousse comme eux un sifflement tremblottant, et qu'il forme parfois de
bandes si considérables, qu'on a pu abattre jusqu'à quatre-vingt-cinq individe
d'un seul coup de fusil. Sa chair est excellente et très-estimée, aussi lui fait-o
une chasse très-active.

Suivant Wilson, il se nourrit d'une petite espèce de mollusque univalve.

GENRE CLXIX

BÉCASSE — *SCOLOPAX*, Linn.

Scolopax, Linn. *S. N.* (1756).
Rusticula, Mœhr. *Gen. an* (1752).

Bec près de deux fois aussi long que la tête, droit, un peu
dilaté à son extrémité qui est obtuse, rude et comme barbelé
sur les côtés; narines basales, longitudinales, couvertes par une
membrane; ailes de moyenne longueur, assez amples, sur-aiguës;
queue très-courte, en partie cachée par les sus et les sous-caudales; jambes complétement emplumées; tarses courts, épais;
doigts antérieurs totalement divisés, le médian, y compris l'ongle, aussi long ou un peu plus long que le tarse.

Les Bécasses, dont le principal caractère réside dans la vestiture des jambe
au-dessus de l'articulation tibio-tarsienne, caractère que seules, parmi le
Echassiers, elles partagent avec les Blongios, se distinguent en outre des autre
Scolopaciens par des formes massives et des teintes qui rappellent beaucoup
comme le fait justement observer M. Schlegel, celles des Engoulevents et de
certains papillons nocturnes.

Elles habitent les bois, d'où elles sortent ordinairement le soir, au soleil cou-
chant, pour aller à la recherche des vers dont elles se nourrissent, dans le
prairies du voisinage ou sur les bords des ruisseaux.

Le mâle et la femelle se ressemblent, et les jeunes, avant la première mue
en diffèrent très-peu. Leur mue est double; mais celle d'été n'apporte pas de
changement sensible dans le plumage d'hiver.

Des trois espèces que l'on connaît, une seule se trouve en Europe.

545 — BÉCASSE ORDINAIRE — *SCOLOPAX RUSTICULA*
Linn.

Occiput orné de deux bandes transversales noires; dessous de l'aile rayé de zigzags roux et bruns; barbes externes des rémiges marquées en travers de taches triangulaires rousses.

Taille : 0ᵐ, 40 *à* 0ᵐ,50.

SCOLOPAX RUSTICULA, Linn. *S. N.* (1766), t. I, p. 243.
SCOLOPAX, Briss. *Ornith.* (1760), t. V, p. 292.
SCOLOPAX MAJOR, Leach, *Syst Cat. M. and B. Brit. Mus.* (1816), p. 31.
RUSTICOLA VULGARIS, Vieill. *N. Dict.* (1816). t. III, p. 348.
SCOLOPAX PINETORUM et SYLVESTRIS, Brehm, *Handb. Nat. Vög. Deuts.* (1831) p. 613 et 614.
RUSTICOLA EUROPÆA, Less. *Tr. d'Ornith.* (1831), p. 555.
RUSTICOLA SYLVESTRIS, Macgill. *Man. Brit. Ornith.* (1840), t. II, p. 105.
SCOLOPAX SCOPARIA, Bp. *Cat. Parzud.* (1856), p. 14.
Buff. *Pl. enl.* 885.

Mâle adulte, en toutes saisons : Parties supérieures variées de marron, de roussâtre, de jaunâtre, de cendré, et marquées d'une bande transversale noire au vertex, d'une autre à l'occiput, de deux autres à la nuque et de grandes taches de même couleur sur le dos et les scapulaires; parties inférieures d'un roux jaunâtre, avec des raies transversales brunes en zigzags; gorge blanche; devant du cou et côtés de la poitrine variés de brun et de roux plus foncés; front, partie antérieure du vertex, joues, nuancés de cendré et de roussâtre; une bande brune du bec à l'œil, une autre à la partie supérieure des côtés du cou; couvertures supérieures des ailes variées d'un assemblage de taches et de raies noires, cendrées et blanc roussâtre; rémiges brunes, avec des taches triangulaires rousses sur les barbes externes, excepté la première qui est tachetée de brun sur un fond blanc-jaunâtre; rectrices noires, barrées de roux sur les barbes externes, terminées de cendré en dessus et de blanc en dessous; bec cendré rougeâtre; pieds d'un gris livide; iris noir.

Femelle adulte : Plus grosse que le mâle, avec des teintes moins pures et la première penne des ailes d'un blanc jaunâtre, sans taches, le long du bord externe.

Jeunes avant la première mue : Ils ressemblent aux adultes; leurs teintes sont seulement un peu moins foncées.

Variétés accidentelles : Les variétés que présente le plumage de cette espèce sont assez fréquentes. Les auteurs en citent plusieurs. L'on en rencontre qui sont entièrement blanches, ou rousses, ou café au lait ; d'autres n'ont que les ailes blanches.

La Bécasse ordinaire est très-répandue en Europe. On la trouve aussi dans l'Asie et l'Afrique septentrionales.

Elle est de passage périodique sur presque tous les points de la France, mais elle ne paraît nulle part aussi abondante qu'en Bretagne, au moment de ses migrations d'automne.

Elle se reproduit, mais toujours en petit nombre, dans beaucoup de forêts du centre et du nord de la France. Son nid repose à terre, dans un petit enfoncement, à l'abri de quelque broussaille. Elle pond trois ou quatre œufs, très-ventrus, d'un roussâtre clair, d'un jaune sale ou d'un blanc jaunâtre, avec des taches cendrées et d'autres taches d'un brun roux. Ils mesurent :

Grand diam. 0^m,042 ; petit diam. 0^m,025.

La Bécasse se tient dans les bois en plaine, sur les montagnes, et choisit les endroits humides où il y a beaucoup de terreau. Sa nourriture consiste en vers de terre, en limaçons et en petits coléoptères. Elle arrive dans le nord de la France du 20 au 25 octobre. Le passage dure jusque vers le 15 novembre : il est dans son apogée du 1er au 8 de ce mois. Elle est alors très-grasse et recherchée par les amateurs de gibier. Elle repasse vers la fin de février ou au commencement de mars ; mais elle est, à cette époque, maigre et souvent accouplée.

Lorsque le froid ne se fait pas trop rigoureusement sentir en automne, il reste dans nos départements septentrionaux quelques Bécasses qui se cantonnent. On est dès lors presque sûr de les trouver chaque matin au même endroit. On les voit souvent, vers le soir, réunies sur les bords des ruisseaux qui ne gèlent pas, occupées à se laver le bec et les pieds. Si l'hiver est tempéré, que la neige ne tombe pas en abondance et tienne peu, les Bécasses, ainsi cantonnées, ne quittent pas nos contrées du Nord.

La Bécasse court très-vite. Levée par le chasseur ou par toute autre cause, elle s'abat le plus souvent dans une clairière, mais ne reste pas où elle s'est posée : elle court, avec célérité, se réfugier dans une cépée à douze ou quinze pas de là, y attend le chasseur et le laisse souvent passer près d'elle sans bouger. Lorsqu'elle est blessée, elle se dérobe à pied et échappe fort bien au chien d'arrêt, s'il n'est rusé et habitué à chasser le bois. M. Menche, ancien procureur du roi à Lille, a vu retrouver avec des chiens courants une Bécasse abattue la veille, qui, n'ayant que le bout de l'aile cassé, n'avait pu être prise sur-le-champ.

Observations. La taille de la Bécasse ordinaire offrant de grandes variations, et ses couleurs étant plus ou moins sombres, les chasseurs de beaucoup de pays ont établi sur ces différences deux et même trois races, que quelques naturalistes ont adoptées. L'une, de taille intermédiaire, serait la Bécasse ordinaire, à plumage roux-jaunâtre, à bec et pieds d'un cendré rougeâtre ; l'autre, d'un tiers plus forte au moins que celle-ci, à pieds d'un gris brun, mais n'en différant pas quant au plumage, se montrerait la dernière à l'époque des migrations, et annoncerait, d'après Girardin de Mirecourt, la fin du passage de la Bécasse ordinaire ; la troisième serait, au contraire, d'un tiers plus petite que la *Scolopax rusticula* et s'en distinguerait aussi, selon les uns, par un bec plus long et des pieds bleuâtres ; selon les autres, par des teintes en général plus foncées, variées en dessus d'un plus grand nombre de taches noires et par des tarses d'un gris plus sombre. Cette dernière, d'après M. Bailly, différerait encore de la Bécasse ordinaire par quelques-unes de ses habitudes et par ses mœurs : elle serait plus rusée, plus sauvage, aurait une course plus précipitée, un vol plus rapide et plus irrégulier, arriverait enfin à l'automne, ordinairement la dernière, comme les individus de la plus forte taille, ou après que la plupart des autres Bécasses ont effectué leur passage. C'est d'après les Bécasses de petite taille, connues, ici sous les noms vulgaires de *Martinet*, de *Nordette* ; là sous ceux de *Volet, Bisonnette* ; ailleurs sous celui de *Scopajola*, et par quelques naturalistes sous le nom de *Scolopax rusticula parva*, que le prince Ch. Bonaparte a fait en 1820 son *Scolopax scoparia*, qu'il semblait avoir abandonné depuis, mais qu'il a repris, non plus comme espèce, mais comme race, dans son *Conspectus Grallorum systematicus (C. R. de l'Acad. des sc.* 1856, t. XLII, p. 579). Cette prétendue *Scoparia* ou petite Bécasse ordinaire, sur laquelle nous avons porté notre attention pendant plusieurs années, et dont nous avons vu sur les marchés de Paris un grand nombre d'individus de toute provenance, n'est rien autre qu'un *Scolopax rusticula*, généralement de première année. Nous avons vu son plumage offrir tous les tons, depuis le roux le plus rembruni jusqu'au roux jaune de la Bécasse ordinaire ; comme nous avons vu celui de cette espèce et des individus de la taille la plus forte, présenter des teintes sombres, identiques à celles que l'on dit être si caractéristiques de la prétendue petite race. Cette race n'existe pas plus que la grande, et *scoparia* n'est positivement qu'un double emploi de *rusticula*.

GENRE CLXX

BÉCASSINE — *GALLINAGO*, Leach

Scolopax, p. Linn. *S. N.* (1756).
Gallinago, Leach, *Syst. Cat. M. and B. Brit. Mus.* (1816).
Telmatias, Boie, *Isis* (1826).
'A-calopax, Keys. et Blas. *Wirbelth.* (1840).

Bec deux fois ou près de deux fois aussi long que la tête, droit, grêle, presque rond, plus large que haut à l'extrémité, qui est pourvue de cryptes ; à base de la mandibule supérieure enveloppée d'une peau qui se plisse après la mort de l'oiseau ; narines basales, latérales, ovales, courtes ; ailes médiocrement

allongées, sur-aiguës ; queue courte, conique, à pennes larges
ou étroites, assez résistantes ou flexibles ; jambes nues à peu près
sur le tiers de leur étendue ; tarses médiocres, minces ; doigt
médian, y compris l'ongle, généralement un peu plus long que
le tarse, uni à l'externe par un pli membraneux très-petit ; doigt
interne totalement libre ; ongle du pouce débordant bien l'extrémité de ce doigt.

Les Bécassines ont des formes plus grêles, plus élancées que les Bécasses ;
un bec relativement moins épais ; des tarses un peu plus élevés ; les taches du
plumage autrement distribuées, celles de la tête formant des bandes longitudinales, et le bas des jambes dénudé.

Elles se distinguent aussi par quelques unes de leurs habitudes. Ainsi, elles
ne vivent point dans les bois, ou ne s'y réfugient que pour un temps très-court ;
n'habitent que les marécages, les bords des étangs, des ruisseaux, les prairies
humides, et leur vol est plus irrégulier. Elles n'ont, du reste, pas plus que les
Bécasses l'instinct de sociabilité, car celles que le besoin réunit dans un même
lieu, y vivent isolées les unes des autres.

Le mâle et la femelle portent à peu près le même plumage. Les jeunes,
avant leur première mue, en diffèrent peu. Leur mue est double, mais celle de
printemps n'amène pas de changements bien notables dans la robe d'hiver.

Les Bécassines sont répandues dans toutes les parties du monde. Trois
d'entre elles habitent l'Europe.

Observations. 1° Les Bécassines offrent, comme les Bécasses, des variations
de plumage, de taille, et de plus, des différences de nombre dans les plumes
de la queue, sur lesquelles on a créé soit des espèces, soit des races, qui sont
ou purement nominales, ou de simples variétés accidentelles. Ainsi :

Le *Gallinago Montagui*, admis par le prince Ch. Bonaparte en 1838 (*Birds
of Eur. and North. Amer.* p. 52) ; maintenu, mais avec doute, en 1842 (*Cat. met.
degli Ucc. Europ.* p. 59), n'est, en définitive, qu'un *Gallinago major*, comme
beaucoup de naturalistes l'avaient pensé, et comme, du reste, le prince Ch. Bonaparte l'a reconnu lui-même dans sa *Revue critique* (p. 88).

Le *Scolopax Lamotti* décrit par M. Baillon dans les *Mémoires de la Société
d'émulation d'Abbeville* (1834, p. 71, sp. 200), repose sur des individus de *Gallinago scolopacinus*, dont la queue est composée seulement de douze rectrices.

Le *Scolopax pygmœa* du même auteur (*loc. cit.* p. 71, sp. 202), identique,
selon M. de Sélys Longchamps, au *Telmatias peregrina* de L. Brehm, mais dont
le prince Ch. Bonaparte a fait deux races distinctes, n'est également qu'une
Bécassine ordinaire. Il est absolument semblable à cette espèce quant au plumage, et n'en diffère que par une taille beaucoup plus petite. M. Baillon ne
lui a reconnu que quatorze rectrices ; cependant, il est certain qu'elle en
offre parfois seize. Peut-être est-ce sur cette différence de nombre que repose
la distinction des prétendues races *Gallinago peregrina* et *pygmœa*.

La Bécassine de Brehm (*Scolopax Brehmii*, Kaup), sur laquelle M. Kaup a établi son genre *Pelorynchus*, doit aussi être rapportée au *Gallinago scolopacinus*, dont elle ne diffère que par le nombre anormal des rectrices, ce nombre étant de seize au lieu de quatorze.

Enfin la Bécassine sabine (*Scolopax Sabinii* Vig.), dont M. Kaup a fait le type de son genre *Enalius*; que le prince Ch. Bonaparte avait placée un moment dans son genre *Xylocota*, mais qu'il a ramenée en dernier lieu parmi les *Gallinago*, n'est en réalité, comme M. de Sélys-Longchamps l'a avancé, qu'une variété accidentelle, à plumage sombre, de la Bécassine ordinaire. Ses couleurs, dont l'intensité n'est d'ailleurs pas la même sur tous les individus, sont exactement distribuées comme celles du *Gallinago scolopacinus*; seulement tout ce qui, chez cette espèce, est d'un blanc roussâtre ou roux, passe au brun marron plus ou moins foncé, dans la variété accidentelle *Sabinii*, et les bruns tournent au noirâtre ou au noir.

Toutes ces prétendues espèces et races sont donc à éliminer.

Il faut encore rayer de la liste des oiseaux d'Europe, le *Scolopax saturata*, Horsf., ou *javanica*, Less., que M. Schinz y a introduit (*European Fauna*, p. 342). Comme l'a fait observer M. Schlegel, c'est sans doute pour avoir confondu cette espèce avec la variété noire *Scolopax Sabinii*, que M. Schinz l'a comprise au nombre des oiseaux accidentellement européens.

344 — BÉCASSINE DOUBLE — *GALLINAGO MAJOR*
Leach ex Gmel.

Deux bandes longitudinales noires sur la tête ; queue composée de seize rectrices, les trois ou quatre paires externes blanches, marquées à leur base et sur les barbes externes de une, deux ou trois taches transversales noires ; sous-caudales variées de taches transversales noirâtres, sur fond blanc-roussâtre.

Taille : $0^m,27$ *environ.*

Scolopax media, Frisch, *Vög. Deuts.* (1713-1763), pl. 228.
Scolopax major, Gmel. *S. N.* (1788), t. I, p. 661.
Scolopax paludosa, Retz. *Faun. Suec.* (1800), p. 175.
Gallinago major, Leach, *Syst. Cat. M. and B. Brit. Mus.* (1816), p. 31.
Scolopax palustris, Pall. *Zoogr.* (1811-1831), t. II, p. 173.
Telmatias gallinago, Boie, *Isis* (1826), p. 980.
Telmatias nivoria, Brehm, *Hand. Nat. Vög. Deuts.* (1831), p. 616.
Gallinago Montagui et major, Bp. *B. of Eur.* (1838), p. 52.
Ascalopax major, Keys. et Blas. *Wirbelth.* (1840), p. 78.
Scolopax solitaria, Macgill. *Man. Brit. Ornith.* (1840), t. II, p. 102.
P. Roux, *Ornith. Prov.* pl. 300.
Gould, *Birds of Eur.* pl. 320.

Mâle et femelle adultes, au printemps : Parties supérieures noires,

avec quelques points roussâtres à la tête et une bande longitudinale
d'un blanc jaunâtre sur la ligne médiane ; les plumes du cou bordées de
blanc jaunâtre ; celles du haut du dos et les scapulaires bordées de
même, variées de taches et de raies transversales roussâtres en zigzag ;
celles du bas du dos brunes, terminées de roussâtre ; les sus-caudales
variées de noir, de roussâtre et de blanc ; parties inférieures d'un blanc
nuancé de roux, marqué de taches longitudinales noirâtres au cou, à la
poitrine ; bandes transversales de même couleur sur les flancs, les
sous-caudales, et grisâtres au ventre ; côtés du front, sourcils, joues
d'un blanc jaunâtre, pointillé de noir, avec une raie de même couleur
du bec à l'œil ; côtés du cou comme le devant de cette partie ; petites
couvertures supérieures des ailes d'un brun foncé, terminées de cendré blanchâtre ; moyennes couvertures noires, terminées de blanc pur ;
les grandes noires, traversées de bandes d'un roux clair et terminées de
blanchâtre ; rémiges noires, avec la baguette de la première blanche et
celle des autres brune ; rectrices blanches, excepté les quatre médianes, qui sont noires dans les deux tiers supérieurs, rousses dans le tiers
inférieur, et terminées par une bordure brune et blanche ; bec rougeâtre et brun à sa pointe ; pieds d'un cendré verdâtre ; iris brun foncé.

Mâle et femelle adultes, en automne : Ils ont les teintes moins pures,
le noir des parties supérieures moins profond et les bordures des plumes plus rousses ; les teintes des parties inférieures sont également
plus rousses et les taches en sont plus brunes, plus nombreuses.

La Bécassine double ou grande Bécassine habite le nord de l'Europe et la
Sibérie ; se rend en automne dans les contrées tempérées et méridionales, et
pousse ses migrations jusqu'en Algérie.

Elle est de passage annuel sur plusieurs points de la France, dans les mois
d'avril et d'août ; souvent elle se montre seule ; d'autres fois elle est en compagnie de deux ou trois individus de son espèce. Ceux qui nous visitent à leur
retour au printemps, sont ordinairement des jeunes de l'année précédente.

Cette Bécassine se reproduit dans la Sibérie, dans le Danemark, dans le
nord de l'Allemagne. Elle niche dans les endroits marécageux, parmi les
herbes et les joncs ; pond trois ou quatre œufs, un peu piriformes, moins
renflés et moins courts que ceux de la Bécasse, d'un roux clair, quelquefois
verdâtre, avec des points et des taches d'un brun noir. Ils mesurent :

Grand diam. 0^m,042 ; petit diam. 0^m,031.

545 — BÉCASSINE ORDINAIRE
GALLINAGO SCOLOPACINUS
Bp.

Deux bandes longitudinales noires sur la tête ; queue composée de douze à seize rectrices, toutes plus ou moins rousses et marquées de taches et de bandes transversales noires ; sous-caudales tachetées de noirâtre sur fond jaune clair.

Taille : 0ᵐ,25 *environ.*

SCOLOPAX GALLINAGO, Linn. *S. N.* (1766), t. I, p. 244.
GALLINAGO, Briss. *Ornith.* (1760), t. V, p. 298.
S OLOPAX GRALLINARIA, Gmel. *S. N.* (1788), t. I, p. 662.
GALLINAGO MEDIA, Leach, *Syst. Cat. M. and B. Brit. Mus.* (1816), p. 31.
SCOLOPAX BREHMII, Kaup, *Isis* (1823), p. 1147.
TELMATIAS GALLINAGO et BREHMII, Boie, *Isis* (1826), p. 979.
PHLORYNCHUS BREHMII, Kaup, *Nat. Syst.* (1829), p. 119.
GALLINAGO SCOLOPACINUS, BREHMII et SABINI, Bp. *B. of Eur.* (1838), p. 52.
ASCALOPAX GALLINAGO et SABINI, Keys. et Blas. *Wirbelth.* (1840), p. 77.
Buff. *Pl. enl.* 883.

Mâle et femelle adultes : Parties supérieures noires, avec des points roux à la tête et une raie médiane longitudinale d'un blanc roussâtre, le cou roux clair sur les bords des plumes, le corps portant deux bandes longitudinales blanc-roussâtre, tacheté de roux et rayé transversalement de roussâtre ; gorge d'un blanc nuancé légèrement de roux ; abdomen d'un blanc pur ; devant et côtés du cou, poitrine, flancs, sous-caudales d'un roux clair, rayé longitudinalement de brun au cou, à la poitrine et transversalement sur les flancs ; côtés du front, sourcils, d'un blanc roussâtre tacheté de brun ; lorums brun-roux ; couvertures supérieures des ailes brunes, bordées et terminées de blanc roussâtre ; rémiges brunes, terminées de blanchâtre ; rectrices noires, avec des raies transversales d'un jaune orange foncé ; quelques-unes terminées de cette couleur ou de blanc ; bec brun, avec la base cendrée ; pieds d'un verdâtre pâle ; iris noir.

Au printemps, les couleurs sont plus vives, luisantes, quelques-unes à reflets.

En automne, elles paraissent ternies et tirer sur le grisâtre.

Jeunes avant la première mue : Ils sont plus petits que les adultes, et plus tachetés en dessous.

Variétés : Cette espèce offre quelques variétés accidentelles. On rencontre des individus à plumage isabelle, d'autres à plumage roux, avec des taches noires très-atténuées ; d'autres sont d'un gris de lin par tout le corps (Collect. Degland) ; il en est aussi qui tournent soit à l'albinisme, soit au mélanisme. Elle varie encore, selon les localités, sous le rapport de la taille.

Enfin elle n'offre pas toujours le même nombre de pennes à la queue. On trouve des individus qui, au lieu de quatorze rectrices, nombre en quelque sorte normal, en ce qu'il est le plus constant, n'en ont que douze, tandis que d'autres en ont jusqu'à seize. C'est sur ces caractères que repose l'existence des *Scolopax peregrina*, Brehm ; *Scol. Lamottii* et *Pygmœa*, Baill.; *Scol. Brehmii*, Kaup., et *Scol. Sabini*, Vig.

La Bécassine ordinaire habite l'Europe, l'Asie et une partie de l'Afrique.

Elle est de passage périodique, deux fois l'an, sur presque tous les points de la France. Le premier passage a lieu en automne, et le second s'effectue au commencement du printemps. Dans nos départements du Nord, on la voit arriver dès le mois de mars, en plus ou moins grand nombre, selon que les vents régnants à cette époque leur sont plus ou moins favorables ; elle s'y montre jusqu'à la fin d'avril, et se porte ensuite plus au nord de l'Europe pour s'y propager. Toutefois quelques couples s'arrêtent dans nos marais et s'y reproduisent. L'hiver elle est très-commune sur tous les terrains marécageux du midi de la France et de l'Italie.

Elle niche à terre dans un petit enfoncement, à l'abri d'un buisson ou d'une touffe d'herbes. Sa ponte est de quatre ou cinq œufs un peu renflés, quelquefois piriformes, tantôt d'un brun roussâtre foncé, tantôt d'un olivâtre clair, d'autres fois d'un gris olivâtre, ou d'un jaunâtre sale, avec des taches, les unes d'un cendré plus ou moins noirâtre, selon qu'elles sont plus ou moins profondes ; les autres superficielles et noires. Ces taches, auxquelles se mêlent beaucoup de points de la même couleur, sont toujours plus nombreuses vers le gros pôle de l'œuf ou sur la partie renflée, et y forment souvent, par leur confluence, une sorte de couronne. Souvent aussi des traits déliés noirs, en crochet, en zigzag, se montrent vers la grosse extrémité. Il n'est pas rare de rencontrer des œufs chez lesquels les taches sont étendues, comme si elles étaient essuyées. Ils mesurent :

Grand diam. 0^m,038 à 0^m,041 ; petit diam. 0^m,028 à 0^m,030.

La Bécasse ordinaire fait assez ordinairement entendre un cri toutes les fois qu'elle prend son essor. Son vol est très-irrégulier, rapide et étendu. Elle devient très-grasse en automne. Elle est alors fort recherchée pour la délicatesse de sa chair.

546 — BÉCASSINE GALLINULE — *GALLINAGO GALLINULA*
Bp. ex Linn.

(Type du genre *Lymnocryptes*, Kaup; *Philolimnos*, Brehm.)

Une large bande noire sur le milieu de la tête, et une autre bande beaucoup plus étroite, de même couleur, au-dessus des yeux, divisant longitudinalement une large bande rousse; queue composée de douze rectrices très-flexibles; la première paire externe blanchâtre, les suivantes d'un brun cendré bordé de roux; sous-caudales d'un blanc pur; croupion noir.

Taille : 0ᵐ,16 à 0ᵐ,17.

SCOLOPAX GALLINULA, Linn. *S. N.* (1766), t. I, p. 244.
GALLINAGO MINOR, Briss. *Ornith* (1760), t. V, p. 303.
GALLINAGO MINIMA, Leach, *Syst. Cat. M. and B. Brit. Mus.* (1816), p. 31.
LYMNOCRYPTES GALLINULA, Kaup, *Nat. Syst.* (1829), p. 118.
PHILOLIMNOS STAGNALIS et MINOR, Brehm, *Hand. Nat. Vög. Deuts.* (1831), p. 623 et 624.
GALLINAGO GALLINULA, Bp. *B. of Eur.* (1838), p. 52.
ASCALOPAX GALLINULA, Keys. et Blas. *Wirbelth.* (1840), p. 77.
Buff. *Pl. enl.* 884. Sous le nom de *Petite Bécassine.*

Mâle et femelle adultes : Partie moyenne du vertex et de l'occiput noir, tacheté de roux de rouille, avec les côtés d'un roux jaunâtre, rayés longitudinalement de noir; nuque variée de blanchâtre, de brun et de rougeâtre; plumes du haut du dos, scapulaires, d'un noir à reflets, tachetées ou traversées de roux rougeâtre, terminées de cendré et marquées de longs traits jaunâtres sur les côtés; barbes internes des scapulaires les plus rapprochées du corps, longues, soyeuses, brunes, à reflets verdâtres; bas du dos violet bleuâtre reflétant; sus-caudales noires, bordées et tachetées de roux; gorge, abdomen et sous-caudales d'un blanc argenté; devant et côtés du cou, poitrine, variés de roussâtre, de brun et de blanchâtre; front d'un roux jaunâtre, avec un trait brun sur la ligne médiane; joues grises, variées de cendré; une tache en dessous et lorums d'un brun varié de roux; couvertures supérieures des ailes brunes au centre, bordées de roussâtre et terminées par une ou deux taches cendrées; rémiges brunes, terminées de blanchâtre, excepté les quatre primaires; rectrices brunes, bordées de roux; bec noir vers la pointe, bleuâtre à la base; pieds verdâtres; iris noir.

Variétés accidentelles : M. Duthoit, à Dunkerque, possède un individu à rémiges entièrement blanches.

La Bécassine gallinule, vulgairement connue sous les noms de *Petite Bé-cassine* et *Bécassine sourde*, habite l'Europe et l'Asie, et visite l'Afrique à l'époque de ses migrations.

Elle est très-répandue en France à son double passage d'automne et de printemps. Elle arrive et part en même temps que la Bécassine ordinaire, dont elle a les habitudes et le genre de vie. Les premiers individus qui nous arrivent en automne sont souvent en mue.

Elle se reproduit en Sibérie et dans les régions froides et tempérées de l'Europe. Suivant Temminck, elle nicherait en grand nombre aux environs de Saint-Pétersbourg. Son nid est construit à terre parmi les joncs et les herbes, et sa ponte est de quatre ou cinq œufs assez renflés, généralement plus épais au petit bout que ceux de l'espèce précédente. Ils sont d'un brun jaunâtre clair ou d'un brun olivâtre, et parsemés de larges taches profondes, d'un cendré noirâtre, et de larges taches superficielles d'un noir roussâtre, auxquelles sont mêlés de nombreux points de même couleur. Les taches et les points sont quelquefois assez abondants pour couvrir les deux tiers de l'œuf. Les premières forment presque toujours sur le gros bout une épaisse et large couronne ou une culotte noire. Ils mesurent :

Grand diam. 0\",033 à 0^m,035 ; petit diam. 0^m,024 à 0^m,025.

La Bécassine gallinule ne pousse aucun cri lorsqu'elle s'envole. Elle fait moins de crochets que la précédente lorsqu'elle s'élève dans les airs, et ses vols ont moins d'étendue. Sa chair est aussi des plus délicates.

SOUS-FAMILLE LX

TRINGIENS — *TRINGINÆ*

Tringinæ, G. R. Gray, *List Gen. of B.* (1841).
Tringeæ, p. Bp. *Consp. Syst. Ornith.* (1854).

Mandibule supérieure généralement sillonnée jusque près de l'extrémité, qui est le plus souvent molle, déprimée, un peu dilatée, lisse, intérieurement creusée en cuiller ; tarses scutellés en avant et en arrière ; quatre doigts ou très-rarement trois, l'externe presque aussi libre que l'interne, qui l'est entièrement.

Les Tringiens sont généralement des oiseaux de petite taille, dont le bec n'est souvent pas beaucoup plus long que la tête, et dont les doigts antérieurs sont presque entièrement divisés, une étroite membrane bordant seulement l'externe et le médian à la base. Chez la plupart d'entre eux les deux rectrices médianes se terminent en pointe et dépassent notablement les latérales. Ils diffèrent des Scolopaciens par un bec moins dilaté et sans sillon médian à l'extrémité ; par des ailes plus étroites et plus étagées : ils se distinguent des Totaniens et des Limosiens, dont ils ont les mœurs et les habitudes, par des jambes relativement moins élevées, et principalement par l'absence de palmures aux doigts. Tous fréquentent le bord des eaux et ont un régime animal.

Les Tringiens habitent toutes les parties du globe. Ceux que possède l'Europe ont été distribués dans sept ou huit genres distincts. Nous admettrons les suivants.

GENRE CLXXI

SANDERLING — *CALIDRIS*, Illig.

Tringa, p. Linn. *S. N.* (1766).
Arenaria, Bechst. *Nat. Deuts* (1809).
Calidris, Illig. *Prodr. Syst.* (1811).

Bec de la longueur de la tête, flexible, comprimé à la base, notablement rétréci dans le milieu de sa longueur, à mandibule supérieure déprimée à l'extrémité, qui est presque aussi large que la base, obtus et un peu recourbé à la pointe ; narines basales latérales elliptiques ; ailes sur-aiguës, plus courtes que la queue, qui est doublement échancrée ; bas des jambes dénudé sur une petite étendue ; tarses médiocrement allongés ; trois doigts antérieurs libres ; le médian, y compris l'ongle, plus court que le tarse ; pouce nul.

Le genre Sanderling, à cause de la tridactylité de l'espèce qui en est le type et jusqu'ici l'unique représentant, a été rangé par quelques auteurs à côté des Pluviers et dans la même famille. Cependant, sauf l'absence du pouce, les Sanderlings, comme l'a fait observer G. Cuvier, sont bien de vrais Tringiens par tous leurs caractères, et les espèces dont ils nous paraissent le plus se rapprocher sont, sans contredit, les Maubèches. Ils ont leurs formes générales, leur bec droit, bien rétréci dans le milieu, bien dilaté à l'extrémité, et leurs doigts courts ; mais ils s'en distinguent par la forme de leur queue et par le nombre de leurs doigts.

Les Sanderlings, du reste, ont les mœurs des Bécasseaux et des Pluviers. Ce sont des oiseaux très-sociables ; propres aux régions boréales de l'ancien et du nouveau monde, qu'ils quittent à l'approche de l'hiver ; qui fréquentent particulièrement les plages maritimes, et qui vivent de vers et d'insectes.

Le mâle et la femelle portent aux deux saisons le même plumage. Les jeunes, avant la première mue, s'en distinguent par une livrée particulière. Leur mue est double.

347 — SANDERLING DES SABLES — *CALIDRIS ARENARIA*
Leach ex Linn.

Grandes couvertures supérieures des ailes avec un grand espace blanc à l'extrémité ; rémiges primaires, de la cinquième à la dixième, frangées extérieurement de blanc à la base ; rectrices médianes et la paire la plus extérieure plus longues que les intermédiaires ; doigt médian d'un quart moins long que le tarse.

Taille : 0ᵐ,15 *à* 0ᵐ,16.

TRINGA ARENARIA, Linn. *S. N.* (1766), t. I, p. 251.
CHARADRIUS CALIDRIS, Linn. *op. cit.* t. I, p. 255.
CALIDRIS GRISEA MINOR, Briss. *Ornith.* (1760), t. V, p. 236.
CHARADRIUS RUBIDUS, Gmel. *S. N.* (1788), t. I, p. 688.
ARENARIA VULGARIS, Bechst. *Ornith. Tasch.* (1803), t. II, p. 462.
ARENARIA GRISEA, Bechst. *Nat. Deuts.* (1809), t. IV, p. 674.
ARENARIA CALIDRIS, Mey. *Tuschenb. Deuts.* (1810), t. II, p. 326.
CALIDRIS ARENARIA, Leach, *Syst. Cat. M. and B. Brit. Mus.* (1816), p. 28.
TRINGA TRIDACTYLA, Pall. *Zoogr.* (1811-1831), t. II, p. 108.
CALIDRIS RUBIDUS, Vieill. *N. Dict.* (1819), t. XXX, p. 127.
P. Roux, *Ornith. Prov.* pl. 270, individu en robe incomplète de noces.
Gould, *Birds of Eur.* pl. 333.

Mâle et femelle adultes, en été : Plumes des parties supérieures noires au centre, bordées de roux vif, et terminées de blanchâtre ; face, cou, poitrine, roux, avec des taches noires au milieu des plumes et un peu de blanc à leur pointe ; abdomen et sous-caudales d'un blanc pur ; couvertures supérieures des ailes d'un brun noirâtre, bordées de blanchâtre ; rémiges et rectrices noirâtres, ces dernières, bordées de roux cendré ; bec, pieds et iris noirs.

Mâle et femelle adultes, en hiver : Parties supérieures d'un gris varié d'une teinte brunâtre au centre des plumes, avec les scapulaires plus brunes et bordées de blanchâtre ; tour du bec, joues, parties inférieures, lorums, région parotique, blancs ; couvertures supérieures des ailes brunâtres, les grandes bordées de blanchâtre ; rémiges noirâtres ; rectrices de même couleur, bordées de blanchâtre ; bec et pieds comme en été.

Jeunes avant la première mue : Très-distincts des vieux ; vertex, dos, scapulaires noirs, avec les plumes bordées de blanc roussâtre ; queue d'un gris clair, finement rayée de cendré ; front, sourcils et toutes les parties inférieures d'un blanc pur ; lorums et région de l'oreille d'un brun cendré ; côtés de la poitrine roux, variés de brun ; bords des ailes et rectrices comme chez les adultes ; bec et pieds noirâtres.

A l'époque de chaque mue, le plumage des vieux et des jeunes offre de grandes variations : il y a très-peu d'individus qui se ressemblent.

Le Sanderling habite les contrées boréales de l'Ancien et du Nouveau monde, et se répand en automne et en hiver sur les rivages des pays tempérés.

Il est de passage régulier sur les côtes de la Hollande, de la Belgique, de l'Angleterre et du nord de la France. Il se montre sur celles de Dunkerque dans les mois d'août, septembre, octobre, avril et mai. On l'y voit en compagnie d'une foule d'autres petits Échassiers. Dans les hivers rigoureux, il pousse ses excursions jusque sur nos côtes de la Méditerranée, où M. Crespon l'indique comme rare.

Il niche dans les régions du cercle arctique, pond trois ou quatre œufs, un peu courts, à fond gris roussâtre ou verdâtre, marqués de nombreuses petites taches ponctiformes ou irrégulières, oblongues ou en crochet ; les unes profondes d'un gris cendré de plusieurs nuances ; les autres superficielles, généralement noirâtres ou d'un brun roux. Ils mesurent :

Grand diam. 0^m,034 à 0^m,036 ; petit diam. 0^m,022 à 0^m,023.

GENRE CLXXII

MAUBÈCHE — *TRINGA*, Linn.

Tringa, Linn. *S. N.* (1735).
Calidris, G. Cuv. *Règ. Anim.* (1817).
Canutus, Brehm, *Hand. Nat. Vög. Deuts.* (1831).

Bec de la longueur de la tête ou un peu plus long, épais et comprimé à la base, rétréci vers le tiers antérieur, dilaté et légèrement déprimé à l'extrémité de la mandibule supérieure ; narines basales, latérales, elliptiques ; ailes sur-aiguës, atteignant l'extrémité de la queue, qui est courte, à peu près égale ou un peu conique ; bas des jambes dénudé sur une petite étendue ; tarses médiocrement allongés, assez épais ; doigts antérieurs, libres, bordés ; pouce ne portant à terre que par son extrémité.

Les Maubèches sont des Tringiens à formes passablement massives, à jambes relativement courtes, et dont le bec, notablement épais à la base, s'étrangle vers le tiers antérieur, pour se dilater ensuite un peu moins que chez les Sanderlings, mais plus que chez les Pélidnes, et dont le plumage varie beaucoup selon la saison.

Elles fréquentent particulièrement les plages maritimes ; se nourrissent de vers et de petits mollusques qu'elles cherchent dans les vases ; ont des mœurs sociables ; sont monogames, et voyagent par troupes plus ou moins nombreuses.

Le mâle et la femelle diffèrent peu sous leur double plumage de noces et d'hiver. Les jeunes, avant la première mue, s'en distinguent par une livrée particulière. Leur mue est double.

Les Maubèches sont propres aux régions arctiques des deux mondes.

548 — MAUBÈCHE CANUT — *TRINGA CANUTUS* Linn.

(Type du genre *Canutus*, Brehm.)

Toutes les rectrices cendrées ; sus-caudales blanches (plumage d'hiver) *ou d'un blanc taché de roux* (plumage de noces) *et marquées d'un assez grand nombre de bandes transversales noires ; sous-caudales d'un blanc pur* (plumage d'hiver), *ou blanches, avec une tache terminale noire, souvent enveloppée par une teinte rousse* (plumage d'été) ; *sous-alaires blanches, les plus grandes seulement nuancées de cendré très-clair.*

Taille : 0^m,25 *à* 0^m,26.

Tringa canutus et calidris, Linn. *S. N.* (1766), t. I, p. 251 et 253.
Calidris, Briss. *Ornith.* (1760), t. V, p. 226.
Tringa cinerea et ferruginea, Brünn. *Ornith. Bor.* (1764), p. 53.
Tringa nævia, grisea et islandica, Gmel. *S. N.* (1788), t. I, p. 681 et 682.
Tringa australis, Lath. *Ind.* (1790), t. II, p. 737.
Tringa rufa, Wils. *Amer. Orn.* (1813), t. VII, p. 43, pl. 57, f. 5.
Canutus islandicus et cinereus, Brehm, *Hand. Nat. Vog. Deuts.* (1831), p. 654 et 655.
Buff. *Pl. enl.* 365, individu en mue, sous le nom de *Maubèche tachetée ;* — 366, individu en plumage d'hiver, sous le nom de *Maubèche grise.*

Mâle adulte, en été : Dessus de la tête et du cou roux, avec des mèches noires au vertex et des stries de même couleur à la nuque ; dessus du corps noir, avec les plumes du dos bordées de roussâtre, les scapulaires terminées de cendré et marquées de grandes taches ovales d'un roux ferrugineux ; bas du dos cendré, avec les plumes bordées d'une teinte blanchâtre et leur tige brune ; sus-caudales blanches, portant des croissants noirs et des taches rousses ; capistrum d'un cendré roussâtre piqueté de brunâtre ; sourcils, joues, gorge, côtés et devant du cou, poitrine et la plus grande partie de l'abdomen d'un roux de rouille vif ; bas-ventre et sous-caudales d'un blanc tacheté de noir, un peu lavé de roux ;

petites et moyennes couvertures supérieures des ailes brunes, bordées
de cendré; rémiges noirâtres, avec les baguettes blanches; rectrices
brunes et lisérées de blanchâtre; bec et pieds noir-verdâtre; iris brun.

Femelle adulte, en été : Elle ne diffère du mâle que par une taille
plus forte, le bec plus long, la nuque un peu lavée de cendré, plus de
noir sur la tête et le dos, plus de cendré sur les ailes, et des taches noires plus nombreuses et moins profondes au bas-ventre.

Mâle et femelle adultes, en hiver : Parties supérieures d'un cendré
clair, avec de petites mèches brunes sur la tête et le cou, et une teinte
de cette dernière couleur sur la tige des plumes du dos et des scapulaires, qui sont très-légèrement lisérées de grisâtre; bas du dos également
cendré, avec les plumes bordées de blanchâtre; sus-caudales blanches,
toutes terminées par un croissant noir; parties inférieures d'un blanc
pur, avec des traits bruns longitudinaux au devant du cou, et des taches en zigzag, de même couleur, à la poitrine, sur les flancs et sur
quelques sous-caudales; petites et moyennes sus-alaires cendrées, à
bordures blanchâtres et à tiges brunes; rémiges noirâtres, à baguette
blanche; rectrices cendrées, lisérées de blanc; bec et pieds bruns.

Jeunes avant la première mue : D'un cendré obscur, tirant sur le
verdâtre en dessus, avec un grand nombre de taches longitudinales
brunes sur la tête et le cou, les plumes du dos et les scapulaires terminées par deux croissants étroits, le supérieur brun, l'inférieur gris;
gorge et abdomen blancs; devant du cou et poitrine roussâtres, marqués de taches angulaires brunes, et d'autres en zigzag sur les flancs;
sourcils et côtés du cou variés de brun sur fond blanc; rémiges noirâtres, terminées et lisérées de gris blanchâtre, excepté les trois premières.

Après la mue d'automne : Ils ressemblent aux adultes, mais les plumes sont encore un peu lisérées de blanchâtre.

A la mue du printemps suivant : Ils prennent les couleurs des adultes; le roux cependant est d'une teinte plus pâle, le noir est moins profond; des plumes blanches existent souvent sur la poitrine.

A tout âge : Durant les mues, le plumage est très-bariolé; il offre
un mélange de plumes de la saison que l'on quitte et de celle dans
laquelle on entre.

La Maubèche Canut ou grise habite particulièrement les régions du cercle
arctique de l'ancien et du nouveau continent.

Elle se répand, à l'époque des migrations, sur beaucoup de points des côtes
maritimes de l'Angleterre, de l'Allemagne, de la France, de la Hollande, de la

Belgique, etc. et paraît n'être que de passage accidentel sur celles de la Sicile et de l'Italie.

En France, nous la voyons sur les côtes de la Picardie et dans les environs de Dunkerque près de six mois de l'année, d'avril à la fin de mai et d'août à la fin d'octobre. Elle nous quitte lorsque la mue d'été est terminée ou sur le point de l'être, et nous arrive lorsque sa mue d'automne se fait ou va commencer à se faire.

Elle se reproduit dans les contrées boréales ; niche dans les prairies marécageuses, parmi les herbes, et pond quatre œufs assez renflés, un peu piriformes, d'un gris verdâtre, lavé de roussâtre ou de jaunâtre, couverts au gros bout de taches arrondies, la plupart confluentes et formant calotte ou couronne, les unes profondes et d'un cendré noirâtre, les autres superficielles et noires ; sur le reste de l'œuf sont dispersés quelques taches de même forme et de même couleur et des points noirs et cendrés. Ils mesurent :

Grand diam. 0^m,038 à 0^m,040 ; petit diam. 0^m,029 à 0^m,030.

349 — MAUBÈCHE MARITIME — *TRINGA MARITIMA*
Brünn.

(Type du genre *Arquatella*, Baird.)

Les deux ou les quatre rectrices médianes d'un brun noirâtre, toutes les autres d'un cendré clair ; sus-caudales médianes noirâtres, les latérales blanches, tachées de brun noir ; sous-caudales blanches, la plupart marquées le long du rachis d'un trait délié brun ; sous-alaires cendrées ; doigt médian plus long que le tarse.

Taille : 0^m,20 *à* 0^m,21.

TRINGA MARITIMA et CINDATA, Brünn. *Ornith. Bor.* (1764), p. 54 et 55.
TRINGA NIGRICANS, Montagu, *Linn. Trans.* (1792), t. IV, p. 40.
TRINGA CADANENSIS, Lath. *Ind.* (1802), suppl. p. 65.
TRINGA ARQUATELLA, Pall. *Zoogr,* (1811-1831), t. II, p. 190.
TOTANUS MARITIMUS, Steph. in : Shaw, *Gen. Zool.* (1824), t. XII, p. 146.
TRINGA STRIATA, Flem. *Brit. Anim.* (1828), p. 110.
ARQUATELLA MARITIMA, Baird, *Birds N.-Amer.* (1860).
P. Roux, *Ornith. Prov.* pl. 281, sous le nom de *Tringa Schinzii.*
Gould, *Birds of Eur.* pl. 344.

Adultes en plumage d'été : Parties supérieures d'un noir violet, avec les plumes du dos et les scapulaires largement bordées et tachées transversalement de roux vif ; devant du cou, poitrine et abdomen d'un cendré blanchâtre, strié de noir sur la poitrine et varié de taches oblongues noirâtres et cendrées sur les côtés du cou et sur les flancs ; milieu du ventre d'un blanc pur ; base du bec d'un jaune vif.

Mâle adulte, après la mue d'automne : Dessus de la tête et du cou d'un cendré noirâtre, marqué de taches plus foncées au vertex ; dos et scapulaires d'un noir violet à reflets pourpres, avec les plumes bordées de gris ; front, joues, côtés et devant du cou d'un cendré noirâtre ; gorge blanchâtre, variée de cendré brun ; poitrine cendrée, avec les plumes terminées par un croissant blanchâtre ; abdomen et sous-caudales d'un blanc marqué de quelques taches longitudinales cendrées sur ces dernières ; taches plus larges et plus nombreuses sur les flancs ; petites et moyennes couvertures supérieures des ailes brunes, bordées de cendré blanchâtre ; rémiges brunes, bordées de grisâtre ; les deux rectrices médianes brunes, les autres cendrées et lisérées de blanc ; bec noirâtre, avec la base rougeâtre ; pieds d'un jaune-roussâtre ; iris brun foncé.

Femelle adulte, après la mue d'automne : Elle ressemble au mâle, dont elle ne diffère que par un bec un peu plus long et une taille plus forte.

Jeunes avant la première mue : Plumes des parties supérieures noires sans reflets, bordées et terminées de blanc roussâtre ; celles des parties inférieures rayées longitudinalement et bordées de cendré au cou, avec de grandes taches sur l'abdomen, les flancs et les sous-caudales ; couvertures supérieures des ailes bordées largement de blanc ; base du bec et pieds jaunâtres.

La Maubèche maritime habite les contrées septentrionales des deux Mondes. Elle est de passage en Hollande, en Angleterre, en Belgique et en France.

En octobre et en novembre, on la rencontre sur les côtes de Dunkerque et de Calais ; mais on ne l'y voit pas chaque année.

Elle niche dans le voisinage des eaux, fort avant dans le Nord. Ses œufs, au nombre de trois ou quatre, sont allongés, piriformes, d'un olivâtre clair, plus ou moins gris, avec de petites taches arrondies ou à bords très-irréguliers, plus rapprochées au gros bout, les unes rousses, les autres d'un brun noir, auxquelles sont mêlés des points de même couleur. Quelquefois la plupart des taches qui occupent le gros bout de l'œuf sont confluentes et forment de grandes plaques d'un brun noirâtre. Quelques traits déliés noirs se montrent souvent parmi ces taches. Ils mesurent :

Grand diam. 0^m,036 à 0^m,038 ; petit diam. 0^m,024 à 0^m,025.

Observation. Il est fort douteux que la *Tringa maritima* soit une Maubèche : elle ne se rapporte à ce genre que par ses formes massives et ses jambes courtes, et elle en diffère par le bec, les doigts et la queue, dont les rectrices médianes, comme chez les Pélidnes, se terminent en pointe et dépassent les latérales. A moins de la séparer génériquement, à l'exemple de M. Baird, elle serait donc mieux à sa place dans le genre *Pelidna*, où elle devrait cependant constituer un groupe particulier, caractérisé par la brièveté, l'épaisseur des tarses et la longueur des doigts.

GENRE CLXXIII

PÉLIDNE — *PELIDNA*, G. Cuv.

Tringa, Linn. *S. N.* (1735).
Calidris, p. et Pelidna, G. Cuv. *Rég. Anim.* (1817).
Actodromas, Leimonites et Ancylocheilus, Kaup, *Natur. Syst.* (1829).

Bec de la longueur de la tête ou un peu plus long, droit ou légèrement fléchi à partir du tiers antérieur, faiblement dilaté à l'extrémité de la mandibule supérieure, plus ou moins déprimé; narines basales, latérales, elliptiques; ailes sur-aiguës, dépassant un peu l'extrémité de la queue, qui est courte, à rectrices médianes terminées en pointe et plus longues que les intermédiaires; bas des jambes, le plus ordinairement, bien dénudé; tarses en général peu élevés, minces; doigts antérieurs longs, grêles, libres, très-légèrement bordés; le médian, y compris l'ongle, presque aussi long que le tarse; pouce ne portant à terre que par son extrémité.

Les Pélidnes, connues aussi sous les noms de *Bécasseaux*, *Alouettes-de-Mer*, se distinguent des Maubèches par des formes plus sveltes, un bec plus mince, moins étranglé, moins dilaté en avant; par des doigts plus grêles, moins bordés; par des jambes dénudées sur une plus grande étendue; par une queue, dont les rectrices médianes, taillées en pointe, dépassent toujours les intermédiaires et le plus souvent les latérales. Le plumage d'été diffère plus ou moins, selon les espèces, du plumage d'hiver. C'est parmi les Pélidnes que se trouvent les plus petits Scolopacidés.

Leurs mœurs, leurs habitudes, leur genre de vie ne diffèrent pas de ceux des autres Tringiens, et on les rencontre sur les rivages de la mer, aussi bien que sur les bords des eaux douces.

Le mâle et la femelle se ressemblent sous leurs deux plumages. Les jeunes, avant la première mue, s'en distinguent notablement. Leur mue est double.

Les Pélidnes sont propres aux contrées boréales des deux continents. Les six ou sept espèces que l'on rencontre en Europe forment pour quelques auteurs trois ou quatre genres ou sous-genres, que nous considérerons comme de simples groupes, les caractères sur lesquels ils reposent ne nous paraissant pas suffisamment génériques.

A — *Espèces dont le bec est légèrement arqué vers le tiers antérieur, et chez lesquelles l'arête de la mandibule supérieure est saillante et convexe dans toute son étendue.*

550 — PÉLIDNE COCORLI — *PELIDNA SUBARQUATA*
Brehm ex Guldenst.

(Type du genre *Ancylocheilus*, Kaup.)

Dessous du corps blanc (plumage d'hiver) *ou d'un roux marron plus ou moins uniforme* (plumage d'été) ; *sus-caudales blanches ou d'un blanc taché de roux, et ornées de deux à quatre taches transversales noires ; sous-caudales d'un blanc pur* (plumage d'hiver), *ou d'un blanc lavé de roussâtre, et marquées vers le tiers postérieur d'une tache anguleuse noire* (plumage d'été).

Taille : 0ᵐ,20 *à* 0ᵐ,21.

Scolopax subarquata, Güldenst. *Nov. comm. Petrop.* (1774-1775), t. XIX, p. 471.
Scolopax africana, Gmel. *S. N.* (1788), t. I, p. 655.
Numenius africanus, Lath. *Ind.* (1790), t. II, p. 712.
Tringa islandica, Retz. *Faun. Suec.* (1800), p. 192.
Numenius subarquata, Bechst. *Nat. Deuts.* (1809), t. IV, p. 148.
Numenius ferrugineus, Mey. et Wolf, *Tasch. Deuts.* (1810), t. II, p. 336.
Tringa subarquata, Temm. *Man.* (1815), p. 393.
Tringa pygmæa, Leach, *Syst. Cat. M. and B. Brit. Mus.* (1816), p. 30.
Tringa falcinella, Pall. *Zoogr.* (1811-1831), t. II, p. 188.
Ancylocheilus subarquata, Kaup, *Natur. Syst.* (1829), p. 50.
Pelidna subarquata et macrorhynchus, Brehm, *Hand. Nat. Vög. Deuts.* (1831), p. 657 et 658.

Buff. *Pl. enl.* 851, individu ayant pris en grande partie son plumage d'hiver, sous le nom d'*Alouette de mer*.

P. Roux, *Ornith. Prov.* pl. 283, f. 1, individu en *robe d'été* ; f. 2, tête du même individu quittant la *robe d'hiver*.

Gould, *Birds of Eur.* pl. 328.

Mâle adulte, en été : Dessus de la tête, du cou et du corps noir, avec les plumes bordées de roux marron et pointillées de grisâtre au vertex, à l'occiput et à la nuque ; taches angulaires d'un roux plus vif sur les bords des plumes du dos, des scapulaires, et une tache d'un cendré plus ou moins clair à leur extrémité ; bas du dos brun, avec les plumes bordées de blanc ; sus-caudales blanches et bordées de zigzags bruns, quelques-unes lavées de roussâtre ; front, sourcils et gorge blanchâtres, pointillés de brun ; devant et côtés du cou, poitrine et une grande partie de l'abdomen d'un roux marron, varié très-légèrement de mouchetures brunes et blanchâtres au cou, à la poitrine, avec les plumes de l'abdomen et des flancs terminées de blanc ; bas-ventre, sous-caudales d'un blanc lavé de roussâtre et tacheté de brun ; couvertures supérieures des ailes brun cendré, avec une teinte plus foncée sur les tiges, et des bordures grisâtres ; rémiges noirâtres, à baguettes blanches ; queue cendré noirâtre, bordée de blanc, avec un peu de roussâtre sur les deux pennes médianes ; bec et pieds noirâtres ; iris brun-noir.

Dans le plumage de noces, les bordures des plumes de l'abdomen, des flancs et du bas-ventre disparaissent et le roux est pur.

Femelle adulte, en été : Elle n'en diffère que par une taille plus forte, un bec plus long et des couleurs un peu moins pures.

Mâle et femelle adultes, en hiver : Dessus de la tête, du cou et du corps d'un brun cendré, avec un petit trait plus foncé sur la tige des plumes, et une teinte plus grisâtre sur leurs bords ; sus-caudales blanches ; front, gorge, devant du cou et abdomen d'un blanc pur ; lorums, bas du cou et poitrine cendrés ; sourcils, face et côtés du cou blancs ; couvertures supérieures des ailes d'un cendré foncé, avec les bordures grisâtres ; rémiges noirâtres ; queue cendrée, avec les pennes bordées de blanchâtre et les plus externes blanches en dedans.

Jeunes avant la première mue : Parties supérieures d'un brun noirâtre, avec les plumes bordées légèrement de gris à la tête, à la nuque, et de blanc jaunâtre sur le corps ; sus-caudales blanches, terminées par un trait transversal brunâtre ; gorge, abdomen et sous-caudales blancs ; bas du cou et poitrine d'un cendré roussâtre, avec un trait longitudinal brun sur la tige des plumes ; côtés du front, sourcils et joues blanchâtres, légèrement lavés de brunâtre ; bec et pieds bruns.

Le Cocorli habite le nord des deux mondes, et se répand en hiver dans les contrées méridionales de l'Europe et même en Afrique.

Il passe sur les côtes maritimes du nord de la France en août, septembre, mai et juin ; s'éloigne peu des bords de la mer et des marais salins, et se mêle aux bandes de l'espèce suivante. Rarement on le rencontre dans l'intérieur des terres.

Il se reproduit dans les régions arctiques de l'ancien continent ; niche sur les bords des eaux et pond trois ou quatre œufs d'un gris jaunâtre ou verdâtre, avec des taches et des points d'un brun noirâtre et roussâtre, plus nombreux et confluents au gros bout. Ils mesurent :

Grand diam. 0^m,036 à 0^m,038 ; petit diam. 0^m,026.

Observation. C'est sur un Cocorli mutilé, auquel les pouces avaient été enlevés, ou qui les avait perdus accidentellement, que G. Cuvier a établi son genre *Falcinellus*, Vieillot son genre *Erolia*. Le même individu a été désigné ou figuré sous trois noms différents : sous celui de *pygmæus* par G. Cuvier (*Rég. Anim.* p. 527) ; sous celui de *variegata* d'abord, de *varia* ensuite, par Vieillot (*N. Dict.* t. X, p. 409, et *Gal. des Ois.* t. II, p. 89, pl. 231). C'est d'un individu semblable que Temminck a fait son *Falcinellus cursorius* (Pl. col. 510).

B — *Espèces dont le bec est droit ou à peu près, et chez lesquelles l'arête de la mandibule supérieure, saillante et convexe de la base au milieu, est ensuite notablement déprimé jusque près de la pointe.*

551 — PÉLIDNE CINCLE — *PELIDNA CINCLUS*
Bp. ex Linn.

Dessous du corps d'un blanc pur (plumage d hiver) *ou varié sur le bas de la poitrine et sur l'abdomen de grandes taches noires plus ou moins confluentes* (plumage d'été) ; *sus-caudales médianes brunes, les latérales blanches ; sous-caudales d'un blanc pur.*

Taille : $0^m,19$ *à* $0^m,20$.

TRINGA ALPINA et CINCLUS, Linn. *S. N.* (1766), t. I, p. 249 et 251.
CINCLUS, Briss. *Ornith.* (1760), t. V, p. 211.
TRINGA RUFICOLLIS, Pall. *Voy.* (1776), édit. franç. in-8, t. VIII, append. p. 47.
NUMENIUS VARIABILIS, Bechst. *Nat. Deuts.* (1809), t. IV, p. 141.
TRINGA VARIABILIS, Mey. et Wolf, *Tasch. Deuts.* (1810), t. II, p. 397.
PELIDNA VARIABILIS, Steph. in : Shaw, *Gen. Zool.* (1824), t. XII, p. 93.
PELIDNA ALPINA, Brehm, *Handb. Nat. Voy. Deuts.* (1831), p. 661.
PELIDNA CINCLUS, Bp. *B. of Eur.* (1838), p. 50.
P. Roux, *Ornith. Prov.* pl. 287 et 288.
Gould, *B. of Eur.* pl. 329.

Mâle adulte, en été : Dessus de la tête noir, avec les plumes bordées de roux ; nuque d'un cendré blanchâtre, avec des stries longitudinales brunes ; dessus du corps d'un roux ferrugineux vif, avec des taches nombreuses et larges au centre des plumes ; croupion et sus-caudales d'un brun cendré, avec quelques taches brunes et rousses sur ces dernières et deux ou trois des latérales blanches en dehors ; front, sourcils, joues, gorge, devant et côtés du cou, poitrine d'un cendré blanchâtre, avec des taches brunes comme à la nuque, plus rapprochées et plus profondes à la poitrine ; abdomen d'un noir pur, avec des bordures blanches ; bas-ventre et sous-caudales de cette dernière couleur, avec quelques taches noirâtres sur les côtés ; bec noir ; pieds et iris noirâtres.

Femelle adulte, en été : Elle ressemble au mâle, mais elle est un peu plus forte, a des teintes un peu moins pures et le bec plus long.

Mâle et femelle adultes, en automne, après la mue : Dessus de la tête, du cou et du corps d'un cendré brun, avec un trait plus foncé sur la tige des plumes et une teinte plus claire sur les bords ; gorge, abdomen et sous caudales d'un blanc pur ; sourcils, côtés du front et poitrine d'un cendré blanchâtre, avec de petites stries brunâtres ; lorums et joues d'un cendré brunâtre, plus foncé sur la tige des plumes, petites et moyennes couvertures supérieures des ailes brunes, bordées de cendré ; rémiges d'un brun plus foncé et bordées de cendré ; rectrices médianes d'un brun foncé, les latérales cendrées et bordées de blanc ; bec, iris et pieds comme en été, mais d'une teinte un peu plus claire.

Jeunes avant la première mue : Dessus de la tête varié de noirâtre et de roux ; nuque d'un cendré roussâtre, strié de brunâtre ; dessus du corps noir, avec les plumes bordées de blanchâtre, et quelques-unes de roussâtre ; gorge, milieu du ventre d'un blanc pur ; cou, poitrine d'un cendré roussâtre, avec des stries pointues d'un brun noirâtre, plus larges sur les côtés du cou et sur les flancs ; bec plus court, brunâtre.

Après la mue d'automne : Ils ont le plumage brun cendré des adultes, et *à la mue du printemps suivant,* ils commencent à se vêtir de la robe de noces, mais ils ne l'ont complète que l'année suivante.

Nota. A l'époque des mues, chez les individus de tout âge, le plumage offre un mélange de plumes de l'enfance ou de la saison que l'on quitte et de celle dans laquelle on entre ; aussi, peu se ressemblent. Le bec varie en longueur suivant l'âge.

Cette espèce habite l'Amérique du Nord, l'Europe septentrionale, et se répand en hiver dans le midi de ce continent et dans l'Afrique septentrionale.

Elle passe régulièrement sur les côtes maritimes de la France, principalement sur celles de Dunkerque, où on la voit en août, septembre, avril et mai.

Elle se reproduit dans les régions boréales des deux continents ; niche dans les endroits marécageux, parmi les herbes et pond trois ou quatre œufs, piriformes, et assez variables pour la couleur. Le plus ordinairement ils sont d'un gris verdâtre ou jaunâtre, tournant plus ou moins au café au lait ; mais on en trouve aussi d'un brun ocreux très-intense, et d'un blanchâtre lavé d'une très-faible teinte verte. Quelle que soit la couleur du fond, ils sont parsemés de points et de petites taches, les unes arrondies, les autres oblongues, d'un cendré roussâtre lorsqu'elles sont profondes, d'un brun roux et noires lorsqu'elles sont superficielles. Elles sont toujours plus nombreuses et souvent confluentes sur le gros bout. Ils mesurent :

Grand diam. 0^m,034 à 0^m,036 ; petit diam. 0^m,025.

Observation Cette espèce offre une race plus petite, que le pasteur Brehm a érigée en espèce sous le nom de *Tringa Schinzii.* Cette race, que nous inscrivons ci-après, nous paraît être celle que Brisson, d'après Aldrovande, désignait sous le nom de *Cinclus minor* et l'espèce qu'il a nommée *Cinclus torquatus.* C'est probablement aussi l'oiseau que l'on trouve figuré dans les *Planches enluminées* de Buffon sous la dénomination de Cincle (pl. 852).

M. Schlegel qui, dans sa *Revue critique des Oiseaux d'Europe*, avait admis la *Tringa Schinzii* de Brehm comme race locale du Bécasseau variable ou Pélidne cincle, paraît aujourd'hui ébranlé dans son opinion ; il admet bien toujours entre ces deux oiseaux des différences de taille et d'habitat ; il reconnaît que « les individus de la grande forme (*Tringa cinclus*), nichent dans les régions arctiques des deux mondes, tandis que ceux de la petite forme (*Tringa Schinzii*, Brehm), ne sont propres qu'à l'ancien monde, où ils nichent, dans les lieux que les premiers ne fréquentent pas durant l'époque de la propagation, tels, par exemple, que le nord de l'Écosse et les pays environnants, au sud, la mer du Nord et la Baltique ; cependant, » il lui paraît « absolument impossible de séparer ces deux formes, sous des dénominations différentes, attendu qu'elles passent, pour ainsi dire, insensiblement l'une dans l'autre et que l'on ne saurait tracer de lignes de démarcation entre elles, ce qui, du reste, avait déjà été démontré par le savant professeur Blasius. »

A — PÉLIDNE A COLLIER — *PELIDNA TORQUATA*

Exactement semblable au précédent (Pelidna cinclus) *avec une taille générale, un bec et des tarses moins grands.*

Taille : 0ᵐ,16 *à* 0ᵐ,17.

CINCLUS MINOR et TORQUATUS, Briss. *Ornith.* (1760), t. V, p. 215 et 216.
TRINGA PYGMÆA, Schinz, *Thierreich* (1821), t. I, p. 782.
TRINGA SCHINZII, Brehm, *Beiträge* (1820-1822), t. III, p. 355.
PELIDNA SCHINZII, p. Bp. *B. of Eur.* (1838), p. 50.
TRINGA CINCLUS MINOR, Schleg. *Rev. crit.* (1844), p. 99.
TRINGA TORQUATA, Degl. *Ornith. Eur.* (1849), t. II, p. 330.
PELIDNA CINCLUS a *Schinzii*, Bp. *Cat. Parzud.* (1856), p. 15.
Buff. *Pl. enl.* 852, individu en mue de printemps, sous le nom de *Cincle*.

Mâle adulte en été : Parties supérieures colorées comme celles du Bécasseau Cincle, mais paraissant plus claires ; haut du dos et scapulaires d'un roux vif avec des taches noires moins nombreuses ; bas du cou, haut de la poitrine blancs, moins striés de noir ; noir de l'abdomen moins étendu, avec les plumes lisérées de blanchâtre et portant une large bande blanche ; bec, pieds et iris comme dans l'espèce précédente.

Femelle adulte : Semblable au mâle, seulement un peu plus forte et avec le bec un peu plus long.

Mâle et femelle adultes, en hiver : Ils ressemblent au Bécasseau Cincle dans la même saison ; mais la tête porte de larges stries lancéolées d'un brun noirâtre.

Jeunes avant la première mue : Ils ne diffèrent de ceux du Bécasseau Cincle que par le bas du cou et le haut de la poitrine, qui sont marqués de larges mèches noires au milieu de ces parties et par de grandes taches sur les côtés du thorax.

Cet oiseau est propre à l'ancien monde. Il habite le nord de l'Europe, la Sibérie septentrionale et se répand, en automne, dans les régions méridionales, où il hiverne.

En automne et au printemps nous le voyons sur nos côtes de l'Océan en plus grand nombre que l'espèce précédente, et tous les marchés des grandes villes du littoral et même de Paris en sont parfois alors abondamment pourvus, sa chair étant assez estimée.

Il se reproduit dans le nord de l'Écosse, sur les bords de la Baltique, de la mer du Nord, en Hollande, dans la Sibérie septentrionale ; niche dans les mêmes conditions que le Cincle, et pond trois ou quatre œufs qui ont exactement la même forme, les mêmes couleurs que ceux de cette espèce, mais qui sont généralement un peu plus petits. Cependant il n'y a rien là d'absolu, car, pour le volume des œufs, comme pour la taille des oiseaux, on passe de ceux de l'espèce à ceux de la race, par des intermédiaires.

352 — PÉLIDNE TACHETÉE — *PELIDNA MACULATA*
Bp. ex Vieill.

Dessous du corps d'un blanc pur en toutes saisons ; sous-caudales blanches, les latéra es et souvent les médianes marquées d'un trait brun délié le long du rachis ; sus-caudales médianes d'un brun noir ; sus-caudales latérales blanches, avec une tache angulaire brune ; bec un peu plus long que la tête.

Taille : 0^m,21 *à* 0^m,23.

? CINCLUS DOMINICENSIS, Briss. *Ornith.* (1760), t. V, p. 219.
TRINGA MACULATA, Vieill. *N. Dict.* (1819), t. XXXIV, p. 465.
TRINGA PECTORALIS, Say, *Long's Exped.* (1823), t. I, p. 171.
PELIDNA PECTORALIS, Bp. *B. of Eur.* (1838), p. 50.
TRINGA DOMINICENSIS, Degl. *Ornith. Eur.* (1849), t. II, p. 232.
PELIDNA MACULATA, Bp. *C. R. de l'Acad. des Sc.* (1856), t. XLIII, p. 596.
Gould, *Birds of Eur.* pl. 327.

Mâle et femelle adultes : Vertex noir, avec une bordure rousse à chaque plume ; nuque gris-roussâtre, marquée de mèches longitudinales noires ; haut du dos, scapulaires, d'un noir brun avec les plumes largement frangées de roussâtre, plus pâle et tournant au blanc vers la pointe ; bas du dos, sus-caudales médianes noirs ; sus-caudales latérales blanches, marquées d'une tache angulaire noirâtre ou brun foncé, qui occupe une plus grande partie des barbes internes ; gorge, partie supérieure de la face antérieure du cou d'un blanc pur ; partie inférieure de la face antérieure du cou, haut de la poitrine, d'un gris roussâtre, avec des mèches noirâtres, comme à la nuque ; bas de la poitrine, abdomen et sous-caudales blancs ; quelques taches oblongues et des stries brunâtres se montrent sur les flancs ; petite bande frontale, raie sourcilière, tour des yeux, blanchâtres, pointillés de brun ; lorums de cette dernière couleur ; joues, côtés du cou pareils à la partie supérieure de la poitrine ; couvertures supérieures des ailes semblables au manteau ; rémiges brunes, la première à baguette blanche, les autres à baguettes d'un brun clair ; rectrices médianes noires, bordées de roux ; les latérales d'un brun terne ou d'un brun cendré, lisérées de blanc ; bec noir, avec sa base jaune-rougeâtre ; pieds jaune-verdâtre ; iris noir.

Mâle et femelle adultes, en hiver : Beaucoup plus pâles en dessus, presque sans teinte noire, avec les plumes du vertex bordées de roux et celles du corps bordées de gris clair ; le reste à peu près comme en été.

Les *jeunes de l'année* nous sont inconnus.

Cette espèce est propre aux régions boréales de l'Amérique du Nord, et se montre accidentellement en Europe.

Temminck l'indique comme ayant été tué près de Yarmouth, le 17 octobre 1830, et les auteurs anglais citent d'autres captures qui auraient également été faites en Angleterre, notamment dans les environs de Penzance (Cornouailles). D'après M. Schlegel, le Muséum d'histoire naturelle des Pays-Bas possède un individu inscrit par Temminck comme ayant été tué en Europe.

Elle se reproduit probablement dans les contrées boréales du Nouveau Monde. Les œufs que nous avons acquis comme appartenant à cette espèce, ont les plus grands rapports avec ceux des *Pelidna cinclus* et *subarquata*, le fond de leur coquille est d'un jaune verdâtre et ils sont variés de taches oblongues un peu obliques par rapport au grand axe, les unes très-profondes et d'un cendré vineux, les autres moyennes, d'un gris roux clair, et d'autres plus superficielles d'un brun roux et d'un brun noirâtre. Ces taches sont très-rares et plus punctiformes qu'oblongues au petit bout, assez abondantes et assez confluentes sur le gros bout pour dessiner une couronne. Aux taches sont mêlés quelques petits points bruns bien détachés. Ils mesurent :

Grand diam. 0ᵐ,033 à 0ᵐ,036 ; petit diam. 0ᵐ,023 environ.

535 — PÉLIDNE A DOS NOIR — *PELIDNA MELANOTOS*

(Type du genre *Heteropygia*, Elliot.)

Dessous du corps et sous-caudales d'un blanc pur en toutes saisons ; sus-caudales médianes et latérales blanches, tachetées de noir ou de brun ; bec à peu près aussi long que la tête, droit.

Taille : 0ᵐ,16 environ.

TRINGA MELANOTOS, Vieill. *N. Dict.* (1819), t. XXXIV, p. 462.

PELIDNA CINCLUS, *var.* Say, *Long's Exped.* (1823), t. I.

TRINGA SCHINZII, Bp. (nec Brehm), *Syn. Birds of Un. St.* (1826).

PELIDNA SCHINZII, Bp. *B. of Eur.* (1838), p 50.

?TRINGRA BONAPARTEI, Schleg. *Rev. crit.* (1844), p. 89, et *Mus. d'Hist. Nat. des Pays-bas*, Scolopaces (1864), p. 42.

TRINGA DORSALIS, Lichst. *Nom. av.* (1854), p. 92.

ACTODROMOS (*Heteropygia*) BONAPARTEI, Elliot, *Proced. Ac. Philad.* (1861), p. 193.

PELIDNA MELANOTOS, Bp. *C. R. de l'Acad. des Sc.* (1856), t. XLIII, p. 596.

ACTODROMUS MELANOTOS, Bp. *Rev. et Mag. Zool.* (1857), t. IX, p. 59.

Gould, *Birds of Eur.* pl. 330 sous le nom de *Tringa Schinzii.*

Mâle et femelle adultes, en été : Dessus de la tête et du cou d'un brun foncé au centre des plumes, d'un brun clair sur les bords ; plumes du dos et scapulaires d'un brun noirâtre, terminées de grisâtre et bordées de roux ; sus-caudales blanches, marquées de petites taches noirâtres ou brunes ; gorge, abdomen et sous-caudales blancs ; devant du cou, poitrine et flancs d'un blanchâtre varié d'étroites mèches longitudinales brunes ; petites et moyennes couvertures supérieures des ailes d'un brun foncé, bordé d'une teinte claire ; rémiges noirâtres, à rachis blanc ; les secondaires noirâtres à la base, blanches à l'extrémité ; rectrices médianes d'un brun foncé, extérieurement bordées d'une teinte plus claire, les latérales d'un brun plus clair, bordées de blanchâtre à l'extrémité ; bec, pieds et iris noirs.

Mâle et femelle adultes, en hiver : Parties supérieures cendrées, comme chez la Pélidne cincle dans la même saison, mais à teintes plus foncées ; parties inférieures blanches, avec le devant du cou et la poitrine cendrés et marqués de taches brunes, fondues.

Jeunes : Parties supérieures variées comme chez les adultes ; parties inférieures marquées de mèches brunes seulement sur le devant du cou et de la poitrine.

Cette espèce est propre aux deux Amériques, mais plus particulièrement à l'Amérique septentrionale, d'où elle gagne parfois l'Europe.

Les auteurs anglais la citent comme se montrant accidentellement dans les îles Britanniques. D'après M. Gould, elle a été tuée dans le Shropshire, près de Market-Drayton. On l'aurait aussi observée en Irlande.

Elle se reproduit dans les contrées froides de l'Amérique du Nord, niche dans les marécages et pond de trois à quatre œufs, semblables pour la forme à ceux des espèces précédentes, à fond brun-jaunâtre clair, ou jaune-verdâtre, varié, surtout au gros bout, de taches bien accusées, les unes profondes et d'un cendré violet ou roussâtre ; les autres superficielles, d'un brun roux, tournant par-ci

par-là au brun noir. Des points de même couleur se montrent parmi les taches.
Ils mesurent :

Grand diam. 0ᵐ,031 à 0,ᵐ033 ; petit diam. 0ᵐ,020 à 0ᵐ,021.

Observation. A l'exemple du prince Ch. Bonaparte, nous rapportons à cette espèce la *Tringa Bonapartii* de M. Schlegel; mais nous la lui rapportons avec doute, attendu que M. Schlegel reconnaît à sa *Tringa* des sus-caudales médianes noirâtres, tandis que d'après Temminck, le prince Ch. Bonaparte, MM. Gould, Elliot, la *Pelidna melanotos* (*Tringa melanotos*, Vieill. : *Tringa Schinzii* Bp. olim) a, comme nous avons pu le constater sur deux individus que possède le Muséum d'Histoire naturelle de Paris, toutes les sus-caudales, les médianes aussi bien que les latérales, blanches, avec quelques petites taches noirâtres.

La *Tringa Bonapartii*, que nous ne connaissons point en nature, pourrait donc bien ne pas être la *Tringa melanotos*, à laquelle nous ne la rapportons que d'après le prince Ch. Bonaparte. Elle se rapprocherait sous beaucoup de rap-·ports, selon M. Schlegel, de la *Tringa* (*Pelidna*) *maculata*, mais elle aurait une taille plus petite, ses doigts seraient plus courts, ses pieds d'une teinte plus foncée, le brun noir du croupion, aurait beaucoup moins d'intensité, et les taches du devant du cou et du haut de la poitrine seraient ordinairement plus étroites. Quant au reste, elle ne diffère pas de la *Pelidna maculata*.

554 — PÉLIDNE MINULE — *PELIDNA MINUTA*
Boie ex Leisl.

(Type du genre *Actodromas*, Kaup.)

Bec plus court que la tête ; tige des rémiges primaires brune à la base et à la pointe, blanche dans le reste de son étendue; tige des rémiges secondaires blanche à la base, brune à la pointe ; rectrices médianes et latérales plus longues que les intermédiaires, d'où résulte une double échancrure ; doigt médian, y compris l'ongle, un peu plus long que le tarse ; poitrine uniformément colorée, ou parsemée de larges taches ovales et anguleuses.

Taille : 0ᵐ,13 *environ,*

TRINGA PUSILLA, Mey. et Wolf (nec Bechst.), *Tasch. Deuts.* (1810), t. II, p. 391.
TRINGA MINUTA, Leisl. *Nachtr. zu Bechst. Nat. Deuts.* (1811-1815), t. I, p. 74.
TRINGA TEMMINCKII, Koch (nec Leisl.), *Baier. Zool.* (1816), t. I, p. 292.
TRINGA CINCLUS, Pall. (nec Linn.), *Zoogr.* (1811-1831), t. II, p. 201.
PELIDNA MINUTA, Boie, *Isis* (1826), p. 979.
PELIDNA PUSILLA, Brehm, *Hand. Nat. Vög. Deuts.* (1831), p. 666.
ACTODROMAS MINUTA, Kaup, *Natur. Syst.* (1829), p. 55.
Gould, *Birds of Eur.* pl. 332.
Naumann, *Vög. Deuts.* pl. 21, f. 30.

Mâle adulte en été : Dessus de la tête et du cou noir, tacheté de roux ; dos, croupion et scapulaires d'un noir profond au centre des plumes et d'un roux vif sur leurs bords et leur pointe ; sus-caudales médianes brunes, bordées de roux ; les moyennes blanches, avec quelques légers traits bruns ; joues, côtés et devant du cou, poitrine, d'un gris roussâtre, marqué de petites taches angulaires brunes ; sourcils, gorge, abdomen et sous-caudales d'un blanc pur ; couvertures supérieures des ailes d'un noir profond, bordées de roux ; rémiges noirâtres, à baguettes blanches excepté à la base et à l'extrémité ; les deux rectrices médianes noires, bordées de roux, les autres cendrées, bordées de blanc ; bec, pieds et iris noirs.

Femelle adulte en été : Elle ressemble au mâle, mais elle est un peu plus rembrunie en dessus et plus tachetée de brun au cou et à la poitrine.

Mâle et femelle adultes, en hiver : D'un cendré tirant sur le roussâtre en dessus, avec la tige des plumes d'un brun noirâtre et les sus-caudales latérales blanches ; front, sourcils, gorge et toutes les parties inférieures d'un blanc pur ; lorums, côtés du cou et de la poitrine d'un cendré plus foncé au centre des plumes ; les deux rectrices médianes brunes, les latérales d'un brun cendré, lisérées de blanc ; bec, iris et pieds d'un brun foncé.

Jeunes avant la première mue : Dessus de la tête et du cou noirâtre, avec les plumes bordées légèrement de roux jaunâtre ; dessus du corps coloré de même, avec les bordures rousses au dos et d'un blanc jaunâtre aux scapulaires ; front, sourcils, gorge, devant du cou et dessous du corps d'un blanc pur ; lorums bruns ; côtés du cou et de la poitrine roussâtres, avec quelques légères taches cendrées ; couvertures supérieures des ailes d'un brun noirâtre, lisérées de roux jaunâtre ; pennes médianes de la queue noirâtres, bordées de cendré roux ; les latérales cendrées et lisérées de blanc.

La Pélidne minule habite le nord de l'Europe et de l'Asie ; se répand en automne et en hiver dans les régions tempérées et méridionales de notre hémisphère, et pousse ses migrations jusque dans l'Afrique australe.

Elle est de passage régulier dans le nord de la France, notamment sur les côtes de Dunkerque, où elle se montre à la fin d'août et d'avril. Au printemps, on la voit quelquefois dans les marais des environs de Lille.

Elle se reproduit, dit-on, dans la Sibérie septentrionale ; niche dans les endroits marécageux et pond trois ou quatre œufs, à peu près comme ceux de la Guignette vulgaire, mais beaucoup plus petits, d'un café au lait clair ou d'un jaune verdâtre, pointillés et tachetés de cendré vineux et de brun roussâtre plus ou moins intense. Les taches sont un peu plus accumulées et plus confluentes sur le gros bout, où se montrent aussi quelques traits isolés noirs. Ils mesurent :

Grand diam. 0ᵐ,028 ; petit diam. 0ᵐ,020.

555 — PÉLIDNE TEMMIA — *PELIDNA TEMMINCKII*
Boie ex Leisl.

(Type du genre *Leimonites*, Kaup.)

Bec plus court que la tête ; tige de la première rémige blanche, celle des suivantes brune ; rectrices diminuant insensiblement des médianes aux latérales ; doigt médian, y compris l'ongle, un peu plus long que le tarse ; poitrine uniformément colorée ou parsemée de très-petites taches longitudinales.

Taille : 0ᵐ,13 *à* 0ᵐ,14.

Tringa pusilla, Bechst. *Nat. Deuts.* (1809), t. IV, p. 308.
Tringa Temminckii, Leisl. *Nachtr. zu Bechst. Nat. Deuts.* (1811-1813), t. I, p. 63.
Pelidna Temminckii, Boie, *Isis* (1826), p. 979.
Leimonites Temminckii, Kaup, *Nat. Syst.* (1829), p. 37.
Gould, *Birds of Eur.* pl. 333.

Mâle et femelle adultes, en été : Plumes des parties supérieures noires au centre, avec de larges bordures d'un roux foncé ; gorge, abdomen et sous-caudales d'un blanc pur ; front, sourcils, joues, devant et côtés du cou, poitrine, d'un cendré roux, marqué de petites taches longitudinales noires ; couvertures supérieures des ailes brunes, bordées de roux ; rémiges noirâtres ; les deux rectrices médianes de la même couleur, bordées de roux foncé, les autres blanchâtres ; bec et pieds d'un brun-verdâtre ; iris brun foncé.

Mâle et femelle adultes, en hiver : Parties supérieures d'un brun foncé, avec la tige des plumes noirâtre ; parties inférieures blanches, avec le devant du cou et de la poitrine d'un cendré roussâtre ; les quatre pennes médianes de la queue d'un brun cendré, les suivantes blanchâtres et une ou deux des plus externes entièrement blanches.

Jeunes avant la première mue : D'un cendré noirâtre en dessus, varié de roussâtre à la tête, avec les plumes du corps lisérées de roux jaunâtre, leur tige noire et une bande étroite de même couleur à l'extrémité des scapulaires ; sourcils blanchâtres ; gorge, abdomen et sous-caudales d'un blanc pur ; devant et côtés du cou, poitrine, d'un cendré rayé de roussâtre ; rectrices, l'externe exceptée, terminées de roussâtre ; bec et pieds d'un brun verdâtre.

La Pélidne Temmia habite principalement les parties tempérées et chaudes de l'Europe. On la trouve en Angleterre, en Hollande et en Allemagne. Elle est de passage régulier dans le nord et le midi de la France, où elle apparaît au printemps et en automne. A ces deux époques elle se mêle aux bandes que forment sur nos côtes les *Pelidna cinclus* et *minuta*.

On avait avancé que cet oiseau se reproduisait dans l'Europe tempérée, notamment en Crimée. M. Millet avait même dit qu'il nichait quelquefois en Anjou ; que ses œufs, de la grosseur de ceux du Merle, étaient pointillés de cendré, avec roussâtre et de noirâtre, sur un fond gris-blanchâtre. M. Baldamus pense, avec raison, qu'il y a certainement là erreur ; que les œufs de cette espèce n'ont pas le volume que M. Millet leur assigne, et qu'ils n'ont pas la couleur de fond qu'il leur reconnaît. Du reste, l'espèce ne se reproduit que dans les contrées boréales de notre continent, principalement dans la Laponie. Ses œufs ont la forme et à peu de chose près les couleurs de ceux de l'espèce précédente. Ils ont un fond blanc-olivâtre et sont parsemés de petites taches cendrées, d'un brun roux clair et d'un brun noirâtre, plus nombreuses et plus confluentes sur le gros que sur le petit bout. Des points ténus bruns sont clairsemés parmi les taches. Ils mesurent :

Grand diam. 0^m,027 à 0^m,028 ; petit diam. 0^m,019 environ.

C — *Espèces dont le bec est notablement fléchi en avant, et dont l'arête de la mandibule supérieure est très-déprimée et très-large, surtout dans la partie moyenne.*

556 — PÉLIDNE PLATYRHYNQUE
PELIDNA PLATYRHYNCHA
Bp. ex Temm.

(Type du genre *Limicola*, Koch.)

Bec faiblement courbé à la pointe, plus long que la tête, déprimé vers le milieu ; une bande longitudinale noire sur la tête ; suscaudales médianes d'un brun noir ; sus-caudales latérales blanches, tachées de roux et de noir ; abdomen et sous-caudales d'un blanc pur ; plumes lombaires largement tachées de brun.

Taille : 0^m,15 environ.

Numenius pygmæus, Lath. *Ind.* (1790), t. II, p. 713.
Numenius pusillus, Bechst. *Nat. Deuts.* (1809), t. IV, p. 152.
Limicola pygmæa, Koch, *Baier. Zool.* (1816), t. I, p. 315.
Tringa eloriodes, Vieill. *N. Dict.* (1819), t. XXXIV, p. 465.
Tringa platyrhyncha, Temm. *Man.* (1820), t. II, p. 616.
Pelidna platyrhyncha, Bp. *B. of Eur.* (1838), p. 50.
Naumann, *Vög. Deuts.* pl. 207.
Gould, *Birds of Eur.* pl. 331.

Mâle et femelle adultes, en été : Dessus de la tête noir, coupé longitudinalement par deux bandes d'un roux nuancé de blanchâtre ; nuque cendrée, rayée longitudinalement de noirâtre et de roussâtre ; dos, scapulaires noirs, avec les plumes bordées d'un roux nuancé de grisâtre ; sus-caudales latérales tachetées de noir et de roux sur fond blanc, les autres d'un brun noirâtre ; sourcils, joues et gorge blancs, marqués de points bruns ; lorums et région parotique variés de brun et de roussâtre ; côtés et bas du cou, poitrine, d'un blanc roussâtre, varié de taches noirâtres ; abdomen et sous-caudales d'un blanc pur, avec les côtés couverts de grandes taches brunes ; couvertures supérieures des ailes d'un brun noirâtre, lisérées de gris et de roussâtre ; rémiges d'un brun noirâtre ; rectrices médianes de la même couleur, bordées de gris roussâtre, les latérales lisérées et terminées de cendré clair ; bec noir rougeâtre à sa base ; pieds d'un cendré vert.

Mâle et femelle adultes, en hiver : Parties supérieures colorées comme celles de la Pélidne cincle, mais d'un cendré tirant sur le roussâtre ; joues, côtés et devant du cou blancs, tachetés légèrement de brun : parties inférieures du corps blanches, marquées de roussâtre sur les côtés de la poitrine, les flancs et les sus-caudales ; bec, iris et pieds d'un brun foncé.

Jeunes : Taille moins forte ; bec moins long, grêle, très-peu fléchi ; dessus de la tête noirâtre, avec les deux bandes cendrées tirant sur le roussâtre ; nuque d'un cendré nuancé de roussâtre et une teinte brune au centre des plumes ; dessus du corps noirâtre, avec les plumes bordées de roux et quelques-unes des scapulaires bordées largement de blanc ; sus-caudales latérales blanches ; sourcils, joues, devant et côtés du cou, parties latérales de la poitrine, d'un blanc très-légèrement lavé de roussâtre et tacheté longitudinalement de brun ; gorge, milieu de la poitrine, abdomen et sous-caudales blancs ; lorums, région parotique d'un brun roussâtre ; petites et moyennes couvertures supérieures des ailes brunes, lisérées de gris ; queue variée comme celle des adultes en été ; bec brun verdâtre en dessus, brun roussâtre en dessous, vers la base ; pieds d'un brun roussâtre ; iris brun noir.

Cette espèce, que jusque vers ces dernières années l'on avait confondue avec les autres petits Échassiers qui passent en grandes bandes, à la même époque, sur nos plages maritimes, habite le nord des deux mondes, et se répand à l'époque des migrations dans presque toutes les parties de l'Europe.

Elle est de passage irrégulier dans le nord de la France, sur les côtes de Dunkerque, de Calais, etc., où elle se montre de temps en temps. On la voit aussi sur les côtes de la Calabre, accidentellement aux environs d'Odessa et sur les côtes méridionales de la France. En 1853, M. Loche en a tué plusieurs dans les marais salins qui avoisinent Aigues-Mortes.

On suppose qu'elle niche dans les contrées tempérées de l'Asie. Elle se reproduirait aussi dans la Norwége occidentale, d'après le docteur Kjarbölling. Ses œufs ont un fond gris verdâtre ou jaunâtre ou brun roussâtre sombre, et sont couverts de nombreuses petites taches, la plupart punctiformes, quelques-unes irrégulières, oblongues ou en crochet, peu confluentes, assez également disséminées à toute la surface ; les unes profondes, d'un gris foncé ; les autres superficielles, brunes ou noirâtres. Ils mesurent :

Grand diam. 0^m,028 à 0^m,029 ; petit diam. 0^m,020.

GENRE CLXXIV

ACTITURE — *ACTITURUS*, Bp.

Tringa, Vieill. *N. Dict.* (1819).
Actitis, Schleg. *Rev. crit.* (1844).
Actiturus, Bp. *Rev. crit.* (1850).
Tryngites, Caban.

Bec plus court que la tête, menu, presque rond, très-peu dilaté vers l'extrémité, à pointe obtuse, à mandibules à peu près égales et droites ; narines basales, latérales, ovalaires ; ailes sur-aiguës, allongées, dépassant un peu la queue, qui est médiocre, notablement étagée, à rectrices médianes plutôt arrondies que pointues au bout ; jambes nues sur un peu plus de la moitié de leur longueur ; tarses assez élevés, minces ; doigts grêles, libres, très-peu bordés, le médian bien plus court que le tarse ; pouce très-petit, et ne portant à terre que par l'extrémité.

L'espèce sur laquelle repose ce genre se distingue des Maubèches et des Pélidnes par la forme de la queue, et a, sous ce rapport, une certaine affinité avec les Guignettes et les Bartramies ; aussi leur a-t-elle été associée génériquement par quelques auteurs. Cependant elle en diffère autant et par plus de caractères

que des premières : elle n'a point, en effet, de palmure basale entre le doigt
externe et le médian, et ses ailes, au lieu d'être plus courtes que la queue, en
atteignent l'extrémité et la dépassent même. En outre, elle n'a pas la forme du
bec des *Actitis*, ni les tarses longs et épais du *Bartramia ;* elle en est donc distincte, aussi bien que des *Tringa* et des *Pelidna*, et le prince Ch. Bonaparte
a eu raison, ce nous semble, de la conserver seule dans le genre *Actiturus*.

Les habitudes et les mœurs des Actitures sont peu connues.

Le mâle et la femelle n'offrent pas entre eux des différences bien sensibles.
Les jeunes s'en distinguent. Leur mue est double.

L'espèce type et unique est propre à l'Amérique du Nord, et se montre accidentellement en Europe.

557 — ACTITURE ROUSSET — *ACTITURUS RUFESCENS*
Bp. ex Vieill.

*Rémiges et rectrices, en dessous, ornées à l'extrémité d'une tache
noire, extérieurement bordée de blanc ; les premières mouchetées et
vermiculées de noir sur les barbes internes ; sus-caudales d'un brun
roux, marquées le long du rachis d'une tache noire ; sous-caudales
roussâtres ; sous-alaires blanches, la plupart marquées d'une
bande noire.*

Taille : 0^m,19 à 0^m,20.

Taille : $0^m,19$ à $0^m,20$.

TRINGA RUFESCENS et SUBRUFICOLLIS, Vieill. *N. Dict.* (1819), t. XXXIV, p. 465
et 470.

ACTITIS RUFESCENS, Schleg. *Rev. crit.* (1844), p. 92.

ACTITURUS RUFESCENS, Bp. *Rev. crit.* (1850), p. 186.

TRINGOÏDES RUFESCENS, J. E. Gray, *Cat. Brit. Birds* (1850), p. 178.

Vieill. *Gal. des Ois.* pl. 238.

Gould, *Birds of Eur.* pl. 326.

Mâle adulte : Parties supérieures brunes, avec les plumes bordées de
cendré roux ; parties inférieures d'un roux pâle, avec les plumes terminées de gris blanchâtre, et les côtés de la poitrine, les flancs, le bas-
ventre marqués de taches noires ; joues, gorge, devant et côtés du cou d'un
roux clair ; couvertures supérieures des ailes pareilles au manteau ; rémiges brunes en dessus, d'un blanc marbré de noir en dessous ; rectrices médianes brunes, terminées de noirâtre et de blanc roussâtre ; les
latérales cendrées, avec des zigzags noirs en travers et terminées de
blanc ; bec noir ; pieds jaunâtres ; iris brun foncé.

Femelle adulte : Plus rembrunie en dessus ; d'une teinte isabelle en
dessous, avec un plus grand nombre de taches noirâtres sur les côtés de
la poitrine et sur les flancs.

Jeunes de l'année : Plus petits ; plumage d'un brun moins foncé et dessus, avec les plumes bordées de blanchâtre ; roussâtre en dessous varié d'un très-grand nombre de petites taches brunes, qui prennent la forme de lunules sur les côtés de la poitrine ; ailes et queue comme chez les adultes, mais avec des couleurs moins foncées.

Cette espèce habite l'Amérique septentrionale et s'égare quelquefois en Europe.

Elle a été observée en Angleterre dans les comtés de Cambridge et de Norfolk, et, en France, sur les côtes de la Picardie. M. J. de Lamotte avait dans sa collection un jeune de l'année qui avait été pris dans les environs d'Abbeville. D'après Temminck, les individus tués en Europe étaient associés à des compagnies de Pluvier Guignard.

Son mode de nidification et ses œufs ne nous sont pas connus.

SOUS-FAMILLE LXI

TOTANIENS — *TOTANINÆ*

Totaninæ, G. R. Gray, *List Gen. of B.* (1841).
Totaneæ, Bp. *Consp. Syst. Ornith.* (1854).

Mandibule supérieure rarement sillonnée au delà de sa partie moyenne, à extrémité dure, lisse, le plus souvent comprimée, effilée ; tarses scutellés en avant et en arrière ; quatre doigts ; l'externe et quelquefois l'interne unis au médian par une palmure.

Les Totaniens ont en général des formes plus élancées que les autres Scolopacidés ; des tarses relativement plus élevés et plus minces ; un bec plus grêle, sillonné sur une moindre étendue, plus comprimé, effilé à l'extrémité de la mandibule supérieure, qui se recourbe notablement sur la mandibule inférieure ; et un plumage le plus souvent varié de taches oblongues.

On les rencontre aussi bien au voisinage de la mer que dans l'intérieur des terres, sur les bords des rivières, des lacs, des marais ; il en est même qui vivent loin des eaux, dans les plaines en culture. Quelques-uns ont l'habitude de se percher parfois sur les branches basses des arbres qui bordent les cours d'eau, ou sur d'autres objets élevés. Leur voix est criarde et sifflante.

Les Totaniens sont répandus sur tout le globe. La plupart habitent l'Europe ou y sont de passage annuel, quelques autres s'y montrent accidentellement.

GENRE CLXXV

COMBATTANT — *MACHETES*, G. Cuv.

Tringa, p. Linn. *S. N.* (1735).
Philomachus, Mœhr. *Av. Gen.* (1752).
Pavoncella, Leach, *Syst. Cat. M. and B. Brit. Mus.* (1816).
Machetes, G. Cuv. *Reg. Anim.* (1817).

Bec de la longueur de la tête, droit, sillonné aux deux tiers environ, médiocrement flexible, un peu renflé à l'extrémité, à pointes des deux mandibules légèrement infléchies l'une vers l'autre; narines basales, latérales, coniques; ailes longues, suraiguës, dépassant la queue, qui est arrondie; jambes nues à peu près sur la moitié de leur étendue; tarses allongés, grêles; doigt médian, y compris l'ongle, plus court que le pouce, uni à l'externe par une palmure assez ample; pouce très-court.

Les Combattants, qui tirent leur nom de l'habitude qu'ont les mâles de se battre, au moment des pariades, pour la possession des femelles, ont les mœurs générales et le genre de vie des Bécasseaux et des Chevaliers. Ils fréquentent les lieux marécageux, et vivent ordinairement en troupes.

Le mâle et la femelle offrent, sous le rapport du plumage et de la taille, des différences qui ont fait créer des espèces nominales. Le premier se dépouille au printemps des plumes de la face qui devient verruqueuse, et subit une mue partielle, à la suite de laquelle il revêt une collerette de très-longues plumes, qui tombent aussitôt après la reproduction. Les jeunes, avant la première mue, diffèrent peu de la femelle en hiver.

Observation. Le genre Combattant semble former le passage des Tringiens aux Totaniens. L'espèce type du genre a le bec court, cylindrique, à pointe un peu renflée des premiers, et se lie aux seconds par ses formes élancées, ses pieds allongés et la palmure qui unit le doigt externe au médian. L'ensemble de ses caractères en fait donc plutôt un Totanien qu'un Tringien.

558 — COMBATTANT ORDINAIRE — *MACHETES PUGNAX* G. Cuv. ex Linn.

Sous-alaires et sous-caudales blanches sans taches; baguette de toutes les rémiges blanche ou blanchâtre; les trois rectrices les plus latérales unicolores, les médianes rayées de noirâtre en travers, une large collerette chez les mâles en été.

Taille : 0ᵐ,31 environ (mâle), 0ᵐ,20 environ (femelle).

TRINGA PUGNAX, Linn. *S. N.* (1766), t. I, p. 247.

TRINGA CINEREUS, Briss. *Ornith.* (1760), t. V, p. 203, *jeune.*

TRINGA VARIEGATA, Brünn. *Ornith. Bor.* (1764), p. 51, *mâle en automne.*

TRINGA LITTOREA, Gmel. *S. N.* (1788), t. I, p. 677, *jeune*

TRINGA EQUESTRIS, *femelle*, et GRENOVICENSIS, *jeune*, Lath. *Ind.* (1790), t. II p. 730 et 731.

TRINGA RUFESCENS, Bechst. *Nat. Deuts.* (1809), t. IV, p. 332.

PAVONCELLA PUGNAX, Leach, *Syst. Cat. M. and B. Brit. Mus.* (1816), p. 29.

MACHETES PUGNAX, G. Cuv. *Règ. Anim.* (1817), t. I, p. 490.

PHILOMACHUS PUGNAX, G. R. Gray, *List Gen. of B.* (1841), p. 80.

Buff. *Pl. enl.* 300 et 306 *femelle* et *jeune* sous le nom de *Chevalier varié* 305 *mâle*, sous le nom de *Paon de mer.*

Mâle adulte, en été : Dessus de la tête et du cou ordinairement varié de noir ou de violet foncé à reflets d'acier, dessus du corps noirâtre varié de roux, de cendré, de blanc ou de jaune, avec le bas du dos e les sus-caudales d'un gris brun ; face couverte de papilles jaunes ou rougeâtres ; large collerette, composée de plumes fortes, serrées, diversement arrangées et colorées, surmontée d'oreillons formés par les plumes des parties latérales de la nuque, qui sont longues et de couleurs différentes ; poitrine variée de blanc, de noir, ou de violet ; abdomen et sous-caudales d'un blanc plus ou moins pur ; grandes couvertures supérieures des ailes brunes, bordées d'une autre couleur ; petites et moyennes couvertures d'un cendré brun ; rémiges d'un brun foncé ; rectrices pareilles à celles-ci, rayées en travers de brun noirâtre ; bec brunâtre ; pieds d'un brun lavé de jaunâtre ou de verdâtre ; iris brun.

Femelle adulte, en été : Beaucoup plus petite que le mâle, sans collerette ou fraise ; généralement d'un brun cendré en dessus, avec des plumes rousses ou noires à reflets ; couleurs des parties inférieures plus claires, avec le ventre blanc ; bec noir ; pieds brun jaunâtre ou verdâtre.

Mâle et femelle adultes, en automne : Ils sont semblables, à la taille près ; le mâle n'a plus de papilles ni de fraise ; les plumes de la nuque et du cou sont courtes comme chez la femelle en été ; ils sont, en général, en dessus, bruns, variés de noir et de roussâtre ; blancs en dessous et tachetés au cou.

Jeunes avant la première mue : Ils ressemblent à la femelle en robe d'hiver, mais ils sont plus petits, ils ont les plumes des parties supérieures d'un brun noirâtre, et frangées largement de roux jaunâtre ; celles du cou et de la poitrine d'un cendré roussâtre ; celles de la gorge, de l'abdomen, du dessous de la queue, blanches, et les petites couvertures supérieures des ailes bordées de blanc roussâtre ; le bec noir et les pieds verdâtres.

Nota. Il n'y a pas d'oiseau dont le mâle varie autant en été, sous le rapport des couleurs, que celui de cette espèce. Il n'est pas possible, quelque grande que soit la quantité de mâles que l'on examine sous leur robe de noces, d'en trouver deux qui portent la même collerette. Ce n'est que dans les mois de mai et de juin qu'ils portent cette parure.

Le Combattant habite les contrées septentrionales et tempérées de l'Europe et de l'Asie.

Il est de passage périodique en France. Aux mois d'août et de septembre, lorsqu'il se rend dans le midi pour y passer l'hiver, nous le voyons en petit nombre dans le nord. Il s'y montre en plus grande quantité vers la fin de mars et en avril, lorsqu'il retourne, avec les Bécasseaux, pour se rendre plus au nord de l'Europe. Les mâles passent les premiers en automne, puis les femelles, et ensuite les jeunes ; le contraire a lieu au printemps. A cette époque on en prend beaucoup aux filets, dans les marais entre Douai et Cambrai. On en prenait également aux environs de Lille, avant le desséchement du marais de Marquillies.

Il se reproduit en très-grand nombre en Hollande et en Bessarabie ; en plus petit nombre en Angleterre, et quelquefois en France, dans le Boulonnais. Il niche dans les prairies marécageuses, parmi les herbes ; pond quatre ou cinq œufs, un peu ventrus, piriformes, d'un gris verdâtre, un peu roux ou d'un gris jaunâtre, avec des points et des taches d'un brun roux et d'un brun noir. Ils mesurent :

Grand diam. 0^m,042 à 0^m,045 ; petit diam. 0^m,032 à 0^m,033.

Le Combattant est un oiseau qui aime à se tenir sur un pied, tandis que l'autre est caché dans les plumes de l'abdomen ; s'il veut alors changer de place, il se contente, le plus souvent, de faire quelques sauts sur ce pied, au lieu de poser l'autre à terre. Durant la saison des amours, le mâle est sans cesse disposé à se battre avec le premier de son espèce qui se présente, et celui-ci ne refuse jamais le combat.

GENRE CLXXVI

CHEVALIER — *TOTANUS.*

Scolopax, p. et Tringa, p. Linn. S. N. (1735).
Totanus, Bechst. *Nat. Deuts.* (1809).
Totanus et Glottis, Koch, *Baier. Zool.* (1816).
Gambetta , Euythroscelus, Helodromas et Rhyacophilus, Kaup, *Nat. Syst.* (1829).

Bec une fois et demie, à peu près, aussi long que la tête, droit ou un peu retroussé, grêle, à mandibule supérieure comprimée

à la pointe, fléchie sur l'inférieure qui est un peu plus courte;
narines basales, latérales, linéaires; ailes allongées, sur-aiguës,
atteignant ou dépassant l'extrémité de la queue, qui est courte,
égale ou légèrement arrondie; jambes nues au moins sur la
moitié de leur longueur; tarses longs, minces; doigt médian
aussi long ou un peu plus long que la partie nue des jambes;
pouce petit, ne portant à terre que par son extrémité.

Les Chevaliers ont des mœurs paisibles et sociables; ils fréquentent les
prairies humides, les bords des eaux douces, les plages maritimes; se nourrissent de vers, de petits crustacés et de petits mollusques aquatiques; émigrent tous les ans à des époques régulières, et voyagent le jour aussi bien que
la nuit. Ils répètent fréquemment en volant un cri de rappel aigu, et font entendre, comme signal de repos, au moment de prendre terre, de petits cris
cadencés, très-doux et très-variés selon les espèces. Leur démarche est dégagée, leur course est légère et précipitée. Lorsque quelque chose les affecte,
ils s'arrêtent, dressent le corps et l'inclinent brusquement. Ces mouvements,
qu'ils répètent plusieurs fois de suite, sont ordinairement le signal du départ,
si l'objet de leur inquiétude persiste.

Les espèces qui nous visitent annuellement font une double apparition sur
nos côtes maritimes. Leur passage de printemps a une assez longue durée : il
s'étend des derniers jours de mars à la mi-mai environ, et les vents d'est semblent le favoriser. Les mâles passent d'abord, puis viennent les femelles et
les jeunes. Le passage d'automne, d'après les observations de M. Hardy, est à
peine sensible sur notre littoral. Il a lieu vers la fin d'août, à l'improviste, par
masses, souvent de nuit, avec des vents du sud ou du sud ouest et de la pluie,
et il dure un ou deux jours au plus. Ce passage est toujours annoncé par quelques sujets avant-coureurs, qui se montrent en juillet. On voit aussi quelques
traînards en septembre et même en octobre.

Le mâle et la femelle ne diffèrent pas sous leur double livrée. Les jeunes,
avant la première mue, s'en distinguent. Leur mue est double, et ce n'est
jamais la première année que leur plumage est parfait. Les mâles muent plus
tôt que les femelles.

Observation. Le genre Chevalier ne renferme plus pour quelques auteurs
que le *Totanus stagnatilis.* Toutes les autres espèces européennes sont devenues
autant de types de genres distincts; mais la plupart de ces coupes sont loin
d'avoir la valeur qu'on leur attribue. Ainsi les genres *Gambetta, Helodromas,
Erythroscelus, Rhyacophilus,* proposés par M. Kaup, et adoptés par le prince
Ch. Bonaparte, qui a de plus admis le genre *Glottis* de Koch, reposent sur des
attributs qui ne sont pas même propres à caractériser des groupes. Les deux
que nous établissons, en prenant en considération la longueur relative du bec,
la forme de la queue, la couleur du dos, sont les seuls qui nous paraissent
justifiables.

A — *Espèces chez lesquelles la moitié postérieure du dos, au moins, est blanche ; bec beaucoup plus long que le doigt du milieu, y compris l'ongle, et les rectrices médianes notablement plus longues que les latérales.*

339 — CHEVALIER GRIS — *TOTANUS GRISEUS*
Bechst. ex Briss.

(Type du genre *Glottis*, Koch.)

Sous-alaires blanches, variées de taches anguleuses brunes ; sus-caudales et rectrices médianes marquées de bandes alternes' et transversales brunes et blanches ; pieds verdâtres ; mandibule inférieure noirâtre et retroussée dans le sens de la mandibule supérieure.

Taille : 0ᵐ,34 environ.

Limosa grisea, Briss. *Ornith.* (1760), t. V, p. 267.
Totanus griseus, fistulans et glottis, Bechst. *Nat. Deuts.* (1809), t. IV, p. 231, 241 et 249.
Totanus chloropus, Mey. et Wolf, *Tasch. Deuts.* (1810), t. II, p. 371.
Limosa glottis, Pall. *Zoogr.* (1811-1831), t. II, p. 179.
Glottis natans, Koch, *Baier. Zool.* (1816), t. II, p. 305.
Limicula glottis, Leach, *Syst. Cat. M. and B. Brit. Mus.* (1816), p. 32.
Glottis chloropus, Nils. *Orn. Suec.* (1817), t. II, p. 57.
Glottis canescens, Strichl.
Glottis grisea, Brehm, *Handb. Nat. Vög. Deuts.* (1831), p. 631.
Buff. *Pl. enl.* 876, *jeune*, sous le nom de *Barge grise*.
P. Roux, *Orn. Prov.* pl. 298.
Gould, *Birds of Eur.* pl. 312.

Mâle et femelle adultes, en été : Dessus de la tête et du cou noir, rayé longitudinalement de blanc ; haut du dos d'un noir plus profond, avec les plumes bordées de blanc ; haut des scapulaires également noir, avec des bordures blanches et quelques taches rougeâtres ; le reste de leur étendue d'un cendré tirant sur le rouge, avec la tige noire et de petits traits de cette couleur, interrompus de blanc, sur les bordures ; parties moyenne et inférieure du dos blanches ; sus-caudales rayées transversalement de blanc et de brun ; parties inférieures d'un blanc pur ; le cou, la poitrine et les flancs tachés longitudinalement de noirâtre ; sourcils, tour des yeux et joues blancs, tachetés de noir ; petites et moyennes couvertures supérieures des ailes d'un brun noir, quelques-unes bordées de cendré ; rémiges également d'un brun noir ; queue blanche, avec les pennes médianes rayées en zigzag de brun cendré ; bec noirâtre ; pieds brun-verdâtre ; iris noir.

Mâle et femelle adultes, en hiver : Dessus de la tête et du cou d'un brun cendré, rayé de blanc ; dessus du corps d'un brun plus foncé, avec les plumes du dos bordées de cendré blanc roussâtre, et des raies diagonales d'un brun foncé sur les longues plumes qui recouvrent les rémiges ; milieu et bas du dos blancs ; sus-caudales rayées de brun cendré sur fond blanc ; gorge, milieu du cou, abdomen et sous-caudales d'un blanc pur ; côtés du cou et de la poitrine rayés longitudinalement de brun cendré ; sourcils, paupières et joues blancs, tachetés de noir ; rémiges d'un noir lavé de cendré ; queue blanche, avec les pennes médianes cendrées, rayées transversalement, et les deux plus latérales longitudinalement, de brun cendré ; bec brun ; pieds gris verdâtre.

Jeunes avant la première mue : Parties supérieures d'un brun foncé, avec chaque plume bordée de blanc, tirant sur le fauve ; parties inférieures blanches, avec le devant du cou et le haut de la poitrine rayés transversalement de cendré roussâtre ; lorums noirâtres.

Après la mue : Ils ressemblent aux adultes, mais on distingue encore les raies transversales cendré roussâtre du cou et de la poitrine.

Cette espèce habite le nord de l'Europe et de l'Asie ; se répand, à l'époque des migrations, sur beaucoup de points de l'Europe, de l'Afrique, et s'égare, dit-on, jusqu'en Amérique.

Elle est de passage régulier en France. Dès la mi-juillet elle commence à se montrer aux environs de Dieppe ; on ne la voit, dans les environs de Dunkerque et de Lille, qu'en septembre et octobre. Elle repasse fort tard en avril. On en prend chaque année, aux filets, entre Douai et Cambrai.

Le Chevalier gris niche dans les endroits marécageux ; pond de trois à cinq œufs, un peu allongés, d'un jaune roux assez vif, quelquefois un peu verdâtres ou gris, avec des taches rousses et brunes. Ils mesurent :

Grand diam. 0^m,052 ; petit diam. 0^m,034.

Cette espèce n'aime que les lieux découverts au bord des eaux courantes, soit douces, soit salées. Elle est très-habile à saisir le menu fretin qui nage près des bords, à la surface de l'eau, et se laisse difficilement approcher.

360 — CHEVALIER BRUN — *TOTANUS FUSCUS*
Bechst. ex Linn.

(Type du genre *Erythroscelus* (Kaup.)

Sous-alaires d'un blanc pur ; sus-caudales et rectrices marquées de bandes alternes et transversales cendrées et noirâtres ;

sous-caudales blanches, les latérales et les plus grandes rayées obliquement de noirâtre; mandibule inférieure rouge à la base, fléchie à l'extrémité dans le sens de la mandibule supérieure; tarses d'un rouge orange ou d'un rouge brun.

Taille : 0^m,31 à 0^m,32.

Scolopax fusca, Linn. *S. N.* (1766), t. I, p. 243.
Limosa fusca, Briss. *Ornith.* (1760), t. V, p. 276.
Scolopax totanus et Ccronica, Gmel. *S. N.* (1788), t. I, p. 655 et 659.
Tringa atra, Lath. *Ind.* (1790), t. II, p. 738.
Totanus maculatus, natans et fuscus, Bechst. *Nat. Deuts.* (1809), t. IV, p. 203 et 227.
Totanus longipes, Meis. et Schinz, *Vög. Schweiz* (1815), p. 216.
? Totanus Raii Leach, *Syst. Cat. M. and B. Brit. Mus.* (1816), p 31.
Erythroscelus fuscus, Kaup, *Nat. Syst.* (1829), p. 54.
Buff. *Pl. enl.* 875, sous le nom de *Barge brune.*

Mâle adulte, en livrée d'amour : Parties supérieures d'un brun noirâtre à reflets pourpres, surtout à la tête, au dos, avec de petites taches triangulaires blanches sur les bords des plumes du corps, le croupion blanc et les sus-caudales barrées en zigzags de cendré brun et de blanc; parties inférieures d'un noirâtre uniforme, avec les sous-caudales barrées et terminées de blanc; tour des yeux blanc; couvertures supérieures des ailes terminées par un croissant de cette couleur; rémiges d'un cendré blanc; rectrices de la même couleur, rayées de blanc sur les barbes seulement; bec noir, avec la base de la mandibule inférieure rouge; pieds d'un brun rougeâtre; iris brun noir (1).

Femelle adulte, en amour : Elle ressemble au mâle, mais elle a moins de reflets pourpres en dessus, et les plumes de la poitrine et de l'abdomen sont bordées de blanc.

Mâle et femelle adultes, en hiver : Dessus de la tête, du cou et du corps d'un gris cendré, avec un très-faible liséré blanchâtre sur les bords des plumes, et une teinte brune sur leur tige; bas du dos blanc; sus-caudales rayées de zigzags gris cendré et blancs; gorge, une grande partie de la poitrine, abdomen et sous-caudales d'un blanc pur; devant du cou, haut de la poitrine et flancs d'un cendré mélangé de blanchâtre; lorums bruns; raie sourcilière s'étendant du bec à l'oreille, et

---

(1) Temminck n'a pas décrit le mâle dans cet état. Il donne comme tel la livrée de la femelle. Cette livrée, suivant lui, serait la même pour les deux sexes. Il se trompe : la femelle conserve toujours, en été, des bordures blanches aux plumes de la poitrine et de l'abdomen, tandis qu'elles disparaissent entièrement chez le mâle adulte.

joues d'un blanc varié de cendré ; côtés du cou cendrés et variés de blanc à la partie supérieure ; couvertures supérieures des ailes brunes, bordées et terminées de blanchâtre ; rémiges noirâtres ; rectrices cendrées, rayées de gris et de blanc en zigzag ; bec brun-noirâtre, avec la mandibule inférieure rougeâtre à la base ; iris comme en été ; pieds rouges.

Jeunes avant la première mue : Parties supérieures brunes, avec les plumes bordées de blanc et de petites taches triangulaires de cette couleur sur les scapulaires ; parties inférieures blanchâtres, variées de taches cendrées au cou et de raies transversales en zigzag sur toutes les autres parties ; gorge blanche ; lorums bruns ; paupières, raie sourcilière et joues d'un blanc varié de brun ; couvertures supérieures des ailes brunes, bordées de blanc ; rémiges, rectrices, bec, iris comme chez les vieux en hiver ; pieds d'un rouge brunâtre.

A l'époque des mues : Les vieux et les jeunes portent des plumes des livrées d'été et d'hiver ou de l'enfance. Ils sont alors plus ou moins tapirés en dessous de plumes brunes ou blanches.

Cette espèce habite le nord de l'Europe ; est de passage en France, en Belgique, en Hollande, en Allemagne, dans la Russie méridionale et en Italie.

Dans le nord de la France, elle ne se montre qu'en petit nombre, surtout à l'automne ; au printemps, on l'y voit un peu plus abondamment. Annuellement, dans le mois d'avril, on en prend aux filets entre Douai et Cambrai et aux environs d'Abbeville, mais on trouve rarement les mâles en robe parfaite d'amour.

Elle se reproduit dans les régions du cercle arctique. Ses œufs nous sont inconnus.

Cet oiseau préfère les marais d'eau douce, où il aime à marcher ayant de l'eau jusqu'au ventre. Sa nourriture consiste en insectes et petits limaçons. Il est d'une grande agilité et le plus défiant du genre, avec le Chevalier cul-blanc, il part de loin et s'élève comme un trait à perte de vue, presque toujours pour ne plus reparaître. Il ne voyage qu'isolément ou par petites bandes de quatre ou cinq individus.

561 — CHEVALIER GAMBETTE — *TOTANUS CALIDRIS*
Bechst. ex Linn.

(Type du genre *Gambetta*, Kaup.)

Sous-alaires blanches, avec les grandes et les plus voisines du bord de l'aile en partie d'un cendré clair ; sus-caudales et rectrices marquées de bandes alternes et transversales brunes et blanches ; sous-caudales blanches, les latérales et les plus grandes coupées par des bandes brunes; rémiges secondaires en partie blanches; bec rouge dans la moitié basale; mandibule inférieure relevant à l'extrémité sur la mandibule supérieure; pieds rouges.

Taille : 0ᵐ,29 *environ.*

Scolopax calidris, Linn. *S. N.* (1766), t. I, p. 245.
Totanus striatus et nævius, Briss. *Ornith.* (1760), t. V, p. 190 et 200.
Tringa variegata, Brünn. *Ornith. borealis* (1764), p. 54.
Tringa gambetta et striata, Gmel. *S. N.* (1788), t. I, p. 671 et 672
Totanus calidris, Bechst. *Nat. Deuts.* (1809), t. IV, p. 216.
Gambetta calidris, Kaup, *Nat. Syst.* (1829), p. 54.
Totanus littoralis, Brehm, *Hand. Nat. Vog. Deuts.* (1831), p. 636.
Buff. *Pl. enl.* 827 *jeune de l'année,* en plumage d'automne, sous le nom de *Chevalier rayé;* 845 *adulte,* en plumage parfait d'été, sous le nom de *Gambette.*

Mâle et femelle adultes, en été : Parties supérieures d'un brun cendré olivâtre, lavé de rougeâtre, avec une raie noire longitudinale au centre des plumes de la tète, du cou et du dos, des raies diagonales de même couleur sur les scapulaires et les grandes couvertures des ailes ; milieu et bas du dos, sus-caudales rayés transversalement de zigzags bruns ; parties inférieures blanches, avec chaque plume marquée d'une tache longitudinale brune et d'autres obliques et transversales sur les flancs et les sous-caudales ; un trait du bec à l'œil au-dessus des lorums et bord libre des paupières blancs ; joues pareilles au devant du cou ; petites et moyennes couvertures supérieures des ailes d'un cendré brun, avec la tige plus foncée et les bords d'une teinte plus claire ; rémiges primaires noires, les secondaires moitié de cette couleur, le reste blanc ; les quatre rectrices médianes rayées transversalement de blanc et de noirâtre, les autres blanches ; bec rouge dans sa moitié postérieure, brun dans le reste de son étendue ; pied d'un rouge vermillon ; iris brun.

Mâle et femelle adultes, en hiver : Parties supérieures d'un cendré rembruni, plus foncé sur la tige des plumes, d'une teinte plus claire sur les bordures, avec le milieu du dos d'un blanc pur et les sus-caudales rayées transversalement de zigzags noirs, sur fond blanc ; gorge, devant du cou et milieu de la poitrine d'un blanchâtre rayé longitudinalement de brun ; côtés du cou et de la poitrine d'un brun rembruni ; flancs et sous-caudales tachetés de brun ; paupières blanches ; joues blanchâtres, rayées de brun ; bord de l'aile blanc ; petites et moyennes couvertures supérieures des ailes d'un brun foncé, avec un liséré blanchâtre peu apparent ; premières rémiges noires, les intermédiaires moitié de cette couleur, le reste blanc; bec moitié brun et moitié rouge; pieds d'un rouge pâle.

Jeunes, avant la première mue : Taille plus petite et bec plus grêle; parties supérieures brunes, avec les plumes finement bordées de jaunâtre à la tête et au corps, de grisâtre au cou; gorge blanchâtre; milieu de la poitrine et abdomen blancs; devant du cou et côtés de la poitrine d'un cendré tacheté longitudinalement de brun au centre des plumes; flancs et sous-caudales blancs, tachetés de brun; paupières blanches; une raie blanchâtre entre le bec et l'œil; joues tachetées de brun; couvertures supérieures des ailes brunes, bordées de roussâtre, les plus longues·tachetées, sur les bords, de blanc jaunâtre; queue terminée de roussâtre et rayée de cendré sur fond blanchâtre; bec brun, avec une teinte livide à la base; pieds d'un jaune orange.

Variétés accidentelles : On trouve parfois des individus à plumage entièrement blanc. M. Duthoit, à Dunkerque, en possède un. Cette variété est d'autant plus remarquable qu'il est rare de trouver dans l'ordre des Échassiers des exemples d'albinisme parfait.

Le Chevalier gambette est répandu en Europe. On le trouve aussi en Asie et en Afrique.

Il est sédentaire dans le midi de la France et de passage annuel dans le nord, au printemps et en automne. A la fin de mars on le prend en quantité, aux filets, dans les marais entre Douai et Cambrai.

Il se reproduit dans les régions tempérées et froides de l'ancien continent; niche dans les prairies humides, marécageuses. Sa ponte est de quatre œufs, renflés, un peu pointus à un bout, d'un roux clair ou d'un jaune verdâtre, avec des taches irrégulières d'un gris foncé, d'un roux brun ou d'un brun noir, suivant qu'elles sont superficielles ou profondes. Ils mesurent :

Grand diam. 0^m,048; petit diam. 0^m,032.

Comme ses congénères, le Chevalier gambette se nourrit de vermisseaux, d'insectes et de petits crustacés. D'après M. Hardy (*in Litter.*), c'est le plus commun et le moins défiant du genre. Il aime, avant tout, les vases salées, où il trouve en abondance des vermisseaux et des chevrettes. Plus qu'aucun autre de la famille, il aime à vivre en société : un individu de son espèce vient-il à passer, il l'aperçoit de fort loin, l'invite à s'arrêter par un sifflement de rappel, note d'une originale interrogation, qui ne manque jamais son effet, et le nombre augmente ainsi de tous les individus qui viennent à passer dans la journée. Cette note de rappel, ajoute le même observateur, fait aussi venir la majeure partie de nos Échassiers, les Chevaliers gris, brun, sylvain, les Bécasseaux, les Barges et même le Pluvier suisse lorsqu'il est isolé; le Chevalier cul-blanc et la Guignette vulgaire font exception.

On conserve cet oiseau dans les jardins, avec des Combattants, des Vanneaux, des Pluviers dorés, et ils vivent tous en très-bonne intelligence. On leur donne de la mie de pain et de la viande hachée quand les vers commencent à manquer. On tient renfermés, en hiver, ceux qui résistent à ce genre de vie. Il convient, pour les maintenir en bonne santé, de leur donner beaucoup d'eau, parce qu'ils boivent souvent et qu'ils aiment à se baigner.

562 — CHEVALIER STAGNATILE
TOTANUS STAGNATILIS
Bechst.

Sous alaires et sus-caudales d'un blanc pur ; queue blanche, les quatre rectrices médianes rayées transversalement de noir, les latérales marquées de deux ou trois bandes brunes irrégulières et obliques ; sous-caudales blanches, avec une tache ovalaire noirâtre à l'extrémité de quelques-unes ; tout le bec noir ; tarses d'un noir rougeâtre.

Taille : 0^m,24.

Scolopax totanus, Linn. *S. N.* (1766), t. I, p. 245.
Totanus stagnatilis, Bechst. *Nat. Deuts.* (1809), t. IV, p. 261.
Glottis stagnalis, Koch, *Baier. Zool.* (1816), p. 306.
Tringa guinetta, Pall. *Zoogr.* (1811-1831), t. II, p. 195.
P. Roux, *Ornith. Prov.* pl. 295, *mâle.*
Gould, *Birds of Eur.* pl. 314.

Mâle et femelle adultes en été : Dessus de la tête et du cou d'un blanc cendré, rayé longitudinalement de noir ; dessus du corps d'un cendre rougeâtre, varié de taches noires au dos et aux scapulaires, les unes longitudinales, les autres transversales, avec des lignes diagonales également noires sur les longues plumes qui recouvrent les rémiges ; parties inférieures d'un blanc pur, avec de petites taches noires, ovalaires, au cou, aux côtés de la poitrine, sur les flancs, et quelques-unes sur les sous-caudales ; raie sourcilière naissant au bec, et joues d'un blanc tacheté de noir ; petites et moyennes couvertures supérieures des ailes d'un cendré brun, avec la tige plus foncée, les bordures d'une teinte plus claire ; rémiges d'un brun noir ; les deux rectrices médianes d'un gris cendré, rayées diagonalement de brun ; les autres blanches, avec des zigzags longitudinaux de même couleur sur les barbes externes ; bec noir, pieds d'un noir rougeâtre, avec une légère teinte verdâtre aux articulations ; iris brun.

Mâle et femelle adultes en hiver : Parties supérieures d'un cendré clair, avec la nuque rayée longitudinalement de brun, les plumes du vertex, du haut du cou, des scapulaires bordées de blanchâtre, et celles du croupion blanches ; parties inférieures d'un blanc pur, avec les côtés du cou, de la poitrine et les flancs couverts de petites taches brunes ; sourcils et joues blancs, tachetés de brun ; grandes couvertures supérieures des ailes d'un cendré clair et bordées de blanchâtre ; petites et moyennes couvertures d'un cendré brun, avec les bords moins foncés et la tige noirâtre ; rémiges d'un brun noir ; rectrices blanches, rayées de brun ; bec noirâtre ; pieds vert-olive.

Jeunes avant la première mue : Parties supérieures d'un brun noirâtre, avec les plumes bordées de jaunâtre et les couvertures supérieures des ailes les plus longues rayées transversalement de brun foncé ; parties inférieures blanches, marquées de petits points bruns au cou, à la poitrine et aux joues ; rémiges brunes, terminées de blanchâtre ; bec brun; pieds d'un cendré verdâtre.

Le Chevalier stagnatile habite principalement les contrées orientales de l'Europe et la Sibérie. Il est très-commun aux Indes et se montre à l'époque des migrations sur les côtes de l'Algérie.

On le dit très-commun, surtout au printemps, dans les parages de la mer Noire, et il est de passage irrégulier dans le nord et dans quelques autres localités de la France. On l'a tué près de Dunkerque, de Saint-Omer, d'Abbeville, de Dieppe, dans le département de l'Aube et dans le midi de la France.

Il se reproduit dans les régions tempérées de notre hémisphère boréal. Il nicherait quelquefois, dit-on, en Hongrie, en Allemagne et probablement aussi en Crimée; ses œufs, d'après Pallas, sont d'un blanc verdâtre, marqués de taches et de points d'un brun foncé. Ceux que nous possédons sont d'un jaune verdâtre et d'un jaunâtre lavé de roussâtre. Ils sont parsemés de quelques points et de taches assez nombreuses, très-irrégulières, la plupart confluentes, oblongues, ou en zigzag, ou en forme de virgule. D'autres taches, d'un brun noir foncé, tout à fait superficielles et s'effaçant en partie par le lavage, occupent la grosse extrémité. Ils mesurent :

Grand diam. 0^m,042 à 0^m,044 ; petit diam. 0^m,030 à 0^m,031.

M. Nordmann dit que ce Chevalier est aussi bon nageur que les Phalaropes; que lorsqu'il arrive près d'Odessa, au printemps, il ne montre pas de crainte; que lorsqu'on surprend plusieurs individus se promenant sur le rivage d'un étang, à moins qu'on ne les chasse brusquement, ils se jettent à l'eau, se tenant serrés les uns contre les autres et se sauvent à la nage plutôt que de recourir à leurs ailes.

Ce naturaliste ajoute que, lorsqu'il est gras, le Chevalier stagnatile est d'une délicatesse exquise.

B — *Espèces chez lesquelles tout le dos est unicolore ; le bec plus court ou à peine aussi long que le doigt médian, y compris l'ongle, et la queue à peu près égale.*

565 — CHEVALIER SYLVAIN — *TOTANUS GLAREOLA*
Temm. ex Linn.

(Type du genre *Rhyacophilus*, Kaup.)

Sous-alaires variées de brun; sus-caudales en partie blanches, en partie coupées par des bandes brunes; rectrices marquées de bandes alternes et transversales brunes et blanches, avec les barbes internes des trois latérales blanches; sous-caudales médianes blanches, avec le rachis marqué d'un trait noir, qui est souvent coupé, vers l'extrémité des deux plus grandes, par une tache transversale de même couleur; les latérales rayées de taches alternes blanches et noires sur les barbes externes (adultes); *base de la mandibule inférieure verdâtre; pieds d'un jaune verdâtre.*

Taille : 0ᵐ,16 à 0ᵐ,17.

TRINGA GLAREOLA, Linn. *S. N.* (1766), t. I, p. 250.
TOTANUS GLAREOLA, Temm. *Man.* (1815), p. 421.
TOTANUS GRALLATORIUS, Steph. in : Shaw. *Gen. Zool.* (1824), t. XII, p. 148.
TOTANUS SYLVESTRIS et PALUSTRIS, Brehm, *Hand. Nat. Vög. Deuts.* (1831), p. 638 et 639.
RHYACOPHILUS GLAREOLA, Kaup, *Nat. Syst.* (1829), p. 140.
Gould, *Birds of Eur.* pl. 315, f. 2.
P. Roux, *Ornith. Prov.* pl. 297.

Mâle et femelle adultes, en été : Parties supérieures d'un noir rayé longitudinalement de cendré et de roussâtre à la tête et au cou, marqué de taches angulaires d'un cendré ou d'un blanc roussâtre sur le dos, et de raies diagonales sur les bords des scapulaires et des grandes couvertures supérieures des ailes; sus-caudales en partie blanches, en partie rayées de brun; gorge, milieu de la poitrine, abdomen et jambes d'un blanc pur; plumes des flancs marquées de taches anguleuses, en fer de lance, ou de bandes transversales étroites, en équerre; sous-caudales blanches, les médianes avec un trait noir le long du rachis; ce trait sur les deux plus grandes sous-caudales est coupé crucialement vers l'extrémité postérieure par une tache noire plus ou moins large; devant du cou et côtés de la poitrine d'un grisâtre tacheté de brun ; sourcils, bord libre des paupières, joues et côtés du cou d'un blanchâtre tacheté de brun ; petites et moyennes couvertures supérieures des ailes d'un brun noirâtre, avec un liséré grisâtre peu apparent ; rémiges noirâtres ; queue rayée transversalement de brun sur fond blanc, avec les deux rectrices médianes très-rembrunies ; bec noir-verdâtre en dessous, à la base ; pieds jaune-verdâtre tendre ; iris noir.

Mâle et femelle, adultes en hiver : Parties supérieures d'un brun foncé, avec des taches roussâtres sur le bord des plumes du dos, parties inférieures d'un blanc pur à la gorge, au milieu du ventre et aux sous-caudales ; d'un blanc sale, varié de brun, au devant du cou, à la poitrine et sur les flancs ; queue tachetée de brun sur les barbes externes des pennes les plus latérales, et rayée de brun sur les médianes.

Jeunes avant la première mue : Parties supérieures brunes, avec des raies d'un gris roussâtre au cou, et de petites taches roussâtres rapprochées sur le corps ; parties inférieures blanches, avec le devant du cou, la poitrine, ondés de cendré et tachés irrégulièrement de brun, flancs marqués de légères taches brunes peu apparentes ; raie sourcilière, tour des yeux et joues blancs, pointillés de brun ; couvertures supérieures des ailes brunes, marquées de taches arrondies ; bec brun avec la base verdâtre ; pieds de cette dernière teinte.

Le Chevalier sylvain habite les contrées orientales et septentrionales de l'Europe, l'Asie et le nord de l'Afrique.

Il est de passage annuel dans le nord de la France. On l'y voit au commencement de mai, en septembre et octobre, le plus souvent isolément ou par paires. On le chassait chaque année, aux filets, dans les marais qui avoisinaient Lille, avant leur desséchement. On le prend encore de nos jours dans ceux qui existent entre Douai et Cambrai. M. Bérard a dans sa collection un magnifique individu en plumage presque parfait de noces, qui a été tué aux environs de cette ville, dans le marais de Paluel, le 11 mai 1855. Il faisait partie d'une bande de Pélidnes cinclés.

Il se reproduit dans les contrées froides et tempérées de l'hémisphère boréal ; niche dans les lieux marécageux, quelquefois parmi les bruyères, d'autres fois sur les arbres, dans des nids abandonnés ; pond quatre œufs, renflés, un peu piriformes, d'un jaune roux ou d'un roux verdâtre, avec des points et des taches d'un gris foncé, d'un roux vif et d'un brun noir, les dernières très-rapprochées et à peu près confondues au gros bout. Ils mesurent .

Grand diam. 0m,037 ; petit diam. 0m,029.

Cette espèce, d'après M. Hardy, ne fréquente guère que les eaux des marais d'eau douce, où elle se tient cachée dans les herbes ; elle se laisse assez difficilement approcher quand elle est à découvert, et se distingue par un sifflet, ou plutôt par un ramage très-agréable, qu'elle fait entendre avant de se poser, ce qui lui a fait donner par les chasseurs de Dieppe, le nom de *Ramage*.

504 — CHEVALIER CUL-BLANC — *TOTANUS OCHROPUS*
Temm. ex Linn.

(Type du genre *Helodromas*, Kaup.)

Sous-alaires brunes, linéolées transversalement de blanc; sus et sous-caudales d'un blanc pur; rectrices blanches, les médianes marquées sur le tiers postérieur de trois ou quatre bandes transversales noirâtres, et les latérales de deux taches de même couleur sur les barbes externes; pieds d'un cendré verdâtre.

Taille : 0^m,21 à 0^m,22.

TRINGA OCHROPUS, Linn. *S. N.* (1766), t. I, p. 250.
TRINGA, Briss. *Ornith* (1760), t. V, p. 177.
TOTANUS OCHROPUS, Temm. *Man.* (1815), p. 420.
TOTANUS RIVALIS et LEUCURUS, Brehm, *Hand. Nat. Vög. Deuts.* (1831), p. 642 et 643.
HELODROMAS OCHROPUS, Kaup, *Natur. Syst.* (1829), p. 144.
Buff. *Pl. enl.* 843, sous le nom de *Bécasseau ou Cul-Blanc*.

Mâle et femelle adultes, en été: Parties supérieures d'un brun olivâtre à reflets, avec les plumes de la tête et du cou frangées de blanc et un grand nombre de petites taches blanchâtres sur les bords de celles du dos et des scapulaires; sus-caudales d'un blanc éclatant sans taches; parties inférieures d'un blanc pur, avec des taches brun-olive au cou et à la poitrine; lorums bruns; un trait du bec à l'œil et paupières, blancs; joues variées de brun olivâtre et de blanc; couvertures supérieures des ailes pareilles au dos, avec des points blanchâtres sur les moyennes, et un plus grand nombre sur les petites; rémiges noirâtres; queue d'un blanc marqué de taches transversales brunes, larges, et au nombre de quatre sur les deux pennes médianes, diminuant en étendue et en nombre jusqu'à la plus externe, qui est souvent entièrement blanche; bec noir-verdâtre; pieds cendré verdâtre; iris brun foncé.

Mâle et femelle adultes, en hiver : Ils ont les teintes moins nettes, les parties supérieures moins reflétantes; les petites taches de ces parties moins nombreuses, roussâtres; celles du cou et de la poitrine moins foncées, confondues sur les côtés.

Jeunes avant la première mue : Parties supérieures d'une teinte moins foncée que celle des vieux, avec les petites taches moins nombreuses, moins prononcées et jaunâtres; parties inférieures, blanches, marquées de taches en fer de lance au cou et à la poitrine, dont les côtés offrent la même teinte que le dos.

Le Chevalier cul-blanc est répandu dans toute l'Europe, dans une grande partie de l'Asie et de l'Afrique.

Il est sédentaire dans le midi de la France et de passage annuel et régulier à peu près partout, en mars, avril, septembre et octobre; quelquefois, l'hiver, quand les froids sont modérés, il reste dans nos départements septentrionaux.

Cette espèce se reproduit dans les contrées froides et tempérées de l'Europe et de l'Asie. D'après les observations de M. Von Homeyer, elle nicherait sur les arbres, dans les vieux nids des *Turdus musicus, merula*, etc., ce qu'a constaté aussi M. Wiese, grand-forestier en Poméranie. Nous avons reçu jadis, des Basses-Alpes, des œufs de Chevalier cul-blanc, qui nous étaient envoyés comme ayant été trouvés dans un nid posé sur un buisson, au bord d'un torrent. Le fait nous avait paru tellement extraordinaire que nous l'avions mis en doute, et cela avec d'autant plus de fondement que ceux que nous possédions déjà, et qui provenaient de diverses localités, avaient été recueillis sur le sol parmi les herbes. Il paraîtrait donc que si l'espèce niche à terre, parfois aussi elle pond sur les arbres, dans des nids étrangers. Sa ponte est de trois à cinq œufs, un peu piriformes, d'un gris roussâtre, avec de très-petits points roux ou brunâtres, et de grosses taches d'un brun noir, accumulées et presque confondues au gros bout. Ils mesurent :

Grand diam. 0ᵐ,037 à 0ᵐ,039; petit diam. 0ᵐ,026 à 0ᵐ,027.

Ce Chevalier ne se mêle guère aux autres Échassiers. Il se plaît dans les marais fangeux et le long des fossés dans l'intérieur des bois, toujours isolément. Sa chair n'est pas estimée ; elle exhale une forte odeur.

GENRE CLXXVII

GUIGNETTE — *ACTITIS*, Boie (1)

Tringa, p. Linn. *S. N.* (1735).
Totanus, p. Temm. *Man.* (1815).
Actitis, Boie, *Isis* (1822).
Tringoïdes (olim), Bp. *Dist. Meth. Anim. Vert.* (1831).
Guinetta, G. R. Gray, *List Gen. of B.* (1840).

Bec un peu plus long que la tête, sillonné aux deux tiers en-

---

(1) C'est à Boie et non à Illiger, comme semblent le croire quelques auteurs, qu'est dû le genre *Actitis*. Il est vrai qu'Illiger, bien avant Boie, avait établi un genre sous le même nom ; mais ce genre réunissait les Bécasses, les Bécassines, les Barges, les Combattants, les Guignettes, les Pélidnes, les Maubèches, les Chevaliers, c'est-à-dire une foule d'éléments divers d'où sont sorties, depuis, autant de bonnes coupes génériques, parmi lesquelles se trouve celle des *Actitis*. Le nom peut bien appartenir à Illiger, mais le genre, tel qu'on l'admet aujourd'hui, est certainement de Boie.   Z. G.

viron, à mandibule supérieure un peu renflée et un peu fléchie à l'extrémité, sur la mandibule inférieure qui est droite; ailes médiocres, sur-aiguës, plus courtes que la queue; celle-ci assez longue, ample et très-arrondie; tarses peu allongés, minces; doigts grêles, le médian, y compris l'ongle, aussi long que le tarse et uni à l'externe par une membrane qui s'étend jusqu'à la première articulation; doigt interne libre.

Les Guignettes diffèrent des Chevaliers par des tarses bien moins élevés, et par une queue arrondie et relativement plus étendue; elles se distinguent des Bartramies, chez lesquelles la queue dépasse également les ailes, par les dimensions et la forme du bec, et par la brièveté des jambes.

Elles recherchent assez habituellement les eaux douces; fréquentent même les plus petits ruisseaux; vivent et émigrent isolément ou en troupes; ont un vol rapide et très-saccadé, et font entendre, soit en volant, soit lorsqu'elles prennent leur essor, un cri aigu et traînant. L'espèce type a la singulière habitude, lorsqu'elle marche et souvent lorsqu'elle est au repos, de balancer constamment sa queue à la manière des Bergeronnettes. Leur régime est essentiellement animal.

Le mâle et la femelle portent le même plumage. Les jeunes, avant la première mue, en sont bien distincts. Leur mue est double.

Les deux espèces que comprend ce genre se rencontrent en Europe.

565 — GUIGNETTE VULGAIRE — *ACTITIS HYPOLÈUCOS*
Boie ex Linn.

Sous-alaires et sous-caudales blanches ; sus-alaires et sus-caudales marquées de bandes alternes et transversales plus ou moins accusées selon l'âge, noirâtres et roussâtres ; rectrices latérales blanches et portant trois ou quatre larges bandes brunes, espacées ; bec et pieds d'un cendré verdâtre ; parties inférieures du corps d'un blanc sans taches.

Taille : 0^m,18 à 0^m,19.

TRINGA HYPOLEUCOS, Linn. *S. N.* (1766), t. I, p. 250.
GUINETTA, Briss. *Ornith.* (1760), t. V, p. 183.
TOTANUS HYPOLEUCOS, Temm. *Man.* (1815), p. 424.
TOTANUS GUINETTA, Leach, *Syst. Cat. M. and B. Brit. Mus.* (1816), p. 30.
TRINGA LEUCOPTERA, Pall. *Zoogr.* (1811-1831), t. II, p. 196.
ACTITIS HYPOLEUCOS, Boie, *Isis* (1822), p. 649, et ACTITIS CINCLUS, *Isis* (1826), p. 327.

ACTITIS STAGNALIS. Brehm, *Hand. Nat. Vög. Deuts.* (1831), p. 649.
THINGOIDES HYPOLEUCA, G. R. Gray, *List Gen. of B.* (1841), p. 88.
Buff. *Pl. enl.* 850, sous le nom de *Petite Alouette de mer.*

Mâle et femelle adultes, en été : Parties supérieures d'un brun olivâtre à reflets, avec une raie plus foncée sur la tige des plumes, et de fines raies transversales en zigzag d'un brun noirâtre sur le dos, les scapulaires, les longues couvertures supérieures des ailes et les sus-caudales ; gorge, abdomen, sous-caudales et jambes blancs ; parties latérales et inférieures du cou, poitrine, marquées, de raies longitudi-nales brunâtres sur fond blanc, confluentes sur les côtés de cette der-nière partie ; paupières et sourcils blancs ; joues rayées de brun oli-vâtre ; petites et moyennes couvertures supérieures des ailes pareilles au dos ; rémiges brunes ; les deux rectrices médianes d'un brun oli-vâtre, rayées transversalement de noirâtre ; les autres blanches, avec des raies brunes ; bec cendré ; pieds cendré verdâtre ; iris brun.

Mâle et femelle en hiver : Ils ne diffèrent que par les reflets qui sont moins intenses qu'en été.

Jeunes avant la première mue : D'un brun plus foncé en dessus avec les bordures des plumes rousses, et des raies transversales brunes et rousses en zigzag, très-apparentes sur les ailes ; milieu du cou et de la poitrine blanc, avec les côtés de cette dernière partie lavés de cendré et rayés de brun.

La Guignette vulgaire est répandue dans presque toute l'Europe ; elle est sé-dentaire en Sicile et passe périodiquement dans beaucoup de contrées de la France.

Elle se reproduit dans le Boulonnais, dans le marais de Guignes, près de Ca-lais, sur les bords de la Seine, en Anjou, dans d'autres localités de la France et, en très-grand nombre, sur toutes les rivières qui se jettent dans la mer Noire.

Elle niche sous les broussailles, parmi les joncs et les herbes ; pond quatre œufs, peu renflés, un peu piriformes, d'un jaune sale clair, avec des points et de petites taches d'un gris cendré, d'un brun rouge clair et d'un brun noir. Ils mesurent :

Grand diam. 0^m,034 à 0^m,036 ; petit diam. 0^m,025.

La Guignette, au dire de M. Hardy, fait, pour ainsi dire, un oiseau à part des Totaniens. Elle a le vol bas et saccadé qui lui est particulier ; balance constam-ment la queue, à la manière des Bergeronnettes, ne voyage que de nuit, en suivant de préférence le rivage de la mer ; plonge très-bien et très-longtemps pour éviter le chien, quand elle est démontée, ce qui n'a jamais été observé chez les autres Échassiers de la même famille. Elle n'a qu'un cri monotone et plaintif, qu'elle répète constamment en volant, surtout le soir ; voyage en grandes troupes et se fait voir également dans les prairies submergées. On en tue beaucoup chaque année sur les prairies de l'Escaut. Sa nourriture consiste en vermisseaux et en insectes.

C'est un gibier excellent lorsqu'il est gras.

566 — GUIGNETTE GRIVELÉE — *ACTITIS MACULARIA*
Boie ex Linn.

Sous-alaires et sous-caudales blanches, marquées en travers d'une tache noirâtre ; sus-alaires variées de bandes transversales noirâtres ; sus-caudales roussâtres, sans taches ; rectrices latérales blanches, rayées transversalement de noirâtre ; bec et pieds couleur dechair ; parties inférieures parsemées de taches arrondies plus ou moins nombreuses.

Taille : 0^m,18 environ.

TRINGA MACULARIA, Linn. *S. N.* (1766), t. I, p. 249.
TURDUS AQUATICUS, Briss. *Ornith.* (1760), t. V, p. 255.
IOTANUS MACULARIUS, Temm. *Man.* (1815). p. 422.
ACTITIS MACULARIA, Boie, *Isis* (1826), p. 979.
TRINGOIDES MACULARIA, G. R. Gray, *Gen. of B.* (1844-1846), t. III, p. 574.
Gould, *Birds of Eur.* pl. 317.

Mâle et femelle adultes, en été : Parties supérieures d'un brun olivâtre à reflets, comme la Guignette vulgaire, rayées longitudinalement de noirâtre à la tête et au cou, transversalement, en zigzag, sur le dos et les ailes ; parties inférieures d'un blanc pur, avec des taches noires arrondies, plus ou moins grandes, les côtés de la poitrine lavés de brun et les sous-caudales variées de noirâtre ; lorums bruns, surmontés d'une raie blanche ; joues blanches, tachetées de brun ; rémiges d'un brun olivâtre ; les quatre rectrices médianes pareilles au dos et terminées de noir, les autres blanches et traversées de brun ; bec couleur de chair, avec la pointe brune ; pieds d'un rouge clair ; iris brun.

Mâle et femelle adultes, en hiver : Parties supérieures glacées de grisâtre ; parties inférieures avec des taches plus petites, moins nombreuses, plus pâles qu'en été, et variées de stries très-fines, noirâtres.

Jeunes avant la première mue : Parties inférieures totalement blanches. A la mue, quelques taches brunes ovoïdes paraissent à la poitrine et à l'abdomen.

Cette espèce est propre à l'Amérique septentrionale, et s'égare accidentellement en Europe. Il paraît toutefois que l'espèce serait sédentaire et se reproduirait dans la vallée du Pô. Elle serait donc réellement européenne.

Quoi qu'il en soit, on l'a observée plusieurs fois, tant en Angleterre qu'en Allemagne.

Elle se reproduit principalement dans les régions américaines du cercle arctique, et pond quatre œufs jaunâtres ou d'un jaune verdâtre, parsemés de nombreux points et de petites taches très-prononcées, les unes profondes et cendrées; les autres superficielles et noires. Les taches, par leur confluence et leur nombre, forment quelquefois sur le gros bout une grande plaque irrégulière. Ils ont la forme de ceux de la Guignette vulgaire et mesurent :

Grand diam. 0^m,032 à 0^m,033 ; petit diam. 0^m,023 à 0^m,024.

GENRE CLXXVIII

BARTRAMIE — *BARTRAMIA*, Less.

TRINGA, p. Bechst. *Nat. Deuts.* (1809).
TOTANUS, p. Temm. *Man.* (1820).
BARTRAMIA, Less. *Tr. d'Ornith.* (1831).
ACTITURUS, Bp. *B. of Eur.* (1838).
ACTITIS, Keys. et Blas. *Wirbelth.* (1840).
TRINGOIDES, G. R. Gray, *Gen. of B.* (1844-1846).

Bec un peu plus court que la tête, menu, droit, à mandibules presque égales ; narines basales, latérales, linéaires ; ailes médiocres, sur-aiguës, s'étendant au delà du milieu de la queue, les plus grandes des scapulaires aussi longues que la troisième des rémiges primaires ; queue ample, assez longue, notablement étagée ; tarses élevés, épais ; doigts médiocres, le médian beaucoup plus court que le tarse, uni à l'externe par une membrane qui s'étend jusqu'à la première articulation ; doigt interne libre.

Les Bartramies, séparées génériquement par Lesson des autres Totaniens, se distinguent par une queue bien développée ; aussi ont-elles été désignées par quelques auteurs sous le nom de *Chevaliers à longue queue*.

Elles fréquentent les plaines humides et même sèches de préférence aux bords vaseux des fleuves et des étangs. Leurs mœurs, leurs habitudes générales et leur régime sont du reste ceux de tous les Tringiens.

Le mâle et la femelle portent absolument le même plumage. Les jeunes, avant la première mue, s'en distinguent.

L'espèce sur laquelle ce genre est fondé, habite l'Amérique du Nord et s'égare quelquefois en Europe.

567 — BARTRAMIE LONGICAUDE
BARTRAMIA LONGICAUDA

Sous–alaires blanches, variées de bandes transversales et de taches brunes ; sus–caudales noires ; sous–caudales roussâtres ; rectrices latérales rousses, marquées de bandes transversales noires, espacées ; pieds rougeâtres.

Taille : 0^m,25 environ.

TRINGA LONGICAUDA, Bechst. in : *Lath. Ind. Uebers* (1793), p. 453.
TRINGA BARTRAMIA, Wilson, *Amer. Ornith.* (1808-1814), t. VII, p. 63.
TOTANUS BARTRAMIUS, Temm. *Man.* (1820), t. II, p. 650.
TOTANUS VARIEGATUS, Vieill. *N. Dict.* (1816), t. VI, p. 397.
BARTRAMIA LATICAUDA, Less. *Tr. d'Orn.* (1831), p. 553.
TRINGA (*Euliga*), BARTRAMIA, *Nuttal. Man. Orn. Unit. Stat. and Canada,* (1834), t. II.
ACTITURUS BARTRAMIUS, Bp. *B. of Eur.* (1838), p. 51.
ACTITIS BARTRAMIA, Keys. et Blas. *Wirbelth.* (1840), p. 73.
TRINGOIDES BARTRAMIUS, G. R. Gray, *Gen. of B.* (1844-1846), t. III, p. 574.
BARTRAMIUS LONGICAUDUS, Bp. *Rev. et Mag. de Zool.* (1857), t. IX, p. 59.
Wilson, *Amer. Ornith.* pl. 59, f. 2.
Gould, *Birds of Eur.* pl. 313.

Mâle et femelle adultes : Dessus de la tête et du corps d'un brun noirâtre, avec les plumes bordées de jaune isabelle ; nuque de cette dernière teinte, rayée longitudinalement de brun noirâtre ; sus-caudales noires ; gorge, milieu du ventre et jambes blancs ; sous-caudales roussâtres ; devant et côtés du cou, poitrine, couleur isabelle, rayés longitudinalement de noir ; flancs également isabelle, avec des raies noires transversales en zigzag ; joues pareilles au cou, avec des taches brunes ; couvertures supérieures des ailes roussâtres et brunâtres, avec des bandes transversales noires ; couvertures inférieures blanches, variées de taches brunes, dont la plupart attestent la forme de bandes transversales ; rémiges de cette dernière couleur ; rectrices rousses, marquées, à grandes distances, de bandes transversales noires, terminées et lavées en dehors de cendré blanchâtre, avec les quatre médianes brunes et des raies plus rapprochées ; bec et iris bruns ; pieds rougeâtres.

Jeunes : Parties supérieures, le dos excepté, marquées de grandes taches brunes ; devant du cou, poitrine et flancs avec des taches longitudinales lanciformes, et des bandes à la queue moins distinctes que chez les vieux.

Cette espèce habite les Etats-Unis d'Amérique, où elle est très-commune en été, et se montre accidentellement en Europe.

Un individu, d'après Temminck, a été tué en Hollande, et un autre en Allemagne.

D'Azara, qui a observé cet oiseau au Paraguay, à l'époque des migrations de septembre, dit qu'il voyage par petites troupes de dix à vingt; qu'il pousse un petit cri aigu lorsqu'il prend sa volée; qu'il fréquente les plaines découvertes, sèches ou humides, et qu'il ne l'a jamais rencontré sur les bords des rivières et des lagunes (1). Il se nourrit, dit-on, d'insectes coléoptères.

Son mode de propagation et ses œufs nous sont inconnus.

GENRE CLXXIX

SYMPHÉMIE — *SYMPHEMIA*, Rafin.

Scolopax, p. Gmel. *S. N.* (1788).
Totanus, p. Vieill. *N. Dict.* (1815).
Symphemia, Rafinesque, in : *Journ. de Phys.* (1819)
Glottis, p. Nilss. *Ornith. Suec.* (1821).
Catoptrophorus, Bp. *Syn. Birds Un. Stat.* (1828).

Bec un peu plus long que la tête, robuste, droit, beaucoup plus haut que large dans toute son étendue, à mandibules presque égales, l'inférieure très-anguleuse à la rencontre de ses branches; fosses nasales très-larges, profondes, prolongées un peu au delà du milieu du bec; ailes sur-aiguës, un peu plus longues que la queue, qui est égale et courte; jambes nues sur la moitié de leur étendue; tarses longs, épais; doigts antérieurs unis à la base par une palmure qui s'étend au delà de la première articulation entre l'externe et le médian, jusqu'à la première articulation entre le médian et l'interne; pouce assez long, grêle et portant un peu sur le sol.

L'espèce type de ce genre a dans la forme du bec et des pieds des caractères qui la distinguent parfaitement de tous les autres Tringiens. Ses mœurs et ses habitudes générales sont, du reste, celles des Chevaliers.

Le mâle et la femelle se ressemblent sous leur double livrée. Les jeunes, avant leur première mue, en diffèrent. Leur mue est double.

(1) D'Azara reconnaît ces habitudes à son *Chorlito champêtre*; mais il les attribue aussi au *Chorlito à bordures de blanc roussâtre* (l'espèce dont il est ici question), car il fait observer, en parlant de celui-ci, que ce qu'il a dit du Chorlito champêtre lui est applicable.

La seule espèce connue jusqu'ici est propre à l'Amérique du Nord et s'égare parfois en Europe.

568 — SYMPHÉMIE SÉMIPALMÉE
SYMPHEMIA SEMIPALMATA
Halrtb. ex Gmel.

Sous-alaires brunes, sans bordures ou avec bordures blanches; sus-caudales blanches, quelquefois les plus grandes coupées à l'extrémité par un ou deux traits bruns : sous-caudales d'un blanc sans taches, ou ornées de bandelettes en zigzag d'un brun roussâtre ; rectrices latérales blanches, mouchetées ou variées de taches cendrées ; un miroir blanc sur l'aile ; pieds gris de plomb.

Taille : 0^m,40 environ.

SCOLOPAX SEMIPALMATA, Gmel. *S. N.* (1788), t. I, p. 659.
TOTANUS CRASSIROSTRIS, Vieill. *N. Dict.* (1815), t. VI, p. 406.
SYMPHEMIA ATLANTICA, Rafinesque, in : *Journ. de Phys* etc. (1819), t. LXXXVIII, p. 417.
TOTANUS SEMIPALMATUS, Temm. *Man.* (1820), t. II, p. 637.
GLOTTIS SEMIPALMATA, Nilss. *Orn. Suec.* (1821), t. II.
CATOPTROPHORUS SEMIPALMATUS, Bp. *Syn. Birds Un. Stat.* (1829), p. 323.
TOTANUS SPECULIFERUS, G. Cuv. *Règ. Anim.* (1828), t. I, p. 531 (note).
SYMPHEMIA SEMIPALMATA, Hartl. *Rev. Zool.* (1845), t. VIII, p. 343.
Wils, *Amer. Ornith.* pl. 56, f. 3.
Gould, *Birds of Eur.* pl. 311.

Mâle et femelle adultes, en été : Parties supérieures d'un cendré plus foncé à la tête et au corps, rayé longitudinalement de noirâtre au centre des plumes du vertex et du dos, transversalement sur les scapulaires et les longues couvertures supérieures des ailes, avec une teinte plus claire sur leurs bordures, et quelques taches roussâtres ; sus-caudales blanches ; parties inférieures d'un blanc pur à la gorge et au milieu de l'abdomen, avec des taches d'un brun lavé de roussâtre, allongées et arrondies à la face, au cou, à la poitrine, et transversales en zigzag sur les flancs et les sous-caudales ; ailes comme le dos, mais plus rayées transversalement de noirâtre et plus tachetées de roussâtre ; grandes rémiges noires, avec un grand espace blanc vers les trois quarts de leur longueur ; les secondaires en grande partie blanches, avec quelques taches cendrées ; queue de cette dernière couleur, avec les deux pennes médianes marquées de petites taches, quelques-unes en zigzag.

Mâle et femelle adultes, en hiver : Parties supérieures d'un cendré uniforme, avec une teinte brunâtre au centre de chaque plume, sur la tige, et une teinte plus claire sur les bordures ; sus-caudales blanches, pointillées de cendré ; gorge, abdomen et sous-caudales d'un blanc pur ; cou, poitrine, d'un cendré strié longitudinalement de brun ; flancs variés de cendré ; ailes d'un cendré brun, plus clair et nuancé de blanchâtre sur les bords des plumes ; rémiges noires, avec un grand espace blanc sur les primaires ; les secondaires presque entièrement blanches ; rectrices médianes brunes, les autres traversées de zigzags cendrés.

Jeunes avant la première mue : Vertex varié de brun plus foncé que chez les vieux en hiver ; nuque cendrée ; dos et scapulaires bruns, avec les plumes lisérées de roux terne ; côtés du cou marqués de stries cendrées ; devant de la poitrine, abdomen et sous-caudales blancs ; queue brune, avec les deux pennes médianes blanches à leur origine, brunes dans le reste de leur étendue, les latérales marquées de zigzags vers leur extrémité ; bec et pieds d'un cendré de plomb ; iris noirâtre.

La Symphémie semipalmée habite l'Amérique septentrionale et se montre accidentellement en Europe.

Elle a été observée en France sur les côtes de la Picardie. Un individu, conservé dans la riche collection de M. de Lamotte, avait été tué près d'Abbeville. Nous avons vu, à Paris, entre les mains de feu M. Buchillot et de M. Petit, naturaliste préparateur, deux autres individus, en livrée d'hiver : l'un et l'autre avaient été trouvés parmi le gibier que l'on apporte sur nos marchés. Enfin on aurait assuré à Temminck que l'espèce se montre assez souvent dans le nord de l'Europe, mais toujours sous son plumage d'hiver.

La Symphémie semipalmée se reproduit dans les régions arctiques du nouveau monde ; niche dans les marais, parmi les herbes, et pond quatre œufs allongés, renflés vers le gros bout, pointus à l'extrémité opposée, couleur café au lait ou d'un jaune olivâtre, avec des points et des taches punctiformes cendrées et noires, généralement isolées et également réparties sur toute la surface de l'œuf, quelquefois un peu plus abondantes sur la partie renflée. Ils mesurent :

Grand diam. 0^m,037 à 0^m,038 ; petit diam. 0^m,024 à 0^m,025.

L'espèce habite les marais salés et vit de vers, d'insectes aquatiques et surtout de petits coquillages bivalves.

SOUS-FAMILLE LXII

PHALAROPODIENS — *PHALAROPODINÆ*

Lobipedes, p. Illig. *Prod. Syst.* (1811).
Pinnatipedes, p. Vieill. *Ornith. élém.* (1816).
Pterodactyli, Latr. *Fam. Nat. du Règ. Anim.* (1825).
Lobipèdes, Less. *Tr. d'Ornith.* (1831).
Phalaropodinæ, Bp. *Distr. Meth. degli Anim. Vert.* (1831).
Phalaropodidæ, Bp. *B. of Eur.* (1838).

Pieds médiocres ; les trois doigts antérieurs réunis jusqu'à la première articulation, au moins, par une palmure qui se prolonge latéralement jusqu'à l'ongle, en membrane le plus ordinairement lobée ; pouce assez allongé et grêle.

Les Phalaropodiens, à cause des membranes festonnées qui bordent les doigts antérieurs, ont été rapprochés, par les uns, des Foulques ; par les autres, des Grèbes, tandis que d'autres les ont mis avec beaucoup plus de fondement à côté des Maubèches et des Chevaliers. En effet, les Phalaropodiens, par la nature de leur plumage, par leur double mue, par la forme de leur bec, de leurs tarses, de leurs ailes, en un mot, par toute leur organisation, et, nous ajouterons, par leurs habitudes générales, leur régime, la forme et les couleurs de leurs œufs, sont de vrais Scolopacidés, parmi lesquels ils forment une petite sous-division très-naturelle, basée sur la disposition des membranes interdigitales.

Observation. Les Phalaropodiens, reposant sur le genre *Phalaropus*, démembré par Brisson des *Tringa* de Linné, ne composent, pour quelques auteurs, qu'un groupe générique. D'autres, au contraire, ont fondé sur les trois espèces que l'on connaît, trois coupes distinctes. Nous sommes loin d'approuver les coupes excessives ; cependant, pour ce qui est des Phalaropodiens d'Europe, il nous semble, qu'en raison de la différence excessive qu'ils offrent sous le rapport du bec ; qu'en raison aussi des différences de proportions relatives que présentent les ailes et la queue, ils doivent être subdivisés, comme beaucoup d'ornithologistes, depuis G. Cuvier, l'ont admis, en Phalaropes et en Lobipèdes.

GENRE CLXXX

PHALAROPE — *PHALAROPUS*, Briss.

Phalaropus, Briss. *Ornith.* (1760).
Tringa, p. Linn. *S. N.* (1766).
Crymophilus, Vieill. *Ornith. élém.* (1816).

Bec de la longueur de la tête, droit, épais, trigone à la base, rétréci vers le milieu, déprimé dans toute son étendue, élargi et renflé vers son extrémité, à sillons profonds et régnant sur les deux tiers de son étendue, à pointe de la mandibule supérieure un peu infléchie sur l'inférieure ; narines basales, latérales, linéaires ; ailes moyennes, sur-aiguës, plus courtes que la queue, celle-ci plutôt cunéiforme qu'arrondie ; grandes sous-caudales médianes plus longues que les rectrices latérales ; jambes emplumées aux deux tiers environ ; tarses de moyenne longueur, minces ; doigts grêles, ceux de devant réunis au delà de la première articulation ; les membranes qui les bordent jusqu'à leur extrémité découpées en feston ; pouce bien surmonté et très-grêle.

Les Phalaropes sont propres aux régions les plus septentrionales du globe. Ils vivent sur les bords de la mer, des étangs et des marais salés ; fréquentent peu les eaux douces ; se nourrissent de vers et de petits insectes aquatiques, et émigrent, en automne, dans les régions tempérées et chaudes. Ils sont, dit-on, autant et plus nageurs que coureurs. Du reste, ils ont un plumage fourni et un duvet épais comme les oiseaux qui exercent leur industrie à la surface des eaux.

Le mâle se distingue de la femelle par une taille un peu moins forte ; il s'en distingue aussi par sa robe d'été, par des couleurs moins vives. Les deux sexes diffèrent peu sous leur plumage d'hiver. Les jeunes, avant la première mue, portent une livrée particulière. Leur mue est double.

569 — PHALAROPE DENTELÉ
PHALAROPUS FULICARIUS
Bp. ex Linn.

Dessous de l'aile blanc, ombré de cendré ; les plus grandes des scapulaires atteignant l'extrémité de la quatrième rémige primaire.
Taille : 0m,22 à 0m,23.

TRINGA FULICARIA, Linn. *S. N.* (1766), t. I, p. 249.
PHALAROPUS RUFESCENS, Briss. *Ornith.* (1760), t. VI, p. 20.
TRINGA GLACIALIS, Gmel. *S. N.* (1788), t. I, p. 675.
PHALAROPUS LOBATUS et GLACIALIS, Lath. *Ind.* (1790), t. II, p. 776.
PHALAROPUS RUFUS, Bechst. *Nat. Deuts.* (1809), t. IV, p. 381.
PHALAROPUS PLATYRHINCHUS, Tem. *Man.* (1815), p. 459.
PHALAROPUS GRISEUS, Leach, *Syst. Cat. M. and B. Brit. Mus.* (1816), p. 34.

Crymophilus rufus, Vieill. *N. Dict.* (1817), t. VIII, p. 521.
Phalaropus fulicarius, Bp. *B. of Eur.* (1838), p. 54.
Gould, *Birds of Eur.* pl. 337.

Mâle adulte, en été : Dessus de la tête noir, cette couleur se prolongeant, en se rétrécissant, sur la nuque; celle-ci, dessus du corps
et sus-caudales noirs, chaque plume étant largement bordée de roux
jaunâtre ; front et gorge noirs, comme le dessus de la tête ; devant et
côtés du cou, poitrine, abdomen, sous-caudales, d'un rouge tirant sur
la brique ; une bande d'un blanc roussâtre au-dessous et derrière l'œil,
couvertures supérieures des ailes noirâtres, terminées de blanc ; rémiges
noires, avec les baguettes blanches ; les deux rectrices médianes noires,
les autres d'un cendré brun, avec des bordures rousses ; bec noir, avec
la base roux-jaunâtre ; pieds d'un noir verdâtre ; iris brun foncé.

Femelle adulte, en été : Dessus de la tête d'un noir à reflets bleuâtres,
se prolongeant, en se rétrécissant, sur la nuque ; celle-ci d'un roux
vif ; dessus du corps noir, avec des bordures roussâtres aux plumes,
plus étroites que dans le mâle ; front et gorge noirs, comme le dessus
de la tête ; devant et côtés du cou, poitrine, abdomen et sous-caudales
d'un roux vineux à reflets bleuâtres ; une bande blanchâtre au-dessous
et derrière les yeux ; couvertures supérieures des ailes d'un brun cendré, avec des bordures blanches ; rémiges, rectrices, bec et pieds
comme chez le mâle ; d'une taille un peu plus forte, et plus agréable-
ment colorée que lui.

Mâle et femelle adultes, en hiver : Dessus de la tête cendré blanchâtre ; occiput et toute l'étendue de la partie moyenne de la nuque
d'un noir cendré ; dos, scapulaires, croupion et sus-caudales d'un
cendré bleuâtre pur, avec les plumes, principalement les scapulaires,
terminées par un faible liséré blanchâtre ; front, joues, devant et côtés
du cou, ainsi que toutes les parties inférieures, d'un blanc pur, avec
les côtés de la poitrine et quelques taches longitudinales sur les sous-
caudales, d'un cendré bleuâtre ; une large bande longitudinale d'un
noir cendré au-dessus des yeux, se confondant avec le noir de la
nuque ; une autre sur la région parotique, depuis ces organes jusqu'au
delà du méat auditif ; ailes d'un noir cendré, avec une bande blanche
et les couvertures bordées de cendré blanchâtre ; rectrices d'un cendré
brun, les deux médianes bordées de roussâtre, les autres de gris ; bec
brun ; pieds d'un cendré verdâtre ; iris brun foncé.

Jeunes avant la première mue : Parties supérieures d'un brun cendré, avec une tache noire à l'occiput, une bande de cette couleur au-

dessus des yeux ; les plumes du dos, les scapulaires et les sus-caudales bordées de roux jaunâtre ; front, devant et côtés du cou, et toutes les autres parties inférieures d'un blanc pur ; ailes d'un noir cendré, avec une bande blanche ; les couvertures supérieures des ailes bordées et terminées de blanc roussâtre, et les rémiges lisérées de blanc ; queue d'un brun cendré, avec les deux pennes médianes largement bordées de roux jaunâtre, les autres bordées de cendré ; pieds d'un jaune verdâtre ; iris brun foncé.

Cette espèce habite particulièrement le cercle arctique des deux mondes, et se répand, à l'époque de ses migrations, sur beaucoup de points de l'Europe.

Elle est de passage irrégulier dans le nord de la France, en octobre, novembre, décembre et mai.

En octobre 1834, un grand nombre d'individus ont été capturés à Dunkerque. On en a tué, à cette époque, tout le long de la mer, jusqu'à Bayonne, par suite d'une tourmente et d'un vent impétueux qui a duré plusieurs jours.

Elle se reproduit très-avant dans le Nord ; dans la Sibérie, dans l'Amérique boréale et au Groenland ; niche sur les bords des lacs, et pond trois ou quatre œufs, en tous points semblables pour la forme et les couleurs à ceux du Lobipède hyperboré, mais ils sont, en général, sensiblement plus gros. Ils mesurent: Grand diam. 0^m,029 à 0^m,030 ; petit diam. 0^m,021 à 0^m,022.

GENRE CLXXXI

LOBIPÈDE — *LOBIPES*, G. Cuv.

TRINGA, p. Linn. *S. N.* (1835).
PHALAROPUS, p. Briss. *Ornith.* (1760).
LOBIPES, G. Cuv. *Rég. Anim.* (1817).

Bec plus long que la tête, droit, pointu, comprimé, très-grêle, presque égal de la base au sommet, à sillons peu prononcés, et à mandibules infléchies l'une vers l'autre à l'extrémité ; narines basales, latérales, semi-lunaires, operculées ; ailes allongées, suraiguës, atteignant l'extrémité de la queue : celle-ci plus courte que dans le genre *Phalaropus*, mais de même forme ; doigt médian, y compris l'ongle, plus court que le tarse ; pouce et palmures comme dans le genre précédent.

Les Lobipèdes diffèrent bien des Phalaropes par leur bec mince, pointu, presque rond et en alène : il est même probable qu'une différence aussi grande en entraîne une dans leur genre de vie. C'est ce que nous apprendront des observations ultérieures. Du reste, ils ont les habitudes générales des Phalaropes; sont propres, comme eux, aux régions boréales de l'ancien et du nouveau monde, et émigrent à l'automne le long des plages maritimes.

Le mâle et la femelle portent à peu près le même plumage durant l'hiver, et se distinguent, sous leur robe d'été, par de petites différences de coloration. La femelle a d'ailleurs une taille un peu plus forte. Les jeunes, avant la première mue, ont une livrée particulière. Leur mue est double.

570 — LOBIPÈDE HYPERBORÉ — *LOBIPES HYPERBOREUS*
Steph. ex Linn.

Dessous de l'aile cendré ; les plus grandes des scapulaires atteignant l'extrémité de la cinquième rémige primaire.

Taille : 0ᵐ,18 environ.

Tringa hyperborea et lobata, Linn. *S. N.* (1766), t. I, p. 249.
Phalaropus cinereus et fuscus, Briss. (*Ornith.*) (1760), t. VI, p. 15 et 18.
Tringa fusca, Gmel. *S. N.* (1788), t. I, p. 675.
Phalaropus hyperboreus, Lath. *Ind.* (1790), t. II, p. 775.
Phalaropus Williamsii, Simmonds, *Trans. Linn. Soc. Lond.* (1807), t. VIII, p. 264.
Phalaropus cinereus, Mey. *Tasch. Deuts.* (1818), t. II, p. 417.
Phalaropus ruficollis et cinerascens, Pall. *Zoogr.* (1811-1831), t. II, p. 203 et 204.
Lobipes hyperboreus, Steph. in : Shaw, *Gen. Zool.* (1824), t. XII, p. 169.
Phalaropus angustirostris, Naum. *Vog. Deuts.* (1836), t. VIII, p. 240, pl. 205.
Phalaropus australis, Temm. in « Schleg. *Mus. Hist. Nat. des Pays-Bas* (1864), *Scolopaces,* p. 58.
Buff. *Pl. enl.* 766, sous le nom de *Phalarope de Sibérie.*

Mâle adulte, en été : Parties supérieures d'un brun cendré velouté, avec quelques taches roussâtres sur le haut du dos, les scapulaires et les sus-caudales ; gorge d'un blanc pur ; collier roux vif au bas du cou, s'étendant jusqu'au milieu de la nuque exclusivement et remontant ensuite jusqu'à l'oreille ; haut et côtés de la poitrine d'un brun cendré, bas de la poitrine et abdomen d'un blanc rose ; sous-caudales blanches, avec quelques taches brunes sur les plus longues ; flancs d'un brun cendré, varié longitudinalement de blanc ; ailes de la même teinte que le dos, avec une bande transversale blanche, et l'extrémité des grandes couvertures supérieures lisérée de blanc ; rémiges brunes, à baguettes blanches ; rectrices latérales cendrées et bordées de blanc ; les médianes brunes ; bec noir ; pieds brun-verdâtre ; iris brun.

Femelle adulte, en été : Elle ressemble au mâle ; mais elle est un peu plus forte et a les couleurs plus vives.

Mâle et femelle adultes, en hiver : D'un cendré pur en dessus, un peu plus foncé au centre des plumes ; d'un blanc teinté de rose en dessous (1), avec les côtés de la poitrine cendrés ; front, raie sourcilière et côtés du cou blancs ; une bande d'un cendré foncé derrière les yeux ; couvertures supérieures des ailes cendrées et lisérées de blanchâtre.

Jeunes avant la première mue : Dessus de la tête, milieu de la nuque et parties supérieures du corps d'un brun noirâtre, avec les plumes du dos et les scapulaires bordées de roux clair ; parties inférieures blanches, avec les côtés de la poitrine et les flancs nuancés de cendré ; front, raie sourcilière et côtés du cou blancs, avec une bande brun-noir qui part de l'œil ; couvertures supérieures des ailes de la même teinte que le dos, et terminées de blanc ; rémiges et rectrices médianes brunes ; rectrices latérales d'un cendré clair et bordées de blanc ; bec brun ; pieds verdâtres en dehors et en devant ; iris brun-roussâtre.

Le Lobipède hyperboré habite les régions arctiques ; il n'est pas rare, dit on, au nord de l'Europe, aux Hébrides, en Islande et en Laponie ; est de passage irrégulier et de loin en loin sur les côtes maritimes du nord de la France se montre accidentellement sur celles du Midi, en Belgique, en Hollande, en Suisse et en Allemagne.

En octobre 1839, à la suite de violents coups de vent du nord-ouest, plusieurs individus furent pris sur les côtes de Dunkerque : les uns étaient en mue, les autres en livrée complète du premier âge.

Il se reproduit dans les régions boréales de l'ancien et du Nouveau-Monde niche sur les bords des lacs et des marais salins, parmi les herbes ; pond trois œufs piriformes, d'un jaune olivâtre clair, avec des taches nombreuses, irrégulières et punctiformes, auxquelles sont mêlés de très-petits points d'un brun noir comme velouté. Les taches sont confluentes au gros bout, où elles sont plus nombreuses. Ils mesurent :

Grand diam. 0^m,028 à 0^m,029 ; petit diam. 0^m,021.

Sa nourriture consiste en insectes ailés, en vers et en insectes aquatiques qui se trouvent à la surface des eaux.

(1) Cette teinte est très-prononcée sur les oiseaux nouvellement tués et mis en peau mais le montage et l'exposition au grand jour ou au grand air ne tardent pas à la faire disparaître.

FAMILLE XXXVIII

RÉCURVIROSTRIDÉS — *RECURVIROSTRIDÆ*

Scolopacidæ, p. Vigors, *Gen. of B.* (1825).
Recurvirostridæ, Bp. *B. of Eur.* (1838).
Recurvirostrinæ, G. R. Gray, *List Gen. of B.* (1841).
Scolopaces, p. Schleg. *Mus. Hist. Nat. des Pays-Bas* (1864).

Bec long, très-grêle, pointu, plus ou moins retroussé, plus ou moins sillonné ; ailes très-allongées ; queue courte ; jambes nues sur les deux tiers, au moins, de leur étendue ; tarses et partie nue des jambes réticulés ; doigts antérieurs palmés dans une étendue variable ; pouce, lorsqu'il existe, très-petit et attaché assez haut pour ne point toucher au sol.

La famille des Récurvirostridés, que nous composons, à l'exemple du prince Ch. Bonaparte, des Récurvirostres ou Avocettes et des Échasses, a d'assez grands rapports avec celle des Scolopacidés, pour que quelques auteurs aien cru devoir ne pas l'en distinguer. Leur bec, aminci en avant, semble, en effet, rattacher les Récurvirostridés aux Scolopacidés, par les Chevaliers. On pourrait encore dire que leurs membranes interdigitales les lient à ces derniers, car les Échasses ont entre le doigt externe et le médian à peu près la même palmure que les Chevaliers, et l'on trouve même parmi ceux-ci des espèces qui, sans avoir les trois doigts antérieurs aussi largement palmés que les Récurvirostres, les ont cependant assez, pour qu'on y ait vu un attribut générique. Mais si les Récurvirostridés ont des caractères qui rappellent ceux des Scolopacidés, ils en possèdent aussi qui les en distinguent. Tous les Scolopacidés ont les tarses et la partie nue des jambes couverts en avant et en arrière d'une série assez régulière de scutelles ; tandis que les Récurvirostres et les Échasses ont ces mêmes parties complétement réticulées, et se rapprochent beaucoup, à cet égard, des Coureurs pressirostres. Tous les Scolopacidés rentrent le cou en volant ; les Récurvirostridés, au contraire, l'allongent. La famille créée par le prince Ch. Bonaparte nous paraît donc suffisamment légitimée par ce double fait.

Mais les Avocettes ou Récurvirostres, que les uns ont rangées entre les Pluviers et les Huîtriers ; les autres, entre les Grèbes et les Courvites ; que d'autres ont mises à côté des Phénicoptères, appartiennent-elles à la même famille que les Échasses, que leurs caractères, en quelque sorte indécis, ont également fait rapporter tantôt aux Charadriidés, tantôt aux Scolopacidés ? Les unes n'ont que trois doigts, les autres en ont quatre ; celles-ci, avec un bec très-retroussé, ont de larges palmures aux trois doigts antérieurs ; celles-là, avec un bec presque droit, n'ont généralement que le doigt externe et le médian réunis. Il semble que de pareilles disparités sont peu propres à faire réunir ces oiseaux dans une même section. Mais ces différences ne sauraient balancer les rapports manifestes que ces oiseaux présentent. Ils ont une tête relativement petite et comprimée; des jambes longues et aréolées de toutes parts; un bec très-long et très-mince; l'une des Échasses connues a des palmures presque aussi amples que les Récurvirostres; les œufs des uns et des autres ont la plus grande analogie de forme et de coloration (1). Enfin ils tendent le cou lorsqu'ils volent. La majeure partie des auteurs a, du reste, confirmé ces rapports, en rangeant ces deux genres d'oiseaux à côté l'un de l'autre. Les différences qu'ils présentent et que nous avons signalées plus haut, viennent en second ordre, et c'est sur elles que repose la distinction des Récurvirostridés en deux sous-familles.

SOUS-FAMILLE LXIII

RÉCURVIROSTRIENS — *RECURVIROSTRINÆ*

Recurvirostrinæ, G. R. Gray, *List Gen. of B.* (1841).

Bec très-retroussé, la pointe des deux mandibules tournée en haut; les trois doigts antérieurs réunis par une large palmure échancrée au centre; pouce rudimentaire.

Cette sous-famille, que caractérise particulièrement la forme du bec, repose uniquement sur le genre suivant.

GENRE CLXXXII

RÉCURVIROSTRE — *RECURVIROSTRA*, Linn.

Recurvirostra, Linn. *S. N.* (1744).
Trochilus, Mœhr. *Av. Gen.* (1752).
Avocetta, Briss. *Ornith.* (1760).

Bec près de deux fois aussi long que la tête, flexible comme de la baleine, sillonné jusque vers le milieu, déprimé dans la

(1) Nous ferons observer à ce sujet qu'ils ont bien moins de rapport avec les œufs de Scolopacidés qu'avec ceux de la plupart des Charadriidés, desquels il conviendrait peut-être de les rapprocher.

moitié antérieure, qui est très-retroussée, et se rétrécissant insensiblement de la base à la pointe, qui est très-mince et tend à s'infléchir vers le bas ; narines basales, latérales, linéaires ; ailes assez longues, sur-aiguës, dépassant un peu l'extrémité de la queue ; celle-ci courte, arrondie ; jambes nues sur les deux tiers environ de leur étendue ; tarses longs, minces, complétement réticulés ; les trois doigts antérieurs réunis par une palmure qui se prolonge jusqu'à leur extrémité ; pouce très-petit, très-surmonté, ne touchant point au sol.

Les Récurvirostres ou Avocettes ne peuvent être confondues, à cause de leur bec et de leurs palmures à peu près entières, avec aucun autre Echassier de la division des Longirostres.

Ce sont des oiseaux très-sociables et migrateurs, qui ne se plaisent, comme les Chevaliers et les Barges, qu'à l'embouchure des fleuves, ou sur les plages limoneuses, sur les bords vaseux des étangs et des marais salins ; se nourrissent principalement de vers et de petits insectes aquatiques ; courent avec assez de rapidité, et nagent même au besoin.

Le mâle et la femelle ne diffèrent pas sensiblement par la livrée. Les jeunes, avant la première mue, ont un plumage qui les distingue des adultes. Leur mue est simple.

Ce genre est représenté sur toute l'étendue du globe par trois espèces seulement. L'une d'elles appartient à notre Faune.

571 — RECURVIROSTRE AVOCETTE
RECURVIROSTRA AVOCETTA
Linn.

Dessus de la tête et nuque noirs dans tous les âges ; cou et dos blancs ; tarses bleuâtres (adultes) *ou gris* (jeunes).

Taille : 0m,47.

RECURVIROSTRA AVOCETTA, Linn. *S. N.* (1766), t. I, p. 256.
AVOCETTA, Briss. *Ornith.* (1760), t. VI, p. 538.
RECURVIROSTRA FISSIPES, Brehm, *Handb. Nat. Vög. Deuts.* (1831), p. 686.
Buff. *Pl. enl.* 353.

Mâle adulte : Entièrement d'un blanc pur, avec le dessus de la tête, jusqu'au-dessous des yeux, l'occiput, le milieu de la nuque, les scapulaires les plus rapprochées du corps, les petites et grandes couvertures supérieures des ailes et les rémiges d'un noir profond ; paupière inférieure blanche ; bec noir de corne ; partie nue des jambes et pieds bleu de plomb ; iris roux-brun ou roux-marron foncé.

Femelle adulte : Semblable au mâle, seulement un peu plus petite, et avec le noir d'une teinte moins profonde ; le bec est de 0^m,006 moins long que celui du mâle, qui mesure 0^m,18 ; différence que l'on ne peut remarquer que lorsqu'on a en même temps l'un et l'autre sous les yeux.

Jeunes avant la première mue : D'un blanc moins pur, tirant sur le cendré au dos ; le noir de la tête moins profond, varié de cendré devant les yeux ; celui des scapulaires et des grandes couvertures supérieures des ailes nuancé de brun et de cendré, les premières terminées par une bordure d'un cendré roussâtre et les dernières par une frange de même couleur ; taille moindre que chez les adultes ; bec plus court ; pieds cendrés, avec l'extrémité supérieure des tarses grosse, gonflée et cannelée en devant.

Après la première mue : Les jeunes conservent jusqu'à la seconde mue une bordure à l'extrémité des scapulaires et des grandes couvertures supérieures des ailes.

Nota. Il arrive quelquefois que les jeunes de l'année ne sont pas encore entrés en mue au mois de septembre : c'est ce que l'on constate sur des individus capturés, à cette époque, sur nos côtes.

La Récurvirostre avocette habite l'Europe, l'Afrique et l'Asie.

On l'observe annuellement dans le nord et dans le midi de la France ; mais, tandis qu'elle n'est que de passage dans nos départements septentrionaux, elle séjourne et se reproduit dans ceux du Midi. Elle se montre aussi en Angleterre, en Belgique, en Hollande et sur plusieurs points de l'Allemagne. Elle est très-commune sur les bords de la mer Noire.

Cette espèce se reproduit dans les parties chaudes et tempérées des régions qu'elle habite. En France, elle vient faire ses pontes dans les vastes étangs du Languedoc et du Roussillon. Elle niche par petites colonies, et pond sur le sable, parmi les herbes, et surtout dans les endroits envahis par la soude ligneuse, deux à trois œufs d'un ovale allongé, à petit bout assez épais, d'un gris fauve clair, ou jaunâtre, ou verdâtre, avec de nombreuses taches, les unes arrondies, les autres oblongues ou en forme de virgule, d'autres en crochet, à peu près également dispersées sur toute la surface de l'œuf ; la plupart isolées, quelques-unes confluentes, mais ne formant généralement point couronne vers le gros bout. Des points très-espacés se trouvent mêlés à ces taches qui sont, les unes profondes et d'un gris violacé et noirâtre ; les autres, et c'est le plus grand nombre, superficielles et d'un noir intense velouté. Ils mesurent :

Grand diam. 0^m,049 à 0^m,050 ; petit diam. 0^m,033 à 0^m,035.

La Récurvirostre avocette est très-sociable : elle vit en familles non-seulement après les pontes, comme presque tous les autres Échassiers longirostres, mais pendant les amours. Quoique d'un naturel craintif, elle est, à cette époque, audacieuse et brave tout danger pour défendre ses petits. En tout autre temps, elle est sauvage et se laisse difficilement approcher.

Au printemps, elle voyage par couples isolés ou par petites bandes formées de trois à quatre couples au plus. Elle nage, dit-on, avec aisance.

SOUS-FAMILLE LXIV

HIMANTOPODIENS — *HIMANTOPODINÆ*

RECURVIROSTRINÆ, p. G. R. Gray, *List. Gen. of B.* (1841).
HIMANTOPODINÆ, Bp. *C. R. de l'Acad. des sc.* 2e sem. (1856).

Bec presque droit ; la pointe de la mandibule supérieure tournée en bas ; une palmure entre le doigt externe et le médian, un simple repli membraneux ou rarement une palmure entre le doigt médian et l'interne ; pouce nul.

Les Himantopodiens forment un groupe très-naturel et bien caractérisé par des jambes et des ailes démesurément longues par rapport aux autres par ties. Les espèces en sont peu nombreuses.
Cette sous-famille repose sur le genre suivant.

GENRE CLXXXIII

ÉCHASSE — *HIMANTOPUS*, Briss.

CHARADRIUS, p. Linn. *S. N.* (1735).
HIMANTOPUS, Briss. *Ornith.* (1760).
MACROTARSUS, Lacép. *Mém. de l'Inst.* (1800-1801).
HYPSIBATES, Nitzsch, in : Esch. und Gruber, *Encyclop.* (1827).

Bec une fois et demie au moins aussi long que la tête, presque arrondi à la base, un peu déprimé et courbé en haut vers le milieu, comprimé en avant, sillonné dans la moitié de son étendue, à mandibules inégales et infléchies l'une vers l'autre à la pointe ; narines latérales, linéaires, un peu éloignées de la base du bec ; ailes très-longues, sur-aiguës, dépassant la queue de 0^m,05 à 0^m,06 ; queue de moyenne longueur, égale ; jambes nues sur les quatre cinquièmes environ de leur étendue; tarses très-longs et minces, complétement réticulés; doigts externes et médian palmés jusqu'à la première articulation; doigts médian et interne réunis à la base par un simple repli membraneux.

Les Echasses fréquentent les bords de la mer, des étangs, des marais salins elles ont des mœurs douces, et vivent par petites familles; malgré leurs longs pieds, leurs pas sont assez courts. Leur vol est facile, mais sa rapidité n'est pas en rapport avec leurs grandes ailes. En volant elles ont les pieds et le cou tendus. Lorsqu'elles cherchent leur nourriture, on les voit souvent s'avancer de front, sur une seule ligne, ou à la suite les unes des autres. Elles se nourrissent de divers insectes et de vermisseaux aquatiques, qu'elles cherchent dans les vases.

Le mâle porte un plumage un peu différent de celui de la femelle. Les jeunes, avant la première mue, se distinguent de l'un et de l'autre. Leur mue paraît double.

L'Europe ne possède que le type du genre.

572 — ÉCHASSE BLANCHE — *HIMANTOPUS CANDIDUS*
Bonnaterre.

Tête et cou blancs (adultes en plumage d'hiver), *ou dessous du cou d'un gris ombré de brunâtre* (jeunes), *ou bord supérieur de régions parotiques et occiput noirâtres* (plumage d'été); *sous-alaire noirâtres; queue cendrée en dessus, blanche en dessous.*

Taille : 0^m,40 *environ, de la base du bec à l'origine des doigts*

Charadrius himantopus, Linn. *S. N.* (1766), t. I, p. 255.
Himantopus, Briss. *Ornith.* (1760), t. V, p. 33.
Himantopus candidus, Bonnat. *Tabl. encyclop. orn.* (1791), p. 24.
Himantopus rufipes, Bechst. *Nat. Deuts.* (1809), t. IV, p. 446.
Himantopus atropterus, Mey. et Wolf, *Tasch. Deuts.* (1810), t. II, p. 315.
Himantopus vulgaris, Bechst. *Ornith. Tasch.* (1802-1812), t. II, p. 325.
Himantopus melanopterus, Temm. *Man.* (1820), t. II, p. 528.
Himantopus albicollis, Vieill. *N. Dict.* (1817), t. X, p. 4.
Hypsibates himantopus, R. Nitzsch, in: Esch. und Grub. *Encyclop.* (1827), t. VII, p. 150.
Himantopus Plinii, Flem. *Hist. Brit. Anim.* (1828), p. 112.
Himantopus longipes, Brehm, *Handb. Nat. Vög. Deuts.* (1831), p. 683.
Buff. *Pl. enl.* 78, *mâle adulte.*

Mâle adulte, en été : D'un blanc pur, tirant sur le rose à la poitrine, à l'abdomen, avec la nuque noire jusqu'au bord supérieur des régions parotiques et tachetée de blanchâtre ; le dos, les ailes d'un noir à reflet s verdâtres, et la queue cendrée en dessus ; bec noir ; pieds rouge-vermillon ; iris rouge cramoisi.

Mâle adulte en hiver : Occiput d'un blanc parfait, comme le reste de la tête.

Femelle adulte : Moins forte, moins élevée sur pattes ; d'une teinte brune au dos, avec les ailes d'un noir peu reflétant ; l'occiput brunâtre et le dessus du cou nuancé de cendré.

Jeunes avant la première mue : Ils ressemblent à la femelle, mais les plumes noirâtres du manteau et des ailes, ainsi que celles de l'occiput, ont des bordures blanchâtres ; tarses couleur orange.

L'Échasse blanche ou vulgaire est propre à l'Europe méridionale, à l'Afrique et à l'Asie.

Elle est répandue sur tout le littoral de la mer Noire ; vit une partie de l'année sur nos plages du midi de la France, et se montre de passage, en mai et en juin, dans nos départements septentrionaux.

Elle se reproduit au sud de la Russie, en Hongrie, en Égypte, en Sardaigne, dans les vastes étangs marécageux qui avoisinent le Rhône à son embouchure, et parfois en Allemagne, selon M. Baldamus. Quelques faits démontrent qu'elle se reproduit aussi, mais accidentellement, dans le nord de la France. A la connaissance de M. de Lamotte, un couple a niché en 1849 près d'Abbeville, et M. de Meezemacker, maire de Bergues, conserve dans sa collection un œuf complétement formé et extrait du ventre d'une femelle qui avait été abattue, près de Bergues, dans un marais salin nommé *Petite-Moëre.* Elle niche ordinairement sur les petits îlots ou sur une pointe de terre qui s'avance au milieu des marais, et pond trois et le plus souvent quatre œufs, d'un brun verdâtre ou d'un brun jaunâtre clair, parsemés de taches d'un gris violet et d'un noir profond, généralement isolées et rares sur le petit bout, plus abondantes, plus larges et souvent confluentes vers le gros bout où elles forment parfois une couronne complète. Des points noirs, plus ou moins nombreux, sont toujours mêlés aux taches. La forme des œufs est celle d'un ovale un peu allongé. Ils mesurent :

Grand diam. 0^m,046 ; petit diam. 0^m,031 à 0^m,032.

L'Échasse blanche se nourrit de vermisseaux et d'insectes aquatiques, qu'elle cherche souvent en avançant dans l'eau jusqu'à mi-jambe.

DEUXIÈME DIVISION

ÉCHASSIERS MACRODACTYLES
GRALLÆ MACRODACTYLI

PRESSIROSTRES, Dumer. *Zool. analyt.* (1806).
MACRODACTYLI, Illig. *Prod. Syst.* (1811).
MACRODACTYLES, G. Cuv. *Règ. Anim.* (1817).

*Bec rarement plus long que la tête, souvent de la même lon-
gueur ou plus court, comprimé plus ou moins; narines généralement ouvertes dans de larges fosses nasales qui atteignent ou dépassent le milieu du bec; ailes concaves, presque arrondies, parfois
armées d'un éperon corné; face antérieure des tarses constamment
scutellée; quatre doigts; les antérieurs, allongés, effilés, divisés,
ordinairement lisses, quelquefois bordés sur les côtés, celui du milieu, à quelques exceptions près, toujours au moins aussi long que le
tarse; pouce bien développé, articulé assez bas et portant plus ou
moins sur le sol; corps, en général, très-comprimé.*

Cette division est une des mieux caractérisées de l'ordre des Échassiers. Les
oiseaux qui en font partie ne peuvent être confondus ni avec les Coureurs ni
avec les Hérodions. Leurs formes générales, celle de leurs pieds, de leurs
ailes, l'étroitesse de leur corps; à la rigueur, la nature de leur plumage, leurs
mœurs, leurs habitudes, les distinguent autant des premiers que des seconds.
Beaucoup d'entre eux sont à la fois habiles à courir, à nager et à plonger.
Lorsqu'ils volent, ce qu'ils font péniblement, leurs jambes, au lieu d'être tendues
en arrière, sont plus ou moins pendantes. La plupart vivent solitaires et restent presque toujours cachés au milieu des hautes herbes des prairies humides
des roseaux, des joncs qui couvrent les bords des marais, des rivières, des ruisseaux. Leur régime est animal et végétal.

En général, ils pondent un assez grand nombre d'œufs, et les petits abandonnent le nid immédiatement après la naissance, pour suivre leurs parents
sous la surveillance desquels ils restent plus ou moins longtemps.

Observation. L'événement ornithologique le plus extraordinaire que nous
connaissions, est, sans contredit, l'apparition, en Europe, d'un Échassier
Macrodactyle de l'Amérique méridionale : nous voulons parler du Jacana commun (*Parra jacana*, Linn.; Buff. *Pl. enl.* 322). Un individu de cette espèce, en
plumage parfait d'adulte, a été tué par M. Olivier, près de Ramatuelle, village
distant de Saint-Tropez de 6 kilomètres environ, et donné en chair à M. Jauffret
de Draguignan, chez qui nous l'avons vu, et qui nous a affirmé l'avoir dé-

pouillé et préparé lui-même. Un examen des plus attentifs ne nous a montré
ni sur ses pieds, ni dans son plumage aucune de ces traces que la captivité, si
courte et si peu étroite qu'elle soit, laisse toujours après elle, ce qui enlève
toute idée qu'il ait été transporté, comme on a pu le croire. Quelque difficulté
qu'il y ait jusqu'ici à se rendre compte de la présence de ce Jacana en Provence, le fait n'en est pas moins incontestable, et nous avons dû le signaler,
quoique nous n'admettions pas l'espèce, même comme oiseau accidentellement
européen.

FAMILLE XXXIX

RALLIDÉS — *RALLIDÆ*

Rallidæ, Leach, in : Vig. *Gen. of B.* (1825).
Gallinules, Less. *Tr. d'Ornit.* (1831).

Bec plus haut que large surtout à la base, très-comprimé et
généralement à arête de la mandibule supérieure convexe ; front
emplumé ou nu ; ailes dépourvues d'éperon corné ; jambes médiocrement dénudées ; tarses le plus ordinairement assez courts ;
doigts antérieurs lisses ou bordés sur les côtés d'une membrane
de forme et d'étendue variables ; ongles notablement recourbés
et relativement petits, notamment celui du pouce, qui est beaucoup plus court que le doigt.

Les Rallidés, indépendamment des caractères que nous venons d'énumérer,
ont une tête petite, un cou mince dans sa moitié antérieure ; un corps plus
ou moins comprimé dans son entier, et, par suite, une poitrine étroite ;
des jambes, au contraire, fort musculeuses ; un plumage épais, serré, et un
duvet abondant et court.

Ce sont des oiseaux remarquables par l'élégance et la finesse de leurs formes, la grâce et la vivacité de leurs mouvements. Ils sont doux, paisibles, timides ; restent cachés pendant le jour ; ne vont ordinairement à la recherche
de leur nourriture que le soir et le matin ; sont excellents coureurs et très-
mauvais voiliers ; aussi n'entreprennent-ils pas de longs voyages, et sont plutôt
erratiques que migrateurs. En général, ils se plaisent dans la solitude ; quelques-uns cependant se réunissent temporairement en grandes bandes. Tous
fréquentent les eaux stagnantes ou les lieux humides : la plupart nagent et
plongent même. Leur nourriture est à la fois animale et végétale, et leur chair
est généralement bonne.

Les Rallidés sont répandus dans toutes les parties du monde, mais les espèce,
n'en sont pas très-nombreuses. Ils se subdivisent en deux sous-familles qui
sont principalement caractérisées par la forme des pieds.

SOUS-FAMILLE LXV

RALLIENS — *RALLINÆ*

RALLINÆ, Bp. *B. of Eur.* (1838).

*Tarses épais, peu ou point comprimés ; doigts antérieurs bordés
sur les côtés d'un très-faible repli membraneux, ou lisses ; pouce
articulé presque au niveau des autres doigts, arrondi, lisse à sa
face inférieure, pourvu d'un ongle de forme ordinaire.*

Nous réunissons dans cette sous-famille les *Rallinæ* de M. G. R. Gray et se
Gallinulinæ, moins le genre *Fulica*, qui nous paraît type d'une autre sous-di
vision. Les *Gallinulinæ* et les *Rallinæ*, malgré la présence d'une plaque fron
tale chez les uns, l'absence de cette plaque chez les autres, sont étroitement lié
par leurs autres caractères. Et même, telle espèce qui tient aux *Gallinulin*
par son front chauve est un vrai Rallien par la petitesse du pouce et surtou
de son ongle ; réciproquement, telle espèce à front emplumé a de vrais pied
de *Gallinulæ*. Du reste, les mœurs et les habitudes des uns et des autres ont l
plus grande analogie.

Plusieurs genres représentent cette sous-famille, en Europe.

GENRE CLXXXIV

RALE — *RALLUS*, Linn.

RALLUS, Linn. *S. N.* (1756), et Auct.

Bec plus long que la tête, légèrement infléchi, assez mine
en avant, épais et élevé à la base ; narines latérales, allongée
droites, n'atteignant pas le milieu du bec ; ailes courtes, su
aiguës ; queue courte, conique, à rectrices souples et sensibl
ment courbées ; jambes peu dénudées ; tarses médiocres, ro
bustes, couverts en arrière et en avant, sur presque toute leu
étendue, d'une série de scutelles ; doigts antérieurs allongé

grêles ; le médian, y compris l'ongle, plus long que le tarse ; pouce relativement court, pourvu d'un ongle très-petit ; front couvert de plumes.

Les Râles sont des oiseaux tristes, solitaires, craintifs, qui se tiennent presque constamment cachés dans les hautes herbes, dans les roseaux, dans les broussailles les plus épaisses qui bordent les marais, les étangs, les rivières. Au besoin, ils nagent et plongent avec facilité. Lorsqu'un danger les menace, ils cherchent souvent à s'y dérober en se réfugiant sur un arbuste ou sur un buisson. Ils courent avec une agilité extrême, et tiennent en courant, la tête et le corps fortement penchés en avant, et les jambes dans une flexion extrême : ils marchent au contraire la tête haute, le cou tendu, les pieds levés, en relevant et étalant de temps en temps la queue par de petits mouvements brusques. Leur vol est lourd, peu soutenu, bas, et s'exécute à peu près en ligne droite. Leurs habitudes sont plus crépusculaires que diurnes, et leur régime est plus animal que végétal. Aux vers, aux insectes, aux petits mollusques qu'ils rencontrent le long des bords fangeux des rivières, des étangs, ils mêlent quelquefois les graines de certaines plantes aquatiques.

Le mâle et la femelle portent le même plumage, et les jeunes, avant la première mue, ne s'en distinguent que par un bec plus court et par des teintes un peu différentes. Leur mue est double.

Le type du genre est la seule des espèces connues qui appartienne à l'Europe.

375 — RALE D'EAU — *RALLUS AQUATICUS*
Linn.

Dos roux-olivâtre, flammé de noir ; dessous du corps, jusqu'au milieu de l'abdomen, cendré bleuâtre ; bas-ventre roussâtre ; sous-caudales en partie blanches, rousses et noires ; bec, tarses et doigt médian à peu près de même longueur.

Taille : 0ᵐ,27 environ.

RALLUS AQUATICUS, Linn. *S. N.* (1766), t. I, p. 262.
SCOLOPAX OBSCURA, S. G. Gmel. *Reise* (1772-1774), t. III, p. 92.
RALLUS SERICEUS, Leach, *Syst. Cat. M. and B. Brit. Mus.* (1816), p. 33.
RALLUS GERMANICUS, Brehm, *Handb. Nat. Vög. Deuts.* (1831), p. 690.
Buff. *Pl. enl.* 749.

Mâle et femelle au printemps : Dessus de la tête, du cou et du corps, scapulaires et sus-caudales d'un roux olivâtre, flammé de taches noires au centre des plumes ; gorge blanchâtre ; joues, devant et côtés du cou, poitrine, haut de l'abdomen, d'un beau cendré bleuâtre ; bas-ventre roussâtre ; flancs d'un noir profond, traversé de bandes blanches ; sous-caudales en partie d'un blanc pur, en partie rousses et noires; couvertures supérieures des ailes comme le manteau, mais avec des taches noires moins prononcées; quelques-unes des petites couvertures marquées en travers de petits traits blancs; rémiges et rectrices brunâtres, ces dernières d'une teinte moins foncée sur leurs bordures; bec roux-rougeâtre, nuancé de brun en dessus et à la pointe; pieds brun-rougeâtre; iris d'un rouge orangé.

Mâle et femelle en automne : Ils ont le cendré bleuâtre des joues et des parties inférieures moins pur; les raies blanches des flancs et les sous-caudales plus ou moins variées de roussâtre.

Jeunes avant la première mue : Ils sont plus petits; ils ont le bec moins long, les sourcils et la gorge d'un blanc sale; la poitrine tachetée de brunâtre sur un fond blanc-jaunâtre, et les flancs rayés de noir et de roussâtre.

Le Râle d'eau habite toute l'Europe, une partie de l'Asie et de l'Afrique.

Il est commun en France, l'hiver surtout. A cette époque ceux qui se sont reproduits chez nous, et ceux qui nous arrivent des contrées plus au nord, de la Hollande, par exemple, où l'espèce est assez abondante, se répandent partout et gagnent principalement le Midi, où ils se cantonnent même sur les plus petits ruisseaux. Cependant quelques individus restent l'hiver dans nos départements septentrionaux.

Il niche parmi les joncs et les roseaux, sur quelques plantes sèches; pond de six à dix œufs, un peu allongés, d'un blanc très-faiblement lavé de jaune ou de verdâtre, quelquefois d'un blanc laiteux, avec des points et de petites taches arrondies, le plus souvent rares et isolées, excepté sur le gros bout où elles sont toujours plus ou moins accumulées et mêlées à quelques traits déliés. Les taches et les points sont les uns profonds et d'un gris violet; les autres superficiels et d'un brun rouge. Quelques variétés sont finement piquetées à toute la surface. Ils mesurent :

Grand diam. 0^m,036 à 0^m,038; petit diam. 0^m,025 à 0^m,026.

Ce Râle, sédentaire ou de passage suivant les localités, se tient dans les marais, les bois marécageux et les étangs couverts de joncs et de roseaux, d'où il ne sort guère que vers le soir. Lorsqu'on le chasse, il est difficile de le faire lever, même avec de bons chiens; il court avec célérité sur les plantes aquatiques, fait mille détours pour se soustraire aux recherches des chasseurs, et grimpe, au besoin, sur les arbustes qui se trouvent au bord des eaux. Son vol est bas, peu soutenu et en ligne droite; aussi est-il très-facile de le tirer.

Sa nourriture consiste principalement en insectes, en vers, en limaçons et en herbes aquatiques.

GENRE CLXXXV

CREX — *CREX*, Bechst.

Orygometra (*olim*), Linn. *S. N.* (1744).
Rallus, p. Linn. *S. N.* (1756).
Gallinula, p. Lath. *Ind.* (1790).
Crex, Bechst. *Nat. Deuts.* (1803).

Bec beaucoup plus court que la tête, presque conique, très-élevé à la base, très-comprimé dans toute son étendue, à arête convexe ; narines latérales, oblongues, droites, atteignant le milieu du bec ; ailes assez longues, sub-aiguës ; queue courte, à pennes médiocrement résistantes ; jambes très-peu dénudées, scutellées sur la partie nue ; tarses allongés, épais, scutellés en avant, réticulés en arrière ; doigts antérieurs médiocrement longs, le médian, y compris l'ongle, plus court que le tarse ; pouce bien développé, portant à terre sur une assez grande étendue ; front couvert de plumes.

Les Crex, démembrés du genre Rallus par Bechstein, sont principalement caractérisés par leur bec court, beaucoup plus haut que large, surtout à la base, et par des doigts médiocrement longs.

Leurs habitudes sont aussi un peu différentes de celles des autres Ralliens : ils vivent moins sur les bords des eaux. S'ils habitent les prairies humides, les hautes herbes ou les jonchaies des étangs à sec, ils fréquentent aussi les prairies artificielles, les taillis nouveaux, les bruyères, les genêts, soit en plaines, soit en coteaux. Comme les autres Ralliens, ils ont un vol lourd, bas, direct, et courent plus qu'ils ne marchent ; et, comme les Râles, ils cherchent quelquefois un refuge sur les arbustes et sur les buissons.

Le mâle et la femelle diffèrent très-peu sous leur robe de printemps et ne diffèrent pas sous celle d'hiver. Les jeunes, avant la première mue, s'en distinguent par des teintes particulières. Leur mue est double.

Ce genre est représenté en Europe par une seule espèce.

374 — CREX DES PRÉS — *CREX PRATENSIS*
Bechst.

Bord externe de la première rémige d'un blanc jaunâtre ; flancs et sous-caudales variés de bandes brunes, roussâtres et blanchâtres.
Taille : 0ᵐ,25 à 0ᵐ,26.

RALLUS CREX, Linn. *S. N.* (1766), t. I, p. 261.

RALLUS GENISTARUM *sive* ORTYGOMETRA, Briss. *Ornith.* (1760), t. V, p. 159.

GALLINULA CREX, Lath. *Ind.* (1790), t. II, p. 766.

CREX PRATENSIS, Bechst. *Nat. Deuts.* (1809), t. IV, p. 470.

ORTYGOMETRA CREX, Leach, *Syst. Cat. M. and B. Brit. Mus.* (1816), p. 34.

CREX HERBARUM et ALTICEPS, Brehm, *Hand. Nat. Vög. Deuts.* (1831), p. 604.

Buff. *Pl. enl.* 750, sous le nom de *Râle de genêt.*

Mâle adulte, au printemps : Dessus de la tête, du cou, du corps et sus-caudales d'un brun noirâtre, avec les plumes bordées et terminées d'un cendré légèrement lavé de roussâtre ; gorge et milieu de l'abdomen d'un blanc gris, très-légèrement roussâtre ; devant et côtés du cou, poitrine, d'un cendré roussâtre moiré ; flancs, sous-caudales, barrés de brun, de roussâtre et de blanchâtre ; sourcils et joues d'un cendré bleuâtre, nuancé d'un peu de roussâtre au-dessus et derrière l'oreille, couvertures supérieures des ailes d'un beau rouge de rouille ; rémiges d'un cendré roussâtre, avec le bord externe de la première blanc ; rectrices d'un brun noir, bordées et terminées de cendré roussâtre ; bord libre des paupières rose ; bec brun rougeâtre en dessus, blanchâtre en dessous ; pieds brun rougeâtre ; iris brun grisâtre.

Femelle adulte, à la même époque : Semblable au mâle, mais un peu plus petite, avec les teintes cendrées moins pures ; le roux des ailes moins vif, et quelques petites taches, tirant sur le blanchâtre, à l'extrémité des grandes couvertures.

Mâle et femelle adultes, en automne : Point de cendré à la tête, au cou et à la poitrine ; cette couleur remplacée par du roux ou du cendré roussâtre.

Jeunes avant la première mue : Ils diffèrent principalement des sujets adultes par une taille plus petite, des teintes plus rousses, du blanc pur à la gorge et à l'abdomen, des teintes rembrunies aux flancs et aux rémiges, et par l'absence de cendré à la tête.

Ils naissent couverts de duvet noir.

Le Crex de genêt habite une grande partie de l'Europe, et s'étend, au nord, jusqu'en Norwége et même en Islande, suivant Latham. Il habite aussi la Sibérie méridionale et le nord de l'Afrique.

Il se reproduit dans beaucoup de localités en France ; établit son nid parmi les blés ou parmi les herbes des prairies humides, et pond de sept à huit œufs, d'un gris clair verdâtre ou jaunâtre, quelquefois d'un blanc lavé de bleuâtre, avec de très-petits points et des taches tantôt punctiformes, tantôt oblongues et comme essuyées, très-clair-semées, excepté au gros bout où elles sont plus abondantes, un peu plus grandes et la plupart

confluentes. Ces taches sont ou profondes et d'un gris violet frais, ou superficielles et d'un brun roux de rouille plus ou moins intense. Ils mesurent :

Grand diam. 0^m,036 à 0^m,040 ; petit diam. 0^m,028 à 0^m,030.

Cette espèce n'habite l'Europe qu'une partie de l'année. Elle y arrive au printemps et en repart en automne. En tout temps, elle semble suivre les Cailles.
Elle se tient dans les herbes élevées des prairies voisines de l'eau, dans les céréales et les genêts, suivant les localités, et il est difficile de l'en faire sortir.
Dans le midi de la France, on la trouve très-souvent dans les vignes, à l'époque de son passage en septembre.

C'est un oiseau curieux, rusé, qui n'aime pas la compagnie de ses semblables.
Durant tout le temps des amours, il fait entendre le cri *crèk, crèk,* répété plus
ou moins fréquemment, d'un ton rauque et sec. Il le fait entendre surtout
dans les belles soirées de juin et même fort avant dans la nuit, en suivant les
passants. Si l'on avance vers lui, il fuit à toutes jambes à travers les herbes
et revient sur ses pas aussitôt qu'on le quitte, en répétant son cri quelquefois huit à dix fois de suite. A l'époque de la chasse, il est muet et déjoue
souvent les poursuites des chasseurs, même lorsqu'ils ont de bons chiens.

Sa nourriture consiste en insectes, en vermisseaux et en graines.

En automne, il acquiert beaucoup de graisse et on le prend quelquefois alors
à l'arrêt du chien. Après un vol ou deux, si on ne l'atteint pas, on ne peut plus
le faire lever et il fuit avec célérité. C'est un oiseau très-recherché par les
amateurs de gibier, à cause de la délicatesse de sa chair.

GENRE CLXXXVI

PORZANE — *PORZANA*, Vieill.

Rallus, p. Linn. *S. N.* (1766).
Gallinula, p. Lath. *Ind.* (1790).
Porzana, Vieil. *Ornith. élém.* (1816).
Ortygometra et Zaporina, Leach, *Syst. Cat. M. and B. Brit. Mus.* (1816).
Crex, p. Boie, *Isis* (1822).

Bec plus court que la tête, peu élevé à la base, un peu rétréci
vers le milieu, comprimé dans toute son étendue, atténué à la
pointe ; narines latérales, oblongues, droites, atteignant le milieu du bec ; ailes médiocres, sub-aiguës ; queue courte, conique, à rémiges étroites, pointues, souples et légèrement courbées ; partie nue des jambes scutellée ; tarses courts, scutellés
en avant, réticulés en arrière sur les deux tiers inférieurs ;
doigts antérieurs allongés, grêles, le médian y compris l'ongle
bien plus long que le tarse ; pouce allongé et portant à terre
sur une assez grande étendue ; front couvert de plumes.

Les Porzanes diffèrent des Râles par un bec beaucoup plus court et un peu rétréci au niveau des narines ; par un pouce plus étendu et par le doigt médian relativement plus long. Elles en ont, du reste, les mœurs et le genre de vie. Ce sont des oiseaux craintifs, qui vivent dans l'isolement, restent cachés une partie de la journée, et ne sortent de leur repos que le matin et le soir. Elles n'habitent que les hautes herbes, les massifs de roseaux, les vastes jonchaies ; ne perchent jamais ; se dérobent au danger plutôt par la course que par le vol ; et lorsqu'elles sont forcées à prendre leur essor, elles ne se portent qu'à de faibles distances.

Le mâle et la femelle ont le même plumage. Les jeunes, avant la première mue, s'en distinguent notablement.

Observation. Ce genre répond à la troisième section du genre *Rallus* de la première édition. Les trois espèces que nous y comprenons ont été réparties, mais sans motif, dans deux genres distincts.

375 — PORZANE MAROUETTE — *PORZANA MARUETTA*
G. R. Gray ex Briss.

Bord externe de la première rémige d'un blanc pur ; gorge d'un cendré noirâtre ; poitrine tachetée de blanc ; flancs rayés d'olivâtre et de blanc ; sous-caudales blanches ou roussâtres ; ailes atteignant le tiers postérieur de la queue.

Taille : 0ᵐ,20 environ.

RALLUS PORZANA, Linn. *S. N.* (1766), t. I, p. 261.
RALLUS AQUATICUS MINOR, *sive* MAROUETTA, Briss. *Ornith.* (1760), t. V, p. 155.
GALLINULA PORZANA, Lath. *Ind.* (1790), t. II, p. 772.
ORTYGOMETRA MAROUETTA, Leach, *Syst. Cat. M. and B. Brit. Mus.* (1816), p. 34.
CREX PORZANA, Bechst. *Doubl. Zool. Mus.* (1823), p. 80.
ORTYGOMETRA PORZANA, Steph. in : Shaw, *Gen. Zool.* (1826), t. XII, p. 223.
GALLINULA MACULATA et PUNCTATA, Brehm, *Hand. Nat. Vög. Deuts.* (1831) p. 698 et 699.
PORZANA MAROUETTA, G. R. Gray, *List Gen. of B.* (1841), p. 91.
Buff. *Pl. enl.* 751, *Vieux mâle.*

Mâle adulte, au printemps : Parties supérieures d'un roux olivâtre lustré et tacheté de noir, avec les côtés du vertex d'un cendré noirâtre les côtés du cou de la même teinte, pointillés de blanc ; dos, scapulaires et sus-caudales, rayés et tachetés de blanc ; front, sourcils et gorge d'un cendré noirâtre, semblable à celui des côtés du vertex ; devant et côtés du cou, poitrine, une partie de l'abdomen d'un cendré olivâtre tacheté de blanc, avec les flancs barrés de cette dernière couleur ; milieu du ventre et sous-caudales d'un blanc pur ; couvertures supérieures des ailes pareilles au dos, mais avec des taches plus nombreuses, toutes précédées d'une tache noire ; rémiges brunes, avec la première bordée de blanc et les autres d'olivâtre ; rectrices brunes, bordées d'olivâtre, avec quelques taches blanches sur les bords des médianes ; bec jaune verdâtre, avec la base rouge ; pieds d'un verdâtre lavé de jaune ; iris brun verdâtre.

Femelle adulte : Semblable au mâle ; elle a seulement le cendré noirâtre de la tête et du cou moins pur et moins étendu.

Mâle et femelle adultes, en automne : Ils ont, en cette saison, les teintes moins nettes, les régions supérieures moins lustrées ; une partie des côtés de la tête et du cou variée de roux olivâtre et de blanchâtre ; le cendré moins foncé et moins étendu ; le blanc du ventre terne, et celui des sous-caudales lavé de roussâtre ; point de rouge au bec.

Jeunes avant la première mue : Ils sont sensiblement plus petits que les adultes ; portent un grand nombre de taches blanches ; ont la gorge et le milieu du ventre d'un cendré blanchâtre, plus ou moins marqué de traits bruns ; les sous-caudales lavées de roussâtre ; les sourcils et les joues variés de blanc et de brun ; le bec et les pieds d'un brun verdâtre.

En naissant, ils sont couverts de duvet noir, et ont le bec de cette couleur, avec la base et la pointe rouges.

Variétés accidentelles : M. Hardy possède une Marouette adulte qui a le devant du cou d'un beau rose. Cette couleur se conserve très-bien, quoique l'oiseau soit monté depuis plusieurs années.

La Porzane marouette habite une grande partie de l'Europe, de l'Asie et de l'Afrique, et préférablement les contrées méridionales.

Elle n'est pas rare en France, même dans le Nord : elle y arrive dans le mois de mars et en repart en septembre, octobre et quelquefois plus tard. Elle est très-commune en Italie, en Sicile, dans le midi de la Russie et rare en Hollande.

Elle se reproduit par myriades, au dire de M. Bouteille, dans les marais de Saint-Laurent du Pont, près de Grenoble.

Elle niche dans les endroits marécageux et compose un nid à base mobile, avec des herbes grossièrement entrelacées ; sa ponte est de huit à douze œufs, médiocrement allongés, d'un jaunâtre clair, couverts de nombreux points très-petits, et parsemés de taches les unes petites et rondes, les autres larges et de formes variables, mais toujours très-arrêtées dans leur contour. Ces taches un peu dispersées sur toute la surface et quelquefois un peu plus abondantes sur le gros bout, sont ou profondes et d'un gris violet, ou superficielles et d'un brun tantôt roussâtre, tantôt noirâtre. Ils mesurent :

Grand diam. 0^m,034 à 0^m,035; petit diam. 0^m,024 à 0^m,025.

La Marouette a, à peu près, les mêmes mœurs que le Râle d'eau; elle se tient, comme lui, dans les marais et sur les bords des eaux couverts de jonc et de roseaux. Elle se nourrit également d'insectes, de limaces, de vermisseaux et d'herbes aquatiques. Sa chair, en automne, époque où elle est très-grasse, est savoureuse, et égale, par sa délicatesse, celle du Crex des prés.

576 — PORZANE DE BAILLON — *PORZANA BAILLONII*

Bord externe de la première rémige blanc; devant du cou, poitrine, abdomen unicolores; dos tacheté de blanc; flancs et sous-caudales noirs, variés de bandelettes blanches; ailes atteignant le milieu de la queue.

Taille : 0^m,17 environ.

RALLUS BAILLONII, Vieill. *N. Dict.* (1819), t. XXVIII, p. 548.
GALLINULA BAILLONII, Temm. *Man.* (1820), t. II, p. 692.
CREX BAILLONII, Lichst. *Doubl. Zool. Mus.* (1823), p. 80.
ORTYGOMETRA BAILLONII, Steph. in : Shaw, *Gen. Zool.* (1824), t. XII, p. 228.
PHALARIDION PYGMÆA, Kaup, *Nat. Syst.* (1829), p. 173.
GALLINULA PYGMÆA, Brehm, *Hand. Nat. Vög. Deuts.* (1831), p. 701.
CREX PYGMÆA, Naum. *Vög. Deuts.* (1838), t. IX, p. 567.
ORTYGOMETRA PYGMÆA, Keys. et Blas. *Wirbelth.* (1840), p. 48.
PORZANA PYGMÆA, Bp. *Ucc. Europ.* (1842). p. 64.
ZAPORINA PYGMÆA, Bp. *Cat. Parzud.* (1856), p. 15.
P. Roux, *Ornith. Prov.* pl. 332, f. 1.
Gould, *Birds of Eur.* pl. 344.

Mâle et femelle adultes, au printemps : Parties supérieures d'un roux olivâtre de même teinte que chez la Porzane marouette, varié de stries noires à la tête et au cou, de noir plus profond et de nombreuses taches irrégulières blanches sur le dos et les scapulaires; sourcils, joues, côtés et devant du cou, poitrine et une grande partie de l'abdomen d'un cendré bleu, de teinte plus claire à la gorge; bas-ventre, flancs et sous-caudales d'un noir profond, barré de blanc; couvertures supérieures des ailes d'un roux olivâtre taché de blanc et de noir; rémiges d'un brun roussâtre, avec le bord externe de la première blanc; rectrices brunes, légèrement bordées d'olivâtre; bec d'un vert foncé; pieds vert jaunâtre; iris rougeâtre.

Toutefois les teintes sont un peu moins vives chez la femelle.

Mâle et femelle adultes, en automne: Parties supérieures comme en été; gorge, devant du cou et milieu de l'abdomen d'un blanc pur; poitrine et flancs ondés transversalement de brun olivâtre; bas-ventre et sous-caudales d'un brun d'ardoise, traversé de bandes blanches ; sourcils et joues blancs, maculés de roux olivâtre ; bec d'une teinte plus foncée ; pieds et partie nue des jambes d'un verdâtre livide.

Jeunes avant la première mue : Comme les vieux en hiver, aux parties inférieures près ; celles-ci ondées partout, excepté à la gorge, de zigzags olivâtres et cendrés, sur fond blanc roussâtre.

A la naissance : Ils sont couverts d'un duvet noir et ont le bec d'un vert pur.

La Porzane de Baillon habite l'Europe tempérée et méridionale, l'Afrique septentrionale et une partie de l'Asie.

On la trouve à peu près partout en France, à son passage d'automne.

En août, elle quitte nos départements septentrionaux, pour se porter plus au midi, et y revient en avril et mai, pour se reproduire.

Elle niche sur le bord des étangs, parmi les roseaux, sur un peu d'herbes sèches. Ses œufs, au nombre de sept ou huit, sont d'un roux olivâtre, avec des taches plus foncées, très-petites et très-nombreuses, peu apparentes et presque confondues. Ils mesurent :

Grand diam. $0^m,026$ à $0^m,028$; petit diam. $0^m,018$ à $0^m,019$.

577 — PORZANE POUSSIN — *PORZANA MINUTA*
Bp. ex Pall.

(Type du genre *Zaporina*, Leach ; *Phalaridion*, Kaup.)

Un trait blanc vers l'extrémité de la première rémige, sur les barbes externes ; dos, devant du cou, poitrine, abdomen unicolores ; bas-ventre noirâtre, varié de bandes irrégulières et peu marquées blanches (mâle) ou blanches, olivâtres et noirâtres (femelle) ; sous-caudales roussâtres ; ailes atteignant l'extrémité de la queue.

Taille : $0^m,18$ *à* $0^m,19$.

Rallus parvus, Scop. *Ann. 1, Hist. Nat.* (1769), p. 126.
Rallus minutus, Pall. *Voy.* (1776), édit. in-4°, t. III, append. p. 700.
Rallus pusillus, Gmel. *S. N.* (1788), t. I, p. 719.
Rallus mixtus, Lapeyr. *Mam. et Ois. de la H.-Garonne* (1799), p. 38.
Gallinula pusilla, Bechst. *Nat. Deuts.* (1809), t. IV, p. 484.
Zaporina minuta, Leach, *Syst. Cat. M. and B. Brit. Mus.* (1814), p. 34.
Rallus Peyrousii, Vieill. *N. Dict.* (1819), t. XXVIII, p. 542.
Crex pusilla, Lichst. *Doubl. Zool. Mus.* (1823), p. 80.
Phalaridion pusillum, Kaup, *Nat. Syst.* (1829), p. 173.
Ortygometra pusilla, Bp. *B. of Eur.* (1838), p. 53.
Ortygometra minuta, Keys. et Blas. *Wirbelth.* (1840).
Porzana minuta, Bp. *Ucc. Eur.* (1842), p. 65.

P. Roux, *Ornith. Prov.* pl. 231.
Gould, *Birds of Eur.* pl. 345.

Mâle adulte, au printemps : Parties supérieures, d'un gris olivâtre
brunâtre à la tête et au cou, avec des taches noires au dos, confluente
et marquées de quelques traits blancs ; sus-caudales roux olivâtre
gorge, devant et côtés du cou, poitrine et la plus grande partie de l'abdomen d'un gris bleuâtre sans taches ; bas-ventre d'un blanc roussâtre
les plumes terminées de blanc ; sourcils et côtés de la tête d'un gris
bleuâtre ; couvertures supérieures des ailes d'un brun roux olivâtre
rémiges brunes, la première portant à l'extrémité du bord externe un
petit trait blanc ; rectrices brunes, bordées de roux olivâtre ; bec d'un
beau vert ; pieds verdâtres ; iris rouge.

Mâle adulte, en automne : Les parties supérieures sont plus rembrunies ; les inférieures sont blanches, mouchetées de brun sur la poitrine et sur les flancs ; les sourcils et les côtés de la tête n'ont qu'une
partie des plumes bleuâtre.

Femelle adulte, au printemps : Elle diffère sensiblement du mâle.
Parties supérieures comme chez celui-ci ; gorge et une partie du devant
du cou, blanchâtres ; bas du cou, poitrine et la plus grande partie de
l'abdomen d'un cendré roussâtre, plus roux sur les côtés ; bas-ventre et
sous-caudales, comme chez le mâle ; raie sourcilière et joues d'un gris
bleuâtre, avec une tache roux olivâtre sur l'oreille.

Jeunes avant la première mue : Ils sont moins foncés en couleur ; ont moins de blanc sur le dos ; la gorge blanche et les flancs
bruns, rayés transversalement de blanc.

La Porzane poussin est répandue dans les contrées orientales de l'Europe
Elle habite aussi l'Asie centrale et le nord de l'Afrique.

On l'observe régulièrement dans le midi et l'ouest de la France, irrégulière-
men dans le nord.

Elle niche parmi les roseaux. Ses œufs, au nombre de sept ou huit, sont
d'un roux olivâtre sale, couverts de points, de stries et de petites taches confluentes d'un brun roux pâle. Ils sont un peu plus forts que ceux de l'espèce
précédente et mesurent :

Grand diam. 0^m,029 à 0^m,030 ; petit diam. 0^m,021 à 0^m,022.

Cette espèce a les mœurs douces et des habitudes analogues à celles de la
Marouette ; son régime est le même ; elle se tient, comme elle, cachée dans les
herbes et les joncs des étangs et des marais. Quelquefois elle se rend dans les
champs et même dans les jardins situés près des lieux habités. M. Crespon dit
que l'on prend chaque année quelques individus dans des jardins et des basses-cours de la ville de Nîmes. Lorsqu'on la chasse, il est difficile de la faire

voler; elle court avec rapidité dans les fourrés, échappe souvent aux poursuites du chasseur, et fatigue tellement le chien qui la pourchasse que, dans
le Midi, elle porte le nom de *Crève-Chien*.

GENRE CLXXXVII

GALLINULE — *GALLINULA*, Briss.

Fulica, p. Linn. *S. N.* (1735).
Porphyrio, p. Barrère, *Ornith. Spec. Nov.* (1745).
Gallinula, Briss. *Ornith.* (1760).
Hydrogallina, Lacép. *Mém. de l'Inst.* (1800-1801).
Crex, Lichst. *Doubl. Zool. Mus.* (1823).
Stagnicola, Brehm, *Hand. Nat. Vog. Deuts.* (1831).

Bec aussi long que la tête ou un peu plus court, épais à la
base, convexe en dessus, comprimé, un peu renflé en dessous
vers la pointe, à arête se prolongeant et se dilatant sur le front
en une plaque lisse et plus ou moins aplatie; narines latérales,
oblongues, atteignant le milieu du bec et percées dans des
fosses nasales larges et triangulaires; ailes médiocres, sub-
aiguës; queue courte, arrondie, à pennes larges, résistantes et
droites; partie nue des jambes médiocre et scutellée; tarses
assez courts, scutellés en avant, réticulés en arrière sur les deux
tiers inférieurs; doigts antérieurs aplatis en dessous et bordés
sur les côtés d'une membrane étroite; le médian, y compris
l'ongle, plus long que le tarse; pouce allongé et portant à terre
sur une assez grande étendue.

Les Gallinules ou Poules d'eau, ont plus les habitudes des Porzanes que des
Râles, c'est-à-dire qu'elles vivent plutôt dans les grands massifs de roseaux et
de joncs qu'au milieu des broussailles et des arbustes qui encombrent les
bords des rivières ou des étangs. Du reste, comme les uns et les autres, elles
courent plus qu'elles ne volent, quoique leur vol ait généralement plus d'étendue; et presque tous leurs pas sont également accompagnés d'un mouvement
brusque de la queue, qu'elles tiennent relevée et à demi étalée. Leur nourriture consiste en insectes, en herbes et en graines aquatiques.

Le plumage du mâle ne diffère pas, au fond, de celui de la femelle. La taille
et l'étendue de la plaque frontale distingueraient mieux les deux sexes. Les
jeunes, avant la première mue, ont un plumage qui ne permet pas de les
confondre avec les adultes. Leur mue est double.

Les Gallinules sont répandues sur toutes les parties du globe : l'Europe ne possède qu'une espèce.

578 — GALLINULE ORDINAIRE — *GALLINULA CHLOROPUS*
Lath. ex Linn.

Sous-caudales latérales blanches, les médianes noires ; bord externe de la première rémige et une longue tache sur les barbes supérieures des plumes des flancs, d'un blanc pur ; bec rouge, à pointe jaune ; pieds d'un jaune verdâtre ; bas des jambes cerclé de rouge.

Taille : 0^m,35 *environ.*

PORPHYRIO OLIVARIUS, Barrère, *Ornith. Spec. Nov.* (1745), p. 61.
FULICA CHLOROPUS, Linn. *S. N.* (1766), t. I, p. 258.
GALLINULA, Briss. *Ornith.* (1760), t. VI, p. 3.
FULICA FUSCA, MACULATA, FLAVIPES et FISTULANS, Gmel. *S. N.* (1788), t. I, p. 697, 701 et 702.
GALLINULA CHLOROPUS, Lath. *Ind.* (1790), t. II, p. 770.
CREX CHLOROPUS, Lichst. *Doubl. Zool. Mus.* (1823), p. 79.
RALLUS CHLOROPUS, Savi, *Ornith. Tosc.* (1829), t. II, p. 382.
STAGNICOLA SEPTENTRIONALIS et CHLOROPUS, Brehm, *Hand. Nat. Vög. Deuts.* (1831), p. 704 et 706.
Buff. *Pl. enl.* 877.

Mâle adulte, au printemps : Tête, cou, poitrine et abdomen d'un bleu ardoisé noirâtre, très-brillant, avec les plumes du milieu du ventre terminées de blanc, et des taches blanches allongées sur les flancs ; dos, scapulaires, sus-caudales et couvertures supérieures des ailes d'un brun olivâtre lustré ; bord de l'aile d'un blanc éclatant ; rémiges brunes et d'une teinte plus claire sur leurs bords ; rectrices d'un brun obscur ; sous-caudales d'un blanc pur et quelques-unes des plus inférieures noires ; plaque frontale large et d'un roux vif ; bec également rouge, avec la pointe et la base jaunes ; pieds d'un vert jaunâtre, avec le bas des jambes entouré d'un cercle rouge ; iris rouge.

Femelle adulte : Elle ressemble au mâle, dont elle diffère toutefois par une taille un peu plus petite, une plaque frontale moins grande, des teintes un peu plus claires, un peu de grisâtre à la gorge et les raies blanches des flancs moins nombreuses et d'un blanc moins pur.

Mâle et femelle adultes, en automne : Ils ont les teintes moins pures ; la tête, le cou et les parties inférieures du corps d'un bleu ardoisé tirant sur le cendré; la plaque frontale rétrécie et d'une teinte livide; la base du bec vert olivâtre et le bas des jambes teint de jaunâtre.

Jeunes avant la première mue : Parties supérieures d'un brun olivâtre; tour du bec, devant du cou blanchâtres; poitrine, abdomen d'un gris nuancé d'olivâtre sur les flancs; sous-caudales blanches; rémiges et rectrices d'un brun foncé, avec la pointe d'une teinte plus claire; bec et pieds d'un brun olivâtre; iris brun; plaque frontale presque nulle.

Après la mue ils ne diffèrent plus des vieux.

Variétés accidentelles : On rencontre des individus avec un plumage d'un blanc parfait.

La Gallinule ordinaire ou Poule d'eau est répandue dans presque toute l'Europe. Elle habite aussi l'Asie et l'Afrique.

On la rencontre communément en France, le long des petits cours d'eau, et dans les étangs.

Elle se reproduit assez abondamment dans nos départements du Nord et du Centre; niche parmi les roseaux; compose son nid de joncs et d'herbes amoncelées, et pond de six à huit œufs, qui varient assez sous le rapport des dimensions, de la teinte du fond et des taches. Ils sont ou d'un blanc laiteux, ou d'un blanc lavé de roux jaunâtre clair, ou d'un jaune ocreux intense, et plus rarement d'un blanc sale légèrement verdâtre. Le plus généralement ils sont comme saupoudrés de points bruns, les uns très-petits, les autres un peu plus gros; et de taches d'un gris violet, lorsqu'elles sont profondes, d'un brun roux de rouille, lorsqu'elles sont superficielles. Ces taches, parmi lesquelles se montrent parfois quelques traits isolés, sont ordinairement petites, arrondies ou irrégulières, et sont, tantôt assez uniformément dispersées à toute la surface de l'œuf et isolées; tantôt plus nombreuses vers le gros bout et en partie confluentes; d'autres fois accumulées seulement sur la grosse extrémité, la moitié opposée de l'œuf n'étant pas même pointillée. Enfin telle variété n'offre absolument que des points très-fins, tandis que telle autre ne présente que des points et des taches grises, d'autant plus pâles et vagues que la couche calcaire qui les recouvre est plus épaisse. Ils mesurent :

Grand diam. 0^m,042 à 0^m,046; petit diam. 0^m,030 à 0^m,032.

La Poule d'eau se tient dans les marais boisés, sur les bords des rivières et des étangs couverts de joncs et de roseaux. Elle est très-craintive; reste cachée durant la plus grande partie du jour et ne sort guère de sa retraite que vers le soir. On la voit alors se promener parmi les herbes ou sur des feuilles de nénuphar, en relevant et en abaissant alternativement la queue; au moindre danger, elle se cache dans les herbes ou plonge et va se réfugier dans les joncs ou sous les racines des arbres qui bordent le fossé ou la rivière; quelquefois elle reste plongée et immobile avec la tête hors de l'eau, et il faut alors une grande habitude pour l'apercevoir.

Sa nourriture consiste en insectes, en vers, en herbes et en graines de plantes aquatiques.

Elle vit très-bien, avec l'aileron amputé, dans les jardins clos de murs, et se contente de tout ce qu'on lui donne, pain, blé, poissons et viandes; mais elle s'en échappe facilement lorsqu'il y a des arbres adossés aux murs, tant elle grimpe avec facilité.

Sa chair est généralement peu estimée, quoiqu'elle soit assez agréable au goût quand l'oiseau est jeune.

GENRE CLXXXVIII

PORPHYRION — *PORPHYRIO*, Barrère.

Fulica, p. Linn. *S. N.* (1735).
Porphyrio, Barrère, *Ornith. Spec. Nov.* (1745).
Gallinula, p. Lath. *Ind.* (1790).

Bec à peu près de la longueur de la tête, robuste, élevé à la base, conique, à mandibule supérieure convexe, un peu inclinée à la pointe, dilatée sur le front en une large plaque nue qui s'étend au delà des yeux; narines latérales, petites, ovales, percées obliquement dans la masse cornée du bec; ailes médiocres, sub-aiguës; queue courte, arrondie; partie nue des jambes réticulée en avant et sur les côtés, scutellée en arrière; tarses longs et épais, scutellés en avant et sur les côtés, pourvus en arrière d'une double série de très-petites plaques formant une ligne étroite; doigts antérieurs très-longs, le médian, y compris l'ongle, plus long que le tarse; pouce allongé, portant à terre sur une assez grande étendue; ongles longs, arqués, pointus.

Les Porphyrions, que l'on connaît aussi sous les noms vulgaires de *Talèves, Poules sultanes*, démembrés par Barrère du genre *Fulica* de Linné, se distinguent des autres Gallinuliens par leur large plaque frontale; par la forme de leurs narines; par l'allongement de leurs pieds et par la disposition des scutelles qui les garnissent.

Ce sont des oiseaux remarquables par leurs couleurs. Leurs mœurs sont paisibles; ils aiment la solitude, comme les Gallinules et les Râles, et se tiennent dans les rizières, dans les marais d'eau douce, d'où ils ne sortent que lorsqu'ils y sont contraints par une cause quelconque. Ils volent peu. Leur démarche, lorsqu'ils ne sont pas inquiétés, est grave, compassée; mais si quelque chose les effarouche, ils courent avec une grande célérité. Leur nourriture consiste en racines, en herbes aquatiques et en grains.

Le mâle et la femelle se ressemblent. Les jeunes, avant la première mue ont un plumage particulier.

Ce genre est propre aux parties chaudes de l'ancien monde. Une seule espèce habite l'Europe.

579 — PORPHYRION BLEU — *PORPHYRIO CÆSIUS*
Barrère.

Côtés de la tête et dessous du cou d'un bleu turquoise, sous-caudales blanches, tout le reste du plumage d'un bleu indigo, nuancé de grisâtre ; bec et plaque frontale rouges.

Taille : 0ᵐ,40 *à* 0ᵐ,50.

PORPHYRIO CÆSIUS, Barrère, *Ornith. Spec. Nov.* (1745), p. 61.
PORPHYRIO, Briss. *Ornith.* (1760), t. V, p. 522.
FULICA PORPHYRIO, Pall. *Zoogr.* (1811-1831), t. II, p. 156.
PORPHYRIO HYACINTHINUS, Temm. *Man.* (1820), t. II, p. 698.
PORPHYRIO ANTIQUORUM, Bp. *B. of Eur.* (1838), p. 54.
PORPHYRIO VETERUM, Bp. *Rev. crit.* (1850), p. 177.

Mâle et femelle adultes : Occiput, nuque, dessus du corps et sus-caudales d'un bleu d'indigo foncé ; joues, devant et côtés du cou, haut de la poitrine d'un beau bleu de turquoise ; le reste de la poitrine, l'abdomen et les jambes d'un noir bleuâtre ; sous-caudales d'un blanc pur ; couvertures supérieures des ailes, rémiges et rectrices pareilles au dos ; bec et plaque frontale d'un rouge vif ; pieds couleur de chair rougeâtre ; iris rouge de laque.

Jeunes de l'année, à la première mue : Occiput, nuque d'un brun jaunâtre ; dessus du corps brun cendré, nuancé çà et là de bleu indigo ; joues et cou cendrés, lavés en devant de bleu de turquoise ; poitrine, abdomen, cendrés, nuancés de brunâtre aux flancs, de blanchâtre au bas-ventre, à la partie interne des jambes et aux sous-caudales ; ailes d'un bleu indigo foncé, avec l'extrémité des couvertures supérieures lisérée de blanchâtre ; pieds olive rougeâtre.

Avant l'époque de la mue : Point de bleu dans le plumage.

Le Porphyrion bleu ou talève habite les îles Ioniennes, la Sardaigne, la Sicile, l'Espagne, le Portugal, l'Algérie, surtout la province de Bône, sur le lac Fetzara, et s'égare accidentellement en Italie et en France, où il a été observé plusieurs fois, sur nos eaux douces du Midi. Nous avons vu nous-même à Draguignan, chez M. Jauffret, un magnifique individu qui avait été tué à Trans, par M. Bernard Roques.

Il niche au milieu ou à proximité des eaux, parmi les herbes. Ses œufs, a nombre de deux à quatre, sont de la même teinte que ceux de la Gallinule ordinaire, c'est-à-dire d'un jaune ocracé, avec de petites et de larges taches d'un brun rougeâtre, et violacées, dont quelques-unes fondues, comme effacées, surtout au gros bout, et des rugosités crétacées, plus ou moins apparentes. Ils mesurent :

Grand diam. 0^m,056 à 0^m,058 ; petit diam. 0^m,038 à 0^m,040.

L'incubation, suivant M. Malherbe, à qui nous empruntons une partie des détails qui concernent cette espèce, a lieu en Sicile dans le mois de février ou de mars ; les petits naissent en avril ; ils sont couverts d'un duvet noir bleuâtre, et ils ont le bec, la plaque frontale et les pieds bleus. A peine nés, ils courent autour du nid et font parfois entendre un cri faible et non interrompu, comme les petits poulets. La voix des père et mère est forte et sonore.

D'un naturel doux et craintif, le Porphyrion bleu se tient presque constamment caché et ne sort de sa solitude que lorsqu'il est pressé par la faim ou qu'il court quelque danger ; sa simplicité est telle qu'il se laisse souvent prendre vivant par les bateliers qui le voient plonger pour se soustraire à la chasse qu'on lui fait.

Il a le vol lourd, comme la Gallinule ordinaire, et n'y a recours que pour se transporter d'une rive ou d'un marais à l'autre, ou pour échapper au fusil du chasseur. Le plus souvent, lorsqu'il est poursuivi, il plonge ou il se cache parmi les joncs.

Cet oiseau s'apprivoise aisément. On l'élève, en certains pays, dans les basses-cours, avec les volailles, et il se contente de la même nourriture que celles-ci. Lorsqu'on lui donne quelque chose de trop gros pour être avalé, il le porte au bec, avec la patte, et l'écrase ou le coupe avec les mandibules, qui sont dures et robustes.

SOUS-FAMILLE LXVI

FULICIENS — *FULICINÆ*

Gallinulinæ, p. G. R. Gray, *List Gen. of B.* (1841).

Tarses épais, notablement comprimés latéralement, par conséquent beaucoup plus larges d'avant en arrière que d'un côté à l'autre ; doigts antérieurs largement bordés sur les côtés d'une membrane découpée en festons ; pouce assez remonté, très-comprimé, pinné, pourvu d'un ongle également très-comprimé et falciforme.

Les oiseaux dont nous composons cette sous-famille, ont été placés, par M. G. R. Gray, parmi ses *Gallinulæ* et font partie des *Rallinæ* de quelques auteurs. Ils nous paraissent trop distincts des uns et des autres pour ne pas constituer une section à part. Ils n'en diffèrent pas seulement par leurs pieds, déjà si caractéristiques, ils s'en séparent encore par des formes plus massives, un corps moins comprimé, plus large en dessous, par des jambes notablement placées plus à l'arrière du corps et plus rentrées, et par une queue relativement plus courte.

Leurs habitudes présentent aussi des différences remarquables : ils sont bien plus sociables que les Ralliens. S'ils recherchent la solitude à l'époque de la reproduction, ils se réunissent, après, en familles et forment quelquefois des bandes de plusieurs centaines d'individus. Ils sont plus nageurs que coureurs ; plongent très-bien et peuvent plonger assez longtemps ; exercent leur industrie moins sur les rives qu'au milieu des eaux ; vivent sur les étangs salés et saumâtres, aussi bien que dans les eaux douces ; ont enfin un vol plus rapide, plus étendu que celui des Ralliens.

Toutes ces considérations nous semblent justifier la séparation des Fuliciens, soit d'avec les Ralliens, soit d'avec les Gallinuliens, si l'on maintient cette dernière sous-famille.

GENRE CLXXXIX

FOULQUE — *FULICA*, Linn.

Fulica, Linn. *S. N.* (1735).
Gallinula, p. Lath. *Ind.* (1790).
Lupha, Reichenb. *Syst. Av.*

Bec plus court que la tête, convexe en dessus, comprimé, épais à la base, renflé et anguleux en dessous ; arête de la mandibule supérieure dilaté sur le front en une plaque large, nue, lisse ou surmontée de lambeaux charnus ; narines latérales, elliptiques, nues ; ailes médiocrement longues, amples, sub-aiguës ; queue courte, très-arrondie ; jambes nues sur une faible étendue ; tarses assez allongés, bordure des doigts antérieurs découpée en lobes, dont le nombre est en rapport avec celui des articulations ; doigt médian un peu plus long que le tarse ; pouce articulé en dedans du tarse, assez haut et portant à terre.

Les Foulques sont des oiseaux essentiellement aquatiques, qui vivent en société et se rassemblent quelquefois en nombre considérable ; qui fréquentent les eaux douces des marais, des lacs, aussi bien que les eaux saumâtres et salées des étangs, des golfes, des baies ; qui nagent et plongent très-bien, et dont la nourriture consiste en frai de poissons et de batraciens, en insectes, en vers et en végétaux aquatiques. Elles sont monogames.

Le mâle et la femelle portent le même plumage, et ne diffèrent que par l'étendue de la plaque frontale, qui est généralement un peu plus grande chez le mâle que chez la femelle du même âge. Les jeunes, avant la première mue, se distinguent notablement des adultes, quoiqu'ils ne portent pas de livrée particulière. Leur mue est simple.

Le genre Foulque a des représentants dans toutes les parties du monde, mais les espèces en sont peu nombreuses et ont entre elles les plus grandes affinités. L'une d'elles est propre à l'Europe et une seconde y fait des apparitions accidentelles.

Observation. — M. Reichenbach a détaché génériquement des Foulques, sous le nom de *Lupha*, la *Fulica cristata*, à cause des excroissances charnues qui surmontent la plaque frontale. Nous ne pensons pas que ce caractère soit de nature à faire séparer cette Foulque des autres espèces et surtout de l'espèce type (*Fulica atra*) dont elle a absolument tous les autres caractères, les mœurs, etc. Du reste, les excroissances charnues, déjà très-inégalement développées chez les adultes, de même que la plaque, n'existent pas à tous les âges; et les jeunes des deux espèces, en naissant et longtemps après la naissance, en sont également dépourvus.

380 — FOULQUE NOIRE — *FULICA ATRA*
Linn.

Plaque frontale ovalaire et lisse; sous-caudales noires.
Taille : 0^m,35 à 0^m,45.

FULICA ATRA et ATERRIMA, Linn. *S. N.* (1766), t. I, p. 257.
FULICA... et FULICA MAJOR, Briss. *Ornith.* (1760), t. VI, p. 23 et 28.
FULICA LEUCORYX et ÆTHIOPS, Sparm. *Mus. Carls.* (1786-1789), pl. 12 et 13.
FULICA ATRATA et PULLATA, Pall. *Zoogr.* (1811-1831), t. II, p. 158 et 159.
FULICA PLATYUROS, Brehm, *Hand. Nat. Vog. Deuts.* (1831), p. 711.
Buff. *Pl. enl.* 197.

Mâle et femelle adultes, au printemps : Tête, cou d'un noir profond; dessus du corps d'un noir ardoisé; dessous d'un cendré noir bleuâtre; ailes et queue semblables au manteau; plaque frontale d'un blanc tirant sur le rose; bec blanc rosé en dessus, plus rouge en dessous, et bleuâtre à la pointe; pieds d'un cendré lavé de verdâtre et de jaune, avec le bas de la jambe ceint de rouge verdâtre; iris rouge cramoisi.

Mâle et femelle adultes, en automne : Ils ont le bec et la plaque frontale d'un blanc mat, et le bas des jambes sans jarretière rouge verdâtre.

Jeunes avant la première mue : D'un noir moins profond en dessus ; cendré blanchâtre en dessous et à l'extrémité des rémiges secondaires ; plaque frontale peu marquée, d'un cendré olivâtre ainsi que le bec et les pieds.

Après la mue : La plaque du front est plus large et le cendré des parties inférieures du corps est lavé de roussâtre.

Les petits naissent sans plaque frontale, couverts de duvet noir, enfumé, et quittent aussitôt le nid.

Variétés accidentelles : On cite des individus blancs, blanchâtres, ou avec les ailes blanches.

Nota. Cette espèce varie aussi par la taille : les individus les plus gros ont été désignés sous le nom de *Macroule*, et les moins gros sous celui de *Morelle*. Ces différences ne dépendent ni de l'âge ni du sexe, ainsi qu'on l'a cru ; mais sont individuelles.

La Foulque noire ou Macroule est répandue dans une grande partie de l'Europe et de l'Asie.

Elle est très-commune dans quelques localités de la France, et de passage seulement dans d'autres.

Elle se reproduit dans plusieurs de nos départements du Centre, du Sud, de l'Ouest et du Nord, et, en très-grand nombre, en Hollande, où on fait un grand commerce de ses œufs.

Elle niche sur les bords des lacs et des marais, parmi les joncs et les carex, pond huit ou dix œufs, quelquefois quatorze ou quinze, couleur café au lait, tantôt très-clair, d'autres fois très-foncé, ou d'un gris jaunâtre, assez uniformément couvert d'une innombrable quantité de très-petits points, auxquels se mêlent des points un peu plus gros, qui se convertissent parfois en taches, soit par l'extension qu'ils prennent, soit par la confluence de quelques-uns d'entre eux. Tous ces points sont, ou gris, lorsqu'ils sont profonds, ou d'un brun noirâtre et même noirs, lorsqu'ils sont superficiels. Ces œufs offrent d'assez grands écarts sous le rapport des dimensions. Ils mesurent :

Grand diam. 0^m,050 à 0^m,056 ; petit diam. 0^m,036 à 0^m,039.

La Foulque noire se réunit par grandes troupes à l'approche de l'hiver, et une partie quitte le pays pour se transporter plus au midi. Elle est excessivement commune aux environs de Nîmes, en automne. Tout le monde, dit M. Crespon (*Ornith. du Gard*, p. 459), connaît ici la guerre d'extermination qu'on va lui faire sur de frêles embarcations, et que l'on nomme dans le pays chasse aux *Macreuses*. Le nombre des chasseurs dépasse quelquefois quinze cents, y compris ceux qui restent à terre et qui attendent les Foulques sur les bords. Il arrive souvent, ajoute-t-il, que le nombre des individus tués, dans une seule chasse, s'élève de huit cents à mille.

Les Foulques ont la chair noire et d'un goût peu agréable ; aussi ne sont-elles pas recherchées pour la table. Cependant, on les estime assez dans le midi de la France, et on les y mange, en carême, à titre de gibier maigre.

581 — FOULQUE A CRÊTE — *FULICA CRISTATA*
Gmel.

(Type du genre *Lupha*, Reichenb.)

Plaque frontale surmontée en arrière par deux tubercules mem-braneux plus ou moins développés; sous-caudales noires.

Taille : 0^m,43 *à* 0^m,44.

Foi ica cristata, Gmel. *S. N.* (1788), t. I, p. 704.
Gallinula cristata, Lath. *Ind.* (1790), t. II, p. 779.
Fulica mitrata, Licht. *Nom. Av.* (1854), p. 97.
Lupha cristata, Reichenb. *Syst. Av.*
Buff. *Pl. enl.* 797, sous le nom de *Foulque de Madagascar.*
Ch. Bp. *Faun. Ital.* pl. 44.

Mâle adulte, au printemps : Entièrement d'un noir bleuâtre, avec la caroncule frontale d'un rouge foncé ; bec blanchâtre, teinté en dessus de bleuâtre, avec la base rouge clair ; pieds et iris noirâtres.

Femelle adulte : Semblable au mâle, mais avec la caroncule frontale moins développée.

Jeunes avant la première mue : D'un noir nuancé de brunâtre en dessus; d'un gris blanchâtre sale en dessous; plaque frontale peu étendue et caroncules à peine indiquées et parfois nulles.

Les petits, en naissant, sont absolument semblables à ceux de l'espèce précédente; ils manquent également de plaque frontale.

La Foulque à crête est propre à l'Afrique. On la trouve communément dans les marais des environs de Bône, d'Oran et sur plusieurs autres points de nos possessions françaises en Algérie.

Ses apparitions en Europe ne sont pas rares : elles seraient même régulières sur certains points de l'Espagne méridionale. D'après M. Barthélemy-Lapommeraie (1), l'on tire chaque année cet oiseau sur le lac d'Albuféra, dans le royaume de Valence. Il se montre aussi, mais accidentellement, sur d'autres points du midi de l'Europe. On l'a observé en Sardaigne, en Italie, près de Gênes, et en Provence. M. Montvalon fils, de Marseille, cité par M. Barthélemy, possède un individu qui a été tué, dans les premiers jours de mars 1841, sur l'étang de Marignane.

Cette espèce niche dans les mêmes conditions que l'espèce précédente, et pond ordinairement de huit à douze œufs, qui ont la même forme, et, en moyenne, les mêmes dimensions que ceux de la Foulque noire ou Macroule. Mais ils sont en général un peu plus foncés en couleur et paraissent marqués d'un plus grand nombre de gros points d'un brun noir. Ils mesurent :

Grand diam. 0^m,053 à 0^m,058 ; petit diam. 0^m,036 à 0^m,038.

(1) *Revue zoologique*, 1841, t. IV, p. 307.

TROISIÈME DIVISION

ÉCHASSIERS HÉRODIONS
GRALLATORES HERODIONES

HERODII, Illig. *Prod. Syst.* (1811).
CULTRIROSTRES, G. Cuv. *Règ. Anim.* (1817).
CICONIENS, de Blainville, *Princ. d'Anat. comp.* (1822).
HERODIONES, p. Bp. *Consp. Gen. Av.* (1857).

*Bec épais, en général plus long que la tête, ou de même lon-
gueur, quelquefois un peu plus court; comprimé et à bords tranchants, à de rares exceptions près; quatre doigts; pouce le plus
souvent bien développé et articulé assez bas pour porter en entier
ou en grande partie sur le sol.*

Cette division correspond presque entièrement au genre *Ardea* de Linné.

Les oiseaux qui la composent ont en général une grande taille; une démarche grave et compassée, un vol lourd en apparence, mais, en réalité, facile,
soutenu, élevé; beaucoup d'entre eux perchent, et il en est peu qui courent.
Presque tous fréquentent les lieux bas, humides, les bords soit des étangs, soit
des fleuves, soit de la mer. Leur régime est animal.

Ils ne pondent jamais un grand nombre d'œufs, et les petits naissent débiles,
couverts d'un duvet plus ou moins épais, et sont longtemps nourris dans le
nid par leurs parents, comme les Rapaces, les Passereaux et les Pigeons.

Eu égard à la forme du bec, les Hérodions peuvent former deux sections.

1° HÉRODIONS CULTRIROSTRES — *HERODIONES CULTRIROSTRES*

Cette section, qui correspond aux Cultrirostres de G. Cuvier, est caractérisée
par un bec épais, généralement droit, pointu, et à bords des mandibules tranchants.

FAMILLE XL

GRUIDÉS — *GRUIDÆ*

Ærophoni, Vieill. *Ornith. élém.* (1816).
Gruidæ, Vig. *Gen. of B.* (1825).
Grues, Less. *Tr. d'Ornith.* (1831).
Gruinæ, Bp. *Distr. Meth. degli Anim. Vert.* (1831).
Ralli, p. Schleg. *Mus. Hist. Nat. des Pays-Bas* (1865).

Bec médiocrement fendu, de la longueur de la tête ou un peu plus long, en cône allongé; narines médianes, percées de part en part dans des fosses nasales larges, profondes et plus ou moins prolongées en avant; lorums couverts de plumes ou de poils; menton emplumé; doigts antérieurs médiocrement allongés, l'externe et le médian unis à la base par une étroite palmure; pouce médiocre, surmonté et ne portant sur le sol que par l'extrémité; ongle du doigt externe très-arqué et le plus robuste; tête en partie nue, ou emplumée, lisse ou pourvue d'ornements.

Les Gruidés ne sauraient être confondus avec aucune des familles qui appartiennent à la section des Cultrirostres. Leurs lorums emplumés ou velus; leurs narines percées vers le milieu du bec et leur pouce surmonté, sont des caractères qui les distingueront toujours soit des Ardéidés, soit des Ciconidés. Ils diffèrent encore des premiers par un corps moins comprimé, un bec moins profondément fendu; ils diffèrent des seconds en ce qu'ils ont le menton constamment couvert de plumes. Des différences anatomiques les séparent encore des uns et des autres : leurs cœcums, comme l'a fait observer G. Cuvier, sont bien développés, et leur gésier est très-musculeux, ce qui indique que leur régime n'est plus le même. Les Gruidés, en effet, ne se nourrissent pas seulement d'animaux, comme les Hérons ou les Cigognes, ils s'attaquent aussi aux substances végétales. Enfin, leurs habitudes sont plus terrestres, et ils ne nichent ni sur les arbres, ni sur les édifices ou les toits des maisons, mais sur le sol.

Les oiseaux compris dans cette famille ont été connus dès la plus haute antiquité, et sont remarquables par leur grande taille, leur port noble et gracieux, et par les longs voyages qu'ils entreprennent régulièrement chaque année. Les espèces qui font partie de notre Faune sont réparties dans les trois genres suivants.

Observations. Les Gruidés sont-ils des Hérodions cultrirostres, ou bien leurs affinités les appellent-elles plutôt parmi les Macrodactyles, comme l'admettent quelques auteurs ?

G. Cuvier, prenant en considération les formes générales et l'ensemble de l'organisation, les mettait en tête des Échassiers cultrirostres, répondant aux *Herodiones* de la plupart des méthodes actuelles. Beaucoup d'auteurs ont suivi en cela son exemple. C'est aussi ce qu'a fait d'abord le prince Ch. Bonaparte, en rangeant les Grues dans la famille des *Psophidæ*, à côté des Cigognes, des Hérons, etc. (*Birds of Eur. and North. Amer.* 1838). Cependant, en 1842 (*Catal. Meth. degli Uccelli Europei*), le prince adoptait une autre disposition : les Gruidés étaient mis à la suite des Râles, dans une première tribu des *Grallæ Gallinaceæ*, qui comprenait aussi les Outardes, les Pluviers, les Bécasses, etc., tandis que les Hérons, les Cigognes, les Spatules, composaient une deuxième tribu, sous le nom de *Grallæ Anseraceæ*. Les Gruidés, dans cet arrangement, sortaient donc de la division des Cultrirostres, et prenaient place à côté des Macrodactyles, dans une autre division. Le même rapprochement était maintenu, en 1850, dans la *Revue critique des Oiseaux d'Europe*, avec cette différence qu'ici, les Gruidés étaient bien des Macrodactyles, car ils composaient seuls, avec les Rallidés, la tribu des *Grallæ Gallinaceæ* ; les Outardes, les Pluviers, etc., formant, cette fois, une vaste tribu intermédiaire à ces mêmes *Gallinaceæ* et aux *Anseraceæ*. Mais, après tant d'incertitudes, le prince Ch. Bonaparte, en 1855 (*Conspect. Herod. System. C. R. de l'Acad. des Sc.* t. XL, p. 720), a fini par revenir presque à la classification de 1838, et par rendre les Gruidés aux *Herodiones*, c'est-à-dire aux Cultrirostres de G. Cuvier. M. Schlegel, au contraire, pour qui les Grues étaient des Hérons en 1844, en a fait des *Ralli* en 1865 (*Mus. d'Hist. Nat. des Pays-Bas*). Il semble donc qu'il y ait doute sur la place que doivent occuper les Gruidés.

On ne saurait disconvenir qu'il n'y ait quelques affinités entre les Gruidés et les Rallidés : les uns et les autres ont des narines percées au milieu du bec, le pouce assez surmonté, un régime à la fois animal et végétal, des habitudes et une nidification terrestres ; cependant, les premiers diffèrent des seconds par un corps plus épais, un sternum plus large, plus osseux ; des jambes bien plus longues ; des doigts relativement très-courts ; des palmures interdigitales ; des ailes bien autrement conformées ; ils en diffèrent encore et complétement par les mœurs et les habitudes ; par un vol puissant, très-élevé et dans lequel les jambes sont tendues en arrière ; par une démarche lente et grave. Toutes ces différences qui distinguent les Gruidés des Macrodactyles, les rapprochent au contraire des Cultrirostres. En sorte que, d'après la somme des rapports, c'est parmi ceux-ci, plutôt que parmi les Macrodactyles, que les Gruidés doivent prendre place.

GENRE CXC

GRUE — *GRUS*, Pall.

Ardea, Linn. *Faun. Suec.* (1746) et *S. N.* (1766).
Grus, Pall. *Spicil. Zool.* (1767-1774).

DEGLAND et GERBE.   II — 18

MEGALORNIS, G. R. Gray, *List. Gen. of B.* (1841).

Bec sensiblement plus long que la tête, un peu fléchi et obtu
à l'extrémité, à bords droits, entiers ou demi-échancrés ; narine
elliptiques, percées dans un large sillon, qui s'étend au delà d
la moitié du bec ; ailes longues, sub-obtuses ; queue très-courte
tarses très-longs, robustes, couverts en avant d'une série d
larges écussons réguliers et paraissant imbriqués ; doigts laté
raux courts ; pouce ne touchant à terre que par l'extrémité d
l'ongle ; vertex et région des yeux nus chez les adultes ; le
trois ou quatre dernières rémiges secondaires allongées, larges
arquées, à barbes décomposées et formant panache sur la queue
qu'elles recouvrent complétement.

Les Grues sont des oiseaux migrateurs. Elles vivent réunies en famille
ou en troupes jusqu'au moment de la reproduction, époque où elles s'isoler
par couples ; fréquentent les terrains découverts, humides et marécageux, au
embouchures des fleuves et sur les bords de la mer ; joignent enfin à un
grande puissance de vol la faculté de supporter un long jeûne.

Leur nourriture consiste en herbes, grains, vers, insectes, colimaçons, rep
tiles et batraciens de petite taille.

Le mâle et la femelle se ressemblent. Les jeunes, sous leur premier plu
mage, n'en diffèrent pas et ne se distinguent que par l'absence d'espace nu
sur la tête. Leur mue est simple.

582 — GRUE CENDRÉE — *GRUS CINEREA*
Bechst.

Occiput nu et rouge (adultes) *ou couvert de plumes grise*
(jeunes) ; *plumage gris cendré ; pointe du bec rougeâtre ; pied*
noirs.

Taille : 1ᵐ,30 à 1ᵐ,40.

ARDEA GRUS, Linn. *S. N.* (1766), t. I, p. 234.
GRUS, Briss. *Ornith.* (1760), t. V, p. 374.
GRUS CINEREA, Bechst. *Naturg. Deuts.* (1801-1809), t. IV, p. 103.
GRUS VULGARIS, Pall. *Zoogr.* (1811-1831), t. II, p. 106.
Buff. *Pl. enl.* 769.

Mâle et femelle adultes : Vertex presque chauve et rouge, couvert
seulement de quelques poils noirs ; occiput noir ; la plus grande partie
du dessus du cou blanc, le reste du cou, le dessus et le dessous du

corps d'un beau gris cendré ; front, dessus des yeux et lorums d'un noir profond, à reflets bleu verdâtre ; devant et côtés du cou d'un brun noir dans la plus grande partie de leur étendue ; une large bande blanche se rend des yeux à la nuque, en séparant le noir de l'occiput de celui des côtés du cou ; couvertures supérieures des ailes pareilles au dos ; rémiges noires, quelques-unes des secondaires allongées, larges, arquées, à barbes décomposées, formant panache sur la queue, les plus supérieures d'un cendré bleuâtre ; bec noir verdâtre, avec la base rougeâtre et la pointe d'un brun de corne ; pieds noirs ; iris rouge brun.

Dans un âge moins avancé, le noir de la tête et du cou est moins profond, le blanc de la nuque et de la bande qui se rend de l'œil à cette partie est terne ; le cendré est moins pur et tire sur le roussâtre ; l'iris est d'un jaune orange doré.

Jeunes avant la première mue : Ils ont une teinte générale plus rembrunie, la tête et le cou gris, et le vertex totalement emplumé.

En naissant, les petits sont couverts d'un duvet jaunâtre.

La Grue cendrée habite le nord de l'Europe, l'Asie tempérée et le nord de l'Afrique. Elle est de passage annuel dans la Russie méridionale, en Sicile, en Italie, en Belgique, en Allemagne et en France.

On ne la voit qu'accidentellement dans nos départements du Nord ; elle est plus régulièrement de passage annuel dans ceux du Centre, de l'Est et du Sud.

Elle niche sous les buissons, parmi les herbes et les joncs, quelquefois, dit-on, sur les toits des maisons isolées. Elle se reproduit en grand nombre dans la Podolie, la Volhynie et la Bessarabie, et niche aussi annuellement, d'après M. Baldamus, dans quelques contrées du nord de l'Allemagne. Le mâle partage avec la femelle les soins de l'incubation et veille également sur les petits. Sa ponte est de deux œufs, très-gros, olivâtres, ou d'un brun clair un peu verdâtre, ou d'un roux cendré, avec des points et des taches d'un brun olive, mêlés à quelques taches d'un gris brun. Ils mesurent :

Grand diam. 0^m,085 à 0^m,097 ; petit diam. 0^m,063 à 0^m,065.

A l'époque des amours, les Grues sont fort confiantes et se laissent approcher d'assez près, mais lorsqu'on touche à leur progéniture, elles la défendent avec le plus grand courage et ne craignent pas d'attaquer l'animal et l'homme qui veulent s'en emparer. Lorsqu'au contraire elles sont réunies en troupes, qu'elles entreprennent leurs voyages, elles sont très-craintives ; la présence de l'homme, d'aussi loin qu'elles l'aperçoivent, les fait envoler en poussant un cri d'alarme ; aussi est-il difficile de les tirer autrement que par surprise.

Les voyages des Grues cendrées ont toujours lieu aux mêmes époques, et toujours du nord au midi et du midi au nord. Elles partent vers le soir et volent de nuit, tantôt à haute distance, tantôt assez près de terre, en poussant un cri de rappel que l'on entend de fort loin. Elles se tiennent ordinairement sur deux lignes, unies angulairement, afin de mieux fendre l'air, quelquefois sur une seule ; celles qui tiennent la tête s'écartent de temps en temps de la ligne pour aller se placer à la suite des autres, comme pour prendre un peu de repos. Elles parcourent ainsi d'immenses distances sans se reposer et sans manger.

Des volées, que M. Nordmann compare à des essaims, traversent deux fois l'an, la mer Noire et la Finlande. Des bandes plus ou moins fortes passent régulièrement en France, dans le département de la Marne, en octobre et en avril ; elles s'abattent dans les champs, souvent dans les seigles, et pâturent comme les Oies. M. Millet dit que rarement les jeunes voyagent avec les vieux ; qu'ils passent un peu plus tard. Dans nos départements méridionaux, où l'espèce est également de passage, elle se reposerait, au dire de M. Crespon, sur les bords des grands marais.

Prise jeune, la Grue cendrée s'apprivoise aisément et s'accommode de tout ce qu'on lui donne à manger. En liberté, sa nourriture, quoique variée, consiste principalement en insectes, en graines et en herbes ; sa chair n'est pas de bon goût.

Sa démarche est dégagée, grave, mesurée, et lorsqu'un objet la frappe, elle se redresse et prend une attitude majestueuse.

585 — GRUE ANTIGONE — *GRUS ANTIGONE*
Pall. ex Linn.

(Type du genre *Antigone*, Reichenb.)

Tête et moitié supérieure du cou nues et rougeâtres, excepté à l'occiput où cette teinte passe au bleuâtre (adultes) ; *plumage cendré bleuâtre ; bec brun à la pointe ; pieds rougeâtres.*

Taille : 1^m,80 *environ.*

ARDEA ANTIGONE, Linn. *S. N.* (1766), t. I, p. 235.
GRUS ORIENTALIS INDICA, Briss. *Ornith.* (1760), t. V, p. 378.
GRUS ANTIGONE, Pall. *Zoogr.* (1811-1831), t. II, p. 102.
GRUS TORQUATA, Vieill. *N. Dict.* (1817), t. XIII, p. 560.
ANTIGONE TORQUATA, Reich. *Nat. Syst. Vög.* (1852), p. XXII.
Buff. *Pl. enl.* 865, sous le nom de *Grue à collier.*

Adultes : Partie nue de la tête et du cou rougeâtre, tournant au violet à l'occiput, nuancée par-ci par-là de jaunâtre, et parsemée de quelques poils noirs, surtout aux côtés de la base de la mandibule inférieure ; paupière inférieure blanche ; régions parotiques couvertes de plumes cendrées ; bas du cou, en arrière, dessus et dessous du corps, dessus des ailes d'un cendré bleuâtre, avec les plumes du dos bordées de cendré plus clair ; devant du cou et croupion blanchâtres ; rémiges

primaires noires; rémiges secondaires d'un cendré bleuâtre, passant
insensiblement au blanchâtre à mesure qu'elles se rapprochent du
corps; rectrices cendrées, avec l'extrémité noire; bec d'un jaune verdâtre, à pointe brune; pieds d'un rougeâtre violacé; iris d'un rouge
orange.

La Grue Antigone habite les Indes orientales et l'Asie centrale. D'après Pallas, elle est commune en Daourie; elle s'y montre même en plus grand nombre que la Grue cendrée et fréquente davantage les lieux marécageux. On la
rencontrerait aussi, selon les renseignements qu'il a recueillis, dans la steppe
qui entoure Astrakhan et dans les plaines désertes de la Grande Tartarie.
C'est probablement de là qu'elle s'avance quelquefois jusque dans la Russie
méridionale. M. Nordmann signale deux captures qui y ont été faites dans les
environs de Rostoff, sur le Don.

Elle niche au milieu des marécages. Ses œufs, au nombre de deux, varient,
autant que ceux de la Grue cendrée. Ils sont généralement blanchâtres, ou
grisâtres, lavés parfois d'une très-faible teinte jaunâtre verdâtre, parsemés
de quelques touches isolées, ordinairement petites, irrégulières ou punctiformes,
un peu plus abondantes vers le gros bout que sur le reste de l'œuf; les unes profondes, d'un brun cendré ou d'un violet pâle; les autres superficielles, olivâtres
ou d'un brun roux. Quelques variétés offrent de larges maculatures nuageuses,
violettes ou rousses. Ils mesurent :

Grand diam. 0^m,094 à 0^m,100; petit diam. 0^m,062 à 0^m,066.

Pallas dit que cette espèce n'émigre point par troupes, mais par paires.

584 — GRUE LEUCOGÉRANE — *GRUS LEUCOGERANUS*
Pall.

(Type du sous-genre *Leucogeranus*, Bp.)

Face et vertex nus et rouges (adultes), *ou couverts d'un duvet
jaune ocreux* (jeunes) ; *plumage blanc ; bec et pieds rouges*
(adultes), *ou d'un brun olivâtre* (jeunes).

Taille : 1^m,15 à 1^m,16.

GRUS LEUCOGERANUS, Pall. *Voy.* (1776), édit. franç. in-8°, t. VIII, append.
p. 45, fig. 40 ; et *Zoogr.* (1811-1831), t. II, p. 103.
ARDEA GIGANTEA, S. G. Gmel. *Reis.* (1774-1784), t. II, p. 189.
GRUS GIGANTEA, Vieill. *N. Dict.* (1817), t. XIII, p. 558.
ANTIGONE LEUCOGERANOS, Reichenb. *Syst. Av.* pl. 214 et 217.
LEUCOGERANUS GIGANTEUS, Bp. *Cat. Parzud.* (1856), p. 9.
Temm. et Laug. *Pl. col.* 467, *mâle adulte.*

Mâle et femelle vieux : Tout le plumage d'un blanc de neige, avec
la face nue jusqu'au delà des yeux, rugueuse, rouge, garnie de poils

rares et roussâtres ; les dix rémiges primaires d'un noir parfait ; les rémiges secondaires blanches ainsi que les rectrices ; bec complétement rouge ; pieds d'un rouge de laque ; iris blanc.

Jeunes de l'année : Tout le plumage d'un blanc roussâtre sur le corps, blanchâtre en dessous ; tête couverte d'un duvet jaune d'ocre ; bec, face et pieds d'un brun olivâtre.

La Grue leucogérane paraît propre à l'Asie centrale.

Pallas dit qu'on la voit, au printemps, voler par paires au midi du Wolga et le long de la mer Caspienne ; qu'elle se montre surtout en nombre dans les vastes marécages et dans les parties couvertes de roseaux, des steppes d'Ischim et de Baraba ; qu'elle est plus rare dans la Daourie et dans les régions boréales de la Sibérie, quoique, cependant, elle ait été observée jusque dans le golfe de l'Obi. On la rencontre aussi au Japon.

Ses apparitions en Europe sont plus fréquentes que celles de la Grue Antigone. Pallas, d'après M. Nordmann, vit une fois, dans le mois d'avril, deux individus voler non loin de Saint-Pétersbourg, et lui-même nous apprend, dans son *Catalogue des Oiseaux de la Faune Pontique,* que l'espèce se montre assez fréquemment dans le gouvernement d'Ekatérinoslaw, et qu'elle y est même de passage périodique au printemps.

Selon Pallas, elle se reproduit en mai ; construit son nid parmi les roseaux, sur un petit tertre, et pond deux œufs, d'un gris cendré, couverts de nombreuses taches brunes, et du volume de ceux de l'Oie.

La présence de l'homme dans le voisinage de son nid la fait accourir du plus loin ; mais si on l'effarouche ou si elle soupçonne quelque piège elle abandonne ses œufs. Le mâle fait la garde autour de la nichée, et attaque vigoureusement à coups de bec les chiens ou les bêtes fauves qui en approchent. Dans toute autre saison, cette espèce est aussi circonspecte que ses congénères. Elle pousse des cris fréquents, en étendant le cou, presque à la manière des Oies ; se nourrit de grenouilles, de lézards et surtout de petits poissons. Elle a la démarche et les mœurs de la Grue cendrée, et vit en bonne intelligence avec celle-ci.

GENRE CXCI

ANTHROPOÏDE — *ANTHROPOIDES*, Vieill.

Ardea, p. Linn. *S. N.* (1766).
Ciconia, p. Briss. *Ornith.* (1760).
Grus, p. Pall. *Spicil. Zool.* (1767-1774).
Anthropoides, Vieill. *Ornith. élém.* (1816).

Bec à peine plus long que la tête, entier, épais et légèrement convexe ; narines médianes, elliptiques, percées de part en part dans un large sillon ; ailes longues, pointues, sub-obtuses ; queue très-courte; tarses longs, minces, couverts en avant d'une série de scutelles, réticulés en arrière et aux articulations ; tête totalement emplumée, une touffe de plumes longues, effilées et tombantes au devant du cou ; plumes cubitales très-allongées, dépassant de beaucoup la queue et pointues.

Les Anthropoïdes se distinguent des Grues par leur tête emplumée et par les touffes qui ornent les régions parotiques et le jabot. Elles ont les mœurs de la Grue cendrée ; elles aiment la société de leurs semblables, émigrent périodiquement et en troupes comme elles ; mais elles semblent préférer les vastes plaines arides et sèches aux plaines marécageuses. Les insectes sont leur principale nourriture et elles mêlent à ce régime de petits mammifères, des lézards et des serpents.

Elles sont remarquables par les jeux et les évolutions auxquels elles se livrent et dont le récit passerait pour fabuleux s'il ne nous était fait par des hommes dignes de foi.

Le mâle et la femelle portent le même plumage. Leur mue est simple.

585 — ANTHROPOÏDE DEMOISELLE
ANTHROPOIDES VIRGO
Vieill. ex Linn.

Une touffe de plumes blanches, longues, décomposées, de chaque côté de la tête, sur les régions parotiques ; rectrices d'un brun de plomb ; plumage gris bleuâtre.

Taille : 1 mètre environ.

Ardea virgo, Linn. *S. N.* (1766), t. I, p. 234.
Grus numidica, Briss. *Ornith.* (1760), t. V, p. 388.
Grus virgo, Pall. *Zoogr.* (1811-1831), t. II, p. 108.
Anthropoides virgo, Vieill. *N. Dict.* (1816), t. II, p. 163.
Scops virgo, G. R. Gray, *List Gen. of B.* (1841), p. 86.
Buff. *Pl. enl.* 241, sous le nom de *Demoiselle de Numidie.*

Mâle adulte : Dessus de la tête, moitié inférieure de la nuque, dessus et dessous du corps d'un joli gris bleuâtre ; un faisceau de longues plumes décomposées, pendantes, flottant, au moindre mouvement de l'oiseau, derrière chaque œil ; joues, moitié supérieure du cou, faces antérieure et latérale de la moitié inférieure de cette partie, ainsi que les longues plumes effilées qui forment jabot, d'un noir très-pur et lustré ; couvertures supérieures des ailes de la même teinte que le dos, rémiges d'un noir profond ; quelques-unes des longues couvertures très-pointues, avec le bout noirâtre et dépassant de beaucoup la queue ; celle-ci d'une teinte brun de plomb et terminée de noirâtre ; bec jaune d'ocre, avec la base noir verdâtre ; pieds d'un brun noirâtre ; iris rouge.

Femelle adulte : Elle a des teintes moins pures et le faisceau de longues plumes des côtés de la tête moins touffu et moins allongé.

L'Anthropoïde demoiselle habite la Russie méridionale, la Grèce, la Turquie et diverses parties de l'Asie et de l'Afrique. Elle est de passage accidentel en Dalmatie, en Suisse, en Piémont, et sur l'île d'Héligoland, non loin de l'embouchure de l'Elbe.

Elle niche dans les endroits tranquilles des steppes de la Crimée, à terre, sur quelques brins d'herbe sèche et quelques petites branches ; pond deux œufs, qui diffèrent peu, pour les teintes et la forme des taches, de ceux de la Grue cendrée. Ils sont ou gris olivâtre clair, ou gris jaunâtre clair, ou d'un gris cendré quelquefois pur, quelquefois lavé de roussâtre. Les taches et les points qui relèvent la couleur du fond sont généralement petits, plus ou moins accusés ; les uns profonds, d'un gris violet ou vineux ; les autres superficiels, d'un brun roux ou d'un roux clair. Sur quelques variétés, les taches superficielles sont très-vives, très-nombreuses, généralement punctiformes, très-rapprochées au gros bout et formant une zone foncée. D'autres variétés offrent de larges maculatures nuageuses, violettes ou d'un gris roussâtre. Ils mesurent : Grand diam. 0^m,084 à 0^m,087 ; petit diam. 0^m,053 à 0^m,055.

Elle vit de petits rongeurs, de lézards et de serpents, mais principalement d'insectes.

M. Nordmann en a vu souvent sur les grandes routes ramasser, dans la fiente du bétail, différentes espèces d'*Onthophagus*, de *Copris*, d'*Aphodius* et de *Scarabæus*.

En Russie, où cet oiseau est répandu sur tout le littoral de la mer Noire, il se tient de préférence dans les steppes, depuis le Dniester jusqu'à la mer Caspienne. Il y arrive dans la première quinzaine de mars et repart à la mi-septembre.

Il voyage en grandes bandes quelquefois de deux à trois cents individus, qui se tiennent très-haut et observent le même ordre que les Grues cendrées. Les individus de chaque troupe émigrante changent souvent de place, à la manière des Grues, et font entendre fréquemment le cri de *kroaaou, kroaaou*, semblable à un son de trompette.

M. Nordmann, à qui nous empruntons ces détails, a été plus d'une fois témoin des jeux et des danses extraordinaires auxquels ces oiseaux se livrent. C'est le soir et le matin qu'ils s'y adonnent de préférence ; ils choisissent, à cette fin, un lieu convenable, le plus souvent le rivage plat d'un ruisseau, dans les steppes. Là, placés en cercle ou sur plusieurs rangées, ils sautent et dansent d'une manière burlesque les uns autour des autres, s'avancent l'un vers l'autre, s'arrêtent et se retournent en tenant le cou tendu, baissé ou relevé, et les ailes à moitié déployées ; pendant ce temps d'autres se disputent le prix de vi-

tesse; ils courent dans une direction sans but appréciable ; retournent à leur
.place à pas lents et mesurés, et toute la troupe pousse alors des cris, et té-
moigne sa joie par des sortes de salutations, par des gestes et des mouvements
mimiques des plus bizarres.

Prise jeune, l'Anthropoïde demoiselle s'apprivoise si bien, au rapport de
M. Nordmann, qu'elle ne pense plus à fuir la domesticité. Elle exerce même
une certaine domination sur les autres oiseaux domestiques ; fait son régime
de tout ce qu'on lui donne, et se reproduit dans les conditions nouvelles que
l'homme lui crée. La beauté et l'élégance de ses formes, ses qualités remarquables, la font rechercher, dans la Nouvelle Russie, comme oiseau de basse-
cour.

GENRE CXCII

BALÉARIQUE — *BALEARICA*, Briss.

ARDEA, p. Linn. *S. N.* (1766).
BALEARICA, Briss. *Ornith.* (1760).
ANTHROPOÏDES, p. Vieill. *Ornith. élém.* (1816).
GRUS, G. R. Gray, *List of Gen. B.* (1841).

Bec de la longueur de la tête, à mandibule supérieure notablement déprimée de la base au milieu du bec, ensuite légèrement courbée jusqu'à l'extrémité ; narines petites, ovalaires, percées obliquement dans de larges fosses nasales ; ailes allongées,
sub-obtuses ; queue courte, tronquée ; tarses élevés, minces,
complétement réticulés, ainsi que la partie nue des jambes ;
joue et gorges nues ; front proéminent, couvert de plumes ve-
loutées ; occiput orné d'un faisceau de plumes filiformes ; devant du cou garni de plumes longues, étroites et lancéolées.

Les Baléariques se distinguent parfaitement des Grues et des Anthropoïdes
par la forme de leur bec ; par leur front avancé et arrondi ; par leurs tarses
réticulés et par le faisceau de plumes filiformes qui ornent l'occiput.

Ce sont des oiseaux sociables, doux, familiers ; ils vivent dans les pays découverts et en plaine ; fréquentent les côtes plates et aiment, dit-on, à se percher,
pour prendre du repos. Ils se nourrissent d'insectes, de vers et de petits
poissons.

Le mâle et la femelle diffèrent fort peu. Les jeunes, avant la première mue,
s'en distinguent par une livrée particulière. Leur mue est simple.

586 — BALÉARIQUE PAVONINE
BALEARICA PAVONINA
G. R. Gray ex Linn.

Partie nue des côtés de la tête blanche sur la tempe, d'un rouge de laque vif sur la joue; fanon de la gorge petit; plumes allongées du jabot noirâtres.

Taille : 1ᵐ,03 *environ.*

Grus balearica, Antiq. (Aldrov. Jonst. Willugb.)
Ardea pavonina, Linn. *S. N.* (1766), t. I, p. 233.
Balearica, Briss. *Ornith.* (1760), t. V, p. 511.
Anthropoides pavonina, Vieill. *N. Dict.* (1816), t. II, p. 165.
Grus pavonina, Wagl. *Syst Av.* (1827), Gen. *Grus,* sp. 1.
Balearica pavonina, G. R. Gray, *Gen. of B.* (1844-1846), t. II, p. 552.
Buff. *Pl. enl.* 265, *mâle adulte,* sous le nom d'*Oiseau-Royal.*
Vieill. *Gal. des Ois.* pl. 257, *jeune.*

Mâle adulte : Front et vertex couverts de duvet noir et velouté; occiput orné d'un faisceau de brins touffus, aplatis, en spirale, d'un jaune paille, hérissés de petits filets à points noirs, et terminés par un petit pinceau de même couleur; cou et corps d'un cendré clair brunâtre, avec les plumes de la première partie, et surtout celles de la poitrine, longues, étroites et pointues; côtés de la tête couverts d'une peau nue (vulgairement oreillon), blanche sur les tempes, d'un rouge vif sur les joues, se terminant par un fanon pendant sous la gorge; couvertures supérieures des ailes blanches, les plus longues, près du corps, roussâtres, les plus éloignées noires; rémiges primaires et rectrices également noires; rémiges secondaires d'un brun marron, s'étendant jusqu'à l'extrémité des rémiges primaires et de la queue; bec et pieds noirs; iris blanc.

Femelle adulte : Elle ne diffère du mâle que par une taille plus petite; des oreillons d'un blanc moins pur et d'un rouge moins vif.

Jeunes avant la première mue : Ils ont l'occiput orné d'une touffe de plumes rousses; la tête et la partie postérieure du cou couverts d'un duvet roux; les tempes, les joues, les régions ophthalmiques parsemés d'un court duvet d'un blanc roussâtre; la gorge blanchâtre; le dessus du corps, le devant du cou, la poitrine et le ventre noirâtres, avec toutes les plumes de ces parties bordées et terminées de roux; les sous-caudales variées de roux et de blanc; les rémiges primaires et les rectrices noires ; les rémiges secondaires noires, avec de larges bordures rousses ; les couvertures supérieures blanches et rousses ; le bec brun clair et les pieds noirâtres.

La Baléarique pavonine ou couronnée habite l'Afrique septentrionale et occidentale. Elle est commune aussi, dit-on, aux îles du Cap-Vert, et habitait jadis les Baléares, ce qui lui avait valu le nom de *Grue des Baléares*, sous lequel les anciens l'ont connue. De nos jours, on ne la rencontre plus qu'accidentellement dans les limites de l'Europe. M. Swainson, pendant son séjour à Malte, a pu s'en procurer quelques individus, qui lui furent apportés de la petite île de Lampedosa, où l'espèce se montre assez fréquemment. D'après M. Malherbe, elle est très-accidentellement de passage sur les côtes méridionales et occidentales de la Sicile.

Elle niche à terre, sur quelques brins d'herbe. Ses œufs, ordinairement au nombre de deux, et presque aussi épais au gros qu'au petit bout, sont d'un brun olivâtre foncé ou d'un brun tantôt jaunâtre, tantôt roussâtre, et marqués de taches oblongues et comme essuyées dans le sens du grand diamètre. Les taches sont, les unes profondes, d'un gris roussâtre ou d'un gris vineux ; les autres superficielles, brunes ou d'un brun roux. Par leur confluence, elles forment quelquefois une calotte sur la grosse extrémité. Ils mesurent :

Grand diam. 0m,068 à 0m,070 ; petit diam. 0m,052 à 0m,054.

La Baléarique pavonine est un oiseau fort doux, très-sociable, et qui devient excessivement familier. Il semble aimer et rechercher la société de l'homme ; car, en captivité, il suit les personnes qui l'approchent ou marche gravement à côté d'elles. Certaines peuplades de l'Afrique ont pour elle une grande vénération. Son cri ressemble beaucoup à celui de la Grue cendrée.

Observation. Deux espèces, l'une du nord, l'autre du midi de l'Afrique, ont été souvent confondues sous le nom spécifique de *Pavonina* ; cependant la dernière a été depuis longtemps distinguée et nommée *Grus regulorum*. Celle-ci, qui est propre à l'Afrique méridionale, diffère de l'espèce observée en Europe, par ses oreillons rouges aux tempes, blancs aux joues, par son fanon beaucoup plus large et plus long, et par les plumes du cou plus allongées et d'un cendré bleuâtre.

FAMILLE XLI

ARDÉIDÉS — *ARDEIDÆ*

HERODII, p. Illig. *Prod. Syst.* (1811).
HERODIONES, p. et LATIROSTRES, p. Vieill. *Ornith. élém.* (1816).
ARDEIDÆ, p. Leach, in : Vigors, *Gen. of B.* (1825).

PSOPHIDÆ, p. Bp. *B. of Eur.* (1838).
ARDEIDÆ et CANCROMIDÆ, p. Bp. *C. Gen. Av.* (1857).
ARDEÆ, Schleg. *Mus. d'Hist. Nat. des Pays-Bas* (1863).

Bec fendu au moins jusqu'au milieu de l'œil; mandibule supérieure déprimée à la base; narines basales; sillons nasaux, plus ou moins prolongés, plus ou moins larges et profonds; lorums complétement nus; face antérieure des tarses le plus ordinairement couverte par une série de scutelles; membranes interdigitales médiocrement développées; doigts antérieurs longs et déliés; pouce long, absolument sur la même ligne que le doigt externe, et portant sur le sol dans toute son étendue; ongles comprimés, aigus, celui du doigt médian dilaté sur son bord interne et pectiné.

Les Ardéidés se distinguent de tous les Cultrirostres par l'évasement et les dentelures de l'ongle du doigt médian; par leur pouce articulé à l'arrière du doigt externe et tout à fait sur la même ligne, ce qui leur donne la faculté de percher facilement; et par un bec profondément fendu.

Ils ont généralement le cou long et grêle; le corps comprimé et comme efflanqué; l'occiput, le jabot, le dos, pourvus, chez les adultes, d'ornements dont certains tombent à l'automne, pour reparaître au printemps.

Tous fréquentent le bord des eaux. Ils ont un régime exclusivement animal; ils sont indolents, tristes, patients, sobres; supportent facilement un long jeûne; marchent gravement et lentement, et s'avancent dans l'eau jusqu'à mi-jambe. Au repos, ils prennent, comme l'a dit G. Cuvier, une attitude *enfoncée*; en d'autres termes, ils ont le cou replié et la tête presque cachée entre les épaules. La plupart ont des habitudes semi-nocturnes. Les uns vivent solitaires, les autres par familles ou par petites troupes; cependant, à l'époque des migrations, quelques-uns forment des bandes assez considérables. Tous sont migrateurs ou erratiques. Ils nichent sur les arbres, au voisinage des eaux ou au milieu des jonchaies. Leurs œufs sont unicolores, et les petits, en naissant, ont une grande partie du corps à peu près nue.

Observation. La famille des Ardéidés, pour quelques auteurs, correspond au grand genre *Ardea* de Linné et comprend par conséquent les Grues, les Hérons, les Cigognes. D'autres méthodistes en ont considérablement agrandi les limites, en y admettant les Agamis, les Spatules, les Tantales, etc. Mais ces divers éléments, si l'on prend les Hérons pour type de famille, ne peuvent, sous aucun rapport, être considérés comme Ardéidés, car ils n'en offrent point les caractères essentiels, à savoir : le pouce articulé immédiatement derrière le doigt externe et portant en entier sur le sol, et l'ongle du doigt médian évasé et pectiné sur l'un de ses bords. Les Savacous, parmi les oiseaux étrangers à l'Europe, et tous les oiseaux compris par G. Cuvier sous le nom de Hérons (*Ardea*), sont les seuls qui présentent ces caractères, et les seuls aussi qui doivent être considérés comme Ardéidés. Ainsi limitée, cette famille est très-naturelle.

SOUS-FAMILLE LXVII
ARDÉIENS — *ARDEINÆ*

Hérons, Less. *Tr. d'Ornith.* (1831).
Ardeinæ, Bp. *B. of Eur.* (1838).

Bec plus haut que large dans toute son étendue, aigu, à bords le plus souvent finement dentelés, surtout vers l'extrémité ; orbites nus ; ongles longs, effilés, celui du pouce très-arqué et le plus long.

La sous-famille des Ardéiens comprend les Hérons de G. Cuvier, et répond au genre *Ardea* de quelques auteurs. Les différences que présentent entre elles, sous le rapport de l'organisation, des formes générales, des mœurs, les espèces européennes qui en font partie, ont fait établir sur elles plusieurs genres qui nous paraissent suffisamment caractérisés pour qu'on puisse les adopter.

GENRE CXCIII
HÉRON — *ARDEA*, Linn.

Ardea, Linn. *S. N.* (1735), et Auct.

Bec beaucoup plus long que la tête, régulièrement conique, droit, échancré vers le bout de la mandibule supérieure ; sillons nasaux larges, profonds et très-prolongés ; ailes sub–obtuses ; queue médiocrement longue, égale, à pennes assez raides ; jambes emplumées à peu près sur la moitié de leur longueur, la partie nue largement aréolée sur toutes ses faces ; tarses longs, épais, couverts en avant d'une série de scutelles, réticulés en arrière et sur les articulations ; doigt médian, y compris l'ongle, généralement d'un tiers moins long que le tarse, uni à l'interne par un repli membraneux assez développé et à l'externe par une large membrane qui s'étend au delà de la première articulation, en bordant légèrement les doigts ; cou très-long, grêle, emplumé sur toutes ses faces et dans toute son étendue.

Les Hérons, sauf quelques exceptions, ont un plumage partiellement varié de longues taches foncées, et dans lequel le cendré ou le gris, distribué par grandes masses, domine le plus généralement. Les adultes ont ordinairement les plumes de l'occiput effilées et formant une huppe pendante, celles du jabot tombant en fanon, et les scapulaires allongées, étroites et comme décomposées.

Leurs habitudes sont plus diurnes que nocturnes : cependant ils émigrent assez souvent la nuit ; mais c'est pendant le jour qu'ils cherchent leur nourriture et qu'on les voit fréquemment, surtout au moment des amours, s'ébattre, se poursuivre dans les airs en poussant des cris rauques et retentissants. Ils perchent souvent ; nichent sur les grands arbres ou sur les buissons, selon les localités, ordinairement en compagnie soit de leurs semblables, soit d'espèces voisines, et quelquefois en grandes bandes. Ils se nourrissent de poissons, d'insectes aquatiques, de reptiles, de batraciens, et même, dit-on, de petits mammifères.

Le mâle et la femelle ne diffèrent pas. Les jeunes, avant et même après la première mue, s'en distinguent parfaitement. Leur mue est simple.

Le genre Héron est cosmopolite. Deux des espèces qui se rapportent à ce genre sont propres à l'Europe, et une troisième y fait des apparitions accidentelles.

387 — HÉRON CENDRÉ — *ARDEA CINEREA*
Linn.

Dessus de la tête et joues d'un blanc plus ou moins pur (adultes) *ou dessus de la tête noir et joues cendrées* (jeunes) ; *derrière du cou, haut du dos, la plus grande partie des couvertures inférieures des ailes cendrés ; côtés de la poitrine noirs* (adultes) *ou cendrés, parsemés de quelques plumes noirâtres* (jeunes) ; *pieds brunâtres ou noirâtres.*

Taille : 1^m,05 à 1^m,06.

ARDEA CINEREA (*jeune*) et MAJOR (*adulte*), Linn. *S. N.* (1766), t. I, p. 236.

ARDEA (*jeune*) et ARDEA CRISTATA (*adulte*), Briss. *Ornith.* (1760), t. V, p. 392 et 400.

ARDEA RHENANA, Sander, *Beitr. Gesch. Vog.* in : *Naturf.* (1779), t. XIII, p. 195.

ARDEA CINERACEA, Brehm, *Hand. Nat. Vóg. Deuts.* (1831), p. 580.

Buff. *Pl. enl.* 755, *adulte*, sous le nom de *Héron huppé;* 787, *jeune,* sous celui de *Héron.*

Mâle et femelle adultes : Partie antérieure du vertex couverte de

plumes longues, étagées, d'un blanc pur ou lavé de gris bleuâtre ; le
reste du vertex jusqu'aux yeux et l'occiput également couverts de
plumes étagées, quelques-unes d'entre elles (de deux à cinq), longues,
très-effilées, d'un noir bleu, formant une aigrette ou huppe pendante
sur le cou ; nuque blanche, lavée de cendré ; dessus du cou et du corps
d'un cendré bleuâtre, avec de longues plumes d'un cendré métallique
plus clair sur les scapulaires ; joues et gorge, milieu de la poitrine et du
ventre, sous-caudales, partie interne des cuisses et des jambes d'un
blanc pur ; côtés du cou d'un blanc cendré comme la nuque ; devant du
cou marqué, sur la ligne médiane, de taches oblongues d'un noir
bleu, sur fond blanc de neige ; plumes du bas du cou, en partie longues, effilées et d'un cendré blanchâtre, et en partie plus longues, subulées et d'un blanc lustré ; côtés de la poitrine et flancs d'un noir bleu
profond ; ailes d'un cendré bleuâtre en dessus, avec le bord et quelques-unes des couvertures inférieures qui en sont les plus rapprochées,
d'un blanc pur, et le reste des couvertures inférieures d'un gris
cendré ; rémiges noires ; queue d'un cendré foncé bleuâtre en dessus,
d'une teinte plus claire en dessous ; bec d'un jaune livide, nuancé de
brunâtre en dessus, à la pointe et sur les côtés ; partie nue des lorums
de la même couleur et d'un bleu de plomb au-dessus des commissures du bec et aux paupières ; partie nue des jambes rouge en été et
jaune livide en hiver ; pieds brunâtres, lavés de jaunâtre en dedans
des tarses et au-dessous des doigts ; iris jaune.

Jeunes avant la première mue et avant l'âge de trois ans : Ils
n'ont pas d'aigrette à la tête, ni de plumes effilées aux scapulaires,
et de plumes subulées au bas du cou ; vertex entièrement noir ; cou
cendré ; dessus du corps d'un cendré foncé ; dessous blanc terne et peu
étendu ; bec brun supérieurement, jaune inférieurement ; iris jaune ;
lorums et paupières d'un jaune verdâtre ; pieds noirâtres, avec le bas
des jambes et le dessous des doigts jaunâtres.

Après la première mue, les teintes s'éclaircissent un peu ; des plumes blanches poussent au vertex et les plumes de cette partie s'allongent ; des plumes effilées commencent à paraître aux scapulaires et
au bas du cou.

A l'âge de trois ans, ils ont les plumes longues et subulées de la
nuque et sont en livrée parfaite.

Le Héron cendré habite l'Europe, l'Asie et l'Afrique.
Il séjourne du mois de mars à la fin de septembre ou d'octobre, en Hol-

lande, dans quelques contrées de l'Allemagne, dans le sud de la Russie, en Suisse, en Italie et dans le nord de la France. On le trouve toute l'année dans les vastes marécages du Languedoc, du Roussillon et sur les bords du Rhône près de l'embouchure de ce fleuve.

Il niche, en compagnies, sur les arbres élevés, rarement sur les buissons et quelquefois parmi les roseaux, comme dans les steppes de la Russie méridionale. Sa ponte est de trois ou quatre œufs, d'un bleu azuré pâle et légèrement verdâtre, sans taches. Parfois ils sont couverts de points ou de plaques nuageuses de matière crétacée blanchâtre. Ils mesurent :

Grand diam. 0^m,057 à 0^m,061 ; petit diam. 0^m,040 à 0^m,042.

Le Héron cendré est un oiseau triste, solitaire, méfiant, très-craintif, qu'on ne peut approcher que par ruse. Il se tient ordinairement sur le bord des eaux, où il reste des heures et quelquefois des journées entières dans un état d'immobilité complète, debout sur une patte, le cou replié et la tête entre les épaules, attendant qu'une proie passe à sa portée. Nous l'avons fréquemment vu aux embouchures des petites rivières de la Bretagne, où le flux et le reflux se font sentir, chercher à mer basse les crabes et les mollusques que les flots jettent sur la grève. L'été, il recherche soit les forêts de haute futaie, voisines des cours d'eau ou des étangs ; soit les vastes prairies entrecoupées de fossés.

Jadis le Héron cendré était beaucoup plus commun en France que de nos jours. Les déboisements, les dessèchements des marais où il trouvait une abondante nourriture, le peu de sécurité qu'il rencontre, l'ont chassé de beaucoup de localités où il se reproduisait. Les héronnières des environs de Fontainebleau, si célèbres du temps de François Ier, ont disparu depuis longues années, et celles, en petit nombre, qui existent tant en Vendée qu'en Champagne, finiront probablement aussi par disparaître.

Parmi les héronnières que nous comptons encore, la plus remarquable est sans contredit celle qui s'est formée à Champignol, département de la Marne, dans un parc appartenant à la famille de Sainte-Suzanne, et qui s'y maintient, grâce à la surveillance active d'un garde spécial. M. Lescuyer de Saint-Dizier a fait sur cette héronnière, au congrès scientifique tenu à Troyes, en 1864, une communication verbale des plus intéressantes. D'après les procès-verbaux des séances, dont M. J. Ray a eu l'obligeance de nous adresser un extrait, les Hérons qui forment la colonie de Champignol, habitent la forêt pendant six mois seulement. Leur arrivée et leur départ se font avec une merveilleuse régularité. M. Lescuyer a constaté qu'ils arrivent tous les ans à la héronnière, le 6 mars, et qu'ils l'abandonnent le 6 août. Pendant le séjour qu'ils y font, on les voit s'éloigner tous les soirs pour aller à la recherche de leur nourriture, et leurs excursions nocturnes s'étendent quelquefois à trois ou quatre kilomètres au loin. Le nombre des individus qui la composent, en y comprenant les jeunes, s'élève à peu près à un millier. M. Lescuyer a compté cent soixante-douze nids dans moins d'un hectare et a constamment vu, debout sur chacun d'eux, un Héron faisant sentinelle. Le seul arbre sur lequel il soit monté supportait huit de ces nids. Ils étaient construits en plate-forme, avec des bûchettes se croisant, et contenaient en tout vingt-huit petits. La population de ce seul arbre, en tenant compte des pères et des mères, était donc de quarante-quatre individus.

Il y a quelques années, M. J. Ray avait découvert dans la forêt d'Orient (dép. de l'Aube), entre l'étang de la Morgue-des-Bois et celui de l'Érolle, une petite héronnière, que l'exploitation des bois a depuis déplacée. Elle était composée seulement d'une douzaine de nids, mais ce nombre se serait certainement accru si l'industrie de l'homme n'avait contraint leurs possesseurs d'abandonner les lieux.

588 — HÉRON MÉLANOCÉPHALE
ARDEA MELANOCEPHALA
Vig.

Dessus et côtés de la tête, tout le cou en arrière, haut du dos et pieds noirs ; côtés de la poitrine cendrés, sans taches ; couvertures inférieures des ailes blanches (adultes).

Taille : 1 *mètre à* 1^m,05.

ARDEA MELANOCEPHALA, Vig. in : Denham et Clapperton, *Voy. et découv. dans le nord et le centre de l'Afr.* (1826), édit. franç. t. III, append. p. 242.

ARDEA ATRICOLLIS, Wagl. *Syst. Av.* (1827), *Gen. Ardea*, sp. 4.

Smith, *Ill. South Afr. Zool.* t. 86, a, *adulte* ; b, *jeune*.

O. des Murs, *Ornith. Icon.* pl. 30.

Mâle et femelle adultes : Dessus de la tête, joues, tempes, huppe occipitale, toute la face postérieure et la moitié supérieure des faces latérales du cou, d'un noir brillant ; haut du dos d'un noir à reflets verdâtres et violacés, le reste du dos d'un gris ardoise, tournant au blanchâtre au centre des longues plumes effilées ; couvertures supérieures des ailes comme le bas du dos ; menton et gorge d'un blanc pur ; haut du cou, en avant, noir, taché longitudinalement de blanc ; le reste du cou, la poitrine, toutes les parties inférieures, y compris les sous-caudales, d'un gris cendré sans taches ; couvertures inférieures des ailes, blanches ; rémiges et rectrices d'un noir bleuâtre ; bec brun en dessus, jaunâtre en dessous, plus fort que chez le Héron cendré ; pieds noirs.

Jeunes avant la première mue : Dessus de la tête, côtés du cou, dos, scapulaires, couvertures supérieures des ailes d'un gris cendré, teinté de brun lustré de vert entre les épaules, et plus ou moins lavé de roussâtre sur les autres parties ; côtés de la tête d'un gris nuancé de noirâtre, avec une tache noire au-dessous de l'œil ; gorge, devant et côtés du cou d'un blanc lavé de roux pâle, relevé sur le milieu du cou par d'étroites taches longitudinales jaunâtres ; bas du cou et poitrine d'un gris pâle, lavé d'une légère teinte roux de rouille ; le reste des parties inférieures d'un blanc jaunâtre ; bord externe de l'aile et plumes axillaires blancs ; rémiges d'un noir bleuâtre moins intense que chez les adultes, avec les secondaires frangées extérieurement de gris ; rectrices de la couleur des rémiges ; bec un peu plus jaunâtre que celui des adultes ; pieds nuancés de roussâtre ; plumes de la huppe et du jabot à peine plus longues que les autres.

Le Héron mélanocéphale habite une grande partie de l'Afrique. Il a été observé en Barbarie, en Sénégambie, en Guinée, en Abyssinie, dans le Soudan et jusqu'au cap de Bonne-Espérance. Il se montre accidentellement dans l'Europe méridionale, notamment sur nos lacs et nos étangs du Midi.

Nous avons signalé dans la *Revue zoologique* pour 1851 (2ᵉ sér. t. VI, p. 6 et suiv.), l'apparition de cet oiseau sur les côtes de la Provence. Un magnifique mâle en plumage parfait d'adulte, que M. Jauffret de Draguignan compte parmi les richesses de sa collection, a été abattu vers 1845, dans les environs d'Hyères, par feu M. Besson, naturaliste préparateur. Une deuxième capture non moins authentique, nous a été indiquée par des douaniers établis sur le Petit-Rhône, près des Saintes-Maries. Enfin on le cite comme s'égarant aussi quelquefois sur les côtes d'Espagne.

Il a les habitudes et le régime du Héron cendré. Denham et Clapperton l'ont vu en grand nombre, en compagnie d'autres espèces de la même famille, dans tous les lacs et marais du Bornou et du Loggoun. Ses œufs ne sont pas connus, mais tout porte à croire qu'ils doivent avoir la forme, la couleur et les dimensions de ceux des Hérons cendré et pourpré.

Observation. L'*Ardea melanocephala* a de grands rapports avec l'*Ard. cinerea* ; toutefois les deux espèces ne peuvent être confondues sous aucune de leurs livrées. L'*Ard. melanocephala* n'a jamais comme celle-ci les couvertures inférieures des ailes totalement ou partiellement cendrées, mais complétement blanches. Ce seul caractère suffit pour le distinguer à tous les âges.

389 — HÉRON POURPRÉ — *ARDEA PURPUREA*
Linn.

Dessus de la tête d'un noir verdâtre ; une ligne médiane noire de l'occiput vers le milieu du cou, dont le roux est la couleur dominante ; joues d'un roux clair ; un trait noir des commissures à l'occiput ; doigt médian, y compris l'ongle, aussi long que le tarse.

Taille : 0ᵐ,80 *environ.*

ARDEA PURPUREA, Linn. *S. N.* (1766), t. I, p. 236.

ARDEA PURPURASCENS et ARDEA CRISTATA PURPURASCENS, Briss. *Ornith.* (1760), t. V, p. 420 et 424.

ARDEA VARIEGATA, Scop. *Ann. I. Hist. Nat.* (1769), spec. 120.

ARDEA CASPIA, S. G. Gmel. *Reise* (1770-1784), t. II, p. 193.

ARDEA BOTAURUS, PURPURATA, et RUFA, Gmel. *S. N.* (1788), t. I, p. 636, 641 et 642.

ARDEA MONTICOLA, Lapeyr. *Mam. et Ois. de la H. Garonne* (1799), p. 44.

ARDEA PHARAONICA, Bp. *C. Gen. Av.* (1857), t. II, p. 113.

Buff. *Pl. enl.* 788, *adulte*, sous le nom de *Héron pourpré huppé.*

Mâle et femelle vieux : Dessus de la tête d'un noir verdâtre, avec deux longues plumes effilées, subulées et pointues à l'occiput ; derrière du cou nuancé de roux vif et de roux clair, avec une ligne médiane noire qui occupe les deux tiers de son étendue ; dessus du corps d'un cendré lavé légèrement de roussâtre et à reflets verdâtres, avec de longues plumes effilées, cendrées et d'un roux vif aux scapulaires ; gorge blanche ; devant du cou blanc roussâtre sur la ligne médiane, avec de longues taches longitudinales d'un noir pourpre foncé et une touffe de plumes longues, subulées, blanches et d'un cendré clair lustré ; poitrine et flancs d'un pourpre éclatant ; ventre cendré, à reflets verdâtres, avec quelques points nuancés de pourpre ; sous-caudales moitié d'un cendré verdâtre, moitié blanches vers la base ; joues d'un brun roux clair, coupées par un trait noir qui se rend de la commissure du bec à l'occiput ; côtés du cou également roux, avec une bande longitudinale noire ; couvertures supérieures des ailes cendrées, à reflets verdâtres, et nuancées légèrement de roussâtre ; rémiges brunes à reflets cendrés et verdâtres ; queue de la couleur du dos ; bec jaune, brunâtre en dessus vers la pointe ; paupières et lorums jaunes ; pieds d'un brun verdâtre, jaunes en arrière, au-dessous des doigts et à la partie inférieure des jambes ; iris orange.

Jeunes sujets de l'année et jusque vers l'âge de trois ans : Point d'aigrette à la tête, ni de plumes effilées aux scapulaires et au bas du cou ; front noirâtre ; une partie du vertex et derrière du cou roux ; dessus du corps d'un cendré noirâtre au centre des plumes et d'un roux plus ou moins clair sur les bords ; gorge blanche ; devant du cou roussâtre, avec de nombreuses taches longitudinales noirâtres ; poitrine et abdomen d'un cendré roussâtre ; sous-caudales blanches ; jambes d'un brun roux en dehors, d'une teinte plus claire en dedans ; joues et côtés du cou d'un roux cendré, avec des taches noires peu apparentes sur cette dernière partie ; couvertures supérieures des ailes de la couleur du dos ; rémiges et rectrices d'un cendré noirâtre ; bec presque entièrement brun en dessus ; jaunâtre en dessous ; iris, paupières, lo-

rums, d'un jaune clair ; pieds colorés comme chez les vieux, mais d'une
teinte moins foncée en avant et sur les côtés.

A mesure que les oiseaux avancent en âge, les teintes deviennent
plus foncées, les plumes du vertex s'allongent, les plumes subulées du
cou paraissent se développer, et, dans la seconde année, on voit
naître de courtes aigrettes à l'occiput. A trois ans la livrée est complète.

Le Héron pourpré habite l'Europe tempérée et méridionale, une partie de
l'Asie et de l'Afrique.

Il se montre et se reproduit en assez grand nombre dans le midi de la France;
il se reproduit quelquefois aussi en Champagne, et n'est que de passage irrégulier dans la plupart de nos départements de l'Ouest et du Nord. On l'y voit
tantôt isolément, tantôt par troupes plus ou moins nombreuses. Le 5 octobre 1845, il s'en est fait un passage si considérable aux environs de Lille, que
plusieurs sujets jeunes sont tombés harassés de fatigue dans la ville et jusque
dans la cour de la préfecture. On en a pris en d'autres années, toujours dans le
même mois, sur le Marché-aux-Bêtes et dans les fortifications de la ville. Les
adultes s'y montrent au printemps ; en automne on n'y voit jamais que des
individus d'un à deux ans.

Ce Héron niche parmi les roseaux, rarement sur les arbres; ses œufs, au
nombre de trois, sont un peu plus petits et plus verts que ceux du Héron cendré. Ils mesurent :

Grand diam. 0^m,055 ; petit diam. 0^m,038.

Dans le midi de la France et de la Russie, le Héron pourpré fréquente
non-seulement les marais, mais encore les bords des rivières et des ruisseaux
couverts de joncs et de roseaux. Il se déplace peu pendant le jour, mais vers
le soir on le voit voler aux alentours de son nid avec sa femelle. Il n'est pas
farouche comme le précédent et se laisse facilement approcher.

« Etant peu chassé dans nos parages, dit M. Nordmann, le Héron pourpré
ne montre aucune défiance. A l'approche d'un homme, il ne prend pas la
fuite, mais il cherche à se soustraire aux regards par toutes sortes de gestes
bizarres et de postures contraintes. » C'est, suivant ce naturaliste, un oiseau
stupide, qui a, dans sa manière de vivre, plus de rapport avec le Butor qu'avec
le Héron cendré, quoique, par sa conformation, il ressemble plus à ce dernier. Il est plus inoffensif que ses congénères, car les jeunes que l'on élève,
n'attaquent pas à coups de bec les personnes ou les chiens qui les approchent,
comme font le Héron cendré et le Butor. Il n'hiverne pas en Europe, et en
émigre d'assez bonne heure.

GENRE CXCIV

AIGRETTE — *EGRETTA*, Bp.

Ardea, p. Linn. *S. N.* (1735).
Herodias, p. Boie, *Isis* (1822).

GARZETTA, p. Kaup, *Nat. Syst.* (1829).
EGRETTA, Bp. *B. of Eur.* (1838).
ERODIUS, Macgill. *Man. Nat. Hist. Orn.* (1842).

Bec beaucoup plus long que la tête, assez mince, droit, échancré vers le bout de la mandibule supérieure ; sillons na saux profonds et très-prolongés ; ailes obtuses ; queue médiocre, égale, à pennes assez résistantes ; jambes emplumées sur moins de la moitié de leur longueur, la partie nue irrégulièrement aréolée en avant, couverte en arrière d'une série de larges plaques ; tarses très-longs, minces, couverts en avant d'une série de scutelles, réticulés en arrière et sur les articulations ; doigt médian, y compris l'ongle, d'un tiers moins long que le tarse, uni à l'externe par une membrane qui s'étend jusqu'à la première articulation ; cou très-long, très-grêle, emplumé sur toutes ses faces et dans toute son étendue ; plumes du dos et scapulaires chez les adultes en noces, à tige épaisse, raide, atteignant ou dépassant l'extrémité des ailes, et à barbes décomposées et filiformes.

Les Aigrettes ont des caractères qui participent beaucoup de ceux des Hérons ; mais leurs formes sont plus sveltes ; elles ont un bec relativement plus mince et moins élevé à la base ; des jambes dénudées sur une plus grande étendue et en partie scutellées ; elles se distinguent encore par un plumage entièrement blanc, à tous les âges et à toutes les saisons, et par les aigrettes que forment, à l'époque des amours, les plumes du dos et les scapulaires.

Du reste, elles ont à peu près les mêmes habitudes que les Hérons, et elles en ont aussi les mœurs et le régime.

Le mâle et la femelle ne diffèrent pas, et les jeunes ne s'en distinguent que par la couleur du bec et des pieds, et par l'absence de parures.

Observations. Indépendamment de l'*Ardea alba* et de l'*Ard. garzetta*, le prince Ch. Bonaparte a encore admis comme espèces accidentellement européennes l'*Ard. egrettoides*, Temm. (nec Gmel.), ou *Ard. intermedia*, Schleg., et l'*Ard. melanorhyncha*, Wagl., ou *Ard. nigrirostris*, Macgill. Mais l'*Ard. egrettoides* n'a jamais été observée en Europe, selon M. Schlegel ; et l'*Ard. melanorhyncha*, considérée par M. de Sélys-Longchamps comme simple variété locale, ne serait pour M. Schlegel qu'un double emploi d'*Ard. alba*. Le genre Aigrette ne renferme donc comme espèces d'Europe que les *Ard. alba* et *garzetta*, qui sont devenues types de deux genres distincts, mais qui nous semblent ne pouvoir être séparées : une taille un peu plus ou un peu moins grande ; des plumes

occipitales un peu peu plus ou un peu moins allongées ; des tiges d'aigrette,
droites ou recoquillées à leur extrémité, étant plutôt des caractères spécifiques
que des caractères génériques. Tout au plus pourrait-on, comme l'a fait
M. Schlegel, les employer comme attributs de groupe et dans ce cas distinguer
les Aigrettes :

1° En espèces qui ont à l'état adulte et à l'époque des amours des aigrettes
à tiges droites, et l'occiput dépourvu de plumes extraordinairement allongées.
(Type : *Ardea alba*, Linn.)

2° En espèces qui, dans les conditions des précédentes, ont des aigrettes à
tige recourbée à l'extrémité, et l'occiput orné de deux plumes longues et
étroites. (Type : *Ardea garzetta*, Linn.)

390 — AIGRETTE BLANCHE — *EGRETTA ALBA*
Bp. ex Linn.

Bec notablement plus long que le doigt médian, y compris l'on-
gle ; celui-ci plus court que la moitié du tarse et trois fois environ
aussi long que le pouce ; plumes du jabot médiocrement allongées
et peu effilées ; pieds plus ou moins verdâtres ou noirâtres : ai-
grettes droites et dépassant la queue.

Taille : 1 mètre à 1ᵐ,11.

Ardea alba, Linn. *S. N.* (1766), t. I, p. 239.
Ardea candida, Briss. *Ornith.* (1760), t. V, p. 428.
Ardea egrettoides, S. G. Gmel. (nec Temm.), *Reise* (1770-1784), t. II, p. 193.
Ardea egretta, Bechst. (nec Gmel.), *Nat. Deuts.* (1804-1809), t. IV, p. 335.
Herodias egretta, Boie, *Isis* (1822), p. 559.
Ardea melanorhyncha, Wagl. *Isis* (1832).
Egretta alba, Bp. *B. of Eur.* (1838), p. 47.
Erodius albus, Macgill. *Man. Hist. Nat. Orn.* (1839-1841), t. II, p. 134.
Herodias candida, Brehm, *Handb. Nat. Vog. Deuts.* (1831), p. 584.
Egretta alba et nivea, Bp. *Rev. crit.* (1850), p. 188 et 189.
Egretta melanorhyncha, Hartl *Syst. Ornith. Westaf.* (1858), p. 290.
Buff. *Pl. enl.* 886, *jeune*, sous le nom de *Heron blanc.*
Naum. *Vog. Deuts.* pl. 46, f. 91, *adulte.*

Mâle et femelle adultes, en amour : Tête, cou, corps, ailes, queue
et partie emplumée des jambes d'un blanc pur, avec des plumes assez
allongées, étroites, formant une petite huppe pendante à l'occiput
et d'autres très-longues, dépassant la queue, à baguette raide, droite,
plate, et à barbes rares, décomposées et filiformes ; bec noir ; partie
nue des paupières verdâtre ; pieds verts ou brun-verdâtre ; iris jaune
brillant.

Mâle et femelle en automne et en hiver : Point de huppe pendante ni de panache ou longues plumes au dos ; bec jaune, avec l'arête et le bout noirs.

Jeunes de l'année : D'un blanc plus terne ; ni huppe, ni panache ; bec brun-jaunâtre ; pieds verdâtres ; iris jaune clair.

L'Aigrette habite le sud-est de l'Europe et le nord de l'Afrique ; se trouve en grand nombre dans toutes les localités qui entourent le Pont-Euxin ; est de passage assez régulier en Sicile, souvent en bandes, et se montre accidentellement en Italie, en Allemagne, en Suisse, dans le nord, l'est et le midi de la France.

M. Baillon l'indique, dans son catalogue, comme se montrant près d'Abbeville. L'exemplaire auquel il fait allusion, avait été tué au printemps et possédait des aigrettes. Un deuxième exemplaire également capturé dans le département de la Somme, près de Montreuil-sur-Mer, faisait partie de la belle collection de M. de Coselle. Il était en tout semblable à celui qu'avait obtenu M. Baillon. Un individu a été tué sur la Nied, à quelques lieues de Metz, le 13 décembre 1822. M. Crespon en a vu plusieurs qui ont été capturés dans les vastes marécages qui avoisinent le Rhône à son embouchure ; aucun n'avait de parure ou de panache au dos.

Tous les sujets tués en France l'ont été au printemps et en hiver, et étaient plus forts que l'Aigrette d'Amérique.

Cette espèce niche, comme le Héron cendré, sur les arbres ou dans les roseaux, suivant les localités. Un nid trouvé par M. Nordmann sur la rive du Boug, était élevé sur une couche de roseaux et de brins d'herbe haute d'une aune (1ᵐ,188). Sa ponte est de trois à quatre œufs, d'un vert bleuâtre, et de même forme que ceux du Héron cendré. Ils mesurent :

Grand diam. 0ᵐ,053 à 0ᵐ,063 ; petit diam. 0ᵐ,040 à 0ᵐ,046.

Observations. 1° On distingue facilement l'Aigrette d'Europe de celle d'Amérique, lorsqu'elles sont adultes, en examinant la tige des longues plumes du dos, vulgairement appelées *Aigrettes* : cette tige est aplatie chez la première, tandis qu'elle est relevée, à côte saillante, chez la seconde. L'Aigrette d'Europe se distingue encore, à tout âge, par sa taille constamment plus forte ; par des jambes dénudées sur une plus grande étendue ; par un pouce plus court ; par un bec d'un centimètre environ plus long et par des tarses de 0ᵐ,03 au moins plus élevés.

2° M. le professeur Nordmann, qui a de fréquentes occasions de voir des Aigrettes, est disposé à en admettre deux espèces en Europe : l'une serait de 0ᵐ,13 à 0ᵐ,14 plus petite que l'autre. Nous croyons que cette différence de taille dépend du sexe, de l'âge et peut-être de la localité.

591 — AIGRETTE GARZETTE — *EGRETTA GARZETTA*
Bp. ex Linn.

(Type du genre *Garzetta*, Kaup et Bp.)

Bec beaucoup plus long que le doigt médian ; celui-ci, y compris l'ongle, d'un quart ou d'un cinquième plus long que la moitié du tarse, et une fois plus long que le pouce ; plumes du jabot subulées et très-allongées ; pieds noirs ; aigrettes ne dépassant pas la queue, et à tige effilée, flexible, un peu relevée et contournée vers le bout.

Taille : 0^m,55 environ.

ARDEA GARZETTA, Linn. *S. N.* (1766), t. I, p. 237.
EGRETTA, Briss. *Ornith.* (1760), t. V, p. 431.
ARDEA NIVEA, S. G. Gmel. *Nov. Comm. Petrop.* (1770-1771), t. XVI, p. 458.
HERODIAS GARZETTA, Boie, *Isis* (1822), p. 560.
HERODIAS JUBATA et NIVEA, Brehm, *Handb. Nat. Vög. Deuts.* (1831), p. 586 et 587.
ARDEA NIGRIROSTRIS et ORIENTALIS, J. E. Gray, *Zool. Miscel.* (1831), p. 19 et 20.
EGRETTA GARZETTA, Bp. *B. of Eur.* (1838), p. 47.
ERODIUS GARZETTA, Macgill. *Man. Hist. Nat. Orn.* (1839-1841), t. II, p. 135.
ARDEA NIGRIPES, Temm. *Man.* (1840), 4^e part., p. 377.
HERODIAS IMMACULATA, Gould, *Birds Austral.* (1840-1841), pl. 58.
GARZETTA EGRETTA, ORIENTALIS, NIGRIPES et IMMACULATA, Bp. *C. Gen. Av.* (1857), t. II, p. 118 et 119.
Naumann, *Vög. Deuts.* pl. 223.
P. Roux, *Orn. Prov.* pl. 315.
Gould, *Birds of Eur.* pl. 77.

Mâle et femelle adultes, en été : Tête, cou, corps, ailes, queue et jambes d'un blanc pur, avec une petite huppe occipitale, portant deux ou trois plumes, longues, étroites, subulées et pendantes ; des plumes semblables, très-étroites, lustrées, au bas des faces antérieures et latérales du cou ; un panache sur le haut du dos, composé de plusieurs rangées de plumes, ne dépassant pas la queue, à baguettes faibles, un peu contournées et relevées vers la pointe, à barbes rares, soyeuses et très-effilées ; bec noir, un peu jaunâtre en dessous, vers la base ; partie nue des paupières et lorums verdâtres ; pieds d'un noir verdâtre, avec le dessous des doigts jaune-verdâtre ; iris jaune brillant.

Mâle et femelle adultes, en automne : Point de longues plumes pendantes à l'occiput, de plumes subulées au cou ni de panache au dos.

Jeunes avant la première mue : Ils sont beaucoup plus petits que les adultes ; d'un blanc terne ; bec, partie nue des paupières, iris et pieds noirs.

Après la mue : Le blanc est plus pur ; ils ressemblent beaucoup aux vieux en robe d'automne.

La Garzette habite particulièrement les contrées méridionales de l'Europe, l'Afrique, l'Asie jusqu'au Japon, la Nouvelle-Guinée, le nord de la Nouvelle-Hollande ; elle est très-répandue dans les provinces de la mer Noire ; est de passage régulier en Sicile, en Italie et dans le midi de la France, et se montre accidentellement dans nos départements du Nord et du Centre.

Elle niche dans les marais, construit son nid au milieu des grands roseaux et pond de trois à cinq œufs, pointus aux deux bouts, d'un bleu verdâtre, très-pâle, sans taches. Ils mesurent :

Grand diam. 0ᵐ,048 à 0ᵐ,049 ; petit diam. 0ᵐ,032 à 0ᵐ,034.

En Bessarabie et en Moldavie, où la Garzette est très-commune l'été, elle recherche les prairies humides et surtout celles qui sont animées par un grand nombre d'oiseaux aquatiques. Elle est assez confiante et semble fuir la solitude, aussi est-il rare de rencontrer les couples seuls ; ils aiment à nicher plusieurs ensemble dans un même lieu. Dans les îles du Danube, près de Kilia et d'Ismaïl, au dire de M. Nordmann, on en trouve réunis en colonie. A Java, d'après M. Schlegel, elle habite les mêmes lieux que la Grande Aigrette (*Egretta alba*), se montre plus vive dans toutes ses habitudes que celle-ci, « relève parfois le panache flexible de son aigrette, et le développe par des tremblements accélérés, répétés huit ou dix fois en un clin d'œil. »

GENRE CXCV

GARDE-BŒUF — *BUBULCUS*, Pucher.

Ardeola, p. G. R. Gray, *Gen. of B.* (1844-1846).
Bubulcus, Pucheran in : Bp. *C. Gen. av.* (1857).

Bec de la longueur de la tête ou à peine un peu plus long ; mandibule supérieure à sommet courbe dans toute son étendue, à pointe émoussée et dépassant un peu la mandibule inférieure, qui est droite à la base et sensiblement courbée vers l'extrémité, dans le sens de la mandibule supérieure ; ailes aiguës ; queue courte, égale, à pennes assez résistantes ; jambes nues au moins sur la moitié de leur longueur ; tarses médiocrement allongés, scutellés en avant ; doigts longs, le médian, y compris l'ongle, plus court que le tarse et uni à l'externe par une membrane assez étendue ; ongle du pouce très-arqué et presque aussi long que le doigt ; cou de longueur moyenne, dépourvu de plumes, en dessus, sur le quart environ de son étendue ; chez les adultes, plumage blanc, en partie teint de roux ; plumes de l'occiput décomposées et formant une petite touffe ; celles du dos à barbes filiformes et très-longues.

Les Garde-Bœufs, séparés génériquement des autres Ardéiens par M. Pucheran, sont bien caractérisés par la forme et par la brièveté relative de leur bec. Ils se distinguent encore des Aigrettes et des Crabiers, dont ils se rapprochent le plus, par la couleur complétement jaune de ce même bec, à l'âge adulte. En outre, ils n'ont ni le long cou, ni les longs pieds, ni le plumage entièrement blanc des premières ; ils n'ont ni l'épaisse huppe occipitale ni le plumage tacheté des seconds.

D'ailleurs, leurs habitudes paraissent plus diurnes que nocturnes. Ils fréquentent les pâturages où vivent des troupeaux de buffles ; suivent ces animaux pour saisir sous leurs pas les vers et les insectes qu'ils mettent à découvert, ou qu'ils font sortir de terre ; et se reposent même fréquemment sur leur dos et sur leur cou. Ce sont ces habitudes qui ont fait donner par les Européens établis au Sénégal le nom de *Garde-Bœuf* à l'espèce type du genre, et par les Arabes celui d'*Abou Ghanam*, qui signifie *Père aux troupeaux*.

Le mâle et la femelle adultes ne diffèrent pas, et les jeunes, sous leur premier plumage, s'en distinguent notablement. Leur mue est simple.

Observation. L'*Ardea russata*, Temm. (*Ard. coromanda*, Bodd.; *Bubulcus coromandelensis*, Bp.), introduit par Temminck parmi les oiseaux d'Europe, est à supprimer. D'après M. Schlegel, l'existence de l'*Ardea russata*, comme européen, n'est que le résultat de la confusion qui en a été faite avec l'*Ardea ibis*, Hass. (*Ardea bubulcus*, Savig.; *Ard. Veranyi*, P. Roux). M. de Sélys-Longchamps, de son côté, comprend l'*Ardea russata* ou *Buphus russatus*, comme il le nomme, au nombre des Hérons qui nous sont étrangers (*Rev. et Mag. de Zool.* 1857, t. IX, p. 132) ; en sorte que le genre n'a réellement pour représentant, en Europe, que l'espèce suivante.

592 — GARDE-BOEUF IBIS — *BUBULCUS IBIS*
Bp. ex Hasselq.

Plumage entièrement blanc (jeunes à la sortie du nid), *ou blanc avec les plumes de la huppe, du dos et du jabot profondément décomposées en longs brins filiformes et rousses* (adultes), *ou peu allongées et peu décomposées, celles de la huppe étant seules lavées de roux* (jeunes de l'année); *bec jaune à tous les âges; pieds jaunes* (adultes), *ou noirâtres* (jeunes).

Taille : 0^m,46 à 0^m,47.

ARDEA IBIS, Hasselquist, *Itiner. Palæst.* (1757), p. 248.
ARDEA CANDIDA MINOR, Briss. *Ornith* (1760), t. V, p. 438.
ARDEA LUCIDA, Rafin. *Caratt. alc. nov. gen. e nov. spec. di anim.* (1810), p. 5.
ARDEA RUSSATA, p. Wagl. *Syst. av.* (1827), Gen. *Ardea*, sp. 12.
ARDEA BUBULCUS, Savigny, in : G. Cuv. *Reg. Anim.* (1829), t. I, p. 512 (note).
ARDEA VERANYI, Pol. Roux, *Ornith. Prov.* (1825-1839), t. II, p. 316.
BUPHUS VERANI, Bp. *B. of Eur.* (1838), p. 48.

ARDEOLA BUBULCUS, p. G. R. Gray, *Gen. of B.* (1844-1846), t. III, p. 546.

BUBULCUS IBIS et RUFICRISTATA, Bp. *C. Gen. Av.* (1857), t. II, p. 125.

P. Roux, *Ornith. Prov.* pl. 316, *adulte en noces.*

Savig. *Descript. de l'Égypte,* Zool. pl. 8, f. 1.

Mâle et femelle adultes, en été : D'un blanc pur, avec le front, le vertex, l'occiput et le haut de la nuque couverts de plumes longues et décomposées, d'un roux de rouille, formant une huppe pendante ; des plumes effilées, de même teinte ; au bas du cou et sur le milieu du dos, des plumes longues, d'un isabelle rougeâtre, à barbes filamenteuses profondément décomposées ; partie nue des lorums et des paupières, bec, pieds et iris jaunes.

Mâle et femelle adultes, en hiver : Ils ne diffèrent des adultes en plumage d'été que par l'absence des plumes effilées au dos, et par des teintes rousses moins intenses ; le bec et les pieds sont d'un jaune orange.

Jeunes avant la première mue : Entièrement blancs, sans huppe ni jabot bien développés, et sans parure au dos ; pieds noirâtres.

Après la mue : Le blanc du plumage a plus de pureté ; la huppe et le jabot sont bien accusés ; la première est d'un roux clair, ainsi que le dessus de la tête ; le bec et les pieds sont jaunes, mais les doigts restent noirâtres ou verdâtres.

Cette espèce, que les colons d'Europe établis au Sénégal nomment *Garde-Bœuf,* habite l'Afrique septentrionale, occidentale et méridionale, et se montre assez fréquemment en Europe.

Elle a été observée plusieurs fois en Italie, en Sicile, sur les îles de l'Archipel grec, dans le midi de la France, en Espagne ; elle s'égare aussi sur les bords de la mer Noire et s'avance même, mais très accidentellement, jusqu'en Angleterre.

Elle niche dans les marécages, au milieu des grands roseaux, en société de ses semblables, et quelquefois du Crabier et de la Gazette ; aussi n'est-il pas rare de trouver dans une même touffe de roseaux trois, quatre, cinq nids et souvent davantage, à côté les uns des autres ou superposés. Sa ponte est de trois à quatre œufs, à coquille très-fragile, comme celle des Crabiers et d'un blanc verdâtre pâle, quelquefois également pointus des deux bouts, mais plus souvent avec une grosse extrémité bien accusée. Ils mesurent :

Grand diam. 0^m,045 à 0^m,047 ; petit diam. 0^m,032 à 0^m,033.

Le Garde-Bœuf ibis se nourrit de petits poissons, de grenouilles, de vers, d'insectes et de mollusques aquatiques.

GENRE CXCVI

CRABIER — *BUPHUS*, Boie.

ARDEA, p. Linn. *S. N.* (1735).
ARDEOLA, Boie, *Isis* (1822).
BUPHUS, Boie, *Isis* (1826).
CANCROPHAGUS, p. Kaup, *Nat. Syst.* (1829).
EGRETTA, p. Swains. *Classif. of B.* (1837).
BOTAURUS, p. Macgill. *Man. Nat. Hist. Orn.* (1842).

Bec aussi long que la tête, droit, très-aigu, à arête assez
vive en avant des narines ; fosses nasales peu profondes ; ailes
sub-obtuses ; queue courte, égale, à pennes assez peu résistantes ;
jambes emplumées sur les deux tiers de leur longueur, la partie
nue réticulée en avant, couverte en arrière d'une série de larges
plaques ; tarses médiocrement allongés, scutellés en avant, finement réticulés en arrière et sur les articulations ; doigt médian,
y compris l'ongle, un peu plus long que le tarse ; doigt externe
uni au médian par une membrane qui s'étend jusqu'à la première articulation, et un peu plus court que le doigt interne ;
cou de longueur médiocre, dépourvu de plumes en dessus, dans
le tiers de son étendue, celles qui en couvrent les faces latérales
convergeant obliquement en arrière ; huppe occipitale épaisse,
longue, tombante, à plumes étroites ; plumes du dos longues et
effilées ; plumage, à l'âge adulte, coloré par grandes masses et
partiellement varié de taches longitudinales.

Les Crabiers se distinguent des autres Ardéiens par la touffe épaisse de
plumes allongées et linéaires qui tombent de l'occiput. Ils ont encore ceci de
particulier que leur bec est bicolore : noir à peu près sur le tiers antérieur,
jaunâtre dans le reste de son étendue.

Leurs habitudes sont aussi un peu différentes : Ils perchent rarement sur
les arbres et les buissons ; vivent de préférence dans les marécages couverts
de roseaux, de joncs, de hautes herbes, et y nichent ; fréquentent aussi les
rivières, et se nourrissent de vers, d'insectes aquatiques et de batraciens.

Le mâle et la femelle portent le même plumage. Les jeunes, avant la première mue, ont une livrée particulière. Leur mue est simple.

595 — CRABIER CHEVELU — *BUPHUS COMATUS*
Boie ex Linn.

Manteau roux rougeâtre (adultes), *ou d'un brun obscur* (jeunes);
*croupion blanc à tous les âges ; plumes du jabot d'un roux clair ;
occiput orné d'une épaisse touffe de plumes longues, effilées, blanches, bordées de noir ; cou roux sans taches* (adultes), *ou occiput
dépourvu de huppe, les plumes de cette région et du cou variées
de nombreuses et longues taches noirâtres* (jeunes); *doigt médian,
y compris l'ongle, plus long que le tarse.*

Taille : 0^m,42 *environ.*

CANCROPHAGUS et CANCR. LUTEUS, Briss. *Ornith.* (1760), p. 466 et 472.

ARDEA RALLOIDES, Scopoli, *Ann. I. Hist. Nat.* (1769), p. 88.

ARDEA PUMILA et MARSIGLI, Lepechin, *Nov. Comm. Petrop.* (1769-1770), t. XIV, p. 502.

ARDEA CASTANEA, S. G. Gmel. *Nov. Comm. Petrop.* (1770-1771), t. XV, p. 454.

ARDEA COMATA, Pall. *Voy.* (1776), édit. franç. in-8°, t. VIII, append. p. 46.

ARDEA SQUAJOTTA, ERYTHROPUS, SENEGALENSIS, Gmel. *S. N.* (1788), t. I, p. 634 et 637.

ARDEA AUDAX, Lapeyrouse, *Neue Schwedis. Abhandl.* (1794), t. III, p. 106 ; et *Mam. et Ois. de la H.-Garonne* (1799), p. 45.

ARDEOLA RALLOIDES, Boie, *Isis* (1822), p. 559.

BUPHUS COMATUS, Boie, *Isis* (1826), p. 356.

CANCROPHAGUS RALLOIDES, Kaup, *Natur. Syst.* (1829), p. 42.

BUPHUS CASTANEUS, RALLOIDES et ILLYRICUS, Brehm, *Hand. Nat. Vög. Deuts.* (1831), p. 589 et 590.

EGRETTA COMATA, Swains. *Class. of B.* (1836-1837), t. II, p. 354.

BOTAURUS COMATUS, Macgill. *Man. Nat. Hist. Orn.* (1842), t. II, p. 125.

Buff. *Pl. enl.* 315, *jeune,* sous le nom de *Petit Héron roux du Sénégal ;* et 348, *adulte,* sous le nom de *Héron huppé de Mahon.*

Mâle et femelle adultes : Dessus de la tête et du cou jaunâtre, avec
les longues plumes du vertex et de l'occiput rayées longitudinalement
de brun, et une touffe de plus longues plumes, blanches et bordées de
noirâtre (1) ; haut du dos et scapulaires d'un roux rougeâtre, nuancé
de jaune clair ; parties moyenne et inférieure du dos, sus-caudales d'un
beau blanc ; gorge d'un blanc moins pur ; devant et côtés du cou d'un

(1) Le nombre des longues plumes pendantes blanches à bordures brunes, varie
beaucoup, ce qui est probablement un effet de l'âge. Nous en avons compté de dix à
quinze sur quelques individus qui nous paraissaient vieux, tandis que d'autres, sans doute
moins âgés, en possédaient un bien moins grand nombre.

roux clair jaunâtre ; poitrine, abdomen, sous-caudales et jambes d'un blanc pur ; joues jaunâtres, rayées de brun ; ailes et queue blanches ; bec bleu dans sa moitié postérieure, noir dans le reste de son étendue ; paupières et lorums d'un jaune verdâtre ; pieds jaunes, nuancés de verdâtre ; iris jaune brillant.

Jeunes de l'année : Point de longues plumes occipitales ni de plumes filamenteuses sur le corps ; tête, cou et couvertures supérieures des ailes d'un brun roux, avec de grandes taches longitudinales d'une teinte plus foncée ; haut du dos et scapulaires d'un brun plus ou moins profond ; gorge blanche ; côtés et devant du cou d'un brun roussâtre, rayés de brun ; poitrine, abdomen, sous-caudales, queue et jambes d'un blanc pur ; rémiges blanches, cendrées vers le bout ; bec brun verdâtre en dessus, jaune vert en dessous ; paupières et lorums verdâtres ; pieds d'un cendré verdâtre ; iris jaune clair.

Le Crabier est propre à l'Europe méridionale et orientale et à l'Afrique occidentale.

Il est commun en Italie, en Sicile et dans le sud de la Russie ; est de passage annuel, le printemps et l'été, dans le midi de la France et se montre accidentellement dans nos départements du Nord et du Centre. On l'a tiré à différentes reprises dans les marais de l'Artois au commencement de novembre, et un sujet en plumage d'amour a été tué en avril près de Calais. M. Schlegel l'indique comme se reproduisant quelquefois près de l'embouchure de la Meuse.

Il niche sur les arbres et surtout dans les roseaux, en compagnie d'autres espèces. Ses œufs sont petits, d'un joli bleu vert clair uniforme. Ils mesurent : Grand diam. 0^m,038 à 0^m,039 ; petit diam. 0^m,027 à 0^m,029.

Cette espèce est peu farouche, comme la Garzette, et aime la société de ses semblables. En Europe, elle vit sur les montagnes et dans les plaines, sur le bord des eaux douces et salées, dans les marécages, aussi bien que sur les grands cours d'eau.

Lorsqu'elle est sous l'empire de la crainte, elle relève et agite les longues plumes de l'occiput. Elle est d'un naturel hardi et courageux ; attaque son ennemi avec impétuosité, le frappe avec force, et fait de profondes blessures.

GENRE CXCVII

BLONGIOS — *ARDEOLA.*

ARDEA, p. Linn. *S. N.* (1735).
BOTAURUS, p. Boie, *Isis* (1822).
CANCROPHAGUS, p. Kaup, *Nat. Syst.* (1829).
ARDEOLA et ARDETTA, Bp. *Distr. meth. degli anim. vert.* (1831).
BUTOR, Swains. *Classif. of B.* (1837).
ARDETTA, J. E. Gray. *List spec. Brit. an. Birds* (1850).

Bec de la longueur de la tête et du doigt médian, y compris
l'ongle, droit, très-aigu, finement dentelé vers le bout et échancré ; sillons nasaux assez profonds ; ailes aiguës ; queue courte,
conique, composée de rectrices très-peu résistantes ; partie inférieure des jambes complétement emplumée ou dénudée sur
une très-faible étendue ; tarses courts, épais, garnis en avant et
en partie sur les côtés d'une rangée de grandes scutelles, largement aréolés, en arrière, plus finement réticulés sur les articulations ; doigts grêles, le médian, y compris l'ongle, de la longueur du tarse, et réuni à l'interne par un étroit repli membraneux ; ongles assez longs ; cou de longueur médiocre, dépourvu
de plumes en dessus dans les deux tiers de son étendue, celles
des faces antérieures et latérales bien développées, amples, les
premières formant un fanon sur le jabot ; teintes des parties supérieures distribuées par grandes masses.

Les Blongios sont des Butors par la brièveté des tarses et du bec ; par le
nombre et la souplesse des rectrices ; par leur cou nu sur une assez grande
étendue, et l'on comprend que Boie, Swainson, Brehm, les aient compris dans
le même genre. Cependant, ces oiseaux présentent entre eux des différences
assez grandes pour qu'on puisse les séparer. Les Blongios ont le cou moins
dénudé que les Butors ; leurs doigts, leurs ongles sont relativement plus grêles
et moins longs ; leurs jambes sont complétement emplumées ou dénudées sur
une très-faible étendue ; leur plumage est coloré par grandes masses ou partiellement varié de taches, non plus transversales comme chez les Butors, mais
longitudinales ; enfin les deux sexes portent une livrée distincte.

Les Blongios vivent sur les bords des lacs, des étangs, des marais, des fleuves
couverts d'épaisses broussailles, de joncs et de roseaux. Ils courent avec assez
de rapidité, pour se dérober facilement, sans employer le vol, à la poursuite
d'un ennemi. Leur nourriture consiste principalement en insectes.

Le mâle et la femelle se distinguent par des couleurs un peu différentes.
Les jeunes, avant la première mue, ont une livrée particulière, mais leur plumage, dans son ensemble, se rapproche de celui de la femelle. Leur mue est
simple.

Les Blongios appartiennent à l'ancien et au nouveau continent. L'espèce type
appartient à l'Europe ; une deuxième espèce s'y montre accidentellement.

Observation. Nous considérerons comme Blongios les espèces du genre
Ardetta du prince Ch. Bonaparte, qui ne nous paraissent pas se distinguer assez
pour constituer une coupe générique. Les *Ardetta*, en effet, ont les jambes
courtes, le cou médiocre, la petite touffe occipitale des Blongios ; ils en ont le

bec et les pieds et n'en diffèrent que par un plumage à teintes rembrunies, et
par le bas de la jambe nu. Mais si ce dernier caractère avait toute l'importance qu'on semble lui accorder, il faudrait exclure du genre *Ardeola*
l'*Ardea exilis* (Linn.), qui, cependant, est un vrai Blongios pour tous les auteurs,
attendu que cette espèce a le bas de la jambe notablement dénudé. Quant au
système de coloration, il n'a pas à lui seul assez de valeur pour caractériser
un genre. La nudité des jambes, les teintes générales du plumage ne peuvent
donc être ici que des caractères de groupes, et nous les emploierons comme tels.

*A — Espèces dont le bas de la jambe est bien dénudé, et chez
lesquelles les teintes noirâtres dominent.*

594 — BLONGIOS DE STURM — *ARDEOLA STURMI*

(Type du genre *Ardetta* Bp.)

*Parties supérieures d'un gris ardoise foncé ; plumes du devant
du cou et de la poitrine d'un gris noirâtre, largement frangées
de blanc roussâtre ou ocreux ; ongles jaunâtres.*

Taille : 0ᵐ,35 environ.

ARDEA STURMI, Wagl. *Syst. Av.* (1827), *Gen. Ardea*, Sp. 37.
CANCROPHAGUS GUTTURALIS, Smith, *Report Expedit. into the int. S. Afr.* (1836).
EGRETTA PLUMBEA, Swains. *Anim. in menag.* (1838), p. 334.
ARDETTA STURMI, G. R. Gray, *Gen. of B.* (1844-1846), t. III, p. 556.
ARDEIRALLA STURMI, J. Verreaux, in : Bp. *C. Gen. Av.* (1857), t. II, p. 131.
HERODIAS STURMI, Caban.
ARDETTA STURMI et GUTTURALIS, Bp. *Consp. Gen. Av.* (1857), t. II, p. 131.
And. Smith, *Illust. Zool. SA. fr.* pl. 91.

Mâle et femelle adultes : Dessus de la tête, dessus et côtés du cou,
dos, croupion, sus-caudales, scapulaires, couvertures supérieures et
inférieures des ailes, rectrices et rémiges d'un gris ardoisé noirâtre ;
plumes de la gorge et du devant du cou d'un blanc lavé de roux, et
marquées, au centre, d'une tache longitudinale noirâtre ; plumes du
jabot et du haut de la poitrine également noirâtres au centre, et largement bordées de roux ocreux ; tout le reste des parties inférieures d'un
gris ardoise plus clair que celui des parties supérieures, varié, sur l'abdomen, de taches longitudinales d'un roux fauve ; bord externe de
l'aile et plumes tibiales antérieures d'un roux pâle ; bec jaunâtre ;
pieds brunâtres ; ongles jaunâtres ; iris?

Jeunes : Ils ont les plumes des parties supérieures frangées de roussâtre ; celles des parties inférieures bordées d'un roux plus foncé, tournant parfois au roux marron, et le bec en grande partie jaunâtre, en partie d'un brun noirâtre.

Cette espèce habite l'Afrique occidentale et méridionale, et s'égare très-accidentellement en Europe.

Elle a été observée plusieurs fois dans les Pyrénées. Deux des exemplaires qui y ont été tués sont signalés par le prince Ch. Bonaparte, dans les *Comptes-rendus de l'Académie des Sciences* pour 1836, t. XLIII, p. 991.

B — Espèces dont le bas de la jambe est peu ou point dénudé, et chez lesquelles les teintes roussâtres dominent.

595 — BLONGIOS NAIN — *ARDEOLA MINUTA*
Bp. ex Linn.

Manteau d'un noir verdâtre (mâle) *ou d'un brun obscur* (femelle); *plumes axillaires noires, avec une large bordure roux ocreux ; sus-alaires gris-perle* (mâle), *ou jaunâtres, tachées de brun au centre* (femelle).

Taille : 0^m,

ARDEA MINUTA, Linn. *S. N.* (1766), t. I, p. 240.
ARDEOLA et ARDEA NÆVIA, Briss. *Ornith.* (1760), t. V, p. 497 et 500.
ARDEA DANUBIALIS et SOLONIENSIS, Gmel. *S. N.* (1788), t. I, p. 637.
BOTAURUS MINUTUS, Boie, *Isis* (1822), p. 559.
CANCROPHAGUS MINUTUS, Kaup, *Nat. Syst.* (1829), p. 42.
BOTAURUS PUSILLUS, Brehm, *Handb. Nat. Vög. Deuts.* (1831), p. 598.
BUTOR MINUTUS, Swains. *Classif. of B.* (1837), t. II, p. 354.
ARDEOLA MINUTA, Bp. *B. of Eur.* (1838), p. 48.
ARDETTA MINUTA, E. J. R. Gray, *List spec. Brit. An. Birds.* (1850), p. 163.
Buff. *Pl. enl.* 323, sous le nom de *Blongios de Suisse.*

Mâle adulte : Dessus de la tête, dos, scapulaires, sus-caudales, rémiges secondaires et rectrices d'un noir verdâtre ; côtés de la tête, dessus et côtés du cou d'un blond roussâtre, tournant au gris vineux ou pourpré ; partie antérieure et moyenne du cou d'un roux ocreux clair ; plumes axillaires noires au centre et largement bordées de roux ocreux ; abdomen, plumes des jambes et sous-caudales d'un roux brun ;

petites couvertures supérieures des ailes jaunâtres, les moyennes d'un gris jaunâtre, passant au gris de perle, les grandes gris de perle ; rémiges noires ; bec brun en dessus et à la pointe, jaune en dessous et sur les côtés ; tour des yeux, lorums et iris d'un beau jaune ; pieds d'un jaune verdâtre.

Femelle adulte : Dessus de la tête d'un noir très-faiblement lavé de verdâtre ; dessus du cou d'un jaune fauve ; plumes du dos, scapulaires et rémiges secondaires d'un brun obscur, avec une étroite bordure d'un jaune roussâtre ; sus-caudales noirâtres ; gorge, côtés de la tête, devant et côtés du cou, abdomen et flancs, d'un blanc roussâtre ; ces derniers sont marqués au centre des plumes d'une étroite tache longitudinale brunâtre ; sous-caudales blanchâtres ; couvertures supérieures des ailes jaunâtres, les moyennes marquées d'une tache brune au centre ; rémiges primaires d'un brun noir ; rectrices noires.

Jeunes avant la première mue : Plumes du dessus de la tête brunes, bordées de roux ; celles de la nuque variées de brun roux et de roux plus clair ; celles du dos et scapulaires d'un brun roussâtre, bordé d'isabelle ; devant du cou blanchâtre, lavé de roux, avec des taches longitudinales brunâtres ; dessous du corps blanc roussâtre, avec de grandes taches longitudinales brunes, plus larges, plus foncées et plus rapprochées sur le haut de la poitrine ; sous-caudales blanches ; joues, côtés du cou et jambes roux varié de brun ; ailes d'un blanc jaunâtre, avec les moyennes couvertures supérieures légèrement tachetées de brun au centre ; rémiges et rectrices d'un noir cendré ; bec brun ; pieds verdâtres ; iris jaune pâle.

Après la deuxième mue ou à l'âge de deux ans : Le dessus de la tête noir, peu reflétant ; la nuque rousse ; le dos et les scapulaires bruns, avec les plumes bordées de jaune roussâtre ; les taches longitudinales des parties inférieures moins foncées et rousses au cou ; les joues, les côtés du cou et les couvertures supérieures des ailes prennent les teintes de l'oiseau adulte c'est-à-dire âgé de trois ans ; bec jaune, avec le dessus et la pointe brun-verdâtre ; pieds jaunissants ; iris un peu plus foncé.

Le Blongios habite une grande partie de l'Europe, surtout le midi, l'Asie et l'Afrique : il est commun dans le sud de la Russie, en Sicile, en Suisse, en France et en Hollande ; est de passage en Angleterre.

Il arrive dans nos départements septentrionaux en mai et repart de bonne heure en automne.

Il niche parmi les joncs, quelquefois sur les buissons, le plus souvent sur une vieille souche, au bord de l'eau ; son nid est fait avec quelques brins d'herbes sèches. Ceux qui nous arrivent en mai se reproduisent dans nos marais boisés, et pondent dès les premiers jours de juin. Le mâle partage les soins de l'incubation. La ponte est de quatre à six œufs, d'un blanc terne et généralement sans taches. Nous en possédons qui sont largement et irrégulièrement maculés de brun rougeâtre pâle. Ils mesurent :

Grand diam. 0m,035 ; petit diam. 0m,025.

Le Blongios a la singulière habitude, lorsqu'il est posé sur une branche ou sur une touffe de roseaux, de prendre une position telle que son bec, son corps et ses pieds ne forment qu'une ligne presque perpendiculaire. D'après Savi, il court avec rapidité à travers les roseaux et les herbes aquatiques, à la manière des Râles et des Poules d'eau.

GENRE CXCVIII

BUTOR — *BOTAURUS*, Steph.

ARDEA, p. Linn. *S. N.* (1735).
BOTAURUS, Steph. in : Shaw, *Gen. Zool.* (1819).
BUTOR, Swains. *Classif. of B.* (1837).

Bec de la longueur de la tête, échancré vers le bout de la mandibule supérieure, qui est un peu fléchi ; sillons nasaux larges et profonds ; ailes sub-obtuses ; queue courte, composée de dix rectrices peu résistantes ; jambes aux trois quarts emplumées, la partie nue réticulée sur les faces antérieure et latérales, garnie en arrière de plaques assez grandes ; tarses courts, couverts en avant et en partie sur les côtés d'une rangée de grandes scutelles, réticulés en arrière et sur les articulations ; doigt médian, y compris l'ongle, plus long que le tarse ; doigt externe uni au médian par une membrane qui s'étend jusqu'à la première articulation et plus court que le doigt interne ; ongles, notamment celui du pouce, très-forts et très-longs ; cou de longueur médiocre, dépourvu de plumes en dessus, depuis la nuque jusqu'aux épaules, celles qui en couvrent les faces antérieure et latérales longues, larges et convergeant en arrière ; celles du bas du cou, tombant en épais fanons au-devant de la poitrine ; plumage ondulé de bandes ou de raies transversales irrégulières.

Les Butors sont parfaitement caractérisés par leur cou médiocre, couvert en arrière seulement d'un duvet fin ; garni en avant et sur les côtés de plumes longues, larges, touffues. Ils se distinguent encore par des tarses courts, des jambes dénudées sur une faible étendue, par des doigts et des ongles longs et forts, et par un plumage rayé transversalement.

Leurs habitudes sont plus crépusculaires et nocturnes que diurnes, car c'est seulement pendant la nuit qu'ils cherchent leur nourriture, laquelle consiste en batraciens, en insectes et même en petits mammifères aquatiques. D'un naturel excessivement indolent, ils restent des journées entières perchés sur la même branche ou sur la même touffe de roseaux, dans une immobilité presque complète. Ils fréquentent les grands marécages ou les bords des fleuves couverts de roseaux et de grandes broussailles, et paraissent émigrer isolément.

Le mâle et la femelle se ressemblent. Les jeunes, avant la première mue, s'en distinguent assez. Leur mue est simple.

596 — BUTOR ÉTOILÉ — *BOTAURUS STELLARIS*
Steph. ex Linn.

Fond du plumage d'un roux jaunâtre ; dessus de la tête noir ; rémiges marquées de bandes transversales, larges et irrégulières ; doigt médian, y compris l'ongle, plus long que le tarse.

Taille : 0^m,65 *environ.*

Ardea stellaris, Linn. *S. N.* (1766), t. I, p. 239.
Botaurus, Briss. *Ornith.* (1760), t. V, p. 444.
Botaurus stellaris, Steph. in : Shaw, *Gen. Zool.* (1819), t. XI, p. 593.
Botaurus lacustris et arundinaceus, Brehm, *Hand. Nat. Vög. Deuts.* (1831), p. 596.
Butor stellaris, Swains. *Classif. of B.* (1837), t. II, p. 354.
Buff. *Pl. enl.* 783.

Mâle et femelle adultes : Entièrement d'un roux jaunâtre clair, avec les parties supérieures très-légèrement vermiculées de brunâtre ; le front et le vertex noirs ; le dessus du cou couvert de duvet roux ; le dos et les scapulaires marqués de taches irrégulières et de grandes bandes noires, longitudinales et dentées ; la gorge d'un blanc légèrement lavé de roussâtre, borné latéralement par deux bandes noires qui naissent des commissures du bec, coupé verticalement, sur la ligne médiane, par une autre bande rousse ; le devant du cou d'un blanc plus roussâtre, marqué de quatre bandes longitudinales d'un roux taché de brun ; la poitrine et l'abdomen variés de raies longitudinales d'un roux bordé et tacheté de brun ; les joues et les côtés du cou rayés de brun transversalement en zigzags ; les couvertures supérieures des ailes rayées de même, mais en zigzags entrecoupés ; les rémiges alternativement rayées de brun noirâtre et de fauve rougeâtre ; rectrices d'un fauve varié d'un grand nombre de taches et de zigzags irréguliers noirâtres ; bec brun en dessus, jaune en dessous et sur les bords ; tour des yeux, pieds et iris jaune-verdâtre.

Jeunes : Plumage comme celui des adultes, mais les teintes en sont plus pâles et moins pures ; les plumes du cou sont moins décomposées et plus courtes ; le dessus de la tête, la bande des côtés de la gorge et les taches du dos sont d'un brun obscur ; celles du devant du cou sont moins nombreuses et d'un brun roussâtre ; la face interne des jambes et les côtés du cou sont variés de traits onduleux plus nombreux.

Le Butor étoilé ou grand Butor habite toute l'Europe, l'Asie et le nord de l'Afrique.

On le trouve toute l'année dans le midi de la France et sur quelques points de l'Ouest, tandis qu'il n'est que de passage sur d'autres points de l'empire. Ainsi il visite nos départements du Nord en automne et en hiver, et quelques rares couples y restent parfois l'été pour s'y reproduire.

Il niche dans les endroits marécageux, parmi les joncs, les roseaux, les broussailles. Ses œufs au nombre de trois ou quatre sont d'un brun jaunâtre ou d'un roux olivâtre le plus ordinairement sans taches, quelquefois salis de brun roussâtre. Ils mesurent :

Grand diam. 0^m,050 à 0^m,055 ; petit diam. 0^m,038 à 0^m,039.

Le Butor, lorsqu'il est au repos et que rien ne l'excite, a une physionomie des plus stupides. Il se tient caché ou tranquille durant le jour et ne se montre d'ordinaire qu'après le coucher du soleil. A l'époque des amours il fait souvent entendre, la nuit, un cri grave qui retentit au loin et que l'on a comparé au mugissement du taureau. Il est très-dangereux lorsqu'il est blessé et qu'on veut le prendre ; il lance alors de vigoureux coups de bec et cherche particulièrement à atteindre les yeux.

Jadis on faisait la chasse au Butor avec le Faucon ; sa chair était même très-estimée. Cependant elle n'a rien d'agréable, et lors même qu'on la débarrasse de la graisse huileuse qui l'imprègne, elle conserve un goût de marécage très-prononcé et assez repoussant.

397 — BUTOR DE LA BAIE D'HUDSON
BOTAURUS FRETI HUDSONIS
Briss.

Fond du plumage d'un roux ocreux ; une large bande noire au-dessous du méat auditif, descendant sur le cou ; dessus de la tête noir ; rémiges unicolores ; doigt médian, y compris l'ongle, à peu près de la longueur du tarse.

Taille : 0^m,58 *environ.*

BOTAURUS FRETI-HUDSONIS, Briss. *Ornith.* (1760), t. V, p. 449.

ARDEA STELLARIS, var. B, Gmel. *S. N.* (1788), t. I, p.

ARDEA LENTIGINOSA, Montagu, *Ornith. Dict.* Suppl. (1813).

ARDEA MOKOKO, Vieill. *N. Dict.* (1817), t. XIV, p. 440.

BOTOKUS LENTIGINOSUS, Steph. in : Shaw, *Gen. Zool.* (1819), t. XI, p. 596.

BOTAURUS MINOR, Bp. *Rev. crit.* (1850), p. 189.

ARDEA FRETI HUDSONIS, Schleg. *Mus. Hist. Nat. des Pays-Bas*, Ardeæ (1863), p. 49.

Gould, *Birds of Eur.* pl. 281.

Mâle et femelle adultes : Tout le fond du plumage d'un roux ocreux clair, avec le dessus de la tête noir, nuancé de rougeâtre sur les côtés; nuque variée de petites taches noires; dos, scapulaires et sous-caudales ombrés de brun-rougeâtre, marqué de taches et de fines bandes en zigzags brun, brun-jaunâtre et marron; gorge blanche; devant et côtés du cou, poitrine, haut de l'abdomen et flancs marqués de bandes longitudinales roux rougeâtre, encadré de brun. Joues ombrées et rayées finement de zigzags bruns; une large bande au-dessous du méat auditif, descendant sur le cou; les couvertures supérieures des ailes variées comme le manteau, mais moins rembrunies; rémiges primaires et secondaires d'un gris noirâtre, quelques-unes de ces dernières et les tertiaires pareilles aux couvertures; queue d'un roux ocreux, ombré au centre des pennes, et marqué transversalement de zigzags bruns; bec brun foncé dessus, aune dessous et sur les bords des mandibules; lorums et iris jaunes; pieds jaune-verdâtre.

Jeunes : Côtés de la nuque dépourvus de taches; tête noirâtre en dessus, roussâtre sur les côtés; gorge blanche; faces postérieure et latérales du cou brunes; face antérieure blanche, avec de grandes taches longitudinales d'un roux brun, bordées de noir; parties supérieures du corps et des ailes comme chez les adultes, mais avec des teintes moins intenses; parties inférieures blanchâtres, parsemées d'un grand nombre de taches longitudinales, rousses sur les bords, noirâtres au centre; toutes les rémiges primaires entièrement noires; les secondaires noires et terminées de roux.

Cette espèce habite l'Amérique septentrionale, depuis la Caroline jusqu'à la baie d'Hudson. On la rencontre aussi au Mexique. Elle s'égare très-accidentellement en Europe.

Les auteurs anglais la citent comme ayant été tuée en automne 1804, près de Piddleton, dans le Dorsetshire : l'individu abattu à cette époque fait aujourd'hui partie du British Museum. On l'a également capturée en Allemagne, près de Leipsick.

Vieillot dit qu'elle niche dans les marais, parmi les roseaux, et que sa ponte est de quatre œufs d'un gris verdâtre sans taches.

Le Butor de la Baie d'Hudson a les habitudes et le régime du précédent.

GENRE CXCIX

BIHOREAU — *NYCTICORAX*, Steph.

Ardea, p. Linn. *S. N.* (1735).
Nycticorax, Steph. *Gen. Zool.* (1819).
Nyctiardea, Swains. *Classif. of B.* (1837).
Scotæus, Keys. et Blas. *Wirbelth.* (1840).
Nyctirodius, Macgill. *Man. Nat. Hist. Orn.* (1842).

Bec de la longueur de la tête, épais, relativement plus élevé à la base que celui des Hérons proprement dits, notablement courbé vers le bout, la mandibule inférieure suivant l'inflexion de la mandibule supérieure ; celle-ci échancrée à la pointe ; sillons nasaux profonds ; ailes sub-obtuses ; queue courte, égale, composée de douze rectrices médiocrement résistantes ; jambes aux deux tiers emplumées, la partie nue finement réticulée ; tarses de médiocre longueur, couverts, en avant, de deux rangées de plaques hexagones, finement réticulés en arrière et aux articulations ; doigt médian, y compris l'ongle, aussi long ou un peu plus long que le tarse, uni à l'externe par une membrane qui s'étend jusqu'à la première articulation ; cou médiocrement long, dégarni de plumes en dessus, sur le tiers postérieur de son étendue ; yeux grands.

Les Bihoreaux sont les seuls, parmi les Ardéiens, dont le bec soit un peu fléchi vers le bout. Ils se distinguent, en outre, par des yeux grands et des tarses aréolés sur la face antérieure. Quelques autres espèces étrangères de petite taille, les *Tigrisoma*, par exemple, partagent, il est vrai, ce dernier caractère ; mais celles-ci n'ont ni la même forme de bec ni le même système de coloration.

Les Bihoreaux paraissent avoir, comme les Butors, des habitudes plus nocturnes que diurnes. Ils fréquentent de préférence les marécages couverts de grands roseaux, parmi lesquels ils se tiennent cachés durant le jour. C'est aussi dans les massifs de roseaux qu'ils établissent ordinairement leur nid.

Le mâle et la femelle portent le même plumage. Les jeunes, avant la première mue, s'en distinguent beaucoup. Leur mue est simple.

Observation. M. Yarrell a indiqué l'*Ardea violacea*, Linn. (*Ard. cayennensis*, Gmel.) comme ayant été capturé en Angleterre, près de Yarmouth, le 24 mai 1824. Par suite d'informations prises à ce sujet, M. Schlegel a à peu près acquis la certitude que l'individu capturé s'était échappé d'une ménagerie. D'ailleurs, les auteurs anglais, depuis M. Yarrell, ne comptent pas l'espèce au nombre de celles qui se montrent accidentellement en Angleterre.

398 — BIHOREAU D'EUROPE — *NYCTICORAX EUROPEUS*
Steph.

Calotte et manteau d'un noir verdâtre ; de trois à cinq plumes subulées à l'occiput, s'étendant jusqu'au dos (adultes), *ou calotte et manteau bruns, flamméchés de blanc, et sans plumes subulées à l'occiput* (jeunes); *bec et doigt médian de la longueur du tarse.*

Taille : 0ᵐ,52 à 0ᵐ,55.

ARDEA NYCTICORAX et GRISEA (juv.), Linn. *S. N.* (1766), t. I, p. 275 et 279.
NYCTICORAX, Briss. *Ornith.* (1760), t. V, p. 493.
ARDEA KWOKWA, S. G. Gmel. *Nov. Comm. Petrop.* (1770), t. XV, p. 452.
ARDEA GARDENI, Gmel. *S. N.* (1788), t. I, p. 645.
NYCTICORAX EUROPEUS, Steph. in : Shaw, *Gen. Zool.* (1819), t. XI, p. 609.
NYCTICORAX NYCTICORAX, Boie, *Isis* (1822), p. 560.
NYCTICORAX GRISEUS, Strickl.
NYCTICORAX ORIENTALIS, BADIUS et MERIDIONALIS, Brehm, *Handb. Nat. Vög. Deuts.* (1831), p. 592 et 593.
NYCTIARDEA EUROPEA, Swains. *Classif of B.* (1837), t. II, p. 355.
NYCTICORAX GARDENI, Bp. *B. of Eur.* (1838), p. 48.
NYCTICORAX ARDEOLA, Temm. *Man.* (1840), 4ᵉ part. p. 384.
ARDEA (*Scotæus*) NYCTICORAX, Keys. et Blas. *Wirbetth.* (1840), p. 80.
NYCTIRODIUS NYCTICORAX, Macgill. *Man. Nat. Hist. Orn.* (1842), t. II, p. 127.
Buff. *Pl. enl.* 758, *adulte* ; 759, *jeune* (et non *femelle*).

Mâle et femelle adultes : Vertex, occiput et partie supérieure de la nuque d'un noir à reflets bleuâtres et verdâtres ; trois à cinq plumes de l'occiput longues de 0ᵐ,18 à 0ᵐ,19, subulées, d'un blanc éclatant ; le reste de la nuque, milieu et bas du dos, sus-caudales d'un cendré pur ; haut du dos et scapulaires colorés comme le dessus de la tête ; gorge, devant du cou, milieu de la poitrine, abdomen, sous-caudales et jambes d'un blanc pur ; front, raie sourcilière et joues également blancs ; côtés du cou et de la poitrine d'un cendré clair ; ailes d'un cendré un peu plus foncé, bleuâtre sur les rémiges ; queue de la même couleur que celles-ci ; bec noir ; peau nue des lorums, des orbites et pieds d'un jaune verdâtre ; iris rouge.

Noᴛᴀ.—Un individu mâle, de très-forte taille, long de 0ᵐ,57 environ, tué le 5 mai 1846, près de Dieppe, et conservé dans la collection de M. Hardy, était jaune safran en dessous, au moment où il a été abattu ; il avait aussi le front de cette couleur, le bec noir, avec la base et la nudité des paupières vertes ; l'iris rouge vif ; la partie nue des jambes et les pieds d'un jaune pâle. Une femelle, tuée à la même époque, lui ressemblait entièrement. La couleur jaune du front et des parties inférieures a fini par s'effacer avec le temps. Cette couleur serait-elle l'apanage des très-vieux individus ou se manifesterait-elle seulement au moment des amours ?

Jeunes de l'année : Point de plumes longues à la tête ; parties supérieures d'un brun terne, avec des traits longitudinaux d'un blanc très-légèrement nuancé de roussâtre, situés au centre des plumes, plus nombreux et plus étroits à la tête ; parties inférieures d'un blanc terne, marquées de longues mèches longitudinales d'un cendré brunâtre, au cou, à la poitrine, à l'abdomen et sur les flancs ; côtés de la tête et du cou d'un blanc nuancé de roussâtre, avec les bordures des plumes brunes ; ailes d'un brun cendré, avec des taches allongées d'un blanc plus ou moins nuancé de roussâtre sur les petites et les moyennes couvertures supérieures, et arrondies à l'extrémité des grandes ; queue cendrée, sans taches ; bec brun verdâtre en dessus et à sa pointe, jaune-verdâtre en dessous et sur les côtés ; partie nue des lorums brun-verdâtre ; bord libre des paupières jaunâtre ; pieds d'un jaune-verdâtre, iris brun rougeâtre.

Jeunes à l'âge de deux ans ou après la seconde mue : Les taches blanches sont moins nuancées de roussâtre, moins nombreuses à la tête et au cou, moins grandes sur les ailes et nulles au dos ; le blanc domine davantage sur les parties inférieures ; les scapulaires et les plumes du vertex commencent à offrir une teinte d'un brun verdâtre.

Après la troisième mue, ils ne diffèrent plus des adultes.

Cette espèce est propre à l'Europe, à l'Asie, à l'Afrique et à l'Amérique septentrionale et méridionale.

Elle est répandue partout en Europe, sans être nulle part abondante. En France, elle est plus commune dans le Midi, où elle se reproduit, que dans le Nord, où elle n'est que de passage au printemps et à l'automne.

Elle niche dans les endroits marécageux, parmi les joncs et les roseaux, quelquefois sur les saules ; pond trois ou quatre œufs, d'un bleu pâle verdâtre, sans taches, à peu près de la teinte de ceux du Héron pourpré. Ils mesurent :

Grand diam. 0ᵐ,050 ; petit diam. 0ᵐ,035.

Cet oiseau préfère, durant l'été, les bas-fonds marécageux couverts de buissons et d'arbres, aux marais privés d'arbustes; en hiver et durant le temps de ses migrations il se tient indistinctement dans les marais et sur les bords de la mer. Sa nourriture paraît consister principalement en insectes, en limaces et en petits poissons.

FAMILLE XLII

CICONIIDÉS — *CICONIIDÆ*

HÉRODIONES, p. Vieill. *Ornith. élém.* (1816).
ARDEIDÆ, p. Leach, in : Vigors, *Gen. of B.* (1825).
COCHLORHYNQUES, p. et CIGOGNES, Less. *Tr. d'Ornith.* 1831.
CICONIIDÆ et PLATALEIDÆ, Bp. *C. Av. Eur.* in : *Rev. crit.* (1850).
CICONIÆ, Schleg. *Mus. Hist. Nat. des Pays-Bas* (1864).

Bec fendu, au plus, jusqu'à l'angle antérieur de l'œil; mandibule supérieure convexe à la base et à bords généralement lisses; narines basales; sillons nasaux nuls ou presque nuls; menton nu; une partie de la face plus ou moins dénudée; tarses réticulés de toutes parts; membranes interdigitales larges, bordant les doigts jusqu'à l'extrémité; doigts antérieurs médiocrement allongés; pouce court, mince, articulé sur le côté interne du tarse, au-dessus du doigt interne; ongles courts, celui du doigt médian entier sur le bord interne.

La famille des Ciconiidés, représentée en Europe par le genre *Ciconia*, auquel nous associons les Spatules, qu'on ne saurait en éloigner, est très-naturelle, et répond à la troisième tribu des Echassiers cultrirostres de G. Cuvier.

Les oiseaux qui la composent sont parfaitement caractérisés par des membranes interdigitales amples et se prolongeant en bordures sur les côtés des doigts; par leurs tarses et la partie nue des jambes complétement aréolés; par leur menton toujours dénudé chez les adultes. Ces caractères suffiraient pour les séparer, soit des Gruidés, soit des Ardéidés; mais ils se distinguent encore des premiers en ce qu'ils n'ont pas les narines ouvertes au milieu du bec, dans une large membrane; et des seconds, en ce qu'ils n'ont ni les ongles forts et longs, ni le pouce articulé immédiatement en arrière du doigt externe, ni le bec aussi profondément fendu. Ils offrent encore ceci de particulier qu'ils ne poussent de cris d'aucune sorte, ni au repos, ni dans l'action; en d'autres

termes ils sont muets, mais ils font claqueter leur bec en frappant rapidement
et violemment les mandibules l'une contre l'autre. Enfin les éléments oologiques offrent aussi des différences qui pourraient, à la rigueur, entrer dans
une caractéristique.

Du reste, ce sont des oiseaux de grande taille, à la démarche mesurée et
grave, au vol facile mais lent. Ils sont sociables, doux, confiants, taciturnes,
généralement migrateurs, et ceux qui se déplacent aux époques des migrations se portent toujours, et tout d'une traite, à de très-grandes distances.

Les Ciconiidés d'Europe, vu les différences qu'ils présentent sous le rapport
du bec, peuvent se diviser en deux sous-familles.

SOUS-FAMILLE LXVIII

CICONIENS — *CICONIINÆ*

Cigognes, G. Cuv. *Rég. Anim.* (1829).
Ciconiinæ, p. G. R. Gray, *List of Gen.* (1841).
Cinoniinæ, Bp. *C. syst. Av.* (1850).

*Bec plus haut que large dans toute son étendue, généralement
droit, pointu ou mousse ; ongles larges, obtus, débordant médiocrement l'extrémité des doigts ; sillons nasaux à peu près nuls.*

GENRE CC

CIGOGNE — *CICONIA*, Briss.

Ardea, p. Linn. *S. N.* (1775).
Ciconia, Briss. *Ornith.* (1760).
Melanopelargus, Reichenb. *Syst. Av.*

Bec très-fort, épais à la base, plus long que la tête, échancré
à la pointe, mousse, droit ; peau nue des orbites et de la face
parfois chagrinée et comme verruqueuse ; narines étroites .
oblongues, percées de part en part dans la substance cornée
du bec ; ailes longues, amples, sub-obtuses ; queue médiocre.
arrondie ; tarses très-longs, robustes ; pouce court, mince, notablement rebordé à son extrémité et portant en partie sur le sol ;

ongles gros, larges, aplatis ; plumes du jabot longues, pointues
et tombant en fanon.

Les Cigognes proprement dites se distinguent des autres Ciconiens par leur
bec à bords presque droits. Elles fréquentent les pays submergés et marécageux ; entrent dans l'eau, comme les Hérons, jusqu'à la jambe ; se rassemblent avant le départ ; émigrent par grandes bandes ; ne courent point, ou si
par hasard elles y sont contraintes, elles le font gauchement et ne parcourent
jamais que de très-faibles distances ; leur régime est essentiellement animal et
consiste en batraciens, reptiles, mollusques, vers et même en petits mammifères.

Le mâle et la femelle se ressemblent. Les jeunes, avant la première mue,
en diffèrent plus par la taille et surtout par la longueur et la couleur du bec
que par le plumage. Leur mue est simple.

Ce genre a des représentants dans l'ancien et dans le nouveau continent :
deux d'entre eux appartiennent à l'Europe.

Observations. 1o Il est bien reconnu aujourd'hui que la Cigogne maguari
(*Ciconia americana,* Briss. ; *maguari,* Temm.) n'a été rangée parmi les oiseaux
accidentellement européens que d'après de faux renseignements, et qu'elle n'a
jamais été tuée en France, comme on l'a prétendu. L'espèce est essentiellement propre à l'Amérique méridionale.

2o M. Reichenbach a fait de la Cigogne noire le type d'un genre particulier
(*Melanopelargus*), qui nous paraît mal fondé, attendu que son principal caractère, on pourrait presque dire son unique caractère, repose sur une simple
différence de coloration.

399 — CIGOGNE BLANCHE — *CICONIA ALBA*
Willugh.

Plumage blanc, avec les ailes noires (adultes), *ou ailes d'un
brun noirâtre* (jeunes) ; *partie nue des orbites et des lorums noire ;
pieds rouges* (adultes), *ou d'un noir rougeâtre* (jeunes).

Taille : 1^m,15 *à* 1^m,20.

Ciconia alba, Willugh. *Ornith.* (1676), p. 210.
Ardea ciconia, Linn. *S. N.* (1766), t. I, p. 235.
Ciconia albescens, nivea et candida, Brehm, *Hand. Nat. Vog. Deuts.* (1831),
p. 574 et 575.
Buff. *Pl. enl.* 866.

Mâle et femelle adultes : Plumage d'un blanc pur, à l'exception des
scapulaires, des grandes couvertures supérieures des ailes et des rémiges qui sont noires ; peau nue du menton d'un noir rougeâtre ; peau
nue des lorums et des orbites noire ; bec rouge, passant au jaunâtre

vers la pointe; partie nue des jambes et tarses rouges ; iris d'un brun foncé.

Jeunes de l'année : Noir des ailes nuancé de brun et moiré de cendré, surtout sur les barbes externes des rémiges secondaires ; bec d'un brun verdâtre, avec les côtés, près de la base, l'arête et la pointe d'un rouge jaunâtre ; pieds d'un noir rougeâtre.

A la sortie du nid, ils ont le bec noir, avec l'extrémité de la mandibule supérieure jaunâtre ; les pieds noirs, tournant au jaune-orange clair sur les doigts.

La Cigogne blanche habite l'Europe, l'Asie occidentale et l'Afrique septentrionale.

Elle est commune en Allemagne, en Pologne et en Hollande, où, selon M. Schlegel, elle serait aujourd'hui bien moins abondante qu'autrefois. Leur nombre, dans cette dernière localité, aurait diminué depuis qu'un ouragan, survenu il y a vingt-cinq ans environ, surprit, à leur retour en février, les couples reproducteurs, et les jeta sur la côte occidentale de France, où beaucoup périrent. « Depuis, dit M. Schlegel, le nombre restreint de nos Cigognes n'a pas augmenté. »

La Cigogne blanche n'est presque plus que de passage en France. Elle y a été prise sur un grand nombre de points et quelquefois en nombre considérable. Ainsi, Hollandre rapporte dans sa *Faune de la Moselle*, qu'au commencement de septembre 1833, il s'en abattit plusieurs centaines dans un bois entre Gorze et Rezouville. Elles étaient tellement fatiguées que l'on en prit plusieurs à la main, et que l'on en tua plus de quarante. Des faits analogues ont été observés en Champagne, d'après ce que rapporte M. J. Ray dans sa *Faune de l'Aube*. M. Schlegel la dit rare en Sicile, et elle ne se trouverait, selon lui ni dans la Russie proprement dite, ni dans la Grande-Bretagne ; cependant les auteurs anglais, notamment M. J. E. Gray, la comptent au nombre des oiseaux des trois Royaumes-Unis.

La Cigogne blanche se reproduit dans les pays marécageux et niche sur les endroits élevés, dans les villes, les villages, quelquefois dans les marais même. Les couples qui nichent en Hollande, où l'espèce reçoit une grande protection, établissent généralement leur aire sur les cheminées. On en a vu nicher, pendant plusieurs années, sur le sommet d'une tour à Valenciennes ; on en a vu aussi, il y a cinquante ans environ, se reproduire à Douai, à Cambrai, à Bergues et en d'autres endroits du nord de la France ; mais elles y ont été inquiétées et n'y sont plus revenues. Il y en a encore qui nichent en Alsace et dans un marais à 15 kilomètres de Châlons-sur-Marne. La Cigogne blanche fait une seule couvée par an, du moins dans nos contrées. Sa ponte est le plus ordinairement de trois ou quatre œufs, d'un blanc pur, parfois légèrement grisâtre ou gris-verdâtre sans taches. Ils mesurent :

Grand diam. 0^m,085 ; petit diam. 0^m,060 environ.

La Cigogne blanche se nourrit principalement de batraciens ; elle aime aussi les anguilles, les souris, les rats, et même, assure-t-on, les abeilles. Ses migrations commencent vers la fin de juillet et s'opèrent surtout la nuit, par grandes bandes; les jeunes partent les premiers et tombent quelquefois de lassitude durant le voyage. Elle passe l'hiver en Afrique et revient dans le courant d'avril par couples et par petites bandes, pour aller se reproduire dans le nord de l'Europe. A l'époque des amours, elle est peu farouche et se laisse approcher. Il n'en est pas de même durant les migrations; alors elle est très-sauvage; un rien l'inquiète et la fait envoler.

La Cigogne blanche vit très-bien dans les jardins et les parcs lorsqu'elle n'est que démontée, et s'apprivoise en très-peu de temps. En captivité, elle mange tous les débris d'animaux qu'on lui jette. Elle se tient souvent sur une patte; sa démarche est grave et lente; quand on l'approche elle fait entendre un claquement en frappant les mandibules l'une contre l'autre, et en renversant en même temps le cou.

400 — CIGOGNE NOIRE — *CICONIA NIGRA*
Gesn.

(Type du genre *Melanopelargus*, Reichenb.)

Plumage d'un brun noirâtre, avec la moitié des parties infé-rieures, du bas de la poitrine aux sous-caudales, blanche; partie nue des orbites rouge (adultes), *ou olivâtre* (jeunes); *pieds rouges* (adultes), *ou olivâtres* (jeunes).

Taille : 1 *mètre environ.*

CICONIA NIGRA, Gesner, *Av. Nat.* (1585), p. 273.
ARDEA NIGRA, Linn. *S. N.* (1766), t. I, p. 235.
CICONIA FUSCA, Briss. *Ornith.* (1760), t. V, p. 362.
MELANOPELARGUS NIGER, Reichenb. *Syst. Av.* pl. 165, t. 453 et 454.
Buff. *Pl. enl.* 399, sous le nom de *Cigogne brune.*

Mâle et femelle adultes : D'un brun noirâtre à reflets violets, pour-pres et vert doré, avec le bas de la poitrine, l'abdomen et les sous-caudales d'un blanc pur; bec, paupières et peau nue de la gorge d'un rouge vif; pieds d'un rouge foncé; iris brun.

Jeunes de l'année : Dessus de la tête et joues d'un brun noirâtre, mais d'une teinte moins foncée sur les bords des plumes; occiput et cou bruns, avec l'extrémité des plumes d'un gris blanchâtre, ce qui leur donne un aspect pointillé; corps, ailes et queue d'un brun noirâtre, avec de légers reflets verdâtres et bleuâtres; bec, tour des yeux d'un vert olivâtre.

La Cigogne noire habite particulièrement l'est et le sud de l'Europe; les contrées chaudes et tempérées de l'Asie, et une partie de l'Afrique occidentale. On la rencontre assez communément au nord de l'Allemagne, selon M. Baldamus, en Pologne, en Hongrie, dans la Turquie d'Europe, en Sicile, où Bibron l'a fréquemment vue, surtout aux environs de Syracuse, et où elle paraît se reproduire. Elle a été souvent observée en Italie, en Suisse et en France. Elle se montre même assez régulièrement dans nos départements septentrionaux, à son passage d'automne. Plusieurs fois on en a tué aux environs du Quesnoy, de Lille, de Dunkerque, de Boulogne, de Montreuil-sur-Mer et d'Abbeville. ses apparitions en Angleterre sont très-accidentelles.

Elle niche dans les forêts, sur les pins et les sapins ; sa ponte est de trois ou quatre œufs, d'un blanc légèrement sale, sans taches ; quelques auteurs les décrivent comme tachetés quelquefois de brun, ce qui est loin d'être démontré. Ils mesurent :

Grand diam. 0ᵐ,078 ; petit diam. 0ᵐ,053.

La Cigogne noire recherche les bois marécageux et préfère le poisson à toute autre nourriture. Elle est d'un naturel farouche, aime la solitude et semble fuir les lieux habités. Cette espèce est beaucoup moins répandue que la Cigogne blanche.

SOUS-FAMILLE LXIX

PLATALÉIENS — *PLATALEINÆ*

Cochlorhynques, p. Less. *Tr. d'Ornith.* (1831).
Ardeinæ, p. G. R. Gray, *List Gen. of B.* (1841).
Plataleinæ, Bp. *Ucc. Europ.* (1842).

Bec aussi haut que large à la base, plus large que haut dans tout le reste de son étendue, infléchi à la pointe ; ongles étroits, presque droits, aigus ; sillons nasaux linéaires.

Les Plataléiens ou Spatules, ont été rangés par les uns, dans la section ou sous-famille des Hérons (*Ardeinæ*) ; par les autres, dans celle des Ciconiens ; d'autres, les réunissant aux Savacous, en ont formé, à l'exemple de Vieillot, une famille particulière ; il en est enfin qui ont converti le genre *Platalea* seul en la famille des Plataléidés.

Ce n'est que par des rapports éloignés que l'on peut établir un rapprochement entre les Ardéiens et les Plataléiens ; car les caractères essentiels des uns font défaut chez les autres ou diffèrent considérablement. Tous les Hérons ont le menton emplumé, et les Spatules l'ont nu ; les premiers ont le pouce sur le même plan que les autres doigts et à la suite, en quelque sorte, du doigt externe ; les seconds ont le pouce se détachant du tarse, au-dessus du doigt externe, de telle sorte qu'il ne porte pas en entier sur le sol ; celles-ci ont les membranes interdigitales larges, la palmure du doigt interne au médian presque aussi développée que celle du médian au doigt externe ; ceux-là n'ont, en général, entre le doigt interne et le médian qu'un faible repli membraneux, et entre le médian et le doigt externe, qu'une médiocre palmure ; sauf quelques exceptions, les Hérons ont une grande partie des tarses scutellés, tandis que ces organes sont constamment réticulés chez toutes les Spatules. Si l'on regarde plus profondément dans l'organisation, l'on trouve aussi que les Plataléiens diffèrent des Ardéiens par une langue très-courte et triangulaire ; par deux petits cœcums à l'intestin, au lieu d'un seul ; par l'absence de muscles à leur larynx inférieur. Les premiers sont muets et ne manifestent leurs impressions que par des claquements du bec ; les seconds poussent des cris, soit au repos, soit en volant. Enfin les Spatules sont plus sociables que les Hérons et n'ont point une attitude aussi morne. Sous tous les rapports elles ne sont donc point des Ardéiens.

Les Savacous étant de vrais Hérons, comme l'a si bien établi G. Cuvier, les Spatules s'en éloignent donc aussi par tous leurs caractères essentiels, et la famille que quelques ornithologistes ont fondée par la réunion de ces deux genres d'oiseaux n'est point admissible. La dépression du bec chez les uns et les autres, seul caractère que l'on ait pris en considération pour établir leur rapprochement, n'est, si l'on peut dire, qu'un accident de forme, eu égard aux caractères dominateurs que fournissent les autres parties de l'organisme.

Tout ce qui éloigne les Plataléiens des Ardéiens et des Savacous, les rapproche manifestement des Ciconiens, ce qu'a également établi G. Cuvier. En effet, les Spatules sont des Cigognes par la brièveté et la forme de la langue, l'absence de muscles au larynx inférieur, la petitesse et le nombre des cœcums de l'intestin ; par l'étendue des palmatures, la réticulation des tarses, le mode d'insertion du pouce, la brièveté des ongles ; par leur instinct de sociabilité, leur mutisme, leurs habitudes, la forme et la structure de la coquille de l'œuf. Tout, en un mot, contribue à rapprocher les Spatules des Cigognes et à en faire des oiseaux de la même famille : le bec, comprimé chez les uns, déprimé chez les autres, peut seul les différencier.

Mais ce caractère est-il à lui seul assez important pour élever les Plataléiens au rang de famille ? Nous ne le pensons pas. Les Spatules, nous le répétons, sont bien réellement des Ciconiidés, au même titre que les Savacous, à bec en cuiller, sont des Ardéidés, et la forme anormale de leurs mandibules peut tout au plus les constituer en sous-famille. Dans tous les cas on ne peut les éloigner des Cigognes, comme l'a fait le prince Ch. Bonaparte, surtout pour les mettre immédiatement à la suite des Phénicoptéridés et dans la même division.

La sous-famille des Plataléiens repose exclusivement sur le genre *Platalea*.

GENRE CCI

SPATULE — *PLATALEA*, Linn.

PLATALEA, Linn. *S. N.* (1735).
PLATEA, Briss. *Ornith.* (1760).

Bec droit, plat en dessus et en dessous, flexible, dilaté et arrondi en forme de spatule, à mandibule supérieure cannelée et sillonnée transversalement à la base, terminée en crochet à la pointe; narines dorsales, rapprochées, oblongues, bordées par une membrane; ailes amples, aiguës; queue courte; jambes à moitié nues; tarses longs, forts; doigts-antérieurs réunis jusqu'à la deuxième articulation par une membrane profondément découpée; face et menton entièrement ou en partie nus, chez les adultes.

Les Spatules, nommées vulgairement *Palettes* et *Pales*, dénominations qui caractérisent aussi la forme de leur bec, fréquentent les marais boisés, l'embouchure des fleuves, des rivières, les bords de la mer. Ce sont des oiseaux d'un caractère doux, sociable, qui vivent constamment entre eux en bonne intelligence et forment quelquefois des troupes considérables. Lorsqu'elles émigrent, tous les individus d'une même bande se placent les uns à côté des autres comme les Ibis et les Pélicans, et forment ainsi une longue ligne qui s'avance presque de front. Elles ne peuvent saisir ni retenir de grosses proies, aussi se nourrissent-ils de vers, d'insectes et de mollusques aquatiques, de frai de poisson et de batraciens, qu'elles rencontrent en fouillant dans la vase. Les spatules construisent leur nid avec des bûchettes et des herbes comme les Hérons et les Cigognes et leur ponte est de deux à quatre œufs, à fond blanc ou bleuâtre.

Le mâle et la femelle ne diffèrent pas sensiblement. Les jeunes, avant la première mue, s'en distinguent, et ne prennent les attributs des adultes qu'à la troisième année. Leur mue est simple.

Les Spatules sont propres aux contrées chaudes de l'ancien et du nouveau monde et de l'Australie. L'une des six espèces connues se rencontre en Europe.

401 — SPATULE BLANCHE — *PLATALEA LEUCORODIA* Linn.

Plumage entièrement blanc, avec les plumes occipitales allongées en huppe, et la poitrine rousse (adultes en amour), bec noir, varié de jaune d'ocre sur la partie dilatée; orbites, lorums et toute la gorge nus; pieds noirs.

Taille : 0^m,70 à 0^m,72.

PLATALEA LEUCORODIA, Linn. *S. N.* (1766), t. I, p. 231.
PLATEA, Briss. *Ornith.* (1760), t. V, p. 352.
PLATALEA ALBA, Scop. *Ann. I. Hist. Nat.* (1769), p. 115.
PLATEA LEUCORODIA. Leach, *Syst. Cat. M. and B. Brit. Mus.* (1816), p. 33.

DEGLAND et GERBE. II. — 21

PLATALEA LEUCORODIUS, Glog. *Schles. Wirbelth. Fauna* (1833), p. 50.
Ruff. *Pl. enl.* 405.

Mâle adulte : D'un blanc pur, avec une huppe de plumes longues
et effilées, très-fournies à l'occiput, et un large ceinturon roux-jaunâtre au bas du cou et à la partie supérieure du thorax ; partie nue des
paupières, des lorums et de la gorge d'un jaune pâle, prenant une
teinte orange au bas de cette dernière partie ; bec de longueur variable,
noir, avec des lignes transversales d'un brun cendré, à reflets jaunâtres,
et la pointe, en dessus, d'un jaune doré à bordure noire ; pieds
noirs ; iris d'un rouge tirant sur la lie de vin.

Femelle adulte : Semblable au mâle, mais sensiblement plus petite,
avec la huppe moins longue, moins touffue, et le ceinturon roux du
thorax moins large et d'une teinte moins foncée.

Jeunes avant la première mue : Blancs ; point de huppe ni de roux à
la poitrine ; rémiges noires sur les baguettes, et les quatre premières de
cette couleur à l'extrémité ; partie nue de la tête et de la gorge, jaunâtre ; bec moins long que chez les adultes, cendré foncé ; pieds noirs ;
iris gris.

La Spatule blanche habite l'Europe, l'Asie et l'Afrique septentrionale.

En Europe, elle ne paraît nulle part aussi commune qu'en Hollande, le long
du Danube, et dans tout le pays qui entoure la mer Noire. Elle se montre très-
avant dans le Nord, et passe régulièrement en France. Elle n'est pas rare, à son
double passage en automne et au printemps, sur les côtes maritimes de la Picardie, de la Normandie et de la Bretagne. On l'a également observée dans
plusieurs départements du Centre et du Nord.

Elle niche sur le bord des rivières, de l'embouchure des fleuves et des
grands lacs, tantôt sur les arbres et les buissons, tantôt parmi les joncs. Elle
se reproduit en grand nombre dans le nord de la Hollande, dans le Lincolnshire, en Angleterre, et dans tout le voisinage des côtes de la mer Noire.
Sa ponte est de deux à quatre œufs, oblongs, blancs ou bleuâtres, sans taches
ou avec des taches presque effacées, roussâtres et verdâtres. Ils mesurent :

Grand diam. 0ᵐ,065 ; petit diam. 0ᵐ,045.

Au printemps, la Spatule blanche voyage, au nombre de trois ou quatre, en
longeant de préférence les côtes maritimes et les marais salins ; elle séjourne
alors très-peu de temps. En automne, elle passe en grandes bandes. Cependant
M. Hardy nous a assuré avoir vu, au printemps, des troupes émigrantes de près
de cent cinquante individus, tandis qu'il n'a jamais compté plus de douze à
trente individus à la fois dans les bandes qui émigrent en automne. Son vol
ressemble plus à celui des Falcinelles qu'à celui des Hérons. Elle fuit les lieux
habités par l'homme, est très-craintive et claquette comme les Cigognes.

Sa nourriture paraît consister principalement en poissons, insectes, coquillages et vers aquatiques.

2° HÉRODIONS FALCIROSTRES — *HERODIONES FALCIROSTRES*

Nous réunissons dans cette section les Hérodions à bec plus ou moins arqué.
Elle comprend une partie des *Longirostres* de G. Cuvier, et répond aux *Falcati*
d'Illiger.

FAMILLE XLIII

TANTALIDÉS — *TANTALIDÆ*

FALCATI, Illig. *Prodr. Syst.* (1811).
FALCIROSTRES, Vieill. *Ornith. élém.* (1816).
TANTALIDÆ, Bp. *B. of Eur.* (1838).
TANTALINÆ, G. R. Gray, *List Gen. of B.* (1841).

Bec très-long, comprimé, généralement épais à la base, beaucoup plus mince et arrondi vers l'extrémité, à pointe mousse,
plus ou moins courbé en forme de faux, à dos convexe, avec ou
sans sillons sur les côtés des mandibules; narines basales et
plus ou moins dorsales; lorums et le plus souvent une partie de
la tête et du cou dépourvus de plumes; jambes médiocres ou
très-allongées; doigts longs, les antérieurs unis à la base par
une membrane qui s'étend à peu près jusqu'à la première articulation; pouce articulé presque au niveau des autres doigts
et portant à terre dans toute sa longueur.

Les Tantalidés, par l'ensemble de leurs formes, par leurs habitudes et leurs
mœurs, ont de grands rapports avec les Ardéidés et surtout avec les Ciconiidés.
Ce sont des oiseaux migrateurs, vivant et nichant en société, fréquentant les
plaines humides, les bords des fleuves et des rivières, et doués de la faculté de
percher. Leur régime est essentiellement animal.
En égard à la présence ou à l'absence de sillons sur le bec, à la forme et à la
position des narines, aux dimensions des jambes, les Tantalidés se subdivisent
en deux sous-familles. L'une d'elles a des représentants en Europe.

Observation. Quelques auteurs ont considéré comme accidentellement européen, d'après les indications de Pallas, le *Tantalus ibis,* Linn. (*Ibis candida,*

Briss.). Mais l'oiseau que Pallas dans sa *Fauna Rosso-Asiatica* inscrit sous le nom de *Numenius ibis*, et qu'il rapporte au *Tantalus ibis* de Linné, appartient-il réellement à cette espèce? Il nous semble que rien n'est moins certain : Pallas avoue n'avoir vu que de loin le *Numenius* qu'il signale, ses chasseurs n'ayant jamais pu le lui procurer ; aussi ne le décrit-il pas. La présence du *Tantalus ibis* dans la Russie orientale doit donc, jusqu'à nouvel ordre, être tenue pour fort douteuse.

SOUS-FAMILLE LXX

IBIENS — *IBINÆ*.

Tantalinæ, p. Bp. *Ucc. Eur.* (1842).
Ibisidæ (errore), Degl. *Orn. Eur.* (1849).
Ibinæ, Bp. *C. R. de l'Acad. des Sc.* (1855).

Bec tétragone à son origine, ensuite arrondi assez régulièrement courbé de la base à l'extrémité, et profondément sillonné sur presque toute son étendue ; narines linéaires à ouverture dirigée en haut ; jambes médiocrement allongées.

Les Ibiens ont un bec fort analogue, par la forme, à celui des Courlis, aussi beaucoup d'auteurs les ont-ils placés à côté de ceux-ci et quelquefois dans le même genre. Mais leurs rapports avec les Numéniens sont plus apparents que réels, et leurs caractères dominants aussi bien que leurs habitudes en font de vrais Échassiers Hérodions. Ils ont, comme les Cigognes, les Hérons, les Spatules, etc., une partie de la tête nue et le pouce articulé très-bas, ce qui leur permet de percher ; ils construisent comme ceux-ci leur nid avec des bûchettes et ordinairement sur des points élevés ; ils ont enfin leur démarche grave et compassée.

GENRE CCII

IBIS — *IBIS*, Illig.

Tantalus, p. Lath. *Ind.* (1790).
Numenius, p. G. Cuv. (1), *Mém. du Mus. d'Hist. Nat.* (1804).
Ibis, Illig. *Prod. Syst.* (1811).

(1) G. Cuvier a reproché à Vieillot d'avoir reproduit le genre Ibis, sans le citer comme créateur et du genre et du nom générique. « Voici encore, dit-il, une de ces distinctions et de ces dénominations prises par M. Vieillot (*Gal.* 246), sans citation, quoique mon mémoire sur l'Ibis, où je l'ai établi, date de quinze ans avant tout ce qu'il a fait sur le système

Bec épais dans toute son étendue, mais principalement à la base, qui est presque aussi élevée que la tête; lorums, tête, et haut du cou en totalité ou en partie, nus; ailes aiguës, atteignant l'extrémité de la queue; extrémité de quelques-unes des rémiges secondaires et des scapulaires, plus ou moins décomposées et formant panaches; queue courte, égale; tarses de moyenne longueur, épais, complétement réticulés; doigts longs, le médian, y compris l'ongle, un peu plus court que le tarse; ongles robustes, arqués, comprimés, entiers.

Les Ibis ont des mœurs douces, sociables, et des habitudes qui rappellent beaucoup celles des Cigognes et surtout des Spatules. Ils vivent par couples isolés ou par petites troupes; fréquentent les bords limoneux des grands fleuves, les terrains humides; émigrent à des époques déterminées, et nichent sur les arbres. Ils marchent pas à pas, gravement; volent haut, le cou et les jambes tendus, et poussent parfois en volant des cris rauques. Leur nourriture consiste en vers, en insectes, en végétaux aquatiques et principalement en mollusques univalves.

Le mâle et la femelle portent le même plumage. Les jeunes naissent couverts d'un duvet très-épais, et leur plumage de première et même de deuxième année diffère de celui des adultes. Leur mue est simple.

des oiseaux (*Rég. Anim*. 1829, t. 1, p. 519, note).» Je n'ai point mission de défendre Vieillot, mais le reproche que lui adresse cette fois G. Cuvier me paraît peu fondé, et si j'en fais l'observation, c'est qu'il soulève une question de priorité, puisque G. Cuvier s'attribue la création du genre Ibis. Or, dans le travail cité (*Mém. du Mus. d'Hist Nat*. 1804, t. IV, p. 134) l'auteur du *Règne Animal* sépare, à la vérité, les Ibis des Tantales, mais, en même temps, il en fait des Courlis sous la générique *Numenius* (et non *Ibis*), c'est-à dire qu'il les retire d'un genre avec lequel ils avaient assez d'affinités, pour les placer dans un autre avec lequel ils en ont moins.

Pour Vieillot, au contraire (*Ornithologie élémentaire*, 1816, p. 57, et *Nouv. Dict. d'Hist. Nat.*), le genre Ibis est complétement distinct du genre Courlis. G. Cuvier, qui confondait jusqu'alors ces deux genres, est donc mal fondé dans ses réclamations. Ce n'est pas à dire pour cela que Vieillot ait créé le genre Ibis; son vrai créateur est incontestablement Illiger, qui a compris sous la générique *Ibis* les oiseaux dont on fait aujourd'hui la sous-famille des Ibiens et leur a assigné des caractères distincts de ceux que présentent les *Numenii* (*Prodrom. Syst. Mam. et Avium*, 1811, p. 259). Savigny, à qui quelques auteurs attribuent la création du genre Ibis, avait déjà dit, il est vrai, qu'il y aurait d'assez bonnes raisons pour faire des Courlis un genre distinct de celui des Ibis (*Hist. Nat. et Mythol. de l'Ibis*, 1805, p. 32), mais il s'en était tenu à cette simple observation, adoptant, d'ailleurs, pour l'oiseau dont il faisait l'histoire, le nom de *Numenius Ibis*, que G. Cuvier avait proposé.

Z. G.

402 — IBIS SACRÉ — *IBIS RELIGIOSA*
G. Cuv.

Rémiges primaires noires au bout ; quelques-unes des rémiges secondaires les plus proches du corps et des scapulaires à barbes décomposées, tombant en panache, d'un noir à reflets métalliques bleuâtres ou verdâtres ; pieds noirs.

Taille : 0ᵐ,73 environ.

TANTALUS ÆTHIOPICUS, Lath. *Ind.* (1790), t. II, p. 706, *jeune.*
NUMENIUS IBIS, G. Cuv. *Ann. du Mus. d'Hist. Nat.* (1804), t. IV, p. 134.
IBIS RELIGIOSA, G. Cuv. *Rég. Anim.* 1ʳᵉ édit. (1817), t. I, p. 483.
THRESKIORNIS ÆTHIOPICA, G. R. Gray, *Gen. of B.* (18), t. III, p.
Savigny, *Descript. de l'Égypte*, Zool. pl. 7, f. 1.

Mâle et femelle adultes : Tête et les deux tiers environ du counus, et d'un noir mat, qui s'éclaircit sur les joues et prend une teinte jaunâtre ; grandes rémiges blanches, terminées par du noir profond à reflets, dans lequel le blanc forme des échancrures obliques ; rémiges condaires d'un beau vert de bouteille à reflets ; les trois ou quatre les plus rapprochées du corps et quelques-unes des grandes scapulaires d'un noir violet à reflets verts métalliques ; tout le reste du plumage d'un blanc pur ; bec et pieds noirs ; iris brun-noisette.

Jeunes, dans leur première année : Tête et cou couverts de plumes duveteuses, grises, tournant au blanchâtre à la gorge et sur le devant du cou ; plumage d'un blanc moins pur ; rémiges secondaires les plus rapprochées du corps et les grandes scapulaires sans barbes décomposées, ni prolongées en panache ; bec moins gros et moins courbé.

A l'âge de deux ans : La tête et le cou sont parsemés de plumes duveteuses blanches, terminées de noir ; quelques-unes des rémiges et des scapulaires qui formeront panache ont déjà une partie de leurs barbes plus longues et décomposées, et le blanc du reste du plumage est à peu près pur.

A mesure que l'oiseau avance en âge, la tête et le cou se dépouillent complétement, et les pennes formant panache augmentent en nombre et en longueur.

L'Ibis sacré est propre à l'Afrique orientale, notamment à la Nubie et à l'Abyssinie ; il habite l'Égypte de la fin de juin au 15 janvier environ, tant que durent les inondations, et se montre accidentellement en Grèce selon Temminck. Il ferait aussi, d'après M. Nordmann, des apparitions accidentelles sur les bords de la mer Noire et sur la côte méridionale de la mer Caspienne, si l'ibis que Pallas y a vu de loin, mais que ses chasseurs n'ont jamais pu lui procurer, se rapporte réellement à cette espèce, comme le pense M. Nordmann.

Il se reproduit dans la haute et la basse Éthiopie et probablement aussi dans la haute Égypte. Ses œufs représentent presque ceux de la Spatule blanche, mais sous de plus petites dimensions ; ils sont en outre plus effilés au petit bout et la coquille est parsemée de pores plus nombreux et plus apparents. Leur fond est blanchâtre ou d'un blanc pur, sans taches, ou d'un blanc très-faiblement lavé de jaunâtre, avec quelques rares taches isolées et irrégulières d'un brun roux plus ou moins foncé. Quelquefois ces taches sont remplacées par de simples maculatures roussâtres. Ils mesurent :

Grand diam. 0ᵐ,060 à 0ᵐ,062 ; petit diam. 0ᵐ,010 à 0ᵐ,011.

L'Ibis sacré a été dans l'ancienne Égypte l'objet de respects qui tiennent du culte. Cette vénération nous est attestée par tous les historiens de l'antiquité, par les débris des monuments du peuple égyptien, et par les preuves matérielles qui sont restées comme témoignage irrécusable des soins dont on l'entourait durant sa vie, et des honneurs qu'on lui rendait après sa mort. Des œufs trouvés par M. Mariette, en 1857, à côté de momies d'Ibis que renfermait le serapeum de Memphis, démontrent que l'oiseau était vénéré même dans ses produits (1).

Cet Ibis arrive en Égypte dès que le Nil commence à croître. Il gagne alors les terrains bas qui sont les premiers inondés, et remonte vers les terres plus élevées, à mesure que l'inondation fait des progrès. Quand le fleuve décroît, il en suit également les eaux, et il disparaît complétement lorsqu'il est rentré dans son cours. En automne, les marchés de la basse Égypte en sont abondamment pourvus. Sa chair est, dit-on, estimée.

Observation. Depuis Temminck, on est assez généralement d'accord pour reconnaître l'*Ibis religiosa* (G. Cuv.), dans l'espèce qui, d'après l'auteur du *Manuel d'Ornithologie*, visite accidentellement la Grèce. On a pu mettre en doute l'apparition de cette espèce dans les limites de l'Europe, mais son identité n'a pas été mise en question, que nous sachions du moins. Cependant, le prince Ch. Bonaparte qui en 1856 (*Cat. Parzud.*), inscrivait encore cet Ibis au nombre des oiseaux européens, ne l'admettait plus comme tel en 1857 (*Consp. Gen. Av.* p. 151), mais lui substituait l'*Ibis melanocephala* (*Ibis Macei*, Wagl. : *I. leucon*, Temm. ; *I. bengala*, G. Cuv.), espèce de l'Asie et de l'Inde, qui s'égarerait dans la Russie méridionale. Si cette substitution, que le prince ne motive pas, était fondée, le *Numenius ibis*, dont Pallas d'abord, M. Nordmann ensuite, ont signalé la rare apparition sur les bords de la Caspienne et de la mer Noire, et probablement l'Ibis observé en Grèce, seraient le *Tantalus melanocephalus* (Lath.), ou *Ibis leucon* (Temm.), et non l'*I. religiosa* comme on l'a cru jusqu'ici.

(1) L'un de ces œufs, que nous devons à la parfaite obligeance de M. Servaux, chef de bureau au Ministère de l'Instruction publique, et d'autres que nous avons vus chez lui, n'ont presque rien perdu de leur couleur primitive, et, sauf quelques maculatures de vélusté, assez semblables à un dépôt de rouille, ils pourraient passer pour des œufs pondus depuis quelques années seulement.

En attendant que la question soit élucidée, c'est à ce dernier que nous rapporterons, avec la plupart des auteurs, les individus que l'on a quelquefois rencontrés en Europe. Il ne nous paraît d'ailleurs pas impossible qu'un oiseau qui fréquente six mois de l'année la basse Égypte, puisse s'égarer soit sur les îles de l'Archipel, soit sur les bords du Pont-Euxin. D'un autre côté, nous ne saurions admettre qu'il y ait eu confusion d'espèce, car, quelles que soient leurs affinités, les *Ibis melanocephala* et *religiosa* se distinguent assez nettement l'un de l'autre, sous toutes leurs livrées, pour qu'on ne puisse les confondre ; celui-ci ayant, à tous les âges, la tige des rémiges noire, les rémiges elles-mêmes largement terminées de noir, et, sous sa livrée d'adulte, les barbes de la plupart des rémiges secondaires et des scapulaires longues, décomposées, tombant en panache ; celui-là n'ayant, au premier âge, du noir qu'à la tige des rémiges, l'extrémité de ces pennes et de quelques-unes des scapulaires étant d'un brun cendré ou d'un gris ardoise clair, et n'offrant jamais, sous sa livrée d'adulte, des rémiges secondaires et des scapulaires à barbes aussi longues, aussi décomposées, aussi en panache que chez l'*Ibis religiosa*. Ces barbes du reste, quelque foncées qu'elles soient, sont toujours plus ou moins nuancées de gris, et sont même quelquefois complétement d'un gris cendré.

GENRE CCIII

FALCINELLE — *FALCINELLUS*, Bechst.

TANTALUS, p. Linn. *S. N.* (1735).
FALCINELLUS, Bechst. (1802).
IBIS, p. Illig. *Prod. Syst.* (1811).
PLEGADIS, Kaup, *Nat. Syst.* (1829).
TANTALIDES, Wagl. *Isis* (1832).

Bec médiocrement épais à la base, ensuite assez grêle ; lorums et tour des yeux nus ; ailes aiguës, atteignant l'extrémité de la queue, qu'elles couvrent ; celle-ci courte et égale ; jambes dénudées sur la moitié, au moins, de leur étendue ; tarses allongés, peu épais, beaucoup plus longs que le doigt médian , couverts en avant d'une série de scutelles ; doigts minces ; ongles grêles, celui du doigt médian le plus long et pectiné sur son bord interne ; plumes de la tête et du cou étroites et lancéolées.

C'est avec raison que l'on a distingué génériquement les Falcinelles des Ibis proprement dits : leur corps est moins trapu, leurs jambes sont plus élevées, plus grêles ; leur tête n'est dépourvue de plumes qu'aux lorums et autour des yeux ; leur plumage offre de grandes surfaces à teintes métalliques ; et, ce qui les caractérise mieux encore, leur ongle médian est pectiné.

Les Falcinelles fréquentent les bords des fleuves, des marais, des étangs couverts de roseaux, parmi lesquels ils nichent, et émigrent par grandes troupes.

Le mâle et la femelle adultes ne diffèrent pas. Les jeunes s'en distinguent jusqu'après la deuxième mue, et surtout sous leur premier plumage. Leur mue est simple.

403 — FALCINELLE ÉCLATANT — *FALCINELLUS IGNEUS*
G. R. Gray ex S. G. Gmel.

Teintes dominantes des parties supérieures d'un vert bronzé à reflets pourprés (adultes), *ou d'un vert bronzé terne, avec des stries blanches au cou* (jeunes) ; *lorums et espace nu des orbites verts ; bec et pieds verdâtres.*

Taille : 0ᵐ,62 environ.

TRINGA AUTUMNALIS, Hasselq. *It. Palæst.* (1757), sp. 306.
TANTALUS FALCINELLUS, Linn. *S. N.* (1766), t. I, p. 241.
NUMENIUS VIRIDIS et CASTANEUS, Briss. *Ornith.* (1760), t. V, p. 326 et 329.
NUMENIUS IGNEUS et VIRIDIS, S. G. Gmel. *Nov. Comm. Petrop.* (1770), t. XV, p. 460 et 462.
IBIS SACRA, Temm. *Man.* (1815), p. 385.
IBIS IGNEA, Leach, *Syst. Cat. M. and B. Brit. Mus.* (1816), p. 33.
IBIS FALCINELLUS, Vieill. *N. Dict.* (1817), t. XVI, p. 23.
PLEGADIS FALCINELLUS, Kaup, *Nat. Syst.* (1829), p. 82.
IBIS CASTANEUS, Brehm, *Hand. Nat. Vög. Deuts.* (1831), p. 606.
TANTALIDES FALCINELLUS, Wagl. *Isis* (1832), p. 1232.
FALCINELLUS IGNEUS, G. R. Gray, *List Gen. of B.* (1841), p. 87.
Buff. *Pl. enl.* 819, *adulte*, sous le nom de *Courlis d'Italie.*

Mâle et femelle adultes : Vertex d'un marron noirâtre ; nuque, dos, poignet de l'aile d'un roux vif ; milieu du dos vert foncé à reflets bronzés et pourprés ; bas du dos et sus-caudales verts ; gorge d'un marron noirâtre, comme le vertex ; devant et côtés du cou, poitrine, la plus grande partie de l'abdomen et jambes d'un roux marron vif ; flancs et sous-caudales verts, à reflets métalliques ; partie nue de la face verte, encadrée de grisâtre ; joues d'un marron brun ; couvertures supérieures des ailes d'un brun noirâtre, à reflets pourprés et bronzés ; rémiges d'un noir foncé, à reflets dorés, pareilles aux couvertures des ailes ; bec et iris bruns ; pieds verdâtres.

La femelle ne diffère absolument du mâle que par une taille plus petite.

Jeunes de l'année : Tête et cou d'un brun verdâtre, strié de blanc, avec quelques bandes transversales de cette couleur en devant ; dessus du corps d'un brun verdâtre à reflets peu éclatants ; dessous du corps brun bronzé, peu reflétant. En avançant en âge, les stries blanches disparaissent ; les teintes prennent plus de brillant, et à trois ans ils ne diffèrent plus des vieux.

Le Falcinelle éclatant habite le sud-est de l'Europe, l'Asie et l'Afrique septentrionale.

Il est généralement répandu sur tout le littoral de la mer Noire, en Hongrie, en Dalmatie, etc. ; est de passage régulier en Sicile, en Italie, dans le midi de la France ; se montre accidentellement dans nos départements du Nord, en Belgique, en Hollande et en Angleterre.

A son passage d'automne, en septembre, on le voit chaque année, dans les Landes et les Pyrénées, quelquefois en bandes nombreuses, d'autres fois par petites troupes de douze à quinze individus.

Il niche dans les jonchaies et les roseaux, à la manière des Garzettes et des Garde-Bœufs, et pond de trois à quatre œufs d'un beau bleu verdâtre intense et uniforme, et non d'un gris brun clair, irrégulièrement mouchetés de gris, de brun et de noirâtre, comme l'a avancé M. Nordmann. Ils mesurent :

Grand diam. 0m,048 à 0m,050 ; petit diam. 0m,037 à 0m,038.

Selon M. Nordmann, cet oiseau est un des plus tardifs parmi ceux qui se montrent de passage dans le sud de la Russie. Il arrive rarement avant la mi-mai aux environs d'Odessa, et ne repart qu'à la fin d'août ou au commencement de septembre, pour gagner les climats méridionaux. Dans ce but, tous les Falcinelles d'un canton se réunissent, et forment souvent des troupes de plusieurs milliers d'individus, qui volent à côté les uns des autres, formant ainsi une file qui va plus ou moins en serpentant et qui traverse obliquement les régions de l'air.

Cette espèce se nourrit de vers, d'insectes aquatiques et principalement de coquillages fluviatiles, comme l'a constaté Savigny sur plus de vingt individus qu'il a ouverts ; mais son régime n'est pas exclusivement animal : le même auteur a rencontré des débris de végétaux mêlés aux coquillages, que renfermaient les gésiers qu'il a examinés.

QUATRIÈME DIVISION

ÉCHASSIERS PALMIPÈDES
GRALLATORES PALMIPEDES

Bec très-épais et comme brisé vers le milieu, à bords dentelés ; quatre doigts ; les trois antérieurs unis jusqu'à l'extrémité par une palmure entière ; pouce court, surmonté, libre.

Les oiseaux sur lesquels nous établissons cette division ou sous-ordre, ont des attributs mixtes qui en font des Échassiers aussi bien que des Palmipèdes. S'ils ont à un degré exagéré le caractère dominant des premiers, ils ont aussi les pieds palmés des seconds et même le bec dentelé de beaucoup d'entre eux. Ils peuvent donc, selon que l'on accorde plus d'importance à tel ou tel caractère, être considérés ou comme Échassiers ou comme Palmipèdes. Ils établissent, dans tous les cas, un lien entre les uns et les autres ; et, quelle que soit la valeur que l'on veuille reconnaître à la division qu'ils forment, cette division peut indifféremment, ce nous semble, terminer la série des Échassiers sous le titre d'*Échassiers palmipèdes*, ou commencer la série des Palmipèdes sous la rubrique de *Palmipèdes échassiers*.

Une seule famille, ne comprenant elle-même qu'un genre, compose cette division, qui répond en partie aux *Hygrobatæ* d'Illiger et à la tribu du même nom du prince Ch. Bonaparte ; tribu peu naturelle, dans laquelle figurent des oiseaux qui n'ont pas entre eux des rapports bien étroits.

FAMILLE XLIV

PHÉNICOPTÉRIDÉS — *PHŒNICOPTERIDÆ*

Hygrobatæ, p. Illig. *Prodr. Syst.* (1811).
Palmipedes, Vieill. *Ornith. élém.* (1816).
Hétérorhynques, de Blainv. *Princip. d'Anat. comp.* (1822).
Pyxidirostres, Latr. *Fam. Nat. du Règ. Anim.* (1825).
Phœnicopteridæ, Bp. *Distr. meth. An. vert.* (1831).
Phœnicopterinæ, G. R. Gray, *List Gen. of B.* (1841).

Cette famille a pour caractères ceux de la division et comprend le genre suivant.

GENRE CCIV

PHÉNICOPTÈRE — *PHOENICOPTERUS*, Linn.

Phœnicopterus, Linn. *S. N.* (1766), et *Auct.*

Bec plus long que la tête, plus haut que large, membraneux
à la base, courbé brusquement en bas vers le milieu, légèrement fléchi à la pointe, garni de petites lames transversales
très-fines sur les bords des deux mandibules ; celles-ci emboîtées
l'une dans l'autre, la mandibule inférieure étant plus large, plus
renflée que la supérieure ; narines presque médianes, étroites,
longitudinales, situées dans un sillon et pourvues d'une membrane operculaire ; ailes médiocres, aiguës ; queue courte, égale ;
pieds excessivement allongés, grêles ; doigts antérieurs unis
jusqu'aux ongles par une palmure échancrée au centre ; pouce
petit, portant à peine à terre par l'extrémité de l'ongle ; ongles
courts, larges, plats ; cou très-long, très-flexible, en rapport
avec l'étendue des membres abdominaux.

Les Phénicoptères, qu'on nomme aussi *Flammants* à cause de la couleur
rouge d'une partie de leur plumage, ont des habitudes qui se rapprochent
beaucoup de celles des Spatules, comme d'Azara en a fait la remarque. Ils sont
très-sociables, vivent toujours en famille, se rassemblent même souvent au
nombre de plusieurs centaines d'individus ; fréquentent les plages inondées,
les marais salins, les lagunes, dont les eaux sont peu profondes ; cherchent
leur nourriture les uns à la file des autres, en observant un certain ordre qui
rappelle la marche d'un escadron en bataille ; reviennent fidèlement tous les
ans, comme les grands Échassiers, dans le lieu qu'ils ont adopté pour se reproduire, nichent au milieu de l'eau sur les points peu profonds, et construisent,
avec la vase des marais, des nids très-rapprochés les uns des autres et se
confondant même assez souvent par la base.

Les Phénicoptères sont défiants et très-farouches ; aussi est-il difficile de les
aborder. On dirait qu'un certain nombre d'individus fait toujours le guet
pendant que le reste de la troupe est au repos ou cherche sa nourriture. A la
moindre apparence de danger, toute la bande, avertie par un cri rauque et
retentissant que poussent quelques-unes des sentinelles, prend son essor. Ce
cri, que l'on entend aussi de temps en temps lorsqu'une troupe traverse les
airs, a quelque rapport avec celui des Oies. Les Phénicoptères marchent lentement et gravement ; ils ont constamment le cou plus ou moins recourbé
en S ; ils n'exercent leur industrie que dans les lieux où l'eau a assez peu de

profondeur pour ne pas s'élever beaucoup au-dessus des tarses, et ils ont la
singulière habitude, lorsqu'ils fouillent les vases pour y chercher les vers et les
mollusques dont ils se nourrissent, de tourner le cou de manière à ce que le
dos de la mandibule supérieure soit au contact du sol tandis que la mandibule
inférieure devient momentanément supérieure. Ils ont, comme les Avocettes, la
faculté de nager et ils ont en nageant la tenue du Cygne. Leur vol est grave
et lent comme leur marche : il est très-élevé lorsque l'oiseau émigre ; il est
assez bas, mais toujours en dehors de la portée du fusil, lorsqu'il passe d'un
marais dans un autre marais de la même contrée. Les Phénicoptères gardent
en volant à peu près l'ordre qu'observent les grands Echassiers et les Oies.

Le mâle et la femelle portent le même plumage ; celle-ci a seulement des
teintes rouges moins vives et une taille moins forte. Les jeunes ont une livrée
particulière et se distinguent même des vieux jusqu'à la troisième année. Leur
mue est simple. Les rémiges, au lieu de muer successivement et à des intervalles assez longs pour que le vol puisse toujours s'exécuter, paraissent tomber
simultanément, du moins en grande partie, de manière à rendre le vol impossible pour quelques jours.

Observations. 1° Quelques auteurs ont fait des *Phœnicopt. roseus* (Pall.), et
antiquorum (Temm.), deux oiseaux distincts, ou, du moins, ont considéré le
premier comme race locale du second, dont il se distinguerait par une taille
moindre et par des couleurs plus vives. Malgré ces différences, qui très-certainement dépendent de l'âge, du sexe et de la saison, le *Phœnicopt. roseus* et le
Phœnicopt. antiquorum forment une seule et même espèce : ils vivent en famille dans les mêmes lieux, émigrent de concert et s'accouplent ensemble.
D'ailleurs on passe d'une forme à l'autre par des nuances insensibles de taille
et de couleur.

2° D'autres auteurs ont cru voir dans les individus de petite taille du
Phœnicopt. roseus, l'espèce que M. J. Verreaux a décrite sous le nom de
Phœnicopt. erythræus (*Rev. et Mag. de Zool.* 1855, 2ᵉ sér., t. VII, p. 221), et ont
admis celui-ci comme européen. Mais le *Phœnicopt. roseus*, quelque coloré qu'il
soit, ne l'est jamais ni aussi vivement, ni aussi complétement que le *Phœnicopt.
erythræus* ; sa queue n'est point rouge comme chez celui-ci, mais simplement
rosée, et il a des dimensions bien plus fortes. Les individus de petite taille du
Phœnicopt. roseus ne sauraient donc être rapportés au *Phœnicopt. erythræus*,
en admettant toutefois que les caractères que l'on a reconnus à ce dernier
soient constants. Du reste, le prince Ch. Bonaparte, qui inscrivait l'*erythræus* au
nombre des oiseaux d'Europe, dans le *Catalogue Parzudaki ;* qui le disait très-
commun sur plusieurs points de l'Espagne, et l'indiquait même comme ayant
été tué dans les environs de Strasbourg (*C. R. de l'Acad. des Sc.* 1856, t. XLIII,
p. 992), ne l'indique plus dans le *Conspectus Gener. Av.* (1857, t. II, p. 146),
comme se trouvant en Espagne, mais il le confine dans l'Afrique occidentale et
méridionale, et re le fait plus arriver qu'accidentellement dans l'Afrique septentrionale. Nous ajouterons que, pour M. J. Verreaux, le *Phœnicopt. erythræus*
est jusqu'ici un oiseau exclusivement africain.

Des quatre ou cinq Phénicoptères que l'on connaît, nous n'avons donc en
Europe que l'espèce suivante.

404—PHÉNICOPTÈRE ROSE—*PHOENICOPTERUS ROSEUS* Pall.

Dessus de l'aile seulement d'un rouge vif; rémiges noires dans toute leur étendue; bec d'un rose plus ou moins intense, à pointe noire.

Taille : 1ᵐ,30 *à* 1ᵐ,50 *environ.*

PHŒNICOPTERUS RUBER, p. Linn. *S. N.* (1766), t. I, p. 230.
PHŒNICOPTERUS ROSEUS, Pall. *Zoogr.* (1811-1831), t. II, p. 207.
PHŒNICOPTERUS EUROPÆUS, Vieill. *N. Dict.* (1819), t. XXV, p. 517.
PHŒNICOPTERUS ANTIQUORUM, Temm. *Man.* (1820), 2ᵉ part. p. 578, *Remarque.*
PHŒNICOPTERUS ERYTHRÆUS, Salvadori (nec Verreaux), *Cat. degli Ucc. di Sard.*
(1864), p. 102.
Buff. *Pl. enl.* 63.

Mâle adulte : D'un beau rose clair, avec des teintes plus vives sur la tête, le dos, les barbes externes des pennes caudales; couvertures supérieures des ailes d'un rouge ardent; rémiges d'un noir profond; bec d'un rouge rose, quelquefois d'un rouge orange pâle, avec la pointe noire; pieds rose rouge; iris d'un jaune clair brillant.

Femelle adulte : D'un blanc rosé, avec le dessus des ailes vivement coloré en rouge, mais généralement un peu moins que dans le mâle.

Jeunes avant la première mue : D'un gris cendré, avec des taches noirâtres sur les rémiges secondaires et les rectrices; bec grisâtre, avec la pointe brune; pieds livides; iris jaune très-clair.

A mesure qu'ils avancent en âge, leur plumage se colore en rose et en rouge; dans l'*âge moyen*, ils sont d'un blanc rosé comme la femelle; mais le rouge des ailes est moins vif; le bec, excepté la pointe, et les pieds sont d'un livide rougeâtre.

Le Phénicoptère ou Flammant rose habite le midi de l'Europe, l'Asie occidentale et le nord de l'Afrique.

On le trouve en grand nombre dans les parages de la mer Caspienne; il se montre aussi, mais plus rarement, dans ceux de la mer Noire; il est très-commun dans les étangs salés qui sont au voisinage de Cagliari; on l'y voit durant l'automne et l'hiver et il en part vers la fin de mars ou dans les premiers jours d'avril; enfin il n'est pas rare sur plusieurs points des côtes orientales de l'Espagne, et, en France, dans les vastes étangs salés qui s'étendent à droite et à gauche de l'embouchure du Rhône, depuis Bouc jusqu'aux Cabanes. Quelques individus égarés ont été tués en Savoie, près de Strasbourg, et sur d'autres points de l'intérieur de la France.

Le Phénicoptère rose niche dans les golfes tranquilles et couverts d'îlots de la mer Caspienne. D'après M. Cara, quelques-uns des individus qui hivernent en Sardaigne, s'y propageraient, puisqu'on y trouve des jeunes en duvet de premier âge. Toutefois M. Salvadori avance que jamais personne n'a pu découvrir son nid ou ses œufs. En France il se reproduit, sinon tous les ans, du moins fréquemment dans le vaste étang de Valcarés. Son nid consiste, comme celui de tous ses congénères, en un amas de vase, formant un petit îlot conique, saillant de 0^m,32 environ hors de l'eau, dont le sommet tronqué présente une petite excavation. C'est dans ce creux terminal, à surface lisse et nue, que la femelle pond ordinairement deux œufs, qu'elle couve, dit-on, en enfourchant le nid comme un cavalier enfourche un cheval. Cependant M. Crespon affirme que les individus qui se reproduisent dans le midi de la France ne construisent point de nids. C'est sur une petite élévation, le plus souvent sur un petit chemin entre deux fossés, que les femelles pondent, et si elles choisissent une éminence, c'est, dit-il, pour préserver leur progéniture des eaux. L'observation de M. Crespon peut être très-juste, mais se rapporter à un fait exceptionnel. Il est certain, d'après les observations de Dampierre, de Pallas, de d'Orbigny, etc., que les Phénicoptères forment un nid avec la boue des marais.

Quoi qu'il en soit, les œufs de cette espèce, généralement au nombre de deux comme nous l'avons dit, sont d'un blanc pur très-mat, sans taches, à surface rude, légèrement crayeuse. Ils mesurent :

Grand diam. 0^m,080 à 0^m,090; petit diam. 0^m,050 à 0^m,055.

D'après Pallas, l'épiderme des tarses et des jambes chez le Phénicoptère rose tombe et se renouvelle comme les plumes, à l'époque des mues. Le même auteur rapporte que cet oiseau ne vole plus au moment où il change de plumage, et qu'il est momentanément séquestré sur les îlots où il s'est reproduit. M. Crespon a observé le même fait : il rapporte qu'en 1828, des pêcheurs qui exploitent l'étang de Valcarés, s'étant aperçus que les Phénicoptères ne s'envolaient point à leur approche, les abordèrent et en prirent plusieurs à la main; que, s'étant rendu lui-même sur les lieux, il en captura une trentaine avec de longs bâtons munis de crochets. Tous ces oiseaux étaient en pleine mue et ne pouvaient voler à cause de la chute simultanée des rémiges primaires. Le même auteur avance qu'en 1839 des chasseurs assommèrent un grand nombre de ces oiseaux, qu'ils trouvèrent pris par les pieds dans la glace d'un étang, près d'Aigues-Mortes. Le même fait avait déjà eu lieu dans cet étang, en 1789.

SIXIÈME ORDRE

PALMIPÈDES — *PALMIPEDES*

Anseres, Linn. *S. N.* (1735).
Palmipedes et Pinnatipedes, Lath. *Ind.* (1790).
Palmipèdes, Dumér. *Zool. analyt.* (1806).
Natantes, Mey. et Wolf, *Tasch. Deuts.* (1810).
Natatores, Illig. *Prodr. Syst.* (1811).

Bec de formes diverses; jambes à l'équilibre du corps ou plus ou moins rejetées en arrière; tarses, le plus ordinairement courts, robustes, souvent comprimés latéralement; trois ou quatre doigts; les trois antérieurs et quelquefois le pouce, lorsqu'il existe, unis par une palmure entière, ou garnis d'une membrane lobée; plumage des parties inférieures généralement épais, serré, résistant, élastique; ailes étroites et pointues, à quelques exceptions près; queue courte ou à peu près nulle.

L'ordre des Palmipèdes est parfaitement distinct des ordres précédents. Si certains attributs des oiseaux qui en font partie se retrouvent chez quelques Échassiers, ces attributs ne sont point de nature à amener la confusion des uns et des autres. D'ailleurs, ce n'est point tant par leurs pieds garnis d'une membrane entière ou lobée, que par l'ensemble de leur organisation que les Palmipèdes se distinguent. Indépendamment des caractères que nous avons énumérés, ils ont en général des formes lourdes et ramassées; la face inférieure de leur corps élargie et médiocrement convexe; un cou dont la longueur n'est ordinairement pas en rapport avec celle des pieds; un sternum pourvu d'une seule échancrure ou trou ovale, et dont le grand développement en arrière protége la plus grande partie des viscères abdominaux; presque tous ont un gésier musculeux, des cœcums d'autant plus longs que l'espèce est plus herbivore, et un larynx inférieur simple, mais qui, chez les Anatidés, se complique de certains organes osseux et fibreux propres à donner plus d'intensité à la voix. Ils sont encore caractérisés par un plumage serré, très-duveteux, imperméable; qui doit cette imperméabilité, moins, à ce qu'il nous semble, à l'enduit gras dont il serait imprégné, qu'à sa nature même.

Les plumes, en effet, celles des parties inférieures surtout, sont en général, chez les oiseaux qui ne nagent et ne plongent pas, composées d'une tige faible, qui supporte des barbes molles et flexibles, elles-mêmes pourvues de barbules courtes et très-fines. Chez les Palmipèdes au contraire, notamment chez les nageurs et les plongeurs, les plumes de ces parties sont rigides ; leur tige est résistante, très-cornée ; les barbes ont le même caractère, et les barbules plus longues, moins fines et plus divergentes, se croisent et s'enchevêtrent. Il y a donc ici prédominance de la matière cornée sur la matière spongieuse. C'est à cette différence de la nature du produit, à l'abondance et à la disposition des plumes, plus encore qu'au corps gras qui, dit-on, les enduit, que les Palmipèdes doivent la faculté qu'ils ont de glisser aisément sur l'eau et d'y demeurer long-temps sans que leurs téguments en soient altérés.

Les Palmipèdes sont essentiellement aquatiques : les uns nagent et plongent, les autres nagent seulement ; ceux-ci fréquentent les bords de la mer, les marais salins ; ceux-là ne recherchent que les eaux douces ; d'autres habitent la haute mer et ne viennent à terre que pour se reproduire. Sauf quelques espèces, qui volent avec peine et quelques autres qui sont totalement privées de cette faculté, les Palmipèdes ont une grande puissance de vol ; la plupart même fendent l'espace avec la rapidité des meilleurs oiseaux voiliers. Leurs pieds courts, souvent hors de l'équilibre du corps, rendent à beaucoup d'entre eux la marche lourde et chancelante, et les palmures de leurs doigts sont un obstacle à la course.

En général, les Palmipèdes vivent en familles. Ils sont monogames : la plupart pondent un assez grand nombre d'œufs ; quelques-uns ont une fécondité très-bornée. Les petits naissent couverts d'un duvet épais : les uns abandonnent le nid immédiatement après la naissance, les autres ne le quittent que lorsqu'ils sont aptes à voler et sont nourris jusqu'alors par leurs parents.

Les Palmipèdes se nourrissent de poissons, de frai, de vers, de mollusques univalves et bivalves, de crustacés et de substances végétales.

Quelques espèces fournissent à l'industrie et au commerce, des matières d'une grande valeur et d'une grande utilité ; plusieurs autres fournissent aussi à l'économie domestique une graisse abondante, un aliment sain et des œufs qui, sans être aussi délicats que ceux des Poules, n'en sont pas moins estimés.

Observation. Plusieurs grandes divisions peuvent être établies dans l'ordre des Palmipèdes lorsque l'on a égard à la forme des pieds, à celle du bec, des ailes et à la position des jambes. Celles que G. Cuvier a proposées nous paraissant assez naturelles, nous les adopterons, mais en opérant un changement dans leur disposition. Les Brachyptères ou Plongeurs seront pour nous les derniers des Palmipèdes, comme ils le sont pour beaucoup d'auteurs, et nous mettrons à la tête de l'ordre les Totipalmes, qui nous semblent, par leur face en partie dénudée, avoir plus d'affinité avec les grands Échassiers.

PREMIÈRE DIVISION

PALMIPÈDES TOTIPALMES
PALMIPEDES TOTIPALMI

Oiseaux d'eau latirèmes, Lacép. *Mém. de l'Inst.* (1799).
Pinnipèdes ou Podoptères, Dum. *Zool. Anal.* (1806).
Steganopodes, Mey. et Wolf, *Tasch. Deuls.* (1810).
Syndactyli, Vieill. *Ornith. élém.* (1816).
Totipalmes, G. Cuv. *Rég. Anim.* (1817).
Totipalmi, Bp. *Rev. crit.* (1850).
Pelecani, Schleg, *Mus. d'Hist. Nat. des Pays-Bas* (1863).

Quatre doigts, tous engagés dans une membrane entière ; pouce articulé en dedans du tarse et tendant à se diriger en avant ; tarses réticulés ; jambes à peu près à l'équilibre du corps ; ailes toujours plus courtes que la queue ; commissures du bec s'étendant le plus ordinairement au delà de l'angle postérieur des yeux.

Les oiseaux compris dans cette division tirent leur principal caractère de la membrane qui unit le pouce au doigt interne et qui fait que tous leurs doigts sont palmés, d'où le nom de *Totipalmes* que G. Cuvier leur a donné. Leur port est lourd, et la brièveté de leurs pieds rend leur marche difficile ; mais la plupart ont un vol puissant, et tous, malgré la membrane qui enveloppe les doigts, ont la faculté de percher sur les arbres.

Les petits n'abandonnent pas le nid en naissant, et sont longtemps nourris par leurs parents avant de pourvoir eux-mêmes à leur subsistance.

FAMILLE XLV

PÉLÉCANIDÉS — *PELECANIDÆ*

Pélicans, G. Cuv. *Rég. Anim.* (1817).
Crypthoriniens, de Blainv. *Princ. d'Anat. Comp.* (1822).
Pelecanidæ, Vig. *Gen. of B.* (1825).

Bec, le plus ordinairement crochu à l'extrémité et profondément fendu, à mandibule supérieure plus ou moins profondément sillonnée; face, en totalité ou en partie, dépourvue de plumes; peau du menton et de la gorge nue et susceptible de se dilater en une poche plus ou moins grande; narines réduites à d'étroites fentes longitudinales, à peine sensibles; pouce long.

Les Pélécanidés sont des oiseaux pêcheurs, que leur industrie retient en général près des côtes ou sur les bords des lacs, des étangs; très-rarement ils s'avancent dans la haute mer; aussi leur présence est-elle toujours pour le navigateur l'indice du voisinage de la terre. Tous sont piscivores.

Observation. M. G. R. Gray (*List of the Genera of Birds*) comprend dans la famille des *Pelecanidæ* tous les Totipalmes de G. Cuvier, qu'il subdivise en *Pelecaninæ*, en *Plotinæ* et en *Phaetoninæ*, répondant aux genres *Pelecanus*, *Plotus* et *Phaeton* de Linné. Le prince Ch. Bonaparte qui, en 1838 (*Birds of Eur. and N.-Amer.*), donnait à cette famille la même extension, mais sans y admettre de subdivisions, lui a fait subir en 1857 (*Consp. Gen. Av.*), des modifications profondes. Il a distribué en cinq familles les éléments qui auparavant n'en formaient qu'une; n'a laissé le nom de *Pelecanidæ* qu'aux Pélicans proprement dits et aux Fous, et a élevé au rang de famille chacun des genres *Phalacrocorax*, *Tachypetes*, *Phaeton* et *Plotus*. Les Phaëtons, qui n'ont des Pélécanidés que les palmures et les tarses réticulés, et qui en diffèrent par la forme du bec et des narines, mais surtout par une tête complétement emplumée, ainsi que la gorge, sont les seuls dont on puisse, à la rigueur, former une famille. Quant aux Cormorans et aux Frégates, leur face en partie nue, leur gorge nue et dilatable, leur bec sutué, leurs narines en fente excessivement étroite, les lient si bien aux Fous et aux Pélicans qu'il nous semble difficile de les retirer de la famille dont ceux-ci sont en quelque sorte le type. Nous ferons donc de tous ces oiseaux des Pélécanidés que nous subdiviserons toutefois en *Pelecaninæ* et en *Tachypetinæ*, comme l'avait fait le prince Ch. Bonaparte, dans sa *Revue critique* (1).

SOUS-FAMILLE LXXI

PÉLÉCANIENS — *PELECANINÆ*

Pelecaninæ, G. R. Gray, *List Gen. of B.* (1841).

Mandibule inférieure droite ou presque droite à l'extrémité;

(1) Quoique nous n'ayons pas à nous occuper des Anhingas, attendu que ce genre ne fournit aucune espèce à l'Europe, nous dirons cependant que ces oiseaux nous paraissent des Cormorans à bec droit; qu'ils appartiennent, par consequent, à la famille des Pélécanidés, mais qu'on peut, à l'exemple de M. G. R. Gray, établir sur eux une sous-famille caractérisée par la forme de leur bec, par leur long cou et leur petite tête.

tarses et souvent un petit espace du bas de la jambe nus ; mem-
branes interdigitales étendues jusqu'à l'extrémité des doigts ;
queue arrondie ou cunéiforme.

GENRE CCV

PÉLICAN — *PELECANUS*, Linn.

Pelecanus, Linn. *S. N.* (1735).
Onocrotalus, Mœhr. *Av. Gen.* (1752).

Bec fendu, au plus, jusqu'à l'angle postérieur des yeux ;
beaucoup plus long que la tête, droit, large, très–déprimé ; à
mandibule supérieure très–aplatie, crochue et comprimée à
l'extrémité ; à mandibule inférieure formée de deux branches
flexibles, déprimées, réunies à la pointe et donnant attache à
une membrane très-large et très–dilatable ; face nue ; narines
basales, ouvertes dans le sillon de la mandibule supérieure ;
ailes allongées, aiguës ; queue de moyenne longueur, ample,
presque égale, composée de vingt rectrices ; bas des jambes nu
sur une petite étendue ; tarses courts, forts ; ongle du doigt médian lisse sur son bord interne.

Les Pélicans sont principalement caractérisés par leur énorme poche gutturale, par leur face nue et par l'ongle à bords lisses du doigt médian. Ce sont
des oiseaux à formes lourdes, mais à vol assez léger, eu égard à leur volume.
Ils nagent très-bien, ayant le corps en très-grande partie submergé, les humérus
relevés et formant bosse sur le dos ; ils vivent, pêchent et nichent en société.
A l'époque des migrations, ils se réunissent en nombre quelquefois considérable. Ils sont très-voraces, font une grande consommation de poissons, et
semblent même en pêcher au delà de leurs besoins. Lorsqu'ils sont repus, leur
indolence est extrême, et ils restent plusieurs heures entières, perchés sur des
rochers ou sur des arbres, dans l'immobilité la plus complète. C'est sur les
grands fleuves, sur les lacs, dans les baies, les anses de la mer, que les Pélicans
exercent leur industrie et vivent de préférence.

Le mâle et la femelle portent le même plumage. Les jeunes en diffèrent
jusqu'à la troisième année. Leur mue est simple.

Les Pélicans appartiennent aux contrées chaudes des deux mondes. Deux des
espèces connues se trouvent en Europe.

Observation. Les Pélicans varient, quant aux dimensions, selon le sexe et
l'âge. Les mâles, comme le fait observer M. Schlegel, sont souvent plus forts

que les femelles, et les uns et les autres offrent, tant sous le rapport de la taille que sous celui des proportions du bec, des ailes, des pieds, de la queue, des différences individuelles très-sensibles. Ces variations ont donné lieu à quelques espèces nominales, et de ce nombre est le *Pelecanus minor*, Rüpp. (*Mus. Senkenb.* 1837, p. 186, et *Vog. Nord-Ost. Afr.* pl. 49), de l'Afrique méridionale et orientale et, dit-on, de la Moldavie. Cette prétendue espèce, que le prince Ch. Bonaparte avait d'abord identifiée au *Pelec. onocrotalus*, mais qu'il en a séparée plus tard, comme race locale (*Cat. Parzud.* p. 10, et *Consp. Gen. Av.* 1857, p. 163), repose, d'après M. Schlegel, sur des individus de petite taille du Pélican onocrotale, tels que l'espèce en offre de très-fréquents exemples. C'est aussi notre opinion.

405 — PÉLICAN ONOCROTALE
PELECANUS ONOCROTALUS
Linn.

Régions ophthalmiques largement dénudées ; plumes occipitales longues, étroites, droites, tombant en huppe ; plumes du front formant un angle plus ou moins aigu, dont la pointe est tournée en avant ; plumage d'un blanc nuancé de rose.

Taille : 1^m,96 *environ.*

PELECANUS ONOCROTALUS, Linn. *S. N.* (1766), t. I, p. 915.
ONOCROTALUS, Briss. *Ornith.* (1760), t. VI, p. 519.
PELECANUS ROSEUS, Eversm. *Addend. Zoogr. Rosso-Asiat.* (1835), p. 29.
PELECANUS MINOR, Rüpp. *Mus. Senkenb.* (1837), p. 186.
PELECANUS ONOCROTALUS a *minor*, Bp. *Consp. Gen. Av.* (1857), t. II, p. 163.
Buff. *Pl. enl.* 87.

Mâle adulte, en noces : Blanc, nuancé de rose clair, avec les plumes occipitales longues, effilées, en forme de huppe pendante, la région du jabot d'un jaune d'ocre et les rémiges noires ; queue échancrée ; bec gris bleuâtre au milieu, en dessus et en dessous dans sa moitié postérieure, le reste jaune, tirant sur le blanc vers l'extrémité, avec des bandes sur les côtés, les bords des mandibules et l'onglet rouges ; partie nue de la face couleur de chair, avec le front tuméfié, formant une protubérance ovale d'un rouge de brique ; poche gutturale jaune d'ocre, veiné de rouge bleuâtre ; bas des jambes, tarses et doigts rosés, nuancés de jaune orange antérieurement et sur les articulations ; iris rouge de cire foncé, avec des raies blanchâtres et la conjonctive saillante et d'un rouge orange.

Mâle adulte, en hiver : Sans protubérance au front ; la face blanchâtre; l'iris brun, la conjonctive rouge de cire; la poche gutturale jaune clair, et les pieds rouge livide.

Au printemps la face devient rose, le front et le tour des yeux prennent une teinte de cire jaune; la poche gutturale jaunit et offre des rainures rougeâtres.

Femelle adulte : Elle ressemble au mâle, mais elle est plus petite et a le bec plus court.

Jeunes de l'année : D'un cendré blanchâtre à la tête, au cou et en dessus du corps; d'un cendré foncé au dos, aux scapulaires et aux couvertures supérieures des ailes, avec les bordures d'une teinte plus claire; rémiges noirâtres; bec et partie nue des joues et de la gorge livides; pieds d'un brun cendré; iris brun.

Le Pélican onocrotale ou Pélican blanc est répandu dans les contrées orientales de l'Europe et dans le nord de l'Afrique.

Il est assez commun dans le sud de la Hongrie, sur les côtes de la Dalmatie, en Moldavie, en Crimée et en Grèce, et se montre accidentellement en France, en Italie et en Sicile.

Un jeune sujet, au rapport de M. Hollandre (*Faun. de la Moselle*, p. 191), a été tué le 4 octobre 1835 sur l'étang de Fourligny, département de la Moselle. A la fin de juin 1849, plusieurs Pélicans ont été vus sur quelques points de la France. Un a été tué près de Guête et trois autres non loin de Libourne, département de la Gironde.

Le Pélican blanc niche à terre, dans le voisinage des eaux, principalement aux endroits couverts de roseaux. Sa ponte est de trois ou quatre œufs, d'un blanc pur, très-mat, dissimulé par une épaisse couche de matière crétacée d'un blanc laiteux. Ils mesurent :

Grand diam. 0^m,09 à 0^m,10 ; petit diam. 0^m,061 à 0^m,065.

Il vit en société sur les lacs, les rivières, à l'embouchure des fleuves et sur les bords de la mer. Il se nourrit presque exclusivement de poissons, dont il emplit sa poche gutturale, qui est très-extensible, et qui pend alors d'une manière prodigieuse. Pour digérer, il se tient sur le rivage, avec le cou renversé et la tête appuyée sur le dos; lorsque sa poche est trop pleine, il la vide et semble en contempler le contenu qu'il ne tarde pas à reprendre.

Il vole et nage avec une grande facilité, quoiqu'il soit de grande taille. Il émigre en très-grandes bandes, à l'approche de l'hiver, et un grand nombre, d'après M. Nordmann, passent cette saison dans les golfes et les baies qui se trouvent le long des côtes de l'Abasie, de la Mingrélie et de l'Asie Mineure.

Ce Pélican peut vivre en domesticité et devenir même familier. Quoique piscivore, il se contente assez bien de viande cuite et de pain, lorsque le poisson manque. Il ne refuse même pas les petits mammifères.

Sa chair est rebutante à cause de l'odeur forte qu'elle exhale.

Observation. La taille de cette espèce est très-variable; des individus venus d'Afrique nous ont paru plus forts que d'autres individus tués en Europe.

M. Nordmann dit avoir vu en Crimée des individus du *Pelecanus onocrotalus*
qui ne le cédaient pas en grandeur au *Pelecanus crispus*.

406 — PÉLICAN FRISÉ — *PELECANUS CRISPUS*
Bruch.

*Régions ophthalmiques peu dénudées ; plumes du dessus de la
tête et du cou, longues, étroites, frisées ; plumes du front formant
une ligne droite ou légèrement échancrée à la base de la mandibule
supérieure ; plumage d'un blanc argentin.*

Taille : près de 2 mètres.

PELECANUS ONOCROTALUS, Pall. (nec Linn.) *Zoogr.* (1811-1831), t. II, p. 292.
PELECANUS CRISPUS, Bruch, *Isis* (1832), p. 1109.
Brandt, *Icon. Av. Ross.* pl. 6.
Gould, *Birds of Eur.* pl. 406.

Mâle adulte : Tête et cou d'un blanc gris argentin, avec les plumes
du vertex et de l'occiput allongées, soyeuses, très-lâches et contournées,
formant une espèce de touffe ; plumes du dos, scapulaires et couvertures supérieures des ailes longues et blanches, avec la tige noirâtre ;
rémiges primaires grises à la base et noires dans le reste de leur
étendue ; rémiges secondaires blanches et grises à l'extrémité ; rectrices d'un blanc argentin, avec les baguettes noires ; bec gris en dessus, maculé de bleu et de rouge ; partie nue des paupières et les lorums
d'un rouge jaunâtre et bleuâtre près du bec ; poche gutturale jaune
orange, veinée de gris et de rougeâtre, et marquée, de chaque côté,
d'une grande tache d'un cendré clair ; pieds d'un cendré foncé ; iris
jaune clair.

Femelle adulte : Elle ressemble au mâle ; mais sa taille est plus
petite.

Jeunes de l'année : D'un gris varié de brun cendré, sans touffe à la
tête ou avec une touffe peu prononcée ; poche gutturale cendrée et
ondée de jaunâtre.

Le Pélican frisé habite l'Europe orientale, l'Asie et l'Afrique septentrionales.
On le rencontre en Dalmatie, en Grèce et dans la Russie méridionale.
M. Nordmann le dit plus commun que le précédent dans les parages de la
mer Noire, où l'un et l'autre se reproduisent.
D'après le même auteur, il niche sur les îles voisines de l'embouchure du
Danube, sur le Kouban, le Don et le Boug, et sur le littoral de la mer d'Azoff,
principalement dans les endroits couverts de roseaux. Il pond de deux à quatre

œufs, généralement un peu plus forts que ceux du Pélican onocrotale, mais absolument semblables pour la forme, la couleur du fond et la couche crétacée superficielle.

M. Nordmann, qui a observé à l'état de nature et en captivité les deux Pélicans qui fréquentent les parages de la mer Noire, a donné sur ces oiseaux, en parlant du *Pelecanus crispus*, des détails de mœurs et d'habitudes des plus curieux. Il les a vus, émigrant par essaims de deux à trois cents individus, traverser silencieusement les airs à une hauteur considérable, tantôt sur une ligne droite et de front, tantôt sur une ligne plus ou moins tortueuse, mais continue, les individus qui la forment se tenant dans l'un et l'autre cas à côté les uns des autres, et se touchant presque par la pointe des ailes.

Dans le vol, qui est léger eu égard à la masse et au poids du corps, le cou est replié, la tête repose sur le dos et le bec fait à moitié saillie. C'est à peu près aussi la disposition que ces parties affectent pendant la natation ; seulement la tête est tout à fait alors sur le milieu du dos, et le bec est beaucoup plus rentré.

Le moyen que le Pélican frisé et ses congénères mettent ordinairement en usage pour attraper les poissons, est des plus simples et des plus ingénieux à la fois. M. Nordmann, tout en confirmant ce que l'on savait déjà à cet égard, a beaucoup ajouté à ce point intéressant de leur histoire. Il a constaté que ces oiseaux pêchent toujours en troupe ; que c'est ordinairement dans les heures de la matinée ou le soir qu'ils se réunissent dans ce but, et qu'ils semblent procéder d'après un plan systématique et arrêté d'avance. « Après avoir choisi « un endroit convenable, une baie où l'eau est basse et le fond lisse, ils se « placent tout autour, en formant un grand croissant ou un fer à cheval ; la « distance d'un oiseau à l'autre semble être mesurée : elle équivaut à son en-« vergure. En battant fréquemment la surface de l'eau avec leurs ailes dé-« ployées, et en plongeant de temps en temps avec la moitié du corps, le cou « tendu en avant, les Pélicans s'approchent lentement du rivage, jusqu'à ce « que les poissons réunis de la sorte se trouvent réduits à un espace étroit ; « alors commence le repas commun (1). » Lorsqu'ils sont rassasiés, ils gagnent le rivage et y restent au repos.

Le Pélican frisé supporte aisément la captivité, et s'accommode alors de viande crue, à défaut de poissons. Il siffle à la vue d'un objet nouveau ; attaque les animaux domestiques qui l'approchent, et pousse, lorsqu'il est irrité, une sorte de rugissement. Sa chair exhale une odeur repoussante.

---

(1) La manière dont s'y prennent les Pélicans pour capturer le poisson, rappelle un singulier procédé de pêche mis en usage par certaines peuplades de l'Afrique centrale. Voici d'après le major Denham en quoi consiste ce procédé qu'il a vu employer dans le lac Tchad, près de Lari. « Une quarantaine de femmes entrent dans le lac avec leur pagne « passé entre les jambes et noué autour des reins ; elles se rangent sur une ligne, le vi-« sage tourné vers la terre, à un certain éloignement des bords, et poussent les poissons « devant elles en les serrant de si près, qu'on les prend avec la main, ou qu'ils sautent à « terre. » Il y a ici une telle analogie de procédé, que l'on est tenté de se demander si l'Arabe de ces contrées n'aurait pas emprunté aux Pélicans qui, du reste, abondent dans le lac Tchad, leur moyen de pêche.

GENRE CCVI

FOU — *SULA*

Pelecanus, p. Linn. *S. N.* (1735).
Sula, Briss. *Ornith.* (1760).
Dysporus, Illig. *Prod. Syst.* (1811).
Morus, Vieill. *Ornith. élém.* (1816).
Morus, Leach, *Syst. Cat. M. and B. Brit. Mus.* (1816).

Bec fendu au delà de l'angle postérieur des yeux, plus long que la tête, robuste, épais à la base, droit, conique, légèrement comprimé, finement dentelé en scie sur les bords, à mandibule supérieure fléchie à la pointe ; branches de la mandibule inférieure séparées jusque près de l'extrémité ; narines basales, très-prolongées ; ailes allongées, atteignant presque l'extrémité de la queue, aiguës ; queue médiocre, conique, à rectrices résistantes ; tarses courts ; doigt médian d'un tiers au moins plus long que le tarse, pourvu d'un ongle pectiné sur son bord interne.

Les Fous se distinguent de tous les autres Pélécaniens par un bec à bords rentrants et dentelés, et dont la mandibule supérieure est simplement fléchie au lieu de se terminer par un onglet crochu.

Leurs habitudes, d'ailleurs, diffèrent un peu de celles des Cormorans et des Pélicans : loin d'habiter comme eux les bords de la mer et l'embouchure des fleuves, ils vivent le plus souvent au large ; ils ne poursuivent pas leur proie entre deux eaux, comme font les Cormorans, mais ils tombent dessus du haut des airs, la tête en avant et les ailes à demi fermées. Ils ne se submergent pas. Lorsqu'ils sont repus, ils restent assez ordinairement, sur le lieu de pêche, s'endorment sur l'eau et flottent au gré des flots.

Le mâle et la femelle adultes se ressemblent. Les jeunes en diffèrent beaucoup par une livrée qui change à chaque mue, jusqu'à l'âge de trois ans ; alors leur plumage devient stable. Leur mue est simple.

Observations. 1º M. Lefèvre croit reconnaître deux espèces de Fous en Europe : Le Fou de Bassan que tous les ornithologistes admettent, et un second qu'il désigne sous le nom de *Fou intermédiaire*, et que M. Baldamus a proposé de nommer *Sula Lefevri* (*Naumannia*, 1851, 4º fasc. p. 38). Celui-ci aurait, comme le *Sula serrata*, Banks, de l'Australie, les quatre rectrices intermédiaires noires ou noirâtres. C'est à ce dernier que M. Schlegel le rapporte avec doute, tandis que M. de Sélys-Longchamps l'identifie au *Sula Bassana*. Le prince Ch. Bonaparte qui le considérait d'abord comme douteux (*Cat. Parzud.* p. 10), l'a inscrit un peu plus tard, sans le signe dubitatif, dans son *Conspectus Gene-*

rum Avium (p. 165). Cette divergence d'opinions nous commande à nous-mêmes une certaine réserve. Du reste, ne connaissant l'oiseau que par la description insuffisante que M. Lefèvre en a donnée dans la *Naumannia*, d'après deux individus qui paraissent incomplets, nous devons nous borner à le signaler, laissant aux naturalistes qui auraient vu les deux types ou qui posséderaient des individus s'y rapportant, le soin de nous dire si l'espèce est valable, ou si elle ne reposerait pas, comme il serait possible, sur des caractères accidentellement individuels, ou qui seraient un reste de la livrée des premières années.

2° C'est par suite d'une fausse indication que le *Sula melanura*, Temm.(*Sula capensis* Lichst.), a été introduit par Temminck et par M. Gould parmi les oiseaux d'Europe. Ce Fou habite le Cap, et le spécimen dont Temminck a donné la description en avait été rapporté, avec plusieurs autres, par M. Robert, chirurgien à bord d'un baleinier. Le marchand qui en fit l'acquisition, le vendit ensuite comme venant d'Islande. C'est à cet acte coupable qu'est due l'erreur involontaire de Temminck.

Le genre Fou n'a donc comme représentant bien authentique, en Europe, que l'espèce suivante.

407 — FOU DE BASSAN — *SULA BASSANA*
Briss.

Tout le plumage blanc, à l'exception des rémiges qui sont noires (adultes) , *ou brun-noirâtre, tacheté de blanc* (jeunes); *queue blanche.*

Taille : 0^m,85 *environ.*

PELECANUS BASSANUS, Linn. *S. N.* (1766), t. I, p. 217.
SULA BASSANA et MAJOR, Briss. *Ornith.* (1760), t. VI, p. 503 et 497.
PELECANUS MACULATUS, Gmel. *S. N.* (1788), t. I, p. 579.
SULA ALBA, Mey. et Wolf, *Tasch. Deuts.* (1810), t. II, p. 582.
MORIS BASSANA, Leach, *Syst. Cat. M. and B. Brit. Mus.* (1816), p. 35.
MORUS BASSANUS, Vieill. *N. Dirt.* (1817), t. XII, p. 39.
SULA MAJOR, Brehm, *Hand. Nat. Vôg. Deuts.* (1831), p. 812.
Buff. *Pl. enl.* 278, adulte ; 987, *jeune,* sous le nom de *Fou tacheté de Cayenne.*

Mâle adulte : D'un beau blanc, avec le vertex, l'occiput et une partie de la nuque d'un jaune d'ocre et les rémiges noires ; paupières, partie nue des joues et de la gorge d'un noir bleu ; queue pointue et blanche ; pieds d'un brun verdâtre, avec les doigts rayés longitudinalement de vert jaune, les raies se réunissant à la partie supérieure de la face antérieure du tarse ; membranes interdigitales brun de suie ; bec d'un bleuâtre livide ; iris jaune pâle.

Femelle adulte : Semblable au mâle ; mais de taille un peu moins grande.

Jeunes durant la première année : Plumage d'un brun noirâtre sans taches en dessus, varié de cendré en dessous ; bec, iris, partie nue des paupières, des joues et de la gorge, bruns ; queue arrondie et brune.

A un an : Plumage d'un brun tirant sur le cendré, avec des taches en fer de lance, très-petites, très-nombreuses et très-rapprochées à la tête et au cou, grandes, éloignées les unes des autres au dos et aux ailes ; varié de blanchâtre et de brun cendré à la poitrine, à l'abdomen et aux sous-caudales ; rémiges et rectrices brunes, les premières avec les baguettes en partie blanches et celles des dernières entièrement de cette couleur; partie nue de la tête et de la gorge d'un brun bleuâtre ; bec brun cendré, blanchâtre vers la pointe; pieds brun-verdâtre, avec la membrane interdigitale d'un brun cendré, et les rainures des doigts gris-blanc ; iris jaunâtre.

A l'âge de deux ans : Plumage en partie blanc, en partie brun, avec des taches blanches, semblables à celles des sujets moins âgés.

A trois ans : Ils sont semblables aux vieux.

Le Fou de Bassan habite les mers du Nord. Il est commun sur les côtes de l'Écosse, des Hébrides et de la Norwége ; se montre assez souvent sur celles de la France, à la suite des tempêtes et des ouragans, et s'aventure quelquefois dans l'intérieur des terres.

On a tué des individus de cette espèce dans un petit bois près de Douai, le 6 juillet 1825. Au mois de février de l'année précédente, les tempêtes jetèrent sur les côtes d'Abbeville un nombre si prodigieux de cadavres d'oiseaux de mer, que M. Baillon trouva, assure-t-on, dans l'espace de 5 kilomètres, les corps de plus de deux cents Fous, de cinq cents Pingouins, Mouettes, Pétrels, etc., et, fait très-remarquable, pas un seul Canard.

Le Fou de Bassan niche parmi les rochers ; pond deux œufs, un peu renflés, à surface rude, couverte d'un enduit crayeux à peine sensible et d'un blanc très-légèrement nuancé de verdâtre. Ils mesurent :

Grand diam. 0^m,070 à 0^m,075 ; petit diam. 0^m,048 à 0^m,050.

Cet oiseau vit en pleine mer. Il pêche en planant et en plongeant sur sa proie. Quand il est repu, il se pose sur l'eau, s'endort et flotte comme une bouée. Son sommeil est alors si profond que les bateaux de pêche lui passent quelquefois sur le corps. Dans la saison où les harengs émigrent et se rapprochent des côtes, il fait sa principale nourriture de ces poissons, et il s'en gorge tellement que, pour s'envoler, il est obligé d'en rejeter une partie. Lorsqu'il pêche, il fait entendre un cri répété, qui rappelle celui de l'Oie et du Corbeau.

M. Hardy, de qui nous tenons une partie de ces détails, pense que l'effet de ce cri est de pousser au dehors la grande quantité d'air renfermé dans les réservoirs aériens, et de rendre ainsi son immersion plus facile.

Le Fou de Bassan supporte assez bien la captivité et devient bientôt familier.

M. Ferrary, pharmacien à Quimper, a publié sur cet oiseau, dans le *Nouveau Bulletin de la Société Philomatique de Paris* (janvier 1826, p. 14), une note qui renferme des détails pleins d'intérêt. Un Fou, qu'il avait pu se procurer vivant, se fit difficilement, dans les premiers jours, à sa nouvelle position. Il n'accepta les morceaux de congre, de foie de raie ou de squale dont on le nourrissait, qu'autant qu'on les lui présentait avec une pincette. Quelques jours plus tard, il n'était plus besoin que de lui jeter ses aliments ; il les prenait du bout du bec en secouant la tête, et les avalait même en très-gros morceaux. Quinze jours après, il venait demander à manger, faisait entendre son cri rauque, si l'on tardait à le satisfaire. Il suivait comme un chien la personne qui lui apportait ordinairement à manger. A la fin, ses aliments furent placés dans le coin d'un jardin assez vaste, où il sut très-bien les trouver. A défaut de poissons, on le nourrissait de viande qu'il semblait même préférer. Il entrait dans les appartements ; ne craignait ni chiens, ni chats ; se couchait sous les tables ou sous d'autres meubles ; ne mangeait qu'une ou deux fois par jour, lorsque son estomac était vide ; était d'un naturel assez doux, mais pinçait très-fort quand on cherchait à le prendre. Il ne buvait jamais, quoiqu'il eût à sa disposition une grande auge remplie d'eau ; nageait très-bien, avait en nageant la tenue du Cygne, et marchait avec plus de difficulté que les Oies. Il répandait à sept ou huit pieds de diamètre autour de lui une forte odeur de musc, qui se conservait pendant plus de vingt-quatre heures dans l'appartement où il avait passé la nuit.

GENRE CCVII

CORMORAN — *PHALACROCORAX*, Briss.

PELECANUS, p. Linn. *S. N.* (1758).
PHALACROCORAX, Briss. *Ornith.* (1760).
CARBO, Lacép. *Mém. de l'Inst.* (1800-1801).
HALIEUS, Illig. *Prod. Syst.* (1811).
GULOSUS, Montagu, *Ornith. Dict. App.* (1813).
HYDROCORAX, Vieill. *Ornith. élém.* (1816).
GRAUCALUS, G. R. Gray, *List Gen. of B.* (1840).
GRACULUS, G. R. Gray, *Gen. of B.* (1844-1846).

Bec fendu au delà de l'angle postérieur des yeux ; généralement plus long que la tête, assez épais, droit, comprimé, à bords lisses ; à mandibule supérieure arrondie au sommet, terminée en pointe crochue et acérée ; à mandibule inférieure tronquée et faiblement courbée à l'extrémité ; narines basales, peu prolongées ; ailes médiocrement allongées, subaiguës, ne couvrant que la base de la queue ; celle-ci longue, très-arrondie, composée de pennes raides, à baguettes élastiques ; bas des jambes entièrement vêtu ; tarses courts ; doigt médian d'un tiers environ plus long que les tarses, et pourvu d'un ongle pectiné sur son bord interne; doigt externe le plus long de tous.

Les Cormorans forment un genre très-naturel. Ils se distinguent des Pélicans et des Fous aussi bien par leurs habitudes que par leurs caractères. Ils habitent les bords de la mer et les embouchures des fleuves ; recherchent les endroits où le courant est rapide et l'eau peu profonde ; volent très-bien et sont aussi bons nageurs qu'excellents plongeurs. Lorsqu'ils nagent, leur tête est seule à découvert. Ils se submergent pour poursuivre leur proie, et se rendent à terre lorsqu'ils sont repus. En marchant, ils se tiennent dans une position presque verticale, la queue leur servant alors de point d'appui. Ils aiment à se percher sur les arbres et y placent même quelquefois leur nid : le plus souvent, ils l'établissent dans des trous de rochers. Leur nourriture consiste en poissons de mer et d'eau douce, suivant la localité où ils se trouvent.

Le mâle et la femelle se ressemblent : l'un et l'autre se revêtent à la fin de l'hiver de plumes accessoires qui tombent longtemps avant la mue d'automne.

Les jeunes dans leur première année ont une livrée particulière. Ils ne prennent le plumage des adultes que la seconde année. Leur mue est double.

Observations. Les Cormorans, selon l'âge, le sexe, la saison, la localité, varient beaucoup sous le rapport de la taille, du volume et de la longueur du bec, des proportions des rémiges, des couleurs du plumage et des pieds : il n'est même pas rare de constater des différences portant sur le nombre des pennes de la queue ; ainsi, telle espèce qui, normalement, a quatorze rectrices, peut en avoir seize comme l'a vu M. Baillon sur trois jeunes *Phalacr. carbo*, pris dans le même nid ; telle autre espèce qui, ordinairement, n'en possède que douze, en a quelquefois quatorze.

C'est à des variations de ce genre que sont dus les *Phalacrocorax medius* et *Desmaresti*.

Le premier, établi par M. Nilsson comme espèce (*Skand. Faun.* t. II, p. 478); admis comme race locale sous le nom de *Phalacr. carbo medius*, par le prince Ch. Bonaparte (*Catal. Parzud.* p. 10, et *Consp. Gen. Av.* t. II, p. 171), serait caractérisé par une taille un peu plus petite que celle du *Phalacr. carbo ;* par un bec plus court et moins épais à la base ; il habiterait surtout l'Afrique septentrionale, le dernier étant plutôt propre au nord de l'Europe. Ces caractères sont-ils suffisamment spécifiques? Nous ne le pensons pas, car il est impossible de fixer la limite des dimensions du *Phalacr. medius* et du *Phalacr. carbo.* A quelle taille *maximum* doit s'arrêter le premier pour ne pas être *carbo?* à quelle taille *minimum* doit s'arrêter le second pour ne pas être *medius?* Ce sera toujours là, pour les partisans des deux races, une question difficile à résoudre, attendu que l'on passe sans interruption d'une forme à l'autre, c'est-à-dire de la plus petite à la plus grande, par de nombreux intermédiaires. Il est vrai que l'on assigne plus particulièrement l'Afrique septentrionale pour patrie au *Phalacr. medius,* et le nord de l'Europe, notamment la Finlande, au *Phalacr. carbo;* mais ce *caractère géographique,* si nous pouvons ainsi dire, auquel on attache parfois une trop grande importance, est ici de peu de valeur, car les deux formes habitent en Europe les mêmes contrées; seulement, elles y sont inégalement réparties, les individus de forte taille étant généralement plus communs dans les régions septentrionales; ceux de dimensions moindres, dans les régions méridionales et tempérées. Le *Phalacr. medius* n'est donc, selon nous, qu'un double emploi du *Phalacr. carbo.* C'est aussi, du reste, l'avis de beaucoup d'ornithologistes.

Les opinions, en ce qui concerne le Cormoran Desmarest (*Carbo Desmaresti* Peyraudeau), sont beaucoup plus partagées. Malgré les preuves apportées par Temminck pour démontrer l'identité de ce Cormoran avec le *Phalacrocorax cristatus,* plusieurs auteurs l'ont maintenu, les uns, comme espèce; les autres, comme variété locale ou race : le plus récent plaidoyer, concluant à la séparation, a été présenté en 1864 par M. Salvadori, dans son excellent *Catalogue des oiseaux de la Sardaigne* (1). Mais nous ne trouvons dans ce travail aucune considération nouvelle, propre à affirmer l'espèce. Ce qui porterait M. Salvadori à considérer comme oiseaux distincts les *Phalacr. cristatus* et *Desmaresti,* c'est que celui-ci, comme d'autres naturalistes l'ont avancé, est un peu moins grand; qu'il a le bec ordinairement un peu plus long et un peu plus grêle; que son plumage de première année est en dessous d'un blanc plus pur et plus soyeux; et qu'il habite le sud de l'Europe, tandis que le *Phalacr. cristatus* en habite le nord. Nous ferons observer que la taille, si variable chez les Cormorans, n'est point un caractère dont il faille tenir grand compte; d'autant plus que des *Desmaresti,* des mieux caractérisés, se présentent souvent avec des dimensions aussi fortes que celles du Cormoran huppé. Il en est de même du bec : Temminck avait déjà reconnu que des *Phalacr. cristatus* du Nord l'avaient aussi long et aussi grêle que le *Desmaresti ;* M. Schlegel a constaté le même fait et M. Jaubert a vu cet organe varier considérablement chez cette prétendue espèce. L'argument tiré de l'habitat n'est pas plus valable, attendu que M. Powis (*Ibis,* 1860, p. 365) a rencontré sur les îles Ioniennes le Cormoran huppé en aussi grand nombre que le Cormoran Desmarest, et que Temminck avait déjà signalé l'existence de ce dernier à Féroé et en Islande. Il n'y aurait donc d'un peu caractéristique du *Phalacr. Desmaresti* que la coloration des parties inférieures chez les jeunes; mais ce caractère isolé, variable du reste, d'après les observations de M. Jaubert, est certainement insuffisant pour confirmer l'espèce.

Si nous ne mentionnons pas parmi les attributs différentiels du *Phalacr. Desmaresti* le nombre des rectrices, qu'on a dit être de quatorze, et la couleur des pieds, c'est que le premier de ces caractères, en supposant qu'il n'y ait pas eu erreur d'espèce, doit être considéré comme purement accidentel, et que le second n'a absolument rien de fixe. Le Cormoran Desmarest a normalement le même nombre de rectrices que le Cormoran huppé, c'est-à-dire douze; et ses pieds, d'un gris ou d'un blanchâtre livide dans le jeune âge, puis d'un noir varié

(1) *Catalogo degli Uccelli di Sardegna con note e osservazioni* (Dal volume VI degli Atti della Società Italiana di scienze naturali), Milano, 1864.

de jaune, passent au noir à peu près pur, comme chez le Cormoran huppé, à mesure que l'oiseau vieillit.

Nous n'avons donc en Europe de parfaitement authentiques que le *Phalacrocorax carbo*, auquel doit être rapporté le *Phalacr. medius*, Nilss. ; le *Phalacr. cristatus*, dont *Phalacr. Desmaresti* forme double emploi; et le *Phalacr. pygmœus*.

Quant au Cormoran Nigaud (*Carbo graculus*, Temm. (nec Linn.); *Phalacr. graculus*, Gould, *B. of Eur.* pl. 408; *Graculus brasilianus*, G. R. Gray), tous les naturalistes sont d'accord pour le considérer comme exotique. MM. Daracq et Chesnon, qui disent l'avoir rencontré, le premier près de Bayonne ; le second, en Normandie, ont certainement confondu cet oiseau avec le *Phalacr. cristatus*. Dans l'opinion de M. Schlegel les deux seuls individus sur lesquels on faisait reposer l'existence de cette espèce en Europe provenaient probablement d'une ménagerie.

408 — CORMORAN ORDINAIRE
PHALACROCORAX CARBO
Leach ex Linn.

Bec épais et plus long que la tête ; plumes du dos et scapulaires largement bordées de noir, sur fond cendré roussâtre ; vertex et régions supéro-latérales du cou parsemées d'étroites plumes d'un blanc argentin ; une grande tache de même couleur au côté externe des jambes (adultes au printemps) ; *quatorze pennes à la queue.*

Taille : $0^m,77$ à $0^m,78$.

PELECANUS CARBO, Linn. *S. N.* (1766), t. I, p. 216.
PHALACROCORAX, Briss. *Ornith.* (1760), t. VI, p. 511.
PELECANUS PHALACROCORAX, Brünn. *Ornith. Bor.* (1764), p. 31.
CARBO CORMORANUS, Mey. et Wolf, *Tasch. Deuts.* (1810), t. II, p. 575.
PHALACROCORAX CARBO, Leach, *Syst. Cat. M. and B. Brit. Mus.* (1816), p. 34.
HYDROCORAX CARBO, Vieill. *N. Dict.* (1817), t. VIII, p. 83.
CORMORANUS CRASSIROSTRIS, Baill. *Mém. de la Soc. d'ém. d'Abbeville* (1834), p. 77.
PHALACROCORAX MEDIUS, Nilss. *Skand. Faun.* (1835), t. II, p. 478.
HALIÆUS CORMORANUS, Naum. *Vög. Deuts.* (1842), t. XI, p. 52.
GRACULUS CARBO, G. R. Gray, *Gen. of B.* (1844-1846), t. III, p. 667.
GRACULUS MAJOR, Temm. in : Bp. *Consp. Gen. Av.* (1857), t. II, p. 168.
PHALACROCORAX CARBO a MEDIUS, Bp. *Consp. Gen. Av.* (1857), t. II, p. 169.
Buff. *Pl. enl.* 927, *adulte en robe d'amour.*

Mâle et femelle adultes, au printemps : Tête et presque la totalité du cou d'un vert foncé à reflets, avec les plumes de l'occiput allongées, formant une espèce de huppe, et des plumes effilées, soyeuses, d'un blanc argentin au vertex, au devant et sur les côtés de la partie supérieure du cou ; partie moyenne du dos et sus-caudales également d'un noir verdâtre à reflets ; le reste des parties supérieures d'un cendré roussâtre, avec les plumes bordées de noir verdâtre ; partie nue de la gorge jaunâtre, suivie d'un large collier blanc terne, se prolongeant jusqu'aux yeux et bordé de noir verdâtre ; toutes les parties inférieures d'un noir à reflets bleuâtres, avec un grand espace blanc pur en dehors des jambes ; partie nue des joues et des paupières verdâtre ; couvertures supérieures des ailes pareilles au manteau ; rémiges et rectrices noires ; bec noirâtre ; pieds noirs ; iris vert.

Mâle et femelle adultes, en automne : Comme au printemps, mais sans plumes blanches à la tête, au cou, au côté externe des jambes, et sans longues plumes occipitales.

Jeunes avant la première mue : Dessus de la tête et du cou d'un brun foncé, avec de légers reflets verts sur la ligne médiane ; dos et scapulaires d'un gris cendré, avec les plumes bordées de brun foncé à reflets ; les petites couvertures supérieures des ailes et les dernières des couvertures moyennes terminées de cendré ; gorge d'un gris blanchâtre ; devant et côtés du cou, parties inférieures du corps d'un cendré brun, varié de blanchâtre, surtout à la poitrine et au milieu du ventre ; bec brun clair ; iris brun foncé et pieds noirs.

Petits à la naissance : Entièrement nus, d'un gris noir ; se couvrant ensuite d'un duvet épais d'un noir mat, auquel succède le premier plumage.

Le Cormoran ordinaire habite l'Europe, la Sibérie et le nord de l'Amérique.

En France, il vit sédentaire sur quelques points des côtes de l'Océan, et se montre de passage régulier, au printemps et à l'automne, dans beaucoup de localités de nos départements septentrionaux, limitrophes de la mer.

Il se reproduit dans le Boulonnais, sur les falaises qui bordent la mer depuis Montreuil jusqu'à Dieppe, sur presque toutes les côtes rocheuses et les îles de la Bretagne ; et dans les rochers de Biarritz, près de Bayonne. C'est sur les arbres, assez souvent parmi les rochers, qu'il construit son nid ; rarement il l'établit au milieu des joncs. Ce nid, dans les hautes falaises de Dieppe, est épais, composé de racines, de brins de bois sec et de tiges vertes de colza, solidement entrelacés, et garni d'herbes vertes à l'intérieur.

Sa ponte est de quatre ou cinq œufs assez allongés, d'un bleu verdâtre, que dissimule une épaisse couche de matière crétacée, rude et blanchâtre. Ils mesurent :

Grand diam. 0ᵐ,060 à 0ᵐ,066 ; petit diam. 0ᵐ,040 à 0ᵐ,042.

Ce Cormoran fait une grande consommation de poissons, qu'il poursuit au fond de l'eau avec la rapidité d'une flèche. Quand, par suite de nombreuses immersions, l'humidité a pénétré son plumage, il va se poser sur un rocher ou sur un banc de sable, et tient le corps droit, le cou raccourci et les ailes ouvertes au vent. Il conserve cette attitude quelquefois fort longtemps, surtout s'il fait soleil.

Il perche fréquemment : le 20 mars 1837 plusieurs individus ont été tués sur un arbre à Cysoing, et M. Deméczemaker, de Bergues, en a vu un qui a couché plusieurs nuits de suite sur la croix d'un clocher de cette ville.

Le Cormoran ordinaire émigre par petites troupes. Ceux qui opèrent leur voyage à la fin de mars et en avril ont leur plumage d'amour, c'est-à-dire, de longues plumes à l'occiput et des plumes blanches à la tête, au cou et aux cuisses, qui ne tardent pas à tomber. Elles n'existent plus en juin.

D'après M. Hardy, il n'y a pas d'année où l'on ne voie, aux environs de Dieppe, quelques individus se reproduisant sous leur plumage de première année, c'est-à-dire sans huppe occipitale, en livrée brune, avec l'abdomen d'un blanc pur. Un mâle dans cet état et à plumes usées a été tué par lui sur le nid, au milieu du printemps.

Le même observateur a constaté que les jeunes qui ne peuvent pas encore voler se servent de leur bec pour grimper, comme les perroquets. Il en a nourri plusieurs qui montaient fort bien à l'échelle. M. Hardy croit même qu'ils conservent, lorsqu'ils sont grands, l'habitude de se servir de leur bec comme d'un point d'appui.

Le Cormoran ordinaire exhale une odeur forte et désagréable, qui se conserve très-longtemps sur l'oiseau monté. Sa chair est détestable.

409 — CORMORAN HUPPÉ
PHALACROCORAX CRISTATUS
Steph. ex Fabr.

(Type du genre *Graculus*, Bp.)

Bec effilé, plus long que la tête ; scapulaires et couvertures supérieures des ailes étroitement bordées de noir velouté sur fond vert-noirâtre bronze ; plumes du vertex, chez les adultes, se relevant en huppe verticale ; douze rectrices à la queue.

Taille : 0^m,50 à 0^m,60.

PELECANUS GRACULUS, Linn. *S. N.* (1766), t. I, p. 217.
PELECANUS CRISTATUS, Fabr. *Faun. Groënl.* (1780), p. 90.
CARBO GRACULUS, Mey. et Wolf, *Tasch. Deuts.* (1810), t. II, p. 900.
PHALACROCORAX GRACULUS, Leach, *Syst. Cat. M. and B. Brit. Mus.* (1816), p. 34.
HYDROCORAX CRISTATUS, Vieill. *N. Dict.* (1817), t. VIII, p. 88.
CARBO CRISTATUS, Temm. *Man.* (1820), t. II, p. 900.
CARBO DESMARESTI, Peyraudeau, *Ann. des Sc. Nat.* (1822), p. 460.
PHALACROCORAX CRISTATUS, Steph. in : Shaw, *Gen. Zool.* (1825), t. XIII, p. 83.
CARBO LEUCOGASTER, Cara, *Ornith. Sarda* (1842), p. 199, spec. 261.

Graculus cristatus et Linnæi, G. R. Gray, *Gen. of B.* (1844-1846), t. III, p. 667.

Graculus cristatus a *Desmaresti*, Bp. *Consp. Gen. Av.* (1857), p. 171.

Gould, *Birds of Eur.* pl. 410.

Schleg. *Ois. Néerl.* pl. 327.

Mâle et femelle adultes, au printemps : Entièrement d'un vert foncé, lustré, à reflets bronzés sur les parties supérieures du corps, avec les scapulaires et les couvertures supérieures des ailes encadrées par une bande étroite d'un noir velouté, les plumes médianes du vertex allongées, formant une sorte de toupet susceptible d'épanouissement et d'érection ; bec brun, avec la base et la partie nue de la gorge jaunes ; pieds noirs ; iris vert de bouteille.

Mâle et femelle adultes, en automne : Comme au printemps, mais sans huppe, avec la bande noire qui borde les scapulaires et les couvertures supérieures des ailes un peu plus large.

Nota. Les adultes mâle et femelle n'ont leur belle huppe qu'en mars. En avril, les plumes qui la composent commencent à tomber et elles n'existent plus dès le mois de mai.

Jeunes avant la première mue : D'un cendré brun verdâtre en dessus, avec les scapulaires bordées de noirâtre et terminées de cendré ; les couvertures supérieures des ailes d'une teinte moins foncée, bordées de roussâtre et terminées de cendré ; gorge, devant du cou, d'un cendré blanchâtre ; poitrine, abdomen, nuancés de cendré et de roussâtre ; bas-ventre gris blanchâtre ; flancs, sous-caudales, cuisses et jambes brun verdâtre ; bec d'un brun clair ; lorums, gorge et pieds d'un gris livide ; iris d'un blanc verdâtre.

Le Cormoran huppé habite les côtes occidentales de l'Europe et quelques-unes des îles de la Méditerranée, notamment la Sardaigne, la Corse, Port-cros, etc.

Il se montre accidentellement de passage près de Dunkerque, de Calais, de Lille, d'Abbeville, de Dieppe, d'Arcachon, de Bayonne ; mais il vit sédentaire et se reproduit en assez grand nombre aux îles Jersey, Guernesey, Wight, Aurigny, dans les rochers d'Isbourg, qui bordent les côtes des environs de Cherbourg, et sur plusieurs points du Finistère.

Son nid, établi dans les crevasses des rochers, est le plus souvent formé de zostère marine. Sa ponte est de deux ou trois œufs elliptiques, d'un bleu verdâtre, dissimulé par une épaisse couche de matière crétacée, d'autant plus blanche que la ponte est plus récente. Après quelques jours d'incubation cette couche tourne au blanc sale ou au blanc plus ou moins nuancé de jaunâtre. Il est rare que la surface des œufs ne soit pas accidentée par des plaques saillantes de matière crétacée, variables en nombre et en étendue. Ils mesurent : Grand diam. 0^m,057 à 0^m,060 ; petit diam. 0^m,036 à 0^m,038.

Nous possédons un œuf qui, par exception, offre dans son grand diam. 0^m,066, tandis que son petit diam. n'est que de 0^m,038 comme sur un œuf ordinaire.

410 — CORMORAN PYGMÉE
PHALACROCORAX PYGMÆUS
Dumont ex Pall.

Bec grêle et plus court que la tête; scapulaires et couvertures supérieures des ailes étroitement bordées de noir sur fond gris-brun ; joues, haut du cou et face externe des jambes pointillés de blanc (adultes en noce), *ou unicolores* (adultes en plumage d'hiver et jeunes) ; *douze rectrices à la queue.*

Taille : 0^m,50 à 0^m,55.

Pelecanus pygmæus, Pall. *Voy.* (1776), édit. française in-8°, t. VIII, append. p. 42.

Carbo pygmæus, Temm. *Man.* (1815), p. 591.

Hydrocorax pygmæus, Vieill. *N. Dict.* (1817), t. VIII, p. 88.

Phalacrocorax pygmæus, C. Dumont, *Dict. des Sc. Nat.* (1818), t. X, p. 452.

Graculus pygmæus, G. R. Gray, *Gen. of B.* (1844-1846), t. III, p. 667.

Microcarbo pygmæus, Bp. *Cat. Parzud.* (1856), p. 10.

Haliæus pygmæus, Bp. *Consp. Gen. Av.* (1857), t. II, p. 179.

Pall. *Zoogr.* pl. 74.

Gould, *Birds of Eur.* pl. 409.

Mâle et femelle adultes, au printemps : Tête, cou, dos, sus-cau-dales et toutes les parties inférieures d'un noir verdâtre lustré, avec les plumes occipitales allongées comme dans le *Phalacrocorax Carbo*, et un grand nombre de points et de petits traits blancs, formés de petites plumes déliées, aux joues, au vertex, au cou et en dehors des jam-bes ; scapulaires et couvertures supérieures des ailes d'un brun cendré à reflets, bordées de noir velouté, avec la tige vernissée ; rémiges et rectrices d'un noir verdâtre profond ; bec, partie nue des paupières et de la gorge noirs ; pieds cendré noirâtre ; iris noir bleu.

Mâle et femelle adultes, en automne : Comme au printemps, mais sans plumes occipitales allongées, sans plumes blanches à la tête, au cou et aux jambes ; quelques points blancs seulement au-dessus des yeux, disposés en sourcils.

Jeunes avant la première mue : Parties supérieures d'un cendré brun verdâtre un peu reflétant, avec les scapulaires et les couvertures supérieures des ailes bordées de noir et terminées de cendré; gorge blanchâtre ; devant et côté du cou, milieu de la poitrine et de l'abdomen d'un cendré teint de roussâtre, tirant sur le blanc postérieurement; flancs, cuisses, jambes et sous-caudales d'un cendré brun verdâtre; rémiges et rectrices noirâtres, terminées de brun clair; base du bec, partie nue des yeux et de la gorge jaunâtres ; pieds noirs.

Le Cormoran pygmée habite l'Asie septentrionale et occidentale, l'Europe orientale et l'Afrique septentrionale.

Pallas le dit commun dans la mer Caspienne. On le rencontre en assez grand nombre sur le bas Danube, en Hongrie et en Dalmatie, et accidentellement en Sardaigne. D'après M. Nardo (1) il se montrerait dans les environs de Venise et y nicherait même, si les renseignements qu'il a recueillis sont exacts.

Un individu femelle a été tué en novembre 1856, dans les environs de Dieppe, sur la petite rivière qui se rend au port de la ville.

Selon MM. Naumann et Baldamus il se reproduit en assez grand nombre dans le sud de la Hongrie, en Valachie, en Moldavie, etc. M. Baldamus a rencontré des nids de cette espèce dans les marais du Banat, de la Save et du Danube, et ces nids, qui ne différaient pas pour la structure de ceux du Cormoran ordinaire, reposaient soit sur des arbres, soit sur des arbrisseaux, et souvent à côté de nids de Hérons, dont il semble rechercher la société. Ses œufs sont elliptiques, d'un bleu verdâtre clair, dissimulé par une couche plus ou moins épaisse de matière crétacée d'un blanc sali de roussâtre ou de jaunâtre. Du reste, cette matière est d'autant plus blanche que les œufs, comme pour les espèces précédentes, sont plus fraîchement pondus. Elle se montre aussi par-ci par-là en plaques épaisses et saillantes. Ils mesurent :

Grand diam. 0^m,048 à 0^m,051 ; petit diam. 0^m,031 à 0^m,033.

SOUS-FAMILLE LXXII

FRÉGATIENS — *FREGATINÆ*

Pelecaninæ, p. G. R. Gray, *List Gen. of B.* (1841).
Tachypetinæ, Bp. *Rev. crit.* (1850).

Mandibule inférieure recourbée à l'extrémité, dans le sens de la mandibule supérieure; tarses à moitié recouverts par les plumes des jambes; membranes interdigitales échancrées au centre, et ne s'étendant pas jusqu'à l'extrémité des doigts ; queue profondément fourchue.

(1) *Prospetti sistematici degli animali delle Provincie Venete;* Venezia, 1860, p. 44.

GENRE CCVIII

FRÉGATE — *FREGATA*, Barr.

PELECANUS, p. Linn. *S. N.* (1735).
FREGATA, Barrère, *Ornith. Sp. nov.* (1745).
ATAGEN, Mœhring, *Av. Gen.* (1752).
TACHYPETES, Vieill. *Ornith. élém.* (1816).

Bec plus long que la tête, robuste, droit, excepté à l'extrémité qui est fortement recourbée, à bords entiers; narines basales, courtes; ailes très-longues, plus courtes que la queue, peu larges, sur-aiguës; queue allongée, fourchue; tarses très-courts. en grande partie cachées par les plumes des jambes; doigts libres sur près de la moitié antérieure, le médian beaucoup plus long que le tarse et le plus long de tous; ongles aigus et recourbés.

Les Frégates, ainsi nommées à cause de leurs formes élancées et de leur vol rapide, par comparaison avec les vaisseaux les plus fins voiliers, se distinguent des autres Pélécanidés par une queue échancrée, des tarses très-courts et des ailes démesurément longues. Leur bec et leurs ongles crochus; l'étendue de leur vue; leur vol puissant et élevé; l'habitude qu'elles ont de planer les ont souvent fait comparer aux grands oiseaux de proie, dont elles n'ont cependant que de fausses apparences. Elles se nourrissent presque exclusivement de poissons qu'elles saisissent à la surface de l'eau ou à de petites profondeurs, en fondant dessus du haut des airs. L'on prétend aussi qu'elles poursuivent les Fous, les Mouettes qui sont en pêche; les forcent par leurs attaques à rendre leur proie et s'en emparent.

Lesson a constaté que les Frégates, contrairement à ce que quelques voyageurs en ont dit, ne s'écartent pas des côtes à plus de vingt lieues; qu'elles ne pêchent que sur les rades, sur les hauts-fonds ou au milieu des archipels, là où la mer est peu profonde; qu'elles se tiennent le plus souvent dans les régions élevées, planent ou battent des ailes d'une manière qui leur donne un air disloqué, et, qu'à la vue d'une proie elles descendent en tournoyant, fondent dessus, et l'enlèvent avec leur long bec, sans toucher l'eau.

Les Frégates, comme les Pélicans et les Cormorans, gagnent la côte lorsque leur pêche est faite, se perchent sur un arbre ou sur la pointe d'un rocher, et y gardent le repos le plus absolu, jusqu'à la fin de la digestion.

Le mâle et la femelle, à un âge correspondant, ne diffèrent ni par la taille ni par les couleurs du plumage : le premier cependant, d'après Vieillot, aurait à un âge avancé la membrane nue de la gorge plus renflée et plus pendante. Les jeunes, avant la première mue, ont une livrée particulière, et la gorge plus ou moins emplumée.

Les Frégates habitent les mers des contrées tropicales. L'une des deux espèces connues compte parmi les oiseaux très-accidentellement européens.

411 — FRÉGATE MARINE — *FREGATA MARINA*
Barrère.

Plumage unicolore chez les adultes ; rectrices extérieures longues de trente-sept à quarante et un centimètres.

Taille : 1 mètre environ.

Fregata marina, Barr. *Ornith. Spec. nov.* (1745), p. 73.
Pelecanus aquilus, Linn. *S. N.* (1766), t. I, p. 216.
Fregata, Briss. *Ornith.* (1760), t. VI, p. 506.
Pelecanus leucocephalus et Palmerstoni, Gmel. *S. N.* (1788), t. I, p. 572.
Carbo aquilus, Mey. *Tasch. Deuts.* (1810), t. II, p. 580.
Tachypetes aquila, Vieill. *N. Dict.* (1817), t. XII, p. 143.
Fregata aquila, Schleg. *Mus. Hist. Nat. des Pays-Bas* (1863), *Pelecani*, p. 2.
Buffon, *Pl. enl.* 961, sous le nom de *Grande Frégate de Cayenne*.
Vieill. *Gal. des Ois.* pl. 274.

Mâle et femelle adultes : Plumage, en entier, noir, avec des reflets verts et bleuâtres aux parties supérieures ; lorums noirs ; orbites d'un noir bleuâtre, partie dénudée de la gorge et bec rouges ; pieds d'un rouge brun ; iris noir.

Mâle et femelle à un âge moins avancé : Plumage d'un brun noir, plus ou moins varié de blanc ou de blanchâtre au bas du cou et aux parties inférieures.

Jeunes : Plumage d'un brun noir avec la tête et le cou blancs, ou d'un blanc plus ou moins lavé de roux ; bec et pieds d'un bleuâtre livide.

Ils naissent couverts d'un épais duvet gris blanc, avec le bec et les pieds blanchâtres.

La Frégate marine, que l'on nomme aussi Frégate aigle, est confinée dans les régions intertropicales, et s'écarte rarement des limites de son habitat.

Son apparition en Europe, qu'il est difficile d'expliquer, repose sur la capture d'un seul individu faite en janvier 1792, sur les bords du Weser : elle est donc tout à fait accidentelle.

Cette espèce niche sur les arbres ou dans le creux des rochers voisins de la mer, et pond, selon Vieillot, un ou deux œufs d'un blanc teint de rougeâtre avec de petits points d'un rouge cramoisi. D'après M. O. des Murs, ils auraient la forme de ceux des autres Pélécanidés, et seraient d'un blanc mat sans taches, enduits d'une légère couche crétacée.

La Frégate marine fait une grande consommation de poissons : Lesson a vu un individu que l'on venait de tuer en rejeter plus de deux livres. A Rio de

Janciro elle vient jusque près des habitations, chercher pâture parmi les immondices de la rade. Il paraît que les habitants des Carolines apprivoisent cet
oiseau.

FAMILLE XLVI

PHAÉTONIDÉS — *PHAETONIDÆ*

Pélagiens ou Phaetons, Less. *Tr. d'Ornith.* (1831).
Phaetoninæ, G. R. Gray, *List Gen. of B.* (1841).
Phaetonidæ, Bp. *Rev. crit.* (1850).

Bec presque droit et pointu, moyennement fendu, sans
sillons à la mandibule supérieure; face et gorge totalement
emplumées, celle-ci peu dilatable; narines concaves recouvertes par une membrane; pouce court et faible; les deux
rectrices médianes très-longues et étroites.

Les Phaétonidés, par la forme du bec, ayant un certain rapport avec les
Sternes, Lesson a cru devoir les placer à la suite de celles-ci parmi les Palmipèdes longipennes. C'est aussi dans cette division que M. O. des Murs serait
porté à les ranger. D'après lui, la forme, la structure, les couleurs de l'œuf
des Phaétonidés, éloignent ces oiseaux des Pélécanidés et en font des Longipennes, intermédiaires aux Procellaridés et aux Laridés. Les caractères oologiques ont certainement leur valeur; nous les invoquons assez souvent pour
donner la mesure de notre opinion à cet égard; mais ont-ils l'importance que
M. O. des Murs semble leur accorder? Nous ne le pensons pas; car, loin de
confirmer toujours les affinités, ils en sont assez souvent la négation. Nous
n'en voulons d'autre exemple que celui que les Phaétonidés fournissent. Ils
sont si manifestement Palmipèdes totipalmes, par la forme de leurs pieds, par
leurs tarses courts et réticulés, par leur pouce tendant à se porter en avant,
qu'on ne peut les en écarter sans faire violence aux rapports naturels; tandis
que leurs œufs, sans en faire franchement des Palmipèdes longipennes, rappellent cependant ceux de quelques espèces de cette division, plutôt que ceux
des Totipalmes.

Cette famille repose absolument sur le genre suivant.

GENRE CCIX

PHAÉTON — *PHAETON*, Linn

Phaeton, Linn. *S. N.* (1735).

LEPTURUS, p. Mœhring, *Av. Gen.* (1752).

TROPICOPHILUS, p. Leach, in : Steph. *Gen. zool.* (1825).

Bec de la longueur de la tête, médiocrement robuste, comprimé, convexe en dessus, à mandibules presque égales, finement dentelées sur les bords, la supérieure légèrement inclinée à la pointe ; narines basales, latérales, courtes ; ailes allongées, suraiguës ; queue conique, les deux rectrices médianes très-longues et étroites, toutes les autres courtes ; bas des jambes nu sur une faible étendue ; doigt médian plus long que le tarse ; pouce très-petit articulé en dedans du tarse et dirigé en avant.

Les Phaétons, nommés aussi *Oiseaux des Tropiques,* par allusion à leur habitat, et *Paille-en-queue* à cause des deux rectrices médianes, qui, vues à une certaine distance, lorsque l'oiseau vole, simulent *deux brins de paille,* sont plus pélagiens que les autres Totipalmes et s'avancent à de grandes distances en mer ; cependant ils ne s'éloignent jamais assez des terres pour ne pas y chercher un refuge tous les soirs. Ils ont aussi l'habitude de se reposer indifféremment sur les arbres et sur les rochers. Leur vol est calme, paisible, composé de battements d'ailes fréquents, parfois interrompus par des sortes de chûtes. On dirait qu'épuisés de fatigue, ils ont de la peine à agiter leurs ailes et qu'ils sont toujours sur le point de tomber. Rarement ils planent. Ils s'abattent de très-haut sur leur proie, en s'abandonnant à l'impulsion de leur propre poids, et la saisissent sans s'immerger. Leur nourriture consiste principalement en poissons et en mollusques.

Le mâle et la femelle portent le même plumage. Les jeunes, avant la première mue, ont une livrée particulière.

Les Phaétons habitent les terres et les mers intertropicales. L'une des trois espèces du genre est considérée par quelques auteurs comme accidentellement européenne. Nous l'inscrivons, d'après leur témoignage, quoique l'apparition de cet oiseau dans nos mers soit difficile à expliquer.

412 — PHAÉTON ÉTHÉRÉ — *PHAÉTON ÆTHEREUS*
Linn.

(Type du genre *Tropicophilus,* Reichenb.)

Parties supérieures du corps ondulées de noir ; les cinq ou six premières grandes rémiges noires sur les barbes externes ; les cinq ou six dernières rémiges secondaires les plus rapprochées du corps noires, bordées de blanc en dehors et à la pointe ; tige des rectrices médianes blanche sur les deux tiers au moins de leur étendue, noire à la base ; bec rouge.

Taille : 0ᵐ,92 *environ, du bout du bec à l'extrémité des rectrices médianes.*

PHAETON ÆTHEREUS, Linn. *S. N.* (1766), t. I, p. 219.
LEPTURUS, Briss. *Ornith.* (1760), t. VI, p. 480.
PHAETON CATESBYI, Brandt, *Mém. de l'Ac. des Sc. de St.-Péters.*, (1840), Sc. nat., t. III, p. 270.
Buff. *Pl. enl.* 998, sous le nom de *Paille-en-queue de Cayenne.*

Mâle et femelle adultes : Front, dessus de la tête (1), gorge, devant et côtés du cou, poitrine, tout le dessous du corps, grandes, moyennes et une partie des petites couvertures supérieures des ailes, d'un blanc pur, satiné ; dessus du cou, du corps, scapulaires, sus-caudales, côtés de la région anale blancs, ondulés de bandes transversales noires ; plumes des flancs blanches sur les bords, marquées au centre d'une large tache longitudinale d'un noir glacé de gris cendré ; région anté-oculaire noire ; un large trait, de même couleur, de l'angle postérieur de l'œil à l'occiput ; petites couvertures supérieures des ailes les plus proches du corps blanches, avec une bande noire en fer à cheval renversé, renfermant parfois de très-petites taches arrondies de même couleur ; grandes rémiges primaires noires sur les barbes externes, blanches sur les barbes internes et à la pointe ; rémiges secondaires blanches, à baguettes noires ; rémiges cubitales ou tertiaires noires, bordées de blanc sur les barbes externes ; rectrices blanches, à rachis noir ; le rachis des grandes rectrices médianes d'un brun noir à peu près jusqu'à la pointe des deux plus longues intermédiaires, ensuite blanc jusqu'à l'extrémité ; bec, tarses, quart postérieur des doigts et des palmures rouges ; le reste des doigts et des palmures noirâtre ; iris brun noir.

Nota. D'après M. Schlegel, les vieux individus, en plumage parfait, auraient tout le dessus du cou et du corps blanc, sans aucune trace de bandelettes noires.

Jeunes à la sortie du nid : Front, gorge et toutes les parties inférieures du cou et du corps d'un blanc satiné ; tache au-devant et en arrière de l'œil, d'un noir quelquefois lavé de roux marron ; plumes du dessus de la tête blanches, avec une assez grande tache transversale noire un peu au delà de la partie moyenne ; dessus du cou, dos, scapu-

(1) Les plumes du dessus de la tête, sous cette livrée, sont noires dans leur moitié basale, blanches dans leur moitié terminale ; le contraire a lieu chez l'oiseau de première année : la plume offre une tache noire sur sa moitié terminale, et elle est complétement blanche à la base.]

laires, couvertures supérieures des ailes blancs, avec des bandelettes transversales noires, un peu plus larges et moins nombreuses que
chez les adultes; rémiges cubitales ou tertiaires noires, largement bordées de blanc ; rectrices médianes courtes, dépassant les latérales de
quelques centimètres au plus, les unes et les autres blanches, à rachis
noir, et marquées d'une assez grande tache sub-terminale noirâtre, que
précèdent une ou deux autres très-petites taches de même couleur; bec
d'un rouge brun ; tarses rougeâtres ; pieds noirâtres.

Ils naissent couverts d'un long duvet blanchâtre, lavé d'une très-
légère teinte brunâtre sur la tête et le dos.

Cette espèce habite les mers tropicales et s'égare très-accidentellement dans
les mers d'Europe. Un individu aurait été observé, dit-on, sur les côtes de la
Norwége.

DEUXIÈME DIVISION

PALMIPÈDES LONGIPENNES
PALMIPEDES LONGIPENNES

LONGIPENNES, Dumér. *Zool. Anal.* (1806).
LONGPENNES et TUBINARES, Illig. *Prodr. Syst.* (1811).

*Ailes très-longues, très-effilées, dépassant généralement l'extré-
mité de la queue ; quatre doigts ou trois seulement ; le pouce, quand
il existe, libre, dirigé en arrière et ne portant pas sur le sol ; bec
à bords tranchants ; jambes à l'équilibre du corps, le plus ordinairement nues sur une assez grande étendue au-dessus de l'articulation tibio-tarsienne.*

Les Longipennes ont un vol puissant et soutenu, qui permet à la plupart
d'entre eux de s'avancer en mer à des distances considérables. Leurs jambes,
à l'équilibre du corps, leur rendent la marche et même la course faciles. Ils
nagent très-bien, mais ne plongent pas.

Les petits sont longtemps nourris dans le nid ; ils ne le quittent que lorsqu'ils
sont aptes à voler.

Les Palmipèdes longipennes se subdivisent en deux familles très-naturelles.

FAMILLE XLVII
PROCELLARIDÉS — *PROCELLARIDÆ*

Tubinares, Illig. *Prodr. Syst.* (1811).
Siphorini, Vieill. *Ornith. élém.* (1816).
Syphonobbiniens, de Blainv. *Principes d'Anat. comp.* (1822).
Laridæ, p. Vig. *Gen. of B.* (1825).
Procellaridæ, Boie, *Isis* (1822).
Procellaires, Less. *Tr. Ornith.* (1831).
Siphorinæ, Lafresn. *Dict. Un. d'Hist. Nat.* (1842).

Bec composé en apparence de plusieurs pièces distinctes et plus ou moins profondément suturé, renflé et crochu à l'extrémité; narines tubulaires, isolées ou ayant une ouverture commune; pouce nul ou remplacé par un ongle rudimentaire.

Les Procellaridés, si bien caractérisés par leurs narines ouvertes à l'extrémité d'un tube saillant, sont des oiseaux pélagiens par excellence. On les trouve en mer à toute distance des côtes; mais c'est surtout dans les hauts parages qu'ils semblent se plaire. Ils ne viennent à terre qu'à l'époque de la reproduction, ou lorsqu'une tempête les y porte.

Les subdivisions introduites par le prince Charles Bonaparte dans la famille des Procellaridés nous semblent pouvoir être admises, si l'on a égard à la disposition des narines, à l'absence du pouce ou à la présence de l'ongle qui le remplace.

SOUS-FAMILLE LXXIII
DIOMÉDIENS — *DIOMEDEINÆ*

Procellarinæ, p. G. R. Gray, *List Gen. of B.* (1841).
Diomedeinæ, Bp. *Consp. Syst. Ornith.* (1850).

Narines s'ouvrant à l'extrémité de deux tubes très-courts, très-séparés l'un de l'autre et situés de chaque côté de la mandibule supérieure, dans une longue et profonde suture; pouce nul.

Cette sous-famille repose uniquement sur le genre *Diomedea*.

GENRE CCX

ALBATROS — *DIOMEDEA*, Linn.

Diomedea, Linn. *S. N.* (1735).
Plautus, Klein, *Hist. Av. Prodr.* (1750).
Albatrus, Briss. *Ornith.* (1760).

Bec plus long que la tête, très-robuste, assez élevé, droit, comprimé; mandibule supérieure à arête arrondie, sillonnée de chaque côté dans presque toute sa longueur, fléchie vers les deux tiers, puis relevée, ensuite fortement recourbée et crochue à la pointe; mandibule inférieure droite, un peu dilatée verticalement à son extrémité et tronquée de manière à s'emboîter dans le crochet de la mandibule supérieure; tubes nasaux courts, couchés de chaque côté du bec, près de la base, dans le sillon latéral de la mandibule supérieure; ailes très-longues, fort étroites, sur-aiguës; queue courte ou médiocre, arrondie ou cunéiforme; tarses courts, épais, réticulés; doigt médian beaucoup plus long que le tarse; ongles faibles et presque droits.

Les Albatros, que leur forte taille a fait nommer par les navigateurs *Vaisseaux de guerre*, sont doués, malgré leur volume, du vol le plus facile et le plus vigoureux en même temps. On les voit tantôt se balancer au-dessus des vagues ou les effleurer en suivant leurs ondulations; tantôt voler, dans la tempête, contre le vent le plus violent, sans le moindre effort. Le plus souvent ils semblent ne faire que planer, et l'on ne s'aperçoit pas qu'ils impriment le moindre battement à leurs ailes. De tous les oiseaux pélagiens, les Albatros sont ceux qui abandonnent le moins la mer, et qui s'éloignent le plus des côtes. On les rencontre à des distances immenses de toute terre.

Leur nourriture consiste principalement en céphalopodes. MM. Quoy et Gaymard n'ont jamais trouvé dans l'estomac des Albatros en assez grand nombre qu'ils ont ouverts que des débris de sèches et de calmars. D'après les observations de M. Marion de Procé, ils feraient aussi leur pâture des cadavres des grands animaux marins, tels que cétacés, phoques, etc. (1).

Ils nichent en compagnie et souvent plusieurs espèces ensemble.

Le mâle et la femelle portent le même plumage. Les jeunes, avant la première mue, s'en distinguent notablement. Leur mue paraît simple.

Les Albatros habitent les mers australes et l'océan Pacifique septentrional.

(1) *Annales des sciences naturelles*, 1826, t. VIII, p. 94.

Deux des espèces connues se montrent accidentellement dans les mers d'Europe.

Observation. Le genre *Diomedea* est aujourd'hui accepté comme européen par beaucoup d'ornithologistes. Les auteurs qui se sont refusés à l'admettre comme tel, allèguent que les Albatros observés sur nos côtes étaient des individus capturés au loin, et rendus à la liberté au moment de l'entrée dans nos ports des navires sur lesquels on les retenait. Mais on a trop d'exemples de captures faites sur plusieurs points de nos mers, pour que cette supposition soit valable. Au surplus M. de Dompière d'Hornois, ancien officier de marine, considère comme probable l'apparition d'Albatros en Europe. Cet officier en a souvent vu d'égarés dans l'océan Atlantique, par suite de tempêtes, jusqu'au 5ᵉ ou 6ᵉ degrés de latitude sud. Ces Albatros, ainsi égarés, s'attachaient avec opiniâtreté à suivre son navire, et se nourrissaient de toutes les immondices que l'on jetait à la mer. Il a vu le même oiseau le suivre des journées entières sans s'effrayer ni de la manœuvre, ni des coups de fusil. « Je regarde comme « très-plausible, dit-il (*in* : *Litt.* à Degland), que des Albatros ainsi égarés par- « viennent, à la suite d'un navire, jusqu'à la limite septentrionale des vents « alizés (20ᵉ ou 25ᵉ degrés de latitude nord), et que là, emportés par des coups « de vent du sud-ouest, et se retrouvant d'ailleurs dans une zone tempérée, « plus appropriée à leur nature que la zone torride, ils remontent ensuite de « proche en proche jusqu'à nos côtes septentrionales. » A l'appui de la manière de voir de M. de Dompière d'Hornois les exemples fournis par d'autres oiseaux ne manqueraient pas. L'apparition d'Albatros en Europe n'est du reste pas plus étonnante que celle de beaucoup d'autres espèces douées d'une puissance de vol bien moins considérable, surtout s'il est vrai que ces oiseaux, que l'on a regardés pendant longtemps comme exclusivement propres à l'hémisphère austral, se trouvent aussi dans l hémisphère boréal, et qu'ils fréquentent régulièrement chaque année, vers la fin de juin, les côtes du Kamtschatka, de l'île de Behring, la mer d'Okhotsk et l'archipel des îles Kuriles.

415 — ALBATROS HURLEUR — *DIOMEDEA EXULANS* Linn.

Les plus grandes des rémiges primaires, sur l'aile fermée, dépassant les plus grandes cubitales de quatre centimètres environ ; bec long, épais et jaunâtre ; pieds rougeâtres ; queue très-courte et arrondie.

Taille : 1ᵐ,70 *environ.*

Diomedea exulans, Linn. *S. N.* (1766), t. I, p. 214.
Plautus albatrus, Klein, *Hist. Av. Prodr.* (1750), p. 148.
Albatrus, Briss. *Ornith.* (1760), t. VI, p. 126.
Diomedea spadicea, Gmel. *S. N.* (1788), t. I, p. 567.
Diomedea adusta, Tschudi, *Journ. Ornith.* (1856), p. 157.

Buff. *Pl. enl.* 237, *adulte* sous le nom d'*Albatros du cap de Bonne-Espérance*.
Vieill. *Gal. des Ois.* pl. 293, *âge intermédiaire.*

Mâle et femelle adultes : Tête, cou, dessus du corps et sus-caudales blancs, plus ou moins marqués de fines raies noires transversales, vermiculées ou en zigzags ; dessous du corps et de la queue blanc, sans taches ; couvertures supérieures des ailes d'un brun noir, bordées de blanc ; rémiges primaires avec la tige d'un blanc jaune dans la plus grande partie de son étendue et brune vers la pointe ; queue d'un blanc pur ou blanche, avec des taches brunes sur les pennes latérales ; bec d'un blanc jaune, avec l'onglet de teinte orange rouge ; pieds incarnats.

A un âge moins avancé : Dessus de la tête d'un gris tirant sur le roux ; le reste de la tête, le cou et toutes les parties inférieures, blancs ; dos et scapulaires d'un brun roussâtre rayé transversalement de noirâtre, et varié de taches de même couleur ; croupion et sus-caudales roussâtres ; rectrices d'un gris cendré ou d'un brun noirâtre comme les rémiges.

Jeunes : Tout le plumage d'un brun noir, ou d'un brun tirant sur le roux, avec la tête, la queue, les ailes d'un brun noir ; pieds noirâtres.

Nota. Le plumage de cette espèce varie considérablement. M. Marion de Procé, qui a observé à la fois plus de deux cents individus, parmi lesquels huit furent abattus à coups d'aviron en moins d'un quart d'heure, affirme n'en avoir pas vu deux qui portassent exactement les mêmes couleurs. Les uns étaient entièrement roux ; les autres avaient le dos roux, avec la tête et le ventre blancs ; d'autres étaient bruns, avec la face et le dessous de l'aile du plus beau blanc ; plusieurs avaient seulement le dos gris ; quelques-uns, enfin, étaient tout blancs. Une telle diversité est probablement en partie dépendante de l'âge : M. Marion de Procé ne le croit cependant pas, et il fonde son opinion sur ce que tous les individus qu'il a observés étaient de même taille, ce qui ne démontre pas qu'ils fussent du même âge.

L'Albatros hurleur, connu aussi sous le nom vulgaire de *Mouton du Cap*, habite l'hémisphère austral, principalement les mers situées entre le 30e et le 45e degré de latitude sud. Il est commun aux approches du cap Horn et du cap de Bonne-Espérance, et s'égare accidentellement en Europe.

Brünnich, dans une note de son *Ornithologia Borealis* (1764, p. 31) cite comme ayant été tué en Norwége, un *Diomedea exulins*, dont la tête et les pieds étaient conservés au Musée royal de Copenhague.

Un individu de la même espèce a été tué, près de Dieppe, par un douanier garde-côte qui le vendit, pour être mangé, à un cultivateur. Celui-ci, frappé de la physionomie extraordinaire de l'oiseau, lui coupa la tête et les pattes qu'il porta à M. Hardy. Nous les avons vues dans sa collection.

Boie, d'après une communication de M. Drapiez, rapporte dans l'*Isis* pour 1835 (p. 259) qu'un autre individu a été abattu à coups de rames près d'Anvers, en septembre 1833.

Enfin, dans l'ouvrage intitulé : *La chasse au fusil* (1788, p. 545), il est question de la capture de trois autres individus faite près de Chaumont, en novembre 1758.

L'Albatros hurleur, selon M. Dougal-Carmichael, qui a observé cet oiseau sur l'île Tristan d'Acunha, à l'époque de la reproduction, niche à terre, dans un petit enfoncement et pond un seul œuf, blanc, très-gros, très-oblong et d'égale grosseur aux deux extrémités.

Les petits ne sont nullement effrayés de la présence de l'homme : ils ne se défendent pas autrement de ses attaques qu'en lançant de leur estomac une grande quantité d'huile fétide ; et les vieux, en mer, ne manifestent à son aspect pas plus de crainte. M. Marion de Procé raconte qu'ils se trouvèrent, par le 34° de latitude sud et le 91° de longitude orientale, au milieu d'un grand nombre d'Albatros hurleurs, occupés à dépecer le cadavre d'un énorme cétacé. « Les uns, dit-il, volaient majestueusement autour de notre navire ; « d'autres, reposés sur l'eau, le regardaient passer avec indifférence ; quel- « ques-uns s'enfuirent, mais la plupart restèrent autour du cadavre, sans pa- « raître s'apercevoir de notre passage. Le canot mis à la mer, nous fûmes « bientôt au milieu des Albatros : là nous pûmes choisir nos victimes. On les « eût pris à la main, si on n'avait pas craint leurs morsures ; mais pour éviter ce « danger, nous les étourdissions d'un coup d'aviron. » Il ajoute que les Albatros posés sur l'eau ne réussissent à prendre leur essor qu'après avoir couru sur les flots l'espace de plus de quarante à soixante toises, et qu'ils nagent avec une telle vitesse, que plusieurs fois ils ont vainement essayé d'atteindre à force de rames ceux qu'ils avaient blessés.

Le cri de cet oiseau, que l'on a comparé au braiement de l'âne, tiendrait à la fois, d'après M. Marion de Procé, du grognement du cochon et du hennissement du cheval.

414 — ALBATROS CHLORORHYNQUE
DIOMEDEA CHLORORHYNCHOS
Gmel.

Les plus grandes des rémiges primaires, sur l'aile pliée, dépassent les plus grandes cubitales de six à sept centimètres; bec médiocre, très-comprimé, noir, avec l'arête de la mandibule supérieure d'un jaune orangé; pieds jaunes; queue un peu cunéiforme.

Taille : 0^m,70 *environ.*

DIOMEDEA CHLORORHYNCHOS, Gmel. *S. N.* (1788), t. I, p. 568.
Lath. *Syn. Av.* t. III, pl. 94.
Temm. et Laug. *Pl. col.* 468.

Mâle et femelle adultes : Dessus de la tête, devant du cou, parties
inférieures du corps, croupion, sus et sous-caudales, d'un blanc pur ;
espace entre l'œil et le bec cendré ; nuque et côtés du cou d'un cendré pur ;
dos et couvertures supérieures des ailes d'un brun cendré noirâtre,
plus foncé sur les dernières ; rémiges primaires d'un brun noirâtre,
avec la plus grande partie des baguettes d'un blanc jaunâtre ; queue
d'un brun noirâtre, comme les rémiges ; bec noir, avec une bande
médiane jaune en dessus, de la base à la pointe ; pieds d'un blanc jaunâtre, passant au noirâtre en avant.

Les *jeunes* et les *individus à, plumage intermédiaire* ne nous sont
pas connus.

L'Albatros chlororhynque habite les mêmes mers que le précédent, et s'é-
gare très-accidentellement en Europe.

D'après une note de M. Esmark insérée dans le *Nyt. Magazin for Naturvidensk*
pour 1838 (t. I, p. 256), deux individus de cette espèce ont été tués près de
Kongsberg, en Norwége, au mois d'avril 1837.

L'Albatros chlororhynque niche en compagnie de quelques-uns de ses congénères dans l'île Tristan d'Acunha, située au 35ᵉ degré de latitude sud. M. Dou-
gal Carmichael dit qu'il construit avec de la boue un nid de forme pyrami-
dale, tronqué au sommet, qui est creux, et haut de 28 à 35 centimètres. La
ponte est d'un seul œuf, semblable à celui de l'Albatros hurleur, mais plus
petit.

SOUS-FAMILLE LXXIV

PROCELLARIENS — *PROCELLARINÆ*

PROCELLARINÆ, G. R. Gray, *List Gen. of B.* (1841).|

*Narines s'ouvrant à l'extrémité d'un tube unique ou de deux
tubes adossés et situés en avant du front, au-dessus de la mandibule supérieure ; un ongle à la place du pouce.*

GENRE CCXI

PÉTREL — *PROCELLARIA*, Linn.

Procellaria, Linn. *S. N.* (1735).
Fulmarus et Daption, p. Steph. in : Shaw, *Gen. Zool.* (1825).
Rhantistes, Kaup, *Nat. Syst.* (1829).

Bec plus court que la tête, épais, droit, renflé à la base, un
peu comprimé, robuste et très-crochu à l'extrémité ; mandibule
supérieure garnie sur son bord interne de lamelles courtes et
obliques ; mandibule inférieure creusée en gouttière, tronquée
subitement et formant un angle à son extrémité ; narines réunies
en un seul orifice et séparées intérieurement par une cloison
mince ; ailes allongées, sur-aiguës ; queue courte, conique ou
arrondie, composée de quatorze rectrices ; jambes très-peu
dénudées ; tarses médiocres, comprimés, réticulés ; doigts antérieurs réunis par de larges palmures entières ; le médian, y
compris l'ongle, plus long que le tarse ; ongles recourbés,
creusés en dessous ; pouce remplacé par un ongle très-aigu,
court et conique.

Les Pétrels ont une grande puissance de vol et aiment les mers agitées. On
ne les voit à terre que la nuit et durant l'époque des pontes. En tout autre
temps ils sont en mer et se transportent quelquefois à de très-grandes distances
du rivage. C'est vers le soir, et surtout à l'approche des tempêtes, qu'on les voit
s'agiter et voler en tous sens. Leur vol s'exécute toujours en planant : ils ne
battent des ailes que pour s'élever. Jamais ils ne plongent : c'est à peine s'ils
enfoncent la tête dans l'eau lorsqu'ils veulent saisir une proie submergée.
Leur nourriture consiste principalement en mollusques, en crustacés pélagiens,
et, dit-on, en cétacés et en poissons morts.

Le mâle et la femelle portent le même plumage. Les jeunes en diffèrent
assez. Leur mue paraît simple.

Ce genre est représenté en Europe par trois espèces qui, vu la forme de la
queue et l'étendue du tube nasal, nous semblent pouvoir constituer deux
groupes.

A — *Espèces dont la queue est arrondie, et chez lesquelles le tube
nasal égale en longueur à peu près la moitié du bec.*

415 — PÉTREL GLACIAL — *PROCELLARIA GLACIALIS*
Linn.

Dessus du corps, des ailes et queue, cendrés; tout le reste du plumage blanc (adultes en été), ou d'un gris clair à la tête et au cou (adultes en hiver et jeunes); baguette des grandes rémiges d'un jaune ocreux à la base; extrémité du bec jaune à tous les âges.

Taille : 0ᵐ,43.

PROCELLARIA GLACIALIS, Linn. *S. N.* (1766), t. I, p. 213.
PROCELLARIA CINEREA, Briss. *Ornith.* (1760), t. VI, p. 143.
FULMARUS GLACIALIS, Steph. in : Shaw, *Gen. Zool.* (1825), t. XIII, p. 234.
RHANTISTES GLACIALIS, Kaup, *Nat. Syst.* (1829), p. 105.
PROCELLARIA HIEMALIS, Brehm, *Hand. Nat. Vög. Deuts.* (1831), p. 800.
Buff. *Pl. enl.* 59, *adulte,* sous le nom de *Petrel de l'île de Saint-Kilda.*
Naum. *Vög. Deuts.* pl. 276, fig. 1, *mâle;* 2, *fem.* 3, *jeune.*

Mâle et femelle adultes, en été : Tête et cou d'un blanc pur, avec une tache brunâtre au-devant des yeux; dessus du corps d'un cendré bleuâtre; sus-caudales, dessous du corps et sous-caudales d'un beau blanc; couvertures supérieures des ailes d'un cendré bleuâtre un peu plus foncé que celui du manteau; rémiges d'un brun cendré; queue colorée en dessus comme le dos, mais d'une teinte plus claire; bec jaune, teinté d'orange sur le tube nasal; pieds nuancés de bleuâtre et de jaune; iris brun.

Mâle et femelle adultes, en automne et en hiver : Ils ont la tête et le cou teintés de cendré clair; les parties supérieures du corps et les ailes d'un cendré plus foncé.

Jeunes de l'année avant la mue : Ils ont la tête, le cou, d'une teinte cendré clair comme les adultes en automne, et les plumes du dos et surtout des ailes faiblement bordées de gris.

Le Pétrel glacial ou fulmar habite les mers polaires et les îles septentrionales de la Grande-Bretagne.

Il se montre accidentellement en Hollande, en Belgique, en France et même en Suisse.

On le rencontre de loin en loin sur les côtes du nord de la France, à la suite de tempêtes, ordinairement mort ou mourant.

Il niche dans les trous des rochers, et ne pond qu'un seul œuf d'un blanc pur, sans taches, qui conserve pendant très-longtemps, lorsqu'il est vide, une odeur particulière qui rappelle un peu celle du musc (1). Cet œuf mesure :

Grand diam. 0^m,067 ; petit diam. 0^m,050.

Le Pétrel fulmar se nourrit principalement de mollusques et de cétacés morts.

Dans les mers polaires, où l'espèce abonde, on le voit à des distances immenses de la terre. Les habitants de la baie de Baffin et d'Hudson le salent et s'en nourrissent, quoique sa chair ne soit pas des plus délicates.

416 — PÉTREL DU CAP — *PROCELLARIA CAPENSIS* Linn.

(Type du genre *Daption*, Steph.)

Dessus du corps et des ailes blanc, varié de taches noires, qui occupent l'extrémité des plumes ; rémiges secondaires noires à l'extrémité, blanches sur les barbes internes et externes ; rectrices noires sur le tiers postérieur, blanches dans le reste de leur étendue ; pieds noirs.

Taille : 0^m,33 environ.

PROCELLARIA CAPENSIS, Linn. *S. N.* (1766), t. I, p. 213.
PROCELLARIA NÆVIA, Briss. *Ornith.* (1760), t. VI, p. 146.
DAPTION CAPENSIS, Steph. in : Shaw. *Gen. Zool.* (1825), t. XIII.
Buff. *Pl. enl.* 964, sous le nom de *Damier*.

Mâle et femelle adultes : Tête, menton et partie supérieure du cou d'un cendré noirâtre ; dos, croupion, scapulaires, sus et sous-caudales blancs, variés de taches noirâtres qui occupent l'extrémité des plumes ; partie inférieure du cou, poitrine, abdomen et flancs blancs, avec quelques petites taches noirâtres sur les côtés de la région inférieure du cou et sur les flancs ; petites couvertures supérieures de l'aile noirâtres ; les moyennes et les grandes variées de blanc et de noirâtre, cette dernière couleur, sur les couvertures les plus rapprochées du corps, occupant l'extrémité des plumes ; première et deuxième rémiges primaires noires, marquées sur les barbes internes d'une grande tache blanche qui occupe les trois quarts de leur longueur à partir de la base ; toutes les autres, ainsi que les rémiges secondaires blanches à la base sur les

---

(1) L'œuf du Pétrel glacial n'est pas le seul qui exhale une pareille odeur : celui des autres Procellarides est à peu près dans le même cas. Des œufs de plusieurs espèces que nous possédons ne l'ont pas encore tout à fait perdue, quoique la plupart soient vides depuis plus de quinze ans.

barbes externes et internes, et noires à l'extrémité ; cette dernière teinte, occupant d'autant moins d'espace que la plume est plus rapprochée du corps ; rectrices blanches, de la base aux deux tiers de leur étendue, ensuite d'un brun noir ; sur les deux médianes le blanc est remplacé par du cendré clair ; bec noir ; pieds noirâtres, quelquefois glacés de jaunâtre ; iris d'un brun noir.

Jeunes : Tête, dessus et côtés du cou, dos, gorge d'un gris noirâtre passant au gris-brun clair sur la gorge, lavé de roussâtre sur les parties inférieures et latérales du cou ; petites et moyennes couvertures supérieures des ailes brunes, avec des bordures plus claires grises et roussâtres ; scapulaires, croupion, sus-caudales blanches, terminées par une grande tache noirâtre ; rémiges et rectrices d'un brun noir sur la moitié postérieure ; le reste des grandes pennes et du plumage comme chez les adultes.

Le Pétrel du cap, que l'on nomme aussi *Pétrel damier*, habite l'hémisphère austral, entre les 30e et 45e degrés de latitude ; il est surtout commun sur les côtes de l'Afrique méridionale, aux environs du Cap, et s'égare très-accidentellement sur nos mers d'Europe.

Un individu de cette espèce a été tué près d'Hyères, en octobre 1844, par feu M. Besson, naturaliste préparateur dans cette ville. M. Jouffiel de Draguignan, qui en a été le premier possesseur, l'a cédé plus tard à M. Barthélemy-Lapommeraie, pour le Cabinet d'histoire naturelle de Marseille, où il figure aujourd'hui parmi les raretés ornithologiques que le savant directeur du Muséum y a rassemblées. Du reste, cette capture ne serait pas la seule que l'on aurait faite en France. D'après les indications de M. J. Verreaux, deux autres individus auraient été tués vers 1825 sur les bords de la Seine près de Bercy (1).

Son mode de nidification et son œuf nous sont inconnus.

B — *Espèces dont la queue est conique, et chez lesquelles le tube nasal égale environ le tiers du bec.*

(1) M. Degland avait signalé ce fait dans une note de son *Catalogue des oiseaux observés en Europe* (1830, p. 305), mais il n'avait pas cru, sur un simple renseignement, devoir admettre la *Procellaria capensis* au nombre des oiseaux accidentellement européens. L'apparition incontestable de cette espèce dans la Méditerranée, donne une certaine valeur aux indications fournies à M. Degland par M. J. Verreaux. Dans tous les cas elle commande de tenir compte d'un fait auquel on n'avait ajouté jusqu'ici qu'une médiocre confiance.

417 — PÉTREL HASITE — *PROCELLARIA HASITATA* Kuhl.

(Type du genre *Estrelata*, Bp.)

Dessus du corps et des ailes d'un brun noirâtre nuancé; rémiges secondaires brunes sur les barbes externes et à l'extrémité, blanchâtres sur les barbes internes; rectrices moitié brunes, moitié blanches; tarses jaunâtres; doigts et palmures noirâtres sur les deux tiers antérieurs, jaunâtres sur le tiers postérieur.

Taille : 0ᵐ,35 à 0ᵐ,38.

PROCELLARIA HASITATA, Kuhl (nec Forst.). *Beitr. Zool. Procellar.* (1820), p. 142.

PROCELLARIA L'HERMINERI Less. *Rev. Zool.* (1839), t. II, p. 102.

PROCELLARIA DIABOLICA, L'Herminier, in : Bp. *Consp. Gen. Av.* (1857), t. II, p. 188.

ÆSTRELATA DIABOLICA, Bp. *Cat. Parzud.* (1855), p. 11.

Temm et Laug. *Pl. col.* pl. 416.

Mâle et femelle adultes : Dessus de la tête, dos, croupion, dessus des ailes, régions péri-ophthalmiques d'un brun noirâtre, glacé de gris, surtout au dos, sur les moyennes et les grandes couvertures supérieures des ailes, et varié de petites taches blanches au-devant des yeux; rémiges noirâtres sur les barbes externes et sur la plus grande étendue des barbes internes; celles-ci blanchâtres ou grisâtres à la base de la plume; rectrices d'un brun noirâtre dans la moitié postérieure, blanches dans la moitié antérieure; tout le reste du plumage d'un blanc parfait, avec quelques petites taches brunes sur le milieu du front et une teinte gris-brunâtre clair au milieu de la région cervicale; bec noir; les deux tiers antérieurs des doigts et des palmures noirâtres, le reste jaunâtre. ainsi que les tarses et la partie nue des jambes; iris brun noir.

Le Pétrel hasite, qu'on a quelquefois nommé *le Diable*, habite principalement les mers des Indes et s'égare accidentellement en Europe.

Il a été observé sur les côtes de l'Angleterre et de la France. Le Muséum de Boulogne-sur-Mer possède un pétrel hasite, donné jadis par un chasseur du pays, décédé depuis longtemps. M. le secrétaire de cet établissement, qui a bien voulu nous donner ce renseignement, ajoute que ce spécimen, selon toute probabilité, a été rencontré dans les environs de Boulogne, mais que, depuis, l'espèce ne s'y est plus montrée.

Nous ne connaissons ni son œuf ni son mode de nidification.

GENRE CCXII

PUFFIN — *PUFFINUS*, Briss.

Procellaria, p. Linn. *S. N.* (1735).
Puffinus, Briss. *Ornith.* (1760).
Nectris, Forster, in : Kuhl, *Beitr. Zool. Procellar.* (1820).
Cymotomus, Macgill. *Man. Nat. Hist. Orn.* (1842).
Ardenna et Puffinus, Reich. *Syst. Av.* (1844).

Bec de la longueur de la tête ou un peu plus long, grêle, droit, déprimé et large à la base, très-comprimé et crochu à l'extrémité ; mandibule inférieure pointue et courbée en bas dans le sens de la mandibule supérieure ; narines ovales, distinctes, séparées par une cloison épaisse ; ailes allongées, étroites, sur-aiguës ; queue médiocre, le plus souvent arrondie, rarement cunéiforme ; tarses médiocres, comprimés, réticulés ; doigt médian, y compris l'ongle, de la longueur du tarse ou un peu plus court ; ongles recourbés, comprimés.

Les Puffins diffèrent essentiellement des Pétrels par leur mandibule inférieure terminée en pointe, et par leurs narines ouvertes à l'extrémité de deux tubes distincts. Ils ont d'ailleurs les mœurs générales de ceux-ci, et ne paraissent s'en distinguer que par des habitudes un peu plus nocturnes. Ils cherchent plus particulièrement leur nourriture au crépuscule et dans les nuits éclairées ; le jour, ils se tiennent le plus souvent cachés dans les trous des rochers. Leur nourriture consiste en vers, en mollusques et en petits crustacés pélagiens.

Le mâle et la femelle portent à peu près le même plumage, et les jeunes s'en distinguent peu. Leur mue est simple.

Six espèces sont propres aux mers de l'Europe, ou y font des apparitions accidentelles.

418 — PUFFIN CENDRÉ — *PUFFINUS CINEREUS*

Bec, du front à la pointe, aussi long que le doigt interne ; ailes plus longues que la queue ; bec et pieds jaunes ; sus-caudales brunes, sous-caudales blanches ; flancs et région anale blancs ; longueur des tarses, 0ᵐ,05.

Taille : 0ᵐ,49.

PROCELLARIA PUFFINUS, p. Temm. (nec. Linn.) *Man.* (1820), t. II, p. 830.
PROCELLARIA CINEREA, Kuhl, *Beitr. Zool. Procellar.* (1820), p. 148.
PUFFIN CENDRÉ, G. Cuv. *Règ. Anim.* (1829), t. I, p. 554.
PROCELLARIA KUHLII, Boie, *Isis* (1835), p. 257.
PUFFINUS KUHLII, Bp. *Consp. Gen. Av.* (1857), t. II, p. 202.
Buff. *Pl. enl.* 962 *jeune.*
Kuhl, *Monogr. Procel.* pl. XI, fig. 12.

Mâle et femelle adultes : Dessus de la tête, du cou, du corps et sus-caudales d'un cendré brun, avec les plumes du dos et quelquefois les sus-caudales bordées d'une teinte plus claire; gorge, devant du cou, poitrine, abdomen et sous-caudales d'un blanc pur sans taches ; joues et côtés du cou cendrés ; couvertures supérieures des ailes d'un brun noir, tranchant avec les teintes des parties supérieures ; rémiges et rectrices d'un brun noir ; dessous de l'aile en grande partie blanc; bec jaunâtre, à pointe brune ; pieds d'un jaune livide ; iris noirâtre.

Jeunes : Ils ont le dessus de la tête, les joues et le dos d'un brun plus foncé que les adultes, ou d'un gris ardoise; les parties inférieures d'un blanc moins pur ; le bec noirâtre et les pieds bleuâtres.

Les *petits*, en naissant, sont couverts d'un épais duvet gris cendré clair.

Le Puffin cendré habite la Méditerranée et quelques points de l'océan Atlantique.

On le trouve dans les mers de la Provence, en Corse, en Sicile, en Sardaigne, dans l'Adriatique, dans l'Archipel grec, sur les côtes de la Barbarie, etc. On l'a observé aussi au Groënland et aux îles Canaries.

Il se reproduit sur les îles qui avoisinent Marseille, Toulon, Hyères, niche dans les trous des rochers, et pond sur le sol, sans aucune préparation, un œuf gros, assez court, et d'un blanc pur et sans taches, ou d'un blanc lavé de grisâtre. Il mesure :

Grand diam. 0^m,070 environ ; petit diam. 0^m,047.

La femelle seule couve : aussitôt après l'éclosion, elle abandonne le nid, cherche un autre gîte dans un trou des environs, et ne vient visiter son petit que la nuit, pour lui apporter de la nourriture.

Cette espèce se nourrit principalement de poissons, de mollusques et de crustacés pélagiens, qu'elle saisit à la surface de l'eau. Elle se montre surtout à l'approche des tempêtes et pendant le crépuscule du soir et du matin.

419 — PUFFIN MAJEUR — *PUFFINUS MAJOR*
Faber.

Bec, du front à la pointe, plus court que le doigt interne ; ailes plus longues que la queue ; bec noirâtre ; pieds grisâtres ou bru-

nâtres ; sus-caudales d'un brun cendré, bordé de blanchâtre ; la plupart des sous-caudales brunes, plus ou moins bordées de blanc ; flancs et côtés de la région anale bruns ; longueur des tarses, 0ᵐ,056 *à* 0ᵐ,058.

Taille : 0ᵐ,62.

Puffinus major, Faber, *Prodr. der Island.* (1822), p. 56.
Ardenna major, Reich. *Syst. Av.* (1844), pl. 14, fig. 770.
Gould, *Birds of Eur.* p. 445, t. I.

Mâle et femelle en juillet : Dessus de la tête, haut et bas de la nuque d'un cendré noirâtre ; partie moyenne de la nuque d'un blanc très-légèrement nuancé de cendré ; dos brun noir, avec le bord des plumes d'un cendré plus ou moins clair ; sus-caudales antérieures comme le dos ; sus-caudales postérieures blanches, avec des taches cendrées sur le milieu de leur étendue ; gorge, devant et côtés du cou, poitrine et abdomen d'un blanc pur, avec le milieu du ventre et les sous-caudales plus ou moins lavés de brun de plomb ; flancs variés de larges taches isolées brunes ; couvertures supérieures des ailes et scapulaires pareilles au manteau ; rémiges et rectrices noirâtres ; bec noir, moins foncé en dessus ; pieds gris-blanchâtre ; ongles jaunâtres ; iris brun.

Nota. D'après les observations de M. Hardy, la mue du Puffin majeur a lieu en septembre. Après la mue, le brun noir des parties supérieures est plus pur, les scapulaires et les couvertures supérieures des ailes sont largement frangées de gris ; ces bordures s'usent au printemps, et en été il n'en reste que des traces. A cette époque aussi les parties noirâtres du plumage deviennent brunes, et la plaque gris de plomb du ventre s'altère à son tour et disparaît même presque complétement sur quelques individus. Ce sont surtout des femelles qui présentent cette atténuation de la tache ventrale.

Jeunes : Les teintes des parties supérieures sont moins pures, chaque plume étant bordée de gris sombre, et le blanc des parties inférieures est lavé de brunâtre.

Le Puffin majeur habite l'océan Atlantique, principalement l'Islande, le Labrador, l'Afrique occidentale, le cap de Bonne-Espérance et Terre-Neuve, où il est si abondant, à certaines époques de l'année, que les pêcheurs de morue le prennent par milliers.

Il se montre accidentellement dans la Grande-Bretagne et sur plusieurs autres points des côtes de l'Europe occidentale. M. Hardy l'a tué près de Dieppe.

Propagation inconnue (1).

420 — PUFFIN DES ANGLAIS — *PUFFINUS ANGLORUM*
Boie ex Gmel.

Bec, du front à la pointe, plus court que le doigt interne ; ailes plus longues que la queue ; bec brun-noirâtre ; doigt externe et face postérieure du tarse noirâtres ; palmures jaunâtres ou d'un gris livide, veiné de brun ; sus-caudales noires ; sous-caudales blanches, les latérales bordées extérieurement de noir ; flancs blancs ; longueur des tarses, 0^m,043 à 0^m,046.

Taille : 0^m,35.

PUFFINUS ANGLORUM, Ray, *Syn. Av.* (1713), p. 134.
PUFFINUS, Briss. *Ornith.* (1760), t. VI, p. 131.
PROCELLARIA PUFFINUS, Brünnich, *Ornith. Bor.* (1764), p. 29.
PROCELLARIA ANGLORUM, Kuhl, *Beitr. Zool. Procellar.* (1820), p. 146.
PUFFINUS ARCTICUS, Faber, *Prodr. der Island.* (1822), p. 56.
NECTRIS PUFFINUS, Keys. et Blas. *Wirbelth.* (1840), p. 94.
Naum. *Vög. Deuts.* pl. 277, t. I et II.
Gould, *Birds of Eur.* pl. 443.

Mâle et femelle adultes : Dessus et côtés de la tête, dessus du cou et tout le reste des parties supérieures d'un brun noir lustré ; dessous du cou et du corps d'un blanc pur, avec les côtés de la région anale et les barbes externes des sous-caudales latérales d'un brun noirâtre ; bas du cou, sur les côtés, varié de taches noirâtres en croissants ; ailes et queue de la couleur du manteau ; bec brun noirâtre, surtout à la base de la mandibule inférieure ; pieds jaunâtres ou d'un jaune livide, avec la face postérieure des tarses et le doigt externe d'un brun noirâtre plus ou moins foncé, et les palmures veinées de brun ; iris brun-noir, suivant Graba.

Jeunes : Toutes les parties supérieures d'un brun unicolore ; parties inférieures blanches, avec les sous-caudales, les régions anale et fémorales, variées de brun et de gris, et les plumes des côtés du cou et des flancs finement bordées de gris cendré à l'extrémité.

_____

(1) C'est par inadvertance, sans doute, que Temminck a laissé imprimer que cette espèce nichait par milliers sur les bancs de Terre-Neuve, ces bancs étant à 20 et 30 brasses de profondeur.

Le Puffin des Anglais habite les mers septentrionales de l'Europe et de l'Amérique, et une partie des côtes occidentales de l'Afrique.

Il est très-commun à Terre-Neuve, aux îles Féroé; on l'observe fréquemment au nord de la Grande-Bretagne, et assez souvent sur nos côtes occidentales de l'Océan. Il est accidentellement de passage dans la Méditerranée.

Il niche dans les trous des rochers, et ne pond qu'un seul œuf d'un blanc pur, sans taches. Il mesure :

Grand diam. 0ᵐ,057; petit diam. 0ᵐ,040.

Observation. Bonelli a indiqué sous le nom de *Procellaria Baroli* un Puffin de la Méditerranée, que M. Schlegel identifie au *Puff. Anglorum*, tandis que le prince Charles Bonaparte en a fait une espèce distincte de celle-ci. Nous avons examiné au Muséum d'histoire naturelle de Paris les deux *Baroli* (l'un de la Sardaigne, l'autre des îles Canaries) qui ont servi à établir la diagnose de cet oiseau dans le *Conspectus Generum Avium*, et il est résulté, pour nous, de cet examen, que le prétendu *Puff. Baroli*, très-voisin du *Puff. Anglorum* est plus voisin encore du *Puff. Yelkouan*, par ses régions crurales plus brunes que noires; par ses flancs nuancés de cendré, et surtout par ses sous-caudales latérales à barbes internes grises ou piquetées de gris, à barbes externes brunes, sur l'échantillon apporté des îles Canaries par M. Berthelot. Sur le spécimen de la Sardaigne, ces mêmes sous-caudales ne sont pas aussi franchement grises sur les barbes internes, cette teinte étant, sur quelques-unes, nuancée de brun. Celui-ci a d'ailleurs le bec un peu plus épais que celui-là, mais ces différences individuelles sont assez fréquentes chez toutes les espèces du genre. Quoi qu'il en soit, il nous semble, sans que nous osions toutefois l'affirmer, que c'est au *Puff. Yelkouan* plutôt qu'au *Puff. Anglorum* que le *Baroli* doit être identifié : c'est aux personnes qui auraient un plus grand nombre d'échantillons de tous les âges à comparer, à nous dire quelle est réellement l'espèce à laquelle il faut le rapporter.

421 — PUFFIN YELKOUAN — *PUFFINUS YELKOUAN*
Bp. ex Acerbi.

Bec, du front à la pointe, plus court que le doigt interne ; ailes plus longues que la queue, grises ou piquetées de gris sur les barbes internes, brunes sur les barbes externes ; bec brun-verdâtre, à base de la mandibule inférieure largement blanchâtre ; palmures et doigts blanchâtres en dessus, lisérés de noir extérieurement et en dessous ; sus-caudales brun-noir ; sous-caudales médianes blanches, les latérales gris foncé ; côtés de l'abdomen lavés de gris ; longueur des tarses, 0ᵐ,045 à 0ᵐ,048.

Taille : 0ᵐ,27 à 0ᵐ,28.

PROCELLARIA YELKOUAN, Acerbi, *Bibliotheca italiana* (août 1827), p. 294.

PUFFINUS ANGLORUM, Nordm. *Cat. Rais. des Ois. de la Faun. Pont.* (1839), p. 282.
PUFFINUS YELKOUAN, Bp. *Consp. Gen. Av.* (1857), t. II, p. 205.

Mâle et femelle adultes : Dessus de la tête, du cou, de tout le corps, des ailes et de la queue, d'une couleur brunâtre, paraissant veloutée, moins foncée sur le cou que sur le dos ; parties inférieures de la tête, du cou, du corps, des ailes et de la queue d'un blanc pur, avec les sous-caudales latérales d'un gris uniforme ou piquetées de gris et quelquefois de gris brun sur les barbes internes, brunes sur les barbes externes, et les côtés de la région crurale teintés de même ; bec d'un brun ver-dâtre ; mandibule inférieure avec une espèce de fourreau blanchâtre qui, de la base, s'avance à 8 ou 9 millimètres de l'extrémité ; mem-branes interdigitales et doigts blanchâtres en dessus, bordés de noir extérieurement et en dessous ; iris blanchâtre.

Les *jeunes* ne nous sont pas connus.

Cette espèce habite la mer Noire, le Bosphore, l'Archipel grec et s'avance jusqu'en Sardaigne, d'où la Marmora, suivant M. Salvadori, l'a rapporté en 1823. Elle doit très-probablement aussi se rencontrer au voisinage des autres îles de la Méditerranée et sur les côtes de Barbarie.

D'après Acerbi, le Puffin Yelkouan se reproduit sur les îles des Princes, vis-à-vis de Constantinople, et sur les côtes de la mer Noire. Tout porte à croire que son œuf est d'un blanc pur comme celui du Puffin des Anglais, mais d'une taille moindre.

Observation. Il nous semble que l'on peut rapporter à cette espèce le Puffin que M. Nordmann inscrit dans son *Catalogue raisonné de la Faune Pon-tique,* sous le nom de *Puffinus Anglorum,* par la raison que ce Puffin a des pal-mures blanches comme l'Yelkouan et qu'il habite les mêmes lieux. M. Nord-mann, en effet, le dit très commun dans la mer Noire et le Bosphore, c'est-à-dire là même où Acerbi a fréquemment observé son *Puff. Yelkouan,* et où nous ne sachions pas que le *Puff. Anglorum* ait été rencontré en grand nom-bre. Du reste, l'espèce d'Acerbi a de si grands rapports soit avec ce dernier, soit avec le *Puff. obscurus,* qu'elle peut avoir été confondue, soit avec l'un, soit avec l'autre. Elle ne se distingue bien du *Puff. Anglorum,* que par la couleur du bec, des palmures, des flancs et des sous-caudales latérales ; du *Puff. obscu-rus,* que par une aile beaucoup plus longue, des palmures des flancs et des sous-caudales autrement colorées.

422 — PUFFIN OBSCUR — *PUFFINUS OBSCURUS*
Boie ex Gmel.

Bec, du front à la pointe, plus court que le doigt interne ; ailes plus courtes que la queue ; bec noir, avec les côtés bruns ; doigts jaunâtres; palmures jaune orange; sus-caudales et sous-caudales latérales noires; côtés du jabot variés de brun; longueur des tarses, 0^m,04 *au plus.*

Taille : 0^m,29 *à* 0^m,30.

PROCELLARIA OBSCURA, Gmel. *S. N.* (1788), t. I, p. 559.
PUFFINUS OBSCURUS, Boie, *Isis* (1826), p. 980.
CYMOTOMUS OBSCURUS, Macgill. *Man. Nat. Hist. Orn.* (1842), t. II, p. 13.
NECTRIS OBSCURA, Keys. et Blas. *Wirbelth.* (1840), p. 94.
PUFFINUS OBSCURUS et PUFFINUS NUGAX a *Baillonii*, Bp. *Consp. Gen. Av.* (1857), t. II, p. 204 et 205.
Vieillot, *Gal. des Ois.* pl. 301.
Gould, *Birds of Eur.* pl. 444.

Mâle et femelle adultes : Dessus de la tête, du cou, du corps et sus-caudales d'un brun noir velouté ; cette teinte s'étend, en se fondant, sur les côtés du cou, et y forme des croissants, comme chez le *Puffinus Anglorum;* dessous du cou et du corps d'un blanc pur ; plumes tibiales et sous-caudales latérales d'un noir brun uniforme ; sous-caudales médianes blanches ; moyennes couvertures supérieures de l'aile bordées extérieurement de blanchâtre ; bec couleur de corne sur les côtés, noir dans le reste de son étendue; tarses d'un brun noirâtre clair sur les côtés, plus sombre en avant et en arrière; doigts interne et externe jaunâtres; palmures d'un jaune orangé; ongles noirs ; iris brun noirâtre.

Jeunes : Semblables aux adultes, mais avec le front, les lorums et les joues blanchâtres.

Le Puffin obscur habite le golfe du Mexique, les côtes de la Floride, de la Virginie, des îles Mascaraignes et s'égare accidentellement en Europe.

D'après Macgillivray on l'observe quelquefois au nord des îles Britanniques, et Vieillot l'indique comme ayant été trouvé par M. Baillon sur les côtes de la Picardie. On l'aurait aussi capturé sur les côtes de la Hollande. M. Schlegel fait observer à ce sujet que l'individu sur lequel reposait cette capture ne se trouve plus aujourd'hui dans le Muséum des Pays-Bas.

Son œuf ne nous est pas connu.

425 — PUFFIN FULIGINEUX — *PUFFINUS FULIGINOSUS* Strickland.

Bec, du front à la pointe, plus court que le doigt interne, orangé ou d'un vert olive foncé, à pointe noire; tout le plumage

à teintes fuligineuses ; pieds couleur de chair ; longueur des tarses.
0^m,056 à 0^m,058.

  Taille : 0^m,44 à 0^m,45.

PUFFINUS FULIGINOSUS, Strickl. *Procced. Zool. Soc. Lond.* (1832), p. 129.

PUFFINUS CINEREUS, Smith (nec Auct.), *Illust. Zool. South Afr.* (1840-1845), *Aves,* pl 56.

NECTRIS FULIGINOSA, Keys. et Blas. *Wirbelth.* (1840), p. 94.

PUFFINUS CARNEIPES, Gould, *Procced. Zool. Soc. Lond.* (1841?), t. XII, p. 57.

PUFFINUS MAJOR, p. Temm. *Man.* (1840), 4° part. p. 508.

NECTRIS FULIGINOSA, CARNEIPES et GAMA, Bp. *Consp. Syst. Av.* (1857), t. II, p. 201 et 202.

Gould, *Birds of Eur.* pl. 445, fig. 2, *femelle* sous le nom de *Puffinus cinereus.*

Mâle adulte, en été : Plumage d'un brun enfumé, plus foncé en dessus qu'en dessous, nuancé de gris à la gorge et à la face inférieure des ailes ; bec orangé ou d'un vert olive foncé, avec l'extrémité noirâtre ; tarses bruns en dehors, jaunâtres en dedans ; palmures couleur de chair sur l'oiseau vivant, brunâtres sur l'oiseau en peau.

Mâle adulte, en hiver : Plumage très-satiné et d'un brun plus noirâtre et plus pur ; côtés du cou, gorge et poitrine d'une teinte plus ardoisée. La couleur brun enfumé du plumage d'été résulte en grande partie de l'usure des plumes.

Femelle adulte : Elle ne diffère du mâle que par les teintes gris de plomb ou d'un brun cendré, plus ou moins nuancé, des parties inférieures.

Les *jeunes, avant la première mue,* ne sont pas connus.

Le Puffin fuligineux habite l'océan Atlantique boréal, principalement les environs de Terre-Neuve.

Il se montre accidentellement sur quelques points de l'Europe occidentale, notamment dans les Iles Britanniques, et a été observé plusieurs fois sur nos côtes de la Normandie, aux environs de Dieppe.

Son œuf ne nous est pas connu.

GENRE CCXIII

THALASSIDROME — *THALASSIDROMA,* Vig.

PROCELLARIA, p. Linn. *S. N.* (1748).

HYDROBATES, Boie, *Isis* (1822).

THALASSIDROMA, Vig. *Gen. of B.* (1825).

THALASSIDROMA et OCEANITES, Keys. et Blas. *Wirbelth.* (1840).

Bec plus court que la tête, mince, très-comprimé, très-crochu ; mandibule inférieure un peu courbée en bas à l'extrémité, pointue, à bords très-déclives, rapprochés et formant une gouttière étroite ; narines réunies en un seul orifice et séparées intérieurement par une cloison très-mince ; ailes étroites, aiguës, la deuxième rémige dépassant de beaucoup la première ; queue médiocre, de forme variable et généralement plus courte que les ailes ; jambes plus ou moins nues au-dessus de l'articulation tibio-tarsienne ; tarses grêles, et le plus ordinairement médiocrement allongés.

Les Thalassidromes sont des Procellariens de petite taille, à plumage généralement sombre, à formes grêles, et dont l'aile, étroite et allongée, rappelle celle des Hirondelles : aussi quelques auteurs les ont-ils désignés sous le nom composé de *Pétrels-Hirondelles.*

Ils ont les mœurs et les habitudes des Pétrels et des Puffins ; ne fréquentent les rivages qu'à l'époque des pontes et de l'incubation ; se portent en mer à de très-grandes distances ; mais ils paraissent plus semi-nocturnes que nos autres Procellaridés. Ils ne sortent des trous qui leur servent de retraite que vers le soir ou lorsqu'une tempête se prépare.

Le mâle et la femelle portent le même plumage. Les jeunes s'en distinguent fort peu. Leur mue paraît être simple.

Observation. Les Thalassidromes, séparés par Vigors des *Procellaria* de Linné, ont été démembrés à leur tour et forment pour quelques méthodistes presque autant de genres que l'on connaît d'espèces. Les trois que l'on compte en Europe sont devenues les types d'autant de divisions génériques, qui tirent leur principal et unique caractère de la forme de la queue, ou du plus ou moins de longueur des tarses. Mais les Thalassidromes ont entre eux de si grandes affinités, sous tant de rapports, que les petites différences de forme de queue ou de dimensions que les tarses présentent sont très-secondaires et de nature seulement à caractériser des groupes. Nous ne leur assignerons pas d'autre valeur.

A — *Espèces chez lesquelles la queue est égale, un peu plus courte que les ailes, et dont le doigt médian, y compris l'ongle, est plus long que le tarse.*

424 — THALASSIDROME TEMPÊTE
THALASSIDROMA PELAGICA
Selby ex Linn.

(Type du genre *Procellaria* Bp. ex Linn.)

Une bande oblique grisâtre sur l'aile, passant par l'extrémité des grandes sus-alaires secondaires ; moyennes sous-alaires blanchâtres ; sus-caudales et quelques-unes des plumes du bas-ventre, blanches, avec l'extrémité noire ; palmures noires ; longueur des tarses, 0ᵐ,021 à 0ᵐ,022.

Taille : 0ᵐ,15 environ.

PROCELLARIA PELAGICA, Linn. *S. N.* (1760), t. I, p. 212.
PROCELLARIA, Briss. *Ornith.* (1766), t. VI, p. 140.
HYDROBATES PELAGICA, Boie, *Isis* (1822), p. 562.
HYDROBATES FERRŒNSIS, Brehm, *Handb. Nat. Vög. Deuts.* (1831), p. 803.
THALASSIDROMA PELAGICA, Selby, *Brit. Ornith.* (1831), t. II, p. 533, pl. 103, fig. 2.
Naum. *Vög. Deuts.* pl. 275.
Gould, *Birds of Eur.* pl. 417, fig. 2.

Mâle et femelle adultes : D'un brun noirâtre sur la tête, le cou, le dos ; couvertures supérieures de la queue blanches, avec la pointe noirâtre ; toutes les parties inférieures du corps d'un noir fuligineux, à l'exception des plumes latérales du bas-ventre qui sont blanches et la plupart noirâtres à l'extrémité ; grandes couvertures supérieures des ailes et bord externe des rémiges secondaires ordinairement bordés de blanchâtre, ou d'un noir de suie ; rémiges primaires d'un noir profond ; moyennes couvertures inférieures de l'aile blanchâtres ; rectrices de la couleur des ailes, avec les latérales blanchâtres à la base, sur les barbes internes et externes, le rachis restant noir ; bec et pieds noirs ; iris brun noir.

Jeunes de l'année : D'un noir moins profond que les adultes, avec les plumes des parties supérieures, principalement, bordées de roussâtre ou de brun fuligineux.

Les *petits* naissent couverts d'un duvet noirâtre, très-épais.

Le Thalassidrome tempête est répandu sur toutes les mers d'Europe. Son apparition sur nos côtes, tant de l'Océan que de la Méditerranée, a lieu surtout à la suite d'ouragans. Lorsqu'une tempête violente a une certaine durée, il n'est pas rare de trouver sur les grèves et même dans les champs éloignés de la mer, des individus morts ou mourants, ce qui semblerait indiquer que ces oiseaux n'affrontent pas les vents impétueux aussi impunément qu'on le dit.

Le Thalassidrome tempête se reproduit en assez grand nombre sur plusieurs îles de la Bretagne, notamment sur l'île Rougie près de Morlaix; sur les îles des Glenans.

Il se reproduit aussi sur les îles qui avoisinent Marseille et sur d'autres points de la Méditerranée. D'après M. Loche, il arrive sur les côtes de la Provence dès le mois d'avril, et vaque immédiatement à la reproduction. M. Loche a rencontré des œufs de cette espèce depuis le mois de mai jusqu'au mois de septembre et il a vu des petits, du commencement de juin, aux premiers jours d'octobre. Très-probablement l'espèce a plusieurs pontes dans la saison, ce qui expliquerait alors une aussi longue période de reproduction. C'est au fond d'un trou de rocher, plus ou moins profond, et sans aucune préparation, que la femelle pond un seul œuf d'un blanc mat, avec de petits points rougeâtres, très rapprochés au gros bout et formant ordinairement couronne. Cet œuf est généralement assez court, également épais des deux bouts ou à peu près, et mesure :

Grand diam. 0^m,027 à 0^m,028 ; petit diam. 0^m,021 à 0^m,022.

Aussitôt après l'éclosion, la femelle abandonne le nid, mais elle y revient chaque nuit pour donner à manger à son petit.

Le Thalassidrome tempête vomit à plusieurs reprises, lorsqu'on le prend vivant, une liqueur huileuse, d'une odeur désagréable. Il devient tellement gras à la fin de l'été que les habitants de l'île Féroë, au rapport de Brünnich, s'en servent en guise de chandelle, après lui avoir passé une mèche du bec à l'anus.

Le Thalassidrome tempête ne se montre en mer, durant le jour, qu'à l'approche d'un ouragan. Il suit alors les navires qui sont sous voile, se repose quelquefois sur les bordages, et vole ordinairement dans le sillage pour saisir les proies qui se montrent à la surface des flots, proies qui consistent en petits mollusques en crustacés pélagiens, en fretin de poissons. Il vole avec une grande vitesse et en effleurant les vagues de ses pieds.

D'après les observations de Flinders, cette espèce s'attrouperait à de certaines époques, et formerait des bandes dont il porte le nombre à plusieurs millions d'individus. Il a vu une de ces bandes, couvrant en largeur une espace d'au moins trois cents verges, passer sans interruption durant plus d'une heure et demie. Les oiseaux qui la composaient n'étaient point éparpillés, mais volaient aussi près les uns des autres que le mouvement de leurs ailes le permettait.

B.— *Espèces chez lesquelles la queue est égale, bien plus courte que les ailes, et dont le doigt médian. y compris l'ongle, est beaucoup plus court que le tarse.*

425 — THALASSIDROME OCÉANIEN
THALASSIDROMA OCEANICA
Schinz ex Kuhl.

.(Type du genre *Oceanites*, Kyes. et Blas.)

Une bande oblique claire sur l'aile, à l'extrémité des grandes couvertures secondaires ; sus-caudales entièrement blanches ; quelques-unes des plumes du bas-ventre et des premières sous-caudales latérales blanches ; palmures en partie jaunes ; longueur des tarses ,0ᵐ,035.

Taille : 0ᵐ,170 à 0ᵐ,175.

PROCELLARIA PELAGICA, Wils. (nec Linn). *Amer. Ornith.* (1808-1814), t. VII, p. 90.

PROCELLARIA OCEANICA, Kuhl, *Beitr. Zool. Procellar.* (1820), p. 136.

PROCELLARIA WILSONI, Bp. *Journ. Acad. Philad.* (1824), t. III, 2ᵉ part. p. 231.

THALASSIDROMA WILSONI, Bp. *B. of Eur.* (1838). p. 64.

OCEANITES WILSONI, Keys et Blas. *Wirbelth.* (1840), p. 93.

THALASSIDROMA OCEANICA, Schinz, *Europ. Faun.* (1840), t. I, p. 397.

Buff. *Pl. enl.* 993, sous le nom de *Petrel ou l'Oiseau tempête.*

Mâle et femelle adultes : Dessus de la tête, dos et scapulaires noirs ; couvertures supérieures de la queue d'un blanc pur, même sur le rachis des plumes ; front, cou, poitrine, abdomen et sous-caudales médianes d'un noir fuligineux ; plumes latérales du bas-ventre, et quelques-unes des premières sous-caudales latérales, d'un blanc pur ; grandes couvertures supérieures des ailes d'un gris brun ; rémiges noires ; les trois rectrices latérales, de chaque côté, blanches à la base sur les barbes et sur le rachis ; bec noir ; pieds noirs, avec une longue tache jaune sur les membranes interdigitales, et un liséré de cette couleur sur les bords des doigts ; iris noir.

Les *jeunes avant la première mue* ne nous sont point connus.

Cette espèce habite le golfe du Mexique, les côtes du Chili, du Brésil, des États-Unis, et se montre accidentellement dans la Méditerranée et dans l'Océan, notamment sur les côtes d'Espagne. D'après M. Lunel elle ferait des apparitions sur celles du Languedoc. M. Salvadori l'indique comme ayant été prise près de Cagliari. Il est probable qu'elle s'avance dans nos mers plus fréquemment qu'on ne le pense ; car M. Hardy a reçu en chair, en décembre 1854, des mains d'un capitaine caboteur qui les avait capturés dans le golfe de Gascogne, deux individus adultes.

Le Thalassidrome océanien se reproduit dans la mer des Antilles, à Bahama, à Cuba et aux Florides ; niche dans les trous des rochers et pond un seul œuf semblable pour la forme et la couleur à celui du Thalassidrome tempête. Il mesure :

Grand diam. 0ᵐ,031 à 0ᵐ,032 ; petit diam. 0ᵐ,023 environ.

Selon Temminck, il se nourrit de petits coquillages, de mollusques, de voiries et même de graines de quelques plantes marines.

C. — *Espèces chez lesquelles la queue est fourchue, et dont le doigt médian, y compris l'ongle, est à peu près de la longueur du tarse.*

426 — THALASSIDROME CUL-BLANC
THALASSIDROMA LEUCORHOA

Une large bande claire étendue obliquement sur l'aile, du poignet à l'extrémité des dernières rémiges secondaires ; sus-caudales blanches, avec le rachis brun ; quelques-unes des plumes latérales du bas-ventre, et des premières sous-caudales latérales, blanches ou en partie blanches sur les barbes externes ; palmures noires ; longueur des tarses, 0ᵐ,024 à 0ᵐ,025.

Taille : 0ᵐ,20 environ.

Procellaria leucorhoa, Vieill. *N. Dict.* (1817), t. XXV, p. 422 et *Faun. franç.* (1828), p. 404.

Procellaria Leachii, Temm. *Man.* (1820), t. II, p. 812.

Procellaria pelagica, Pall. (nec Linn.), *Zoogr.* (1811-1831), t. II, p. 316.

Hydrobates Lealhii, Boie, *Isis* (1822), p. 562.

Procellaria Bullarii, Flem. *Brit. anim.* (1828), p. 136.

Thalassidroma Bullarii, Selby, *Brit. Ornith.* (1833), t. II, p. 537.

Thalassidroma Leachii, Bp. *B. of Eur.* (1838), p. 64.

Thalassidroma melitensis, Schembri, *Cat. Orn. del Gruppo di Malto* (1843), p. 118.

Gould, *Birds. of Eur.* pl. 477, fig. 1.

Naum, *Vog. Deuts.* pl. 275, fig. 2.

Mâle et femelle adultes : D'un noir mat, à reflets grisâtres, sur la tête ; d'un brun enfumé sur le dos et les scapulaires ; couvertures supérieures de la queue blanches, avec le rachis brun ; gorge grisâtre, toutes les parties inférieures d'un brun de suie un peu plus clair que celui du dos, avec quelques-unes des plumes latérales du bas-ventre et des premières sous-caudales latérales blanches à l'extrémité ou sur les barbes externes, le rachis restant toujours brun; petites et moyennes couvertures supérieures de l'aile d'un noir brun; grandes couvertures et rémiges secondaires les plus rapprochées du corps d'un brun clair extérieurement bordées de gris, tournant quelquefois au blanc sur deux ou trois des dernières rémiges secondaires (1); rectrices et rémiges entièrement d'un noir brun; bec, pieds et iris noirs.

Jeunes de l'année : Leurs teintes sont généralement plus enfumées, et le glacis grisâtre de la tête est peu accusé.

Le Thalassidrome cul-blanc ou de Leach habite principalement les Orcades et Terre-Neuve.

Il se montre assez fréquemment sur plusieurs points des mers de l'Europe. Nous le voyons en France, sur l'Océan et sur la Méditerranée, à la suite de violentes tempêtes, qui souvent le jettent sur les côtes. En 1843 plusieurs individus furent trouvés morts sur les plages de Dunkerque : un fait pareil s'est renouvelé plus récemment, d'après M. Jaubert, sur les plages de Cette.

Ce Thalassidrome niche comme ses congénères sur les bords de la mer, sur les îlots, dans les trous des rochers; pond un seul œuf oblong, à peu près également gros des deux bouts, d'un blanc pur, avec une couronne de très-petits points rougeâtres sur le gros bout. Ces points sont beaucoup plus accentués lorsque l'œuf est frais, que lorsqu'il est en collection depuis quelque temps. Il mesure :

Grand diam. 0ᵐ,033 à 0ᵐ,035; petit diam. 0ᵐ,013 à 0ᵐ,014.

Les poissons doivent entrer pour une bonne part dans le régime de cette espèce : l'estomac d'individus pris près de Dunkerque en contenait de très-petits, et ne renfermait pas d'autres substances.

427 — THALASSIDROME DE BULWER
THALASSIDROMA BULWERI
Bp. ex Jardine.

(Type du genre *Bulweria*, Bp.)

Une bande oblique d'un gris-roussâtre sur l'aile, passant par les grandes sus-alaires secondaires; bas-ventre, sus et sous-caudales d'un brun noirâtre; pieds brunâtres; longueur des tarses. 0ᵐ,025.

Taille : 0ᵐ,29 à 0ᵐ,30.

PROCELLARIA BULWERI, Jardine, *Illustr. of Ornith.* (182), pl. 65.
PROCELLARIA ANGINHO, Heineken, *Birds of Madeira,* in : *Brewst. Journ.* (1829), p. 231.
THALASSIDROMA BULWERI, Bp. *B. of Eur.* (1838), p. 64.

.. (1) Les bordures blanches existent fréquemment en automne, lorsque la mue s'est effectuée : elles ont généralement disparu au printemps, par suite de l'usure des plumes.

PUFFINUS COLUMBINUS, Moquin, in : Webb et Berth. *His . Nat. des îles Canaries* (1835-1844), t. II,. p 44.

BULWERIA COLUMBINA, Bp. *Consp. Gen. Av.* (1857), t. II, p. 194.

Webb et Berth. *H. N. des Canar.* pl. 4, fig. 2, sous le nom de *Procellaria columbina.*

Gould, *Birds of Eur.* pl. 448.

Mâle et femelle adultes : Tête, dos et croupion d'un brun noirâtre, un peu plus foncé au-dessus de la tête qu'au dos, plus pâle au croupion; toutes les parties inférieures d'un noir de suie, sans trace de blanc ; grandes couvertures supérieures des ailes d'une teinte plus claire que celle du manteau, et passant au grisâtre sur le bord externe des plumes ; bec noir ; pieds noirâtres, avec les membranes interdigitales brunes ; iris noir.

Cette espèce a été observée dans les parages de l'Afrique occidentale, à Madère, aux Canaries, où elle est très-commune sur l'îlot d'Alegranza, aux Açores, dans l'océan Atlantique boréal, et accidentellement dans les mers d'Europe, notamment sur les côtes d'Angleterre.

Elle niche à Madère et aux Canaries, dans les trous des rochers, comme ses congénères, et pond un seul œuf oblong, plus épais à la grosse extrémité qu'à la petite, et d'un blanc mat sans taches ni points. Il mesure :

Grand diam. 0^m,043 à 0^m,045 ; petit diam. 0^m,031 à 0^m,032.

D'après MM. Webb et Berthelot, cette espèce fait entendre un cri qui rappelle beaucoup celui du chien; cinq ou six individus qu'ils ont conservés vivants pendant plusieurs jours étaient fort gras, et auraient pu, à leur avis, vivre quelque temps sans nourriture. Le docteur Heineken, qui a observé le même oiseau sur les petites îles désertes de Madère et de Porto-Santo, à l'époque de la reproduction, dit qu'on lui fait, dans ces îles, la même chasse qu'aux Puffins cendrés; c'est-à-dire qu'on s'empare des jeunes encore au nid pour les saler. Les chasseurs sont guidés dans leur recherche par l'odeur fétide qui s'exhale des trous de rochers qui les recèlent. Les œufs éclosent en juillet, et l'espèce émigre vers la fin de septembre, pour ne revenir qu'au printemps. Cependant quelques rares individus se montrent parfois dans cet intervalle. Ses habitudes sont nocturnes et plus pélagiennes, selon le docteur Heineken, que celles des autres Procellariens.

FAMILLE XLVIII

LARIDÉS — *LARIDÆ*

Pelagii, Vieill. *Ornith. élém.* (1816).
Laridæ, Leach, (1816).
Hydrochélidons, Less. *Tr. d'Ornith.* (1831).

·Bec de longueur variable, comprimé, courbé ou droit à l'extrémité ; mandibules, le plus souvent formées d'une seule pièce,
à bords tranchants et lisses ; narines percées de part en part
dans la partie dure du bec ; le plus généralement   quatre
doigts ; trois antérieurs unis par une membrane entière ou
presque entière, le postérieur, lorsqu'il existe, libre et articulé
sur le tarse.

Les Laridés sont plutôt des oiseaux de rivage que de haute mer : quelques-
uns cependant s'éloignent parfois à d'assez grandes distances des côtes. Leur
vol est mesuré mais puissant, et leurs habitudes sont diurnes, la plupart se
rassemblent en grand nombre, et plusieurs espèces se réunissent pour nicher.

Cette famille comprend les Stercoraires, les Goélands et les Sternes, sur lesquels reposent autant de sous-familles très-naturelles.

SOUS-FAMILLE LXXV

LESTRIDIENS — *LESTRIDINÆ*

Lestrinæ, Bp. *Distr. meth. An. vertebr.* (1831).
Larinæ, p. G. R. Gray, *List Gen. of B.* (1841).
Lestridinæ, Bp. *Consp. Syst. Ornith.* (1850).

*Bec couvert d'une sorte de cire qui s'étend au delà de la moitié
de sa longueur ; mandibule supérieure terminée par un crochet qui
paraît surajouté ; mandibule inférieure plus ou moins anguleuse à
la rencontre de ses branches ; narines percées à l'extrémité de la
cire, plus près de la pointe que de la base ; queue cunéiforme.*

Cette sous-famille, très-bien caractérisée par la membrane qui enveloppe une grande partie du bec, et par la forme de la queue, repose sur le genre suivant.

GENRE CCXIV

LABBE — *STERCORARIUS*, Briss.

Larus, p. Linn. *S. N.* (1735).
Buphagus, Mœhr. *Av. Gen.* (1752).
Stercorarius, Briss. *Ornith.* (1760).
Cataracta, Brünn. *Ornith. Bor.* (1764).
Lestris, Illig. *Prodr. Syst.* (1811).
Prædatrix, Vieill. *Ornith. élém.* (1816).
Labbus, Rafin. *Anal.* (1816).
Coprotheres et Lestris, Reich. *Syst. Av.* (1850).
Megalestris et Lestris, Bp. *Consp. Gen. Av.* (1857).

Bec un peu moins long que la tête, presque cylindrique, robuste, à mandibule supérieure terminée par un onglet crochu, à mandibule inférieure arrondie à son extrémité et formant un angle saillant à la rencontre de ses branches; narines latérales, linéaires, obliques; ailes longues, pointues, sur–aiguës; queue inégale; les deux rectrices médianes toujours plus longues que les latérales et souvent dans des proportions très-grandes; tarses médiocres, scutellés en avant, généralement grêles et de la longueur du doigt médian ou un peu plus courts; pouce court, touchant à peine au sol; ongles grands et crochus.

Les Labbes diffèrent des autres Laridés non-seulement par leurs caractères physiques, mais encore par leurs mœurs et certaines de leurs habitudes.

Ils fréquentent les bords de la mer et ne se montrent qu'accidentellement dans l'intérieur des terres. Leur vol est tantôt lent et mesuré, tantôt rapide, et le vent le plus violent en contrarie fort peu la direction. Ils sont voraces, querelleurs, hardis et font une poursuite presque continuelle aux Sternes, aux Mouettes, et même aux Fous et aux Cormorans, pour les contraindre à lâcher leur proie, dont ils s'emparent, au vol, avec une adresse remarquable. Ils sont peu sociables, vivent ordinairement isolés les uns des autres, et ne s'attroupent qu'à l'époque de la reproduction, pour nicher en commun.

Leur nourriture consiste en poissons, en mollusques, en œufs et en jeunes oiseaux de mer.

Le mâle et la femelle adultes portent le même plumage. Les jeunes, avant la

première mue, s'en distinguent et diffèrent peu d'espèce à espèce. Du reste, le
plumage des Labbes varie beaucoup suivant l'âge, la saison, et même d'individu
à individu. Leur mue est double.

Les Labbes habitent les mers des régions arctiques. Les quatre espèces dont
ce genre se compose se rencontrent en Europe.

428 — LABBE CATARACTE
STERCORARIUS CATARRACTES
Vieill. ex Linn.

(Type du genre *Megalestris*, Bp)

*Un large miroir blanc sur l'aile; les deux rectrices médianes
larges, arrondies à l'extrémité et dépassant les latérales de deux à
trois centimètres au plus, chez les adultes; longueur des tarses,
0^m,075 environ.*

Taille : 0^m,56 à 0^m,57.

LARUS CATARRACTES, Linn. *S. N.* (1766), t. I, p. 226.
LARUS FUSCUS, Briss. *Ornith.* (1760), t. VI, p. 165.
CATARRACTA SKUA, Brünn. *Ornith. Bor.* (1764), p. 33.
LESTRIS CATARRACTES, Temm. *Man.* (1815), p. 511.
CATARRACTA FUSCA, Leach, *Syst. Cat. M. and B. Brit. Mus.* (1816), p. 40.
STERCORARIUS CATARRACTES, Vieill. *N. Dict.* (1819), t. XXXII, p. 154, et *Faun.*
    (1828), p. 385.
CATARRACTES SKUA, Steph. in : Shaw, *Gen. Zool.* (1825), t. XIII, p. 215.
CATARRACTES VULGARIS, Flem. *Brit. Anim.* (1828), p. 137.
STERCORARIUS POMARINUS, Vieill. *Gal. des Ois.* (1834), t. II, p. 220.
MEGALESTRIS CATARRHACTES, Bp. *Cat. Parzud.* (1856), p. 11.
Vieill. *Gal. des Ois.* pl. 288, sous le nom de *Stercoraire Pomarin.*
Gould, *Birds of Eur.* pl. 439.

Mâle et femelle adultes, en été : Parties supérieures d'un brun
foncé, avec les plumes usées, pointues à la nuque et au cou, arrondies
sur le corps et les ailes, rayées longitudinalement au milieu et terminées de roux de rouille et de blanchâtre plus ou moins prononcés au
cou, au manteau, et de roux seulement à la tête; gorge, devant du
cou d'un brun cendré, avec une légère teinte roussâtre au centre des
plumes et les tiges de celles-ci blanchâtres; poitrine, abdomen, nuancés de brun cendré et de roux de rouille; sous-caudales brunes,
rayées de roux au centre et à la pointe; joues d'un brun foncé, légèrement varié de roux; bord libre des paupières garni de plumes
blanches; côtés du cou également d'un brun foncé, avec un trait roux

jaunâtre clair et luisant au milieu et à l'extrémité des plumes ; couvertures supérieures des ailes arrondies, d'un brun foncé, tirant çà et là sur le cendré, et marginées de roussâtre et de blanchâtre ; rémiges d'un brun noirâtre, avec les cinq premières blanches depuis 'l'origine jusqu'à la partie moyenne ; rectrices brunes, avec la base blanche et une légère bordure cendrée vers' la pointe ; bec brun en arrière et noir à son extrémité ; iris brun ; pieds noirs, avec les membranes interdigitales garnies de nombreuses papilles verruqueuses.

Mâle et femelle adultes, en hiver : D'un brun noirâtre en dessus, inclinant sur le cendré aux ailes et à la tête, principalement au front, avec des taches moins nombreuses, moins larges et plus rousses ; parties inférieures d'un cendré et d'un roux plus sombres ; point de plumes usées comme en été.

Jeunes avant la première mue : Plus petits ; vertex et partie supérieure de la nuque d'un brun fuligineux, très-faiblement varié de roux ; le reste de la nuque et le haut du dos d'un brun foncé, avec les plumes bordées largement de roux de rouille ; scapulaires et plumes du milieu et du bas du dos brun foncé, légèrement marginées de cendré roussâtre ; sous-caudales également d'un brun foncé et largement bordées de roux ; gorge d'un brun cendré, très-faiblement variée de roussâtre ; devant du cou, poitrine, abdomen et sous-caudales d'un roux rougeâtre uniforme, un peu foncé ; joues et côtés du cou pareils au vertex ; couvertures supérieures des ailes d'un brun foncé, avec de larges bordures rousses comme le haut du dos ; rectrices brunes, terminées de cendré, les deux médianes un peu plus longues que les autres ; bec brun verdâtre en dessus, plus vert sur la membrane ou cire, d'un rouge brun en dessous ; intérieur de la bouche rouge bleuâtre livide ; partie nue des jambes d'un bleu de plomb clair à l'origine, puis d'un brun noir, ainsi que les parties latérales des tarses ; face antérieure des tarses, une partie de la face postérieure et le dessous de l'articulation tibio-tarsienne d'un bleu de plomb ; doigts, membranes interdigitales et ongles d'un brun noir comme les côtés des tarses et le bas des jambes.

Les *petits en naissant* sont couverts d'un long duvet gris foncé.

Le Labbe cataracte habite les mers arctiques et antarctiques.

Il est commun à Féroë et en Islande et se montre quelquefois au centre de l'Europe, sur nos côtes maritimes, sur celles de la Belgique, de la Hollande, de l'Angleterre. Quoy et Gaimard, dans leur voyage autour du monde, sur les corvettes *l'Uranie* et *la Physicienne*, en ont trouvé, à la mer, par 50 et 54 degrés de latitude sud.

Il niche sur les rochers et sur les montagnes, dans les bruyères, parmi les herbes. Ses œufs, au nombre de deux ou trois, très-ventrus, sont d'un brun olivâtre très-sombre, ou d'un brun jaunâtre assez clair, parsemés de taches tendant à la forme ronde, à bords tranchés, isolées ou confluentes, plus nombreuses au gros bout, où elles forment une couronne interrompue, que sur le reste de l'œuf, où elles sont éparses. Les unes sont profondes et d'un gris vineux ou noirâtre; les autres sont superficielles, brunes ou d'un brun noir intense. Quelques points de même couleur sont mêlés aux taches. Ils mesurent :

Grand diam. 0ᵐ,059 à 0ᵐ,062; petit diam. 0ᵐ,042 à 0ᵐ,043.

Le Labbe cataracte ne souffre d'oiseaux d'aucune espèce dans le voisinage du lieu où il établit son nid : l'homme et les mammifères sont même exposés à ses attaques; aussi les habitants de Feroë qui vont à la récolte des œufs de cette espèce se munissent-ils, d'après M. Graba, de couteaux qu'ils tiennent sur leur bonnet, la pointe en l'air, pour ne pas être blessés par les assauts impétueux que leur livrent les possesseurs des nids.

Ce Labbe est excessivement vorace (1) : les individus que l'on retient captifs, mangent non-seulement des poissons, des insectes, mais aussi du pain et du blé. Il a dans sa démarche et dans sa physionomie quelque chose de l'oiseau de proie.

429 — LABBE POMARIN — *STERCORARIUS POMARINUS*
Vieill. ex Temm.

(Type du genre *Coprotheres*, Reich.)

Les deux rectrices médianes larges jusqu'à l'extrémité, qui est arrondie, contournées sur elles-mêmes et dépassant les latérales de six à dix centimètres, chez les adultes; longueur des tarses, 0ᵐ,051.

Taille : 0ᵐ,43 *environ, les filets de la queue non compris.*

STERCORARIUS STRIATUS, Briss. *Ornith.* (1760), t. VI, p. 152 (*jeune*).
LESTRIS PARASITICUS et POMARINUS, Temm. *Man.* (1815), p. 512 et 514.
LARUS PARASITICUS, Mey. et Wolf (nec Linn.), et LARUS CREPIDATUS, Tasch. *Deuts.* (1810), t. II, p. 490 et 493.
STERCORARIUS POMARINUS, Vieill. *N. Dict.* (1819), t. XXXII, p. 154, et *Faun. Franç.* (1828), p. 291.
CATARACTES POMARINA, Steph. in : Shaw, *Gen. Zool.* (1825), t. XIII, p. 216.
CATARACTES PARASITA, Var. *Camtschatica*, Pall. *Zoogr.* (1811-1831), t. II, p. 312.
LESTRIS SPHÆRIUROS, Brehm, *Handb. Nat. Vög. Deuts.* (1831), p. 718.
COPROTHERIS POMARINUS, Reich. *Syst. Av.* Pl. 52, fig. 328, 329.

_____

(1) M. Degland en a nourri qui avalaient des chats nouveau-nés vivants, sans les dépecer.

LESTRIS POMARINUS, a *fuscus*, Bp. *Consp. Gen. Av.* (1857), t. II, p. 208.
Naumann, *Vög. Deuts.* pl. 271, fig. 1, *adulte,* 2, *jeune.*
Gould, *Birds of Eur.* pl. 440.

Mâle et femelle adultes, en été : Vertex noir, plumes occipitales un peu effilées, noires, formant une sorte de huppe ; celles de la nuque effilées et subulées, d'un blanchâtre nuancé de jaune d'or ; parties supérieures du corps et sus-caudales d'un brun olivâtre foncé ; parties inférieures blanches, à l'exception de la région anale, qui est de la même couleur que le manteau, des flancs, qui sont tachetés de brun, et de la partie antérieure de la poitrine, dont les plumes sont terminées par une tache transversale brune, formant une sorte de ceinture plus ou moins complète et plus ou moins large ; face et dessous des yeux noirs ; côtés du cou d'un blanc nuancé de jaune doré ; couvertures supérieures des ailes et rémiges d'un brun olivâtre comme le dos ; couvertures inférieures des ailes d'un brun olivâtre unicolore ; queue colorée comme les ailes, avec les deux pennes médianes larges, arrondies, de la même largeur dans toute leur étendue, contournées ; bec et cire d'un gris jaune livide, avec l'extrémité noire ; bas des jambes et tarses noirs, ces derniers rugueux par derrière ; doigts, ongles des antérieurs et palmures également noirs ; ongle postérieur blanc d'un côté et noir de l'autre ; iris brun foncé.

A mesure que l'oiseau vieillit, le collier de la poitrine, les taches des flancs disparaissent, et toutes les parties inférieures sont d'un blanc pur, excepté la région anale.

Mâle et femelle adultes, en hiver : Parties supérieures et sus-caudales avec une partie des plumes bordée de cendré roussâtre ; parties inférieures variées de lignes longitudinales brunes à la gorge et au cou ; de bandes plus ou moins rapprochées, de même couleur, à la poitrine, aux flancs et à l'abdomen ; couvertures inférieures des ailes d'un brun noirâtre unicolore, comme en été.

Jeunes de l'année : Sensiblement plus petits que les adultes ; tête, cou, variés de brun et de roux ou de cendré roussâtre ; dessus du corps d'un brun plus ou moins foncé, avec les plumes terminées de roux de différentes nuances ; dessous rayé de brun cendré et de roux plus ou moins clair ; couvertures supérieures des ailes d'un brun foncé et terminées de roux plus ou moins blanchâtre ; couvertures inférieures d'un blanc barré de brun et de roux ; rémiges d'un brun foncé en dehors, avec les baguettes et les deux tiers antérieurs des barbes internes des

quatre ou cinq primaires blanches; queue brune, terminée de roussâtre, les deux rectrices médianes arrondies, ne dépassant les autres
que de cinq à six millimètres; bec d'un rouge livide, foncé au milieu,
d'un bleu de plomb sur la cire, et d'un noir de corne à la pointe; iris
brun; tarses et partie nue des jambes couleur de chair bleuâtre ou blanc
livide; doigts, leurs membranes et ongles noirs; pouce couleur de
chair pâle ou blanchâtre, avec l'ongle blanc; un petit espace à la base
des doigts et des membranes de la même couleur que le pouce.

Jeunes à un an révolu : Un peu plus forts; presque entièrement
d'un brun foncé en, dessus, quelques plumes terminées de roux blanchâtre seulement à la nuque, au dos et aux scapulaires; semblables
aux précédents en dessous et sous les ailes; rémiges et rectrices
offrent à peine un liséré linéaire, faiblement cendré, à leur extrémité;
filets ou rectrices médianes ayant un peu plus de longueur, et dépassant les autres de dix à douze milllimètres; le blanc livide de la
base des tarses moins étendu.

Jeunes à deux ans accomplis en été : Brun plus foncé en dessus,
avec quelques bordures roussâtres au cou et au croupion ; blanc en
dessous, avec la poitrine ceinte d'un large plastron brun ; les flancs, les
sous-caudales et les couvertures inférieures des ailes barrées de brun ;
filets des rectrices médianes dépassant les autres de vingt-cinq à vingt-
huit millimètres; pieds et membrane inter-digitale noirs, sauf un
petit point de la base des tarses, qui est encore blanchâtre.

A trois ans, ils sont à l'état adulte et les couvertures inférieures des
ailes offrent pour toujours une teinte unicolore d'un brun noirâtre;
quant au reste du plumage, il est susceptible d'offrir de grandes variations aux parties inférieures, non-seulement suivant les saisons,
mais encore d'individu à individu.

Variétés : Cette espèce présente tant à l'âge adulte que dans les
premiers âges, des variétés individuelles d'un brun fuligineux uniforme,
sans aucune tache rousse ou blanche. C'est d'après des individus semblables que Meyer et Wolf ont fait leur *Larus crepidatus* et le prince
Charles Bonaparte son *Lestris pomarinus a fuscus*.

Le Labbe pomarin habite l'océan Atlantique septentrional.

On le rencontre assez abondamment sur les côtes de l'Amérique du Nord, à
Terre-Neuve, en Islande, dans le nord de l'Europe, et il se montre accidentellement sur les côtes maritimes de la France, à la suite de coups de vent. Ainsi,
en octobre 1834, un terrible ouragan, qui dura plusieurs jours, jeta nn nombre
pas digieux de Pomarins sur les côtes de France. C'est le vent du nord et

surtout du nord-ouest qui les pousse sur celles de Dunkerque ; mais ceux qu'on y voit sont le plus souvent de jeunes sujets.

Le Labbe pomarin niche, parmi les rochers les plus escarpés; construit un nid avec quelques brins d'herbes oude mousse, et pond deux ou trois œufs d'un brun olivâtre ou jaunâtre sombre, parsemés de taches à bords quelquefois fondus, plus souvent tranchés, confluentes ou isolées, plus abondantes au gros bout, où elles forment une couronne interrompue; les unes profondes et d'un gris noirâtre, les autres superficielles, d'un brun plus ou moins noir et plus ou moins vif. Des points de même couleur sont mêlés aux taches. Ils mesurent :
Grand diam. 0^m,057 à 0^m,060 ; petit diam. 0^m,041 à 0^m,042.

Le Labbe pomarin, lorsqu'il marche, a le corps horizontal et la tête basse. En captivité, il tient presque toujours les plumes de l'occiput hérissées, et mange à peu près de tout, comme le Labbe cataracte.

Observation. La femelle, suivant M. Hardy, entre en mue plus tôt que le mâle, et l'un et l'autre reprennent pour l'hiver une livrée qui se rapproche plus ou moins de celle du jeune âge. Les rectrices médianes tombent en automne, et lorsque leur chute n'a pas lieu, M. Hardy suppose qu'elles deviennent une cause de souffrance, et que l'oiseau les coupe alors pour se procurer quelque soulagement. De là, selon cet observateur, les individus adultes que l'on trouve assez souvent, en cette saison, sur nos côtes maritimes, avec l'un des filets ou les deux brisés. N'est-il pas plus probable que ces plumes ont été rompues par les glaces ou par les vents impétueux qui nous envoient ces oiseaux des régions les plus boréales du globe ?

450 — LABBE PARASITE — *STERCORARIUS PARASITICUS*
G. R. Gray ex Linn.

Manteau d'un brun noirâtre ; les deux rectrices médianes planes, larges à la base, diminuant ensuite insensiblement pour se terminer en pointe fine, et dépassant les latérales de huit à onze centimètres, au plus, chez les adultes ; longueur des tarses, 0^m,043.

Taille : 0^m,41, *les filets de la queue non compris.*

LARUS PARASITICUS? Linn. *Faun. Suec.* (174), p. 55.
STERCORARIUS, Briss. *Ornith.* (1760), t. VI, p. 150 (*âge moyen*).
CATARACTA CEPPHUS, Brünn. *Ornith. Bor.* (1764), p. 36.
LARUS CREPIDATUS, Gmel. *S. N.* (1788), t. I, p. 602.
CATARACTA PARASITICA, Retz. *Faun. Suec* (1800), p. 160.
LESTRIS PARASITICUS (*excl. Syn.*) et CREPIDATUS, Temm. *Man.* (1815), p. 512 et 515 ; même ouvrage (1820), t. II, p. 796.
CATARACTES PARASITA, Pall. *Zoogr.* (1811-1831), t. II, p. 310.
LESTRIS RICHARDSONI, Swains. in : Richards. *Faun. Bor. Am.* (1831), t, II, p. 433.
LESTRIS BOII, Brehm, *Hand. Nat. Vög. Deuts.* (1831), p. 719.

LESTRIS PARASITICUS et CREPIDATUS, Degl. *Labbes d'Eur. Mém. de la Soc. R. des Sc. de Lille* (1838). 3ᵉ part. p. 115 et 117.

STERCORARIUS CEPPHUS, Degl. *Ois. obs. en Eur.* (1839), p. 285; et *Ornith. Eur.* (1849), t. II, p. 295.

LESTRIS PARASITA, Keys. et Blas. *Wirbelth.* (1840).

STERCORARIUS PARASITICUS, G. R. Gray, *Gen. of B.* (1844-1846), t. III, p. 653.

LESTRIS PARASITICUS a *Coprotheres*, Bp. *Consp. Gen. Av.* (1857), t. II, p. 209.

Buff. *Pl. enl.* 991, individu *d'âge intermédiaire* sous le nom de *Stercoraire*.

Mâle et femelle adultes, en août : Dessus de la tête et du corps d'un noir de suie plus ou moins foncé; derrière et côtés du cou d'un jaune d'ocre; gorge, devant du cou, poitrine, abdomen d'un blanc plus ou moins pur, flancs d'un brun clair; sous-caudales d'un brun foncé; ailes et queue pareilles au dos, avec la base et la tige des rémiges primaires blanches; rectrices médianes très-pointues, dépassant les autres de huit à onze centimètres au plus; bec bleuâtre, avec la pointe noire et la cire verdâtre; pieds d'un bleu de corne; iris brun roussâtre.

Mâle et femelle adultes, en juin : Le dessous du corps est moins blanc, il est plus ou moins lavé de brunâtre, principalement au cou et à la poitrine. La plupart des mâles sont unicolores, d'un brun de suie plus foncé en dessus qu'en dessous, à cause de leur mue plus tardive que celle des femelles.

Mâle et femelle adultes, en automne : Après la mue, qui paraît commencer dès la fin d'octobre, ils redeviennent unicolores et d'une teinte plus foncée. Il est probable qu'alors les filets tombent. Un sujet tué en hiver sur la côte de Dunkerque, semble prouver cette assertion; il est entièrement brun foncé et plus noirâtre qu'en été; de la même teinte aux plumes du ventre qu'un autre sujet en mue; les rectrices médianes ne dépassent les autres que de quatorze à seize millimètres (Collect. Degl.).

État semi-adulte : D'un brun grisâtre, moins foncé en dessous qu'en dessus, avec les plumes de la base du bec et des côtés du cou d'un blanc sale, nuancé de jaunâtre; bec noir à la pointe et couleur de mine de plomb dans le reste de son étendue; pieds noirs; filets dépassant de sept à huit centimètres les autres pennes de la queue; iris brun roux.

Jeunes avant la première mue : Tête et cou roux, striés longitudinalement de brun foncé; dessus du corps, de cette dernière couleur, avec les plumes terminées de roux; dessous rayé transversalement de brun terne sur un fond roussâtre; moitié antérieure des rémiges d'un

blanc roussâtre, moitié postérieure brune, avec l'extrémité rousse;
queue moitié d'un brun noir vers l'extrémité, blanche et rousse dans
le reste de son étendue ; filets dépassant de vingt millimètres environ
les autres pennes; bec et cire bleu de plomb; pieds et membrane
interdigitale d'un blanc jaunâtre à la base, le reste noir ; ongle postérieur souvent blanc.

Nota. Il y a de jeunes sujets qui sont d'un brun noirâtre, avec les
plumes de la tête et du cou bordées de cendré roussâtre, celles du
dos et des scapulaires terminées de cette dernière couleur ; le dessous
du corps varié de brun foncé et de cendré roussâtre sur fond blanc ;
les rémiges brun noirâtre; leur bout blanc roussâtre; les rectrices brun
noirâtre sans tache et leur base blanche.

Variétés. On rencontre des individus de cette espèce qui ont, comme
chez l'espèce précédente, un plumage brun uniforme à tous les âges.
C'est d'après des sujets semblables que le prince Charles Bonaparte a
établi la variété *Lestris parasiticus a coprotheres.*

Ce Stercoraire habite les mers boréales de l'Europe, de l'Asie, de l'Amérique, le Groënland, et se montre accidentellement en automne et en hiver
dans des régions plus tempérées.

Il arrive sur nos côtes, comme ses congénères, mais moins souvent que les
stercoraires pomarin et longicaude. Il a été tué plusieurs fois sur celles de la
Manche, à la suite d'une tempête ou d'un coup de vent; c'est ordinairement
en octobre et novembre que nous le voyons. Il paraît commun sur la Baltique.

Il niche sur les rochers qui bordent la mer, sur les îlots qui se trouvent au
milieu des marais; construit sans art un nid avec quelques brins d'herbe et de
mousse, et pond, en juin, deux œufs, plutôt aigus que renflés à la petite extrémité, d'un brun jaunâtre ou grisâtre sombre, parsemés d'un assez grand nombre de taches irrégulières, souvent confluentes, beaucoup plus nombreuses
sur le gros bout, où elles forment une couronne presque complète ; les unes
profondes et d'un gris noirâtre; les autres superficielles, brunes ou brunâtres
et quelquefois noires. Un assez grand nombre de points bruns et noirâtres se
montrent parmi les taches. Ils mesurent :

Grand diam. 0ᵐ,057 à 0ᵐ,061 ; petit diam. 0ᵐ,041 à 0ᵐ,042.

451 — LABBE LONGICAUDE
STERCORARIUS LONGICAUDUS
Briss.

*Manteau d'un brun grisâtre, les deux rectrices médianes planes,
larges de la base à l'extrémité à peu près des latérales, ensuite
très-étroites, terminées en fer de lance et dépassant les latérales*

*de seize à vingt-deux centimètres et plus, chez les adultes ; lon-
gueur des tarses*, 0ᵐ,036.

Taille : 0ᵐ,38, *les filets de la queue non compris.*

Stercorarius longicaudus, Briss. *Ornith.* (1760), t. VI, p. 155.
Lestris Brissoni, Boie, *Isis* (1822), p. 562.
Lestris parasiticus, Temm. *Man.* (1840), 4ᵉ part. p. 501.
Stercorarius longicaudatus, Degl. *Ornith. Europ.* (1849), t. II, p. 298.
Lestris cephus, Hardyi et spinicauda, Bp. *Consp. Gen. Av.* (1857), t. II, p. 209
et 210.
Stercorarius cephus, Schleg, *Mus. d'Hist. nat. des Pays-Bas* (1863), *Lari*,
p. 49.
Buff. *Pl. enl.* 762, *adulte* sous le nom de *Stercoraire à longue queue de Sibérie.*

Mâle et femelle adultes, en été : Dessus de la tête noir ; les plumes
occipitales effilées, allongées en forme de huppe ; derrière du cou d'un
blanc jaunâtre ; dessus du corps d'un gris sombre ; gorge, devant du
cou, poitrine également blancs ; abdomen, flancs et sous-caudales de la
même couleur que le manteau, mais un peu moins foncée ; bas des
joues, côtés du cou d'un blanc jaune plus ou moins vif ; rémiges et rectrices d'un gris noirâtre, les filets ou rectrices médianes terminées en
fer de lance, dépassant les latérales de seize à vingt-deux centimètres ;
bec bleu de plomb en arrière, noir à la pointe ; tarses et doigts d'un
bleu de plomb, avec les membranes interdigitales noires ; iris brun.

Mâle et femelle adultes, en hiver : Plumage d'une teinte plus foncée
en dessus ; d'un gris sombre en dessous, jusqu'au cou.

Jeunes avant la première mue : Tête d'un brun gris plus ou moins
obscur, avec des raies plus foncées, et une tache noire devant les yeux ;
cou d'une teinte plus claire, également rayé longitudinalement de
brun ; dos et scapulaires d'un brun gris obscur, avec l'extrémité des
plumes bordée de gris roussâtre ; sus-caudales barrées transversalement de brun et de blanc ; poitrine de la même teinte que le manteau ;
abdomen varié de brun sur fond blanc ; flancs et sous-caudales barrés
de brun ; couvertures supérieures des ailes pareilles au dos ; rémiges
d'un brun noirâtre, terminées par un très-faible liséré blanchâtre ;
queue d'un brun noirâtre, plus foncé en dessus qu'en dessous ; filets
arrondis au bout, dépassant de vingt-deux à vingt-huit millimètres
les autres pennes ; bec comme dans les adultes ; tarses bleu de plomb,
tirant sur le blanchâtre à l'articulation digito-tarsienne, sur les doigts
et à la base des membranes ; iris brun foncé.

Le Labbe longicaude habite les parages du cercle arctique, particulièrement le Groënland, Terre-Neuve et le Spitzberg, et s'avance, l'hiver, dans une partie de l'Europe tempérée.

On le rencontre assez souvent en France. Les individus qu'on y voit paraissent venir des côtes du nord d'Angleterre et de Terre-Neuve. A la mi-octobre 1834, plusieurs ont été jetés, avec un grand nombre de Stercoraires pomarins, sur la côte de Dieppe, à la suite d'une tourmente qui a duré deux jours. A la même époque, quelques individus jeunes ont été tués au milieu des champs, près de Lille. Ils n'étaient nullement farouches.

Il niche dans les mêmes conditions que ses congénères et pond deux ou trois œufs d'un brun jaunâtre, marqués de taches peu nombreuses, isolées, petites, presque rondes sur les deux tiers de l'œuf; plus nombreuses, plus grandes, irrégulières et confluentes sur le gros bout, où elles forment une couronne complète. Ces taches, auxquelles sont mêlés de petits points bien accentués, sont en général bien circonscrites; les unes profondes et d'un gris pâle ou noirâtre; les autres superficielles, d'un brun foncé ou d'un brun noir. La plupart des points sont noirs. Ces œufs mesurent :

Grand diam. 0^m,054 à 0^m,056 ; petit diam. 0^m,037 à 0^m,038.

SOUS-FAMILLE LXXVI

LARIENS — *LARINÆ*

Larinæ, Bp. *B. of Eur.* (1838).

Bec solide dans toute son étendue ; mandibule supérieure crochue à la pointe ; mandibule inférieure plus ou moins anguleuse à la rencontre de ses branches ; narines, à quelques exceptions près, percées vers le milieu du bec ; queue le plus généralement égale, rarement un peu échancrée, plus rarement conique.

Les Lariens, qui répondent au genre *Larus* de Linné, moins les Lestridiens, se distinguent par leur bec solide; par leurs narines médianes et percées de part en part ; par leur queue carrée et très-exceptionnellement conique. Dans le plumage parfait, tous ont les parties inférieures d'un blanc pur ou lavé d'une faible teinte rosée, et les parties supérieures d'un gris d'ardoise ou d'un gris cendré plus ou moins intense. Quelques-uns prennent un capuchon foncé à l'époque des amours.

Observation. Un nombre vraiment prodigieux de genres et de sous-genres a été formé aux dépens du genre type de cette sous-famille. L'on n'en compte pas moins de seize, pour les espèces seulement qui vivent en Europe ou qui s'y montrent accidentellement. Mais ces diverses coupes sont loin d'avoir la valeur qu'on leur attribue : elles ne reposent que sur des caractères isolés et par conséquent insuffisants; ou sur des caractères variables, souvent dépendants de l'âge et de la saison; ou sur des attributs purement spécifiques. La distinction des Lariens en Goélands et en Mouettes, soit que l'on ait égard à la taille de l'oiseau, soit que l'on prenne en considération les différences apportées dans une partie du plumage par les amours, ne nous paraît même pas générique; car telle espèce parmi celles qui sont encapuchonnées à l'époque de la reproduction, ne le cède, ni par la taille, ni par la force et la forme du bec, ni par la longueur des ailes et des tarses, à la plupart des espèces dont la tête, à la même époque, ne prend jamais de teintes foncées; et parmi ces dernières, il en est un certain nombre qui ne dépassent pas en grosseur la majeure partie des espèces à capuchon, et qui s'en distinguent à peine, l'hiver, par les couleurs du plumage. Les Goélands et les Mouettes peuvent bien, à la rigueur, former deux sections du même genre, mais deux sections qui ne sauraient être génériques, attendu qu'il est impossible, nous le répétons, de leur assigner des caractères distinctifs qui aient l'importance de leur emploi. Une tête périodiquement et temporairement encapuchonnée constitue, à notre avis, un attribut plutôt accessoire qu'essentiel, et ce n'est certainement pas sur cet attribut unique que peut reposer une caractéristique de genre. Parmi les espèces d'Europe, les *Larus eburneus* et *Rossii* nous semblent seuls assez caractérisés, le premier par la forme du bec et des pieds, par les jambes emplumées, par la livrée du premier âge, par des habitudes plus solitaires que sociables ; le second, par la forme de la queue, par la position des narines, par le peu de dénudation des jambes, etc., pour être séparés génériquement : c'est aussi les seuls démembrements que nous ferons subir au genre *Larus*.

GENRE CCXV

RHODOSTÉTIE — *RHODOSTETIA*, Macgill.

Rossia, Bp. *B. of Eur.* (1838).
Rhodostetia, Macgill. *Man. Nat. Hist. Orn.* (1842).

Bec bien plus court que la tête, mince, comprimé, à peu près de même hauteur de la base au niveau de l'angle de la mandibule inférieure, qui est très-peu saillant et obtus, courbé à l'extrémité; narines étroites, oblongues, sub-médianes ; ailes allongées, pointues, sur-aiguës ; queue médiocre, cunéiforme, les rectrices médianes dépassant de beaucoup les latérales ; bas des jambes très-peu dénudé; tarses courts, robustes, scutellés en avant, réticulés en arrière; doigts antérieurs médiocres, réunis par une membrane pleine, le médian aussi long que le tarse ; pouce court , surmonté ; ongles pointus.

Ce genre, qui semble établir le passage des Labbes aux Goélands, est principalement caractérisé par la forme de la queue et par la position des narines.

On ne connait rien des habitudes de l'espèce unique sur laquelle il est établi ; mais tout porte à croire qu'elles sont absolument les mêmes que celles des autres Lariens.

452 — RHODOSTÉTIE DE ROSS — *RHODOSTETIA ROSSII*
Macgill.

Rémiges d'un gris cendré, la première noire sur les barbes externes ; un étroit collier noir oblique au bas du cou ; bec, de l'angle frontal à l'extrémité, plus court que le doigt externe, noir ; pieds d'un rouge vermillon.

Taille : 0ᵐ,35.

Larus roseus, Macgill. *Lar.* in : *Mem. Wern. Soc. Ed.* (1824), t. V, p. 249, note.

Larus Rossii, Richards. in : *Parry, Deuxième Voy.* (1825), append. p. 359.

Rossia rosea, Bp. *B. of Eur.* (1838), p. 62.

Rhodostetia Rossii, Macgill. *Man. Nat. Hist. Orn.* (1842), p. 252.

J. Wilson, *Illustr. Zool.* pl. 8 sous le nom de *Larus Richardsoni.*

Mâle au printemps : Tête entièrement blanche, avec le bord libre des paupières jaune orangé et un cercle étroit de plumes noires autour des yeux ; cou blanc, teinté de rose à la région inférieure et pourvu, un peu au-dessous de sa partie moyenne, d'un collier d'un noir profond, étroit, oblique, plus large et plus complet en arrière qu'en avant ; dessus du corps, couvertures supérieures des ailes d'un gris de perle bleuâtre ; poitrine, abdomen, d'un beau rouge rose, prononcé surtout entre les plumes ; rémiges entièrement d'un gris bleuâtre, la première exceptée, qui est noire dans presque toute son étendue sur les barbes externes ; queue blanche ; bec noir, à bords des mandibules d'un jaune orangé ; pieds d'un rouge vermillon ; ongles d'un brun marron.

Cette espèce habite les régions arctiques de l'Amérique et fait des apparitions très-accidentelles en Europe.

Les auteurs anglais la citent comme ayant été tuée dans le Yorkshire et en Islande.

Nous ne connaissons ni ses œufs, ni son mode de propagation.

GENRE CCXVI

PAGOPHILE — *PAGOPHILA*, Kaup

Larus, p. Gmel. *S. N.* (1788).
Gavia, p. Boie, *Isis* (1822).
Pagophila, Kaup, *Nat. Syst.* (1829).
Cetosparactes, Macgill. *Hist. Brit. B.* (1841).

Bec beaucoup plus court que la tête, à peu près d'égale hauteur de la base à l'angle de la mandibule inférieure et presque aussi large que haut à la base, notablement rétréci d'un côté à l'autre vers le milieu, renflé en avant des narines, comprimé à l'extrémité; ailes allongées, pointues, sur-aiguës, à rémiges recourbées en faux; queue longue, égale; bas des jambes peu dénudé et couvert jusqu'au-dessous de l'articulation tibio-tarsienne par les dernières plumes tibiales; tarses très-courts, robustes, scutellés en avant, réticulés en arrière; doigts épais, courts, les antérieurs réunis par une membrane médiocre, profondément échancrée au centre; ongles forts, bien recourbés; fond du plumage blanc à tous les âges.

Par la forme de leur bec, par celle de leurs pieds, les Pagophiles se distinguent assez des autres Lariens, pour justifier le genre que M. Kaup a établi sur ces oiseaux.

Les Pagophiles ont les mœurs générales et le régime des Goélands; mais elles paraissent avoir des habitudes plus solitaires : on les rencontre plutôt isolées ou au nombre de quelques individus seulement, que réunies en troupes.

Le mâle et la femelle ne diffèrent absolument que par la taille. Les jeunes, avant l'état parfait, s'en distinguent par un plumage en partie tacheté.

Une seule espèce appartient à ce genre.

Observation. Quelques auteurs distinguent une deuxième espèce de Pagophile, sous le nom de *Pagophila nivea* (*Larus niveus* Brehm, nec Pall.; *Lar. brachytarsus* Holb.). D'après le prince Charles Bonaparte, elle aurait un plumage d'un blanc plus pur et plus éclatant, une taille un peu plus forte, un bec plus court que la *Pagoph. eburnea*, et ce bec serait jaune, à pointe orangée. Le prince, dans son *Conspectus Gen. Avium* (t. II, p. 230), a rapporté à cette prétendue espèce les spécimens de *Pagoph. eburnea* recueillis par Gaimard pendant le voyage de la *Recherche*, au Spitzberg. Ces spécimens, qui font partie des collections du Muséum d'Histoire naturelle, et que nous avons examinés avec le plus grand soin, nous paraissent identiques aux Pagophiles blancs, que renferme le même établissement. Les différences de taille que l'on donne comme caractéristiques sont simplement individuelles ou sont dues à l'âge; il en est de même des dimensions des tarses et du bec, dimensions, d'ailleurs, qui ne sont pas aussi grandes qu'on pourrait le croire; la couleur de celui-ci est absolument dépendante de l'âge : les vieux individus ont le bec jaune, attribué à la *Pagoph. nivea;* chez les individus d'âge moyen le bec, tout en prenant la couleur de l'état parfait, conserve cependant, en partie, sa première teinte; en d'autres termes, il est gris de plomb à la base, d'un jaune ocreux au tiers ou à la moitié antérieure, tel, en un mot, qu'on l'indique chez la *Pagoph. eburnea.* Quant au plumage, il est d'un blanc aussi pur chez celle-ci que chez la prétendue *nivea.* Le genre Pagophile ne repose donc jusqu'ici que sur l'espèce type.

455 — PAGOPHILE BLANCHE — *PAGOPHILA EBURNEA* Kaup ex Gmel.

Rémiges blanches; parties supérieures d'un blanc pur (adultes), *ou blanches, variées de taches noires ou d'un brun noirâtre à l'extrémité des couvertures supérieures des ailes et des rémiges* (jeunes); *bec, de l'angle frontal à l'extrémité, plus court que le doigt externe, l'ongle compris, jaune* (adultes), *ou d'un gris de plomb à la base, s'étendant plus ou moins vers la pointe* (jeunes et âge moyen); *pieds noirs; doigt médian plus long que le tarse, celui-ci mesurant* 0ᵐ,037 *à* 0ᵐ,039.

Taille : 0ᵐ,46 (mâle); 0ᵐ,42 (femelle).

LARUS NIVEUS, F. Martens (nec Pall.), *Spitzb. oder Grönl. Reise* (1671), p. 77.
LARUS CANDIDUS, O. Fabr. *Faun. Groënl.* (1780), p. 103.
LARUS EBURNEUS, Gmel. *S. N.* (1788), t. I, p. 596.
GAVIA EBURNEA, Boie, *Isis* (1822), p. 563.
PAGOPHILA EBURNEA, Kaup, *Nat. Syst.* (1829), p. 69.
CETOSPARACTES EBURNEUS, Macgill. *Hist. Brit. B.* (1839-1841), t. II, p. 252.
PAGOPHILA BRACHYTARSA, Bruch, *Journ. für Orn.* (1853), p. 108, Sp. 54.
PAGOPHILA EBURNEA et NIVEA, Bp. *Cat. Parzud.* (1855), p. 11.
Buff. *Pl. enl.* 994.
Gould, *Birds of Eur.* pl. 436.

Mâle et femelle adultes, en été : Plumage entièrement d'un blanc parfait, sans taches, avec une teinte rosée, principalement aux parties inférieures; bec entièrement jaune ou d'un cendré bleuâtre à la base, ensuite jaune, avec la pointe et le bord libre des paupières d'un rouge vif; pieds noirs; iris brun foncé.

Nota : La teinte rosée du plumage, la couleur rouge de l'extrémité du bec et du bord libre des paupières disparaissent sur les échantillons conservés depuis quelque temps en collection.

Jeunes : Plumage blanc, avec la face maculée de gris de plomb ou de gris ardoise, le dos, le dessus des ailes parsemés de petites taches arrondies, noires ou d'un brun obscur, qui occupent l'extrémité des plumes ; une petite tache de même couleur existe également à l'extrémité des grandes rémiges ; queue blanche, marquée transversalement d'une tache sub-apicale noire ; bec bleu de plomb, avec la pointe jaunâtre ; pieds comme chez les adultes.

La Pagophile blanche ou Sénateur habite les régions arctiques, les côtes d'Islande, du Spitzberg, du Groënland, la baie de Baffin, le cap Parry, et se montre accidentellement en Allemagne, en Angleterre, en France et même en Suisse.

Elle niche sur les rochers et pond deux ou trois œufs d'un gris verdâtre pâle, ou d'un jaunâtre sale, avec des taches, les unes profondes et grisâtres ; les autres superficielles brunes, ou d'un brun olivâtre, auxquelles se mêlent des points de même couleur. Ils mesurent :

Grand diam. 0^m,062 à 0^m,066 ; petit diam. 0^m,045 à 0^m,046.

GENRE CCXVII

GOÉLAND — *LARUS*, Linn.

Larus, Linn. *S. N.* (1735).
Gavia, Mœhr. *Avium Gen.* (1752).
Xema, Boie, *Isis* (1822).
Leucus, hydrocolœus, Icthyaetus, Cheimonea, Kaup, *Nat. Syst.* (1829).
Laroides, Brehm, *Handb. Nat. Vög. Deuts.* (1831).
Chroicocephalus, Eyton, *Cat. Brit. B.* (1836).
Rhodostetia, Macgill. *Man. Nat. Hist. Orn.* (1842).
Plautus, Puloconra, etc. Reich. *Syst. Av.*
Dominicanus, Glaucus, Bruch, *Journ. für Orn.* (1853).
Clupeilarus, Adelarus, Gavina, Gelastes, Rossia, Atrichila, Bp. *Consp. Gen. Av.* (1857).

Bec plus court que la tête, rarement plus long, plus ou moins fort, très-comprimé dans toute son étendue, généralement plus élevé à la base et au point de rencontre des branches de la mandibule inférieure qu'au milieu ; mandibule supérieure arquée et crochue à l'extrémité ; mandibule inférieure plus courte que la supérieure et comme taillée en biseau de l'angle à

la pointe ; narines à peu près parallèles aux bords des mandibules, oblongues, étroites, découvertes ; ailes longues, pointues,
sur-aiguës ; queue le plus ordinairement carrée, très-rarement
échancrée ; bas des jambes peu dénudé ; tarses médiocrement
allongés, minces, scutellés en avant ; doigts antérieurs unis
jusqu'aux ongles par une membrane entière ; pouce libre, petit,
quelquefois réduit à un simple tubercule, bien surmonté, pourvu
d'un ongle faible, ou sans ongle.

Les Goélands ont des mœurs très-sociables, et la plupart vivent toute l'année réunis en familles et souvent en grandes troupes. Ils sont lâches, criards,
voraces à l'excès ; fréquentent les baies, les rades, les ports, les lacs, les étangs ;
ne s'avancent jamais très-loin en mer, et n'abandonnent qu'accidentellement
les côtes pour se porter dans l'intérieur des terres, où leur apparition est presque toujours l'indice d'une tempête qui sévit ou qui se prépare. Cependant,
d'autres causes les portent aussi à se répandre dans les campagnes : nous avons
vu bien souvent dans le midi de la France, par une mer des plus calmes, la
plupart des espèces qui habitent les côtes de la Méditerranée s'avancer très-
avant dans les terres couvertes de neige, explorer en voltigeant tout un canton, comme si elles étaient à la recherche de quelque objet, s'abattre même
sur la neige et y courir comme sur une grève.

Ils marchent à pas précipités, mais avec une certaine gravité ; nagent bien et
avec beaucoup de grâce, mais ne plongent pas. Leur vol est aisé, sans être rapide,
et s'exécute sans efforts, malgré les apparences contraires.

Ils ne font en général pas de nid proprement dit ; pondent sur la roche ou sur
le sable nus, ou se bornent à garnir la petite cavité qui reçoit les œufs de quelques brins secs d'herbes, de zostère ou de mousse, auxquels se trouvent parfois
mêlées de rares plumes. Les petits naissent couverts d'un duvet épais et sont
longtemps nourris dans le nid.

Les Goélands ont un régime exclusivement animal, et se nourrissent de
proies vivantes, aussi bien que de proies mortes qui flottent à la surface de
l'eau, ou qu'ils rencontrent sur les grèves, à mer basse.

Le mâle et la femelle se ressemblent sous toutes leurs livrées ; celle-ci a
seulement une taille un peu plus petite. Les jeunes, avant la première mue,
diffèrent beaucoup des individus à plumage parfait, et ne prennent ce plumage
qu'à la seconde ou à la troisième année, selon les espèces. Ceux que l'on élève
en captivité ne le revêtent même qu'à un âge plus avancé.

Le nombre ordinaire d'œufs que pondent les espèces de ce genre est de
trois, rarement de deux ou de quatre, et ces œufs ont les plus grands rapports
de forme et de coloration. Le fond de la coquille est généralement d'un gris
plus ou moins olivâtre, brunâtre, roussâtre ou jaunâtre, avec des taches d'un
cendré de plusieurs nuances, et d'un brun qui arrive jusqu'au noir.

Les Goélands sont répandus dans toutes les parties du monde : l'Europe
possède un assez grand nombre d'espèces de ce genre.

Observations. 1° M. Schlegel, à propos des espèces du genre *Larus*, fait quelques observations, auxquelles nous souscrivons pleinement. Il fait remarquer, avec raison, que ces espèces, dont l'histoire est aujourd'hui « excessivement embrouillée, » présentent, sous le rapport de la taille, de la forme et des dimensions du bec, de la longueur des ailes et des pieds, des couleurs du plumage dans les divers états, des différences très-notables, parfois individuelles, souvent dépendantes du sexe et de l'âge, dont il faut nécessairement tenir compte pour éviter les erreurs. Les grandes rémiges, depuis la première livrée jusqu'à l'état parfait, varient surtout à l'infini; et même chez les individus arrivés à cet état, les taches blanches ou cendrées que les pennes de l'aile présentent, n'ont pas toujours des formes et une étendue constantes. Toutes ces variations, prises trop souvent pour des caractères fixes, ont donné lieu à une foule d'espèces et de races, les unes purement nominales, et par conséquent à éliminer ; les autres encore douteuses et demandant de nouvelles études suivies.

Les espèces et les races européennes à éliminer sont les suivantes :

Larus arcticus, Macgill. (*Lar. glacialis* Beniken), espèce pour les uns, simple race pour les autres, qu'il faut rapporter, d'après M. Schlegel (*Mus. d'Hist. Nat. des Pays-Bas*), au *Lar. glaucus.*

Leucus leucopterus a *minor* Bp., dont le prince Charles Bonaparte fait une race distincte du *Lar. leucopterus* Fab., mais qui ne représente certainement qu'un des états de transition de ce dernier.

Larus argentaceus et *Lar. argentatoïdes* Brehm, qu'il est impossible de séparer du *Lar. argentatus* Brünn. attendu qu'ils n'en diffèrent par rien d'essentiel ni de constant, et que les caractères qu'on leur reconnaît comme distinctifs ou sont individuels, ou dépendent de l'âge et du sexe.

Larus fuscescens Lichst. (*Dominicanus fuscescens* Bruch ; *Clupeilarus fuscus* a *fuscescens* Bp.) indiqué par le prince Charles Bonaparte (*Consp. Gen. Av.*), comme propre à l'Egypte et à l'Europe méridionale et orientale, est identique au *Lar. fuscus.* Ses caractères distinctifs : *simillimus* Clup. fusco ; *sed major alis etiam longioribus ; rostro breviore ; pedibus flavissimis,* sont loin d'être constants. Le *Larus fuscescens* des côtes de la mer Rouge n'a souvent pas les pieds aussi jaunes que le *Larus fuscus* des côtes de l'Océan, et nous avons vu celui-ci avec des ailes de cinq centimètres plus longues que celles du *fuscescens.* Quant au bec, il est à quelques millimètres près de la même longueur dans les exemplaires de l'Océan et dans ceux de la mer Rouge.

Larus cachinnans, Pall. (*Dominicanus cachinnans* Bruch ; *Clupeilarus cachinnans.* Bp.), ne serait, selon M. Schlegel, qu'un mélange de plusieurs espèces. « Sa description, dit-il, paraît se rapporter à l'*argentatus,* mais les mesures qu'il (Pallas) donne de son *cachinnans* (*Zoogr.* p. 319) sont évidemment prises sur le *Larus marinus* : du reste, Pallas, p. 321, doute même si ce *cachinnans* forme une espèce différente du *Lar. marinus.* »

Larus hibernus Gmel., qui ne paraît être qu'un *Lar. canus* en plumage imparfait.

Larus columbinus Golwat. (*Gelastes columbinus* Bp.; *Gavia columbina* Bruch), race nullement distincte du *Lar. gelastes* Licht. (*Gelastes Lambruschinii* Bp.

malgré son bec noir et un peu plus grêle ; ces caractères, lorsqu'ils ne sont pas individuels, dépendant soit de l'âge, soit de la saison.

Enfin *Larus capistratus* Temm. (*Gavia capistrata* Bp.) qui n'est qu'un *Lar. ridibundus* (probablement femelle) à capuchon un peu décoloré. Le type *capistratus* de Temminck, conservé au Musée de Leyde, est d'ailleurs rapporté à cette espèce par M. Schlegel.

2° Le prince Charles Bonaparte, qui avait admis dans le *Catalogue Parzudaki* le *Larus Fritzei* Bruch, comme européen, l'en a ensuite éliminé dans les termes suivants : « *Dominicanus Fritzei* doit disparaître du catalogue. L'unique exemplaire connu, celui du Musée de Wiesbaden, provient des îles de la Sonde, et non du Sund de Scandinavie. » (*Rev. et Mag. de Zool.* 1857, 2° sér. t. IX, p. 58.)

Le prince a également admis dans le même *Catalogue*, en la rapportant au *Larus niveus* de Pallas, la *Rissa brachyrhyncha* Gould (*Lar. brevirostris* Brandt), espèce parfaitement distincte du *Lar. tridactylus*, mais nullement européenne, comme, du reste, le prince Charles Bonaparte semble l'avoir reconnu plus tard.

3° A l'exemple de beaucoup d'auteurs, nous distinguerons les *Lari* que nous laissons dans ce genre, en espèces qui n'ont de capuchon en aucune saison, en espèces qui en sont pourvues à l'époque des amours, et nous admettrons dans ces deux sections quelques-uns des groupes secondaires établis par M. Schlegel.

1° Goélands dépourvus de capuchon à tous les âges et sous toutes les livrées (GOÉLANDS PROPREMENT DITS — *Lari marini*, Schleg.).

A — *Espèces dont la queue est égale, le pouce bien développé, le manteau d'un gris cendré pâle à l'âge adulte, et chez lesquelles les rémiges n'ont jamais de noir.*

454 — GOÉLAND BOURGUEMESTRE — *LARUS GLAUCUS* Brünn.

(Type du genre *Leucus*, Bp.)

Rémiges entièrement blanches (individus vieux), *ou d'un gris pâle, passant au blanc sur le tiers postérieur* (adultes) ; *rachis des rémiges blanc à tous les âges ; bec, de l'angle frontal à l'extrémité, aussi long que le doigt externe, l'ongle compris, jaune-citron,*

*taché de rouge à l'angle de la mandibule inférieure ; pieds couleur
de chair livide ; doigt médian plus court que le tarse, celui-ci
mesurant ; 0ᵐ,070 à 0ᵐ,075 ; distance de l'angle à la pointe de la
mandibule inférieure,* 0ᵐ,017 à 0ᵐ,018.

Taille : 0ᵐ,72 (mâle) ; 0ᵐ,69 (femelle).

Larus glaucus, Brünn. *Ornith. Bor.* (1764), p. 44.

Larus glacialis, Macgill. *Mem. of the Wern. Soc.* (1824), t. V, 1ʳᵉ part., p. 270.

Larus consul, Boie, *Isis* (1822), p. 562.

Leucus glaucus, Kaup, *Nat. Syst.* (1829), p. 86.

Plautus glaucus, Reich. *Syst. Av.* pl. 47, fig. 816 à 818.

Glaucus consul, Bruch, *Journ. für Orn.* (1853), t. I, p. 101, sp. 10.

Laroides glaucus, Bruch, *Journ. für Orn.* (1855), t. III, p. 281.

Naum. *Vög. Deuts.* pl. 264, fig. 1 à 4.

Gould, *Birds of Eur.* p. 432.

Mâle et femelle adultes, en été : Tête et cou d'un blanc pur ; dessus
du corps d'un cendré bleuâtre clair, moins foncé que chez le *Larus cinereus ;* dessous d'un blanc éclatant ; ailes pareilles au manteau, avec le
quart postérieur des rémiges primaires, leurs baguettes dans toute leur
étendue, et l'extrémité des secondaires blancs ; queue d'un blanc très-
pur ; bec jaune citron, avec son angle inférieur et le bord libre des
paupières rouges ; pieds livides ; iris jaune.

Nota : Cette livrée est déjà presque complète au commencement de
janvier.

Mâle et femelle adultes, en hiver : Vertex, occiput et nuque striés
longitudinalement de brun cendré ; le reste comme en été.

Jeunes avant la première mue : Tête, cou, haut du dos d'un
blanchâtre sale, lavé entre les épaules de cendré très-clair, et varié
sur toutes ces parties de taches longitudinales rapprochées, d'un
brun roussâtre ; le reste du dos, les sus-caudales et les scapulaires d'un
cendré blanchâtre, avec les plumes bordées et traversées de zigzags
d'un brun roussâtre plus clair qu'à la tête ; gorge blanchâtre ; dessous
du corps nuancé de gris et de brun roussâtre, avec les côtés du bas-
ventre et les sous-caudales marqués de bandes transversales d'un
brun roussâtre en zigzags ; couvertures supérieures des ailes pareilles
aux scapulaires ; rémiges primaires d'un cendré roussâtre pâle, avec
la tige blanche, les secondaires de même couleur, avec la pointe blanchâtre ; rectrices marbrées de brun roussâtre sur fond blanchâtre ; bec
et pieds livides ; iris brun.

A l'âge d'un an, leur plumage s'éclaircit; le brun est moins foncé. A mesure qu'ils vieillissent, le plumage blanchit et le dessus du corps prend une teinte cendré bleuâtre.

A la troisième mue de printemps, ils ne diffèrent plus des adultes. Il leur faut cinq ans en captivité pour acquérir le plumage parfait.

Nota : Nous avons vu chez M. Hardy un bourguemestre à plumage entièrement blanc, excepté aux sous-caudales, qui conservaient des bandes transversales d'un brun clair, caractère du jeune âge.

Le Goéland Bourguemestre habite les côtes de l'Europe et de l'Amérique septentrionales, celles du Groënland, et visite, en hiver, des pays plus tempérés.

Il se montre irrégulièrement et en très-petit nombre sur les côtes maritimes de Dunkerque, toujours mêlé aux grandes bandes de Goélands cendré et marin, le plus souvent sous son plumage de jeune. Les adultes y sont excessivement rares.

Il niche sur les bords de la mer, parmi les rochers; pond deux ou trois œufs, moins renflés, et relativement plus allongés que ceux du *Larus marinus,* à fond brun-jaunâtre clair ou d'un roux olivâtre, varié de taches isolées, quelques-unes confluentes, la plupart rondes ou punctiformes; les unes profondes et d'un gris plus ou moins foncé selon leur position; les autres superficielles et d'un brun noir ou noires. De très-petits points, en petit nombre, sont disséminés parmi les taches. Ils mesurent :

Grand diam. 0ᵐ,083 à 0ᵐ,085 ; petit diam. 0ᵐ,051 à 0ᵐ,053.

Cette espèce se nourrit principalement de sardines, du moins durant son séjour sur nos côtes.

M. Deméczemacker de Dunkerque a nourri pendant longtemps, dans son jardin, une femelle qui a pondu plusieurs années de suite.

453 — GOÉLAND LEUCOPTÈRE — *LARUS LEUCOPTERUS*
Ferber.

Rémiges entièrement blanches (individus vieux), *ou d'un gris blanchâtre, passant au blanc sur le tiers postérieur* (adultes); *rachis des rémiges blanc à tous les âges; bec, de l'angle frontal à l'extrémité, à peine aussi long que le doigt interne, l'ongle compris; jaune, taché de rouge à l'angle de la mandibule inférieure ; pieds jaunâtres; doigt médian un peu plus court que le tarse, celui-ci mesurant,* 0ᵐ,068 *à* 0ᵐ,070 ; *distance de l'angle à la pointe de la mandibule inférieure,* 0ᵐ,013 *à* 0ᵐ,014.

Taille : 0ᵐ,54 (mâle); 0ᵐ,51 (femelle).

Larus leucopterus, Faber (nec Vieill.), *Prodr. Island. Orn.* (1820), p. 91.

Larus minor, Brehm, *Handb. Nat. Vög. Deuts.* (1831), p. 736.

Laroides glaucoides et leucopterus, Brehm, *id. op.* p. 744 et 745.

Glaucus leucopterus et glacialis, Bruch, *Journ. für Orn.* (1853), p. 101, sp. 12 et 14.

Plautus leucopterus, Reich. *Syst. Av.* pl. 46, fig. 827 à 829.

Leucus leucopterus et leucopterus a *minor*, Bp. *Consp. Gen. Av.* (1857), t. II, p. 217.

Naum. *Vög. Deuts.* pl. 263.

Gould, *Birds of Eur.* pl. 433.

Mâle et femelle adultes en été : Tête, cou, dessous du corps et queue d'un blanc très-pur ; dessus du corps et ailes d'un cendré blanâtre plus clair que chez le *Larus glaucus ;* extrémité des baguettes des rémiges blanche ; bec jaune vers sa pointe, brun à la base ; pieds jaunâtres ; iris jaune.

Mâle adulte, en automne : Dessus de la tête et du cou, strié de brun clair sur fond blanc ; le reste comme en été.

Jeunes de l'année : Ils ressemblent à ceux du *Larus glaucus ;* sont couverts d'une infinité de petites taches d'un brun roussâtre et de même forme, mais leur livrée est plus claire. Ils ont les pieds livides et l'iris d'un brun rougeâtre.

Dans la deuxième année les taches s'élargissent, deviennent confluentes et se fondent les unes dans les autres.

Le Goéland leucoptère habite les régions arctiques ; est abondant en Islande, aux îles Féroé et au Groënland ; est de passage, pendant les hivers très-froids, sur les côtes de Hollande, d'Angleterre et de France, toujours en petit nombre. Ceux qui visitent nos côtes sont des jeunes.

Il a été tué plusieurs fois sur les plages de Dunkerque, dans la baie de Cancale et dans la baie de Somme. Nous avons vu sur les marchés de Paris deux individus venant de cette dernière localité. Ils étaient dans leur première ou leur seconde année, comme tous ceux qui s'avancent dans nos parages.

Cette espèce se reproduit dans les régions arctiques, au Groënland, en Laponie, etc.; niche, comme ses congénères, sur les rochers escarpés qui bordent la mer, et pond deux ou trois œufs tellement semblables pour la couleur, la forme, la disposition des taches, à certaines variétés d'œufs du *Larus argentatus,* qu'on peut très-aisément les confondre avec celles-ci. Ils mesurent :

Grand diam. 0^m,070 à 0^m,073 ; petit diam. 0^m,048 à 0^m,050.

B — *Espèces dont la queue est égale, le pouce bien développé, le manteau d'un gris d'ardoise foncé à l'âge adulte, et chez lesquelles le noir domine sur les rémiges, à l'état parfait.*

436 — GOÉLAND MARIN — *LARUS MARINUS*
Linn.

(Type du genre *Dominicanus*, Bruch.)

Les deux premières rémiges noires sur les barbes externes et sur une assez grande étendue des barbes internes du côté de la pointe, terminées par une grande tache blanche de 0ᵐ,05 à 0ᵐ,06 environ, que coupe quelquefois sur la première, toujours sur la seconde, une bande sub-terminale noire; bec, de l'angle frontal à l'extrémité, bien plus court que le doigt externe, l'ongle compris, jaunâtre, d'un rouge vif à l'angle de la mandibule inférieure; pieds livides; doigt médian aussi long que le tarse, mesurant 0ᵐ,065 à 0ᵐ,075.

Taille : 0ᵐ,70 (mâle); 0ᵐ,65 (femelle).

Larus marinus, Linn. *S. N.* (1766), t. I, p. 225.
Larus niger et varius, Briss. *Ornith.* (1760), t. VI, p. 158 (*adulte*) et 167 (*jeune*).
Larus maximus, Leach, *Syst. Cat. M. and B. Brit. Mus.* (1816), p. 40.
Lelcls marinus, Kaup, *Nat. Syst.* (1829), p. 86.
Larus maximus, Mulleri et Fabricii, Brehm, *Handb. Nat. Vög. Deuts.* (1831), p. 728-729-730.
Dominicanus marinus, Bruch, *Journ. für Orn.* (1853), t. I, p. 100, sp. 2.
Buff. *Pl. enl.* 266, *jeune* sous le nom de *Grisard.*
Gould, *Birds of Eur.* pl. 430.

Mâle et femelle adultes, en été : Tête, cou, d'un blanc parfait; dos et scapulaires d'un noir profond ardoisé, ces dernières terminées de blanc; sus-caudales, toutes les parties inférieures du corps et sous-caudales d'un blanc pur; ailes pareilles au manteau, avec les rémiges terminées de blanc, et les primaires noires vers le bout; queue entièrement blanche; bec livide, avec une teinte jaune en dessus et sur les bords de chaque mandibule, d'un rouge orange vif à l'angle de l'inférieure; bord libre des paupières également orange rouge; partie nue des jambes, tarses, doigts, d'un blanc livide bleuâtre, avec la membrane interdigitale moins foncée, offrant un réseau vasculaire tirant sur le violet; ongles noirs; iris gris jaunâtre.

Nota : Les vieux commencent à prendre cette belle livrée dès le mois de janvier.

Mâle et femelle adultes, en hiver : Tête et cou blancs, avec une strie longitudinale d'un brun clair au milieu des plumes du vertex, de l'occiput, de la nuque et des joues ; manteau et ailes d'une teinte plus noire, moins ardoisée ; flancs et sous-caudales tachetés de brun et de roussâtre ; le reste du plumage comme en été.

Jeunes de l'année : Dessus de la tête et du cou d'un blanc grisâtre, strié longitudinalement de brun clair ; dessus du corps blanc, nuancé de grisâtre, de roussâtre, varié de taches irrégulières de diverses grandeurs, transversales, longitudinales et en zigzag ; gorge, devant du cou et dessous du corps d'un blanc pur, avec des stries longitudinales d'un brun roussâtre clair sur la poitrine, peu apparentes au milieu ; des taches brun roussâtre, lanciformes, plus ou moins étendues, et d'autres de même couleur en zigzag sur les sous-caudales ; front, joues, parties supérieures de la face latérale du cou, blancs ; partie inférieure de cette dernière couleur, marquée de nombreuses taches ; petites couvertures supérieures des ailes pareilles au dos, les moyennes d'un cendré roussâtre, variées longitudinalement de brun foncé ; rémiges primaires noirâtres, avec un peu de blanc à la pointe ; queue variée de taches et de marbrures noirâtres sur fond blanc grisâtre, le noir dominant sur les rectrices médianes ; la plus latérale a plus de blanc et se termine, ainsi que toutes les autres, par une bordure de cette dernière couleur ; bec noir ; pieds d'un brun livide ; iris et bord libre des paupières bruns.

Jeunes à un an environ: Plus de blanc à la tête et au cou ; teintes plus sombres sur le corps, les plumes nuancées de brun et de cendré, avec des bordures étroites et grisâtres ; moins de taches sur les parties inférieures ; moins de noir à la queue ; les marbrures brunâtres ; bec noirâtre à la base, le reste livide ; pieds livide rougeâtre ; iris d'un brun plus clair.

A l'âge de deux ans, en automne : Noir ardoisé en dessus, avec les taches irrégulières brunes et cendrées de l'âge précédent sur les petites couvertures supérieures des ailes ; blanc en dessous et à la queue ; des stries brunâtres au vertex, à l'occiput, derrière les yeux et au cou ; bec sans teinte jaune ; bord libre des paupières orange rouge, mais d'une teinte moins vive que chez l'adulte ; pieds d'un livide tirant sur le rouge ; iris toujours brun.

A trois ans, au printemps : Il prend son plumage parfait. Au surplus, le plumage varie considérablement durant la jeunesse.

Le Goéland marin, vulgairement connu sous le nom de *Goéland à manteau noir*, habite principalement les régions septentrionales. Il passe en très-grandes bandes, pendant les mois de septembre, octobre et décembre, dans le nord de la France, sur les côtes de l'Océan. Il paraît plus rare sur celles de la Méditerranée, dans nos provinces méridionales, où l'on ne rencontre, le plus souvent, que de jeunes individus. Ce sont également des jeunes qui se rendent en Italie et en Sicile, durant l'hiver. On ne le voit pas dans le sud de la Russie.

Il se reproduit en France, dans les départements de la Manche et des Hautes-Pyrénées, à Aurigny et sur les rochers du cap Saint-Martin, entre Biarritz et la Chambre-d'Amour. Il niche sur les bords de la mer, parmi les rochers ; pond trois ou quatre œufs tantôt d'un gris cendré, tantôt d'un brun olivâtre, d'autres fois d'un brun jaunâtre ou légèrement roussâtre (café au lait clair), parsemés à peu près régulièrement partout de taches, les unes arrondies, mais à bords baveux ; les autres plus ou moins larges, très-irrégulières, à bords très-déchiquetés. Ces taches sont, les unes, d'un gris à divers degrés d'intensité selon qu'elles sont plus ou moins profondément situées ; les autres rousses ou d'un brun roux, d'un noir profond ou noirâtres et dans des proportions inégales ; tantôt les taches d'un brun roux dominent, tantôt ce sont les taches noires. De nombreux petits points, très-clair-semés, sont mêlés aux taches. Ils mesurent :

Grand diam. 0^m,078 à 0^m,080 ; petit diam. 0^m,054 à 0^m,057.

Le Goéland marin vit très-bien en domesticité et se contente de débris de poisson ou de chair, aussi bien que de pain et même de blé.

Les individus que l'on nourrit dans des basses-cours, dans des jardins ou dans des parcs ne prennent leur plumage parfait ou stable qu'à l'âge de cinq ans.

457 — GOÉLAND BRUN — *LARUS FUSCUS*
Linn.

(Type du genre *Clupeilarus*, Bp.)

Les trois premières rémiges noires, terminées de blanc ; la première et quelquefois la deuxième pourvues, en outre, d'une grande tache sub-terminale blanche, ovale ou triangulaire ; bec, de l'angle frontal à l'extrémité, au moins aussi long que le doigt externe, l'ongle compris, jaune, taché de rouge vif à l'angle de la mandibule inférieure ; pieds jaunes ; doigt médium un peu plus court que le tarse, celui-ci mesurant 0^m,060 à 0^m,065.

Taille : 0^m,52 (mâle) ; 0^m,49 (femelle).

LARUS FUSCUS, Linn. *S. N.* (175).

LARUS GRISEUS, Briss. *Ornith.* (1760), t. VI, p. 162 (*adulte*).

GAVIA GRISEA, Briss. *Id. op.* p. 171 (*jeune*).

LARUS FLAVIPES, Mey. et Wolf, *Tasch. Deuts.* (1810), t. II, p. 469.

LARUS CINEREUS, Leach, *Syst. Cat. M. and B. Brit. Mus.* (1816), p. 401.

LEUCUS FUSCUS, Kaup, *Nat. Syst.* (1829), p. 86.

LAROIDES MELANOTUS, HARANGORUM et FUSCUS, Brehm, *Handb. Nat. Vög. Deuts.* (1831), p. 747, 748, 749.

DOMINICANUS FUSCUS, Bruch, *Journ. für Orn.* (1853), t. I, p. 100, sp. 6.

CLUPEILARUS FUSCUS, Bp. *Consp. Syst. Av.* (1857), t. II, p. 220.

Buff. *Pl. enl.* 990, *adulte* sous le nom de *Noir-Manteau.*

Naum. *Vog. Deuts.* pl. 267.

Gould, *Birds of Eur.* pl. 431.

Mâle et femelle adultes, en été : Tête, cou, poitrine, abdomen, queue, sus et sous-caudales d'un blanc pur ; dessus du corps, couvertures supérieures des ailes d'un noir ardoisé, avec les scapulaires terminées de blanc ; rémiges noires ; la première, quelquefois la deuxième, portant une tache blanche vers le bout, les suivantes terminées par un très-petit liséré, et les secondaires par une large bordure de cette couleur ; bec jaune-citron, avec l'angle inférieur d'un rouge vif ; bord libre des paupières rouge orange ; pieds d'une teinte un peu jaune ; iris jaune clair.

Nota : En captivité, cette livrée n'est à peu près complète que vers le milieu de février.

Mâle et femelle adultes, en hiver : Vertex, occiput, tour des yeux et haut du cou rayés longitudinalement de brun clair sur fond blanc, le reste du plumage comme en été ; bec nuancé de jaunâtre et de brunâtre, avec l'angle de la mandibule inférieure d'un rouge orange ; pieds d'un jaune tirant sur le livide.

Jeunes de l'année : Dans les uns : tête et cou d'un blanc cendré, tacheté longitudinalement de brun plus ou moins foncé ; dessus du corps brun, avec les plumes bordées de blanchâtre ou de blanc roussâtre ; dessous du corps et sous-caudales couverts de grandes taches brunes sur fond gris blanchâtre ; ailes pareilles au manteau ; rémiges primaires noires, quelques-unes terminées de blanchâtre ; queue d'un gris marbré de noir à la base, ensuite noire, avec les bords et l'extrémité des pennes blancs. Dans d'autres : parties supérieures d'un brun noirâtre, avec une bordure étroite d'un blanc roussâtre aux plumes ; parties inférieures blanchâtres, avec de grandes taches d'un brun foncé ; rémiges primaires entièrement noires ; rectrices de la même teinte, terminées de blanc roussâtre, avec la base et la plus externe, de chaque côté, marbrées de noir sur fond blanc ; bec noir ; pieds jaunâtres ; iris brunâtre.

Le Goéland brun, qu'on nomme aussi *Goéland à pieds jaunes,* habite le nord de l'Europe et le midi de la France. Il visite, en hiver, les côtes maritimes de nos départements septentrionaux et d'autres points de l'Europe tempérée.

· Il opère ordinairement son passage sur les côtes de Dunkerque dans les mois de mai, d'août, d'octobre et de novembre.

Selon M. Crespon, il serait sédentaire dans le midi de la France, et d'après Temminck, il serait commun en Dalmatie, dans les îles de l'Adriatique, et ne s'avancerait pas, au nord, au delà de la Norwége.

Il se propage dans nos départements méridionaux, et dans les falaises de la Hogue et à Aurigny.

Il niche sur les bords de la mer, parmi les rochers et dans les dunes; construit négligemment un nid avec des brins secs de zostère marine, d'herbes, de mousses, auxquels sont parfois mêlées quelques plumes, pond deux ou trois œufs à fond jaunâtre, ou d'un roux sale, ou d'un gris clair, à peu près régulièrement parsemés de taches isolées ou confluentes, dont la plupart ont une forme ronde, avec des bords baveux, tandis que d'autres sont très-irrégulières, plus ou moins oblongues, plus ou moins larges, à bords très-accidentés. Sur telle variété, les taches rondes dominent; sur telle autre, ce sont les taches irrégulières. Ces taches sont, les unes profondes et d'un gris de diverses nuances, selon leur plus ou moins de profondeur; les autres superficielles, tantôt d'un noir brun sans mélange, tantôt d'un brun roux avec mélange de quelques taches noires ou noirâtres. De rares points et parfois quelques traits en crochet ou en zigzag sont disséminés parmi les taches. Ils mesurent :

Grand diam. 0^m,064 à 0^m,066; petit diam. 0^m,045 à 0^m,046.

Cette espèce abandonne quelquefois les côtes et s'avance assez loin dans l'intérieur des terres. Dans le sud de la Russie, elle fréquente les abattoirs des villes et se jette sur les restes abandonnés, qu'elle partage avec les chiens.

C — *Espèces dont la queue est égale, le pouce bien développé, le manteau, à l'âge adulte, d'un gris bleuâtre plus ou moins clair, et chez lesquelles le gris ou le blanc dominent sur les rémiges, à l'état parfait.*

458 — GOÉLAND ARGENTÉ — *LARUS ARGENTATUS*
Brünn.

(Type du genre *Laroïdes*, Brehm.)

Les trois premières rémiges cendrées à la base sur les barbes internes, noires sur les barbes externes et sur une assez grande étendue des barbes internes du côté de la pointe, terminées de blanc, la première et quelquefois la seconde pourvues, en outre, d'une tache sub-terminale blanche, de grandeur variable; bec, de

*l'angle rontal à l'extrémité, plus court que le doigt externe,
l'ongle compris, jaune d'ocre, taché de rouge vif à l'angle de la
mandibule inférieure; pieds livides; doigt médian un peu plus
court que le tarse, celui-ci mesurant, 0ᵐ,060 à 0ᵐ,065.*

Taille : 0ᵐ,62 (mâle) ; 0ᵐ,56 (femelle).

LARUS CINEREUS, Briss. *Ornith.* (1760), t. VI, p. 160.
LARUS ARGENTATUS, Brünn. *Ornith. Bor.* (1764), p. 44.
LARUS GLAUCUS, Retz. (nec Brünn.), *Faun. Suec.* (1800), p. 156.
LAROIDES ARGENTATUS et ARGENTACEUS, Brehm, *Handb. Nat. Vög. Deuts.* (1831),
   742.
GLAUCUS ARGENTATUS, Bruch, *Journ. für Orn.* (1853), t. I, p. 101, sp. 15.
Buff. *Pl. enl.* 253, *adulte en noces*, sous le nom de *Goéland cendré.*
Gould, *Birds of Eur.* pl. 434.

Mâle et femelle adultes, en été : Tête et cou, d'un blanc parfait;
dessus du corps d'un cendré bleuâtre, avec l'extrémité des scapulaires
blanche; sus-caudales, poitrine, abdomen d'un blanc pur ; couvertures
supérieures des ailes et rémiges secondaires pareilles au manteau, ces
dernières terminées de blanc; rémiges primaires noires vers le bout, et
terminées de blanc, la première et la deuxième portant quelquefois
une tache de cette couleur ; queue blanche ; bec jaune d'ocre, avec la
base cendré bleuâtre et l'angle inférieur rouge vif ; pieds livides ; iris
jaune clair.

Nota : Cette livrée est déjà complète dès les premiers jours de janvier, même sur des oiseaux captifs.

Mâle et femelle adultes, en hiver : Comme en été, mais les plumes
de la tête et du cou striées longitudinalement de brun clair ; teintes du
bec et des pieds moins vives.

Jeunes avant la première mue : Tête et cou gris, tachetés de brun
clair ; dessus du corps brun, avec les plumes bordées de blanc roussâtre ; sus-caudales d'un cendré blanchâtre, traversées de bandes d'un
brun roussâtre ; gorge blanche ; devant et côtés du cou d'un blanc tacheté de brun longitudinalement ; dessous du corps d'un cendré blanchâtre, avec des taches d'un brun roussâtre de grandeur variable, principalement sur les côtés de la poitrine et sur les flancs ; sous-caudales
traversées de bandes de même couleur, sur fond blanc cendré; couvertures supérieures des ailes pareilles au manteau, avec les plus grandes
nuancées de brun cendré et de roussâtre ; rémiges primaires d'un brun
noirâtre, terminées de blanc; les secondaires plus ou moins variées de

cendré, de brun, et terminées également de blanc ; queue d'un brun noirâtre en dessus, terminée et bordée de blanchâtre ou de blanc roussâtre, avec les plumes plus ou moins marquées de taches irrégulières blanches ; la plus latérale, de chaque côté, avec beaucoup plus de blanc que les autres ; bec brun, avec la base jaunâtre et la pointe brune ; pieds livides ; iris brun-jaunâtre clair.

Après la mue, le plumage devient plus clair ; il prend une teinte cendrée en dessus ; il blanchit en dessous, et de plus en plus, jusqu'à l'âge de deux ans.

Après la seconde mue d'automne, les changements sont beaucoup plus sensibles ; le manteau et une partie des couvertures supérieures des ailes sont d'un cendré bleuâtre, et les parties inférieures beaucoup plus blanches.

A la seconde mue de printemps, le cendré bleuâtre est plus étendu et d'une teinte plus foncée ; le blanc plus pur.

Après la troisième mue d'automne, le plumage ressemble à celui des adultes ; la queue, restée brune et plus ou moins variée de blanc jusqu'à cette époque, est alors entièrement blanche. Le bec devient plus jaune à mesure que les oiseaux vieillissent.

Les *jeunes dans le nid* sont couverts d'un long duvet cendré.

Variétés accidentelles. On rencontre parfois des individus à plumage d'un blanc pur (Collect. Degland).

Le Goéland argenté, ou à manteau bleu, habite les parties septentrionales et orientales de l'Europe.

Il est commun et sédentaire sur les côtes maritimes de la Hollande, de la Belgique, de la France. Une partie émigre vers la fin de l'automne et se rend dans les contrées méridionales. A l'approche de l'hiver l'espèce se montre en très-grandes bandes sur les côtes de Dunkerque : il y est moins nombreux au printemps.

Il se reproduit dans les hautes falaises de Dieppe, sur beaucoup d'autres points des côtes de la Manche, sur celles de la Bretagne, aux îles Aurigny, Jersey, Ouessant, Belle-Ile, etc. ; établit son nid dans les anfractuosités des rochers coupés à pic, dans des positions souvent inabordables ; d'autres fois au pied même des rochers et presque sur le sable, comme nous l'avons observé en Bretagne ; le compose grossièrement de quelques menues racines, d'herbes sèches et de zostères marines, et pond deux ou trois œufs qui varient beaucoup pour la forme et la couleur. Ils sont ou d'un brun roux assez foncé, ou d'un brun clair lavé d'olivâtre, ou d'un jaunâtre ocreux, ou d'un jaune verdâtre clair, avec des taches plus ou moins nombreuses, à peu près également distribuées sur toute la surface de l'œuf ; généralement isolées, quelquefois en partie confluentes, affectant, la plupart, une forme irrégulièrement ronde, quelques-unes des formes oblongues, à bords plus ou moins accidentés. Ces taches sont, les unes profondes, d'un gris plus ou moins foncé selon la profondeur où elles se trouvent ; les autres brunes ou d'un brun noir, quelquefois d'un noir pur. De petits points, plus ou moins nombreux, sont disséminés parmi les taches. Une jolie variété, peu commune, quoique nous en ayons vu trois échantillons, est d'un cendré clair uniforme, relevé par de rares taches profondes d'un gris vineux clair et comme fondues dans la coquille, et par quelques autres taches superficielles, petites et rondes, d'un roux brun assez vif. Ils mesurent :

Grand diam. 0^m,070 à 0^m,076 ; petit diam. 0^m,049 à 0^m,053.

Cette espèce se nourrit de petits poissons, de crabes et d'astéries qu'elle recueille, à mer basse, sur les plages émergentes.

Observations. Le Goéland argenté varie beaucoup pour la taille et le plumage suivant l'âge, le sexe, la saison et les localités. Parmi les nombreuses variétés qu'il présente, il en est une dont on a fait tantôt une espèce, tantôt une simple race sous le nom de *Larus Michaellesii*, Bruch (*Lar. leucophœus*, Lichst.). Cette variété se distinguerait du *Lar. argentatus* par une taille plus petite, des pieds jaunes, un manteau plus foncé. Le prince Ch. Bonaparte ajoute à ces caractères un bec plus fort, des rémiges blanches à rachis et barbes externes noires, avec une grande tache sub-apicale de même couleur.

Deux *Michaellesii*, les seuls que nous ayons vus jusqu'ici, l'un provenant de l'Algérie, l'autre tué sur les côtes de Dieppe en mars 1844, au milieu d'une bande de sept individus, qui semblaient n'en pas différer, ne nous ont offert que deux des caractères ci-dessus énumérés : leur taille, autant que nous avons pu en juger sur des oiseaux montés, nous a paru ne pas être moins forte que celle du *Lar. argentatus*, et leurs pieds étaient d'un jaune bien décidé. Leur manteau n'était pas autrement coloré que celui du Goéland argenté ; leurs rémiges présentaient absolument les mêmes teintes et la même disposition de taches que chez celui-ci ; enfin leur bec n'était relativement ni plus fort ni moins long, seulement des mesures prises de l'angle à la pointe de la mandibule inférieure, donnaient, pour le *Lar. Michaellesii* 0^m,012, pour le *Lar. argentatus* 0^m,014 à 0^m,015. Mais cette différence est-elle constante ? Nous n'oserions l'affirmer, attendu que nos observations ont porté sur un trop petit nombre d'exemplaires de *Michaellesii*.

Avant d'être définitivement admis soit comme espèce, soit comme race, cet oiseau demanderait donc, ce nous semble, de nouvelles études ; il faudrait surtout constater si la couleur des pieds, qui forme son principal caractère, est constante ; si elle appartient à tous les âges ou seulement a l'âge adulte ; enfin si elle n'est pas individuelle et par conséquent accidentelle.

439 — GOÉLAND D'AUDOUIN — *LARUS AUDOUINI*
Payraud.

(Type du genre *Gavina*, Bp.)

Première rémige noire, terminée de blanc, avec une tache

sub-terminale blanche sur les barbes internes ; les deux suivantes grises à la base, ensuite noires et terminées de blanc ; bec, de l'angle frontal à l'extrémité, plus long que le doigt externe, l'ongle compris, rouge, avec deux bandes obliques noires vers l'extrémité ; pieds noirâtres : doigt médian bien plus court que le tarse, celui-ci mesurant 0ᵐ,055.

Taille : 0ᵐ,50.

LARUS AUDOUINI, Payraudeau, *Ann. des Sc. nat.* (1826), t. VIII, p. 460.
LARUS PAYRAUDEI, Vieill. *Faun. franç. Ois.* (1828), p. 396.
LAROIDES AUDOUINI, Brehm, *Hand. Nat. Vög. Deuts.* (1831).
GLAUCUS AUDOUINI, Bruch, *Journ. für Orn.* (1853), t. 1, p. 102, sp. 21.
GAVINA AUDOUINI, Bp. *Consp. Gen. Av.* (1857), t. II, p. 222.
Temm. et Laug. *Pl. enl.* 480, *adulte en robe d'été.*
Vieill. *Faun. fr.* pl. 172.

Mâle et femelle adultes, en été : Tête et cou d'un blanc légèrement nuancé de rose tendre ; dessus du corps d'un cendré bleuâtre plus pâle que chez le *Larus canus ;* dessous d'un blanc rose, semblable à celui du cou ; couvertures supérieures des ailes et rémiges secondaires pareilles au manteau ; rémiges primaires noires, terminées de blanc, la première portant une tache de même couleur sur les barbes internes ; bec rouge sanguin, avec deux bandes transversales noires plus ou moins apparentes ; bord libre des paupières rouge ; pieds noirs ; iris brun foncé.

Mâle et femelle adultes, en hiver : Tête et nuque parsemés de stries longitudinales cendrées ; le reste du plumage comme en été, mais le blanc est teinté de rose ; bec rouge de laque, avec deux bandes transversales noires ; bord libre des paupières aurore ; pieds noirs.

Jeunes de l'année : Plumage généralement lavé de plusieurs teintes cendrées et brunes ; manteau brun, irrégulièrement maculé de brun clair et de roussâtre ; queue plus ou moins tachetée de noir et de brun.

A la deuxième mue d'automne, on voit encore des traces de gris à la tête et au cou ; et *après la deuxième mue de printemps,* le plumage est parfait et stable.

Le Goéland d'Audouin habite les côtes de la Sardaigne, de la Corse et d'autres îles de la Méditerranée.

Temminck le dit commun sur les golfes de Valinco et de Figari, à Porto-Vecchio, à l'entrée des bouches de Bonifacio. Nous l'avons, en effet, fréquemment rencontré dans ces deux dernières localités, et sur toute la côte ouest depuis Bonifacio jusqu'à Ajaccio.

Il niche sur les bords de la mer, parmi les rochers, pond deux ou trois œufs le plus ordinairement d'un gris verdâtre ou jaunâtre assez foncé, quelquefois d'un gris cendré pur ou faiblement lavé de jaunâtre, avec des taches très-irrégulières, souvent confluentes et formant alors de larges plaques, répandues à toute la surface, mais plus nombreuses et généralement plus confluentes sur la grosse extrémité, où elles dessinent une couronne irrégulière et interrompue. Ces taches sont, les unes profondes et d'un gris violacé ou d'un gris vineux; les autres superficielles et d'un brun noir intense. Quelques points de même couleur que les taches sont mêlés à celles-ci. Les variétés à fond gris cendré n'ont quelquefois que des taches profondes peu nombreuses, d'un gris violet de plusieurs nuances. Ils mesurent :

Grand diam. 0ᵐ,065 à 0ᵐ,070 ; petit diam. 0ᵐ,048 à 0ᵐ,050.

440 — GOÉLAND RAILLEUR — *LARUS GELASTES*
Lichst.

(Type du genre *Gelastes*, Bp.)

Première rémige blanche, avec l'extrémité, les barbes externes et une fine bordure sur une partie des barbes internes, noires ; les deux suivantes blanches, terminées de noir et largement bordées de la même couleur sur les barbes internes: bec, de l'angle frontal à l'extrémité, aussi long et souvent plus long que le doigt externe, l'ongle compris, rouge, ainsi que les pieds ; doigt médian plus court que le tarse, celui-ci mesurant 0ᵐ,050 à 0ᵐ,053.

Taille : 0ᵐ,44 environ.

LARUS GELASTES, Licht. in : Thien. *Fortpflanz. der Vög. Eur.* (1838), 5ᵉ part. p. 22.

LARUS RUBRIVENTRIS, Vieill. in : Bp. *Rev. et Mag. de zool.* (1855), 2ᵉ sér. t. VII, p. 17.

LARUS LAMBRUSCHINII, Bp. *Faun. Ital.* (1838-1842).

LARUS LEUCOCEPAPLUS, Boissonn. in : Bp. *Consp. Gen. Av.* (1857), t. II, p. 227.

LARUS GENEI, de Breme, *Rev. Zool.* (1839), t. II, p. 321.

LARUS TENUIROSTRIS, Temm. *Man.* (1840), 4ᵉ part. p. 478.

XEMA LAMBRUSCHINII, Bp. *Ucc. Eur.* (1842), p. 78.

GAVIA GELASTES, Bruch, *Journ. für Orn.* (1853), p. 102.

LARUS COLUMBINUS, Golowatschow, *Bull. Soc. Imp. Nat. Moscou* (1854), t. I, p. 433.

GELASTES LAMBRUSCHINII et COLUMBINUS, Bp. *Cat. Parzud.* (1855), p. 11.

Bp. *Faun. Ital. Aves*, pl. 45, fig. 1.

Mâle et femelle adultes, au printemps : Tête, cou et croupion d'un blanc pur ; dessus du corps d'un cendré bleuâtre très-clair ; tournant presque au blanchâtre postérieurement ; poitrine, abdomen et sous-caudales blancs, nuancés de rose ; couvertures supérieures des ailes pareilles au manteau ; première rémige blanche au milieu, suivant la longueur, noire en dehors et bordée de cette couleur en dedans ; les deuxième, troisième et quatrième blanches, avec le bout noir et les barbes internes bordées de cette couleur ; les cinquième et sixième cendrées, à bout et large bordure interne noirs ; queue d'un blanc pur ; bec rouge carmin ; bord libre des paupières et pieds d'un rouge orange.

Nota : Les baguettes des plumes ont une teinte rose bien prononcée, et cette teinte est plus intense sur la partie cachée que sur la partie découverte des plumes.

Sujets avant l'âge de deux ans, ou après la seconde mue d'automne : Tête, cou et dessous du corps blancs ; dessus du corps cendré, avec les couvertures supérieures des ailes d'un brun roussâtre et bordées de teintes plus claires ; les quatre premières rémiges blanches, bordées et terminées de brun noir, les autres cendrées, bordées et terminées de blanc ; queue blanche, terminée par une bande transversale brune, qui est elle-même bordée de cendré roussâtre.

Jeunes en hiver : Tête et haut du cou en dessus et sur les côtés parsemés de stries brunes, sur fond blanc ; plumes du dos et couvertures supérieures des ailes brunâtres, largement bordées de jaunâtre ; queue blanche, coupée vers l'extrémité par une bande transversale brune ; bec et pieds d'un brun rougeâtre.

Cette espèce habite l'Europe orientale et l'Afrique septentrionale. On la trouve sur le littoral de la mer Caspienne et, dans la Méditerranée, sur les côtes de la Sicile, de la Grèce, de la Ligurie, de la Provence. Elle n'est pas rare, surtout l'hiver, sur celles de la Barbarie, dans la Basse-Égypte, et sur les rivages du Bosphore.

Elle se reproduit en France, à l'embouchure du Rhône, dans les vastes marais salins qui s'étendent d'Aigues-mortes à Port-de-Bouc. M. Crespon qui, en 1840, signalait la présence de cette espèce dans le midi de la France, rencontrait deux ans plus tard ses œufs, sur le sable nu d'un îlot de l'un des étangs voisins du petit Rhône. Ces œufs qu'il a le premier fait connaître, et dont il nous avait cédé un exemplaire, sont d'un blanc laiteux, avec des taches assez régulièrement distribuées à toute la surface, mais un peu plus nombreuses sur le gros hémisphère. Ces taches sont en partie punctiformes, bien accusées, presque toujours isolées, à bords assez réguliers ; en partie plus larges, plus irrégulières, à teinte moins uniformément étalée, souvent confluentes et formant quelquefois, par leur réunion, d'assez larges plaques. Les unes sont profondes et d'un gris de plusieurs nuances ; les autres superficielles, d'un brun foncé, tournant rarement au noirâtre, et d'un brun de rouille. De rares petits points de même couleur sont disséminés parmi les taches. D'autres œufs, provenant de

Tunis, sont absolument semblables, quant à la orme, à la couleur, à la distribution des taches, à ceux que M. Crespon avait recueillis dans les étangs du midi de la France, mais le fond de la coquille est lavé de jaunâtre sur les uns, de verdâtre sur les autres. On rencontre parfois, comme l'a vu l'auteur de la *Faune méridionale*, des variétés qui n'offrent que de rares taches cendrées, presque effacées, en sorte que les œufs sont alors presque entièrement blancs. Ils mesurent :

Grand diam. 0ᵐ,054 à 0ᵐ,058; petit diam. 0ᵐ,039 à 0ᵐ,041.

441 — GOÉLAND CENDRÉ — *LARUS CANUS*
Linn.

(Type du genre *Larus*, Bp.)

Les trois premières rémiges cendrées à la base sur les barbes internes, noires à l'extrémité sur les barbes externes et sur une grande étendue des barbes internes, avec une tache blanche subapicale sur la première et la deuxième, et très-rarement sur la troisième; bec, de l'angle frontal à l'extrémité, aussi long et quelquefois plus long que le doigt externe, l'ongle compris, d'un jaune d'ocre, à base verdâtre (adultes), *ou blanchâtre livide à la base, noirâtre à l'extrémité* (jeunes); *pieds jaunes* (adultes), *ou gris de plomb* (jeunes); *doigt médian beaucoup plus court que le tarse. celui-ci mesurant,* 0ᵐ,045 *à* 0ᵐ,050.

Taille · 0ᵐ,42 *à* 0ᵐ,43.

Larus canus, Linn. *S. N.* (1766), t. I, p. 224.

? Gavia cinerea major, Briss. *Ornith.* (1760), t. V, p. 182 (*adulte en plumage d'hiver*).

Larus hybernus, Gmel. *S. N.* (1788), t. I, p. 596.

Larus procellosus, Bechst. *Nat. Deuts.* (1809), t. IV, p. 647 (*jeune*).

Larus cyanorhynchus, Mey. et Wolf, *Tasch. Deuts.* (1810), p. 480.

Buff. *Pl. enl.* 977; individu en plumage d'hiver, sous le nom de *Grande Mouette cendrée*.

Mâle et femelle adultes, en été : Tête et cou d'un blanc pur; dessus du corps cendré bleuâtre, plus pâle que dans le *Larus argentatus*, avec l'extrémité des scapulaires blanche; dessous du corps d'un blanc parfait; ailes pareilles au manteau, avec les rémiges primaires noires vers le bout, un long espace blanc sur les deux premières; rémiges secondaires terminées de blanc comme les scapulaires; bec jaune d'ocre; bouche orange; bord libre des paupières rouge vermillon; pieds jaune clair, nuancé de cendré bleuâtre; iris brun noir.

Mâle et femelle adultes, en hiver : Tête et cou blancs, parsemés de taches noirâtres, le reste du plumage comme en été ; bec bleu verdâtre à la base et jaune d'ocre à la pointe ; bord libre des paupières brun rougeâtre ; pieds bleuâtres.

Jeunes avant la première mue : Dessus de la tête et du cou cendrés, marqués de raies longitudinales assez larges ; dessus du corps brun, avec les plumes du haut du dos finement terminées de roussâtre, celles de la partie moyenne et les scapulaires largement bordées et terminées de gris roussâtre ou jaunâtre ; sus-caudales blanches et cendrées ; gorge, abdomen et sous-caudales blancs, devant et côtés du cou, poitrine et partie antérieure des flancs nuancés de cendré et tachetés de brunâtre sur fond blanc ; joues variées de taches brunes sur fond blanchâtre, avec un peu de noirâtre autour des yeux ; ailes pareilles au manteau ; rémiges d'un brun noirâtre ; queue blanche, avec le tiers postérieur d'un brun noirâtre ; bec noir, avec la base livide ; bord libre des paupières brun ; pieds jaunâtres ou d'un blanc livide ; iris brun noir.

Après la mue : Même état, avec une teinte cendré bleuâtre sur le dos, les raies de la tête et du cou plus petites, moins de taches brunes sur les côtés de la poitrine, et plus de blanc à la partie moyenne de cette région ; bec livide verdâtre dans ses deux tiers postérieurs, noir dans son tiers antérieur ; bord libre des paupières noir bleuâtre ; pieds livides.

A la mue de printemps, le cendré bleuâtre du dos augmente et le plumage blanchit davantage en dessus.

Après la deuxième mue d'automne, il ne reste le plus souvent qu'une bande brunâtre au bout de la queue, qui les distingue des vieux.

A la deuxième mue de printemps, ils ressemblent entièrement à ces derniers.

Le Goéland cendré habite principalement le nord du continent en été ; il se répand en automne et en hiver sur les côtes maritimes de la Hollande, de la Belgique, de la France, de l'Italie et de la Sicile.

C'est l'espèce la plus commune du genre en automne et en hiver sur la côte de Dunkerque, où elle est poussée par le vent du nord et du nord-ouest : on l'y voit surtout en abondance à l'approche des tempêtes.

Elle se reproduit sur les côtes et dans les rochers des environs de Cherbourg, et quelquefois dans le Boulonnais.

Ses œufs, au nombre de trois, sont d'un blanc jaunâtre, un peu sale, ou d'un gris verdâtre ou roussâtre, avec des taches qui affectent assez généralement une forme ronde, à bords accidentés. Ces taches sont en partie isolées, en partie confluentes, assez clair-semées ; souvent assez également réparties sur les deux hémisphères, quelquefois un peu plus abondantes sur le gros bout; les unes profondes et d'un gris de plusieurs nuances; les autres superficielles et d'un brun foncé. De petits points, ordinairement peu abondants, sont mêlés aux taches. Ils mesurent :

Grand diam. 0^m,053 à 0^m,057 ; petit diam. 0^m,040 à 0^m,041.

Ce Goéland s'accommode très-bien de la vie domestique, mais il lui faut beaucoup d'eau, ainsi qu'à toutes les autres espèces du même genre.

A — GOÉLAND BLANC — *LARUS NIVEUS*
Pall.

Les trois premières rémiges exactement colorées comme chez le Larus canus; *bec, de l'angle frontal à l'extrémité, plus long que le doigt externe, l'ongle compris, d'un jaune d'ocre ainsi que les pieds; doigt médian beaucoup plus court que le tarse, celui-ci mesurant* 0^m,055 *à* 0^m,060.

Taille : 0^m,44 *à* 0^m,45.

LARUS NIVEUS, Pall. (nec Brehm), *Zoogr.* (1811-1831), t. II, p. 320.
LARUS KAMTSCHATCKENSIS, Bp. *Rev. et Mag. de Zool.* (1853), 2° sér. t. VII, p. 16.
LARUS CANUS MAJOR, Middend. *Sibir. Reise* (1853), t. II, 2° part. p. 213.
LARUS HEINII, Homeyer, *Naumannia* (1853), p. 129.
RISSA NIVEA, Bp. *Cat. Parzud.* (1855), p. 11.
LARUS CANUS, p. et NIVEUS, Bp. *Consp. Gen. Av.* (1857), p. 223 et 224.
Pall. *Zoogr.* pl. 76.
Middend. *Sibir. Reise, Av.* pl. 24, fig. 4.

Individus adultes, en noces : Plumage absolument semblable à celui du *Larus canus*, mais à teinte grise du dos sensiblement plus foncé ; bec d'un jaune verdâtre ; pieds d'un beau jaune ; iris brun.

Sous le *plumage d'hiver*, les pieds sont d'un brun bleuâtre.

Ce Goéland habite les côtes orientales et septentrionales de l'Asie ; on l'observe également dans la mer Caspienne à l'embouchure de l'Oural et du Volga et dans l'Archipel grec. Selon Pallas il ne remonte pas très-haut dans les fleuves.

Il se reproduit probablement sur les bords de la mer Caspienne, et très-certainement sur ceux de l'Oural, d'où M. Hardy a reçu ses œufs, en même temps que l'oiseau. Ces œufs, que nous avons vus dans sa collection, sont semblables pour la forme à ceux du *Lar. canus* et de la plupart des autres Lariens; pour les teintes des taches et du fond de la coquille, ils rappellent les œufs plus foncés que clairs du *Larus ridibundus* ; sur l'un de ces œufs, les taches étaient assez nombreuses au gros bout pour former, par leur confluence, une couronne complète. Leur volume égale à peu près celui du *Larus canus*. Ils mesurent :

Grand diam. 0^m,054 à 0^m,058 ; petit diam. 0^m,040 à 0^m,043.

Observations. Le *Larus niveus* et le *Larus canus* ont entre eux de si grands rapports, qu'il est très-difficile, si on ne les a en même temps sous les yeux, d'apprécier leurs différences. Les teintes du manteau, celles du bec ne sont pas très-notablement distinctes; les rémiges, à part les variations individuelles qu'elles peuvent présenter chez les deux oiseaux, portent absolument les mêmes taches; la couleur des pattes serait peut-être un peu caractéristique, s'il était constant qu'elle ne passât pas au jaune chez le *Lar. niveus* ; mais tandis que Pallas et le prince Ch. Bonaparte reconnaissent à celui-ci des pieds bruns, M. Homeyer donne à son *Lar. Heinii* (qui n'est autre que le *Lar. niveus*) des pieds jaunâtres ou complétement jaunes, autant du moins qu'il a pu le reconnaître sur deux individus en peau, venus d'Athènes. Nous avons eu nous-même sous les yeux trois exemplaires de provenances diverses qui avaient, l'un (Collect. Hardy, tué par M. Martin sur les bords de l'Oural) les pieds d'un brun lavé de bleuâtre; les deux autres (Collect. Bonjour, étiquetés comme venant de Grèce) des pieds d'un beau jaune. On pourrait donc aisément confondre le *Lar. niveus* et le *Lar. canus*, si l'on s'en tenait aux couleurs : on les distingue assez bien si l'on a égard aux dimensions. Le *Lar. niveus* a généralement la taille plus forte; le bec, les tarses, les doigts, les ailes plus longs que le *Lar. canus*. Les mesures que nous avons prises sur les individus dont nous venons de parler nous ont fourni, en moyenne, les dimensions suivantes qui, à quelques millimètres près, sont parfaitement d'accord avec celles que MM. Schlegel et Homeyer reconnaissent, l'un au *Lar. canus major* ou *Lar. niveus*, l'autre au *Lar. Heinii.*

Longueur totale de l'extrémité du bec à celle de la queue... $0^m,470$
— de l'aile pliée................................ $0^m,386$
— du tarse................................ $0^m,055$
— du doigt médian y compris l'ongle.............. $0^m,046$
— du bec, de l'angle frontal à la pointe............ $0^m,035$

La distance qu'il y a entre la pointe des plus longues rémiges cubitales ou tertiaires, et la pointe de la première des rémiges primaires serait aussi, d'après MM. Schlegel et Homeyer, généralement plus grande chez le *Lar. niveus* que chez le *Lar. canus*, et deviendrait très-caractéristique du premier, si toutefois, comme le fait observer M. Schlegel, cette longueur n'est pas due à un développement incomplet des rémiges tertiaires.

Quoi qu'il en soit, le *Lar. niveus*, avec un plumage, un bec et des pieds très-peu différents de ceux du *Lar. canus*, a cependant des dimensions en tout plus fortes, et doit être distingué, sinon comme espèce, du moins comme variété locale constante.

D — *Espèces dont la queue est légèrement échancrée dans le jeune âge, égale à l'état adulte, et chez lesquelles le pouce et l'ongle de ce doigt sont rudimentaires.*

442 — GOÉLAND TRIDACTYLE — *LARUS TRIDACTYLUS*
Linn.

(Type du genre *Rissa*, Steph.; *Cheimonea*, Kaup.)

Première rémige cendrée, terminée et extérieurement bordée de noir; les deux suivantes cendrées, terminées de noir, avec une tache apicale blanche; bec, de l'angle frontal à l'extrémité, plus court que le doigt externe, l'ongle compris, d'un jaune verdâtre; pieds d'un brun verdâtre; doigt médian plus long que le tarse, celui-ci mesurant $0^m,032$.

Taille : $0^m,38$.

LARUS TRIDACTYLUS, Linn. *S. N.* (1766), t. I, p. 224.]
GAVIA CINEREA et GAV. CINEREA NÆVIA, Briss. *Ornith.* (1760), t. VI, p. 175 et 185.
LARUS RISSA, Brünn. *Ornith. Bor.* (1764), p. 42.
LARUS TORQUATUS, GAVIA et CANUS, Pall. *Zoogr.* (1811-1831), t. II, p. 328, 329 et 330.
GAVIA TRIDACTYLA, Boie, *Isis* (1822), p. 563.
RISSA BRÜNNICHII, Steph. in : Shaw, *Gen. Zool.* (1825), t. XIII, p. 181.
CHEIMONFA TRIDACTYLA, Kaup, *Nat. Syst.* (1829), p. 84.
LAROIDES TRIDACTYLUS, RISSA et MINOR, Brehm, *Hand. Nat. Vög. Deuts.* (1831), p. 754, 755, 756.
RISSA CINEREA, Eyton, *Hist. Rar. Brit. B.* (1839), p. 52.
RISSA TRIDACTYLA, Macgill. *Man. Nat. Hist. Orn.* (1840), t. II, p. 250.
Buff. *Pl. enl.* 253, *adulte* en hiver, sous le nom de *Mouette cendrée*; 387, *jeune*, sous le nom de *Mouette cendrée tachetée.*

Mâle et femelle adultes, en été : Entièrement d'un blanc éclatant, avec le dos et les ailes cendré bleuâtre, d'une teinte un peu plus foncée que chez le *Larus canus;* les scapulaires et les rémiges secondaires terminées de blanc; la première des grandes rémiges bordée de noir en dehors, et terminée par un grand espace de cette couleur, les trois suivantes terminées également de noir et portant au bout une petite tache blanche; la cinquième terminée de blanc et marquée d'une grande tache irrégulière noire; bec d'un jaune verdâtre; bouche et bord libre des paupières rouge orange; pieds d'un brun olivâtre foncé.

Mâle et femelle adultes, en hiver : Partie postérieure du vertex, occiput, nuque, bas des côtés du cou, d'un cendré bleuâtre, plus foncé à la partie supérieure de cette dernière région; des raies fines et noires au-devant des yeux; le reste du plumage comme en été; bec d'un jaune pâle verdâtre, bord libre des paupières et pieds d'un brun oli-

vâtre clair, ou d'un brun faiblement glacé de jaunâtre, plus foncé au-
devant et sur les articulations qu'en arrière des tarses.

Jeunes avant la mue : Tête, cou et dessous du corps blanchâtres,
avec un petit croissant noir devant les yeux, la région parotique d'un
cendré bleuâtre, une tache noirâtre derrière l'occiput, de chaque côté,
et un large croissant de même couleur au bas de la nuque ; dos et ailes
d'un cendré bleuâtre foncé, avec les plumes terminées de brun noirâtre ; de grandes taches noirâtres sur les scapulaires ; rémiges noires ;
rectrices blanches, avec un espace noir vers le bout ; bec, iris et bord
libre des paupières noirs.

Après la mue : Tête, cou, dessous du corps et sous-caudales d'un
blanc pur, avec les taches de la tête et du cou d'un cendré bleuâtre
foncé ; manteau cendré bleuâtre ; ailes cendrées, avec une grande
partie des plumes noires, et les rémiges noires et blanches ; queue
blanche, avec une large bande transversale noire ; bec d'un jaune verdâtre, maculé de noirâtre.

Nota : Les individus de deuxième année, se présentent souvent, au
printemps, avec le bec jaunâtre et les pieds vert jaunâtre ; en automne,
avec le bec noir et les pieds d'un brun de plomb.

Cet oiseau vit dans les régions arctiques en été ; se répand en automne et en
hiver dans les régions tempérées et méridionales.

Il est commun sur les côtes maritimes du nord de la France, en automne,
et se montre isolément dans les marais de l'intérieur, au printemps.

C'est sur les bords de la mer, parmi les rochers escarpés, qu'il établit son
nid. Sa ponte est de trois œufs, d'un blanc sale, un peu gris, quelquefois d'un
olivâtre plus ou moins foncé, d'autres fois d'un café au lait clair, avec des taches,
les unes profondes, d'un cendré clair, d'un gris vineux ou d'un gris noirâtre ;
les autres superficielles, brunes, auxquelles se mêlent quelques taches d'un noir
profond et de rares petits points de même couleur. Les taches sont généralement un peu plus abondantes sur le gros bout. Ils mesurent :

Grand diam. 0^m,051 à 0^m,056; petit diam. 0^m,039 à 0^m,041.

2° Goélands pourvus à l'état adulte, et pendant les amours
seulement, d'un capuchon foncé (MOUETTES — *Lari cucullati*
Schleg.)

A — *Espèces dont la queue est égale, le capuchon unicolore, le
manteau gris brun à l'âge adulte, et chez lesquelles le noir domine sur
les rémiges.*

445 — GOÉLAND LEUCOPHTHALME
LARUS LEUCOPHTHALMUS
Lichst.

(Type du genre *Adelarus*, Bp.)

Les trois premières rémiges entièrement noires ; rémiges secon-
daires d'un brun noirâtre ou noires en dehors, terminées de blanc ;
bec, de l'angle frontal à l'extrémité, plus long que le doigt médian,
l'ongle compris, rouge de corail, avec la pointe noire ; pieds d'un
jaune orangé ; doigt médian un peu plus court que le tarse, celui-ci
mesurant, 0ᵐ,046 ; capuchon, chez les individus en noces, s'étendant,
en avant, jusqu'au bas du cou, limité à la nuque et sur les côtés du
cou par un demi-collier blanc.

Taille : 0ᵐ,42.

Larus leucophthalmus, Lichst. in : Temm. *Man.* (1840), 4ᵉ part. p. 486.
Xema leucophthalmum, Bp. *Ucc. Eur.* (1842), p. 78.
Adelarus leucophthalmus, Bp. *C. R. de l'Acad. des Sc.* (1856), t. XLII, p. 771.
Temm. et Laug. *Pl. col.* 366, individu en robe d'été.

Mâle et femelle adultes, en hiver : Tête, haut du cou d'un brun
cendré foncé ; dessus du corps brun noir ardoisé ; côtés du cou, de la
poitrine et flancs d'un gris ardoisé clair ; milieu de la poitrine et tout le
reste des parties inférieures, d'un blanc pur ; ailes pareilles au manteau ;
rémiges primaires noires, terminées par une fine bordure blanche, à
peine visible sur les trois premières ; les secondaires terminées par un
grand espace blanc ; queue d'un blanc parfait ; bec jaune rougeâtre ;
pieds d'un jaunâtre terne ; iris blanc.

Chez les adultes en plumage de transition, la tête est variée de noirâtre et de gris cendré.

Mâle et femelle adultes, en été : Tête et haut du cou d'un noir glacé
de cendré ou d'un noir pur, descendant obliquement de la nuque sur
le devant du cou, avec une petite tache blanche au-dessus et au-dessous des yeux ; un demi-collier d'un blanc pur au milieu de la nuque,
se terminant en pointe sur les côtés du cou ; au-dessous, une sorte de
collerette d'un cendré bleuâtre, qui s'étend jusqu'aux côtés de la poitrine ; dessus du corps d'un gris brunâtre ; devant du cou, milieu de la
poitrine, de l'abdomen et sous-caudales d'un blanc pur ; côtés de la

poitrine et flancs d'un cendré bleuâtre ; couvertures supérieures des ailes pareilles au manteau ; rémiges primaires noires, les troisième, quatrième et cinquième pourvues, à la pointe, après la mue, d'une fine tache blanche qui disparaît plus tard, par usure ; rémiges secondaires d'un cendré bleuâtre, avec les barbes externes noires et la pointe blanche ; queue d'un blanc pur ; bec rouge de corail, avec la pointe noire ; pieds orange ; iris blanc.

Jeunes avant la première mue : Parties supérieures d'un gris brun terne sur le milieu des plumes, d'un gris cendré, nuancé de roussâtre sur les bords ; parties inférieures d'un blanc pur, avec la gorge, les côtés du cou et les flancs d'un gris brun de terre ; rémiges d'un brun noirâtre, avec l'extrémité des secondaires blanche ; queue d'un gris cendré à la base, ensuite brune et finement lisérée de gris jaunâtre ou de roussâtre à l'extrémité ; bec noir ; pieds d'un brun verdâtre.

Nota : La queue ne devient totalement blanche qu'à la deuxième ou à la troisième mue, pendant que la paire externe de rectrices est déjà entièrement de cette couleur, les intermédiaires conservent encore vers le tiers postérieur une large tache noire, circonscrite en grande partie par du blanc.

Cette espèce habite les côtes de la mer Rouge et les îles Ioniennes.

Elle niche sur les grèves, sans aucune préparation, et pond deux ou trois œufs oblongs d'un blanc laiteux, ou d'un blanc très-légèrement lavé de jaunâtre et parsemés d'un assez grand nombre de taches généralement punctiformes mais à bords accidentés, quelques-unes virgulaires ou en crochet, le plus souvent isolées, confluentes seulement au gros bout, où elles sont plus nombreuses et forment couronne. Ces taches sont les unes profondes, d'un gris violet et d'un gris vineux ou noirâtre plus ou moins clair ; les autres superficielles, d'un noir intense. Quelques petits points de même couleur sont dispersés parmi les taches. Ils mesurent :

Grand diam. 0^m,054 à 0^m,056 ; petit diam. 0^m,040 à 0^m,041.

444 — GOÉLAND ATRICILLE — *LARUS ATRICILLA*
Linn.

(Type du genre *Atricilla*, Bp.)

Les trois premières rémiges noires sur les barbes externes et sur la plus grande étendue des barbes internes, qui sont grisâtres ou blanchâtres vers la base de la plume ; quelquefois une fine tache apicale blanche ; bec, de l'angle frontal à l'extrémité, plus long que le doigt externe, l'ongle compris, rouge, passant au jaunâtre

*à la pointe ; pieds d'un rouge brun ; doigt médian plus court que
le tarse, celui-ci mesurant* $0^m,050$ *; capuchon, chez les individus en
noces, descendant sur la nuque et s'étendant un peu plus en avant
qu'en arrière.*

   Taille : $0^m,40$.

Larus atricilla, Linn. *S. N.* (1766), t. I, p. 225.
Larus ridibundus, Wils. (nec Linn.), *Amer. Orn.* (1808-1814).
Larus plumbiceps, Brehm, *Lehrb.* (182'), p. 722.
Xema atricilla, Boie, *Isis* (1822), p. 563.
Gavia atricilla, Macgill. *Man. Nat. Hist. Orn.* (1840), t. II, p. 240.
Atricilla Catesbæi, Bp. *C. R. de l'Acad. des Sc.* (1856), t. XLII, p. 771.
Gould, *Birds of Eur.* pl. 426.

   Mâle et femelle adultes, en été : Tête et parties supérieures du cou
d'un noir de plomb, s'étendant un peu plus bas en avant qu'en arrière,
avec une tache blanche au-dessus et au-dessous des yeux ; dessus du
corps d'un brun cendré de plomb ; moitié inférieure du cou, poitrine,
abdomen et sous-caudales d'un blanc rosé, plus prononcé entre les
plumes ; couvertures supérieures des ailes et rémiges secondaires pareilles au dos, ces dernières avec le bout blanc, rémiges primaires entièrement noires ou pourvues, après la mue, d'une fine tache terminale
blanche, qui disparaît par usure ; queue blanche ; bec et pieds d'un
rouge laque foncé.

   Mâle et femelle adultes, en hiver : Tête et cou blancs, avec l'occiput,
le haut de la nuque, la région parotique d'un noir cendré bleuâtre, et
un croissant bleu noirâtre en avant des yeux ; dessus du corps d'un
cendré bleuâtre ; dessous d'un blanc pur, avec les côtés de la poitrine et
du cou lavés de cendré clair ; couvertures supérieures des ailes et rémiges secondaires pareilles au manteau ; ces dernières terminées de
blanc ; rémiges primaires noires, sans pointe blanche.

   Jeunes avant la première mue : Parties supérieures d'un gris brun
pâle au centre des plumes, qui sont largement bordées et terminées de
gris cendré, nuancé de jaunâtre ; gorge, côtés du cou, de la poitrine et
flancs d'un brun de terre clair ; le reste des parties inférieures blanc ;
rémiges d'un brun noir, les primaires pourvues d'une fine tache terminale d'un gris roussâtre pâle, les secondaires bordées et terminées de
blanchâtre ; queue d'un gris cendré à la base, brune dans le reste de
son étendue, frangée de gris jaunâtre à l'extrémité ; bec noir ; pieds
bruns.

Nota : Les jeunes, avant la mue, ont les plus grands rapports avec
ceux de l'espèce précédente : on ne peut bien les distinguer qu'en
ayant égard aux dimensions relatives du bec et des pieds. Cependant
l'*atricilla* jeune aurait peut-être les parties supérieures nuancées de
plus de jaunâtre, et la queue (la rectrice la plus extérieure notamment) pourvue d'une plus large bordure terminale gris-jaunâtre ou
roussâtre.

Cette espèce habite l'Amérique septentrionale et se montre accidentellement
sur les côtes de la France, de l'Illyrie et de l'Angleterre.

Un individu en plumage d'hiver, pris à Trieste en 1829, a été signalé par
Michahelles, dans l'*Isis* (cah. 12, p. 1269). Un autre individu, sous le même
plumage, aurait été tué, dit-on, dans les parages du Calvados; enfin les auteurs
anglais citent l'espèce au nombre des oiseaux rares de la Grande-Bretagne.

Elle niche, d'après Wilson, dans les marais, et pond trois œufs d'un blanc
jaunâtre sale, avec de petites taches irrégulières d'un brun rougeâtre.

B — *Espèce dont la queue est égale, le capuchon unicolore, le
manteau gris-bleuâtre à l'âge adulte, et chez lesquelles le gris cendré
ou le blanc dominent sur les rémiges, à l'état parfait.*

445 — GOÉLAND ICHTHYAÉTE — *LARUS ICHTHYAETUS* Pall.

(Type du genre *Ichthyaetus*, Kaup.)

*Première rémige blanche à l'extrémité et en grande partie sur
les barbes internes, noire sur les barbes externes et sur une petite
étendue des barbes internes à partir de la tache terminale blanche;
deuxième rémige largement barrée de noir au tiers postérieur,
avec la fine pointe, une tache ovalaire sub-apicale sur les barbes
internes et les deux tiers antérieurs de la plume, blancs ; bec, de
l'angle frontal à l'extrémité plus long que le doigt externe, l'ongle
compris, d'un jaune vif, passant au rouge à la pointe, interrompu
vers l'angle de la mandibule inférieure par une ou deux bandes
verticales noires ; pieds d'un brun rouge ; doigt médian plus court
que le tarse, celui-ci mesurant, 0*m*,068 à 0*m*,075.*

Taille : 0*m*,64 à 0*m*,68.

Larus ichthyaetus, Pall. *Voy.* (1776), édit. franç. in-8°, append. t. VIII,
p. 43, — et *Zoogr.* (1811-1831), t. II, p. 322.
Ichthyaetus Pallasii, Kaup, *Nat. Syst.* (1829), p. 102.
Xema ichthyaetus, Bp. *B. of Eur.* (1838), p. 62.
Gould, *Birds of Eur.* pl. 435.

Mâle et femelle adultes, en été : Tête, moitié supérieure du cou d'un
beau noir velouté, descendant plus bas en avant qu'en arrière, avec
un trait blanc au-dessus et au-dessous des yeux, sur les plumes ciliaires ;
le reste du cou et toutes les parties inférieures du corps d'un blanc
pur ; dessus du corps et des ailes d'un gris bleuâtre, clair au dos, aux
scapulaires, aux couvertures supérieures les plus rapprochées du corps,
plus foncé sur le bord de l'aile et à l'extrémité des grandes sus-alaires ;
première rémige noire environ dans son tiers postérieur et sur les
barbes externes, blanche dans le reste de son étendue ; les quatre suivantes blanches, avec l'extrémité noire, le noir diminuant de la
deuxième à la cinquième ; la sixième pourvue d'une simple tache noire
sur les barbes internes ; rémiges secondaires d'un cendré clair, avec
une bande oblique blanche à l'extrémité ; queue d'un blanc pur ; bec
jaune, passant au jaune orange vers la pointe, qui porte une ou deux
bandes verticales noires un peu au delà de la partie la plus élevée ;
pieds d'un brun rouge ; iris brun-jaunâtre.

Les *adultes en hiver* ne nous sont point connus.

Mâle dans sa deuxième année, en hiver : Dessus et côtés de la tête
variés de taches oblongues d'un brun cendré ; manteau et parties inférieures à peu près comme chez les adultes ; haut de l'aile brun ;
rémiges primaires en très-grande partie noires, blanches seulement
à la base et à la pointe ; la première portant, en outre, vers l'extrémité,
une tache ovalaire sur les barbes internes ; la seconde offre quelquefois une tache semblable mais beaucoup plus petite ; queue blanche,
coupée par une grande bande sub-apicale noire ; bec d'un jaune moins
vif que chez les adultes, à bande verticale noire plus large et plus dif-
fuse.

A la fin de la première année : Dessus et côtés de la tête, dessus du
cou, marqués de taches brunes plus larges et plus fondues au cou qu'à
la tête ; dos, croupion, dessus des ailes, variés de grandes taches brunes
et brun-roussâtre, bordées de gris clair, cette teinte occupant surtout
l'extrémité des plumes ; grandes sous-caudales médianes et latérales
blanches, largement tachées de brun vers la pointe ; les autres sous-
caudales d'un blanc pur, ainsi que tout le reste des parties inférieu-

res; rémiges presque entièrement d'un brun noir, sans taches terminales blanches; moitié basale de la queue blanche, toute la moitié postérieure brune.

Jeunes à la sortie du nid : Plumage en entier varié de brun, de blanchâtre et de roussâtre ; sus et sous-caudales coupées par trois larges bandes brunes, alternant avec des bandes blanches ; ailes et queue entièrement brunes, les rémiges étant seulement cendrées et les rectrices blanchâtres à la base; bec noir, avec la base de la mandibule inférieure jaunâtre ; pieds jaunâtres.

Cette espèce habite les bords de la mer Caspienne et de la mer Rouge, et se montre accidentellement en Hongrie, dans les îles Ioniennes et même en Suisse.

Elle niche, selon Pallas, sur les grèves nues, au milieu des dunes; pond des œufs oblongs, d'un gris pâle, relevé par de nombreuses taches, grandes et petites, de forme ronde, dispersées à toute la surface, les unes d'un brun obscur; les autres d'un gris vineux. Ils mesurent :

Grand diam. 0^m,076; petit diam. 0^m,052.

Sa nourriture, d'après Pallas, consiste en poissons qu'elle saisit en fondant dessus, à la manière du Goéland atricille. Sa voix est grave et forte comme celle de la Corneille.

446 — GOÉLAND RIEUR — *LARUS RIDIBUNDUS*
Linn.

Première rémige blanche, extérieurement bordée et terminée de noir ; les deux suivantes blanches, terminées et largement bordées de noir sur les barbes internes ; bec, de l'angle frontal à l'extrémité aussi long que le doigt externe, l'ongle compris, d'un rouge de corail plus ou moins foncé; pieds rouges; doigt médian un peu plus court que le tarse, celui-ci mesurant 0^m,040 ; capuchon, chez les individus en noces, limité à l'occiput, en arrière ; étendu sur le haut du cou, en avant.

Taille : 0^m,37 à 0^m,38.

LARUS CINERARIUS et RIDIBUNDUS, Linn. *S. N.* (1766), t. I, p. 224, plumage d'hiver, et 225, plumage d'été.

GAVIA RIDIBUNDA et G. RIDIBUNDA PHŒNICOPUS, Briss. *Ornith.* (1760), t. VI, p. 192 et 196.

LARUS ERYTHROPUS, Gmel. *S. N.* (1788), t. I, p. 597, jeune.

LARUS ATRICILLA et NÆVIUS, Pall. *Zoogr.* (1811-1831), t. II, p. 324 et 327.

XEMA RIDIBUNDUS, Boie, *Isis* (1822), p. 563.

XEMA PILEATUM, Brehm, *Hand. Nat. Vög. Deuts.* (1831), p. 761.

CHROICOCEPHALUS RIDIBUNDUS, Eyton, *Cat. Brit. B.* (1836), p. 53.

Buff. *Pl. enl.* 969, *adulte* en plumage d'hiver, sous le nom de *Petit Goéland ;* 970, *adulte* ayant en grande partie son plumage d'été.

Mâle adulte, en été : Tête, haut du cou, d'un brun foncé tirant sur le roussâtre, plus étendu sur les côtés et en avant, avec les paupières entourées de petites plumes blanches ; le reste du cou blanc ; dessus du corps d'un cendré très-clair ; sus-caudales blanches ; poitrine, abdomen et sous-caudales blancs, teintés de rose, surtout à la base des plumes (1) ; couvertures supérieures des ailes pareilles au manteau ; les quatre rémiges primaires blanches, terminées et bordées de noir en dedans, la première avec les barbes externes noires et une fine bordure de même couleur sur une petite étendue des barbes internes ; queue blanche ; bec et pieds rouge de laque ; iris brun foncé.

Femelle adulte, en été : Elle ressemble au mâle ; mais elle est sensiblement plus petite, avec le bec plus mince et plus court.

Mâle et femelle adultes, en hiver : Tête et cou d'un blanc pur, avec une tache noirâtre devant les yeux et une autre plus grande à la région parotique ; le reste du plumage comme en été, mais avec une teinte noire moins prononcée en dessous ; bec et pieds d'un rouge vermillon.

Jeunes avant la première mue : Tête d'un brun clair, avec un peu de blanc derrière les yeux ; cou blanc, teinté de roussâtre en devant ; haut du dos et scapulaires d'un brun foncé, avec des bordures d'un roux jaunâtre ; bas du dos, sus-caudales, poitrine, abdomen et sous-caudales blancs, avec les flancs marqués de lunules brunes ; couvertures supérieures des ailes les plus rapprochées du corps pareilles au manteau, les autres d'un cendré bleuâtre, rémiges noires en dehors et à l'extrémité, marquées d'une longue tache blanche sur les barbes internes, s'étendant de la base au milieu au moins de la plume ; queue blanche, avec une bande brune vers le bout et terminée de gris blanchâtre ; bec livide, avec la pointe noire ; pieds jaunâtres.

Après la mue : Tête maculée de cendré clair, avec une tache brune devant les yeux, une autre plus grande sur la région parotique, et le front blanc ; manteau d'un cendré bleuâtre ; cou, dessous du corps, sus et sous-caudales blancs ; le reste comme avant la première mue ; bec rougeâtre à la base et brun dans le reste de son étendue.

Après la première mue de printemps : Capuchon brun comme dans les adultes, varié d'un peu de blanc ; une partie des couvertures supé-

(1) Cette teinte disparaît sur l'oiseau qui est en peau depuis quelque temps.

rieures des ailes toujours brune, avec des bordures roussâtres; tache blanche des rémiges beaucoup plus grande et envahissant quelquefois les barbes externes; queue toujours barrée de brun à son extrémité.

Après la deuxième mue d'automne : Comme les adultes en hiver, mais avec des taches d'un brun roussâtre sur les couvertures supérieures des ailes les plus rapprochées du corps, et une bande brune sur la queue.

Après la deuxième mue de printemps : Ils ne diffèrent plus des adultes.

Nota : Les individus vieux ont déjà le capuchon dès la fin de mars; les jeunes le prennent plus tard, vers le mois de mai.

Le Goéland rieur ou Mouette rieuse est répandu et commun dans beaucoup de contrées de l'Europe.

Il est abondant en France, en toutes saisons, sur les côtes et les marécages du Languedoc et du Roussillon, et passe régulièrement sur les côtes de nos départements septentrionaux, en automne; dans les marais et même sur les grands cours d'eau de l'intérieur, au printemps.

Il niche sur les bords de la mer, à l'embouchure des rivières. Ses œufs, au nombre de trois, varient beaucoup pour la couleur du fond, le nombre et l'étendue des taches. Ils sont ou d'un gris pâle, ou d'un roux olivâtre plus ou moins foncé, ou d'un brun jaunâtre, ou même blanchâtres, avec des taches, les unes profondes et d'un gris qui varie du cendré clair au gris ardoise, selon leur profondeur; les autres superficielles, brunes ou noires. Ces taches, dispersées à toute la surface de l'œuf, mais généralement un peu plus abondantes vers la grosse extrémité, sont le plus ordinairement irrégulières, confluentes et formant de larges plaques; d'autres fois punctiformes ou oblongues et plus ou moins isolées. Des points, assez souvent en petit nombre, sont mêlés aux taches. Ils mesurent :

Grand diam. 0^m,048 à 0^m,052; petit diam. 0^m,038 à 0^m,039.

Cette espèce est, de toutes, celle qui paraît s'accommoder le mieux de l'état de domesticité. Le jardin zoologique d'Anvers a possédé pendant plusieurs années un individu qui vivait en pleine liberté; gagnait en volant l'Escaut ou la côte voisine; faisait quelquefois des absences de plusieurs jours; mais revenait constamment au jardin.

447 — GOÉLAND MÉLANOCÉPHALE
LARUS MELANOCEPHALUS
Natterer.

(Type du sous-genre *Melagavia*, Bp.)

Rémiges blanches ou d'un gris pâle dans la moitié basale, ensuite blanches jusqu'à la pointe, avec la première totalement ou partiellement bordée de noir sur les barbes externes ; bec, de l'angle frontal à l'extrémité, plus court que le doigt externe, l'ongle compris, d'un rouge vif, avec une bande perpendiculaire noirâtre en avant de l'angle de la mandibule inférieure ; pieds rouges ; doigt médian bien plus court que le tarse, celui-ci mesurant 0^m,050 *à* 0^m,055. *Capuchon, chez les individus en noces, descendant un peu sur la nuque, et ne s'étendant pas plus bas en avant qu'en arrière.*

Taille : 0^m,41 *à* 0^m,42.

LARUS MELANOCEPHALUS, Natter. in Temm. *Man.* (1820), t. II, p. 777; et (1840), 4° part. p. 480.

XEMA MELANOCEPHALA, Boie, *Isis* (1822).

GAVIA MELANOCEPHALA, Bp. *C. R. de l'Acad. des Sc.* (1856), t. XLII, p. 771.

Gould, *Birds of Eur.* pl. 427.

Bp. *Faun. Ital.* pl. 47, p. 3.

Mâle et femelle adultes, en été : Tête et moitié supérieure du cou d'un noir profond, avec les paupières blanches; dessus du corps d'un cendré plus clair que chez le *Larus ridibundus* ; moitié inférieure du ou, poitrine, abdomen et sous-caudales d'un blanc pur; couvertures supérieures des ailes, moitié basale des rémiges, pareilles au manteau, l'autre moitié, jusqu'à la pointe, blanche, la première étant seulement bordée de noir sur toute l'étendue ou sur une partie des barbes externes ; queue d'un blanc pur; bec et pieds d'un rouge de sang vif, avec une bande noirâtre entre la pointe et l'angle de la mandibule inférieure ; bord libre des paupières dentelé et rouge de minium ; iris noisette foncé.

Nota : Chez les individus vieux, en plumage parfait, les rémiges sont presque entièrement blanches et la première a un liséré noir incomplet sur les barbes externes.

Mâle et femelle adultes, en hiver : Tête et cou, d'un blanc pur; le reste du plumage comme en été.

Jeunes de l'année : Tête et cou, ondés de gris et de blanc; dessus du corps d'un brun lavé de cendré bleuâtre, avec les plumes bordées de blanchâtre; poitrine ondée de gris et de blanc comme le cou; abdomen, sous-caudales, d'un blanc pur; ailes pareilles au dos; rémiges noires, sans pointe blanche; queue blanche, barrée de noirâtre vers le bout; bec livide à la base, noir à sa pointe; pieds d'un brun rougeâtre livide.

Le Goéland mélanocéphale habite la Méditerranée et l'Adriatique. On le rencontre sur les côtes de la Grèce, de la Dalmatie, de la Sicile, de la France méridionale, de l'Espagne, de la Barbarie, et il se montre accidentellement en Allemagne et dans le nord de la France. Quelques individus en plumage d'hiver ont été tués sur le Rhin.

Cette espèce est l'une des plus communes, l'hiver, sur nos rades et dans nos ports de la Méditerranée. Elle est également commune, selon Temminck, du 20 février au 15 mars, dans le port de Livourne, où elle vient se nourrir de tout ce que les marins jettent à la mer.

D'après M. Baldamus, elle niche dans les marais du sud-est de l'Europe, en compagnie d'autres espèces. Un nid qu'il a vu dans les lacs marécageux du Banat, en Hongrie, se trouvait parmi d'autres nids de *Sterna leucopareia*, et renfermait trois œufs, qui différaient beaucoup, par leur forme, de ceux des autres Lariens. Ils étaient plus arrondis. Nous avons eu entre les mains, venant de la régence de Tripoli, des œufs parfaitement authentiques de cette espèce, et nous avons pu nous convaincre que leur forme ne s'éloignait pas beaucoup de celle de certains œufs de *Larus ridibundus*. Du reste ils ressemblaient tellement à ceux-ci pour les couleurs, tant du fond, que des taches, qu'on aurait pu aisément les confondre. Ils mesuraient :

Grand diam. 0^m,043 à 0^m,046; petit diam. 0^m,034 à 0^m,036.

Ceux que M. Baldamus a trouvés lui-même en Hongrie offraient à peu près les mêmes dimensions. Ils mesuraient :

Grand diam. 0^m,044 à 0^m,045; petit diam. 0^m,035.

448 — GOÉLAND BONAPARTE — *LARUS BONAPARTII* Richards.

Première rémige blanche, terminée et extérieurement borée de noir ; les deux suivantes blanches, terminées de noir, avec une petite tache apicale blanche (adultes), ou blanches à la pointe et au centre, noires à l'extrémité sur les barbes internes et en partie sur les barbes externes (jeunes) ; bec, de l'angle frontal à l'extrémité, plus court que le doigt externe, l'ongle compris, noir à tous les âges ; pieds rougeâtres ; doigt médian aussi long que le tarse ; celui-ci mesurant 0^m,033 ; capuchon, chez les individus en noces, descendant sur la nuque, et s'étendant à peu près aussi bas en arrière qu'en avant.

Taille : 0^m,32 environ.

LARUS BONAPARTII, Richards. *Faun. Bor. Amer.* (1831), t. II, p. 425.
XEMA BONAPARTII, Bp. *B. of Eur.* (1838), p. 62.
Richards. *Faun. Bor. Amer.* pl. 72.
Audub. *Birds of Amer.* pl. 324.

Mâle et femelle adultes, en été : D'un noir bleuâtre à la tête et à la partie supérieure du cou, avec le bord des paupières blanc, excepté en devant, le reste du cou et les parties inférieures du corps d'un blanc pur tirant sur le rose, et rose entre les plumes de l'abdomen; dessus lu corps d'un cendré bleuâtre; première rémige blanche, avec les barbes externes et le bout noirs; deuxième rémige blanche, avec le tiers postérieur des barbes externes et le bout noirs, les deux suivantes avec le bout noir et les barbes internes cendrées; les autres de cette dernière couleur, avec le bout noir et une tache cendrée à la pointe; rectrices d'un blanc pur; bec noir, plus pâle à la base de la mandibule inférieure, avec l'intérieur rouge carmin; pieds rouges.

Mâle et femelle adultes, en hiver : Tête, cou, dessous du corps et queue blancs, avec une teinte rose moins prononcée à l'abdomen, une petite tache noirâtre en avant de l'œil, une tache d'un cendré ardoisé sur la région parotique, une teinte cendrée moins foncée à l'occiput, et du cendré très-clair au bas de la nuque; dos et ailes d'un cendré bleuâtre; rémiges et rectrices comme en été; bec moins noir et pieds couleur de chair; ongles noirâtres.

Jeunes entre la seconde mue d'automne et la seconde de printemps : Tête, cou et dessous du corps comme chez les adultes en hiver; manteau gris bleu pâle; couvertures supérieures des ailes bleuâtres sur les bords et brunes au centre des plumes; première rémige à bord extérieur entièrement noir; deuxième blanche et noire du côté de la pointe dans la moitié de sa longueur; troisième noire dans une moins grande étendue, avec un liséré blanc à la pointe, le reste blanc; les suivantes terminées de brun, avec une bordure blanche à la pointe, bordure qui s'élargit progressivement jusqu'à la septième rémige, où elle prend une couleur grise; queue blanche, coupée transversalement à l'extrémité par une large bande noire; bec noir, moins foncé à la base et rouge en dedans; pieds couleur de chair.

Cette espèce habite les États-Unis d'Amérique, où elle est commune, et s'égare accidentellement en Europe.

Un jeune sujet a été tué en Angleterre, près de Belfast, le 1er février 1848, et envoyé en chair à M. Thompson.

Observation. Cette espèce est très-voisine du *Larus minutus,* dont elle ne diffère sensiblement que par une taille plus grande, un capuchon plus nuancé de cendré et des rémiges variées de blanc et de noir.

449 — GOÉLAND PYGMÉE — *LARUS MINUTUS*
Pall.

(Type du genre *Hydrocolœus*, Kaup.)

Toutes les rémiges d'un gris cendré, avec une grande tache ter-
minale blanche; bec, de l'angle frontal à l'extrémité, de la longueur
du doigt externe, l'ongle compris, d'un brun rougeâtre (adultes)
ou noir (jeunes); *pieds d'un rouge cramoisi; doigt médian à peu*
près aussi long que le tarse, celui-ci mesurant 0^m,024; *capuchon*
chez les individus en noces, descendant sur la nuque et s'étendant un
peu plus bas en avant qu'en arrière.

Taille : 0^m,27 *environ.*

LARUS MINUTUS, Pall. *Voy.* (1776), édit. française, in-8°, t. VIII, append. p. 44;
et *Zoogr.* (1811-1831), t. II, p. 331.

XEMA MINUTUM, Boie, *Isis* (1822), p. 365.

LARUS D'ORBIGNYI, Aud. *Descript. de l'Égypte*, Zool. (1827), t. XXIII, p. 341.

HYDROCOLŒUS MINUTUS, Kaup, *Nat. Syst.* (1829), p. 113.

LARUS NIGROTIS, Less. *Tr. d'Ornith.* (1831), p. 619.

LARUS PYGMÆUS, Bory, *Exp. Sc. en Morée* (1833).

CHROICOCEPHALUS MINUTUS, Eyton, *Cat. Brit. B.* (1836), p. 54.

GAVIA MINUTA, Macgill. *Man. Nat. Hist. Orn.* (1840), t. II, p. 242.

Bory, *Exp. Sc. Mor.* pl. 5, *mâle* en plumage de noces.

Gould, *Birds of Eur.* pl. 428.

Mâle et femelle adultes, en été : Tête, partie supérieure du cou,
noirs, avec un étroit croissant blanc devant les yeux, souvent peu apparent; le reste du cou blanc; dessus du corps d'un cendré bleuâtre
pur et très-clair; sus-caudales blanches; poitrine, abdomen et sous-
caudales d'un blanc aurore qui disparaît sur l'oiseau empaillé; couvertures supérieures des ailes pareilles au manteau; rémiges cendrées,
toutes terminées de blanc, avec la baguette des primaires brune ou
d'un jaune ocreux foncé; queue d'un blanc pur comme les sus et les
sous-caudales; bec rouge de laque foncé; pieds rouge cramoisi; iris
brun-noir.

Mâle et femelle adultes en hiver : Tête et cou blancs, avec l'occiput,
la nuque, une tache devant les yeux et une autre à la région ophthalmique d'un brun noirâtre; le corps, les ailes et la queue comme en été.

Après la mue, le plumage est moins sombre et s'éclaircit de plus en
plus à mesure que l'oiseau avance en âge, de manière qu'après la

deuxième mue d'automne il ne diffère plus de l'adulte en robe d'hiver que par les couvertures supérieures des ailes, qui sont encore tachées de noirâtre.

Jeunes de l'année : Vertex, occiput, d'un cendré noirâtre ; dessus du cou et du corps gris brun, avec les scapulaires bordées et terminées de blanchâtre ; front, région ophthalmique, devant et côtés du cou, poitrine et abdomen blancs ; petites couvertures supérieures des ailes blanchâtres, tachetées de gris et de noirâtre ; les moyennes gris-noirâtre, bordées de brun clair ; les quatre premières rémiges noires en dehors et à leur extrémité, blanches en dedans ; les trois suivantes cendrées, avec la pointe et les barbes internes blanches.

Les *Jeunes avant la première mue*, ont les parties supérieures brunes, tachetées de noir. Ils ne prennent du gris qu'après la mue.

Cette espèce habite les contrées orientales de l'Europe et l'Asie septentrionale.

On la rencontre assez communément en Suisse, en Morée, sur les bords de l'Adriatique, où on la voit en toutes saisons ; elle se montre assez souvent, mais irrégulièrement en France, en Allemagne, en Angleterre, etc.

Quelques individus ont été tués sur les bords de l'Escaut, près de Tournai, dans les marais salins du département du Nord, aux environs d'Abbeville, de Montreuil-sur-Mer, de Saint-Omer, d'Amiens et dans le midi de la France.

M. Hardy a tué sur la côte de Dieppe, à la fin de septembre de l'année 1843, au milieu d'une bande considérable de Sternes arctique et Pierre Garin, qui fuyait devant un coup de vent, un individu en plumage de jeune.

Elle se reproduit sur quelques points de l'Europe orientale, sur le bas Danube, sur les côtes de la mer Baltique, et niche dans les marécages voisins de la mer ou des grands fleuves. M. Martin, qui a fréquemment observé cet oiseau, dans les étangs salés des steppes de la Russie orientale, l'a vu nicher, par bandes, en compagnie du *Larus canus*. Ses œufs, qu'elle dépose sans apprêt, sur la mousse, sont presque constamment au nombre de trois. Leur forme et leurs couleurs varient autant que celles des autres espèces. Ils sont généralement assez courts, d'un gris olivâtre, ou jaunâtre, ou d'un brun roux, avec des taches plus ou moins grandes, plus ou moins nombreuses, isolées ou confluentes, surtout sur la grosse extrémité, où elles sont plus multipliées et où elles forment une couronne incomplète. Ces taches sont les unes profondes et d'un gris de plusieurs nuances, selon qu'elles sont plus ou moins profondes ; les autres superficielles et d'un brun noir, ou d'un brun de rouille foncé. Une foule de très-petits points sont mêlés aux taches et quelquefois dominent ; souvent même ces petits points couvrent seuls la moitié de l'œuf qui correspond au petit pôle. Nous avons vu chez M. Hardy une variété d'un blanc sans taches, qu'il tenait de M. Martin. Les œufs du Goéland pygmée mesurent :

Grand diam. 0^m,038 à 0^m,042 ; petit diam. 0^m,029 à 0^m,031.

C — *Espèces dont la queue est notablement fourchue à tous les âges, et chez lesquelles le capuchon, à l'état adulte, est limité par une étroite bande plus foncée.*

450 — GOÉLAND DE SABINE — *LARUS SABINEI*
Leach.

Les trois premières rémiges noires, avec une fine tache apicale blanche et une large bordure de même couleur sur la plus grande étendue des barbes internes ; bec, de l'angle frontal à l'extrémité plus court que le doigt externe, l'ongle compris, noirâtre dans sa moitié basale, jaunâtre dans le reste de son étendue ; pieds d'un brun rougeâtre ; doigt médian plus court que le tarse, celui-ci mesurant $0^m,040$; capuchon, chez les individus en noces, limité inférieurement par une bande circulaire noire.

Taille : $0^m,35$ *environ.*

LARUS..... Sabine, *Birds of Groenl.* in : *Trans. Linn. Soc. London* (1818), t. XII, p. 520.
XEMA SABINEI, Leach, in : *Ross Voy.* (1825), append. p. 57.
GAVIA SABINEI, Macgill. *Man. Nat. Hist. Orn.* (1840), t. II, p. 241.
Sabine, *Trans. L. Soc.* XII, pl. 29.
Gould, *Birds of Eur.* pl. 429.

Mâle et femelle adultes en été : Tête, partie supérieure du cou d'une teinte plombée, suivie d'un collier noir ; bas du cou, blanc ; manteau d'un bleu cendré foncé ; partie inférieure du corps, sous-caudales, d'un blanc pur ; couvertures supérieures des ailes comme le dos ; rémiges primaires noires, avec le bout blanc ; rémiges secondaires et queue de cette dernière couleur ; bec noir, avec la pointe jaune ; bord libre des paupières et intérieur de la bouche rouge vif ; pieds et iris noirs.

Mâle et femelle adultes, en automne : Inconnus.

Jeunes avant la première mue : Tête tachetée de gris noirâtre sur fond blanc ; dos, scapulaires, d'un gris noirâtre nuancé de brun jaunâtre ; sus-caudales blanches ; cou, poitrine, d'un cendré pâle ; abdomen et sous-caudales blancs ; couvertures supérieures des ailes comme le manteau ; queue très-peu fourchue, blanche, avec le bout noir.

Il habite les régions du cercle arctique des deux mondes ; est de passage accidentel en Allemagne, en Angleterre et en France.

Un individu adulte, qui a été tué près de Rouen, fait partie de la belle collection de M. Jules de Lamotte. Un autre a été tué à Dunkerque, par M. Duthoit, le 24 septembre 1847.

Il niche sur les côtes du Groënland, en compagnie de la Sterne arctique; pond deux ou trois œufs olivâtres, avec des taches nombreuses brunes. Ils mesurent :

Grand diam. 0ᵐ,043 ; petit diam. 0ᵐ,030.

Sa nourriture consiste en insectes marins.

SOUS-FAMILLE LXXVII

STERNIENS — *STERNINÆ*

Sterninæ, Bp. *B. of Eur.* (1838).

Bec solide dans toute son étendue ; mandibules égales ou presque égales, effilées et pointues à l'extrémité ; narines percées près de la base du bec ; queue plus ou moins fourchue.

Quoique les Sterniens, par leur physionomie, par les couleurs du plumage, par leurs habitudes générales, par la forme et les teintes de leurs œufs, aient les plus grandes affinités avec les Lariens, ils s'en distinguent cependant sous tant de rapports que l'on pourrait presque élever au rang de famille la sous-famille qu'ils composent. Leurs formes sont plus élancées ; leur bec, moins élevé dans son tiers antérieur, diminue insensiblement de la base à l'extrémité ; leurs mandibules sont presque égales et pointues ; la supérieure n'est point crochue au bout ; leurs narines sont plus basales que médianes ; leurs palmures, à de rares exceptions près, sont moins amples, plus échancrées ; leurs ailes sont relativement plus longues, plus étroites, plus étagées ; et leur queue est toujours échancrée et parfois profondément. Les mêmes caractères les séparent bien mieux encore des Lestridiens.

Les quatorze Sterniens qui habitent l'Europe ou qui y font des apparitions accidentelles ont été distribués dans huit genres distincts que nous croyons devoir réduire aux trois suivants.

GENRE CCXVIII

NODDI — *ANOÜS*, Leach.

Sterna, p. Linn. *S. N.* (1748).
Noddis, G. Cuv. *Rég. Anim.* (1817).
Anoüs, Leach, Steph. in : Shaw, *Gen. Zool.* (1825).

Megalopterus, Boie, *Isis* (1826).
Stolida, Less. *Tr. d'Ornith.* (1831).
Nænia, Boie, *Isis* (1844).

Bec plus long que la tête, comprimé sur la moitié antérieure, aussi haut que large à la base, à arête de la mandibule supérieure déprimée en avant du front, insensiblement courbée des narines à la pointe ; bords des mandibules notablement rentrants ; narines sub-médianes, oblongues, atteignant ou peu s'en faut le milieu du bec par leur bord antérieur, et se prolongeant en un sillon qui descend obliquement sur les bords de la mandibule supérieure ; ailes un peu plus longues que la queue ; celle-ci allongée, médiocrement fourchue au centre, arrondie sur les côtés ; tarses beaucoup plus courts que le doigt médian, y compris l'ongle ; membranes interdigitales larges, pleines, l'externe très-faiblement échancrée à son point d'attache sur le doigt médian ; pouce bien développé ; ongle du doigt médian médiocrement courbé.

Les Noddis se distinguent des autres Sterniens par la forme du bec, de la queue ; par des palmures entières et aussi amples que chez les Lariens, et par des narines, à peu près médianes. Leur plumage, presque en totalité, est d'une seule teinte généralement sombre, et leurs rémiges ne présentent jamais la bande longitudinale claire qui, à une exception près, borde les barbes internes, chez les autres Sterniens.

Ils paraissent avoir des habitudes plus solitaires que les Sternes ; s'éloignent beaucoup plus des côtes ; vivent principalement de petits poissons qu'ils saisissent en rasant la surface de la mer ; ont la faculté de percher, et nichent, dit-on, sur les arbres.

Le mâle et la femelle portent le même plumage. Les jeunes, avant la première mue, s'en distinguent. Ils ont une double mue : l'une complète, l'autre partielle.

451 — NODDI NIAIS — *ANOÜS STOLIDUS*
G. R. Gray ex Linn.

Sommet de la tête gris ; bec, de l'angle frontal à la pointe, deux fois, au plus, aussi long que le tarse, celui-ci mesurant 0^m,024 environ ; la plus longue des grandes sus-alaires primaires un peu *plus courte que la huitième des grandes rémiges, et beaucoup plus longue que la neuvième.*

Taille : 0ᵐ,35.

STERNA STOLIDA, Linn. *S. N.* (1766), t. I, p. 227.
GAVIA FUSCA, Briss. *Ornith.* (1760), t. VI, p. 199.
ANOÜS NIGER, Steph. in : Shaw, *Gen. Zool.* (1824), t. XIII, p. 140.
MEGALOPTERUS STOLIDUS, Bp. *B. of Eur.* (1838), p. 61.
ANOÜS STOLIDUS, G. R. Gray, *List Gen. of B.* (1841), p. 100.
ANOÜS STOLIDUS et PILEATUS, Bp. *C. R. de l'Acad. des Sc.* (1856), t. XLII, p. 773.
Buff. *Pl. enl.* 997 sous le nom d'*Hirondelle de mer brune de la Louisiane.*

Mâle et femelle adultes : Tout le dessus de la tête d'un gris cendré, très-clair, passant au blanc sur les côtés du front, d'un gris foncé à l'occiput ; lorums noirs ; joues et gorge d'un brun lavé de gris cendré ; tout le reste du plumage, rémiges et rectrices, d'un brun noirâtre plus ou moins foncé sur les différentes parties du corps ; bec et pieds noirs.

Les *Jeunes de l'année* auraient le front moins blanc ; l'œil entouré d'une étroite bande blanche ; les joues, la gorge et tout le reste du plumage brun foncé ; les rémiges et les rectrices d'un brun noirâtre ; le bec noirâtre et les pieds bruns.

Jeunes avant la première mue : Dessus de la tête d'un brun enfumé, varié de très-petites taches roussâtres à peine sensibles ; dessus et côtés du cou d'un brun enfumé sans taches ; dos, croupion, sus-caudales, dessus des ailes d'un brun noirâtre, variés de taches transversales qui occupent l'extrémité de chaque plume ; ces taches sont disposées en bandelettes transversales au dos ; poitrine brune, maculée et tachetée de roussâtre, abdomen et flancs d'un brun plus clair ; ventre d'un blanc roussâtre ; sous-caudales grises, nuancées de roussâtre comme le ventre ; rémiges et rectrices d'un brun noir ; bec brun, rougeâtre à la base de la mandibule inférieure ; pieds d'un brun rougeâtre clair ; iris d'un brun foncé.

Le Noddi niais habite les mers intertropicales, notamment les îles et les caps qui se trouvent à l'entrée du golfe du Mexique ; émigre le long des côtes de l'Amérique du Nord et s'égare accidentellement en Europe.

Deux individus, d'après les auteurs anglais, ont été tués en Irlande, dans l'été de 1830 ; d'autres captures auraient eu lieu, dit-on, sur les côtes de la France.

Cette espèce niche ordinairement sur les rochers nus et pond deux ou trois œufs d'un jaune rougeâtre, marqués d'un grand nombre de petites taches et de points d'un brun rouge et d'un gris violet ou pourpre. Ils mesurent :

Grand diam. 48 à 0^m,050 ; petit diam. 34 à 0^m,035.

Le Noddi niais est un oiseau excessivement confiant, qui vit en troupes, et pêche en poussant des cris continuels.

GENRE CCXIX

STERNE — *STERNA*, Linn.

STERNA, Linn. *S. N.* (1748).

THALASSEUS, HYDROCECROPIS, STERNULA, Boie, *Isis* (1822 et 1844).
AETOCHELIDON, HYDROPROGNE, Kaup, *Nat. Syst.* (1829).
GELOCHELIDON, SYLOCHELIDON, Brehm, *Vög. Deuts.* (1830).
LAROPIS, HALYPLANA, PELECANOPUS, Wagl. *Isis* (1832).

Bec au moins aussi long que la tête, rarement plus court, très-comprimé et plus haut que large dans toute son étendue, diminuant insensiblement de la base à l'extrémité; bords des mandibules et arête de la mandibule supérieure dessinant, au profil, une légère courbe ; narines oblongues, latérales, ne s'avançant jamais jusqu'à la limite du premier tiers du bec ; ailes aussi longues ou plus longues que la queue, exceptionnellement plus courtes ; queue médiocre ou longue, plus ou moins fourchue ; tarses généralement courts, minces ; doigts courts et grêles, le médian, l'ongle compris, au moins aussi long que le tarse, rarement plus court ; membranes interdigitales assez développées et médiocrement échancrées ; ongle du doigt médian fort et très-recourbé.

Les espèces que nous laissons dans ce genre se distinguent soit des Noddis soit des Guifettes par les teintes du dos, toujours plus foncées, à tous les âges, que celles de l'abdomen. Leurs palmures ne sont ni pleines comme chez les premiers, ni étroites et profondément échancrées comme chez les secondes; mais elles ont des formes et un développement intermédiaires; leur queue, enfin, est généralement plus longue et bien plus profondément échancrée que chez les Guifettes.

Elles diffèrent encore des uns et des autres par le mode de nidification et par certaines habitudes.

Les Sternes, que l'on nomme aussi *Hirondelles de mer*, à cause de quelques rapports de forme avec les Hirondelles proprement dites, paraissent autant que celles-ci ennemies du repos. Leur vol est puissant et parfois rapide. La marche est en quelque sorte interdite à la plupart d'entre elles, par la brièveté et l'organisation des pieds. Rarement elles se reposent sur l'eau et plus ra-

rement encore elles nagent. Elles fréquentent les côtes, les embouchures des
fleuves, les étangs salés ; s'avancent peu dans la haute mer ; vivent toute
l'année en troupes plus ou moins considérables ; se réunissent en très-grand
nombre sur le même point à l'époque de la reproduction ; nichent très-près
les unes des autres ; ne construisent point de nid proprement dit, mais pondent
à nu ou presque à nu sur le sable. Leur voracité est extrême et leur nourriture
consiste en mollusques nus, en zoophytes et surtout en petits poissons, qu'elles
saisissent à la surface de l'eau en se laissant tomber d'aplomb, mais sans se
submerger. Toutes ont une voix criarde qu'elles font principalement entendre
lorsqu'elles pêchent, ou lorsqu'on approche de l'endroit où sont leurs couvées.
Quelques espèces paraissent avoir des habitudes crépusculaires, du moins les
voit-on rôder silencieusement sur les bords de la mer bien longtemps après
le coucher du soleil.

Le mâle et la femelle se ressemblent. Les jeunes, avant la première mue,
ont une livrée particulière, et leur plumage ne paraît être complet qu'à la fin
de la seconde année. Leur mue est double : la mue d'automne est complète,
celle du printemps est partielle.

Le genre Sterne a des représentants dans toutes les parties du monde : les
espèces en sont assez nombreuses, et plusieurs d'entre elles habitent l'Europe,
ou y font des apparitions accidentelles.

Observation. Les espèces que nous réunissons sous le générique *Sterna* ont
été réparties dans sept genres, que l'on fait reposer, ce nous semble, sur des
caractères insuffisants. Ces caractères, le plus souvent isolés et empruntés
tantôt à la coloration des parties supérieures ; tantôt au développement et à la
forme soit des plumes de l'occiput, soit des pennes de la queue ; d'autres fois
à la longueur relative des ailes et de la queue ; ces caractères, disons-nous,
n'ont certainement pas la valeur élevée qu'on leur attribue : nous nous en
servirons simplement pour grouper les espèces.

A — *Espèces à manteau cendré, à queue peu fourchue, beaucoup
plus courte que les ailes ; à plumes occipitales médiocrement allongées et pointues ; et chez lesquelles le doigt médian, y compris l'ongle,
est plus court que le tarse.*

432 — STERNE TSCHEGRAVA — *STERNA CASPIA*
Pall.

(Type du genre *Sylochelidon*, Brehm.)

*Bec rouge passant au brun vers l'extrémité, avec la pointe jau-
nâtre, près d'un tiers plus long que le tarse, celui-ci mesurant
0ᵐ,040 à 0ᵐ,044 ; pieds noirs ; la plus longue des grandes sus-*

alaires primaires d'un centimètre environ plus courte que la huitième des grandes rémiges; celles-ci sans large bordure claire sur les barbes internes.

Taille : 0ᵐ,55 *environ.*

STERNA CASPIA, Pall. *Nov. comm. Petrop.* (1769-1770), t. XIV, p. 582.
STERNA TSCHAGRAVA, Lepechin, *Nov. comm. Petrop.* (1769-1770), t. XIV, p. 500.
STERNA MEGARHYNCHOS, Mey. et Wolf, *Tasch. Deuts.* (1810), t. II, p. 457.
THALASSEUS CASPIUS, Boie, *Isis* (1822), p. 563.
HYDROPROGNE CASPICA, Kaup, *Nat. Syst.* (1829), p. 91.
SYLOCHELIDON CASPIA, Brehm, *Handb. Nat. Vög. Deuts.* (1831), p. 770.
Savigny, *Descript. de l'Égypte*, pl. 25, t. 1 (plumage d'hiver).
Gould, *Birds of Eur.* pl. 414.

Mâle et femelle adultes, en été : Front, dessus de la tête jusqu'aux yeux et plumes occipitales allongées en pointe sur la nuque, d'un noir profond lustré; derrière du cou blanc argentin; dessus du corps d'un beau cendré-bleuâtre clair, de la même teinte que celui du *Larus melanocephalus;* bas du dos et sus-caudales blancs; toutes les parties inférieures d'un blanc pur, avec une teinte argentine sur les côtés du cou et de la poitrine; joues blanches, couvertures supérieures des ailes pareilles au manteau; rémiges d'un brun cendré, plus foncé en dedans qu'en dehors; queue d'un cendré blanchâtre; bec rouge vermillon avec la pointe teintée de brun jaunâtre; pieds noirs; iris brun jaunâtre.

Mâle et femelle adultes, en hiver : Comme en été, avec les plumes noires de la tête d'une teinte plus terne, pointillées et tachetées longitudinalement de blanc; rémiges brunes en dehors et en dedans, avec le milieu cendré velouté, et leurs tiges blanches; bec orange rouge, avec la pointe brune.

Jeunes avant la première mue : Plumes du front, du dessus de la tête jusqu'au-dessous des yeux et de l'occiput noires, avec des bordures blanches; dessus du corps cendré, avec les plumes marquées de bandes noirâtres, sous forme de V, vers leur extrémité; gorge, cou, poitrine, abdomen et sous-caudales d'un blanc pur; petites couvertures supérieures des ailes pareilles au manteau; rémiges d'un brun cendré, la plupart des primaires terminées par un liséré cendré, les secondaires bordées et terminées de blanc; queue peu fourchue, d'un blanc nuancé de cendré, maculée de noirâtre et sans bandes transversales au milieu.

Jeunes après la mue d'automne, jusqu'au printemps : Comme les adultes en hiver, avec des taches noirâtres, sous forme de V, vers l'extrémité des scapulaires, des sus-caudales, et quelques-unes sur les plus petites couvertures supérieures des ailes ; queue tachetée comme avant la mue.

La Sterne tschegrava ou caspienne habite le midi de l'Europe, l'Afrique, l'Asie et même, dit-on, l'Amérique du Nord.

Elle paraît être commune sur les bords de la mer Caspienne, où Pallas l'a fréquemment observée ; on la rencontre aussi en Danemark, et elle se montre accidentellement de passage en Angleterre, en Belgique, en Hollande, en Suisse, en Corse et sur quelques points tant du nord que du midi de la France.

Le 19 janvier 1827, à la suite d'un ouragan, deux individus ont été trouvés mourants dans les champs, près de Douai. Depuis cette époque plusieurs autres ont été tués près de Dunkerque et de Tournai ; enfin on l'a quelquefois observée sur nos côtes de la Méditerranée.

Cette espèce, la plus grande parmi celles qui habitent l'Europe, établit son nid au voisinage de la mer. D'après M. Baldamus elle se reproduit en Danemark ; niche en très-grandes bandes dans les dunes, sur le sable nu, à peu de distance de la mer et jamais dans les roseaux. Ses œufs, au nombre de deux ou trois, sont très-gros, à fond blanc jaunâtre sale ou café au lait clair, marqués de nombreuses taches le plus généralement arrondies, assez également disséminées à toute la surface, le plus souvent isolées ; les unes superficielles, d'un brun noir ou d'un brun roux ; les autres plus ou moins profondes, d'un gris plus ou moins foncé. Ils mesurent :

Grand diam. 0ᵐ,060 à 0ᵐ,067 ; petit diam. 0ᵐ,042 à 0ᵐ,044.

455 — STERNE HANSEL — *STERNA ANGLICA*
Montagu.

(Type du genre *Gelochelidon*, Brehm.)

Bec entièrement noir (adultes), *ou noirâtre* (jeunes), *à peu près de la longueur du tarse, celui-ci mesurant* 0ᵐ,035 *environ ; pieds noirs ; la plus longue des grandes sus-alaires primaires plus courte d'un centimètre environ que la huitième des grandes rémiges.*

Taille : 0ᵐ,33 *à* 0ᵐ,34.

STERNA ANGLICA, Montagu, *Ornith. Dict. suppl.* (1813).
STERNA ARANEA, Wils. *Amer. Ornith.* (1808-1844), t. VIII, p. 143, pl. 72, f. 6.
THALASSEUS ANGLICUS, Boie, *Isis* (1822), p. 563.
GELOCHELIDON BALTHICA et MERIDIONALIS, Brehm, *Handb. Nat. Vög. Deuts.* (1831), p. 772 et 774.
LAROPIS ANGLICA, Wagl. *Isis* (1832), p. 1225.
GELOCHELIDON PALUSTRIS, Macgill. *Man. Nat. Hist. Orn.* (1840), t. II, p. 237.
GELOCHELIDON ANGLICA, Bp. *B. of Eur.* (1838), p. 61.

Savigny, *Descript. de l'Égypte*, pl. 9, f. 2.
Gould, *Birds of Eur.* pl. 416.

Mâle et femelle adultes, en été : Dessus de la tête et du cou d'un noir profond très-pur, se terminant en un bord arrondi ; dessus du corps d'un cendré bleuâtre un peu plus clair que chez la Sterne hirondelle ; bas des joues, gorge, devant et côtés du cou, poitrine, abdomen et sous-caudales d'un blanc argentin, à reflets cendrés sur les côtés ; couvertures supérieures des ailes pareilles au manteau ; rémiges d'un cendré à reflets, avec la pointe et les barbes internes un peu plus brunes ; queue semblable aux couvertures alaires ; bec et pieds d'un noir profond ; iris brun foncé.

Mâle et femelle adultes, en automne : Ils ont les teintes moins pures, le noir du vertex et de la nuque varié de blanc.

Jeunes avant la première mue : Dessus de la tête blanchâtre ou d'un gris bleuâtre clair, strié de brun ; une tache noirâtre sur la région parotique ; lorums blanchâtres, striés de brun noirâtre formant tache au devant de l'œil ; dessus du corps et couvertures supérieures des ailes variés de brun, de cendré et de jaunâtre ; dessous du corps blanc ; rémiges d'un cendré brun ; bec et pieds bruns, avec la base du bec jaunâtre et la pointe noirâtre.

Cette espèce habite les régions chaudes et tempérées de toutes les parties du monde.

En Europe, elle habite la Turquie, les bords de la mer Noire, certaines contrées marécageuses de la Hongrie, du Danemark, de l'Allemagne septentrionale et se montre accidentellement de passage en Angleterre, en Belgique et dans le nord de la France, notamment dans les parages de Dieppe. Elle a même été observée quelquefois dans les environs de Lille.

D'après M. Baldamus, elle se reproduirait dans quelques marais de l'Allemagne. Ses œufs au nombre de deux à quatre, sont d'un gris jaunâtre ou verdâtre sale. Une foule de petites taches irrégulières, crochues, arrondies, rarement confluentes, les unes superficielles, d'un brun roussâtre ; les autres profondes, d'un gris violet et d'un gris cendré clair, auxquelles se mêlent de très-petits points de même couleur, sont assez uniformément disséminées à toute la surface, sans être généralement plus nombreuses sur un point que sur un autre. Ils mesurent :

Grand diam. 0^m,044 à 0^m,046 ; petit diam. 0^m,034 à 0^m,035.

Observation. La *Sterna meridionalis* de Brehm, dont le prince Ch. Bonaparte a fait une simple race de la *Ster. anglica*, dans le *Catalogue Parzudaki*, et un peu plus tard une espèce (*C. R. de l'Acad. des Sc.* 1856, t. XLII, p. 772), ne diffère absolument en rien de la Sterne Hansel.

B — *Espèces à manteau cendré; à queue bien fourchue, un peu plus courte que les ailes ou de la même longueur; à plumes occipitales allongées et pointues; et chez lesquelles le doigt médian, y compris l'ongle, est à peu près aussi long que le tarse.*

454 — STERNE CAUGEK — *STERNA CANTIACA* Gmel.

Bec noir, à pointe jaune d'ocre (adultes), *ou noirâtre, à pointe plus claire* (jeunes), *une fois au moins plus long que le tarse, celui-ci mesurant* 0^m,026 *environ; pieds noirs; ailes dépassant l'extrémité des rectrices latérales; la plus longue des grandes susalaires primaires égale ou à peu près égale à la huitième des grandes rémiges; front, au plumage d'amour, noir jusqu'au bec.*

Taille : 0^m,42 d 0^m,43.

STERNA CANTIACA et STRIATA, Gmel. *S. N.* (1788), t. I, p. 606 et 609.
STERNA HOYSII, Lath. *Ind.* (1790), t. II, p. 806.
STERNA COLUMBINA, Schranck, *Faun. Boica* (1798), p. 252.
STERNA NÆVIA, Bew. *Hist. Brit. B.* (1804), t. II, p. 207.
STERNA CANESCENS, Mey. et Wolf, *Tasch. Deuts.* (1810), t. II, p. 458.
THALASSEUS CANTIACUS, Boic, *Isis* (1822), p. 563.
STERNA BERGII, Reichenb. (nec Lichst.).
Gould, *Birds of Eur.* pl. 415.

Mâle et femelle adultes, en été : Front, dessus de la tête jusqu'aux yeux inclusivement, et plumes occipitales allongées en pointe sur la nuque, d'un noir très-profond; bas de la nuque blanc; dessus du corps d'un cendré bleuâtre assez prononcé; bas du dos, sus-caudales, joues, côtés du cou, et toutes les parties inférieures d'un blanc pur, lustré au cou et teinté de rose à la poitrine et à l'abdomen; couvertures supérieures des ailes pareilles au manteau; rémiges d'un cendré velouté en dehors, blanches en dedans; queue de cette dernière couleur, avec l'extrémité cendrée; bec noir, avec la pointe jaune d'ocre; pieds noirs en dessus, jaunâtres en dessous; iris brun noir.

Mâle et femelle adultes, en hiver : Front et partie antérieure du vertex d'un blanc pur, l'autre partie du vertex et occiput noirs, variés de blanc; un croissant noir au-devant des yeux; le reste comme en été.

Jeunes avant la première mue : Dessus de la tête et des deux tiers supérieurs de la nuque d'un blanc roussâtre pointillé et tacheté de noir; bas de la nuque, dessus du corps d'un blanc nuancé de roussâtre et rayé transversalement de brun noirâtre, avec de larges bordures brunes aux scapulaires ; cou, dessous du corps, d'un blanc pur, luisant; couvertures supérieures des ailes blanches, terminées de bandes demi-ovalaires d'un brun noirâtre; rémiges d'un cendré noirâtre, bordées et terminées de blanc; les quatre rectrices médianes cendrées, avec une tache noirâtre à leur extrémité, les autres cendrées à la base, d'un brun noirâtre vers le bout et terminées de blanc; bec brun livide; pieds et iris noirs.

A la mue d'automne, le dessus de la tête blanchit, les taches du dos et des ailes disparaissent, les plumes qui naissent ont une teinte cendré bleuâtre; il ne reste plus que quelques taches et quelques raies aux scapulaires, aux plus petites couvertures alaires et à la queue; la pointe du bec prend une couleur rousse.

A la mue de printemps, le plumage se rapproche davantage de celui des adultes. Il reste seulement des taches à la queue; mais *après la deuxième mue d'automne* cette partie est tout à fait blanche et le bec est d'un noir profond, avec la pointe roux-jaunâtre. Les jeunes ne diffèrent plus alors des adultes.

On trouve la Sterne caujek sur presque toutes les côtes maritimes de l'Europe; elle est très commune sur celles du nord de la France et de la Belgique, dans le mois d'août, et en moins grand nombre dans le mois de mai, époques de son passage.

Elle niche sur les plages maritimes; pond deux ou trois œufs, d'un roux clair, ou d'un blanc laiteux très-faiblement lavé de jaunâtre, marqués d'un grand nombre de très-petites taches, la plupart punctiformes, les autres irrégulières, le plus souvent isolées. Quelquefois, au lieu d'être petites, les taches sont plus ou moins larges et très-irrégulières ; mais quelles que soient leur forme et leur grandeur, elles sont également dispersées sur l'œuf. Les plus superficielles sont d'un noir intense ; les plus profondes sont ou gris-violet ou gris pâle ; les intermédiaires ont une teinte noirâtre. Ils mesurent :

Grand diam. 0ᵐ,050 à 0ᵐ,052 ; petit diam. 0ᵐ,035 à 0ᵐ,037.

Cette espèce s'avance rarement dans l'intérieur des terres. Elle est très-criarde et d'une chasse facile lorsqu'on en a démonté une. Toutes celles qui entendent ou voient la blessée viennent vers elle, et s'en approchent comme si elles voulaient la secourir. Elles se laissent tuer les unes après les autres. On obtient un résultat pareil en jetant en l'air un individu mort.

La Caujek entre en mue dès le mois d'août; en mai elle est en robe d'amour.

455 — STERNE VOYAGEUSE — *STERNA AFFINIS*
Rüpp.

Bec jaune, une fois au moins plus long que le tarse, celui-ci mesurant 0^m,025 *environ; pieds noirs; ailes dépassant d'un centimètre au moins l'extrémité des rectrices latérales; la plus longue des grandes sus-alaires primaires d'un centimètre environ plus courte que la huitième des grandes rémiges; front, au plumage d'amour, noir jusqu'au bec.*

Taille : 0^m,38 à 0^m,39.

STERNA AFFINIS, Rüpp. *Atlas zu Reise N.-Afr.* (1826), p. 23.
STERNA MAXURIENSIS, Ehrenb. *Naturg. Reis.* (1828).
THALASSEUS AFFINIS, Bp. *Cat. Parzud.* (1856), p. 12.
Rüpp. *Atlas*, pl. 14.

Mâle et femelle adultes, en été : Front, vertex, occiput, d'un noir profond; nuque d'un blanc argentin; dessus du corps cendré bleuâtre, de la même teinte que chez la Caujek; dessous du corps, devant et côtés du cou, joues, d'un blanc argentin; couvertures supérieures des ailes pareilles au dos; rémiges d'un cendré velouté et bordées de blanc en dedans; queue d'un cendré bleuâtre plus foncé que le manteau, avec la penne la plus latérale de chaque côté d'un cendré velouté; bec jaune vif; pieds noirs.

Mâle et femelle adultes, en hiver : Front et moitié antérieure du vertex blancs, pointillés de noir; l'autre moitié et l'occiput noirs, variés de blanc; une sorte de croissant noir devant les yeux; le reste du plumage comme en été, mais le bec d'un jaune moins vif.

Jeunes avant et après la première mue : Ils nous sont inconnus.

Cette espèce habite l'Inde occidentale, la mer Rouge, les côtes nord de l'Afrique, et se montre accidentellement en Europe.

Elle a été observée dans l'Archipel grec, sur le Bosphore, sur les bords du Danube et de la mer Caspienne.

Sa ponte est de deux à quatre œufs, d'un gris jaunâtre plus ou moins clair, tachetés et pointillés de brun noir ou de brun roussâtre et de gris de diverses nuances, depuis le cendré clair jusqu'au violet foncé, selon qu'elles sont à divers degrés de profondeur. Ils mesurent :

Grand diam. 0^m,045 à 0^m,048; petit diam. 0^m,033 à 0^m,034.

456 — STERNE DE BERGE — *STERNA BERGII*
Lichst.

Bec jaunâtre dans sa moitié antérieure, verdâtre ou noirâtre à la base, une fois au moins plus long que le tarse, celui-ci mesurant trente millimetres environ; pieds noirs; la plus longue des grandes sus-alaires primaires égale à la huitième des grandes rémiges, ou un peu plus courte, et de quinze millimètres au moins, plus longue que la neuvième; front blanc en toute saison et à tous les âges.

Taille : 0^m,48 *environ.*

STERNA BERGII, Lichst. (nec Reichenb.), *Doubl. Zool. Mus.* (1823), p. 80.
STERNA VELOX, Rüpp. *Atlas zu Reise N.-Afr.* (1826), p. 21.
STERNA LONGIROSTRIS, Less. *Tr. d'Ornith.* (1831), p. 623.
THALASSEUS ? VELOX, Bp. *Cat. Parzud.* (1856), p. 12.
PELECANOPUS VELOX et BERGII, Bp. *C. R. de l'Acad. des Sc.* (1856), t. XLII, p. 772.
Rüpp. *Atlas*, pl. 13.

Mâle et femelle adultes, en été : Front blanc sur le devant, vertex, occiput, d'un noir profond; dessus du corps, des ailes, sus-caudales, d'un gris bleuâtre foncé, lavé de roussâtre; rémiges de la couleur du manteau, à rachis blanc ou blanchâtre; rectrices cendrées en dessus, blanches en dessous; tout le reste du plumage d'un blanc neigeux satiné; bec jaunâtre dans sa moitié antérieure, verdâtre dans sa moitié postérieure; pieds noirs; iris d'un brun foncé.

Sous la *livrée d'hiver* la calotte noire est variée de blanc.

La Sterne de Berge, que l'on nomme aussi Sterne véloce, habite les côtes de l'Afrique orientale et méridionale, et se montre accidentellement dans les îles de la Méditerranée, où elle arrive par la mer Rouge.

Ses œufs et son mode de propagation ne nous sont pas connus.

Observation. Cette espèce a de très-grands rapports avec la *Sterna affinis* (Rüpp.), et la *Sterna pelecanoïdes* (King), espèce étrangère à l'Europe; mais elle se distingue de la première par un front blanc à tous les âges; par un bec noirâtre ou verdâtre à la base, par une taille beaucoup plus forte : elle se distingue de la seconde par une taille également plus forte et par les teintes plus brunâtres du manteau.

C — *Espèces à manteau cendré; à queue très-fourchue, un peu plus courte ou un peu plus longue que les ailes; à plumes occipitales médiocres, arrondies ; et chez lesquelles le doigt médian, y compris l'ongle, est généralement plus long que le tarse.*

457 — STERNE HIRONDELLE — *STERNA HIRUNDO*
Linn.

Bec rouge cramoisi, noirâtre au tiers antérieur, avec la pointe d'un rougeâtre clair (adultes), *ou noir avec la base de la mandibule inférieure d'un brun rouge* (jeunes), *une fois au moins plus long que le tarse, celui-ci mesurant* 0^m,018 *environ ; pieds rouges* (adultes), *ou d'un orangé terne* (jeunes) ; *la plus longue des grandes sus-alaires primaires plus courte que la huitième des grandes rémiges de quatre millimètres environ et beaucoup plus longue que la neuvième.*

Taille : 0^m,38 *à* 0^m,40.

S TERNA HIRUNDO, Linn. *S. N.* (1766), t. I, p. 227.
S TERNA FLUVIATILIS, Naum. *Isis* (1820).
S TERNA MARINA, Eyton, in : J. E. Gray, *Spec. Brit. anim. Birds* (1850), p. 266.
H YDROCECROPIS HIRUNDO, Boie, *Isis* (1844), p. 179.
Buff. *Pl. enl.* 987.
Gould, *Birds of Eur.* pl. 417.

Mâle et femelle adultes, en été : Front, vertex, occiput et nuque d'un noir profond, se terminant au dos, exclusivement, par un bord arrondi ; dessus du corps d'un cendré bleuâtre un peu plus foncé que chez la Caujek, avec les scapulaires terminées de blanchâtre, sus-caudales, gorge, joues, côtés du cou et sous-caudales d'un blanc pur ; poitrine, abdomen d'un blanc lavé de cendré satiné ; couvertures supérieures des ailes pareilles au dos ; rémiges primaires d'un cendré blanchâtre velouté, varié de noirâtre vers leur extrémité et sur les barbes externes de la première, les autres entièrement cendrées, avec un liséré blanc à la pointe ; queue blanche, avec les pennes les plus latérales lavées de bleuâtre ou de brun sur leurs barbes externes ; bec rouge cramoisi, avec le tiers antérieur brun ou noirâtre, et la fine pointe gris de corne ou rougeâtre ; pieds rouges ; iris brun noir.

Mâle et femelle adultes, en hiver : Front entièrement ou presque entièrement blanc, occiput et nuque variés de cette couleur : le reste du plumage comme en été, mais avec les teintes moins pures, les filets de

la queue moins longs, le bec moins rouge et la pointe plus brune. *En
automne*, au moment du passage, les plumes noires de la tête sont d'une
teinte terne et entremêlées de plumes blanches ; ces dernières commencent à paraître dès le mois d'août.

Jeunes avant la première mue : Vertex d'un blanc sale, rayé de
noir en arrière ; occiput et presque toute la nuque d'un noir brunâtre ;
dessus du corps d'un cendré bleuâtre terne, avec les plumes tachetées
irrégulièrement de brun ou de roussâtre, bordées et terminées de blanchâtre ; face d'un blanc sale ; devant et côtés du cou, dessous du corps
et sous-caudales d'un blanc terne ; petites et moyennes couvertures
supérieures des ailes pareilles au manteau ; les plus grandes d'un cendré
bleuâtre, avec de faibles bordures blanchâtres ; rémiges primaires d'un
brun cendré et terminées de blanchâtre ; les secondaires d'un cendré
bleuâtre, bordées et terminées de blanc ; queue cendrée, terminée de
blanchâtre ; bec noirâtre, avec la base rouge–jaunâtre ; pieds orange
terne ; iris brun noir.

La Sterne hirondelle, vulgairement connue sous le nom de *Pierre-Garin*,
habite l'Europe, le nord de l'Asie et de l'Amérique ; est très-commune sur
toutes les côtes maritimes de France.

Nous la voyons de passage le long de la côte de Dunkerque, en très-grandes
bandes, dans les mois de mai et d'août. On en tire quelquefois dans les marais
des environs de Lille.

Quelques couples se reproduisent dans les dunes de la Picardie, du Boulonnais, de Bayonne et sur la grève de la Loire. Non-seulement elle niche sur
les plages maritimes, mais aussi dans les prairies marécageuses peu éloignées
de la mer. Ses œufs, au nombre de deux ou trois, varient considérablement
sous le rapport des dimensions et des couleurs. Le plus généralement, ils ont
un fond jaunâtre plus ou moins prononcé, mais souvent aussi ils sont soit
d'un verdâtre clair, soit d'un verdâtre sombre et sale, soit d'un brun roussâtre.
Quelques rares variétés sont blanchâtres. Les taches qui couvrent le fond sont
parfois très-peu nombreuses, très-larges, la plupart irrégulières, quelques-unes
punctiformes et assez également distribuées ; le plus souvent, elles sont nombreuses, généralement petites, rapprochées et brouillées au gros bout, où elles
sont un peu plus multipliées, et où elles forment, par leur réunion, une couronne le plus ordinairement complète. Des points plus ou moins nombreux et
quelquefois des stries sont mêlés aux taches. La couleur des taches superficielles est noire ou d'un brun sombre, celle des taches profondes est d'un
gris violet plus ou moins foncé ou d'un gris noirâtre. Ils mesurent :

Grand diam. 0″,040 à 0ᵐ,044 ; petit diam. 0ᵐ,029 à 0ᵐ,033.

458 — STERNE PARADIS — *STERNA PARADISEA*
Brün.

Bec entièrement rouge (adultes), *ou brun, avec les bords et la base
des mandibules rougeâtres* (jeunes), *une fois, au moins, plus long que
le tarse, celui-ci mesurant douze millimètres environ ; pieds rouges ;
la plus longue des grandes sus-alaires primaires égale à la huitième
des grandes rémiges ou plus courte d'un à deux millimètres environ,
et plus longue d'un centimètre, au moins, que la neuvième.*

    Taille : 0^m,37 *à* 0^m,38.

STERNA PARADISEA, Brünn. *Ornith. Bor.* (1764), p. 46.
STERNA HIRUNDO, p. Linn. *S. N.* (1766), t. I, p. 227.
STERNA MACROURA, Naum. *Isis* (1819), p. 1847.
STERNA ARCTICA, Temm. *Man.* (1820), t. II, p. 742.
STERNA ARGENTATA, Brehm, *Beitr. zur Vôg.* (1820), t. III, p. 692.
STERNA NITZSCHII, Kaup, *Isis* (1824), p. 153.
STERNA HIRUNDO, Bp. *C. R. de l'Acad. des Sc.* (1856), t. XLII, p. 772.
    Gould, *Birds of Eur.* pl. 419.

Mâle et femelle adultes, en été : Toutes les parties supérieures
comme chez la Sterne hirondelle ; les parties inférieures également pareilles, mais avec le devant du cou, la poitrine et l'abdomen lavés
d'un cendré bleuâtre presque de la même teinte que celui du dos ; ailes
pareilles au manteau ; rémiges moins brunes vers leur extrémité que
dans l'espèce précédente ; queue d'un blanc grisâtre argenté, avec
les barbes externes de la penne la plus latérale de chaque côté d'un
cendré légèrement brunâtre ; bec d'un rouge foncé, passant au rouge
vermillon par la dessiccation ; pieds rouges ; iris brun noir.

Mâle et femelle adultes, en hiver : Comme en été, mais avec les
plumes de la tête variées de blanc.

Jeunes avant la première mue : Ils ressemblent à ceux de la Sterne
hirondelle, mais ils sont un peu plus petits, ont les plumes des parties
supérieures avec des bordures plus larges, les scapulaires terminées de
brun et de blanchâtre, les plus longues parmi celles-ci, les couvertures
supérieures des ailes et les rémiges secondaires, terminées de blanc ;
les deux rectrices les plus latérales, de chaque côté, d'un brun cendré
sur leurs barbes externes et terminées, ainsi que les autres, de brun
et de blanchâtre ; bec plus grêle que celui des jeunes de la Sterne hiron-

delle, brun, avec la base et les bords des mandibules rouge ocreux ; tarses sensiblement plus courts.

Cette Sterne habite les régions du cercle arctique ; est de passage régulier sur les côtes maritimes du nord de la France, et s'avance jusque dans la Méditerranée.

Nous la voyons dans les mois de mai et d'août le long des côtes de Dunkerque. Elle se montre aussi sur celles de la Hollande et de l'Angleterre.

On l'a tuée aux environs de Bayonne, où son apparition est considérée comme accidentelle. MM. de Lamotte et de Cossette en ont tiré un grand nombre le long de la Baltique.

Elle niche sur les plages maritimes ; pond trois ou quatre œufs d'un brun jaunâtre ocreux, d'un jaune sale, quelquefois d'un roux clair ou foncé, avec des taches grandes et petites, irrégulières, plus nombreuses sur la partie renflée ou sur le gros bout, où elles forment, par confluence, une couronne interrompue. Les plus superficielles sont noires, les plus profondes sont d'un gris d'ardoise plus ou moins foncé. De nombreux petits points sont mêlés aux taches. Ils mesurent :

Grand diam. 0^m,044 à 0^m,045 ; petit diam. 0^m,030 à 0^m,031.

Observations. 1° On a confondu, jusqu'en 1819, cette Sterne avec la *Sterna hirundo*. Il est probable que ces deux espèces s'accouplent quelquefois ensemble et donnent des métis qui ressemblent plus ou moins au père et à la mère. M. Hardy croit en avoir acquis la certitude.

Les individus qui proviendraient de cette union ont, les uns, avec les pieds courts de la *Ster. paradisea*, le bec assez long de la *Ster. hirundo* ; les autres, le bec grêle de la *Ster. paradisea*, et les tarses de trois à cinq millimètres plus longs que ceux de cette espèce. Toutes les fois que les pieds se rapprochent ainsi[i] par leur longueur de ceux de la *Ster. hirundo*, il s'y joint un autre point de ressemblance : les couvertures de la queue ont une teinte d'un gris bleu dans celle-ci, tandis qu'en automne, les *Ster. paradisea* jeunes et vieilles ont toujours ces parties d'un blanc pur. M. Hardy, profond observateur, reconnaît ces oiseaux au vol, à ce dernier signe différentiel, tant il est frappant.

2° Temminck pense que la *Sterna Nitzschii*, de Kaup, et la *Ster. brachytarsa*, de Graba, doivent être rapportées à la *Ster. paradisea*.

Nous partageons l'opinion du savant naturaliste hollandais quant à la première. La *Ster. Nitzschii* ne diffère de la *Ster. paradisea* et même de la *Ster. hirundo* que par la queue, qui est terminée de noir ; elle a, comme cette dernière, en été, le bec et les pieds rouges ; le front, le vertex et la nuque noirs ; la queue gris-argenté en dessus, les joues et les parties inférieures blanches.

La seconde nous étant inconnue, nous ne saurions dire si l'opinion de Temminck est fondée.

459 — STERNE DE DOUGALL — *STERNA DOUGALLII*
Montagu.

Bec noir, à fine pointe roussâtre, une fois environ plus long que le tarse, celui-ci mesurant 0^m,020 ; *pieds jaune-orange; la plus longue des grandes sus-alaires primaires de huit millimètres au moins plus courte que la huitième des grandes rémiges; ailes, au plumage parfait, n'atteignant pas l'extrémité des rectrices latérales.*

Taille : 0^m,36 *à* 0^m,37.

STERNA DOUGALLII, Montagu, *Ornith. Dict. suppl.* (1813).
THALASSEA DOUGALLI, Kaup, *Nat. Syst.* (1829), p. 97.
STERNA PARADISEA, Keys. et Blas. (nec Brünn.), *Wirbelth.* (1840), p. 97.
STERNA MACDOUGALLI, Macgill. *Man. Nat. Hist. Orn.* (1840), t. II, p. 233.
HYDROCECROPIS DOUGALLII, Boie, *Isis* (1844), p. 179.
Gould, *Birds of Eur.* pl. 418.
Vieill. *Gal. des Ois.* pl. 290.

Mâle et femelle adultes, en été : Dessus de la tête et nuque d'un noir profond, se terminant au dos ; dessus du corps et sus-caudales d'un cendré légèrement bleuâtre très-clair ; bas des joues, côtés et devant du cou, poitrine, abdomen et sous-caudales d'un blanc nuancé de rose, qui disparaît sur l'oiseau monté ; couvertures supérieures des ailes pareilles au dos, première rémige d'un cendré brunâtre en dehors, les autres d'un cendré velouté, avec une bande longitudinale blanche sur les barbes internes ; queue d'un cendré bleuâtre clair comme le dessus du corps, avec la plume la plus latérale subulée et très-pointue ; bec noir, avec un peu de roussâtre à la pointe ; pieds rouges ou d'un jaune orange ; iris brun foncé.

Mâle et femelle en hiver, et jeunes avant la première mue : Ils nous sont inconnus.

La Sterne de Dougall habite le nord de l'Europe, de l'Amérique, et certaines localités de l'Angleterre et de la France ; elle est seulement de passage irrégulier sur d'autres points de nos côtes maritimes, notamment sur celles du nord de l'empire.

Elle se reproduit en grand nombre dans les îles de la Bretagne, particulièrement dans celles dites *Iles aux Dames* ; niche parmi les rochers ; pond trois ou quatre œufs, d'un gris jaunâtre ou roussâtre, avec des taches en général petites, arrondies et isolées, un peu plus abondantes vers le gros bout ; les unes superficielles et noires, les autres plus ou moins profondes et d'un gris plus ou moins intense ; quelquefois tout l'œuf est finement piqueté de noir et de gris, avec de légères maculatures grises. Ils mesurent :

Grand diam. 0^m,040 à 0^m,043 ; petit diam. 0^m,030 à 0^m,031.

460 — STERNE NAINE — *STERNA MINUTA*
Linn.

(Type du genre *Sternula*, Boie.)

Bec jaune, avec la pointe noire (adultes), *ou brun, avec la base jaunâtre* (jeunes), *une fois plus long que le tarse, celui-ci mesurant seize millimètres; pieds jaune-orange; la plus longue des grandes sus-alaires primaires plus courte que la huitième des grandes rémiges de trois à quatre millimètres, beaucoup plus longue que la neuvième; au plumage parfait; front blanc et une bande noire des narines à l'œil.*

Taille : 0ᵐ,22.

STERNA MINUTA, Linn. *S. N.* (1766), t. I, p. 228.

STERNA MINOR, Briss. *Ornith.* (1760), t. VI, p. 206.

STERNA METOPOLEUCOS, S. G. Gmel. *Nov. comm. Petrop.* (1770-1771), t. XV, p. 475.

STERNULA MINUTA, Boie, *Isis* (1822), p. 564.

STERNULA POMARINA, Brehm, *Handb. Nat. Vög. Deuts.* (1831), p. 791.

STERNA ANTARCTICA, Forster, *Descript. Anim.* (1844), p. 107.

Buff. *Pl. enl.* 996, sous le nom de *Petite hirondelle de mer.*

Gould, *Birds of Eur.* pl. 420.

Mâle et femelle adultes, en été : Vertex, occiput, nuque, d'un noir profond, terminé en ligne droite; dessus du corps d'un cendré bleuâtre; devant et côtés du cou, poitrine, abdomen et sous-caudales d'un blanc pur; lorums noirs; front, un trait au-dessus des yeux et bas des joues blancs; couvertures supérieures des ailes semblables au manteau; les deux premières rémiges d'un brun cendré en dehors, les autres pareilles aux couvertures alaires; queue blanche; bec jaune-orange, avec la pointe noire; pieds rouge-orange; iris noir.

Mâle et femelle adultes, en automne : Comme en été, avec le noir de la tête moins pur et quelques plumes blanchâtres ou blanches au vertex; bec et pieds de teintes moins vives.

Jeunes avant la première mue : Front d'un blanc jaunâtre; vertex, occiput et nuque d'un brun noirâtre, rayé de cendré roussâtre; dessus du corps d'un cendré nuancé de roussâtre, avec les plumes bordées et terminées de noirâtre, les scapulaires les plus longues terminées en outre de blanchâtre; parties inférieures d'un blanc terne; couvertures supérieures des ailes d'une teinte moins foncée que le manteau, avec

des bordures grisâtres ; rémiges primaires d'un brun cendré, les secondaires d'une teinte qui s'éclaircit de plus en plus en se rapprochant du
corps, bordées et terminées de blanchâtre ; queue cendrée et terminée
de blanc roussâtre ; bec brun, avec la base et les bords des mandibules rougeâtres ; pieds d'un orange terne ; iris noir.

Cette Sterne habite l'Europe tempérée et l'Afrique. On la rencontre aussi,
d'après M. Schlegel, dans l'Archipel indien et en Australie.

Elle est de passage régulier sur les côtes maritimes du nord de la France,
pendant les mois de mai et d'août. L'on en voit beaucoup sur le canal de
Mardick, près de Dunkerque. Elle n'est pas rare dans le midi, le long du
Rhône et fréquente aussi les bords de la Loire.

Quelques couples se reproduisent sur les bords de la Manche, près de Mardick, de Calais et de Boulogne. Dans le midi de la France, c'est par colonies
qu'elle se propage.

Elle niche au milieu des flots ou au bord des marais et des lacs, sur le sable
ou entre les petits galets amassés par les eaux ; pond deux ou trois œufs,
le plus souvent d'un gris jaunâtre ou verdâtre plus ou moins intense ; quelquefois d'un gris roussâtre ou brunâtre clair. Nous possédons une variété d'un
blanc laiteux sale. Des taches relativement grandes, les unes punctiformes, les
autres irrégulières, anguleuses, oblongues, en crochet, disséminées sur le
fond ; ordinairement en plus grand nombre vers le gros bout où elles forment
quelquefois une couronne incomplète, sont, les superficielles, d'un noir intense ; les profondes, d'un joli cendré clair et d'un gris violacé ou vineux. Des
points et souvent des stries sont mêlés aux taches. Ils mesurent :

Grand diam. 0^m,031 à 0^m,033; petit diam. 0^m,023 à 0^m,024.

D — *Espèces à manteau brun, à queue très-fourchue, un peu plus
courte que les ailes ; à plumes occipitales médiocrement allongées,
arrondies ; et chez lesquelles le doigt médian, y compris l'ongle, est
plus long que le tarse.*

461 — STERNE FULIGINEUSE — *STERNA FULIGINOSA*
Gmel.

(Type du genre *Halyplana*, Wagl.)

*Bec entièrement noir, une fois plus long que le tarse, celui-ci me-
surant vingt-deux millimètres ; pieds noirs ; la plus longue des grandes sus-alaires primaires d'un millimètre plus courte que la huitième
des grandes rémiges, et d'un millimètre plus longue que la neuvième ;*

front au plumage d'amour, blanc jusqu'au milieu de l'œil seulement.
Taille : 0^m,37 à 0^m,38.

STERNA SERRATA, J. R. Forst. *Voy.* (1770), t. I, p. 113.
STERNA FULIGINOSA, Gmel. *S. N.* (1768), t. I, p. 605.
STERNA INFUSCATA, Lichst. *Doubl. Zool. Mus.* (1823), p. 81.
HALYPLANA FULIGINOSA, Wagl. *Isis* (1832).
Schleg. *Faun. Jap.* pl. 89.

Mâle et femelle adultes : Dessus de la tête, du cou, des ailes, dos, croupion, sus-caudales et lorums d'un noir brun lustré et légèrement pourpré ; une bande en croissant, étendue du front un peu au-dessus de l'œil ; joues, gorge, côtés et devant du cou, tout le dessous du corps, sous-caudales et sous-alaires d'un blanc pur satiné ; rémiges noirâtres, avec le rachis blanc en dessous, d'un brun roux en dessus ; rectrice la plus extérieure de chaque côté, d'un gris blanchâtre ou d'un cendré clair, avec le rachis d'un blanc pur dans sa moitié basale, noirâtre sur le tiers postérieur ; toutes les intermédiaires d'un noir fuligineux ; bec noir ; pieds d'un noir rougeâtre ; iris brun foncé.

Jeunes : Plumage d'un brun noirâtre clair, uniforme, tirant au grisâtre sur les parties inférieures, ou même au blanchâtre sur le milieu du ventre, relevé, sur les ailes et le dos, par des taches plus ou moins prononcées, blanches, qui bordent l'extrémité des plumes ; queue moins développée que chez les adultes.

Les *petits* naissent couverts d'un duvet gris blanchâtre.

Cette espèce a été observée dans le grand Océan, dans l'océan Atlantique et dans les mers de l'Inde. D'après des notes fournies à Buffon par M. de Querhoent, elle serait excessivement abondante à l'île de l'Ascension, au moment des amours.

Elle s'égare accidentellement en Europe. Un magnifique mâle, au plumage à peu près parfait, a été capturé vivant le 15 juin 1854, sur les bords de l'Ariége, près du village de Verdun. Il ne portait aucune blessure ; mais il était tellement épuisé de fatigue qu'il se laissa prendre à la main. Ce spécimen, recueilli par le docteur Bonard, médecin, aide-major des eaux d'Ouat, fait aujourd'hui partie du Muséum d'Histoire naturelle de Lille (collection Degland).

La Sterne fuligineuse se rassemble en grand nombre pour nicher, et dépose ses œufs à plate terre, auprès de quelque tas de pierres. Les nids sont les uns auprès des autres. M. de Querhoent qui en a fréquemment rencontré, dit que chacun d'eux ne renferme ordinairement qu'un œuf, rarement deux, d'une grosseur prodigieuse relativement à la taille de l'oiseau, d'une couleur jaunâtre, avec des taches brunes et d'autres taches d'un violet pâle, plus multipliées au gros bout.

Le même observateur écrivait encore à Buffon que la voix de cette espèce

consiste en un cri aigu, exactement semblable à celui de l'Effraye ; qu'elle
craint si peu l'homme qu'on peut toucher les couveuses, qui se défendent seulement à coups de bec ; et que les petits, encore au nid, dégorgent aussitôt le
poisson qu'ils ont dans l'estomac lorsqu'on veut les prendre.

GENRE CCXX

GUIFETTE — *HYDROCHELIDON*, Boie.

STERNA, p. Linn. *S. N.* (1748).
HYDROCHELIDON, Boie, *Isis* (1822).
VIRALVA, Leach, in : Steph. *Gen. Zool.* (1825).
PELODES, Kaup., *Nat. Syst.* (1829).

Bec plus court que la tête, comprimé, généralement mince,
plus haut que large dans toute son étendue, à bords des mandibules presque droits ; arête de la mandibule supérieure convexe,
dessinant une légère courbe de la base à la pointe ; narines
oblongues, latérales, s'avançant, au plus, jusqu'à la limite du
premier tiers du bec ; ailes beaucoup plus longues que la queue ;
celle-ci médiocrement allongée et très-peu fourchue ; tarses
très-courts, minces ; doigts grêles, le médian un peu plus long
que le tarse ; membranes interdigitales, notamment celle qui
unit le doigt interne au médian, étroites et profondément échancrées ; pouce plus ou moins allongé ; ongle du doigt médian
médiocrement recourbé.

Des ailes relativement très-longues par rapport à la queue ; la forme presque
rectiligne que présente celle-ci lorsqu'on étale les pennes, et son peu d'é-
chancrure lorsqu'elle est pliée ; des palmures peu développées, très-échancrées,
réduites à une simple bordure sur le tiers au moins du doigt médian, sont les
principaux caractères qui distinguent les Guifettes des Sternes. On peut aussi
ajouter que, chez les Guifettes, les parties inférieures, dans la plus grande
étendue, sont plus fortement colorées que le dos.

Les Guifettes ont des mœurs très-sociables : elles se rassemblent en troupes
pour nicher ; construisent sur l'eau, avec des détritus et des feuilles de plantes
aquatiques, un nid mobile ; habitent particulièrement les marais, les étangs
d'eau douce, et se nourrissent principalement d'insectes et de larves aquatiques.

Le mâle et la femelle ne diffèrent que par la taille. Les jeunes, avant la
première mue, s'en distinguent par un plumage particulier. Leur mue est
double ; celle d'automne est complète ; celle du printemps est partielle.

Les trois espèces dont ce genre se compose habitent l'Europe.

462 — GUIFETTE FISSIPÈDE — *HYDROCHELIDON FISSIPES*
G. R. Gray ex Linn.

Bec noir à tous les âges; pieds d'un brun rougeâtre; sous-alaires et plumes axillaires d'un gris clair; la plus longue des grandes sus-alaires primaires plus courte que la neuvième des grandes rémiges de trois millimètres environ, et beaucoup plus longue que la dixième.

Taille : 0ᵐ,24 *environ.*

STERNA FISSIPES, Linn. *S. N.* (1766), t. I, p. 228.
STERNA NIGRA et NÆVIA, Briss. *Ornith.* (1760), t. VI, p. 211 et 216 (jeune).
HYDROCHELIDON NIGRA, Boie, *Isis* (1822), p. 563.
VIRALVA NIGRA, Steph. in : Shaw, *Gen. Zool.* (1824), t. XIII, p. 167.
HYDROCHELIDON NIGRICANS et OBSCURA, Brehm, *Handb. Nat. Vög. Deuts.* (1831), p. 794 et 795.
HYDROCHELIDON FISSIPES, G. R. Gray, *Gen. of B.* (1844-1849), t. III, p. 660.
Buff. *Pl. enl.* 333, adulte, sous le nom d'*Hirondelle de mer, appelée l'Épouvantail;* — 924, *jeune,* sous le nom de *Guifette.*

Mâle adulte, en amour : Tête, cou d'un noir tirant sur le cendré; dessus du corps, et sus-caudales d'un brun cendré; poitrine, abdomen, d'un noir cendré un peu moins foncé que le dessus de la tête; région de l'anus et sous-caudales blanches; ailes pareilles au manteau, avec les rémiges d'une teinte plus cendrée en dehors, queue, en dessus, semblable au dos; bec noir, avec les commissures rouges; pieds d'un brun rouge; iris brun noir.

Femelle adulte, en amour : Elle ressemble au mâle; le noir du cou, de la poitrine et de l'abdomen est d'une nuance plus cendrée.

Mâle et femelle adultes, en automne : Vertex, occiput et nuque d'un noir profond; dessus du corps et sus-caudales d'un cendré de plomb; front, espace entre le bec et les yeux, gorge, devant du cou d'un blanc pur; poitrine, abdomen, d'un cendré noirâtre; sous-caudales blanches; ailes semblables au manteau, avec les deux premières rémiges lisérées de blanc à l'extrémité des barbes internes; queue d'un cendré bleuâtre en dessus; bec, pieds et iris comme en été.

Jeunes avant la première mue : Vertex, occiput et nuque noirs; dessus du corps brun, avec les plumes bordées et terminées de blanc roussâtre; front et espace entre le bec et les yeux d'un blanc sale; un petit point devant ces organes et une bande noire derrière se confondant avec le noir de l'occiput; gorge, devant et côtés du cou, dessous

du corps et sous-caudales blancs, avec un grand espace cendré noirâtre sur les côtés de la poitrine ; ailes et queue brun cendré ; bec brun ;
pieds livides ; iris noir.

Nota : Le plumage des adultes et des jeunes varie considérablement
aux époques de la mue, suivant que celle-ci est plus ou moins avancée.

La Guifette fissipède ou Épouvantail habite l'Europe, l'Afrique et l'Amérique
septentrionales.

Elle est très-répandue en France. Nous la voyons régulièrement en avril,
mai, août et septembre dans nos départements du Nord, du Centre et de
l'Est. On en apporte quelquefois par douzaines sur les marchés de Lille et de
Douai. Il paraît qu'elle est beaucoup plus commune dans le Midi. M. Crespon
dit qu'on en voit quelquefois jusqu'à 500 sur le marché de Nimes.

Elle niche dans les endroits marécageux, parmi les roseaux, quelquefois,
dit-on, sur les grandes feuilles de nénuphar (*Nymphœa lutea*), qui flottent sur
les eaux ; construit un nid sans art avec des herbes sèches et des feuilles de roseaux ; pond trois ou quatre œufs, un peu piriformes, d'un roux brun ou d'un
gris olivâtre, couverts de nombreuses taches, les unes grandes, les autres petites, généralement très-irrégulières ; la plupart brouillées, confluentes et formant alors de très-larges plaques qui occupent surtout la grosse extrémité de
l'œuf, sous forme de calotte ou de couronne incomplète. Sur quelques variétés
l es intervalles que laissent entre elles les grandes taches sont criblés d'une très-
grande quantité de très-petits points et de stries. Les taches et les points sont,
les uns superficiels, d'un noir intense ou d'un brun tantôt sombre, tantôt roussâtre ; les autres d'un gris cendré ou d'un gris noirâtre. Ils mesurent :

Grand diam. 0^m,034 à 0^m,036 ; petit diam. 0^m,025.

M. J. Ray a trouvé cette espèce nichant dans le département de l'Aube, sur
les étangs de la forêt d'Orient, mais principalement sur l'étang qui se trouve à
un kilomètre nord d'Epothémont. Il n'a pas estimé à moins de deux cents les
individus qui se reproduisent dans cette dernière localité. Ils y arrivent régulièrement tous les ans vers la fin d'avril, et en partent vers la fin d'août.
M. J. Ray a constaté que leur départ et leur retour coïncidaient avec l'apparition et la disparition des insectes. Cet oiseau vole sans repos, du matin jusqu'au
soir, en poussant des cris plaintifs.

465 — GUIFETTE NOIRE — *HYDROCHELIDON NIGRA*
G. R. Gray ex Linn.

Bec et pieds rouges (adultes), *ou bec et pieds rougeâtres* (jeunes) ;
petites et moyennes sous-alaires et plumes axillaires noires ; la
plus longue des grandes sus-alaires primaires, beaucoup plus
courte que la neuvième des grandes rémiges, égale à la dixième
ou un peu plus longue.

Taille : 0^m,24.

Sterna nigra et nævia, Linn. (nec Briss.), *S. N.* (1766), t. I, p. 227.
Sterna leucoptera, Meisn. et Schinz, *Vög. der Schweiz* (1815), p. 264.
Sterna fissipes, Pall. (nec Linn.), *Zoogr.* (1811-1831), t. II, p. 398.
Hydrochelidon leucoptera, Boie, *Isis* (1822), p. 563.
Viralva leucoptera, Steph. in : Shaw, *Gen. Zool.* (1824), t. XIII, p. 170.
Hydrochelidon nigra, G. R. Gray, *Gen. of B.* (1844-1849), t. III, p. 660.
Gould, *Birds of Eur.* pl. 423.

Mâle et femelle adultes, en été : Tête, cou, haut du dos d'un noir profond ; bas du dos et moitié postérieure des scapulaires d'un noir cendré ; sus-caudales blanches ; poitrine et la plus grande partie de l'abdomen d'un noir profond ; bas-ventre et sous-caudales d'un blanc pur ; petites et moyennes couvertures supérieures des ailes blanches, les plus grandes et les rémiges secondaires d'un cendré bleuâtre, les trois primaires d'un cendré noirâtre, avec la pointe plus foncée et la tige blanche ; queue d'un blanc pur ; bec et pieds rouge de corail ; iris noir.

Jeunes de l'année : Plumage noir, lavé de cendré, avec les plumes des parties supérieures terminées de blanchâtre ; celles des ailes d'un blanc terne, nuancé de cendré ; le front d'un cendré clair et la queue d'un cendré un peu plus foncé.

La Guifette noire ou leucoptère habite l'Europe méridionale, le nord de l'Afrique et une grande partie de l'Asie jusqu'au Kamtschatka.

Elle est assez commune sur les côtes de l'Adriatique, de la Méditerranée, dans le midi de la France, et se montre de passage accidentel dans nos départements septentrionaux.

Elle arrive dans les marais des environs de Nîmes, vers la fin d'avril, presque toujours en compagnie de la Guifette hybride.

On la voit au printemps sur les lacs de la Suisse. On en tire de temps en temps sur les côtes maritimes ou sur les marais salants de l'Artois et de la Picardie.

Elle niche dans les endroits marécageux, sur un tas de détritus de roseaux et pond trois ou quatre œufs qui varient beaucoup par la teinte du fond. Ils sont ou d'un brun olivâtre, ou d'un brun jaune ocreux assez foncé, ou d'un brun jaunâtre clair, ou d'un verdâtre pâle, mais très-prononcé. La disposition, la forme, le nombre des taches ne varient pas moins. Ces taches, auxquelles se mêle toujours un pointillé très-fin, plus ou moins abondant, sont ou petites et punctiformes, ou assez grandes et irrégulières. Elles sont, en général, plus abondantes vers le gros bout ou sur la partie la plus renflée et y forment, par confluence, une couronne interrompue ou complète. Les taches superficielles sont noires, rarement brunes ; les taches profondes varient du gris ardoisé au gris violet plus ou moins clair. Ils mesurent :

Grand diam. 0^m,036 à 0^m,039 ; petit diam. 0^m,028 à 0^m,029.

464 — GUIFETTE HYBRIDE — *HYDROCHELIDON HYBRIDA*
G. R. Gray ex Pall.

Bec et pieds rouges (adultes), *ou bec brun, à base rougeâtre, et pieds livides* (jeunes); *sous-alaires et plumes axillaires blanches; la plus longue des grandes sus-alaires primaires beaucoup plus courte que la neuvième des grandes rémiges, et de deux à trois millimètres plus longue que la dixième.*

Taille : 0^m,26.

Sterna hybrida, Pall. *Zoogr.* (1811-1831), t. II, p. 338.
Sterna leucopareia, Natterer, in : Temm. *Man.* (1820), t. II, p. 746.
Viralva leucopareia, Steph. in : Shaw, *Gen. Zool.* (182), t. III, p. 171.
Sterna Delamottei, Vieill. *Faun. Franç.* (1828), p. 402.
Pelodes leucopareia, Kaup, *Nat. Syst.* (1829), p. 107.
Hydrochelidon hybrida, G. R. Gray, *Gen. of B.* (1844-1846), t. III, p. 660.
Gould, *Birds of Eur.* pl. 424.

Mâle et femelle adultes, en été : Dessus de la tête et du cou d'un noir profond, terminé en bord droit; dessus du corps d'un gris cendré; gorge, bas des joues, d'un blanc plus ou moins pur; devant et côtés du cou, haut de la poitrine, d'un blanc nuancé de cendré; abdomen cendré noirâtre, avec la région de l'anus d'une teinte cendrée très-claire; sous-caudales blanches; couvertures supérieures des ailes pareilles au manteau; rémiges de même couleur en dehors, avec l'extrémité et les barbes externes de la première d'un cendré brun; queue, en dessus, d'un cendré semblable à celui du dos, avec la penne la plus latérale blanche et un peu cendrée vers son extrémité; bec et pieds rouges; iris noir.

Mâle et femelle adultes, en hiver : Tête et cou d'un blanc pur, avec une tache noire derrière les yeux; le reste du plumage comme en été; bec et pieds d'un rouge foncé.

Jeunes de l'année : Dessus de la tête roussâtre, varié de brun, avec l'occiput cendré noirâtre; dessus du corps brun, avec les plumes bordées et terminées de roussâtre, tirant sur le jaune; cou et parties inférieures du corps blancs; régions ophthalmiques et parotiques d'un cendré noirâtre; couvertures supérieures des ailes et rémiges secondaires pareilles au manteau; rémiges primaires d'un cendré noirâtre à leur extrémité; rectrices semblables aux rémiges, avec la pointe blanche; bec brun, avec la base rougeâtre; pieds couleur de chair.

La Guifette hybride ou moustac, habite les parties orientales du midi de l'Europe, la Hongrie, la Dalmatie et l'Italie; est de passage régulier dans le sud de la France et accidentel dans le nord.

Elle se reproduit annuellement dans le midi de la France; niche dans les marais, construit grossièrement un nid avec des détritus de roseaux, et pond trois ou quatre œufs, d'un verdâtre clair, quelquefois lavé de jaunâtre, tachetés et piquetés de noir à la surface de la coquille ; de gris cendré et de violet plus profondément. Les taches sont plus larges, plus nombreuses sur la grosse extrémité, où elles forment, par leur confluence, soit une calotte, soit une couronne incomplète. Ils mesurent :

Grand diam. 0^m,039 à 0^m,040 ; petit diam. 0^m,027 à 0^m,028.

M. Crespon dit qu'elle arrive, au printemps, dans les parties inondées de la Camargue, et qu'elle en repart en automne; qu'elle jette, comme ses congénères, des cris fréquents en volant; que l'ayant rencontrée en troupes au-dessus d'un marais, en 1841, il s'y fit conduire et trouva plusieurs nids peu éloignés les uns des autres, contenant chacun trois ou quatre œufs. Ces nids, composés de détritus amoncelés sur l'eau, avaient une forme sphérique, peu de profondeur, et n'étaient fixés nulle part, de sorte qu'ils pouvaient changer de place au gré du vent.

TROISIÈME DIVISION

PALMIPÈDES LAMELLIROSTRES
PALMIPEDES LAMELLIROSTRES

Serrirostres ou Prionoramphes, Dum. *Zool. Anal.* (1806).
Lamellosodentati, Illig. *Prodr. Syst.* (1811).
Dermorhynci, Vieill. *Ornith. élém.* (1816).
Lamellirostres, G. Cuv. *Règ. Anim.* (1817).

Bec garni sur les bords de lamelles ou dents régulièrement disposées ; ailes médiocres, dépassant rarement l'extrémité de la queue ; jambes un peu placées à l'arrière du corps chez la plupart des espèces, peu ou point dénudées au-dessus de l'articulation tibio-tarsienne ; tarses courts, comprimés, généralement réticulés ; quatre doigts ; les trois antérieurs réunis par une large palmure pleine, à de rares exceptions près ; pouce libre.

Les oiseaux qui composent cette division sont principalement caractérisés par les lamelles dentiformes qui garnissent les bords des mandibules. Ceux d'entre eux dont les jambes sont un peu à l'arrière du corps, marchent

très-difficilement. Ceux dont les jambes sont mieux à l'équilibre marchent
bien; mais lorsque les uns et les autres sont contraints de précipiter le pas,
ils déploient aussitôt les ailes pour aider une course qui, dans tous les cas,
n'est jamais de longue durée. Par contre, tous sont d'excellents nageurs et
la plupart d'habiles plongeurs. Malgré leurs formes lourdes, les Palmipèdes
lamellirostres ont en général un vol rapide et soutenu et peuvent fournir de
longues traites sans prendre de repos. Beaucoup d'entre eux ont des habitudes
crépusculaires et même nocturnes. Les uns sont monogames, les autres polygames; tous sont assez féconds, et les petits naissent couverts d'un duvet
épais, et abandonnent le nid aussitôt après la naissance.

Cette division comprend une grande famille, qui répond aux genres *Anas* et
Mergus de Linné.

FAMILLE XLIX

ANATIDÉS — *ANATIDÆ*

Anatidæ, Leach, in : Vig. *Gen. of B.* (1825).
Cygnidæ, Anseridæ, Plectropteridæ, Anatidæ et Erismaturidæ, Bp. *C. R. de
l'Acad. des Sc.* (1856).

Bec déprimé ou arrondi, pourvu d'un onglet corné à l'extrémité des deux mandibules, recouvert d'une peau molle dans
tout le reste de son étendue; mandibule inférieure plus ou
moins cachée par la mandibule supérieure ou découverte;
narines percées de part en part; ailes généralement étroites,
aiguës, armées sur le bord du poignet d'un ou de deux tubercules osseux plus ou moins prononcés et quelquefois protégés
par une enveloppe cornée; queue courte, arrondie ou conique;
pouce petit, souvent pinné, ne portant sur le sol que par l'extrémité de l'ongle.

Cette famille, composée, comme nous venons de le dire, des espèces que
Linné comprenait dans ses genres *Anas* et *Mergus*, est très-naturelle et fort
bien caractérisée par son bec. Cet organe présente cependant dans sa forme,
dans sa structure, plusieurs modifications qui, jointes à d'autres particularités
organiques, à des différences d'habitudes, de mœurs, ont permis d'établir parmi
les Anatidés plusieurs subdivisions également très-naturelles, que nous croyons
devoir adopter.

Observations. — La plupart des espèces d'Anatidés s'accouplent entre elles, et produisent des métis généralement inféconds, ou d'une fécondité limitée. Les formes et les caractères extérieurs de ces métis participent toujours de ceux du père et de la mère dont ils proviennent. Cependant, quelques-uns d'entre eux, malgré les traces manifestes de leur double origine, ont été considérés comme espèces. Tels sont :

1° L'*Anas purpureo-viridis* Schinz, produit certain du croisement de l'*An. boschas* et de la *Cairina moschata*.

2° L'*Anas bicolor* Donovan, qui proviendrait aussi, d'après M. Jenyns, de l'accouplement de l'*An. boschas* et de la *Cair. moschata*.

3° L'*Anas Homeyeri*, Baedeker (*Clangula intermedia*, Jaub.), hybride des Fuligules Milouin et Nyroca.

4° L'*Anas* (*clangula*) *mergoïdes* Kjarbolling (*Clangula angustirostris*, Brehm), hybride présumé de *Clangula glaucion* et de *Mergus albellus*.

5° Le *Mergus anatarius* Eimbeck, que les uns rapportent au précédent, que d'autres en distinguent, mais qui paraît avoir la même origine.

6° Enfin, l'*Anas glocitans*, Gmel. (nec Pall.; *Anas bimaculata*, Penn., très-probablement hybride *An. boschas* et de *Dafila penelope*.

M. de Sélys-Longchamps, dans les *Bulletins de l'Académie Royale de Belgique* (1845, t. XII, et 1856, t. XXIII), a publié, sur les métis provenant du croisement de la plupart des Anatidés, tant à l'état de liberté qu'en domesticité, deux notes fort intéressantes. Il a constaté une quarantaine de cas d'hybridité, lesquels sont surtout fournis par les Ansériens, c'est-à-dire par les espèces les plus polygames de la famille. Nous les citons sous la rubrique des espèces qui les ont fournis, et nous renvoyons, pour le surplus, aux deux publications dont nous venons de parler.

SOUS-FAMILLE LXXVIII
CYGNIENS — *CYGNINÆ*

CYGNINA, Vig. *Gen. of B.* (1825).
CYGNINÆ, Bp. *B. of Eur.* (1838).
CYGNIDÆ, Bp. *C. R. de l'Acad. des Sc.* (1856).

Lorums nus ; bec aussi large vers l'extrémité qu'à la base ; mandibule inférieure à peu près entièrement cachée par la mandibule supérieure ; ailes plus courtes que la queue ; rémiges cubitales atteignant presque l'extrémité des grandes rémiges primaires ; jambes et tarses courts, placés en arrière de l'équilibre du corps ; doigt externe aussi long que le médian ; pouce lisse en dessous ; cou très-long.

Les Cygniens sont les plus grands des Anatidés, et se distinguent par un cou excessivement long et hors de proportion avec la hauteur des pattes; par des lorums nus, des ailes amples, à rémiges cubitales ou tertiaires presque aussi longues que les grandes primaires. Leur trachée-artère est sans renflement à la partie inférieure : elle forme cependant chez quelques espèces des replis qui se logent dans l'épaisseur du sternum. Ils sont plus nageurs que marcheurs et se rapprochent à cet égard des Anaticus.

La sous-famille des Cygniens repose absolument sur le genre *Cygnus* de Linné.

GENRE CCXXI
CYGNE — *CYGNUS*, Linn.

Cygnus, Linn. *S. N.* (1735).
Olor, Wagl. *Isis* (1832).

Bec aussi long que la tête, épais à la base, qui est renflée ou surmontée d'un tubercule charnu, convexe, déprimé et obtus à l'extrémité; d'égale largeur dans toute son étendue; lamelles de la mandibule supérieure à peine saillantes au delà des bords, vers le milieu du bec; narines à peu près médianes, latérales, oblongues; onglet supérieur large, très-recourbé; ailes amples, sub-aiguës; queue courte, arrondie ou carrée; tarses épais, aussi longs que le doigt interne ou un peu plus courts ; palmures amples; pouce très-petit et ne portant à terre que par l'extrémité de l'ongle.

Les Cygnes ont des habitudes essentiellement aquatiques, et sont remarquables par l'élégance de leurs formes lorsqu'ils nagent. Jamais ils ne plongent, mais ils peuvent à l'aide de leur long cou atteindre à d'assez grandes profondeurs les racines, les tiges, les feuilles de plantes aquatiques et les autres substances dont ils se nourrissent. Ils sont monogames ; vivent en troupes une grande partie de l'année; émigrent en automne et en hiver. Leur vol est puissant et assez rapide.

Le mâle et la femelle portent un plumage absolument semblable. Les jeunes avant la première mue, s'en distinguent.

Ce genre est représenté en Europe par trois espèces, pour lesquelles on a créé deux genres ou sous-genres distincts : l'unique caractère sur lequel on les fait reposer autorise simplement à séparer ces espèces en deux groupes.

A — *Espèces dont le sommet du bec, en avant du front, est lisse à tous les âges.*

465 — CYGNE SAUVAGE — *CYGNUS FERUS*
Ray.

(Type du sous-genre *Olor*, Wagl.)

*Bec jaune à la base, cette teinte s'étendant jusqu'à l'extré-
mité antérieure des narines et se terminant en pointe; plumes du
front formant un angle aigu.*

Taille : 1ᵐ,55 *et au delà.*

Cygnus ferus, Ray, *Syn. Av.* (1713), p. 136.
Anas cygnus, p. Linn. *S. N.* (1766), t. II, p. 194.
Cygnus musicus, Bechst. *Nat. Deuts.* (1803), t. VI, p. 830.
Cygnus melanorhynchus, Mey. *Tasch. Deuts.* (1816), t. II, p. 498.
Cygnus olor a *major,* Pall. *Zoogr.* (1811-1831), t. II, p. 211.
Olor musicus, Wagl. *Isis* (1832), p. 1234.
Cygnus xanthorhinus, Naum. *Vög. Deuts.* (1842), t. XI, p. 478, pl. 296.
Gould, *Birds of Eur.* p. 355.

Mâle adulte : Plumage d'un blanc pur, avec le dessus de la tête et le
haut de la nuque légèrement teintés de jaunâtre; bec noir de la pointe
aux narines exclusivement, jaune dans le reste de son étendue, ainsi
que les lorums; pieds et membranes interdigitales noirs; iris brun noir.

Femelle : Semblable au mâle, seulement un peu plus petite.

Jeunes de l'année : D'un gris clair; partie supérieure du bec et lorums
couleur de chair livide; pieds gris-brun rougeâtre.

Les mêmes après la deuxième mue, ou en entrant dans leur seconde
année, sont maculés de blanc.

Le Cygne sauvage habite les régions du cercle arctique; émigre en hiver et
passe alors le long de la mer, en Hollande, en Belgique, en France et rarement
dans l'intérieur des terres. Un très-grand nombre hiverne sur les côtes du
Pont-Euxin.

Il en vint en 1830 de très-grandes troupes dans les marais et les prairies submergées du département du Nord. On en vit à cette époque presque partout
en France.

Il niche au bord des eaux, parmi les herbes; pond de cinq à sept œufs, d'un
blanc légèrement roussâtre ou verdâtre, sans taches, souvent avec un enduit
crétacé. Ils mesurent :

Grand diam. 0ᵐ,011; petit diam. 0ᵐ,070 environ.

Ce Cygne passe une grande partie de sa vie dans l'eau, et semble préférer
les embouchures des grands fleuves et les lacs salés de l'intérieur des terres.
Il vit principalement d'herbes, du moins en captivité.

Il se plie facilement à la domesticité, pourvu qu'on ait, dans les premiers
temps, la précaution de lui amputer l'extrémité d'une aile, pour l'empêcher

de voler. Ceux que l'on réduit à la captivité sont très-doux et se tiennent sou
vent hors de l'eau. Ils marchent avec plus d'aisance que le Cygne domestique.
Ils se reproduisent difficilement dans un parc ou une basse-cour. M. Deméezemacker fils en a vu cependant, en Angleterre, qui ont eu des petits en captivité.

On fait d'excellents pâtés avec la chair du jeune Cygne sauvage.

Observation. Le sternum, dans cette espèce, est creux et loge dans son
bréchet la trachée-artère, qui y forme une double circonvolution avant de se
rendre dans les poumons. Cette particularité est propre aux deux sexes.

466 — CYGNE DE BEWICK — *CYGNUS MINOR*
Keys. et Blas. ex Pall.

*Bec un peu renflé et jaune à la base, cette teinte se terminant
plus ou moins brusquement en arrière des narines ; plumes du
front formant un angle obtus.*

Taille : 1^m,26 (*mâle*) ; 1^m,16 à 1^m,20 (*femelle*).

CYGNUS OLOR b *minor*, Pall. *Zoogr.* (1811-1831), t. II, p. 214.
CYGNUS BEWICKII, Yarr. *Trans. Linn. Soc.* (1830), t. XII, p. 445.
CYGNUS ISLANDICUS, Brehm, *Handb. Nat. Vög. Deuts.* (1831), p. 822.
CYGNUS MINOR, Keys. et Blas. *Wirbelth.* (1840), p. 82.
CYGNUS MELANORHINUS, Naum. *Vög. Deuts.* (1842), t. XI, p. 497, pl. 297.
CYGNUS MUSICUS MINOR, Schleg. *Rev. Crit.* (1844), p. 112.
CYGNUS ALTUMI Baedeker.
OLOR MINOR, Bp. *Cat. Parzud.* (1856), p. 15.
Gould, *Birds of Eur.* pl. 356.

Mâle adulte : Plumage d'un blanc très-éclatant, avec une légère
teinte jaunâtre à la tête et à la nuque ; bec noir de la pointe au delà des
narines, le reste de son étendue d'un jaune orange, ainsi que les lorums ;
pieds et membranes interdigitales d'un noir profond ; iris brun noir.

Femelle adulte : Semblable au mâle, seulement un peu plus petite
et sans proéminence notable à la base du bec.

Jeunes de l'année : D'un gris clair ; bec moins gros à sa base, avec
la membrane qui le recouvre et les lorums couleur de chair et parsemés de petites plumes cendrées ; le reste du bec, les pieds et l'iris
noirâtres.

Le Cygne de Bewick habite l'Islande, la Sibérie, et se montre de passage en
Angleterre, en Allemagne, en Belgique, en France, durant les hivers rigoureux.

Plusieurs individus ont été pris dans les environs de Dunkerque pendant l'hiver de 1829 à 1830. A cette époque on l'observa en Angleterre, et l'on en tua quelques-uns en Belgique, sur l'Escaut et sur la Meuse, près de Liége. Une quinzaine d'individus ont été portés aux marchés de Paris durant l'hiver de 1844 à 1845. Ils avaient été tirés près de Montreuil-sur-Mer. Depuis, l'espèce s'est montrée assez fréquemment tant sur nos côtes de la Manche, que sur celles du golfe de Gascogne.

Ce Cygne niche en Islande. Son nid est, dit-on, plus vaste que celui du Cygne sauvage, et ses œufs, au nombre de cinq à sept, sont plus jaunâtres et sans tache. Ils mesurent :

Grand diam. 0^m,095 à 0^m,010; petit diam. 0^m,065 à 0^m,070.

Observation. La trachée-artère, chez cette espèce, est logée dans un creux du sternum, plus grand que chez le Cygne sauvage, et y fait aussi deux circonvolutions. Ce creux mesure 0^m,14 à 0^m,18 dans le mâle, et 0^m,08 à 0^m,12 seulement dans la femelle.

B — *Espèces dont le sommet du bec est surmonté d'un tubercule frontal, chez les individus adultes.*

467 — CYGNE DOMESTIQUE — *CYGNUS MANSUETUS*
Ray.

Pieds noirs ; lorums, front, fosses nasales, bords des mandibules et onglets noirs ; le reste du bec rouge.

Taille : 1^m,46 *et au delà.*

CYGNUS MANSUETUS, Ray, *Syn. Av.* (1713), p. 136.
CYGNUS, Briss. *Ornith.* (1760), t. VI, p. 288.
ANAS CYGNUS, p. Linn. *S. N.* (1766), t. I, p. 194.
ANAS OLOR, Gmel. *S. N.* (1788), t. I, p. 501.
CYGNUS GIBBUS, Bechst. *Nat. Deuts.* (1809), t. IV, p. 815.
CYGNUS SIBILUS, Pall. *Zoogr.* (1811-1831), t. II, p. 215.
CYGNUS OLOR, Vieill. *N. Dict.* (1817), t. IX, p. 37.
Buff. *Pl. enl.* 913.

Mâle adulte : Plumage entièrement d'un blanc éclatant; bec rouge, avec l'onglet, les narines et les bords des mandibules noirs; bord libre des paupières, espace nu des lorums et protubérance ou caroncule frontale d'un noir profond; pieds noirs, légèrement nuancés de rougeâtre; iris d'un brun foncé.

Femelle adulte : Un peu plus petite que le mâle, avec la protubérance du front moins grosse et le cou plus mince.

Jeunes avant la première mue : Moins forts que la femelle ; plumage d'un brun cendré ; bec et pieds d'une teinte plombée.

Les *jeunes*, en naissant, sont couverts d'un épais duvet qui est gris blanc chez les mâles, et gris brun chez les femelles. Les plumes se montrent plus tôt chez les premiers que chez les secondes ; il en est de même du tubercule qui surmonte la base de la mandibule supérieure.

Le Cygne domestique vit à l'état sauvage dans les contrées orientales du nord de l'Europe, et dans les mers de Suède, suivant de Blainville.

Il est de passage en France dans les hivers très-rigoureux.

Nous le voyons dans nos contrées septentrionales, le long des côtes maritimes, beaucoup plus rarement que le Cygne sauvage. Le Musée de Lille possède un jeune sujet qui a été tué à Dunkerque pendant l'hiver de 1829 à 1830. On a également tiré des individus de cette espèce, à la même époque, aux environs d'Abbeville, de Dieppe et de Nîmes.

Il niche sur les bords des eaux. Son nid est élevé, formé d'herbes et de roseaux, garni de plumes et de duvet. Ses œufs, au nombre de six à huit, sont oblongs, d'un gris verdâtre, recouverts d'une mince couche crétacée blanchâtre, formant des plaques arrondies plus ou moins grandes, plus ou moins épaisses, et plus nombreuses vers le gros bout que sur le reste de l'œuf. Ils mesurent :

Grand diam. $0^m,10$ à $0^m,11$; petit diam. $0^m,073$ environ.

Le Cygne domestique a les mœurs et les habitudes du Cygne sauvage. Sa nourriture consiste principalement en herbes aquatiques, en petits poissons et en coquillages.

Observation. La trachée-artère de cette espèce n'offre pas de circonvolutions, comme dans les deux précédentes ; elle se rend directement aux poumons.

C'est à ce Cygne que l'on doit rapporter celui que l'on élève pour l'ornement des étangs et des bassins, et non au Cygne sauvage, ainsi que l'a fait Buffon.

Les auteurs en distinguent, les uns comme espèce, les autres comme race locale, la variété suivante :

A — CYGNE INVARIABLE — *CYGNUS IMMUTABILIS*
Yarrell.

Pieds grisâtres ; le reste comme chez le Cygnus mansuetus. *Même taille.*

CYGNUS IMMUTABILIS, Yarrell, *Proceed. Zool. Soc.* (1838), p. 19.
CYGNUS OLOR IMMUTABILIS, Schleg. *Rev. Crit.* (1844), p. 112.

Mâle et femelle adultes : Plumage entièrement blanc comme chez le *Cygnus mansuetus ;* tarses, doigts et palmures d'un gris cendré ou verdâtre.

Jeunes sous leur premier plumage : Blancs comme les adultes ; le duvet dont ils sont revêtus *en naissant* est également d'un blanc pur.

Ce Cygne, que les fourreurs de Londres désignent sous le nom de *Polar Swan* (Cygne du Pôle), paraît habiter l'Europe septentrionale. Il a été observé dans la Baltique, sur les côtes de l'Angleterre et de la Hollande. En 1837, des bandes nombreuses, selon M. Yarrell, se sont montrées depuis Édimbourg jusqu'à l'embouchure de la Tamise.

Ses mœurs et ses habitudes ne diffèrent pas de celles de l'espèce précédente.

Observation. Le Cygne invariable ne se distingue absolument du Cygne domestique que par la teinte de ses pieds et surtout par la livrée des jeunes. Chez le dernier, les jeunes qui viennent de naître ont un duvet plus ou moins nuancé de brun, et cette teinte se manifeste sur le premier plumage ; chez le Cygne invariable, le premier duvet et le premier plumage sont au contraire entièrement blancs, comme chez les parents dont ils proviennent.

SOUS-FAMILLE LXXIX

ANSÉRIENS — *ANSERINÆ*

ANSERINA, Vig. *Gen. of B.* (1825).
ANSERINÆ, Bp. *B. of Eur.* (1826).

Bec plus étroit à l'extrémité qu'à la base ; mandibule inférieure découverte ; ailes atteignant et dépassant l'extrémité de la queue ; jambes à peu près à l'équilibre du corps, bien dénudées au-dessus de l'articulation tibio-tarsienne ; tarses assez élevés, médiocrement comprimés ; doigt externe plus court que le médian ; pouce lisse en dessous.

Les Ansériens, malgré les rapports de forme qu'ils présentent avec les autres Anatidés, ont des caractères qui leur sont propres et qui les distinguent parfaitement. Leurs jambes sont placées très-peu à l'arrière du corps ; leurs tarses sont élevés, leurs ailes généralement longues ; leur mandibule inférieure est découverte de la base à l'extrémité, ce qui constitue un caractère essentiel, et leur trachée-artère est sans replis ni renflements à sa partie inférieure.

Leurs habitudes présentent également des différences caractéristiques.

Les Ansériens, en effet, sont beaucoup plus marcheurs, et beaucoup moins nageurs que les autres Anatidés. Ils ne cherchent ordinairement pas leur nourriture en barbotant, mais ils broutent, ce que font rarement les Anatiens ; leur régime est par conséquent presque exclusivement végétal. Ces différences sont même marquées dès le premier âge; ainsi les Ansériens qui viennent de naître, au lieu de gagner l'eau, s'en éloignent, suivent leur mère et vont paître avec elle les pointes de feuilles de graminées. Enfin, les Ansériens ont un vol plus élevé, plus soutenu, beaucoup moins rapide.

GENRE CCXXII

OIE — *ANSER*, Barrère.

ANAS, p. Linn. *S. N.* (1735).
ANSER, Barrère, *Ornith. Spec. nov.* (1745).

Bec à peu près aussi long que la tête, conique, très-élevé à son origine, un peu renflé au bout ; lamelles espacées, saillantes en forme de dents sur tout le bord de la mandibule supérieure, jusqu'à l'onglet, et notablement dirigées en arrière; onglet supérieur presque aussi large que l'extrémité du bec, médiocrement courbé ; narines médiocres, distantes, élevées, amples, elliptiques; ailes aiguës dépassant un peu l'extrémité de la queue, qui est de moyenne longueur et légèrement arrondie sur les côtés ; tarses épais, à peu près aussi longs que le doigt médian, y compris l'ongle.

Les Oies, que caractérisent un bec épais, très-élevé à son origine ; des lamelles épaisses, dentiformes, qui débordent la mandibule supérieure dans presque toute son étendue, se distinguent encore par un plumage sans éclat, peu varié, dans lequel les teintes grises dominent.

Ce sont des oiseaux sociables, qui vivent et voyagent par troupes ; fréquentent les prairies, les champs ensemencés voisins des eaux ; habitent, l'été, les régions boréales, et se répandent, l'hiver, dans les contrées chaudes et tempérées. Dans le vol, les Oies observent le même ordre que les Grues et la plupart des grands Échassiers, et forment une sorte d'équerre ou de V renversé. Cependant, si la troupe est peu nombreuse, les individus qui la composent se rangent sur une seule ligne, qui traverse les airs plus ou moins obliquement. Elles rappellent fréquemment en volant, surtout lorsqu'elles voyagent la nuit. D'un naturel défiant et craintif, elles fuient à la moindre apparence de danger, en poussant de grands cris d'alarme.

Leur nourriture consiste principalement en jeunes pousses de végétaux, qu'elles broutent ou paissent, et en graines.

Le mâle et la femelle ne diffèrent que par la taille. Les jeunes, avant la première mue, ont un plumage qui les distingue. Leur mue est double.

Observations. Les Oies d'Europe ont été l'objet, dans ces dernières années, de nombreuses recherches, qui ont fait porter à huit ou neuf les espèces et sous-espèces de ce genre.

Ainsi, parmi celles à bec bicolore (jaune et noir), l'on 1° distingue un *Anser sylvestris*, Briss. (*Ans. segetum*, Mey. nec Naum.); un 2° *Ans. arvensis* Brehm (*Oie sauvage*, Buff. *Pl. enl.* 985. *Ans. segetum*, Nilss. nec Mey.); 3° un *Ans. brachyrhynchus* Baill. (*Ans. segetum* Naum. nec Mey.), dont les uns font simplement une race, les autres une espèce ; 4° enfin une variété locale établie avec le plus grand doute par M. de Sélys-Longchamps sous le nom d'*Ans. leuconyx*.

Ces quatre espèces et sous-espèces doivent, selon nous, être réduites à deux : L'*Ans. leuconyx*, déjà considérée comme fort douteuse par M. de Sélys, et l'*Ans. Arvensis*, Brehm, ne diffèrent pas de l'*Ans. sylvestris* Briss. (Oie sauvage des *Pl. enl.* 985), et doivent lui être rapportés ; et l'*Ans. segetum* Naum. (nec Mey.), n'est qu'un double emploi d'*Ans. brachyrynchus*, Baill., qui doit conserver la priorité.

Parmi les espèces à front blanc, l'on distingue aussi des *Ans. albifrons* et *minutus*, sur lesquels il ne saurait y avoir de doute, un *Ans. intermedius* Naum. (*Ans. Bruchi* Brehm), et un *Ans. pallipes* de Sélys. Le premier, admis comme douteux, n'est probablement qu'un état d'âge ou une variété individuelle de l'*Ans. albifrons*. Le second ne nous est pas assez connu pour que nous puissions juger de sa valeur; nous l'admettrons donc provisoirement, mais seulement à titre de variété locale de l'*Ans. albifrons*, comme, d'ailleurs, l'a fait M. de Sélys-Longchamps.

Le genre *Anser* ne renferme donc pour nous, comme bien authentiques, que les espèces suivantes.

468 — OIE CENDRÉE — *ANSER CINEREUS*
Meyer.

Bec, des commissures à la pointe, aussi long ou plus long que le doigt interne, l'ongle compris, unicolore ; onglet blanchâtre ; pieds jaunâtres ; croupion cendré, parties inférieures variées de noir chez les adultes.

Taille : 0^m,80 *environ.*

ANAS ANSER, Gmel. *S. N.* (1788), t. I, p. 510.
ANSER CINEREUS, Meyer, *Tasch. Deuts.* (1810), t. II, p. 552.
ANAS ANSER FERUS, Temm. *Man.* (1815), p. 526.
ANSER FERUS, Steph. in : Shaw, *Gen. Zool.* (1824), t. XII, p. 28.
ANSER PALUSTRIS, Flem. *Brit. Anim.* (1828), p. 126.
ANSER VULGARIS, Pall. *Zoogr.* (1811-1831), t. II, p. 222.
ANSER SYLVESTRIS, Brehm (nec Briss.), *Handb. Nat. Vög. Deuts* (1831), p. 836.
Gould, *Birds of Eur.* pl. 347.
P. Roux, *Ornith. Prov.* pl. 358 et 359.

Mâle adulte, en hiver : Tête et cou d'un cendré roussâtre, avec le front blanchâtre et les bordures des plumes légèrement grisâtres ; haut du dos et les scapulaires d'un cendré brun, ondés transversalement de blanchâtre ; milieu et bas du dos, sus-caudales médianes d'un cendré bleuâtre ; sus-caudales latérales blanches ; poitrine cendrée et ondée de blanchâtre sur les côtés ; abdomen et sous-caudales blancs, quelquefois avec des plumes noires ; flancs d'un cendré brun, ondés de grisâtre ; petites couvertures supérieures des ailes d'un cendré bleuâtre, bordées de blanchâtre, les autres semblables aux scapulaires ; rémiges primaires noires, nuancées de cendré, avec les baguettes blanches ; les secondaires noires, bordées de blanc ; rectrices médianes d'un brun cendré, bordées et terminées de blanc, les deux plus externes entièrement de cette dernière couleur, les autres brunes et blanches, plus ou moins lavées de cendré bleuâtre ; bec jaune orange, avec l'onglet blanchâtre ; bord libre des paupières jaune rougeâtre ; pieds d'un rouge livide tirant sur le jaune ; iris brun foncé.

Femelle adulte : Elle ressemble au mâle ; seulement elle est moins forte et d'un cendré plus clair en dessus.

Jeunes avant la première mue : Ils nous sont inconnus.

L'Oie cendrée ou première habite principalement les contrées orientales de l'Europe. Elle est de passage annuel en France. Nous l'y voyons à l'approche des gelées et immédiatement après l'hiver.

Elle se reproduit, dit-on, en Angleterre, en Allemagne, en Danemark et en Russie ; niche parmi les herbes et les joncs ; pond huit à douze œufs, quelquefois quatorze, d'un blanc jaunâtre ou verdâtre, sans taches ou couverts de mouchetures roussâtres. Ils mesurent :

Grand diam. 0^m,082 à 0^m,090 ; petit diam. 0^m,054 à 0^m,062.

Cette espèce, qui est sinon l'unique, du moins la principale souche de notre Oie domestique, se plaît sur les plages et dans les marais. Durant ses voyages, elle paraît préférer les bords de la mer.

Observation. Cette espèce se croise facilement en domesticité soit avec ses congénères, soit avec des Anatidés appartenant à d'autres genres. M. de Sélys-Longchamps cite des accouplements du mâle avec des femelles de *Bernicla canadensis, Cairina moschata, Anser sylvestris* et *cygnoides ;* et d'accouplements de la femelle, avec des mâles de *Bernicla canadensis, leucopsis,* d'*Anser cygnoides* et même de *Cygnus musicus.*

A l'exception des métis provenant de l'accouplement avec l'*Anser cygnoides,* chez lesquels on a constaté une fécondité restreinte, tous les autres étaient inféconds.

469 — OIE SAUVAGE — *ANSER SYLVESTRIS*
Briss.

Bec, des commissures à la pointe, aussi long que le doigt interne, l'ongle compris, bicolore (noir et jaune, le jaune dominan tou balançant le noir); onglet noir; pieds jaune-orange; croupion brun-noirâtre; parties inférieures sans taches noires à aucun âge.
Taille : 0ᵐ,75 à 0ᵐ,85.

ANSER SYLVESTRIS, Briss. *Ornith.* (1760), t. VI, p. 265.
ANAS SEGETUM, Gmel. *S. N.* (1788), t. I, p. 512.
ANSER SEGETUM, Mey. et Wolf (nec Naum.). *Tasch. Deuts.* (1810), t. II, p. 554.
ANSER FERUS, Flem. (nec Temm.), *Brit. Anim.* (1828), p. 126.
ANSER ARVENSIS, Brehm, *Handb. Nat. Vög. Deuts.* (1831), p. 839.
Buff. *Pl. enl.* 985.
Naum. *Vög. Deuts.* pl. 286.

Mâle adulte, en hiver : Tête, haut du cou d'un cendré brun roussâtre, plus foncé au vertex; bas du cou cendré roussâtre; dessus du corps cendré brun, ondé de cendré roussâtre et de cendré blanchâtre, avec les plus longues des scapulaires bordées de blanc; croupion d'un brun noirâtre; milieu de la poitrine et de l'abdomen d'un cendré clair; bas-ventre et sous-caudales d'un blanc pur; côtés de la poitrine et flancs d'un cendré brunâtre, ondé de roussâtre; petites et moyennes couvertures supérieures des ailes d'un cendré bleuâtre et bordées de blanc; les deux premières rémiges également d'un cendré bleuâtre en dehors, et noires en dedans; les autres entièrement noires; rectrices d'un brun noir, lisérées et terminées de blanc; bec noir à la base et à l'onglet, jaune-orange au milieu; bord libre des paupières d'un gris noirâtre; pieds d'un rouge orange; iris brun foncé.

Femelle : Elle ressemble au mâle, mais elle est sensiblement plus petite et a les teintes moins pures.

Jeunes de l'année : D'un cendré brun clair, avec la tête et le cou d'un roux jaunâtre terne, et quelques plumes blanchâtres à la base du bec.

L'Oie sauvage, nommée aussi Oie des moissons, Oie vulgaire, habite les régions arctiques et hiverne dans les contrées tempérées; elle est de passage annuel en France.

Elle se montre dans nos départements du Nord en automne, en hiver et au printemps, toujours en bandes nombreuses qui font de grands dégâts dans les champs de colza, lorsqu'elles s'y arrêtent. On la voit communément, l'hiver, dans les Basses-Pyrénées, et en moins grand nombre que la précédente, dans le département du Gard.

Elle se reproduit fort avant dans le Nord, niche dans les marais, pond dix à douze œufs d'un blanc jaunâtre sale sans taches. Ils mesurent :

Grand diam. 0^m,082 à 0^m,085 ; petit diam. 0^m,053 à 0^m,037.

Elle a les mêmes mœurs que l'Oie cendrée et ne paraît pas longer les bords de la mer, comme celle-ci, dans ses migrations.

470 — OIE A BEC COURT — *ANSER BRACHYRHYNCHUS* Baill.

Bec, des commissures à la pointe, plus court que le doigt interne, l'ongle compris, bicolore (jaune et noir, le jaune étant réduit à un assez étroit anneau) ; onglet noir ; pieds d'un jaunâtre pâle ou rougeâtres ; croupion cendré ; parties inférieures sans taches noires à aucun âge.

Taille : 0^m,65.

ANSER BRACHYRHYNCHUS, Baill. *Mém. de la Soc. d'ém. d'Abb.* (1833-1834), p. 74.
ANSER BREVIROSTRIS, Thienm. *Fortpflanz. der Vög. Eur.* (1838), 5ᵉ part. p. 28.
ANSER PHŒNICOPUS, Bartlett, *Proceed. Zool. Soc.* (1839), p. 3.
ANSER SEGETUM, Naum. (nec Meyer), *Vög. Deuts.* (1842), t. XI, pl. 287.

Mâle adulte, en hiver : Tête et haut du cou bruns ; bas du cou d'un cendré roux ; dessus du corps d'un brun cendré, ondé de blanchâtre, avec les plus longues des scapulaires bordées de blanc ; sus-caudales les plus grandes blanches, les autres noirâtres ; poitrine, partie supérieure de l'abdomen d'un cendré blanchâtre ; bas-ventre, sous-caudales, d'un blanc pur ; flancs bruns, ondés de blanchâtre ; petites et moyennes couvertures supérieures des ailes d'un cendré bleuâtre et bordées de blanc ; les deux premières rémiges également d'un cendré bleuâtre, les autres noires ; rectrices de cette dernière couleur ; bec jaune-orange, nuancé de rouge vermillon entre les narines et l'onglet, celui-ci et la base du bec noirs ; pieds rouges ; iris brun.

Femelle adulte, en hiver : Un peu plus petite, tête et corps moins bruns ; bec plus court.

Au printemps, les bordures des plumes deviennent rousses, la tête prend une nuance bleuâtre, le bec une teinte rose derrière l'onglet jusqu'aux narines, et les pieds une teinte à peu près semblable.

Jeunes avant la première mue : Ils nous sont inconnus.

Cette espèce habite le nord de l'Europe orientale et passe irrégulièrement en France.

Elle n'est guère bien connue que depuis une trentaine d'années ; jusqu'alors elle avait été confondue avec l'Oie sauvage.

On en a tué quelques-unes en 1829, 1830 et 1838 aux environs d'Abbeville. M. Deméezemacker possède la dépouille d'un individu qui lui avait été apporté, avec des Oies vulgaires, il y a environ quarante ans. Depuis cette époque, il s'en est procuré plusieurs sur le marché de Dunkerque ; on l'a aussi rencontrée sur celui de Calais en décembre 1853. M. de Lamotte en a plusieurs qui vivent, dans sa maison de campagne, avec des Oies sauvages, des Oies cendrées et des Oies rieuses. Elles ne se mêlent jamais avec celles-ci, font constamment bande à part. Elles y ont couvé en 1841.

Les œufs pondus en captivité sont blancs, sans taches, et ressemblent à ceux de l'Oie vulgaire. Ils mesurent :

Grand diam. 0^m,085 ; petit diam. 0^m,056.

Observations. L'Oie à bec court ressemble beaucoup à l'Oie vulgaire ; elle n'en diffère essentiellement que par le bec plus court, la teinte jaune du bec moins étendue, le croupion plus cendré et des pieds plus pâles, plutôt rougeâtres que jaunes. Le Muséum d'Histoire naturelle de Paris possède deux des types de M. Baillon, qui ont, l'un les pieds d'un gris pâle (probablement couleur de chair primitivement) ; l'autre d'un gris très-notablement lavé de jaunâtre.

471 — OIE A FRONT BLANC — *ANSER ALBIFRONS*
Bechst.

Un bandeau blanc en arrière de la mandibule supérieure, n'arrivant pas, sur le front, à l'aplomb de l'angle antérieur de l'œil ; bec, des commissures à la pointe, à peu près de la longueur du doigt interne, l'ongle compris. jaune livide ; onglet jaunâtre ; pieds jaunes ; croupion teinté de cendré, parties inférieures variées de noir chez les adultes.

Taille : 0^m,70 environ.

ANSER SEPTENTRIONALIS SYLVESTRIS, Briss. *Ornith.* (1760), t. VI, p. 269.
ANAS ALBIFRONS, Gmel. *S. N.* (1788), t. I, p. 509.
ANSER ALBIFRONS, Bechst. *Nat. Deuts.* (1809), t. IV, p. 898.
ANSER ERYTHROPUS, Flem. (nec Linn.), *Brit. Anim.* (1828), p. 127.
ANSER MEDIUS, Temm. *Man.* (1840), 4e part. p. 519.
ANSER INTERMEDIUS, Naum. *Vög. Deuts.* (1842), t. XI, pl. 288.
ANSER BRUCHI, Bp. ex Brehm, *Rev. crit.* (1850), p. 191.
Gould, *Birds of Eur.* pl. 289.
Naum. *Vög. Deuts.* pl. 289.

Mâle adulte, en hiver : Tête et cou d'un brun cendré, nuancé de roussâtre, avec tout le front et une partie des joues blancs, entourés d'une bande brun noirâtre ; dessus du corps d'un brun cendré terne, ondé de blanc-roussâtre ; sus-caudales, les plus grandes, blanches, les autres noirâtres ; dessous du corps d'un gris cendré blanchâtre, varié de taches et de larges bandes transversales au bas de la poitrine, à la partie antérieure de l'abdomen et aux flancs ; bas-ventre et sous-caudales d'un blanc pur ; petites couvertures supérieures des ailes d'un brun terne, faiblement bordées de roussâtre, les moyennes d'un cendré bleuâtre, terminées de blanc ; rémiges primaires d'un cendré bleuâtre sur une grande partie de leur étendue, noirâtres vers leur extrémité ; les secondaires d'un noir profond ; queue noirâtre, avec les pennes bordées et terminées de blanc ; bec jaune-orange autour des narines, sur la partie moyenne de la mandibule supérieure et les bords de la mandibule inférieure, avec le reste d'une teinte lie de vin et l'onglet blanchâtre ; bord libre des paupières brunâtre ; pieds de couleur orange ; ongles cendrés ; iris brun foncé.

Femelle adulte, en été : Un peu plus petite ; moins de blanc au front et aux joues ; teintes plus claires sur le corps et moins de noir en dessous.

Mâle et femelle adultes, en hiver : Ils nous sont inconnus. Temminck soupçonne qu'ils ont alors la poitrine et l'abdomen d'un noir profond ; ses soupçons pourraient bien être fondés.

Un jeune mâle après la première mue, trouvé sur le marché de Lille, en novembre 1855, avait le bec jaunâtre, nuancé d'olivâtre sur l'arête, les côtés, les bords des mandibules, avec l'onglet couleur de corne gris au centre et au bout ; il avait les pieds jaune-orange, plus pâle sur les membranes interdigitales qu'aux doigts et aux tarses : les parties inférieures offraient quelques taches noires.

Jeunes de l'année avant la mue : Couleurs plus sombres ; point de taches ni de bandes noires sur les parties inférieures du corps ; celles-ci d'une teinte générale brunâtre, nuancée de cendré ; quelques plumes blanches au front et aux joues ; bec verdâtre, passant au jaunâtre ; onglet brun.

L'Oie à front blanc, vulgairement Oie rieuse, habite le nord des deux mondes. Elle est de passage périodique en France et dans d'autres contrées tempérées.

Nous la voyons en décembre, janvier et février, toujours en grandes bandes, qui s'abattent au milieu des champs cultivés et y font de grands dégâts. C'est l'espèce que l'on rencontre le plus souvent aux environs de Lille. Elle apparaît aussi en grandes troupes en Anjou, en Lorraine et dans les Basses-Pyrénées.

Elle niche dans les marais. Sa ponte est de neuf à douze œufs, d'un blanc sale, sans taches. Ils mesurent :

Grand diam. 0^m,080 à 0^m,084 ; petit diam. 0^m,054 à 0^m,058.

L'Oie à front blanc ou rieuse vit et se propage dans les basses-cours ; mais il faut avoir le soin de lui amputer l'extrémité d'une aile. Elle se nourrit, comme les Oies domestiques, de graines et de feuilles de graminées. Sa chair est assez bonne.

Observation. Le mâle de cette espèce s'allie parfois, en domesticité, avec la femelle de l'*Ans. leucopsis*. Selon M. de Sélys-Longchamps, qui en cite deux cas, cette alliance produit des métis qui ont plus des caractères de la femelle que du mâle.

A — OIE A PIEDS PALES — *ANSER PALLIPES*
De Sélys.

Un bandeau blanc en arrière de la mandibule supérieure, s'étendant sur la mandibule inférieure, et n'arrivant pas, sur le front, à l'aplomb de l'angle antérieur de l'œil ; pieds d'un rose pâle ; parties inférieures sans taches noires à aucun âge.

*Taille de l'*Anser albifrons.

ANSER PALLIPES, de Sélys, *Naumannia* (1855), 2e livr. p. 264.
ANSER ALBIFRONS BOSEIPES, Schleg. *Naumannia* (1855), 2e livr. p. 254.

Adultes : Une large bande blanche en arrière du bec, embrassant la mandibule supérieure et la mandibule inférieure, de manière à former un cercle presque complet ; plumage semblable à celui de l'*Anser albifrons*, mais sans taches transversales noires aux parties inférieures, qui sont blanchâtres ; pieds d'un rose pâle ; tout le reste comme chez l'espèce précédente.

Les *jeunes* ne diffèrent pas de ceux de l'*Anser albifrons*.

Cette race, dont on ne connaît pas la provenance, vit en domesticité en Belgique et en Hollande. Elle aurait cependant été observée à l'état de liberté sur les côtes de la Belgique et de la France.

Son cri ressemble à un long éclat de rire, tandis que celui de l'*Ans. albifrons* rappelle celui de l'*Ans. segetum*.

D'après M. de Sélys-Longchamps elle a produit en Belgique, avec l'*Anser cygnoides*, des métis féconds, qui avaient les pieds d'un jaune safran et le bec marqué de noir. Elle se serait également reproduite avec l'*Ans. sylvestris* (*Ans. arvensis*, Brehm), selon une communication que M. de Sélys-Longchamps doit à M. de Spoelbergh.

472 — OIE NAINE — *ANSER ERYTHROPUS*
Newton ex Linn.

Un bandeau blanc en arrière de la mandibule supérieure, remontant en pointe mousse sur le front jusqu'au-dessus des yeux; bec, des commissures à la pointe, plus court que le doigt interne, l'ongle compris, gris-rougeâtre ou couleur de chair, ainsi que les pieds; onglet blanchâtre; croupion d'un gris noirâtre; parties inférieures variées de noir chez les adultes.

Taille : 0^m,56 *environ.*

ANAS ERYTHROPUS, Linn. (nec Gmel.), *Faun. Suec.* (1746), p. 33, sp. 92, et (1761), n° 116.
ANSER TEMMINCKII, Boie, *Isis* (1822), p. 882.
ANSER CINERASCENS, Brehm, *Beitr. zur Vög.* (1822), t. III, p. 873.
ANSER MINUTUS, Naum. *Vög. Deuts.* (1842), t. III, p. 364, pl. 291.
ANSER ERYTHROPUS, Newt. in : *Ann. of Nat. Sc.* (1860), 3e sér., t. VI, p. 452.

Adultes : Un large bandeau blanc en arrière de la mandibule supérieure, limité postérieurement par un trait noir et remontant en pointe mousse sur le front, à peu près jusqu'au milieu des yeux; dessus de la tête et partie postérieure du cou d'un gris brun foncé; côtés de la tête, devant et côtés du cou d'un gris cendré, lavé de brun; plumes du manteau et petites scapulaires brun cendré, frangées et roussâtres; grandes scapulaires d'un gris brun un peu plus sombre, sans bordure claire, ou avec un liséré blanchâtre très-fin et à peine sensible; bas du dos et croupion d'un gris noirâtre, avec un léger glacis cendré; sus-caudales latérales blanches; parties inférieures, jusqu'au bas-ventre, d'un brun cendré clair, passant au brun sombre sur les flancs, ondulées de blanchâtre et de noir sur une grande partie de l'abdomen, de roussâtre sur les côtés de la poitrine et des régions inférieures du cou; bord externe de la plupart des plumes des flancs frangé de blanc; bas-ventre et sous-caudales blanches; petites couvertures supérieures des ailes grises; les moyennes, grises à la base, teintées de brun à l'extrémité; les grandes primaires d'un gris cendré clair; les grandes secondaires brunes, terminées de blanc; grandes rémiges primaires noires, extérieurement bordées de gris; rémiges secondaires noires; rectrices d'un gris noirâtre bordées et terminées de blanc teinté de roussâtre; bec et pieds couleur de chair; onglet blanchâtre; iris brun.

Jeunes : Ils ont en général des teintes plus sombres; le bandeau du front nul ou représenté par quelques plumes blanchâtres, dispersées dans une bande noirâtre qui enveloppe la base de la mandibule supérieure; les parties inférieures brunâtres, ondulées de blanchâtre et dépourvues de bandes noires; le bec à peu près comme chez les adultes, c'est-à-dire couleur de chair livide, mais avec l'onglet brun; les pieds d'un jaunâtre terne; et les ongles blancs, lavés de brunâtre sur les côtés.

Cette espèce habite les régions du cercle arctique et se montre dans l'Europe tempérée à l'époque de ses migrations.

Elle a été observée en Allemagne, en Belgique et en France.

Un individu sous son plumage de première année a été tué le 15 janvier 1849 près de Douai.

Ses œufs et son mode de nidification ne nous sont pas connus.

Observations. 1° Cette espèce, que l'on a longtemps confondue avec l'*Anser albifrons*, dont elle ne serait qu'une variété locale selon quelques auteurs, se distingue de celle-ci par une taille générale bien plus petite, des teintes plus brunes, un croupion plus noirâtre, un bec beaucoup plus court, un bandeau plus prolongé en arrière, sa pointe entamant les yeux. Sous le rapport des dimensions du bec, l'*Anser erythropus* Linn. (*Ans. minutus*, Naum.), est à l'*Ans. albifrons* Bechst., ce que l'*Ans. brachyrhynchus*, Baill., est à l'*Ans. sylvestris* Briss.

2° Quelques auteurs donnent à cette espèce un bec jaunâtre et des pieds jaune-orange, à peu près comme chez l'*Ans. albifrons;* d'autres naturalistes, parmi lesquels M. Schlegel, lui reconnaissent un bec d'un rouge de chair. Le Muséum d'Histoire naturelle de Paris renferme sous le nom d'*Ans. albifrons* (*errore*), un magnifique individu mâle, qui a vécu à la Ménagerie, et dont les pieds et le bec sont manifestement d'un gris couleur de chair. L'onglet est blanchâtre. L'âge doit certainement apporter des modifications dans la coloration de ces organes, ce qui expliquerait les divergences d'opinion à ce sujet.

GENRE CCXXIII

BERNACHE — *BERNICLA*

Anser, p. Bechst. *Nat. Deuts.* (1809).
Bernicla, Steph. in: Shaw, *Gen. Zool.* (1824).

Bec beaucoup plus court que la tête, mince, droit, convexe; assez élevé à la base qui est un peu plus large que l'extrémité, légèrement déprimé en avant des narines; lamelles complétement cachées par les bords de la mandibule supérieure; onglet supérieur médiocre, fortement recourbé; narines médianes,

écartées, également distantes du sommet et des bords de la mandibule, elliptiques; ailes longues, aiguës; queue courte, arrondie;
bas des jambes emplumé; tarses plus longs que le doigt médian.

Les Bernaches se distinguent des Oies par un bec bien plus court, moins conique; par des narines plus médianes, moins élevées; par des dents plus
courtes, entièrement cachées par les bords de la mandibule supérieure, et par
un plumage autrement coloré et plus varié.

Elles ont d'ailleurs à peu près le genre de vie et les habitudes des Oies, mais
elles fréquentent davantage les côtes maritimes.

Le mâle et la femelle diffèrent très-peu, ou ne diffèrent que par la taille. Les
jeunes, avant la première mue, en sont notablement distincts. Leur mue paraît double.

475 — BERNACHE NONNETTE — *BERNICLA LEUCOPSIS*
Boie ex Bechst.

Bec et pieds noirs, front, gorge et joues blancs, avec une bande
noire du bec à l'œil; le reste de la tête et du cou noir.
Taille : 0^m,63.

BERNICLA, Briss. *Ornith.* (1760), t. VI, p. 300.
ANAS ERYTHROPUS, Gmel. (nec Linn.) *S. N.* (1788), t. I, p. 512.
ANSER LEUCOPSIS, Bechst. *Nat. Deuts.* (1809), t. IV, p. 921.
ANSER BERNICLA, Leach, *Syst. Cat. M. and B. Brit. Mus.* (1816), p. 37.
BERNICLA LEUCOPSIS, Boie, *Isis* (1822), p. 563.
BERNICLA ERYTHROPUS, Steph. in : Shaw, *Gen. Zool.* (1824), t. XII, p. 49.
Buff. *Pl. enl.* 855.

Mâle adulte, en automne et au printemps : Front, joues et gorge
d'un blanc plus ou moins pur; lorums, milieu du vertex, occiput,
nuque, cou, haut de la poitrine, d'un beau noir lustré; plumes du
dos, scapulaires et couvertures supérieures des ailes d'un gris cendré,
terminées de blanc, avec une large bande transversale noire vers le
bout; croupion, sus-caudales médianes noirâtres, sus-caudales latérales
blanches; dessous du corps et sous-caudales d'un blanc grisâtre, ondé
de brunâtre; rémiges et queue noires; bec et pieds noirs; bord libre
des paupières et iris brun-noirâtre.

Femelle adulte : Ne diffère du mâle que par une taille plus petite.

Jeunes de l'année, avant la première mue : Teintes générales moins
pures; quelques points noirâtres au front; une large bande de petites
taches de même couleur entre le bec et l'œil; plumes du dos terminées

de roussâtre ; flancs d'un cendré brun foncé ; bec et pieds d'un brun noirâtre.

Les petits, à la sortie de l'œuf, sont couverts de duvet gris de souris en dessus et à la poitrine, grisblanchâtre à la face antérieure du cou et à l'abdomen.

Nota. Si l'on en juge par les individus vivant en domesticité, le plumage de cette espèce est le même à toutes les saisons.

La Bernache nonnette habite les contrées les plus froides des deux continents, et se montre de passage sur plusieurs points de l'Europe tempérée.

Nous la voyons dans le nord de la France en novembre, décembre et janvier, surtout dans les hivers rigoureux ; elle y repasse dans le mois de mars. Elle n'apparaît qu'accidentellement dans nos contrées méridionales.

Elle se reproduit dans les régions arctiques des deux mondes. Ses œufs sont d'un blanc jaunâtre ou légèrement verdâtre. Ils mesurent :

Grand diam. 0m,070 à 0m,076 ; petit diam. 0m,050 à 0m,053.

Observation. Dans ses notices sur les métis d'Anatidés, M. Sélys-Longchamps signale trois cas d'hybridité produits par l'accouplement de cette espèce avec la *Bernicla canadensis*, et les *Ans. cincreus* et *albifrons*.

474 — BERNACHE CRAVANT — *BERNICLA BRENTA*
Steph. ex Briss.

Bec, pieds, tête et cou noirs, avec une tache blanche ou cendrée sur les côtés du cou.

Taille : 0m,58 environ.

Anas bernicla, Linn. *S. N.* (1766), t. I, p. 198.
Brenta, Briss. *Ornith.* (1760), t. VI, p. 304.
Anser torquatus, Frisch, *Vög. Deuts.* (1743-1763), t. II, p. 156.
Anser brenta, Pall. *Zoogr.* (1811-1831), t. II, p. 229.
Bernicla brenta, Steph. in : Shaw, *Gen. Zool.* (1824), t. XII, p. 46.
Bernicla melanopsis, Macgill. *Man. Nat. Hist. Orn.*, p. 151.
Buff. *Pl. enl.* 342.
Gould, *Birds of Eur.* pl. 352.

Mâle adulte, en hiver : Tête, cou, haut de la poitrine noirs, avec un espace maculé de blanc de chaque côté du cou, formant un quart de collier ; plumes du dos, scapulaires, couvertures supérieures des ailes, d'un gris brunâtre, bordées d'une teinte plus claire ; plumes du milieu de la poitrine, du haut de l'abdomen, des flancs, brunâtres et terminées de cendré ; bas-ventre et sous-caudales d'un blanc pur ; rémiges brunes ; rectrices noires ; bec, pieds et iris noirs.

Femelle adulte : Plus petite que le mâle, avec les parties inférieures moins foncées en couleur.

Jeunes avant la première mue : Plus petits que les adultes ; tête, cou, haut de la poitrine d'un cendré noirâtre, sans espace maculé de blanc au cou, les taches seulement indiquées par du grisâtre ; plumes dorsales terminées de brun roussâtre ; dessous du corps, excepté le bas-ventre et les sous-caudales, d'un cendré brun, marqué faiblement de grisâtre ; ces dernières parties blanches ; moyennes couvertures supérieures des ailes et rémiges secondaires terminées de blanchâtre.

La Bernache cravant habite, comme la Bernache nonnette, les régions arctiques du globe, et se montre périodiquement dans l'Europe tempérée à l'approche des frimas.

Nous la voyons dans nos départements septentrionaux aux mêmes époques que la Bernache nonnette ; mais elle y passe en moins grand nombre, et presque toujours sur les bords de la mer. Elle se montre sur les côtes de Dunkerque, en automne et en hiver, par le vent du nord, et au printemps, par le vent d'est. Ses apparitions dans le midi de la France sont beaucoup plus rares.

Elle niche sur le bord des eaux. Ses œufs sont d'un blanc pur ou roussâtre, sans taches, de la grosseur de ceux de la Bernache nonnette ou un peu plus gros. Ils mesurent :

Grand diam. $0^m,076$ à $0^m,078$; petit diam. $0^m,051$ à $0^m,055$.

La Bernache cravant paraît être plus aquatique que les espèces précédentes ; on la voit nager des journées entières.

Elle s'apprivoise facilement, et vit également très-bien dans l'état de domesticité et s'y propage.

Sa chair est aussi très-bonne.

473 — BERNACHE A COU ROUX — *BERNICLA RUFICOLLIS*
Boie ex Pall.

(Type du sous-genre *Rufibrenta*, Bp)

Bec brun, onglets et pieds noirs ; gorge et derrière du cou noirs ; régions temporales et devant du cou roux, le roux et le noir du cou séparés par une bande blanche qui descend des tempes.

Taille : $0^m,54$ à $0^m,56$.

ANSER RUFICOLLIS, Pall. *Spicil. Zool.* (1767-1774), t. VI, p. 21.
CASARKA MINOR, Lepechin, *Itin.* (1771-1780), t. II, Append. p. 295, pl. 5.
ANAS TORQUATA, S. G. Gmel. *Reise* (1774-1784), t. II, p. 180, pl. 14.
ANAS RUFICOLLIS et TORQUATA, Gmel. *S. N.* (1788), t. I, p. 511 et 513.
BERNICLA RUFICOLLIS, Boie, *Isis* (1822), p. 563.
RUFIBRENTA, RUFICOLLIS, Bp. *C. R. de l'Acad. des Sc.* (1856), t. XLIII, p. 648.

Pall. *Spicil. Zool.* pl. 4.
Gould, *Birds of Eur.* pl. 351.

Mâle adulte : Dessus de la tête, du cou et du corps d'un noir profond, avec quelques plumes blanches au front ; les côtés du croupion et les sus-caudales d'un blanc pur ; gorge noire, cette couleur descendant en pointe sur les côtés du cou jusqu'à la partie moyenne, et séparée de celle de la nuque par du blanc, qui, de la tempe, s'étend jusque vers la partie inférieure du cou ; devant et bas des côtés du cou, haut de la poitrine d'un beau roux rougeâtre, suivi d'un ceinturon blanc qui s'étend jusqu'au dos ; haut de l'abdomen et flancs noirs ; bas-ventre, sous-caudales d'un blanc pur ; espace entre le bec et l'œil également blanc ; ailes et queue noires, avec une large bordure blanchâtre à l'extrémité des couvertures supérieures des ailes ; bec brun, avec l'onglet noir ; bord libre des paupières et pieds noirs ; iris brun jaunâtre.

Femelle adulte : Plus petite que le mâle ; sans taches blanches au front ; noir de la gorge moins étendu ; roux du cou et de la poitrine moins vif ; ceinturon blanc, rayé irrégulièrement de noir.

Jeunes de l'année : Ils nous sont inconnus. Ils diffèrent sensiblement, dit-on, des adultes.

La Bernache à cou roux a pour patrie le nord-ouest de l'Asie. Elle est commune dans les parages de la mer Caspienne, et s'avance quelquefois jusqu'à la mer Noire. On la voit accidentellement en France, en Angleterre, dans les Pays-Bas et en Allemagne.

M. de Lamotte possède un sujet qui a été tiré près de Strasbourg ; M. de Lafresnaye en a trouvé un sur le marché de Caen ; un autre, tué dans les environs de la même ville, fait partie du cabinet du docteur Lesauvage ; un individu tiré dans les marais de Saint-Louis, près de Rochefort, dans l'hiver de 1829 à 1830, est conservé dans le Musée de cette ville ; enfin, le 10 décembre 1856, le garde de M. le marquis des Réaulx a abattu sur un étang des Bas-Bois (Aube) une femelle ou un jeune mâle, qui a été envoyé en communication à M. J. Ray.

Elle se reproduit dans les régions boréales. Ses œufs diffèrent peu pour la forme et les couleurs de ceux des deux espèces précédentes. Ils mesurent, d'après M. Baldamus :

Grand diam. 0m,069 à 0m,071 ; petit diam. 0m,044 à 0m,045.

? 476 — BERNACHE CANAGICA — *BERNICLA CANAGICA*
G. R. Gray ex Sewast.

(Type du genre *Chloephaga*, Eyt.)

Bec rougeâtre en dessus, noir en dessous ; onglets blancs ; pieds fauves ; tête et derrière du cou blancs.

Taille : $0^m,70$ *environ.*

ANAS CANAGICA, Sewastianoff, *Nov. act. Ac. Petropol.* (1800), t. XIII, p. 346, pl. 10.
ANSER PICTUS, Pall. *Zoogr.* (1811-1831), t. II, p. 233.
ANSER CANAGICUS, Brandt, *Bull. Sc. Acad. I. des Sc. de St-Pétersb.* (1836), t. I, p. 137; — et *Descript. et Icon.* (1836), fasc. I, p. 7, pl. 1.
CLOEPHAGA CANAGICA, Eyton, *Monogr. Anat.* (1838).
BERNICLA CANAGICA, G. R. Gray, *Gen. of B.* (1844), t. III, p. 607, sp. 7.

Adultes : Tête blanche, cette couleur se prolongeant sur la nuque et le haut du cou en arrière ; dessus du corps d'un gris bleuâtre ; couvertures supérieures des ailes de la couleur du dos, avec une bordure blanchâtre ou blanche ; gorge noire tachetée de blanc, parfois d'un noir sans taches ; dessous et côtés du cou bruns ; ventre blanchâtre, ondé de cendré ; région anale et sous-caudales d'un blanc pur ; rémiges primaires brunes ; rémiges secondaires noirâtres à rachis blanc, avec une tache et un liséré de même couleur ; rectrices blanches ; bec rougeâtre ou jaunâtre en dessus, noirâtre en dessous, grisâtre sur les côtés, avec les onglets blancs, bordés de noir ; pieds d'un brun roussâtre pâle ; ongles noirs ; iris bleuâtre.

La Bernache canagica habite les îles Aléoutiennes, les côtes du Kamtchatka et s'avance parfois jusqu'aux limites orientales de l'Europe.

M. E. Verreaux l'a reçue, à deux reprises, des bords du Volga : une première fois en 1849, une seconde fois en 1853. Le spécimen obtenu en 1853 fait aujourd'hui partie de la belle collection de M. Turati de Milan.

Observation. L'assurance qui nous a été donnée par M. E. Verreaux que les deux exemplaires en question avaient été tués, par son correspondant, sur les bords du Volga, nous a déterminés à considérer la Bernache canagica comme accidentellement européenne. Toutefois, nous n'avons dû l'admettre qu'en la faisant précéder du signe dubitatif, par la raison que si nous avons une entière confiance en M. E. Verreaux, nous ne saurions nous porter garants des renseignements qui lui ont été fournis par son correspondant. L'apparition de cette espèce sur les bords de la Caspienne ou du Volga n'a rien qui puisse surprendre, mais elle demande à être confirmée.

GENRE CCXXIV

CHEN — *CHEN*, Boie.

Anser, p. Briss. *Ornith.* (1760).
Chen, Boie, *Isis* (1822).

Bec à peu près aussi long que la tête, plus élevé au niveau des narines qu'à la base, qui est large, mince à l'extrémité; très-membraneux et couvert de rides obliques à l'origine de la mandibule supérieure; bords des mandibules rentrants; ceux de la mandibule supérieure débordée dans toute son étendue par les lamelles; narines médianes, distantes, elliptiques, s'ouvrant à égale distance du sommet et des bords de la mandibule, dans de vastes fosses nasales, qui occupent près de la moitié du bec; onglet supérieur très-large, recouvrant toute l'extrémité de la mandibule, peu recourbé; ailes aiguës, un peu plus longues que la queue, qui est presque égale; tarses élevés, bien plus longs que le doigt médian.

Les Chens, indépendamment de la forme très-caractéristique de leur bec, de leurs pieds allongés, qui les séparent des Oies, se distinguent encore de celles-ci par un plumage fort différent : ils en ont d'ailleurs les mœurs et les habitudes générales.

Le mâle et la femelle adultes portent le même plumage. Les jeunes, avant leur première mue, en diffèrent beaucoup.

L'espèce type et unique du genre s'égare parfois en Europe.

477 — CHEN HYPERBORÉ — *CHEN HYPERBOREUS*
Boie ex Pall.

Plumage blanc, avec les rémiges primaires en partie noires (adultes), *ou plumage d'un brun plus ou moins lavé de bleuâtre* (jeunes) ; *une large bande noirâtre sur les bords des deux mandibules ; bec rougeâtre, plus long que le doigt interne ; pieds bruns.*

Taille : 0m,72 *environ.*

Anser niveus, Briss. *Ornith.* (1760), t. VI, p. 288 (*adulte*) ; et Anser sylvestris Freti-Hudsoni, *loc. cit.* p. 275 (*jeune*).

Anser hyperboreus, Pall. *Spicil. Zool.* (1767-1774), t. VI, p. 20.

ANAS HYPERBOREA et CÆRULESCENS, *S. N.* (1788), t. I, p. 504 et 513.
ANAS NIVALIS, Forster, *Act. Angl.* t. LXII, p. 413.
CHEN HYPERBOREUS, Boie, *Isis* (1822), p. 563.
Gould, *Birds of Eur.* pl. 346.

Mâle et femelle adultes : D'un blanc pur, avec le front d'un roux de rouille et la moitié postérieure des rémiges noire; bec rouge en dessus, blanchâtre en dessous, avec l'onglet bleu; bord libre des paupières d'un rouge vif; pieds jaunâtres; iris gris brun.

Jeunes avant la première mue : Entièrement d'un gris brun-bleuâtre, avec la moitié des rémiges noirâtre.

Après la mue : Tête et une partie du cou blancs; bas du cou, dos et poitrine brun cendré violet, avec l'extrémité des plumes d'un brun clair; abdomen blanchâtre, varié de brun; couvertures supérieures des ailes d'un cendré pâle; rémiges noires, les secondaires, bordées de bleu clair; bec rougeâtre, noirâtre sur les côtés; pieds bruns.

Le Chen hyperboré, que l'on nomme aussi *Oie de neige, Oie des Esquimaux,* habite les régions arctiques, et se montre accidentellement en Europe. Cependant, il serait de passage régulier dans les contrées orientales, d'après Temminck.

M. de Sélys-Longchamps dit aussi qu'on le rencontre souvent en Grèce et sur la mer Noire. Comme on ne le voit pas à Saint-Pétersbourg, tandis qu'il se trouve au Japon et en Crimée, notre savant correspondant suppose qu'il vient dans cette dernière localité du nord de l'Asie; quoi qu'il en soit, l'espèce a été observée en Prusse, en Autriche (Temminck), et un sujet semi-adulte a été tué dans l'hiver de 1829, près d'Arles, et envoyé à M. Crespon, de Nîmes.

M. Oursel, du Havre, a reçu de Londres un individu adulte et empaillé qu'on lui a dit avoir été tiré en Angleterre. Mais M. Hardy, qui a eu occasion de voir cette dépouille, qu'il a examinée avec la plus grande attention, pense qu'elle n'a pas été montée fraîche et que l'oiseau pourrait bien ne pas avoir été capturé dans la Grande-Bretagne.

Le Chen hyperboré niche en Sibérie et dans les régions polaires de l'Amérique. Ses œufs, d'après Richardson, sont ovales, un peu plus grands que ceux du Canard Eider et d'un blanc jaunâtre.

Ses mœurs sont inconnues. Il se nourrit, dit-on, de pousses de joncs, de racines d'herbes aquatiques

GENRE CCXXV

CHÉNALOPEX — *CHENALOPEX.*

ANSER, p. Briss. *Ornith.* (1760).
TADORNA, p. Boie, *Isis* (1822).

Chénalopex, Steph. *Gen. Zool.* (1824).
Bernicla, p. Eyton. *Monogr. Anat.* (1838).

Bec plus court que la tête, médiocrement élevé à la base, pourvu d'un petit bourrelet charnu sur les côtés du front, à peu près d'égale largeur dans toute son étendue ; mandibule inférieure en partie cachée par la mandibule supérieure ; lamelles ne dépassant pas les bords de cette mandibule et ne paraissant pas quand le bec est fermé ; narines presque médianes, médiocrement distantes, larges, ovales ; onglet supérieur large, subitement recourbé ; ailes aiguës, armées d'un fort tubercule très-saillant, atteignant l'extrémité de la queue qui est large et presque égale ; bas des jambes dénudé sur une assez grande étendue ; tarses élevés, épais, beaucoup plus longs que le doigt médian, y compris l'ongle.

Les Chénalopex, nommés aussi *Oies Renards*, offrent des caractères mixtes qui en font des Anatiens aussi bien que des Ansériens. Ils appartiennent évidemment à ceux-ci par leurs habitudes, par leurs formes générales, leur port élevé, leurs jambes à l'équilibre du corps ; mais leur mandibule inférieure en partie cachée, leurs dents complétement dissimulées par les bords de la mandibule supérieure, un bec à peu près également large dans toute son étendue, l'espèce de miroir dont leurs ailes sont ornées, sont plutôt des caractères d'Anatiens que d'Ansériens.

Les Chénalopex ont, comme les Oies, des habitudes plus terrestres qu'aquatiques. Ils fréquentent les plaines voisines des grands fleuves, les bords des lacs, des marécages ; et les jeunes qui viennent d'éclore vont fréquemment à l'eau, sous la conduite de leur mère.

Le mâle et la femelle portent le même plumage. Les jeunes, avant la première mue, s'en distinguent notablement.

478 — CHÉNALOPEX D'ÉGYPTE
CHENALOPEX ÆGYPTIACA
Steph. ex Linn.

Tour des yeux et haut du dos d'un roux marron ; bords des deux mandibules et onglets noirs ; bec et pieds rougeâtres ; queue noire ; un grand espace blanc, coupé par une étroite bande noire, sur l'aile.

Taille : 0^m,65 à 0^m,68.

ANAS ÆGYPTIACA, Linn. *S. N.* (1766), t. I, p. 197.

ANSER ÆGYPTIACUS, Briss. *Ornith.* (1760), t. VI, p. 284.

ANAS VARIA, Bechst. *Orn. Tasch.* (1802-1812), t. II, p. 454.

ANSER VARIUS, Mey. *Tasch. Deuts.* (1810), t. II, p. 562.

TADORNA ÆGYPTIACA, Boie, *Isis* (1826), p. 81.

CHENALOPEX ÆGYPTIACA, Steph. in: Shaw, *Gen. Zool.* (1824), t. XII, p. 43.

BERNICLA ÆGYPTIACUS, Eylon, *Rar. Brit. B.* (1836), pl. 63.

Buff. *Pl. enl.* 379, 982 et 983, sous le nom de *Oye du Cap de Bonne-Espérance.*

Mâle adulte : Tête et cou d'un blanc tirant un peu sur l'isabelle, avec le devant du front, la région orbitaire, l'espace entre celle-ci et le bec d'un marron pur, la nuque et un large collier au bas du cou d'un brun roux ; haut du dos marron clair, avec des raies transversales, vermiculées, noirâtres ; milieu du dos et scapulaires d'un brun rougeâtre, marqués de fines raies transversales, en zigzag, brunes et grises ; sus-caudales noires ; poitrine et flancs d'un isabelle jaunâtre, traversé de fines raies en zig-zag brunes, avec un large plastron marron pur au bas de la première région ; milieu de l'abdomen d'un blanc lavé de roussâtre ; sous-caudales d'un roux clair ; petites et moyennes couvertures supérieures des ailes d'un blanc pur, les dernières traversées d'une bande noire ; grandes rémiges noires ; rémiges secondaires d'un vert métallique à reflets pourpres ; rémiges cubitales ou tertiaires d'un roux vif ou éclatant sur les barbes externes ; queue d'un brun changeant en violet ; bec rougeâtre, à bords, arête et onglets noirs ; pieds rougeâtres ; iris orange.

Femelle adulte : Teintés un peu moins pures ; tête plus petite ; cou plus mince ; front blanc-roussâtre.

Jeunes avant la première mue : Tête, dessus et côtés du cou variés de brun et de roux ; bas du cou et dos roussâtres, marqués de fines raies transversales en zigzags ; scapulaires d'un brun roux, traversées de zigzags bruns ; croupion noir ondé de gris ; sus-caudales noires ; gorge blanche, variée de roux ; plumes du milieu du cou brunes, avec des bordures rousses ; poitrine roussâtre, traversée de nombreux zigzags d'un brun roux ; abdomen gris roux ; flancs barrés de zigzags noirâtres ; sous-caudales rousses ; petites couvertures supérieures des ailes d'un cendré blanchâtre ; les moyennes d'un cendré brun ; rémiges noires ; queue noirâtre ; bec et pieds d'un rouge livide ; onglets noir de corne ; iris jaune-vert roussâtre.

Le Chénalopex d'Egypte habite l'Afrique ; passe régulièrement chaque année en Grèce, sur la mer Noire, et se montre accidentellement en France, en Belgique, en Angleterre et en Allemagne.

Trois individus, d'après Hellandre, ont été tués, le 4 décembre 1833, sur un étang près de Romilly (Moselle); un autre, recueilli par M. le baron de Pitteurs de Budingen, a été tiré en mars 1835 près de Namur; M. de Sélys-Longchamps possède un magnifique individu, à plumage parfait, qui a été abattu en novembre 1837, près de Liége. Nous avons signalé nous-même dans la *Revue zoologique* l'apparition accidentelle de cet oiseau dans les environs de Paris. Deux individus y furent abattus pendant l'hiver rigoureux de 1844. Depuis, d'autres captures ont été faites dans les départements de la Seine-Inférieure et de la Marne. Enfin, M. de Chalaniat, dans son *Catalogue des oiseaux observés en Auvergne*, l'indique comme ayant été rencontré une fois sur le marché de Clermont, par M. Culhat.

Cette espèce, suivant Bruce, niche sur les arbres, et, d'après d'autres auteurs, dans les broussailles. Elle pond, dit-on, deux fois dans l'année, en mars et en septembre. En captivité, sa ponte est de cinq à sept œufs, d'un blanc légèrement jaunâtre ou verdâtre, sans taches, quelquefois avec un enduit crétacé. Ils mesurent :

Grand diam. 0m,068 à 0m,071 ; petit diam. 0m,049 à 0m,051.

Ses mœurs, ses habitudes, son régime, à l'état de liberté, ne sont pas bien connus.

Le Chénalopex figure très-souvent sur les monuments de l'ancienne Égypte; une ville même lui était dédiée et portait son nom (*Chenoboscion*); les Égyptiens lui rendaient des hommages et le mettaient au nombre des animaux sacrés.

Observation. Cette espèce se croise, en domesticité, avec les *Plecopterus Gambensis*, la *Cairina moschata*, l'*Anser cygnoides*, et, d'après M. de Sélys-Longchamps, qui a recueilli ces faits, avec la grande variété du Canard domestique connue en Angleterre sous le nom de *Pinguin Duck*.

SOUS-FAMILLE LXXX

ANATIENS — *ANATINÆ*

Anatina, Vig. *Gen. of B.* (1825).
Anatinæ, Bp. *B. of Eur.* (1838).

Bec généralement aussi large ou plus large vers l'extrémité qu'à la base ; mandibule inférieure en grande partie cachée par la mandibule supérieure ; jambes et tarses courts, placés un peu en arrière de l'équilibre du corps ; doigt externe plus court que le médian ;

pouce petit, lisse en dessous ou pourvu d'un rudiment de mem-
brane ; cou allongé, grêle.

Les Anatiens n'ont ni la forme de bec des Ansériens, ni des pattes aussi élevées; ils n'ont point le long cou des Cygniens, ni le doigt externe aussi développé que ceux-ci et les Fuliguliens ; ils diffèrent encore de ces derniers par
un pouce non lobé, et presque tous portent comme marque distinctive un
miroir sur l'aile ; miroir qui manque, en général, chez les Ansériens, les Cygniens et les Fuliguliens.

Les Anatiens ont une marche assez embarrassée, mais pourtant plus facile
que celle des Cygniens, des Fuliguliens et des Mergiens. Ils sont excellents nageurs; ne plongent pas pour aller chercher leur nourriture au fond de l'eau, et
fréquentent surtout les eaux douces de l'intérieur des terres. Ils se rassemblent à
l'approche de l'hiver, émigrent et poussent très-loin leurs migrations. Ils ont,
en volant, comme, du reste, tous les Anatidés, le cou et les pattes tendus sur
la même ligne que le corps.

La plupart des espèces de cette sous-famille ont une chair très-délicate ;
aussi sont-elles l'objet d'une chasse fort destructive. Dans certaines localités de
la France plus de six mille succombent chaque année. Les marais de nos départements de l'Ouest et du Nord sont, au moment des derniers dégels, le
rendez-vous d'une foule de différentes espèces : elles y séjournent quelque
temps avant de gagner les régions plus septentrionales où elles vont nicher.

La forme de leur bec, de leur queue ; la disposition des lamelles qui garnissent leurs mandibules et quelques autres particularités les ont fait diviser
en un grand nombre de genres. Nous adopterons les suivants.

GENRE CCXXVI

TADORNE — *TADORNA*, Flem.

Tadorna, Flem. *Phil. of Zool.* (1822).
Vulpanser, Keys. et Blas. *Wirbelth.* (1840).

Bec plus court que la tête, plus haut que large à la base, concave au milieu, aplati et un peu retroussé en haut à l'extrémité ; à peu près de même largeur dans toute son étendue ; mandibule inférieure presque entièrement cachée par la mandibule
supérieure ; lamelles de la mandibule supérieure légèrement
saillantes vers le milieu du bec ; onglets étroits à leur origine,
celui de la mandibule supérieure large et coupé carrément à l'extrémité, très-recourbé et faisant un peu retour en arrière ; narines
sub-médianes, larges, ovales, assez distantes ; ailes de moyenne

longueur, aiguës; queue courte, médiocrement arrondie ou presque égale, à pennes larges à l'extrémité; bas de la jambe nu sur une faible étendue; tarses épais, un peu plus longs que le doigt médian, l'ongle compris; doigts relativement courts.

Les Tadornes se distinguent des genres voisins par la courbure de leur bec, par la forme de l'onglet et par leurs pieds assez élevés et presque à l'équilibre du corps. Cette position et cet allongement des pieds leur rendent la marche et même la course faciles. Chez l'espèce type, le mâle, à l'époque des amours, porte à la base du bec une protubérance charnue.

Ils fréquentent les côtes maritimes, l'embouchure des fleuves, les rivières, les lacs de l'intérieur; se nourrissent d'herbes aquatiques, de grains, d'insectes, de mollusques; nichent dans les fentes des rochers, dans les terriers abandonnés et quelquefois dans les cavités des vieux troncs d'arbres.

Le mâle et la femelle portent un plumage à peu près semblable. Les jeunes, avant la première mue, en diffèrent notablement. Leur mue est double.

Ce genre est représenté en Europe par deux espèces, qui sont devenues, pour quelques auteurs, types de genres distincts. Nous les rangerons dans deux simples groupes, en ayant égard à la présence ou à l'absence d'un tubercule au-dessus du bec.

A — *Espèces dont le mâle porte, à l'époque des amours, un tubercule charnu à la base de la mandibule supérieure.*

479 — TADORNE DE BELON — *TADORNA BELONII* Ray.

Rémiges secondaires blanches à la base et sur une grande étendue des barbes internes, noires au centre, d'un vert pourpre sur les barbes externes, le vert pourpre formant un long miroir sur l'aile fermée; rémiges cubitales ou tertiaires rousses sur les barbes externes, blanches sur les barbes internes, noires au centre; queue blanche, avec une bande terminale noire.

Taille : 0ᵐ,60 et au delà (mâle); 0ᵐ,56 (femelle).

TADORNA BELONII, Ray, *Syn. Av.* (1713), p. 140.
ANAS TADORNA, Linn. *S. N.* (1766), t. I, p. 195.
TADORNA, Briss. *Ornith.* (1760), t. VI, p. 344.
ANAS CORNUTA, S. G. Gmel. *Reise* (1774-1784), t. II, p. 185.
TADORNA FAMILIARIS, Boie, *Isis* (1822), p. 56 .

TADORNA VULPANSER, Flem. *Hist. Brit. Anim.* (1828), p. 122.

TADORNA GIBBERA, LITTORALIS et MARITIMA, Brehm, *Hand. Nat. Vog. Deuts.* (1831), p. 856.

VULPANSER TADORNA, Keys. et Blas. *Wirbelth.* (1840), p. 84.

Buff. *Pl. enl.* 53, *mâle.*

Mâle adulte, en été : Tète, moitié supérieure du cou d'un vert foncé ; moitié inférieure du cou, dessus du corps, sus-caudales d'un blanc pur, avec le haut du dos d'un roux vif, et les scapulaires d'un noir foncé ; poitrine d'un roux ardent, formant un large ceinturon qui se confond avec le roux du dos ; partie moyenne de ce ceinturon, milieu de l'abdomen noirs ; flancs d'un blanc pur ; sous-caudales d'un roux pâle ; couvertures supérieures des ailes d'un beau blanc ; miroir vert-pourpre, suivi de roux et de blanc du côté du corps ; rémiges primaires noires ; queue blanche, avec le bout noir ; bec rouge de sang, et protubérance arrondie à sa base d'un rouge groseille très-vif ; pieds couleur de chair ; iris brun.

Mâle adulte, en automne et en hiver : Sans protubérance à la base du bec.

Femelle adulte : Sensiblement plus petite que le mâle, avec les couleurs plus ternes ; point de protubérance à la base du bec dans aucune saison ; tête et moitié supérieure du cou d'un brun noir-verdâtre, avec une tache blanchâtre au front, une autre sur la paupière inférieure, et une troisième au bas des joues ; ceinturon roux, moins large que chez le mâle ; noir de l'abdomen moins étendu ; bec rouge, avec l'onglet brun.

Jeunes avant la première mue : Tête et une partie du cou brunes, tachetées de blanchâtre, le reste du cou blanc ; dessus du corps de cette couleur, avec les plumes du haut du dos d'un roux terne et terminées par un léger liséré cendré brunâtre ; les scapulaires, en partie d'un cendré brun, en partie variées de raies transversales d'un cendré brun et blanchâtres en zigzag ; ceinturon roux, très-petit, interrompu à sa partie moyenne par des taches transversales noires, qui s'étendent sur le milieu de l'abdomen jusqu'au bas-ventre ; cette partie et les flancs blancs ; sous-caudales roussâtres ; couvertures supérieures des ailes blanchâtres, bordées largement de cendré ; miroir vert, suivi, du côté du corps, de plumes nuancées de roussâtre ; queue blanche à sa base, brune vers son extrémité et terminée de blanchâtre ; bec brun-rougeâtre ; pieds livides.

Après la mue, les mâles se distinguent des femelles, ils ont la tête et le cou couverts de plumes d'un vert foncé ; les scapulaires en grande partie noires ; le roux du cou et du dos plus vif ; le noir de l'abdomen plus étendu, les couvertures supérieures des ailes plus blanches, avec des bordures cendrées plus étroites.

Le Tadorne de Belon ou vulgaire est répandu dans l'ouest et dans le nord de l'Europe. On le trouve en toutes saisons dans quelques localités de la France. Il n'y est que de passage dans d'autres, et notamment dans le Nord, à l'époque de ses migrations.

Il se reproduit près du Havre, à l'embouchure de la Seine, dans les falaises escarpées d'Orches, quelquefois dans le Boulonnais, et régulièrement dans le Midi, mais jamais en grand nombre. Il niche dans le sable ou dans les trous de rochers ; pond de dix à douze œufs, d'un blanc presque pur, avec une teinte verdâtre à peine sensible. Ils mesurent :

Grand diam. 0ᵐ,062 à 0ᵐ,063 ; petit diam. 0ᵐ,044 à 0ᵐ,046.

Ce Tadorne vit par couples, et ne voyage pas en troupes comme les autres Anatiens ; il préfère le voisinage de la mer à celui des eaux douces. Sa nourriture consiste principalement en coquilles bivalves, en petits poissons et en plantes marines ; il marche avec aisance et court avec une certaine célérité.

Il se prive aisément ; se reproduit en captivité et se contente alors de la nourriture des Canards de basse-cour.

Il a, ainsi que l'espèce suivante, beaucoup d'affinités de forme et de plumage avec le Chénalopex d'Égypte. Sa chair n'est pas de bon goût.

Observation. Le Tadorne de Belon se croise quelquefois avec le Canard sauvage. Buffon en cite un exemple qui lui avait été signalé par Baillon père. M. W. Sinclair, d'après M. de Sélys-Longchamps, en a recueilli un semblable.

B — *Espèces dont le mâle n'a jamais de tubercule charnu à la base de la mandibule supérieure.*

480 — TADORNE CASARCA — *TADORNA CASARCA*
Macg. ex Linn.
(Type du genre *Casarca*, Bp.)

Rémiges secondaires d'un brun clair ou d'un gris blanchâtre à la base et sur une grande étendue des barbes internes, d'un vert pourpre sur les barbes externes, le vert formant un long miroir sur l'aile fermée ; rémiges cubitales ou tertiaires d'un roux marron sur les barbes externes, d'un gris ardoise clair sur les barbes internes ; queue noire.

Taille : 0ᵐ,55 à 0ᵐ,58.

ANAS CASARCA, Linn. *S. N.* (1768), t. III, Append. p. 224.

ANAS RUTILA, Pall. *Nov. Com. Petrop.* (1769-1770), t. XIV, p. 579.

ANAS RUBRA, S. G. Gmel. *Reise* (1774-1784), t. II, p. 182.

ANSER CASARCA, Vieill. *N. Dict.* (1818), t. XXIII, p. 341.

TADORNA RUTILA, Boie, *Isis* (1822), p. 563.

CASARCA RUTILA, Bp. *B. of Eur.* (1838), p. 56.

VULPANSER RUTILA, Keys. et Blas. *Wirbelth.* (1840), p. 84.

TADORNA CASARCA, Macgill. *Man. Brit. Ornith.* (1840), t. II, p. 163.

Savigny, *Descript. de l'Égypte,* pl. 10, f. 1.

Gould, *Birds of Eur.* pl. 358.

Mâle adulte : Tête, moitié supérieure du cou, d'un gris de souris, suivi d'un collier très-étroit d'un brun noirâtre ; le reste du cou, dessus et dessous du corps d'un roux rougeâtre, avec le croupion noir-verdâtre ; couvertures supérieures des ailes blanches ; rémiges primaires noires ; rémiges secondaires d'un vert soyeux changeant en vert pourpré sur les barbes externes, d'un blanc lavé de gris sur les barbes internes ; rémiges tertiaires, rousses en dehors, d'un gris cendré en dedans ; rectrices noires, frangées de vert sur le bord externe ; bec noir ; pieds brun-jaunâtre ; iris brun-jaunâtre.

Femelle adulte : Tête d'un blanc lavé de roussâtre ; cou cendré, légèrement nuancé de roux de rouille ; dessus du corps d'un roux de rouille, avec des bordures d'un gris roussâtre ; couvertures supérieures des ailes d'un jaune ocreux ; miroir bronzé à reflets verts ; dessous du corps d'un roux de rouille terne, tirant au roux vif sur les flancs ; rémiges et rectrices noires ; bec et pieds comme chez le mâle.

Le Tadorne Casarca habite les contrées orientales de l'Europe et se montre de passage dans le sud de la Russie, en Grèce, en Hongrie et en Allemagne. On le dit très-commun sur le littoral du Pont-Euxin. M. Nordmann indique le 52° de latitude nord comme la limite septentrionale de la région géographique que cette espèce ne dépasse pas.

Il niche dans les trous en terre, dans les creux des arbres et les fentes des rochers. Ses œufs, au nombre de huit ou neuf, sont blancs sans taches. Ils mesurent :

Grand diam. 0^m,063 à 0^m,066 ; petit diam. 0^m,046 à 0^m,048.

Le Tadorne Casarca a les habitudes et les mœurs du Tadorne vulgaire, vit comme lui, par couples, mais il préfère les cours d'eau douce et limpide, aux eaux de la mer. On l'apprivoise facilement, mais il pond difficilement en captivité. Il marche et court avec une grande aisance.

GENRE CCXXVII

SOUCHET — *SPATULA,* Boie.

Spatula, Boie, *Isis* (1822).
Rhyncaspis, Leach, in : Shaw, *Gen. Zool.* (1824).
Clypeata, Less. *Man. d'Ornith.* (1828).

Bec plus long que la tête, très-étroit et demi–cylindrique
à la base, très-large et taillé en cuiller dans sa moitié antérieure,
déprimé vers le milieu ; lamelles très–fines et longues, celles de
la mandibule supérieure, de la base au milieu du bec, très-
saillantes et détachées comme les dents d'un peigne ; mandibule inférieure beaucoup plus étroite que la supérieure qui la
cache à moitié ; onglets petits, celui de la mandibule supérieure
médiocrement recourbé ; narines situées près de la base, très-
élevées, très-rapprochées, grandes, ovales ; ailes longues, aiguës ;
queue légèrement cunéiforme ; tarses minces, à peine aussi longs
que le doigt interne, l'ongle compris ; pouce grêle.

L'évasement excessif que prend la mandibule supérieure à son extrémité,
le grand développement des lamelles qui en garnissent les bords, la disposition
finement pectinée de ces lamelles, constituent les caractères essentiels de ce
genre, qui ne peut se confondre avec aucun autre de la famille.

Les Souchets fréquentent les lacs, les pays marécageux. Ils se nourrissent de
petits vers, d'insectes et de larves aquatiques, qu'ils trouvent en criblant les
vases.

Le mâle adulte porte une livrée distincte de celle de la femelle. Les jeunes,
avant la première mue, sont semblables à celle-ci. Leur mue est double.

Ce genre est représenté en Europe par l'espèce type.

481 — SOUCHET COMMUN — *SPATULA CLYPEATA*
Boie ex Linn.

*Grandes sus–alaires secondaires brunes ou noirâtres, avec l'extré-
mité blanche ; rémiges secondaires brunes sur les barbes internes
et à l'extrémité, d'un vert doré changeant sur les barbes externes,
le vert doré formant un long miroir anguleux sur l'aile pliée ;
rémiges cubitales d'un vert doré en dehors, brunes en dedans, avec
une bande longitudinale blanchâtre le long de la tige de la plupart*

d'entre elles (mâle), *ou brunes, bordées extérieurement de rous-*
sâtre (femelle).

    Taille : 0^m,49.

ANAS CLYPEATA, Linn. *S. N.* (1766), t. I, p. 200.
ANAS RUBENS, Gmel. *S. N.* (1788), t. I, p. 519.
RHYNCASPIS CLYPEATA, Steph. in : Shaw, *Gen. Zool.* (1824), t. XII, p. 115.
SPATULA CLYPEATA, Flem. *Brit. Anim.* (1828), p. 123.
CLYPEATA MACRORHYNCHUS, PLATYRHYNCHUS, POMARINA et BRACHYRHYNCHUS,
Brehm, *Hand. Nat. Vög. Deuts.* (1831), p. 876 à 879.
    Buff. *Pl. enl.* 971, *mâle adulte* ; 972, *femelle.*

    Mâle adulte : Tète et presque tout le cou d'un vert foncé à reflets ;
dessus du corps brun noir-verdâtre, avec les plumes bordées de cendré ;
scapulaires blanches, marquées de points et de taches noirâtres, les
plus longues d'un bleu clair en dehors et blanches en dedans ; bas du
dos et sus-caudales d'un noir verdâtre un peu reflétant ; bas du cou et
poitrine d'un blanc pur ; abdomen et flancs roux-marron, plus foncé au
milieu ; côtés du bas-ventre blancs ; sous-caudales vertes et noires ;
petites couvertures supérieures des ailes d'un bleu clair ; grandes couvertures secondaires noirâtres, terminées de blanc ; rémiges primaires
brunes ; rémiges secondaires brunes en dedans et à l'extrémité, d'un
vert doré brillant, changeant en cuivre rosette sur les barbes externes ;
rémiges tertiaires d'un vert obscur en dehors, brunes en dedans, avec
une bande longitudinale blanchâtre le long de la tige des trois ou quatre
premières ; queue blanche, avec les deux pennes médianes et les barbes
externes des suivantes brunes, les trois plus latérales de chaque côté
avec quelques taches seulement ; bec noir-verdâtre en dessus, jaunâtre
en dessous ; pieds jaune-orange ; iris jaune-roussâtre.

    Femelle adulte : Tète d'un roux clair, marqué de petits traits noirs ;
dessus du corps brun-noirâtre, avec des bordures roux-blanchâtre ;
dessous roux-blanchâtre, avec de grandes taches brunes ; petites couvertures supérieures des ailes d'un bleu sale, bordées de cendré ; miroir
d'un vert noirâtre ; bec noir, moins foncé sur les bords et en dessous ;
iris jaune clair.

    Les *jeunes de l'année* muent en octobre : avant cette époque, ils res-
semblent à la femelle. Vers la mi-octobre on les trouve en mue plus
ou moins avancée ; les plumes vertes de la tète et du cou, les plumes
blanches de la poitrine sont en plus ou moins grand nombre.

    Après la mue, les sexes sont distincts ; la tète et le cou des mâles
sont grisâtres et couverts de petits traits bruns ; leur poitrine offre

quelques croissants bruns ; à mesure qu'ils avancent en âge, les couleurs deviennent plus vives, et après la seconde mue d'automne ils ne diffèrent plus des vieux.

Le Souchet commun est répandu dans le nord de l'Europe et de l'Amérique. Il est de passage dans les pays tempérés et méridionaux ; hiverne en grand nombre dans le midi de la France et n'est que de passage dans le nord; nous l'y voyons dès la fin d'octobre, et il s'y montre de nouveau dans les derniers jours de février ou dans le courant de mars.

Il niche sur les bords des lacs, parmi les joncs ; pond de douze à quatorze œufs, oblongs, d'un gris verdâtre ou olivâtre très-clair. Ils mesurent :

Grand. diam. 0ᵐ,053 à 0ᵐ,056 ; petit diam. 0ᵐ,035 à 0ᵐ,037.

Le Souchet se nourrit de poissons, de mouches et d'herbes aquatiques.

Sa chair est délicate et très-savoureuse; aussi l'espèce est-elle recherchée. Le vulgaire la connaît sous le nom de *Rouget de rivière*.

GENRE CCXXVIII

CANARD — *ANAS*, Linn.

Anas, Linn. *S. N.* (1735).
Boschas, Swains. (1831).

Bec un peu plus long que la tête, médiocrement élevé à la base, ensuite déprimé et à peu près d'égale hauteur des narines à l'onglet, parfaitement arrondi au bout, un peu moins large dans sa moitié postérieure que dans son tiers antérieur qui est sensiblement dilaté; lamelles courtes, celles de la mandibule supérieure un peu visibles, au profil, environ sur la moitié postérieure du bec, et notablement dirigées en arrière; onglet supérieur médiocrement courbé, ne faisant pas saillie à l'extrémité du bec ; narines presque basales, assez rapprochées, élevées, médiocres, ovales ; ailes de moyenne longueur, aiguës ; queue courte, légèrement cunéiforme ; tarses épais de la longueur du doigt médian.

Les Canards proprement dits, dont l'*Anas boschas*, souche des nombreuses races domestiques, peut être considéré comme type, sont caractérisés par leur bec peu évasé à l'extrémité; par des lamelles peu saillantes et en grande partie cachées. Chez quelques espèces, les mâles ont, en outre, quelques-unes des rectrices bouclées.

Ils fréquentent les lacs, les rivières, les marais de l'intérieur aussi bien que les

baies, les bords de la mer et les étangs salés. Ils abandonnent quelquefois les
eaux et se portent soit dans les champs, soit dans les bois pour y pâturer ou
pour y chercher un refuge. Leur nourriture est à la fois animale et végétale :
ils la cherchent sur le sol ou au fond de l'eau, à des profondeurs qu'ils puissent atteindre en n'immergeant que le cou et une partie du corps. Ils marchent
avec difficulté.

Le mâle adulte porte un plumage tout différent de celui de la femelle. Les
jeunes, avant la première mue, ressemblent à celle-ci. Leur mue est double.

Les Canards ont un habitat très-étendu. On les rencontre au milieu des conditions les plus variées. L'espèce type est la seule que possède l'Europe.

482 — CANARD SAUVAGE — *ANAS BOSCHAS*
Linn.

*Grandes sus-alaires secondaires blanches, terminées de noir ;
rémiges secondaires, de la deuxième à la dixième, d'un violet
changeant en vert doré sur les barbes externes, noires, avec une
bordure terminale blanche à l'extrémité, le violet formant sur
l'aile pliée un large miroir, limité en avant et en arrière par une
double bande noire et blanche.*

Taille : 0ᵐ,50 à 0ᵐ,55.

Anas boschas, Linn. *S. N.* (1766), t. I, p. 205.
Anas fera, Bliss. *Ornith.* (1760), t. VI, p. 318.
Boschas domestica, Swains. *Faun. Bor. Amer.* (1831), t. II.
Buff. *Pl. enl.* 776, *mâle* ; 777, *femelle.*

Mâle adulte, au printemps : Tête et tiers supérieur du cou d'un vert
foncé à reflets, suivi d'un collier blanc qui occupe le devant et les côtés
de cette partie ; milieu des deux tiers inférieurs de la nuque, haut du
dos et scapulaires d'un brun cendré, finement rayés de zigzags gris-
blanchâtre ; bas du dos d'un brun noirâtre ; sus-caudales noires, à
reflets verts ; plumes des deux tiers inférieurs des faces antérieures et
latérales du cou, d'une partie de la face postérieure, et dessous de la
poitrine roux-marron foncé et bordées de cendré, plus tard, durant le
temps des amours, d'un marron pur ; le reste de la poitrine, abdomen,
flancs, d'un gris blanc ou jaunâtre, avec de fines raies d'un brun cendré,
peu apparentes ; sous-caudales d'un noir vert, terminées de blanc ;
petites et moyennes couvertures supérieures des ailes d'un brun cendré,
les grandes couvertures supérieures secondaires blanches vers le bout
et terminées de noir, ce qui forme sur chaque aile une double bande
transversale ; rémiges primaires d'un brun cendré, lisérées de gris en

dehors; rémiges secondaires d'un gris brun sur les barbes internes, d'un violet changeant en vert doré sur les barbes externes, avec une bordure terminale blanche, précédée d'une bande transversale d'un noir velouté; les quatre rectrices médianes noires, à reflets pourprés, recourbées en demi-cercle; les deux suivantes de chaque côté d'un brun cendré, bordées de blanc et les autres cendrées, pointillées de blanc en dedans et blanches en dehors; bec vert-jaunâtre, avec une teinte brunâtre vers l'extrémité et l'onglet noir; pieds d'un rouge orange; iris brun-rougeâtre.

Femelle adulte : Tête, cou, d'un cendré roussâtre, avec des taches brunes, une teinte noirâtre au vertex, une raie sourcilière blanchâtre, variée de brun, et une bande noire sur l'œil; dessus du corps roux-jaunâtre, tacheté longitudinalement et irrégulièrement de brun au centre des plumes, les taches plus allongées, plus larges sur les scapulaires et les sus-caudales; poitrine d'un roux lustré de brun; abdomen cendré roussâtre, tacheté de brun, avec des teintes plus rousses et plus brunes aux flancs; sous-caudales blanchâtres, maculées de brun; couvertures supérieures des ailes, miroir et rémiges comme chez le mâle; queue sans plumes médianes recoquillées, d'un cendré brunâtre plus ou moins foncé, avec les pennes bordées de blanc; bec gris-verdâtre; iris brun.

Jeune mâle à la fin de juillet : Il perd en partie les plumes qui le distinguent de la femelle; *en novembre,* il a repris sa robe de printemps; les plumes rousses du cou et de la poitrine sont toutes bordées de cendré.

Jeunes avant la première mue : Ils ressemblent à la femelle. Ils sont connus sous le nom de *Halbrans.* Ce n'est qu'à la mue que l'on commence à distinguer les sexes.

Variétés accidentelles : Ce canard offre de nombreuses variétés accidentelles : son plumage est parfois entièrement blanc; d'autres fois, il est simplement tapiré; nous avons vu un mâle dont tout le haut de la tête et celui du cou étaient d'un jaune verdâtre; le bas du cou et la poitrine d'un gris tournant au vineux; le croupion gris ardoise et tout le reste du plumage d'un cendré clair vermiculé de cendré un peu plus foncé. Les femelles ont quelquefois le plumage entièrement isabelle.

M. de Lafresnaye a constaté que celles-ci, en vieillissant, peuvent prendre le plumage complet du mâle, comme cela arrive pour certains Gallinacés. Il a observé un cas de ce genre.

Le Canard sauvage habite en grand nombre les pays du Nord ; se tient dans les marais, sur les étangs et les lacs. Il est commun dans le nord de la France, surtout dans les mois de novembre et décembre. On en trouve dans nos eaux aussi longtemps qu'elles ne sont pas glacées ; il y revient vers la fin de février, dans le courant de mars, et s'y reproduit en plus ou moins grand nombre.

Il niche dans les champs, parmi les herbes, au milieu des roseaux ; quelquefois, dit-on, dans les crevasses des vieux arbres, d'autres fois (ce dont il est permis de douter) dans des nids abandonnés de Pies et de Corneilles. Ses œufs, au nombre de huit à quatorze, sont d'un gris verdâtre très-clair, plus petits et plus colorés que ceux du Canard domestique. Ils mesurent :

Grand diam. 0^m,035 à 0^m,061 ; petit diam. 0^m,041 à 0^m,042.

Le Canard sauvage quitte le Nord à l'approche de l'hiver pour se répandre dans presque toutes les contrées tempérées et méridionales de l'Europe. Il voyage par bandes plus ou moins nombreuses, de jour comme de nuit (1), le plus souvent vers le soir. Son vol est élevé ; tous les individus d'une bande se tiennent sur une ou deux lignes et forment, dans ce dernier cas, une sorte de triangle.

Sa nourriture consiste principalement en vers, en insectes, en petits poissons, en frai, en plantes et graines d'herbes aquatiques.

Observation. Le Canard sauvage est de tous les Anatidés celui dont les alliances avec d'autres espèces de la même famille, sont les plus fréquentes. M. de Sélys-Longchamps, dans la récapitulation qu'il a faite des hybrides anatidés, en compte sept, ayant pour père l'*Anas boschas*, et pour mère les femelles des espèces suivantes : *Dafila (Anas) aucta, Cairina moschata, Querquedula sponsa, Querquedula crecca, Chaulelasmus (Anas) Strepera, Fuligula rufitorques* et *Anas obscura*, et il cite trois autres cas d'hybridité fournis par l'accouplement de la femelle *Anas boschas*, avec les mâles *Tadorna Belonii, Dafila aucta* et *Cairina moschata*. C'est avec ces deux dernières espèces que le Canard sauvage paraît s'allier le plus souvent, et c'est son alliance avec celui-ci qui produit l'hybride décrit par M. Schinz, sous le nom d'*Anas purpureo-viridis (Europ. Faun.*, 1840, p. 421), hybride dont on connaît d'assez nombreux exemplaires. M. de Sélys-Longchamps possède une femelle qu'il a tuée à Longchamps-sur-Geer, en décembre 1835 (elle est décrite dans la *Faune Belge*, p. 140) ; il a vu chez M. Baillon un mâle capturé, à Abbeville, en novembre 1818, et a examiné au Musée de

(1) Le 19 novembre 1854, par un vent violent du Nord-Est, le gardien du phare de Calais entendit, vers 9 heures du soir, un bruit subit, produit par le bris de la lanterne. Les prismes en cristal qui reflètent et portent au loin la lumière du phare avaient volé en éclats ; une barre de cuivre d'un diamètre de 0^m,025 était tordue. La lampe qui continuait à brûler malgré le vent qui s'engouffrait, donna bientôt au gardien l'explication de ce désordre. Des cadavres de Canards sauvages restés sur le carreau, démontraient suffisamment que ces oiseaux, attirés par la lumière, s'étaient rués sur la lanterne et étaient cause du dégât. La force d'impulsion de cette volée de Canards, que le vent augmentait peut-être, devait être bien grande pour que le grillage destiné à protéger extérieurement la lanterne, des glaces d'un centimètre d'épaisseur et une barre de cuivre de 0^m,025 eussent été brisés et tordus.

Lausanne, deux autres mâles tués sur le lac de Genève en avril 1815 et en mars 1824 ; ces trois mâles sont absolument semblables. Ceux dont M. Schinz a donné la description avaient été abattus sur le lac de Neufchâtel.

GENRE CCXXIX

CHIPEAU — *CHAULELASMUS*, G. R. Gray.

Chauliodus, Swains. *Faun. Bor. Amer.* (1831).
Chaulelasmus, G. R. Gray, in : Bp. *B. of Eur.* (1838).
Ktinorhynchus, Eyton, *Monogr. Anat.* (1838).

Bec à peu près aussi long que la tête, mince, déprimé, de même largeur dans toute son étendue, arrondi à l'extrémité ; mandibule inférieure droite, découverte seulement à la base quand le bec est fermé ; lamelles de la mandibule supérieure minces, longues, surtout au niveau des narines, très en saillie au delà des bords, recouvrant même une partie de la mandibule inférieure, visibles sur les deux tiers de l'étendue du bec ; narines basales, assez rapprochées, élevées, ovales ; onglet de moyenne largeur, brusquement recourbé ; ailes longues, aiguës ; queue courte, conique ; tarses de la longueur du doigt interne, l'ongle compris ; pouce petit et court.

Les Chipeaux se distinguent parfaitement des autres Anatiens par le développement et la disposition des lamelles qui garnissent les bords de la mandibule supérieure. Ces lamelles très-peu proéminentes, entièrement cachées ou peu visibles sur une faible étendue du bec chez les Canards, les Sarcelles, les Marèques ou Pénélopes, sont, au contraire, chez les Chipeaux, visibles sur les trois quarts du bec, saillantes et détachées comme les dents d'un peigne et assez longues pour cacher en partie et même pour dépasser les branches de la mandibule inférieure.

Les Souchets sont les seuls des Anatiens dont les lamelles de la mandibule supérieure soient aussi prononcées. Mais les différences que ceux-ci présentent tant dans la forme et la longueur du bec que dans le développement des lamelles de la mandibule inférieure en font un genre tout à fait à part.

Les Chipeaux se distinguent encore des autres Anatiens par des habitudes en quelque sorte plus aquatiques. Ils excellent à plonger. C'est en plongeant qu'ils cherchent à échapper à la poursuite du chien ou du chasseur lorsqu'ils sont blessés ; c'est aussi en plongeant, plutôt qu'en volant, qu'ils s'éloignent d'un danger qui les menace ou d'un objet qui les trouble. Leur vol est cependant tout aussi soutenu et plus rapide que celui des Canards.

Le mâle porte un plumage un peu différent de celui de la femelle. Les jeunes, avant la première mue, ressemblent à celle-ci. Leur mue est double. Une seule espèce appartient à ce genre.

485 — CHIPEAU BRUYANT — *CHAULELASMUS STREPERA*
G. R. Gray ex Linn.

Grandes sus-alaires secondaires, de la sixième à la douzième, largement tachées de noir à l'extrémité ; rémiges secondaires, de la troisième à la huitième, grises ou d'un brun gris, terminées de blanc et bordées de noir sur les barbes externes ; les suivantes brunes en dedans avec une large bordure blanche en dehors, le blanc formant sur l'aile pliée un petit miroir en losange, engagé dans un second miroir noir.

Taille : 0^m,50 *environ.*

ANAS STREPERA, Linn. *S. N.* (1766), t. I, p. 200.
ANAS KEKUSCHKA, S. G. Gmel. *Reise* (1774-1784), t. III, p. 249.
CHAULIODUS STREPERA, Swains. *Journ. Roy. Instit.* (1839), t. II, p. 19.
KTINORHYNCHUS STREPERA, Eyton, *Monogr. Anat.* (1838), p. 137.
CHAULELASMUS STREPERA, G. R. Gray, *List Gen. of B.* (1840), p. 74.
QUERQUEDULA STREPERA, Macgill. *Man. Brit. Ornith.* (1840), t. II, p. 169.
Buff. *Pl. enl.* 758, sous le nom de *Chipeau.*

Mâle adulte : Vertex, occiput et une bande médiane le long de la nuque d'un brun roussâtre, marqué de taches noires ; front, joues, les deux tiers supérieurs du cou cendrés, plus ou moins nuancés de roussâtre et ponctués de brun ; bas du cou en arrière, haut du dos noirs, festonnés de cendré ; scapulaires d'un cendré brun, les plus petites rayées transversalement de zigzags cendrés, les plus grandes pointues et bordées de cendré roussâtre clair ; bas du dos brun, très-faiblement varié de fines raies cendrées ; sus-caudales d'un noir profond ; devant de la partie inférieure du cou, poitrine, marqués d'écailles noires et de croissants gris ; abdomen d'un blanc plus ou moins nuancé de jaunâtre et plus ou moins varié de taches brunes ; flancs rayés de zigzags noirs et blancs ; sous-caudales d'un noir profond ; petites couvertures supérieures des ailes d'un cendré brun, bordées de gris, les moyennes d'un roux marron ; les grandes secondaires les plus rapprochées du corps d'un noir profond ; rémiges primaires d'un brun cendré ; rémiges secondaires d'un brun cendré, lisérées de blanc à l'extrémité, les six ou huit premières bordées de noir extérieurement et les suivantes en grande partie blanches sur les barbes externes ; rectrices médianes d'un cendré brunâtre, les latérales d'un cendré clair, nuancées de brunâtre, bordées et terminées de grisâtre ; bec noir ; tarses et doigts de couleur orange, avec les palmures noirâtres ; iris brun clair.

Femelle adulte : Un peu moins grande que le mâle, avec les plumes des parties supérieures brun-noirâtre, bordées de roux clair ; la poitrine brun-roux, tachetée de noir ; le croupion et les sous-caudales grises et sans zigzags noirs et blancs aux flancs.

Jeunes avant la première mue : Ils ressemblent à la femelle.

Le Chipeau bruyant ou Ridenne habite la Suède, la Russie et d'autres localités du nord de l'Europe. Il est de passage en France, en Italie et en Sicile, où beaucoup hivernent.

Nous le voyons dans le nord de la France en novembre, décembre, vers la fin de février et dans le courant de mars.

Temminck dit qu'il s'avance, au Nord, jusqu'en Islande, et qu'un grand nombre se reproduit en Hollande dans les mêmes lieux que le Canard sauvage.

Il niche dans les prairies marécageuses, parmi les joncs ; pond huit ou neuf œufs, d'un gris jaunâtre ou verdâtre très-pâle. Ils mesurent :

Grand diam. 0^m,053 à 0^m,056 ; petit diam. 0^m,038 à 0^m,040.

Cette espèce, lorsqu'elle est grasse, fournit une chair excellente.

GENRE CCXXX

MARÈQUE — *MARECA*, Steph.

Mareca, Steph in. : Shaw, *Gen. Zool.* (1824).
Penelope, Kaup, *Nat. Syst.* (1829).

Bec plus court que la tête, un peu plus haut que large à la base, à peu près d'égale largeur sur les deux tiers postérieurs, ensuite se rétrécissant insensiblement jusqu'à l'extrémité ; lamelles larges, celles de la mandibule supérieure à peine visibles, au profil, vers le milieu du bec ; mandibule inférieure presque entièrement cachée ; onglet supérieur assez large, peu proéminent au delà des bords de la mandibule, subitement courbé ; narines presque basales, latérales, distantes, petites, ovales ; ailes aiguës ; queue courte, cunéiforme ; tarses de la longueur du doigt interne.

Les Marèques ou Canards siffleurs se distinguent des Canards proprement dits et des Sarcelles, avec lesquelles elles ont de grands rapports, par un bec beaucoup plus court, moins évasé à l'extrémité ; par des narines plus écartées ; par des lamelles plus larges, plus espacées, un peu visibles, au profil, sur le milieu du bec.

Elles se distinguent encore des uns et des autres par les habitudes et le genre de vie. Elles se nourrissent principalement de végétaux, qu'elles broutent à la manière des Oies, et ne criblent pas la vase comme font les Canards et les Sarcelles. Enfin, leur cri d'appel consiste en un sifflement aigu.

Le mâle diffère de la femelle. Les jeunes, avant leur première mue, ressemblent à celle-ci. Leur mue est double.

Deux espèces représentent ce genre en Europe.

484 — MARÈQUE PÉNÉLOPE — *MARECA PENELOPE*
Selby ex Linn.

Grandes sus-alaires secondaires blanches, terminées de noir ; rémiges secondaires vert doré sur la moitié basale des barbes externes, noir velouté sur l'autre moitié, le vert formant sur l'aile pliée un miroir limité en avant et en arrière par une bande noire ; rémiges cubitales d'un noir velouté en dehors, avec une bordure blanche ; sus-caudales médianes et sous-alaires blanches, vermiculées et piquetées de brun.

Taille : 0^m,47.

Anas Penelope, Linn. *S. N.* (1766), t. I, p. 202.
Anas fistularis, Briss. *Ornith.* (1760), t. VI, p. 301.
Anas kagolka, S. G. Gmel. *Nov. Com. Petrop.* (1770-1771), t. XV, p. 466.
Mareca fistularis, Steph. in : Shaw, *Gen. Zool.* (1824), t. XII, p. 131.
Mareca Penelope, Selby, *Brit. Ornith.* (1833), t. II, p. 324.
Buff. *Pl. enl.* 825, *mâle adulte,* sous le nom de *Canard siffleur.*

Mâle adulte, au printemps : Front et milieu du vertex d'un blanc jaunâtre ; dessus du cou d'un roux marron, légèrement pointillé de noir sur la ligne médiane ; haut du dos d'un brun cendré, rayé transversalement de zigzags gris ; scapulaires d'un noirâtre rayé de zigzags blanchâtres, excepté les plus longues qui sont bordées de blanc en dehors ; bas du dos cendré, avec les bordures des plumes d'une teinte plus claire ; sus-caudales d'un brun cendré rayé transversalement de brun foncé ; gorge noire ; devant et côtés du cou roux marron pointillé de noir ; poitrine d'un cendré lie de vin, avec quelques taches tirant sur le pourpre ; abdomen blanc ; flancs d'un brun cendré, finement rayé de zigzags blanchâtres ; sous-caudales d'un noir bleuâtre ; joues d'un roux marron, parsemé de points noirs, plus grands autour des yeux ; couvertures supérieures des ailes blanches, avec une bande noire à l'extrémité des grandes secondaires ; miroir vert au centre et noir en dessus et en dessous ; rémiges primaires et rectrices brunes ; ces dernières, excepté les deux médianes, bordées de cendré ; bec bleuâtre, avec la pointe noire ; pieds cendrés ; iris brun.

Nota. M. Roget, de Genève, a décrit et figuré dans la *Revue et Magasin de Zoologie*, pour 1859, un mâle vieux dont le plumage est en partie celui du mâle adulte, en partie celui de la femelle.

Femelle adulte : Plus petite ; dessus de la tête et du cou roux, marqué de points noirs ; dessus du corps brun-noirâtre, avec les plumes du haut du dos et les scapulaires bordées de roussâtre ; celles de la partie inférieure du dos et les sus-caudales bordées de cendré ; gorge blanchâtre ; devant et côtés du cou roussâtres, avec de nombreuses taches noires ; poitrine et flancs brun-roussâtre, avec les plumes terminées de cendré ; abdomen blanc ; sous-caudales brunes, bordées de blanc ; joues semblables aux côtés du cou ; couvertures supérieures des ailes brunes, frangées de blanchâtre ; miroir cendré clair, nuancé de brunâtre et surmonté d'une bande blanche ; rémiges primaires et rectrices comme chez le mâle ; bec cendré bleuâtre, avec l'onglet noir ; pieds brun de plomb ; iris brun.

Jeunes avant la première mue : Ils ressemblent à la femelle ; ce n'est qu'après la mue que les mâles s'en distinguent en prenant la robe de leur sexe.

A l'âge d'un an, ils ne diffèrent des vieux que par les couvertures alaires qui sont d'un cendré nuancé de blanc, au lieu d'être entièrement blanches.

La Marèque Pénélope est répandue principalement dans les contrées orientales du nord de l'Europe, et passe régulièrement en France, en Italie, en Sicile et en Allemagne.

Elle est très-commune dans le nord de la France en automne et au printemps, époques de ses voyages ; arrive dès le mois d'octobre et s'avance alors fort avant vers le sud ; repasse dès la fin de février ou dans les premiers jours de mars.

Elle niche quelquefois en France, dans les marais, et pond huit à dix œufs d'un gris plus jaunâtre que verdâtre, sans taches. Ils mesurent :

Grand diam. 0^m,053 à 0^m,057 ; petit diam. 0^m,038 à 0^m,039.

Sa chair est fort bonne : on la mange, en carême, comme *chair maigre.*

483 — MARÈQUE AMÉRICAINE — *MARECA AMERICANA*
Steph. ex Gmel.

Une bande vert brillant de l'œil à la nuque; grandes sus-alaires secondaires blanches, terminées de noir; rémiges secondaires vert doré sur le tiers basal des barbes externes, noires sur le reste de leur étendue, le vert formant sur l'aile pliée un étroit miroir limité en avant et en arrière par une bande noire; rémiges cubitales d'un noir velouté sur les barbes externes, avec une bordure blanche qui tourne au gris sur la première; sus-caudales médianes brunes au centre, roussâtres sur les bords; sous-alaires blanches.

Taille : 0ᵐ,50 environ.

Anas americana, Gmel. *S. N.* (1788), t. I, p. 526.
Anas Wigfon, Bonnat. *Tabl. Encycl.* (1731), t. I, p. 129.
Mareca americana, Steph. in : Shaw, *G n. Zool.* (1824), t. XII, p. 135.
Buff. *Pl. enl.* 955, *mâle adulte*, sous le nom de *Canard Jensen, de la Louisiane.*

Mâle adulte : Front et vertex blancs; occiput et haut du cou d'un roux marron; dos, scapulaires, d'un brun cendré, avec des lignes transversales noires et rousses; sus-caudales noires; côtés de la tête et gorge variés de taches noires sur fond blanc, avec une bande longitudinale d'un vert brillant, à reflets, s'étendant de l'angle postérieur de l'œil sur la nuque; dessous du corps et une grande bande sur l'aile blancs; miroir d'un vert doré, bordé de noir velouté sur les côtés; rémiges primaires d'un brun foncé; rémiges secondaires d'un bleu noir velouté et frangées de blanc en dehors; rectrices médianes noires, les latérales cendrées; bec couleur de plomb, avec l'onglet noir; pieds noirâtres.

Femelle adulte : Tête et cou d'un blanc jaunâtre, varié de nombreuses taches noires; dos d'un brun sombre; poitrine faiblement teintée de roux.

Jeune mâle de l'année : Semblable à la femelle. Il ne prend la livrée du mâle qu'à la deuxième année.

La Marèque américaine, ou de Jensen, habite le nord de l'Amérique et s'égare accidentellement en Europe.

Les auteurs anglais la comptent au nombre des oiseaux qui font de rares apparitions dans la Grande-Bretagne, et la citent comme ayant été trouvée sur les marchés de Londres.

D'après Wilson, quelques couples nichent aux États-Unis; mais la masse va

pointues, dépassant de très-peu les latérales; bec noirâtre; pieds noir-roussâtre; iris brun.

Jeunes avant la première mue : Ils ont les plumes des parties supé-rieures terminées de blanchâtre et celles des parties inférieures jau-nâtres et marquées, au centre, d'un peu de brun. A la mue, les mâles commencent à se faire reconnaître par les plumes de la tête et du cou, qui deviennent noires.

Variétés accidentelles : Le Pilet varie accidentellement : une variété isabelle existe au Musée de Boulogne-sur-Mer. M. Jules de Lamotte en possédait un avec le cou noir, des plumes blanches sous forme de huppe sur les côtés du vertex, et avec le blanc du dessus du corps remplacé par une teinte rousse.

Le Pilet aculicaude habite le nord de l'Europe et de l'Amérique durant l'été, et le midi en hiver. Il passe régulièrement en Hollande, en Allemagne, en Belgique, en France, en Italie et en Sicile.

Il hiverne dans le midi de la France et sur les bords de la mer Noire. On en voit toujours un plus grand nombre dans nos départements septentrionaux au mois de mars, époque où il opère son retour. Il ne paraît pas très-farouche.

Il niche sur les bords des lacs et des marais; ses œufs, au nombre de huit ou neuf, sont d'un gris verdâtre assez clair, ou d'un cendré roussâtre. Ils mesurent : Grand diam. 0m,053 à 0m,061; petit diam. 0m,042 à 0m,044.

Sa chair est assez recherchée et mangée, en carême, comme *aliment maigre.*

Observation. Il n'y a pas d'espèce qui, à l'état de liberté, se croise plus souvent que celle-ci avec le Canard sauvage, aussi leurs métis sont-ils assez communs. Presque toutes les collections en possèdent, celles du Muséum d'His-toire Naturelle de Paris en renferment un assez bon nombre, et nous en con-naissons plusieurs autres qui, tous, ont été rencontrés sur les marchés de Paris.

GENRE CCXXXII

SARCELLE — *QUERQUEDULA*, Steph.

Querquedula, Steph. in : Shaw, *Gen. Zool.* (1824).
Nettion, Kaup, *Nat. Syst.* (1829).
Cyanopterus, Eyt. *Monogr. Anat.* (1838).
Pterocyanea, Bp. *Ucc. Eur.* (1842).
Marmaronetta, Reich.
Eunetta, Bp. *C. R. de l'Acad. des Sc.* (1856).

Bec presque aussi long que la tête, assez élevé à la base, droit à partir des narines, étroit, demi-cylindrique, un peu plus large vers l'extrémité qu'au milieu; lamelles presque entièrement cachées; mandibule inférieure visible, à la base, sur une très-petite étendue; onglet supérieur petit, en grain d'orge, crochu; narines basales, très-rapprochées, percées près du sommet, larges, ovales, un peu obliques; ailes assez longues, aiguës; queue courte, conique; tarses un peu plus courts que le doigt médian.

Les Sarcelles, caractérisées par un bec mince, convexe, presque partout d'é-gale largeur, dont la coupe transversale donne à peu près la forme d'un demi-cylindre; par des lamelles petites et à peu près complétement cachées; par des narines très-rapprochées et très-élevées; se distinguent encore par leurs formes élancées, et par des ailes relativement longues. C'est parmi elles que se rencontrent les plus petits des Anatiens.

Elles fréquentent les eaux douces de l'intérieur des terres, et se montrent rarement sur les bords de la mer. Leur nourriture est à la fois animale et vé-gétale. Elles marchent avec assez de facilité et leur vol est rapide et élevé.

Le mâle diffère de la femelle, et les jeunes, avant la première mue, ressem-blent à celle-ci. Leur mue est double.

Ce genre comprend un assez bon nombre d'espèces qui sont répandues sur toute la surface de l'ancien et du nouveau monde, six d'entre elles appartien-nent à l'Europe ou y font des apparitions accidentelles. •

487 — SARCELLE D'ÉTÉ — *QUERQUEDULA CIRCIA*
Steph. ex Linn.

(Type du genre *Cyanopterus*, Eyt.; *Pterocyanea*, Bp.)

Une grande raie sourcilière blanche descendant sur les côtés ae la nuque (mâle); grandes sus-alaires secondaires largement termi-nées de blanc; rémiges secondaires d'un vert doré sur les barbes externes, avec une bande blanche oblique à l'extrémité, le vert formant sur l'aile pliée un étroit miroir, limité en avant et en arrière par une bande blanche; rémiges cubitales brunes, extérieu-rement frangées de blanc.

Taille : 0^m,36.

Anas querquedula et circia, Linn. *S. N.* (1766), t. I, p. 203 et 204.
Querquedula, Briss. *Ornith.* (1760), t. VI, p. 427.
Querquedula circia, Steph. in : Shaw, *Gen. Zool.* (1824), t. XII, p. 143.
Querquedula glaucopterus et scapularis, Brehm, *Handb. Nat. Vög. Deuts.* (1831), p. 882 et 883.
Cyanopterus circia, Eyton, *Monogr. Anat.* (1838), p. 130.

Pterocyanea circia, Bp. *Ucc. Eur.* (1842), p. 71.
Buff. *Pl. enl.* 946, *mâle adulte.*

Mâle adulte : Dessus de la tête et ligne médiane de la nuque d'un brun noirâtre ; bas de la nuque, dos et sus-caudales d'un cendré brun au centre des plumes, d'un cendré clair sur leurs bords ; scapulaires en partie d'un cendré bleuâtre, en partie brunes ou d'un noir verdâtre, avec une bande longitudinale blanche ; joues, faces antérieure, latérales et postérieure des deux tiers supérieurs du cou d'un brun rougeâtre variées de petits traits blancs, avec la gorge noire et une bande blanche partant des yeux et allant longer le brun de la nuque ; le reste du cou et la poitrine maillés de croissants noirs et d'un gris roussâtre, disposés en écailles ; abdomen blanc ou blanc-roussâtre, avec les côtés rayés de zigzags noirâtres, le bas-ventre et les sous-caudales tachetés de brun ; couvertures supérieures des ailes d'un cendré bleuâtre, avec une bande blanche à l'extrémité des grandes secondaires ; miroir vert, reflétant, bordé d'une bande blanche en haut et en bas ; queue d'un gris brun, avec les pennes bordées de blanchâtre ; bec noirâtre ; pieds cendrés ; iris brun clair.

Femelle : Un peu plus petite que le mâle ; brune en dessus, au centre des plumes et d'un brun clair sur les bords ; blanchâtre ou roussâtre en dessous, avec la gorge blanche, le devant et les côtés du cou, la poitrine, les flancs et les sous-caudales tachetés de brun ; une tache blanche de chaque côté de la tête près du bec et une bande blanchâtre derrière les yeux ; miroir d'un vert terne.

Jeunes avant la première mue : Ils ressemblent à la femelle.

Après la mue, on distingue les mâles aux plumes rousses mêlées aux plumes brunes du cou.

La Sarcelle d'été habite les parties centrales et méridionales de l'Europe, la Sibérie et le nord de l'Afrique.

Elle est de passage régulier en Allemagne, en Hollande, en Belgique, dans plusieurs localités de la France où elle se reproduit, et paraît sédentaire en Sicile.

Elle niche sur les bords des eaux, dans les fourrés, dans les marais, parmi les herbes ; pond six à huit œufs oblongs, presque aussi épais à la petite qu'à la grosse extrémité, d'un blanc sale un peu roussâtre, ou jaunâtre. Ils mesurent :

Grand diam. 0ᵐ,047 à 0ᵐ,049 ; petit diam. 0ᵐ,033 à 0ᵐ,034.

Toutes les familles d'un canton se rassemblent en automne, après avoir vécu quelque temps séparément, et émigrent à l'approche de l'hiver, pour reparaître au printemps.

Cette Sarcelle est peu farouche et se laisse facilement approcher. Sa chair, qui prend beaucoup de graisse en automne, est très-estimée.

488 — SARCELLE SOUCROUROU
QUERQUEDULA DISCORS

Une grande tache blanche en croissant sur la face, descendant sur les côtés de la gorge (mâle); *grandes sus-alaires secondaires blanches sur la moitié postérieure; rémiges secondaires, de la troisième à la dixième, d'un vert doré changeant en pourpre sur les barbes externes, avec un fin liséré blanc ou blanchâtre à l'extrémité, le vert doré formant sur l'aile pliée un miroir limité en avant par une large bande, en arrière par un trait blanc.*

Taille : 0ᵐ,38 à 0ᵐ,41.

ANAS DISCORS, Linn. *S. N.* (1766), t. I, p. 204.
QUERQUEDULA AMERICANA et VIRGINIANA, Briss. *Ornith.* t. VI, p. 452 et 455.
CYANOPTERUS DISCORS, Eyton, *Monogr. Anat.* (1838).
PTEROCYANEA DISCORS, Bp. *C. R. de l'Acad. des Sc.* (1856), t. XLIII, p. 650.
Buff. *Pl. enl.* 996, *mâle adulte,* sous le nom de *Sarcelle de Cayenne, dite Soucrourou;* — 403, *femelle.*

Mâle adulte : Espace entre le bec et l'œil couvert par une bande blanche en croissant, qui descend sur les côtés de la gorge en passant sur les joues, et dont la concavité regarde la nuque; front, sommet de la tête et gorge noirs; tout le reste de la tête et dessus du cou d'un noir violet, changeant en vert brillant; haut du dos festonné de bandelettes brunes et roussâtres concentriques; croupion et sus-caudales d'un brun noirâtre; la plupart des rémiges tertiaires étroites, pointues, rayées et terminées de bleu; gorge, devant et côtés du cou, poitrine et tout le reste des parties inférieures marqués de nombreuses taches noirâtres ou brunes sur fond roussâtre, arrondies sur le devant du cou et sur toutes les parties latérales, en bandelettes transversales sur la poitrine et sur le ventre; sous-caudales d'un noir profond velouté; côtés de la région anale marqués d'une grande tache blanche, haut de l'aile d'un bleu clair brillant, limité par une bande transversale blanche, qui occupe l'extrémité des grandes sus-alaires secondaires; rémiges secondaires d'un brun vert, formant miroir sur les barbes externes, brunes sur les barbes internes, les plus rapprochées du corps d'un brun noir, finement lisérées de blanc à l'extrémité; rémiges primaires d'un

brun foncé; rectrices brunes; bec noir; pieds rouges ou d'un jaune orange; ongles noirâtres.

A un âge moins avancé : Le dessus de la tête est noirâtre piqueté de roussâtre, la bande blanche en croissant est bordée de noir, tout le reste de la tête, le dessus, les côtés et le dessous du cou, leur moitié supérieure, sont d'un gris ardoise verdâtre; les plumes du croupion sont bordées de roussâtre.

Femelle adulte : Elle diffère du mâle par sa couleur brunâtre, tachetée et ondulée de noirâtre par tout le corps; les ailes restant à peu près ce qu'elles sont chez le mâle.

La Sarcelle Soucrourou habite la partie septentrionale de l'Amérique et s'égare très-accidentellement en Europe.

M. Canivet, dans son *Catalogue des Oiseaux du département de la Manche,* signale l'apparition de cet oiseau sur nos côtes. Un individu a été trouvé, il y a plusieurs années, sur le marché de Carentan, par M. Valier, il avait été tué dans les marais du voisinage.

Cette Sarcelle fréquente les étangs et les rivières. Sa chair, au rapport de Barrère, est délicate et de bon goût.

489 — SARCELLE SARCELLINE — *QUERQUEDULA CRECCA*
Steph. ex Linn.

Une bande vert doré de l'œil derrière le cou (mâle); *grandes sus-alaires secondaires terminées de jaune clair; rémiges secondaires blanches ou d'un blanc jaune à l'extrémité, noires sur les barbes externes, de la première à la quatrième; les suivantes d'un vert doré qui augmente de la cinquième à la dernière; le noir et le vert formant sur l'aile pliée deux longs miroirs superposés, limités en avant et en arrière par une bande blanchâtre ou jaune clair; rémiges cubitales brunes, extérieurement frangées de roussâtre.*

Taille : 0ᵐ,32 *environ.*

ANAS CRECCA, Linn. *S. N.* (1766), t. I, p.204.
QUERQUEDULA MINOR, Briss. *Ornith.* (1760), t. VI, p. 436.
QUERQUEDULA CRECCA, Steph. in : Shaw, *Gen. Zool.* (1824), t. XII, p. 146.
NETTION CRECCA, Kaup, *Nat. Syst.* (1829), p. 95.
QUERQUEDULA SUBCRECCA et CRECCOIDES, Brehm, *Hand. Nat. Vög. Deuts.* (1831), p. 835 et 836.
Buff. *Pl. enl.* 947.

Mâle adulte, au printemps : Tête et les deux tiers supérieurs du cou d'un roux marron, avec une tache blanche près du bec, de chaque côté, une ligne de même couleur derrière les yeux et un espace vert foncé à reflets, s'étendant depuis ces organes jusqu'au tiers inférieur de la nuque, en se rétrécissant progressivement et en longeant une bande noire qui occupe la ligne médiane de cette dernière partie; tiers inférieur de la nuque, dos et la plus grande partie des scapulaires rayés en travers, alternativement de blanc et de noir, quelques-unes des scapulaires noires et blanches; sus-caudales d'un cendré brun, avec les bords d'une teinte plus claire; gorge noire; tiers inférieur des faces antérieure et latérales du cou d'un brun clair, traversé de lignes blanchâtres; poitrine roussâtre, variée de taches noires et rondes; abdomen blanc ou d'un blanc jaunâtre, avec les flancs rayés transversalement de zigzags noirs, et le bas-ventre de cendré clair; sous-caudales médianes d'un noir bleu, les latérales blanches; couvertures supérieures des ailes d'un brun cendré, les grandes secondaires terminées de fauve clair; rémiges primaires d'un gris brun; sur les rémiges secondaires un miroir vert bordé inférieurement de noir et surmonté d'un second miroir d'un noir velouté; queue cendrée, avec les deux pennes médianes noires et frangées de blanc; bec noirâtre; pieds cendrés; iris brun.

Femelle adulte : Elle est un peu plus petite que le mâle. Tête et cou d'un blanc roussâtre, parsemé de taches brunes plus larges et plus foncées au vertex, à l'occiput, à la nuque, nulles ou très-peu apparentes à la gorge; dessus du corps d'un brun noirâtre au centre des plumes, et gris-roussâtre sur les bords; poitrine variée de brun sous forme de taches, de cendré et de roussâtre; abdomen blanc, avec le bas-ventre, les flancs et les sous-caudales tachetés de brun roussâtre; couvertures supérieures des ailes d'un brun cendré, liséré de brun plus clair, les grandes secondaires bordées de blanc terne à l'extrémité; miroir vert et noir, précédé d'une bande transversale blanche, qui est suivie d'une autre plus étroite de même couleur; rémiges brunes, très-légèrement lisérées de gris; rectrices également brunes, bordées de blanc.

Jeunes avant la première mue : Ils ressemblent à la femelle. On ne commence à distinguer les sexes qu'à la mue : à cette époque les mâles prennent des plumes rousses à la tête et au cou.

La Sarcelle sarcelline ou Sarcelle d'hiver est plus répandue que la Sarcelle d'été; on la trouve toute l'année en France : elle est de passage seulement dans beaucoup d'autres pays.

Elle niche dans les endroits marécageux; pond dix à douze œufs, qui diffèrent très-peu par la couleur et la forme de ceux de la Sarcelle d'été. Ils mesurent :

Grand diam. 0^m,043 à 0^m,046 ; petit diam. 0^m,032 à 0^m,033.

Elle voyage aux mêmes époques que la Sarcelle d'été. Sa chair est aussi excellente.

490 — SARCELLE FORMOSE — *QUERQUEDULA FORMOSA*
Bp. ex Georgi.

(Type du genre *Eunetta*, Bp.)

Une tache chamois arrondie ou ovale sur les joues; grandes sus-alaires secondaires d'un rouge de brique à la base, d'un vert doré à l'extrémité, ces deux couleurs étant séparées par une teinte plus foncée; rémiges secondaires d'un noir violet sur les barbes externes, avec une grande tache terminale blanche; le noir violet formant sur l'aile pliée un long miroir, limité en avant par une bande vert doré, en arrière par une bande blanche.

Taille : 0^m,41 (mâle) ; 0^m,36 à 0^m,38 (femelle).

ANAS FORMOSA, Georgi, *Reise* (1775), t. I, p. 168.
ANAS GLOCITANS, Pall. (nec Gmel.), *Acta Holmiens.* (1779), t. XL, p. 33, pl. I ; et *Zoogr.* (1811-1831), t. II, p. 261.
ANAS BAÏKAL, Bonnat. *Tabl. Encycl.* (1791), t. I, p. 158.
QUERQUEDULA FORMOSA, Bp. *Rev. crit.* (1850), p. 103.
EUNETTA FORMOSA, Bp. *C. R. de l'Acad. des Sc.* (1856), t. XLIII, p. 650.
Brandt, *Desc. et Ic. An. Rossic. nov.* pl. 4.
Z. Gerbe, *Rev. et Mag. de Zool.* (1851), t. VI, pl. 3.

Mâle adulte : Dessus de la tête, du front à l'occiput, d'un noir violacé, limité par un trait sourcilier blanc, qui prend naissance en avant de l'œil et contourne l'occiput ; face couverte d'une large tache ovalaire blanche, lavée de fauve clair ; une bande noire, courbe, à concavité antérieure, bordée de blanc sur les deux côtés, descend de la paupière inférieure, encadre la face et forme sur la gorge une large tache en se réunissant à celle du côté opposé ; immédiatement en arrière de cette bande noire, une bande plus large courbée en faulx, d'un fauve pâle comme la tache des joues, descend obliquement de l'angle postérieur de l'œil, sur le devant du cou, où elle forme, par sa réunion à son analogue, un demi-collier assez large ; enfin une troisième bande, également en forme de faulx, d'un vert chatoyant, tournant au noir sur son bord antérieur, limité en haut par le trait sourcilier, séparée de la bande pré-

cédente par une bandelette blanche, occupe les côtés de la tête et du
cou, depuis l'angle postérieur de l'œil jusqu'au milieu du cou, où elle
se réunit à celle du côté opposé. Cette dernière bande est elle-même limitée par un étroit collier oblique et blanc dont le bord inférieur se
fond avec la teinte du jabot; ligne médiane postérieure de la moitié supérieure du cou d'un beau noir violet; dos ondulé de traits bruns et
cendrés; scapulaires variées de bandelettes noires, rousses et blanches;
partie inférieure du cou et poitrine d'un rouge de brique pâle, relevé
par des taches noires; flancs cendrés, vermiculés de blanc et de
fauve; abdomen lavé de roussâtre ou de jaunâtre; région anale noire,
bordée latéralement de roux de rouille, avec une ligne transversale
blanche passant par l'anus; haut de l'aile d'un roux de rouille limité
par une bande oblique verte, qui occupe l'extrémité des grandes couvertures supérieures secondaires et que précède un trait plus foncé; à
cette bande succède un miroir d'un beau noir violet, limité postérieurement par une large bordure blanche; rémiges primaires et rectrices
brunes; bec noir; pieds d'un roussâtre pâle; iris brun.

Jeune mâle, tué en 1836 *sur la Saône :* Sommet de la tête d'un
brun marron foncé, limité de chaque côté par une ligne d'un brun
jaunâtre, qui prend naissance au-dessus de l'œil, et contourne l'occiput; une tache triangulaire d'un vert foncé, dont le sommet part de
l'angle postérieur de l'œil, et dont la base, dirigée en arrière, se réunit à
la tache du côté opposé, recouvre la nuque, une partie des côtés de la
tête et du haut du cou; une autre tache ovalaire d'un noir profond s'é-
tend sur toute la gorge, et donne naissance, vers son extrémité postérieure, et de chaque côté, à un croissant noir, à concavité antérieure, qui
remonte en s'élargissant sensiblement jusqu'à la paupière inférieure;
ce croissant encadre, du côté concave, une tache oblongue d'un jaune
fauve, pointillé de noir, qui recouvre la joue, et limite, du côté convexe,
une autre grande tache semi-lunaire de même couleur que la précédente, qui, en se réunissant à son analogue sur le devant du cou, forme
un demi-collier d'un centimètre environ d'étendue en hauteur; à son
angle supérieur, cette tache présente un liséré blanc qui simule
un V renversé, et en arrière d'elle, sur la partie latérale du cou et s'arrêtant au point où finit le demi-collier, existe une bande en croissant,
d'un noir profond, parsemé de jaune fauve; enfin, une autre bande
moins étendue supérieurement et d'un blanc mat, suit cette dernière;
ligne médiane postérieure du cou d'un noir profond dans la moitié supérieure, d'un brun foncé dans tout le reste de son étendue; dos et

scapulaires d'un brun tournant au noirâtre au centre des plumes, et au roussâtre sur les bords ; croupion, rémiges et rectrices d'un brun uniforme ; dessus de l'aile marqué de quatre bandes transversales obliques d'inégale grandeur : la première d'un roux foncé comme chez le Chipeau, la seconde d'un vert brun à reflets, la troisième noire, la quatrième blanche ; parties inférieures, latérales et antérieures du cou, haut de la poitrine, parsemés de taches arrondies ou ovalaires, noires, de deux à quatre millimètres de diamètre, sur un fond lie de vin clair ; plumes des flancs, les unes brunes, bordées de roussâtre ; les autres cendrées, finement coupées de lignes vermiculées blanches, fauves et grises ; abdomen, ventre et sous-caudales médianes d'un gris foncé, varié de taches semblables à celles de la poitrine, mais un peu moins intenses ; sous-caudales latérales à barbes externes rousses, à barbes internes noires, ce qui produit une double bande longitudinale ; bec et pieds noirs.

Femelle adulte : Une tache ronde d'un jaunâtre chamois sur les côtés de la mandibule supérieure, surmontée d'une autre tache brune, piquetée de noir ; plumes du dessus de la tête noires au centre, bordées de roux clair ; gorge blanche, lavée de jaunâtre, côtés et devant du cou blancs, tachetés de noir ; derrière du cou roussâtre, strié de noirâtre ; haut du dos brun, avec des bordures roussâtres ; bas du dos et suscaudales bruns, variés de gris sur les bords des plumes ; partie inférieure du cou, en avant, et poitrine, teintées de roussâtre et tachetées de brun ; flancs ondés de brun roussâtre et de blanc jaunâtre ; le reste des parties inférieures blanchâtre, avec des taches brunes sur le ventre et au centre des sous-caudales ; couvertures supérieures des ailes à peu près comme chez le mâle adulte ; les grandes secondaires terminées de blanc lavé de rouge brique ; rémiges primaires brunes en dehors, avec l'extrémité plus foncée ; rémiges secondaires, de la troisième à la huitième, noires sur les barbes externes, largement bordées de blanc à l'extrémité, les suivantes d'un vert doré sur la moitié basale des barbes externes, d'un noir velouté brillant sur le reste et terminées de blanc ; rémiges cubitales brunes, extérieurement frangées de blanc roussâtre, suivi d'une bande noire ; bec et pieds comme chez le mâle.

La Sarcelle formose habite les contrées orientales et septentrionales de l'Asie. Georgi et Pallas l'ont fréquemment observée dans la Sibérie orientale, sur les bords du lac Baïkal et de la Léna. Elle se montre accidentellement en Europe.

Vers la fin de novembre 1836, cinq individus ont été tués, à quelques jours d'intervalle, sur les bords de la Saône, près d'Epervans, par le nommé Sauvin, chasseur de profession. Quatre d'entre eux furent vendus pour la table, en qualité de Sarcelle ordinaire, à un maître d'hôtel de Châlons, le cinquième, heureusement préservé de la destruction par un collecteur intelligent, fut préparé par M. Martin, pharmacien à Châlons. Ce précieux spécimen fait aujourd'hui partie de l'intéressante collection du docteur de Montessus. L'apparition de cet oiseau dans le bassin de la Saône, eut lieu à la suite de vents impétueux et de pluies torrentielles qui avaient occasionné de grandes inondations. D'après M. Canivet, l'espèce se serait aussi montrée dans le bas pays de la Manche, vers les bords de la mer. Deux individus, un mâle et une femelle, qu'un chasseur des environs de Carentan lui avait fournis, ont été cédés par lui à M. le comte de Steade, qui les compte parmi les richesses de sa belle galerie d'Histoire naturelle.

Selon Pallas, la Sarcelle formose se reproduit en juin. Elle niche à terre, dans un petit enfoncement qu'elle garnit de plumes, et pond une dizaine d'œufs blanchâtres.

Elle fréquente les lacs et les fleuves; se montre rarement sur les bords de la mer, et fait entendre en volant une sorte de gloussement. Elle commence à émigrer en septembre avant les autres oiseaux aquatiques.

Sa chair est excellente.

491 — SARCELLE A FAUCILLES
QUERQUEDULA FALCATA
Bp. ex Pall.

Une petite tache blanche sur le front, immédiatement derrière la mandibule supérieure (mâle); grandes sus-alaires secondaires grises, terminées de blanc; rémiges secondaires, de la deuxième à la dixième, d'un noir d'acier velouté sur les barbes externes, blanches à l'extrémité, le noir formant sur l'aile pliée un miroir limité en avant et en arrière par une bandelette blanche; rémiges cubitales longues, étroites sur toute leur étendue, variées par deux lignes blanches et deux lignes noires.

Taille : 0^m,43 à 0^m,45.

ANAS FALCATA, Pall. *Voy.* (1776), édit. in 4°, t. III, append. p. 301 ; et *Zoogr.* (1811-1831), t. II, p. 259.

ANAS DREPANOPTEROS, Messerschm. in : Pall. *Zoogr.* p. 259.

ANAS FALCARIA, Gmel. *S. N.* (1788), t. I, p. 521.

QUERQUEDULA FALCARIA, Eyton, *Monogr. Anat.* (1838), p. 126.

QUERQUEDULA FALCATA, Bp. *Rev. crit.* (1850), p. 193.

LUNETIA FALCATA, Bp. *C. R. de l'Acad. des Sc.* (1856), t. XLIII, p. 850.

Brandt, *Icon. Av. Ross.* pl. 3.

Mâle adulte : Une étroite bande blanche au front, immédiatement à la base du bec ; gorge, devant et côtés du cou d'un blanc pur ou d'un blanc faiblement lavé de jaunâtre, formant un grand collier qui diminue de largeur d'avant en arrière, et se termine en pointe vers le milieu de la région cervicale ; un autre collier de même couleur, mais beaucoup plus étroit, occupe le bas du cou ; ces deux colliers sont séparés par un troisième d'un noir pourpre soyeux ; le reste de la tête est d'un beau vert bronzé, à reflets violets et pourpres, changeants en rouge cuivre sur les joues et au-dessous des régions parotiques ; plumes du dessus de la tête et de la nuque longues, larges, décomposées et formant, celles surtout de la nuque, une longue et large touffe tombante, qui s'étend jusqu'au milieu de la région cervicale et se termine en pointe ; côtés du cou, au-dessous du demi-collier, blancs ; dos et flancs variés de bandes semi-circulaires étroites et alternes, blanches et noirâtres, beaucoup plus nombreuses et plus étroites sur le bas du dos et sur les flancs ; poitrine et abdomen ondulés de noir et de blanc pur, ou de blanc lavé d'une teinte terre de Sienne ; croupion brun ; sus-caudales finement vermiculées de gris cendré et de brun clair ; sous-caudales médianes d'un beau noir soyeux, les latérales d'un noir soyeux dans leur moitié basale, d'un blanc pur ou d'un blanc lavé de jaunâtre dans le reste de leur étendue ; dessus des ailes d'un gris cendré, coupé obliquement par une grande bande blanche qui passe par l'extrémité des grandes sus-alaires secondaires ; les dix rémiges primaires d'un gris brun sur les barbes externes et à l'extrémité, d'un blanchâtre lavé de roussâtre sur les barbes internes ; les dix rémiges suivantes d'un noir d'acier velouté sur les barbes externes, d'un brun rougeâtre sur les barbes internes, blanches sur le rachis et à l'extrémité, à l'exception des deux dernières qui ne portent aucune trace de blanc ; quatre ou cinq des plumes cubitales ou tertiaires, étroites, aiguës, contournées en faucille, dépassant l'extrémité des grandes rectrices primaires, au-dessus desquelles elles retombent, à rachis blanc, d'un noir velouté, liséré de blanc sur les barbes externes ; également noires dans une étendue plus ou moins grande sur les barbes internes, qui sont largement bordées de roussâtre et de cendré ; cette dernière teinte augmente de la première à la quatrième, où elle est finement vermiculée de blanchâtre ; rectrices d'un brun clair ; bec noir ; tarses et doigts bleuâtres ; palmures noires ; iris brun. (Collect. de M. le comte de Riocour.)

Cette magnifique espèce habite l'Asie orientale. Pallas l'a fréquemment observée dans toute la Sibérie orientale, dans les régions situées au delà du lac Baïkal et dans tout le cours de la Léna. Elle s'égare très-accidentellement en Europe.

Le Musée de Vienne possède un beau mâle adulte qui a été tué en Hongrie. Du reste, une allusion que fait Pallas, dans sa *Zoographie*, donnerait à penser que l'espèce s'était déjà montrée en Angleterre (1).

D'après le même auteur la Sarcelle à faucilles niche à terre, compose son nid de brins d'herbes, et pond des œufs blanchâtres, un peu plus petits que ceux de la poule.

Elle vit en troupes; fait entendre, en volant, un cri sifflant, bref, assez semblable à celui de l'Avocette, et a une chair très-délicate.

492 — SARCELLE ANGUSTIROSTRE
QUERQUEDULA ANGUSTIROSTRIS
Bp. ex Ménét.

(Type du genre *Marmaronetta*, Reich.)

Tout le plumage brun clair, ondulé de blanchâtre; rémiges secondaires grisâtres, avec l'extrémité blanche ou blanchâtre; point de miroir brillant sur l'aile.

Taille : $0^m,39$ à $0^m,42$.

ANAS ANGUSTIROSTRIS, Ménét. *Cat. rais. Cauc.* (1832), p. 58.
ANAS MARMORATA, Temm. *Man.* (1840), 4e part. p. 554.
QUERQUEDULA ANGUSTIROSTRIS, Bp. *B. of Eur.* (1838), p. 56.
MARMARONETTA ANGUSTIROSTRIS, Reich. *Syst. Av.*
Gould, *Birds of Eur.* pl. 373.

Mâle adulte : Vertex et cou blanchâtres, striés de brun; dessus du corps d'un brun de terre d'ombre, avec les plumes du manteau terminées par un croissant isabelle et les scapulaires par une grande tache blanche, nuancée de cendré; poitrine, abdomen, flancs, sous-caudales, blanchâtres, ondés de bandes transversales d'un brun clair; d'une teinte plus blanche, très-faiblement ondée au bas-ventre; grande tache brune, ovoïde, autour des yeux, plus large en arrière qu'en avant; pourtour du bec blanchâtre, strié de brun; ailes d'un brun cendré clair, avec les plumes secondaires terminées de blanc; bec et pieds noirs; iris brun.

Femelle adulte : Elle ressemble au mâle, mais elle est généralement d'une teinte plus claire et d'un blanc plus pur en dessous.

Jeunes avant la première mue : Ils nous sont inconnus.

(1) « Mirum eam in Anglia observatam fuisse, teste amicissimo Pennant » (*Zoogr. Ross. Asiat.* t. II, p. 260).

La Sarcelle angustirostre, connue aussi sous le nom de *Sarcelle marbrée*, habite le sud de l'Europe, le nord de l'Asie et de l'Afrique.

Temminck nous apprend que M. Centraine lui a procuré un couple de cette espèce, capturé en Sardaigne. Un autre individu tué également en Sardaigne, envoyé par M. Cara au marquis Durazzo, a été figuré par le prince Ch. Bonaparte dans sa *Fauna Italica*. L'espèce ferait donc de rares apparitions dans quelques îles de la Méditerranée. Elle était très-commune dans nos possessions algériennes pendant les premières années de la conquête.

Elle niche en Algérie : ses œufs sont blancs, très-légèrement roussâtres ou verdâtres, et exactement de même forme que ceux de nos Sarcelles d'été et d'hiver. Ils mesurent :

Grand diam. 0ᵐ,045 à 0ᵐ,049 ; petit diam. 0ᵐ,033 à 0ᵐ,034.

Mœurs et régime inconnus.

SOUS-FAMILLE LXXXI

FULIGULIENS — *FULIGULINÆ*

Fuligulina, Flem. *Brit. Ornith.* (1833).

Fuligulinæ et Erismaturinæ (Bp. *C. R. de l'Acad. des Sc.* 1856).

Bec généralement plus large à la base que vers l'extrémité ; mandibule inférieure en partie cachée par la mandibule supérieure ; jambes et tarses très-courts, placés très en arrière de l'équilibre du corps ; doigts allongés, l'externe généralement aussi long que le médian ; pouce largement bordé en dessous ; palmures amples ; cou gros et court.

Les Fuliguliens se distinguent des Anatiens par des palmures plus larges ; un doigt externe plus allongé, égal au médian, l'ongle compris ; un corps plus trapu ; un cou plus court ; des jambes généralement plus rejetées à l'arrière du corps ; et surtout par la large membrane qui borde le pouce.

Leurs mœurs et leurs habitudes diffèrent également de celles des Anatiens. Ils préfèrent en général les eaux salées aux eaux douces ; cherchent leur nourriture en plongeant, et vivent presque exclusivement de petits poissons, de mollusques bivalves, de vers et de crustacées.

La plupart des genres dont cette sous-famille se compose ont des représentants en Europe.

GENRE CCXXXIII

BRANTE — *BRANTA*

Branta, Boie, *Isis* (1822).
Netta, Kaup, *Nat. Syst.* (1829).
Callichen, Brehm, *Hand. Nat. Vög. Deuts.* (1831).
Mergoides, Eyton, *Cat. Brit. B.* (1836).

Bec aussi long que la tête, un peu élevé à son origine, très-déprimé au delà des narines, large à la base et diminuant insensiblement jusqu'à l'extrémité, qui est relativement étroite; lamelles de la mandibule supérieure larges, visibles sur la moitié antérieure du bec et notablement dirigées en arrière; celles de la mandibule inférieure très-fines, très-rapprochées, à peine saillantes; onglet supérieur assez large, saillant au delà des bords de la mandibule, terminé en pointe recourbée; narines sub-médianes, latérales, très-distantes, grandes, ovales; ailes atteignant presque l'extrémité de la queue, aiguës; queue très-courte, arrondie; tarses épais, un peu plus courts que le doigt interne.

Les Brantes, que beaucoup d'auteurs rangent parmi les Fuligules, dont ils ont les formes générales et les habitudes, se distinguent cependant de celles-ci par un bec différemment conformé. Il est bien plus déprimé, étroit à l'extrémité, au lieu d'être dilaté; l'onglet est plus large, plus long, plus saillant; les lamelles de la mandibule supérieure sont visibles sur une plus grande étendue et ont une direction un peu différente; enfin les lamelles de la mandibule inférieure sont plus serrées, moins saillantes. Elles ont d'ailleurs, comme quelques Fuligules, les plumes de l'occiput allongées et formant une touffe rayonnante.

Le mâle et la femelle diffèrent notablement; leur mue est double.

495 — BRANTE ROUSSATRE — *BRANTA RUFINA*
Boie ex Pall.

Rémiges secondaires blanches (mâle) *ou d'un blanc lavé de gris vineux* (femelle), *coupées par une bande terminale brune, le blanc formant un large miroir sur l'aile fermée; rémiges cubitales ou tertiaires d'un gris cendré uniforme.*

Taille : 0^m,56 à 0^m,57.

ANAS FISTULARIS CRISTATA, Briss. *Ornith.* (1760), t. I, p. 398.

ANAS RUFINA, Pall. *Voy.* (1776), édit. franç. in-8°, t. VIII, append. p. 39.

BRANTA RUFINA, Boie, *Isis* (1822), p. 564.

FULIGULA RUFINA, Steph. in : Shaw, *Gen. Zool.* (1824), t. XII, p. 188.

NETTA RUFINA, Kaup, *Nat. Syst.* (1829), p. 102.

CALLICHEN RUFICEPS et RUFINUS, Brehm, *Hand. Nat. Vog. Deuts.* (1831), p. 922 et 924.

MERGOIDES RUFINA, Eyton, *Rar. Brit. B.* (1836), p. 57.

AYTHYA RUFINA, Macgill. *Man. Brit. Orn.* (1840), t. II, p. 191.

Buff. *Pl. enl.* 928, *mâle adulte*, sous le nom de *Canard siffleur huppé.*

Mâle adulte : Dessus de la tête rouge bai, nuancé de cendré en arrière et de jaunâtre sur les côtés ; nuque d'un noir velouté sur la partie médiane ; dessus du corps d'un gris vineux, avec un grand espace blanc sur les côtés de la partie supérieure du dos ; croupion et sus-caudales d'un brun noirâtre ; joues, faces antérieure et latérales des deux tiers supérieurs du cou rouge bai, comme le front ; partie inférieure du cou, poitrine, abdomen et sous-caudales d'un brun noir lustré ; flancs d'un blanc pur ; petites couvertures supérieures des ailes les plus antérieures, blanches, toutes les autres d'un cendré brunâtre, légèrement lavé de jaunâtre ; grandes rémiges primaires brunes en dehors, et à l'extrémité, blanches sur les barbes internes, les suivantes et les secondaires blanches, terminées de brun ; rémiges tertiaires ou cubitales cendrées ; queue brune, avec le bout d'une teinte plus claire ; bec rouge carminé ; tarses et doigts d'un rouge brun, avec les membranes noirâtres ; iris rouge de groseille.

Femelle adulte : Huppe moins touffue ; dessus de la tête, jusqu'aux paupières inclusivement, occiput et partie médiane de la nuque d'un brun roux ; dessus du corps d'un brun cendré jaunâtre, avec le croupion noirâtre et les sus-caudales d'une teinte moins foncée ; joues et haut du cou, sur toutes les faces, cendrés ; bas du cou, poitrine et flancs d'un brun jaunâtre ; abdomen gris, sous-caudales blanches ; couvertures supérieures des ailes pareilles au dos ; grandes rémiges primaires brunes, les suivantes et les secondaires d'un blanc grisâtre avec une bande transversale brune à l'extrémité ; rectrices médianes brunes, les latérales d'un cendré roussâtre ; bec, tarses et doigts brun-rougeâtre.

Jeunes avant la première mue : Ils nous sont inconnus.

Variété accidentelle : Le Musée de Boulogne possède un individu à plumage blanc.

La Brante roussâtre ou huppée habite l'est et le sud-est de l'Europe. On la trouve sur tout le littoral de la mer Noire et, de loin en loin, dans le midi et le nord de la France. Elle est sédentaire et commune, surtout l'hiver, dans certaines localités de la Sicile. D'après M. A. Malherbe on en voit beaucoup, au printemps, arriver de l'Orient, et M. Salvadori dit avoir rencontré en avril, sur le lac de la Scaffa, une bande de plus de vingt individus.

On en a tué sur tous les points du nord de la France. Elle n'est pas rare en Suisse, sur le lac de Constance, d'où M. Schinz l'a obtenue plusieurs fois. Elle s'y fait voir principalement au printemps. M. Yarrell l'a, dit-on, trouvée en Angleterre, où elle n'avait jamais été vue avant lui.

Elle niche sur les îlots, au milieu des herbes et des roseaux. Sa ponte, d'après M. A. Malherbe, est de six à huit œufs d'un blanc verdâtre ou d'un roussâtre clair. Ils mesurent :

Grand diam. 0^m,035 à 0^m,056; petit diam. 0^m,039 à 0^m,041.

Cette espèce vit par couples ou par petites compagnies. Quelques essais ont été faits pour l'élever en domesticité ; mais ils n'ont point été suivis de succès.

GENRE CCXXXIV
FULIGULE — *FULIGULA*

Nyroca, Flem. *Phil. of Zool.* (1822).
Aythya, Boie, *Isis* (1822).
Fuligula, Steph. in : Shaw, *Gen. Zool.* (1824).
Platypus, Brehm (1830).
Marila, Reich.

Bec aussi long que la tête, légèrement élevé à la base, déprimé à l'extrémité, à peu près de même hauteur dans toute son étendue à partir des narines, un peu plus large vers le tiers antérieur qu'à la base ; lamelles larges entièrement cachées ; mandibule inférieure visible seulement à son origine quand le bec est fermé ; onglet supérieur petit, ovale, terminé en pointe recourbée ; narines sub-médianes, latérales, très-distantes, étroites, oblongues ; ailes de moyenne longueur, aiguës ; queue très-courte, arrondie, à pennes terminées en pointe ; tarses bien plus courts que le doigt interne.

Les Fuligules ont des formes trapues qui rappellent celles des Garrots, mais elles se distinguent de ceux-ci par la forme de leur bec et par la position des narines ; par une queue plus courte.

Elles fréquentent les rivières, les lacs de l'intérieur, accidentellement les bords de la mer. Lorsqu'elles nagent, leur corps est en grande partie immergé. C'est en plongeant qu'elles vont chercher au fond de l'eau les végétaux, les racines, les vers, les mollusques dont elles se nourrissent. La position très-reculée de leurs jambes et leurs larges palmures leur rendent la marche difficile et embarrassée.

Les Fuligules sont propres aux régions arctiques, où elles vont se reproduire et d'où elles émigrent, l'hiver, pour se répandre dans des régions plus tempérées; leur chair est délicate et de bon goût.

Le mâle et la femelle ont un plumage un peu différent. Les jeunes, avant la première mue, s'en distinguent ou ressemblent plus ou moins à la femelle. Leur mue est double.

Observation. Les espèces auxquelles nous laissons le nom de *Fuligules* sont rangées dans deux genres par les uns; dans quatre genres par les autres. C'est en vain que l'on cherche des caractères vraiment génériques à ces diverses coupes : les Morillons, les Nyrocas, les Milouins, les Milouinans, ont les mêmes formes générales, la même forme de bec, de pieds, d'aile, de queue; la même forme et la même disposition des narines ; et tous ont la tête et le cou jusqu'à la poitrine et aux épaules colorés d'une teinte qui tranche sur le reste du plumage. Il n'y a réellement de différence un peu importante entre ces divers oiseaux que celles que l'on peut tirer de la présence ou de l'absence, chez les adultes, d'une touffe de plumes occipitales. Nous en ferons un simple caractère de groupe.

A — *Espèces chez lesquelles les plumes de l'occiput, à l'âge adulte, sont allongées, effilées et forment une touffe plus ou moins longue et tombante.*

494 — FULIGULE MORILLON — *FULIGULA CRISTATA*
Steph. ex Linn.

Tête et cou, en totalité, d'un noir à reflets pourprés ; rémiges secondaires blanches, avec une large bordure terminale noire, le blanc formant un miroir très-oblique sur l'aile fermée ; flancs unicolores.

Taille : 0^m,40.

ANAS FULIGULA, Linn. *S. N.* (1766), t. I, p. 207.
GLAUCION, Briss. (nec Linn.), *Ornith.* (1760), t. VI, p. 406.
ANAS LATIROSTRA, Brünn. *Ornith. Bor.* (1764), p. 21.
ANAS SCANDIANA, Gmel. *S. N.* (1788), t. I, p. 520.
ANAS COLYMBIS, Pall. *Zoogr.* (1811-1831), t. II, p. 266.
ANAS ARCTICA, Leach, *Syst. Cat. M. and. B. Brit. Mus.* (1816), p. 39.
AYTHYA FULIGULA, Boie, *Isis* (1822), p. 564.
NYROCA FULIGULA, Flem. *Phil. of Zool.* (1822), t. II, p. 260.

FULIGULA CRISTATA, Steph. in : Shaw, *Gen. Zool.* (1824), t. XII, p. 190.
Buff. *Pl. enl.* 1001, *mâle adulte.*

Mâle adulte au printemps : Tête, huppe et haut du cou d'un noir à
reflets violets ; bas du cou, haut du dos, croupion et sus-caudales d'un
brun noirâtre ; milieu du dos et scapulaires noirâtres, légèrement
ponctués de blanchâtre ; poitrine noire ; abdomen et flancs, bas-
ventre et sous-caudales noirâtres ; couvertures supérieures des ailes
d'un brun noir à reflets bronzés ; miroir blanc, très-oblique, borné en
arrière par une bande noire ; rémiges et rectrices noirâtres, avec des
bordures moins foncées ; bec bleu clair, avec l'onglet noir ; pieds
bleuâtres, avec les palmures noires ; iris jaune brillant.

Femelle adulte : Huppe plus courte ; tête, cou, haut du dos et sus-
caudales d'un noir mat, nuancé de brun foncé ; le reste du dos et les
scapulaires noirâtres, parsemés de petits points roussâtres ; poitrine et
flancs d'un noir brun, avec de grandes taches roussâtres ; abdomen
blanc, nuancé de brun roussâtre ; miroir semblable à celui du mâle,
mais plus petit ; bec et pieds d'un brun bleuâtre ; iris jaune clair.

Jeunes avant la première mue : Léger indice de huppe ; dessus de
la tête, du cou et du corps, d'un brun noirâtre, avec les bordures des
plumes moins foncées ; joues, devant et côtés du cou d'un brun roussâtre, avec une tache blanche en dessous et en arrière du bec ; poitrine
tachetée de brun et de roussâtre ; parties inférieures plus ou moins
blanches, avec le bas-ventre varié de brun et les flancs de brun roussâtre ; couvertures supérieures des ailes pareilles au dos ; miroir petit
comme chez la femelle ; iris jaune pâle et terne.

La Fuligule morillon habite, l'été, les régions arctiques de l'ancien monde,
et l'hiver, les régions tempérées et méridionales.

Elle niche sur les bords des mers et des lacs. Ses œufs sont d'un brun ou
d'un gris verdâtre, sans taches, très-clairs. Ils mesurent :

Grand diam. 0^m,058 ; petit diam. 0^m,039.

Cette espèce est très-répandue en France, en automne et même en hiver, sur
les eaux vives qui ne gèlent pas. Elle devient fort grasse en automne, et sa
chair est alors très-savoureuse.

Observation. On connaît quelques exemples de croisement de la Fuligule-
morillon avec d'autres Anatidés ; M. de Sélys-Longchamps a vu, au Jardin zoologique de Londres, des hybrides provenant de l'accouplement de la femelle
Fulig. cristata avec un mâle *Fulig. nyroca.* Il cite, d'après Baillon, d'autres
hybrides obtenus à Paris, qui avaient également pour mère la Fuligule morillon et pour père l'*Aix sponsa.* M. Morton (*Hybridity in Animals,* in : *Amer. Jour.*

Sc. and Arts, 1847), signale enfin des métis produits par la *Fulig.* — *cristata*, mâle, et la *Querquedula circia*, femelle.

495 — FULIGULE A COLLIER — *FULIGULA COLLARIS*
Bp. — ex Donov.

Une tache blanche au menton; collier roux de rouille au mi-lieu du cou, interrompant le noir à reflets pourprés de cette ré-gion; rémiges secondaires d'un cendré pâle, brunâtres vers l'extré-mité, avec un liséré terminal blanc; le cendré formant un miroir sur l'aile fermée; flancs finement vermiculés de brun noir.

Taille : 0^m,40 *environ.*

ANAS COLLARIS, Donovan, *Nat. Hist. Brit. Birds* (1794-1818), pl. 147.
ANAS FULIGULA, Wils. (nec Linn.), *Amer. Ornith.*
ANAS RUFITORQUES, Bp. *Journ. Acad. Sc. Nat. of Philad.* ((1824), t. III, n. 13.
FULIGULA RUFITORQUES, Bp. *B. of Eur.* (1838), p. 58.
FULIGULA COLLARIS, Bp. *Ucc. Europ.* (1842), p. 73.
Wils. *Amer. Ornith.* pl. 67, fig. 5.

Mâle adulte : Tête et huppe noires, à reflets pourprés; milieu du cou orné d'un collier d'un roux de rouille ou d'un marron foncé; menton blanc; partie inférieure du cou, dos et scapulaires noirs, très-finement saupoudrés de petits points blancs à peine visibles; croupion et sus-caudales d'un noir pur; bas de la poitrine et ventre blancs; flancs rayés de fines lignes vermiculées noirâtres; région anale noire; rémiges primaires d'un brun cendré; rémiges secondaires d'un cendré pâle ou d'un blanc bleuâtre, avec une bande plus foncée vers l'extrémité et la fine pointe bordée de blanc; rémiges tertiaires noires, à reflets verts; rectrices d'un brun noir; bec d'un gris bleuâtre, traversé à la base et un peu avant l'extrémité, qui est noire, par deux bandes d'un blanc bleuâtre; tarses et doigts d'un cendré verdâtre; palmures noires iris jaune orange brillant.

Femelle adulte : Plumes de la huppe plus courtes que chez le mâle; teintes du plumage généralement plus foncées; cou dépourvu de col-lier ferrugineux, d'un brun clair dans sa partie supérieure, blan-châtre, mêlé de brun sur les côtés de la partie inférieure.

Jeunes mâles : Ils ont la tête et la partie supérieure du cou d'un brun pourpré; sur quelques-uns le collier marron est peu prononcé, sur d'autres il est très-brillant, d'autres enfin en sont dépourvus; le

pointillé blanc du dos manque quelquefois, d'autres fois, au contraire,
il est très-exagéré.

Cette espèce habite toute l'Amérique septentrionale, et s'égare quelquefois
en Europe.

Elle a été observée plusieurs fois, d'après le prince Ch. Bonaparte, dans les
îles Britanniques. La figure qu'en a donnée Donovan, est faite d'après un individu qui aurait été tué dans le Lincolnshire.

La Fuligule à collier fréquente les eaux douces : on la voit rarement sur
les bords de la mer. Elle paraît se nourrir principalement de substances végétales. Sa chair est très-tendre et de bon goût.

Observation. La *Fuligula collaris* a les plus grands rapports avec l'espèce
précédente ; cependant elle s'en distingue par la tache blanche du menton ;
par son collier marron, par ses flancs vermiculés, et par son miroir cendré
bleuâtre. Elle a, en outre, une huppe bien moins allongée que la *Fuligula
cristata*, et à peine plus longue que chez les Garrots.

B. — *Espèces chez lesquelles les plumes de l'occiput ne forment à
aucun âge une touffe longue et tombante.*

496 — FULIGULE MILOUINAN — *FULIGULA MARILA*
Steph. ex Linn.

(Type du genre *Marila*, Reich.)

*Tête et haut du cou d'un noir à reflets verdâtres ; rémiges se-
condaires blanches, avec une large bordure terminale noire, le blanc
formant un étroit miroir oblique sur l'aile fermée ; flancs unicolores
(mâle), ou vermiculés de brun (femelle).*

Taille : 0ᵐ,47 environ.

ANAS MARILA, Linn. *S. N.* (1766), t. I, p. 196.
ANAS FRENATA, Sparm. *Mus. Carls.* (1786-1789), pl. 38.
AYTHYA MARILA, Boie, *Isis* (1822), p. 564.
FULIGULA MARILA, Steph. in : Shaw, *Gen. Zool.* (1824), t. XII, p. 198.
NYROCA MARILA, Flem. *Brit. Anim.* (1828), p. 122.
AYTHYA ISLANDICA et LEUCONOTUS, Brehm, *Handb. Nat. Vög. Deuts.* (1831),
p. 911 et 913.
FULIGULA GESNERI, Eyton, *Rar. Brit. B.* (1836), p. 58.
Buff. *Pl. enl.* 1002, *mâle.*

Mâle adulte en hiver : Tête, moitié supérieure du cou d'un noir à reflets verdâtres; moitié inférieure et poitrine d'un noir profond; haut du dos, scapulaires, blanchâtres, rayés transversalement de zigzags noirs, plus larges et d'une teinte plus foncée postérieurement; bas du dos, sus-caudales, noirs; abdomen et flancs d'un blanc pur, varié, au bas-ventre, de raies en zigzag brunes; sous-caudales noires; couvertures supérieures des ailes noires, marbrées de cendré; miroir blanc, sous forme de bande oblique; rémiges et rectrices brunes; bec d'un bleu clair en dessus, brun en dessous, avec les narines blanchâtres, les bords des mandibules et l'onglet noirs; tarses et doigts cendrés, avec les palmures noirâtres; iris jaune brillant.

Femelle adulte : Un peu plus petite que le mâle; tête, moitié supérieure du cou d'un brun noirâtre à reflets pourprés, avec un grand espace blanc pur autour du bec; moitié inférieure du cou, poitrine d'un brun foncé; dos, scapulaires et ailes, rayés alternativement de zigzags bruns et blanchâtres; bas du dos, sus-caudales d'un noir fuligineux; abdomen blanc, avec le bas-ventre varié de brun; flancs rayés comme le dos; bec brun, nuancé de bleuâtre en dessus; pieds d'un brun de plomb nuancé de gris verdâtre sur les tarses et les doigts, entre les articulations; iris jaunâtre.

Jeunes avant la première mue : Ils ressemblent à la femelle, mais ils sont d'une teinte brun-roussâtre en dessus, sans raies en zigzag au dos, aux ailes ni aux flancs; le blanc qui entoure le bec est moins étendu et moins pur.

Après la mue, on distingue facilement les sexes; les mâles et les femelles prennent le plumage qui leur est propre et après la seconde mue ils ressemblent aux adultes.

Cette espèce habite les régions du cercle arctique, et se montre de passage en Allemagne, en Hollande, en Angleterre, en Belgique, en Suisse et en France.

Nous la voyons périodiquement dans le Nord, le plus ordinairement sur les côtes maritimes, en automne et au printemps. On en trouve pendant tout l'hiver sur le marché de Dunkerque. Elle se montre plus accidentellement dans le midi de la France et en Anjou.

Elle niche sur les bords de la mer et des lacs; pond neuf ou dix œufs, d'un gris sombre un peu olivâtre. Ils mesurent :

Grand diam. $0^m,064$ à $0^m,066$; petit diam. $0^m,043$ à $0^m,044$.

La Fuligule milouinan paraît se nourrir principalement de mollusques bivalves. Celles que l'on capture sur nos côtes n'ont presque exclusivement dans l'estomac que des mollusques de cette nature. L'espèce se fait aisément à la captivité et au régime de la basse-cour.

Sa chair n'a pas un bon goût; elle est peu estimée.

Observations. La plupart des auteurs font de la Fuligule milouinan de l'Amérique du Nord (*Anas marila*, Wils. nec Linn.), les uns une espèce, les autres une simple race locale, sous le nom de *Fuligula affinis*, Eyton (*Fulig. mariloides*, Vig. nec Yarr. ; *Fulig. minor*, Giraud). Cette *Fulig. affinis* nous étant inconnue, nous ne pouvons dire quels sont les attributs distinctifs qui la caractérisent. Si nous en jugeons par la description de Wilson, le Milouinan d'Amérique aurait absolument le même plumage que le Milouinan que nous rencontrons en Europe: il n'en différerait que par une taille de quatre à cinq centimètres plus petite et par l'iris rougeâtre.

La *Fuligula affinis* Eyton (*An. marila*, Wils.), en supposant qu'elle soit réellement distincte de la *Fulig. marila*, Steph. (*An. marila*, Linn.), ne constituerait donc qu'une race ou une variété locale, propre à l'Amérique du Nord, où la Fuligule milouinan existe cependant aussi.

La *Fulig. affinis* s'égarerait quelquefois en Europe. Elle a été tuée, dit-on, sur les côtes de la Grande-Bretagne.

497 — FULIGULE MILOUIN — *FULIGULA FERINA*
Steph. ex Linn.
(Type du genre *Aythya*, Bp. ex Boie.)

Tête et haut du cou d'un roux marron vif; rémiges secondaires cendrées, avec un liséré blanc terminal sur les barbes externes, le cendré formant un large miroir oblique sur l'aile fermée; flancs finement vermiculés comme le reste des parties inférieures.

Taille : 0^m,45 environ.

ANAS FERINA, Linn. S. N. (1766), t. I, p. 203.
PENELOPE, Briss. (nec Linn.), Ornith. (1760), t. VI, p. 384.
ANAS RUFICOLLIS, Scop. (nec Pall.), Ann. 1 Hist. Nat. (1769), p. 66.
ANAS RUFA, Gmel. S. N. (1788), t. I, p. 515.
NYROCA FERINA, Flem. Phil. of Zool. (1822), t. II, p. 260.
AYTHYA FERINA, Boie, Isis (1822), p. 564.
FULIGULA FERINA, Steph. in : Shaw, Gen. Zool. (1824), t. XII, p. 193.
AYTHYA ERYTHROCEPHALA, Brehm, Handb. Nat. Vog. Deuts. (1831), p. 919.
Buff. Pl. enl. 803, mâle adulte.

Mâle adulte, au printemps : Tête et cou d'un roux rougeâtre vif; haut et bas du dos, sus-caudales d'un noir mat; le reste du dos, scapulaires et couvertures supérieures des ailes d'un cendré blanchâtre, rayées, en travers, de nombreux zigzags d'un cendré bleuâtre; haut de la poitrine noir, cette couleur se confondant avec celle du dos; le reste de la poitrine, abdomen et flancs pareils au manteau, mais les zigzags peu apparents au milieu de l'abdomen; bas-ventre et sous-caudales noirs; rémiges et rectrices brunes; bec d'un bleu foncé, avec la base et l'onglet noirs; tarses et doigts bleuâtres, avec les palmures noires; iris orange rouge.

Mâle adulte, en automne : Plumes rousses de la tête et du cou teintées de noir à l'extrémité; un liséré cendré aux plumes noires de la poitrine. Un individu, tué en février 1829, a, en outre, le bas de la poitrine et l'abdomen d'une teinte roux-jaunâtre, nuancé de cendré.

Femelle adulte : Vertex et occiput d'un brun noirâtre ; nuque d'une teinte moins foncée ; milieu du dos et scapulaires bruns, marqués de fines raies transversales en zigzags d'un cendré blanchâtre ; bas du dos, sus-caudales, d'un brun foncé très-légèrement marqué de zigzags à peine visibles ; gorge, haut de la face antérieure du cou, roussâtres, faiblement tachetés de brunâtre ; le reste de la face antérieure du cou brun, avec les plumes terminées de cendré ; poitrine, haut de l'abdomen d'un blanc cendré argentin ; bas-ventre d'un brun cendré, lustré, pointillé de taches d'un cendré clair peu apparentes, provenant de zigzags ; flancs pareils au milieu du dos ; joues et côtés du cou d'un brun roussâtre, avec un espace près du bec, les paupières et une raie derrière l'œil, de la même teinte que la gorge et variés comme elle ; couvertures supérieures des ailes d'un brun très-finement pointillé de cendré ; rémiges brunes, avec l'extrémité plus foncée, les secondaires les plus rapprochées du corps terminées par un petit liséré blanchâtre ; miroir d'un brun cendré luisant ; queue cendrée ; bec noir-verdâtre, avec l'onglet d'un noir profond ; pieds d'un cendré verdâtre, avec des raies transversales d'un brun de plomb en devant et sur les articulations des doigts ; iris brun-roux.

Jeunes avant la première mue : Ils ressemblent à la femelle.

Après la mue, on distingue les mâles au roux de la tête, du cou et au noir de la poitrine. Ces couleurs sont ternes et peu uniformes ; ce n'est que lorsque ces oiseaux ont atteint leur seconde année que ces couleurs ont tout leur éclat.

La Fuligule milouin habite le nord de l'Europe; passe en France en automne et au printemps, et étend ses migrations jusqu'en Egypte.

Elle arrive dans nos contrées vers la fin du mois d'octobre, en troupes plus ou moins fortes, qui ne forment point de triangles dans leur vol, comme font les Canards sauvages; elle disparaît avec les gelées et revient vers la fin d'avril ou au commencement de mars, pour aller nicher dans les contrées septentrionales. Elle est très-commune dans les marais des environs de Lille, de Douai, de Béthune et de Cambrai, aux deux époques de ses migrations.

Elle niche dans les roseaux et pond de douze à quatorze œufs, d'un verdâtre intense sans taches. Ils mesurent :

Grand diam. 0m,060 à 0m,063; petit diam. 0m,043 à 0m,045.

Observation. Cette espèce se croise, à l'état de liberté, avec l'espècesuivante et de leur accouplement résultent des hybrides remarquables, auxquels on a imposé des noms spécifiques. De ce nombre sont l'*Anas Homeyeri*, Baedeker; la *Fulig. intermedia*, Jaubert, et la *Fulig. ferinoïdes*, Bartl., qui paraît avoir la même origine.

498 — FULIGULE NYROCA — *FULIGULA NYROCA*
Steph. ex Guldenst.

(Type du genre *Nyroca*, Bp. ex Flem.)

Une petite tache triangulaire blanche au menton; tête et cou d'un roux marron; rémiges secondaires blanches, avec une large bordure terminale brune, le blanc formant un miroir presque carré sur l'aile fermée; flancs d'un brun roux.

Taille : 0m,40 environ.

ANAS NYROCA, Guldenst. *Nov. Comment. Petrop.* (1769-1770), t. XIV, p. 403.
ANAS AFRICANA et FERRUGINEA, Gmel. *S. N.* (1788), t. II, p. 522 et 528.
ANAS LEUCOPHTHALMOS, Bechst. *Nat. Deuts.* (1809), t. IV, p. 1009.
ANAS GLAUCION, Pall. (nec Briss.), *Zoogr.* (1811-1831), t. II, p. 268.
AYTHYA NYROCA, Boie, *Isis* (1822), p. 564.
FULIGULA NYROCA, Steph. in : Shaw, *Gen. Zool.* (1824), t. XII, p. 201.
NYROCA LEUCOPHTHALMOS, Flem. *Brit. anim.* (1828), p. 121.
Buff. *Pl. enl.* 1000, mâle, sous le nom de *Sarcelle d'Égypte.*

Mâle adulte, au printemps : Tête et cou d'un roux marron, avec une petite tache blanche sous le bec; bas du cou avec une sorte de collier brun foncé et étroit; dessus du corps noirâtre, à reflets pourpres, très-légèrement pointillé de roussâtre à la partie supérieure du dos et sur les scapulaires; poitrine pareille au roux marron du cou; abdomen d'un blanc terne, avec le bas-ventre brun-noirâtre, nuancé de cendré et de roussâtre; flancs d'un brun roux, avec des bordures d'une teinte moins foncée; sous-caudales d'un blanc roussâtre; couvertures supérieures des ailes d'un brun noir à reflets bronzés; miroir blanc, petit, sous forme de bande, traversé perpendiculairement de brun; rémiges et rectrices d'un brun noirâtre; bec bleu-noirâtre, avec l'onglet noir; pieds d'un cendré bleuâtre, avec les palmures noires; iris blanc.

Femelle adulte, au printemps : Elle ressemble au mâle ; tête et cou bruns, avec les plumes terminées de roussâtre ; le dessous du bec blanchâtre et le devant du cou varié de roux et de gris ; dessus du corps d'un brun noirâtre lustré ; poitrine et flancs bruns, avec les plumes nuancées et bordées de roux terne ; milieu de l'abdomen d'un blanc argentin ; bas-ventre d'un brun roussâtre ; sous-caudales rayées transversalement de brun roussâtre sur fond blanc ; le reste comme chez le mâle.

Jeunes avant la première mue : Teinte générale des parties supérieures plus foncée que chez les adultes ; plumes rousses de la tête et du cou terminées de blanc roussâtre ; une tache de cette couleur sous le bec ; plumes de la poitrine et de l'abdomen terminées de gris perle ; celles de la région anale roussâtres à la pointe ; couvertures supérieures des ailes bordées d'un liséré de cette dernière couleur à l'extrémité ; iris gris de perle.

La Fuligule nyroca ou à iris blanc est répandue dans les contrées orientales de l'Europe. Elle est sédentaire en Crimée, en Sicile, et de passage en Allemagne et en France.

Nous la voyons régulièrement dans nos départements septentrionaux au printemps et en automne ; accidentellement dans ceux de l'Ouest et de l'Est ; elle passe assez régulièrement dans le Midi.

Elle niche dans les marais, parmi les joncs. Ses œufs, au nombre de neuf ou dix, sont d'un gris jaunâtre pâle. Ils mesurent :

Grand diam. 0ᵐ,0ᵒ0 à 0ᵐ,055 ; petit diam. 0ᵐ,036 à 0ᵐ,038.

Un jeune dans son premier plumage, tué dans les marais d'Ancoisne, le 20 août 1833, ferait supposer que l'espèce s'y était accidentellement reproduite, ou que ce jeune venait d'une localité voisine.

Cette espèce voyage par couples ou par petites troupes.

GENRE CCXXXV

GARROT — *CLANGULA*, Flem.

CLANGULA, Flem. *Phil. of Zool.* (1822).
HISTRIONICUS, Less. *Man. d'Ornith.* (1828).
GLAUCION et COSMONESSA, Kaup, *Nat. Syst.* (1829).

Bec plus court que la tête, droit, plus haut que large, s'atténuant de la base qui est très-élevée, à l'extrémité, un peu plus large au niveau des narines que dans le reste de son étendue ; lamelles dentiformes, courtes, largement espacées, en très-grande partie cachées, celles qui garnissent la base de la mandibule supérieure étant seules un peu visibles ; ònglcts petits, celui de la mandibule supérieure peu saillant ; narines médianes, latérales, étroites, elliptiques ; ailes de moyenne longueur, aiguës ; queue assez allongée, étagée, pointue, à pennes semi-aiguës ; tarses courts ; doigts allongés, l'interne au moins aussi long que le tarse ; pouce court.

Les Garrots, outre les différences qu'ils présentent avec les autres Fuliguliens, sous le rapport du bec, de la position des narines, de la forme de la queue, sont encore caractérisés par une tête grosse, dont le volume est particulièrement dû à l'épaisse couche de plumes qui la couvre.

Ils fréquentent les rivières, les lacs d'eau douce, plutôt que les eaux salées, et leur nourriture consiste en insectes aquatiques, en frai de poissons, en mollusques et en crustacés. Ils volent avec une grande rapidité, souvent à de grandes hauteurs. Les mouvements de leurs ailes produisent, dans le vol, un sifflement aigu et fort.

Le mâle porte un plumage qui diffère de celui de la femelle. Les jeunes, avant la première mue, ressemblent à cette dernière. Leur mue est double.

Les Garrots sont des oiseaux propres aux régions arctiques. L'une des espèces du genre habite l'Europe ou s'y montre régulièrement ; trois autres y font des apparitions accidentelles.

499 — GARROT VULGAIRE — *CLANGULA GLAUCION*
Brehm ex Linn.

Une tache blanche arrondie derrière le bec, ne dépassant pas en hauteur la mandibule supérieure ; une partie des moyennes susalaires, moitié postérieure des grandes sus-alaires secondaires, barbes externes des rémiges secondaires d'un blanc pur, cette couleur formant sur l'aile pliée une longue et grande tache non interrompue ; rémiges cubitales noires.

Taille : 0^m,49 (mâle) ; 0^m,41 (femelle).

ANAS CLANGULA et GLAUCION, Linn. *S. N.* (1766), t. I, p. 201.
ANAS HYEMALIS, Pall. (nec Linn.), *Zoogr.* (1811 1831), t. II, p. 270.
CLANGULA CHRYSOPHTHALMOS, Steph. in : Shaw, *Gen. Zool.* (1824), t. XII, p. 182.
CLANGULA VULGARIS, Flem. *Brit. Anim.* (1828), p. 120.
GLAUCION CLANGULA, Kaup, *Nat. Syst.* (1829), p. 53.
CLANGULA LEUCOMELAS, PEREGRINA, et GLAUCION, Brehm, *Hand. Nat. Vog. Deuts.* (1831), p. 927 et 929.
Buff. *Pl. enl.* 802, *mâle adulte.*

Mâle adulte : Tête et haut du cou d'un vert foncé, à reflets vert-pourpre, avec une grande tache blanche arrondie sur les côtés de la base du bec ; dos, croupion, sus-caudales et quelques plumes scapulaires d'un noir profond ; bas du cou, poitrine, abdomen et sous-caudales d'un blanc pur, avec des taches d'un noir cendré, disposées en bande transversale sur la région anale ; les côtés du bas-ventre et les jambes d'un noir cendré plus profond ; couvertures supérieures des ailes et quelques plumes scapulaires d'un blanc pur ; rémiges primaires et cubitales noires ; rémiges secondaires blanches sur les barbes externes, le blanc de ces pennes se continuant sans interruption avec celui des couvertures supérieures ; queue d'un cendré noir à reflets gris ; bec couleur de plomb bleuâtre ; tarses et doigts jaune-roussâtre, avec les palmures brun reflétant gris et jaunâtre ; iris d'un brun jaune pâle.

Femelle adulte : Beaucoup moins grande que le mâle ; tête et haut du cou d'un brun roussâtre foncé ; au-dessus de ces parties, une sorte de large collier blanc, mêlé de gris cendré en dessus ; dos, croupion, scapulaires et sus-caudales bruns, avec les bordures des plumes cendrées ; bas du cou et haut de la poitrine, d'un cendré foncé, avec chaque plume bordée de blanchâtre ; le reste de la poitrine, l'abdomen et les sous-caudales d'un blanc pur ; flancs et jambes d'un cendré noirâtre, avec des bordures grisâtres ; couvertures supérieures des ailes en partie blanches et noires ; rémiges et rectrices d'un brun noirâtre ; bec noirâtre, avec le bout jaune roux ; tarses et doigts d'un jaune bistre, avec les palmures noirâtres ; iris jaune.

Jeunes avant la première mue : Ils ressemblent à la femelle ; iris jaunâtre ; pieds d'un jaune brunâtre clair.

Après la mue, les mâles se distinguent des femelles par une taille plus forte, la tête plus grosse, les plumes du vertex plus allongées et un soupçon de tache grisâtre à la base du bec.

A l'âge d'un an, les plumes de la tête deviennent noires, et la tache de chaque côté de la face devient blanche, ainsi que les scapulaires et les couvertures supérieures des ailes.

Le Garrot vulgaire a pour patrie les contrées les plus septentrionales des deux mondes. Il se répand, l'hiver, dans les pays méridionaux ; est de passage régulier en France au printemps et en automne.

Il niche sur les bords des mers et des lacs ; pond de douze à quatorze œufs d'un gris vert ou olivâtre très-clair. Ils mesurent :

Grand diam. 0^m,054 à 0^m,056 ; petit diam. 0^m,041 à 0^m,042.

Cet oiseau marche très-mal à cause de la brièveté et de la largeur de ses pieds; mais il nage et plonge avec une extrême facilité. Son vol, quoique peu élevé, est très-rapide. C'est presque toujours au fond de l'eau qu'il va chercher sa nourriture.

Observation. On ne voit généralement, dans le nord de la France, que des femelles adultes et de jeunes sujets des deux sexes, les mâles adultes paraissent rares. Il est probable que ceux-ci suivent une autre route et qu'ils se mêlent rarement aux premiers, durant leur migration. Toutefois, l'on en vit beaucoup en février 1830, au moment du dégel, dans les marais des environs de Lille et sur l'Escaut.

500 — GARROT ISLANDAIS — *CLANGULA ISLANDICA*
Bp. ex Gmel.

Une tache blanche en croissant derrière le bec, dépassant en hauteur la mandibule supérieure; une partie des moyennes sus-alaires, le tiers postérieur des grandes sus-alaires secondaires, barbes externes des rémiges secondaires d'un blanc pur, cette couleur formant sur l'aile pliée une longue tache interrompue par une bande noire qui passe obliquement un peu au delà du milieu des grandes sus-alaires secondaires; rémiges cubitales noires.

Taille : 0ᵐ,53 à 0ᵐ,54.

CLANGULA, Briss. *Ornith.* (1760), t. VI, p. 416, et surtout pl. XXXVII, f. 2.
ANAS ISLANDICA, Gmel. *S. N.* (1788), t. I, p. 541.
CLANGULA BARROWII, Swains. in : Richards. *Faun. Bor. Amer.* (1831), p. 450.
CLANGULA SCAPULARIS, Brehm, *Hand. Nat. Vög. Deuts.* (1831), p. 942.
ANAS BARROWII. Temm. *Man.* (1840), 4ᵉ part. p. 551.
GLAUCION ISLANDICUM, Keys. et Blas. *Wirbelth.* (1840), p. 86.
CLANGULA ISLANDICA, Bp. *Ucc. Europ.* (1842), p. 74.
Naum. *Vög. Deuts.* t. XII, pl. 317.
Gould, *Birds of Eur.* pl. 380.

Mâle adulte : Tête, haut du cou, d'une teinte pourpre vive, avec des reflets verts au méat auditif ; le front et le menton d'un brun noirâtre, et une tache blanche de chaque côté, derrière le bec, sous forme de croissant à concavité antérieure; partie inférieure du cou et épaules blanches ; dos, croupion, sus-caudales et scapulaires d'un noir velouté, avec la pointe de quelques-unes de ces dernières blanche; poitrine et abdomen d'un blanc pur satiné, avec les plumes des flancs bordées de noir velouté ; sous-caudales médianes blanches, les latérales brunes; couvertures supérieures des ailes pareilles au dos, avec la plupart des moyennes et l'extrémité des grandes secondaires d'un beau blanc ; rémiges primaires et tertiaires noires, les secondaires blanches sur les barbes externes et à l'extrémité ; queue brune ; bec noir ; tarses et doigts oranges, avec les palmures noires ; iris jaune pâle.

Femelle adulte : Sensiblement plus petite que le mâle ; tête et haut du cou d'un brun roussâtre foncé ; au-dessous, une sorte de collier blanc, mêlé de brun et de taches grises en dessus ; dos, croupion, scapulaires, et sus-caudales d'un brun plus ou moins nuancé de cendré sur les bordures des plumes ; bas du cou, haut de la poitrine et flancs bruns, avec les plumes bordées de cendré blanchâtre ; le reste de la poitrine et l'abdomen d'un blanc satiné ; région anale brune, légèrement variée de cendré ; moyennes couvertures supérieures des ailes maculées de blanc et de noir, les grandes blanches, barrées de noir à la pointe ; bec noir, jaune orange vers le bout ; pieds et iris comme dans le mâle.

Le Garrot islandais ou de Barrow habite l'Islande et les régions arctiques de l'Amérique.

Il niche sous les rochers, parmi les herbes ; pond dix à douze œufs d'une jolie teinte de vert bleuâtre très-clair. Ils mesurent :

Grand diam. 0ᵐ,062 à 0ᵐ,064 ; petit diam. 0ᵐ,044 à 0ᵐ,045.

Suivant **Temminck**, les vieux mâles émigrent d'Islande avant les femelles, et les jeunes de l'année assez longtemps après le départ des vieux.

Observation. Il est probable que le Canard trapu, *Anas obesa*, de quelques ornithologistes, n'est qu'une femelle de la *Clangula islandica*, ou un jeune de la *Clangula glaucion*.

501 — GARROT ALBÉOLE — *CLANGULA ALBEOLA*
Steph. ex Linn.

Une grande bande blanche de l'œil à la nuque, passant sur la région parotique ; rémiges secondaires, de la cinquième à la sixième, blanches sur les barbes externes et à l'extrémité, cendrées sur les barbes internes ; rémiges cubitales noires ; toutes les parties inférieures blanches (mâle).

Taille : 0ᵐ,40 environ.

ANAS ALBEOLA, BUCEPHALA et RUSTICA, Linn. *S. N.* (1766), t. I, p. 199, 200 et 201.

ANAS HYBERNA et QUERQUEDULA LUDOVICIANA, Briss. *Ornith.* (1760), t. VI, p. 349 et 461.

CLANGULA ALBEOLA, Steph. in : Shaw, *Gen. Zool.* (1824), t. XII, p. 184.

Buff. *Pl. enl.* 948, sous le nom de *Sarcelle de la Louisiane, dite la Religieuse.*

Mâle adulte : Tête et haut du cou d'un beau vert doré soyeux, changeant en violet éclatant et en pourpre au vertex, sur les joues, à la gorge, interrompu par une large bande blanche qui s'étend d'un œil à l'autre en contournant l'occiput ; le reste du cou, les scapulaires, les moyennes et grandes couvertures supérieures de l'aile, les flancs, le ventre et les sous-caudales d'un blanc pur, avec une fine bordure noire sur les barbes externes de la plupart des scapulaires ; dos d'un beau noir velouté ; sus-caudales d'un cendré clair ; petites couvertures supérieures des ailes noirâtres, bordées de blanc ; rémiges noirâtres, avec une partie des secondaires blanches sur les barbes externes ou à l'extrémité seulement ; rectrices cendrées, la plus extérieure, de chaque côté, bordée de blanc en dehors ; mandibule supérieure noirâtre, avec l'extrémité verdâtre ; mandibule inférieure entièrement verdâtre ; pieds d'un jaune orange ; ongles noirâtres ; iris d'un jaune rougeâtre.

Femelle adulte : Tête, haut du cou, dos, sus-caudales, couvertures supérieures de l'aile d'un brun obscur ; une tache ovalaire blanchâtre derrière les yeux ; gorge, partie inférieure du cou, poitrine, ventre, flancs et sous-caudales d'un gris clair ; rémiges d'un brun foncé ; la plupart des secondaires bordées extérieurement de blanc vers l'extrémité, ce qui produit une longue tache de cette couleur quand l'aile est pliée ; rectrices brunes ; bec et pieds noirâtres.

Les *jeunes avant la première mue* ressemblent à la femelle ; *après la mue,* les mâles ont déjà les teintes brillantes des adultes, à la tête et au cou, mais la tache blanche, qui s'étend d'un œil à l'autre chez ceux-ci, ne dépasse pas la région parotique chez les jeunes.

Le Garrot albéole, vulgairement connu sous le nom de *Sarcelle religieuse,* habite l'Amérique du Nord, notamment la baie d'Hudson, Terre-Neuve, et visite accidentellement l'Europe.

Les auteurs anglais citent comme ayant été tué dans le Norfolk, un spécimen qui fait partie de la collection de M. Hubbards. D'après le prince Ch. Bonaparte, l'espèce aurait été observée plusieurs autres fois aux Hébrides.

Elle fréquente les bords des lacs, des marécages, et niche, dit-on, dans les bois, au voisinage des eaux douces.

502 — GARROT HISTRION — *CLANGULA HISTRIONICA*
Boie ex Linn.

(Type du genre *Cosmonessa,* Kaup.)

Une petite tache blanche en arrière du méat auditif ; les cinq ou six premières grandes sus-alaires secondaires d'un bleu pourpre sur les barbes externes, blanches à l'extrémité ; les suivantes d'un cendré bleuâtre ; rémiges secondaires, à compter de la troisième, d'un bleu pourpre en dehors, formant miroir ; rémiges cubitales blanches et lisérées de noir extérieurement, d'un cendré bleuâtre sur les barbes internes.

Taille : 0ᵐ,42 *à* 0ᵐ,43 (mâle) ; 0ᵐ,35 *à* 0ᵐ,36 (femelle).

ANAS HISTRIONICA et MINUTA, Linn. *S. N.* (1766), t. II, p. 204.

ANAS TORQUATA, Briss. *Ornith.* (1760), t. VI, p. 362.

CLANGULA HISTRIONICA, Boie, *Isis* (1822), p. 564.

COSMONESSA HISTRIONICA, Kaup, *Nat. Syst.* (1829), p. 40.

HARELDA HISTRIONICA, Keys. et Blas. *Wirbelth.* (1840), p. 86.

Buff. *Pl. enl.* 798, *mâle ;* 796, *femelle*, sous le nom de *Canard à collier de Terre-Neuve.*

Mâle adulte, en février : Tête et cou d'un noir violet bleuâtre, avec une bande d'un noir profond sur la ligne médiane du vertex, étendue du bec à la nuque, une autre parallèle de chaque côté, d'un roux vif, naissant au-dessus des yeux ; un grand espace blanc, au-devant de ces organes, se prolongeant sous forme de raie entre la bande noire et les bandes rousses du vertex ; une tache blanche en arrière de l'orifice de l'oreille ; une bande longitudinale de même couleur à la jonction des faces postérieure et latérales du cou ; entre le cou et la poitrine, sur les côtés, un croissant blanc bordé de noir velouté, se réunissant plus ou moins complétement en devant et en arrière, au-dessus de l'origine des ailes, à un croissant pareil, mais plus large, également bordé de noir velouté ; haut du dos d'un noir cendré à reflets ; bas du dos et sus-caudales d'un noir bleu foncé ; scapulaires en partie blanches, en partie d'un noir bleu ; poitrine, haut de l'abdomen d'un bleu cendré ; bas-ventre gris-brun ; flancs d'un roux rouge ; sous-caudales noires, avec quelques plumes blanches sur les côtés ; petites et moyennes couvertures supérieures des ailes d'un brun bleuâtre, deux ou trois taches blanches formées par l'extrémité de quelques-unes des moyennes et des grandes couvertures supérieures secondaires les plus rapprochées du corps d'un cendré bleuâtre, les cinq ou six premières terminées de blanc et d'un bleu pourpre sur les barbes externes ; rémiges primaires et rectrices brunes ; rémiges secondaires d'un bleu pourpre extérieurement, formant miroir sur l'aile pliée ; bec d'un noir bleuâtre, avec l'onglet roussâtre ; iris brun foncé ; tarses et doigts jaunâtres, avec les membranes noires.

Nota : Le mâle commence à muer à la fin d'août. En septembre il n'a plus de collier blanc et de grandes bandes aux couvertures supérieures des ailes ; il ne lui reste que quelques vestiges de ces bandes et la tache de l'oreille ; le croissant des joues est alors d'un blanc cendré et le plumage est d'un brun de plomb tirant au roussâtre sur les flancs.

Femelle adulte : Un peu plus petite que le mâle ; d'un brun foncé, nuancé de cendré, en dessus ; blanchâtre, nuancé et tacheté de brun à la poitrine et à l'abdomen ; brune aux flancs et aux sous-caudales ; une petite tache blanche de chaque côté du front, une autre plus grande au-devant des yeux, et une autre derrière l'orifice de l'oreille.

Jeunes avant la première mue : Ils sont variés de brun et de blanchâtre, et portent des taches blanches sur les côtés de la tête, comme la femelle.

Après la mue, les mâles commencent à prendre les croissants blancs, et ce n'est qu'à l'âge d'un an que les croissants du cou forment une sorte de collier, en se réunissant presque complétement. Durant leur première année, ils ont le milieu de la poitrine et de l'abdomen d'un cendré blanchâtre, varié de taches brunes.

Cette espèce habite les contrées arctiques des deux mondes et se montre accidentellement en Allemagne, en Angleterre et en France.

Elle ne paraît pas rare en Islande et à Terre-Neuve.

Elle niche sur les bords des eaux, parmi les herbes ; pond de dix à douze œufs, un peu courts, d'un jaune d'ocre un peu sale, ou d'un blanc jaunâtre. Ils mesurent :

Grand diam. 0^m,050 ; petit diam. 0^m,037.

GENRE CCXXXVI

HARELDE — *HARELDA*, Leach.

HARELDA, Leach, in : Shaw, *Gen. Zool.* (1824).
PAGONETTA, Kaup, *Nat. Syst.* (1829).
CRYMONESSA, Macgill. *Man. Nat. Hist. Orn.* (1842).

Bec beaucoup plus court que la tête, à mandibule supérieure à peu près d'égale hauteur dans toute son étendue, plus large à la base qu'à l'extrémité, qui se rétrécit subitement, cachant la moitié antérieure de la mandibule inférieure ; lamelles saillantes, dentiformes, très-distantes, débordant la mandibule supérieure dans la moitié basale seulement ; onglet supérieur médiocre, à

grain d'orge, formant crochet à son extrémité ; narines situées près
de la base du bec, latérales, très-écartées, grandes, ovales ; ailes
de moyenne longueur, aiguës ; queue conique, à pennes terminées en pointe acérée, les médianes, chez le mâle, beaucoup plus
longues que les autres, minces, canaliculées ; tarses plus courts
que le doigt interne.

L'espèce sur laquelle repose ce genre a de grandes affinités avec les Garrots ;
toutefois elle s'en distingue par un bec plus étroit à l'extrémité, beaucoup
moins élevé à la base ; par des narines ouvertes plus près du front au lieu
d'être médianes comme dans le genre *Clangula ;* enfin par une queue plus étagée, plus aiguë, remarquable surtout par l'allongement et la forme que les
rectrices médianes offrent chez le mâle adulte.

Le mâle et la femelle portent un plumage différent. Les jeunes, avant la
première mue, ressemblent à la femelle. Leur mue est double.

505 — HARELDE GLACIALE — *HARELDA GLACIALIS*
Steph. ex Linn.

*Point de miroir sur l'aile ; rémiges cubitales d'un brun rouge
foncé sur les barbes externes ; la plupart des scapulaires longues et
très-effilées chez le mâle.*

Taille : 0^m,60 *y compris les filets* (mâle) ; 0^m,40 (femelle).

ANAS GLACIALIS et HYEMALIS, Linn. *S. N.* (1766), t. I, p. 203.
ANAS LONGICAUDA ISLANDICA, Briss. *Ornith.* (1760), t. VI, p. 379.
CLANGULA GLACIALIS, Boie, *Isis* (1822), p. 564.
HARELDA GLACIALIS, Steph. in : Shaw, *Gen. Zool.* (1824), t. XII, p. 175.
PAGONETTA GLACIALIS, Kaup, *Nat. Syst.* (1829), p. 66.
CRYMONESSA GLACIALIS, Macgill. *Man. Brit. Orn.* (1840), t. II, p. 186.
Buff. *Pl. enl.* 999, *jeune,* sous le nom de *Sarcelle de l'Ile de Féroë* ; 1008, *mâle
adulte,* sous le nom de *Canard de Miquelon.*

Mâle adulte, en plumage d'amour : Dessus de la tête blanc, avec
une grande tache noire au milieu, se bifurquant derrière les yeux et
se prolongeant jusqu'à la nuque ; dessus du cou, milieu et bas du dos,
sus-caudales d'un noir fuligineux à reflets bleuâtres ; haut du dos de
même couleur, avec un demi-collier roux, formé par les bordures de
l'extrémité des plumes ; scapulaires également d'un noir fuligineux,
frangées largement de roux ; devant et côtés du cou, poitrine pareils
au milieu du dos ; abdomen, sous-caudales blancs ; masque cendré, le
reste des joues blanc, se prolongeant, devant jusqu'au vertex, et der-

rière jusqu'à la nuque, en séparant le noir de l'occiput de celui du cou ;
rémiges primaires et secondaires d'un brun noir reflétant bleuâtre, et
bordées de cendré ; rémiges tertiaires ou cubitales brunes en dedans,
d'un brun rouge foncé en dehors ; rectrices médianes d'un brun de suie,
les autres blanches ; bec noir, avec l'espace entre l'onglet et les narines
rougeâtre ; tarses et doigts jaunes, avec les palmures noirâtres ; iris
roux.

Mâle adulte, en automne et en hiver : Tête et cou d'un blanc pur,
avec le front et les joues d'un cendré tirant sur le roussâtre ; un grand
espace brun-roussâtre, qui occupe presque la totalité des faces latérales
du cou, tendant à se réunir à la partie moyenne de la face antérieure ;
dos brun de suie ; sus-caudales noires ; scapulaires d'un blanc tirant sur
le cendré, les plus longues effilées, pointues, atteignant l'extrémité des
ailes ; poitrine brun de suie ; abdomen, sous-caudales, d'un blanc pur ;
flancs cendrés ; couvertures supérieures des ailes pareilles au dos ; rémiges brunes ; queue conique, avec les deux pennes médianes très-
longues, effilées, excédant les autres de seize à dix-sept centimètres ;
ces pennes et les deux suivantes noirâtres, les plus latérales blanches ;
bec et pieds comme en été, mais avec des teintes un peu moins vives.

Nota : Nous avons vu chez M. Hardy un mâle adulte, provenant des
monts Ourals, dont les filets de la queue étaient bien plus courts que
ceux des spécimens que l'on tire sur nos côtes.

Femelle adulte, en plumage d'amour : Tête et cou blancs, avec le
vertex, la nuque, un grand espace sur les côtés du cou et quelques taches sur les joues d'un brun roussâtre ; haut du dos et scapulaires noirâtres, avec les plumes largement bordées de roux rouge ; milieu du
dos, croupion et sus-caudales d'un brun fuligineux, avec les bordures
rousses, principalement près de la queue ; bas du cou et haut de la poitrine roux, plus clair au milieu ; abdomen et sous-caudales d'un blanc
pur ; grandes et moyennes couvertures supérieures des ailes bordées
de roux ; rémiges noirâtres ; queue brune, avec les pennes lisérées de
blanchâtre, excepté les deux médianes. Taille moins forte que celle du
mâle ; point de longues plumes effilées à la queue.

Femelle adulte, en automne et en hiver : Tête et les deux tiers supérieurs du cou d'un blanc nuancé de roussâtre aux joues, avec le
dessus de la tête, un grand espace sur les côtés du cou et un autre à la
partie antérieure d'un cendré noirâtre, nuancé de roussâtre ; bas du
cou varié de cendré, de brun et de roussâtre ; plumes du haut du dos
noires, avec de faibles bordures roussâtres ; bas du cou et sus-caudales

d'un noir fuligineux ; scapulaires brunes ; largement bordées de roux cendré ; poitrine variée en partie de cendré et de brun ; bas de la poitrine et flancs blancs, lavés de cendré ; abdomen, sous-caudales d'un blanc pur ; couvertures supérieures des ailes d'un noir fuligineux, avec de faibles bordures de cendré roussâtre ; rémiges pareilles aux couvertures, mais sans bordures ; rectrices d'un noir de suie, la plupart lisérées de blanchâtre, les plus latérales avec les barbes externes blanches ; bec d'un brun bleuâtre, coupé par une bande jaune ; iris d'un brun clair jaunâtre ; pieds d'un brun de plomb.

Jeunes avant la première mue : Dessus de la tête et la plus grande partie de la nuque d'un brun cendré ; dos d'un brun plus foncé ; scapulaires d'une teinte plus claire, avec les bordures et la pointe d'un cendré légèrement roussâtre ; sus-caudales brunes ; gorge, devant du cou, variés de brun et de cendré ; haut de la poitrine, flancs, d'un brun très-clair, nuancés de cendré ; le reste de la poitrine, abdomen, sous-caudales d'un blanc terne, avec les côtés du bas-ventre cendrés ; joues et une raie derrière les yeux blanches, avec des taches d'un cendré roussâtre clair ; un grand espace pareil au vertex sur les côtés du cou ; couvertures supérieures des ailes semblables au dos ; rémiges brunes ; rectrices d'une teinte moins foncée, bordées de cendré ; bec brun-jaunâtre ; pieds brun de plomb ; iris brun clair.

Après la mue, les mâles ont le dessus de la tête d'un blanc nuancé de cendré, avec quelques taches brunes, la nuque d'un blanc plus pur, le dos d'un brun de suie, avec des bordures rousses aux plumes de la partie supérieure, les scapulaires d'un blanc cendré, la gorge et le devant du cou blancs ; une ceinture noire à la partie supérieure de la poitrine, l'abdomen et les sous-caudales blancs, avec les flancs lavés de cendré, les joues d'un cendré roussâtre et un grand espace brun-roussâtre comme chez le mâle adulte ; couvertures supérieures des ailes brunes, bordées de cendré roussâtre ; rémiges brunes avec un liséré d'une teinte plus claire ; queue d'un brun cendré, avec les pennes bordées de roussâtre ; bec noirâtre, avec une teinte jaune entre l'onglet et les narines ; pieds d'un brun de plomb, moins foncé sur les palmures ; iris roux.

L'Harelde glaciale ou de Miquelon habite le nord des deux mondes, et se montre de passage irrégulier en Allemagne, en Hollande, en Belgique et dans le nord de la France.

Il est rare qu'on ne la rencontre pas sur plusieurs points de nos côtes de l'Océan pendant les hivers rigoureux. Elle a été tuée plusieurs fois sur celles de

Dunkerque, notamment en décembre 1829, en janvier 1830 et 1835 et en février 1841.

Elle niche sur les bords de la mer Glaciale; ses œufs, au nombre de cinq à sept, sont un peu courts, d'un vert clair ou d'un gris verdâtre, sans taches. Ils mesurent :

Grand diam. 0ᵐ,054 à 0ᵐ,057 ; petit diam. 0ᵐ,037 à 0ᵐ,040.

Cette espèce ne voyage pas en troupes; du moins, ne se montre-t-elle qu'isolément ou par couples sur nos côtes.

Elle paraît se nourrir de mollusques bivalves et de plantes marines.

GENRE CCXXXVII

ENICONETTE — *ENICONETTA*, G. R. Gray.

Macropus, Nuttal, *Man. Orn. Unit. St.* (1834).
Polysticta, Eyton, *Monogr. Anat.* (1838).
Stellaria, Bp. *B. of Eur.* (1838).
Eniconetta, G. R. Gray, *List Gen. of B.* (1841).

Bec plus court que la tête, demi-cylindrique, convexe; un peu élevé à la base, presque d'égale largeur dans toute son étendue; mandibule inférieure profondément cachée par les bords retombants de la mandibule supérieure ; lamelles très-petites, peu saillantes, invisibles sur le bec fermé, manquant complétement sur le tiers antérieur du bec; narines sub-médianes étroites, elliptiques ; onglet aussi large que l'extrémité du bec, médiocrement convexe et recourbé, point ou peu en saillie ; ailes aiguës ; queue médiocre, très-conique; tarses plus courts que le doigt interne.

Les Eniconettes offrent encore ceci de caractéristique, que leurs rémiges cubitales ou tertiaires sont contournées en dehors, comme chez les Eiders, ce qui les a fait ranger parmi ceux-ci, par quelques auteurs. Mais la forme toute particulière de leur bec les en distingue suffisamment.

Le mâle, en amour, porte un plumage différent de celui de la femelle, et les jeunes, avant la première mue, ressemblent beaucoup à cette dernière. Leur mue est double.

Ce genre ne repose que sur l'espèce suivante.

504 — ÉNICONETTE DE STELLER
ENICONETTA STELLERI
G. R. Gray ex Pall.

*Grandes sus-alaires secondaires d'un bleu violet sur les barbes
externes, avec une bande terminale blanche ; rémiges secondaires, de la première à la quatrième brunes, les autres d'un bleu
violet changeant, le bleu formant miroir sur l'aile pliée ; rémiges cubitales blanches sur les barbes internes* (mâle), *ou gris de
perle* (femelle), *d'un violet sombre sur les barbes externes.*

Taille : 0^m,45 à 0^m,46.

ANAS STELLERI, Pall. *Spicil. Zool.* (1767-1774), t. VI, p. 35 ; et *Zoogr.* (1811-1831), t. II, p. 238.
ANAS DISPAR, Sparrm. *Mus. Carls.* (1786-1788), pl. 7.
ANAS OCCIDUA, Bonnat. *Tabl. Encycl.* (1791), p. 130.
CLANGULA STELLERI, Boie, *Isis* (1822), p. 564.
FULIGULA DISPAR, Steph. in : Shaw, *Gen. Zool.* (1824), t. XII, p. 206.
POLYSTICTA STELLERI, Eyton, *Monogr. Anat.* (1828), p. 150.
STELLARIA DISPAR, Bp. *B. of Eur.* (1838), p. 57.
HARELDA STELLERI, Keys. et Blas. *Wirbelth.* (1841), p. 87.
ENICONETTA STELLERI, G. R. Gray, *List Gen. of B.* (1840), p. 95.
Gould, *Birds of Eur.* pl. 372.

Mâle adulte : Tête et haut du cou d'un blanc pur lustré, avec l'espace
entre le bec et l'œil, l'occiput, d'un vert pistache, et une tache noire
autour des yeux ; dessus du cou d'un vert de bouteille foncé ; haut du
dos d'un noir bleuâtre ; scapulaires d'un beau blanc ; gorge et devant
du cou d'un noir profond, avec un collier vert de bouteille, qui se confond avec la teinte du dos ; dessous du corps d'un roux jaunâtre, avec
une teinte plus foncée au bas-ventre et une grande tache noire, ovoïde,
sur chaque côté de la poitrine ; petites et moyennes couvertures supérieures des ailes blanches, les grandes secondaires violettes sur les
barbes externes et terminées de blanc ; rémiges primaires et les quatre
premières rémiges secondaires d'un brun noirâtre ; les rémiges secondaires suivantes d'un bleu d'acier changeant en violet sur les barbes externes ; rémiges cubitales ou tertiaires d'un bleu noir lustré
extérieurement, blanches intérieurement, rectrices d'un brun noirâtre ;
pieds gris-noirâtre ; iris brun clair.

Femelle adulte : Tête et cou d'une couleur isabelle, marquée de stries brunes; une tache blanchâtre en arrière des yeux; dos brunâtre, avec la bordure des plumes rousse; poitrine d'un brun foncé, varié de roux et de marron; abdomen d'un brun noirâtre; couvertures supérieures des ailes couleur d'ardoise; les moyennes avec une petite tache blanche à la pointe, formant une raie transversale par leur réunion; les plus grandes terminées de blanc, formant une bande qui a la même direction que cette raie; miroir bleu, à reflets d'acier; rémiges cubitales gris de perle en dedans, noir bleu en dehors; rémiges primaires et rectrices brunes.

Jeunes mâles : Ils ressemblent à la femelle.

L'Eniconette de Steller habite le nord de l'Asie et de l'Amérique et se montre accidentellement en Suède, en Allemagne, en France et en Angleterre.

Un individu de cette espèce a été trouvé mourant, près de Yarmouth, à la suite d'une tempête, et déposé au musée de Norwich. On en a trouvé un autre près de Stockholm le 18 avril 1827; en février 1855 M. Lefèvre s'est procuré une femelle qui venait d'être tuée à Audingon, village situé à 8 kilomètres de Marquise, entre Calais et Boulogne.

Cette espèce, d'après Gmelin, niche au Kamtchatka, en Amérique, sur les rochers inaccessibles. Son nid, selon M. Baldamus, en forme de demi-coupe, à parois épaisses, construites avec de la mousse, est tapissé intérieurement de duvet, et ses œufs, fort gros relativement à la taille de l'oiseau, ressemblent beaucoup pour la couleur à ceux des Eiders : ils sont d'un jaune bleuâtre ou verdâtre et mesurent :

Grand diam. 0^m,056 à 0^m,059; petit diam. 0^m,040 à 0^m,041.

Le mâle veille aux alentours du nid pendant que la femelle couve.

GENRE CCXXXVIII

EIDER — *SOMATERIA*, Leach.

Somateria, Leach, in : Flem. *Phil. of Zool.* (1822).

Bec au moins aussi long que la tête, élevé, renflé à la base, convexe, plus large à l'origine qu'à l'extrémité, un peu déprimé en arrière de l'onglet; lamelles très-espacées; celles de la mandibule supérieure petites, peu saillantes, entièrement cachées; narines médianes, très-distantes, petites, elliptiques; onglets très-larges, voûtés, couvrant toute l'extrémité du bec; ailes courtes, étroites, aiguës; queue courte, conique; tarses bien plus courts que le doigt interne; pouce long et grêle.

Les Eiders se distinguent des Macreuses, avec lesquelles ils ont de grands rapports, par un bec plus cylindrique, beaucoup plus étroit à l'extrémité, par des narines plus médianes. Ils ont, en outre, les côtés de la mandibule supérieure couverts de plumes sur une plus grande étendue; le sommet de cette même mandibule divisé à la base par une étroite bande de plumes qui est comme un prolongement du front, et leur plumage, du moins celui des mâles adultes, offre des teintes variées.

Les Eiders sont propres aux régions septentrionales du globe. Ils se nourrissent de mollusques bivalves et de crustacés qu'ils atteignent en plongeant. Leur vol est rapide, mais rarement élevé.

Le mâle porte à l'époque des amours un plumage très-différent de celui de la femelle. Les jeunes, avant la première mue, se distinguent de l'un et de l'autre. Leur mue est double.

303 — EIDER VULGAIRE — *SOMATERIA MOLLISSIMA*
Boie ex Linn.

Plumes des côtés du bec atteignant, au moins, l'extrémité postérieure des narines, et dépassant beaucoup les plumes du front.

Taille : 0^m,65.

ANAS MOLLISSIMA, Linn. *S. N.* (1766), t. I, p. 198.
ANSER LANUGINOSUS, Briss. *Ornith.* (1760), t. VI, p. 494.
ANAS CUTBERTI, Pall. *Zoogr.* (1811-1831), t. II, p. 235.
SOMATERIA MOLLISSIMA, Boie, *Isis* (1822), p. 564.
Buff. *Pl. enl.* 208, *jeune* (et non *femelle*); 209, *mâle* en plumage d'amour, sous le nom d'*Oie à duvet de Danemark.*

Mâle adulte, en plumage de noces : Dessus de la tête d'un noir violet velouté, coupé en arrière par une bande blanche médiane et longitudinale, s'étendant en devant sur la mandibule supérieure, en formant trois pointes, l'une au milieu, courte, les autres latérales se prolongeant jusqu'aux narines; joues et cou blancs, avec un grand espace teint de vert très-clair à la partie supérieure de la nuque et des côtés du cou; haut du dos, scapulaires, côtés du croupion d'un blanc pur; moitié inférieure du dos et sus-caudales d'un noir profond; poitrine d'un cendré clair vineux; abdomen, flancs, sous-caudales d'un beau noir; petites et moyennes couvertures supérieures des ailes blanches, les grandes, les plus externes, noirâtres, les plus internes blanches, et les médianes d'un noir brillant; rémiges noirâtres, les sept plus rapprochées du corps blanches, terminées de noirâtre, allongées, pointues, un peu contournées en faucille en dehors; rectrices noirâtres; bec d'un vert mat; pieds jaune-vert; iris brun.

Mâle adulte, après l'incubation : Il prend une livrée qui se rapproche de celle de la femelle ; il la quitte vers la fin de l'automne, pour reprendre celle de noces.

Femelle adulte : A peu près de la même taille que le mâle ; tête, moitié supérieure du cou roussâtres, marquées de petits traits longitudinaux noirs, d'une teinte plus foncée au vertex ; moitié inférieure du cou roussâtre, marquée de raies transversales noirâtres ; dessus du corps brun-noirâtre, avec les plumes bordées largement de roux ; bas du dos, sous-caudales noirâtres, traversés de roussâtre ; poitrine roussâtre, marquée de raies transversales noirâtres ; abdomen brun ou cendré foncé, avec de petites et faibles bandes transversales noires ; flancs bruns, bordés de roux ; petites et moyennes couvertures supérieures des ailes brunes et noirâtres, bordées de gris roussâtre ; grandes couvertures de teinte plus foncée, traversées d'une double raie blanche, quelquefois d'une seule. Telle est sa livrée lorsque nous la trouvons sur nos côtes maritimes ; elle est différente en été.

Jeunes de l'année : Dessus de la tête et du cou d'un cendré roussâtre, avec des raies transversales noires, d'une teinte beaucoup plus claire aux lorums, au-dessus et derrière les yeux ; dessus du corps brun foncé, avec les plumes bordées de cendré roussâtre ; joues, devant et côtés du cou d'un brun noirâtre, traversé de bandes noires ; poitrine rayée transversalement de brun, de roussâtre et de blanchâtre ; abdomen varié de même, mais avec des teintes plus sombres ; flancs et sous-caudales noirs, traversés de bandes d'un gris roussâtre ; couvertures supérieures des ailes brunes, bordées de cendré roussâtre ; les plus grandes et les scapulaires terminées de roussâtre ; rémiges brunes ; rectrices médianes également brunes, les latérales d'un brun cendré ; bec et pieds d'un vert noirâtre ; iris brun-roussâtre.

Les mâles à l'âge de deux ans, ont du blanc par masses au cou, à la poitrine, sur le dos et les ailes.

Dans leur troisième année, toutes les couleurs de l'état adulte se développent, le blanc s'étend, le noir de la tête devient plus pur, la nuque se colore en vert clair ; on distingue çà et là quelques plumes de jeunesse ; le bec est brun de plomb, moins foncé à l'extrémité et à la base.

A *trois ans révolus,* ils ont leur plumage parfait ou de noces, qu'ils quittent après la reproduction, pour le reprendre à la fin de l'automne.

L'Eider vulgaire habite les régions du cercle arctique, l'Islande, le Groënland, le Spitzberg, Terre-Neuve, etc. Il est très-commun dans la Laponie suédoise, où il est respecté et protégé par les naturels du pays. MM. de Lamotte et de Cossette, dans le voyage qu'ils firent dans cette contrée, en 1831, durent user de beaucoup de précautions pour se procurer cet oiseau.

A l'époque de ses migrations d'automne il se montre quelquefois en Allemagne, en France, en Angleterre. On a vu et tué de jeunes sujets sur les bords des lacs de la Suisse et presque tous les ans on le prend sur nos côtes de l'Océan. Mais, le plus ordinairement, les individus que l'on voit chez nous sont des femelles, des mâles en mue, ou des jeunes. Cependant un beau mâle en robe d'amour a été capturé, avec deux autres, près de Boulogne-sur-Mer, le 3 janvier 1831 (Collect. Degland, don de M. Demarle).

L'Eider niche sur les bords de la mer et compose son nid de plantes marines qu'il recouvre de duvet dont il se dépouille. Ses œufs, au nombre de cinq ou six, sont un peu allongés, d'un gris olivâtre, quelquefois d'un gris jaunâtre sans taches. Ils mesurent :

Grand diam. 0ᵐ,074 à 0ᵐ,083 ; petit diam. 0ᵐ,048 à 0ᵐ,054.

Cet oiseau est un des plus utiles à l'homme, car c'est lui qui fournit ce duvet précieux que l'on connaît sous le nom d'*édredon*.

Il vit de poissons et principalement de coquilles bivalves. Quoique cette espèce se nourrisse d'animaux marins, il ne serait cependant pas impossible de la réduire à une semi-domesticité.

Observations. 1° Le fait de la capture, sur nos côtes et durant l'hiver, d'individus mâles, ayant leur robe de noces, tendrait à faire supposer que si le mâle adulte change de plumage, immédiatement après les pontes, pour prendre celui de la femelle, il revêt celui qui le caractérise au moment des amours, avant le mois de janvier.

2° Trois ou quatre individus reçus de Terre-Neuve, avaient sous la gorge deux traits noirs comme en offre la *Somateria spectabilis*, mais d'une teinte moins foncée. Seraient-ce, comme l'a supposé M. Hardy, des métis de ce dernier avec la femelle de l'Eider ?

M. de Sélys-Longchamps, dans sa deuxième note sur les hybrides d'Anatidés, tout en citant cet exemple, fait remarquer que le prince Ch. Bonaparte et M. W. Jardine considèrent ces individus comme espèce distincte, qu'ils nomment *Somateria V. nigrum*, mais qu'il y a lieu d'attendre de nouvelles observations avant de se prononcer.

506 — EIDER A TÊTE GRISE — *SOMATERIA SPECTABILIS*
Boie ex Linn.

Plumes des côtés du bec n'atteignant pas l'extrémité postérieure des narines, et s'étendant beaucoup moins loin que les plumes du front.

Taille : 0ᵐ,63 (mâle).

ANAS SPECTABILIS, Linn. *S. N.* (1766), t. I, p. 195.
ANAS FRETI-HUDSONI, Briss. *Ornith.* (1760), t. VI, p. 365.

ANAS BEHRINGII, Lath. *Ind.* (1790).

ANAS MOLLISSIMA, p. Temm. *Man.* (1815), p. 549.

SOMATERIA SPECTABILIS, Boie, *Isis* (1822), p. 564.

FULIGULA SPECTABILIS, Degl. *Ornith. Eur.* (1849), t. II, p. 466.

Gould, *Birds of Eur.* pl. 375.

Mâle adulte, en plumage d'amours : Dessus de la tête et haut de la nuque d'un cendré bleuâtre clair ; bas de la nuque, partie supérieure du dos et deux grands espaces de chaque côté du croupion d'un blanc pur ; milieu et bas du dos, sus-caudales noirs ; gorge, devant et côtés du cou blancs, avec une bande noire oblique, de chaque côté, au-dessous de la mandibule inférieure ; un angle arrondi résulte de la réunion, à la gorge, de chacune de ces bandes ; poitrine d'un blanc roux-jaunâtre clair, s'étendant jusqu'au dos ; abdomen, flancs et sous-caudales noirs ; pourtour des bords libres des crêtes frontales, jusqu'à la mandibule supérieure, d'un noir velouté ; joues blanches, lavées de verdâtre ; petites couvertures supérieures des ailes brunes ; les moyennes blanches ; les grandes noires ; rémiges primaires noirâtres ; les tertiaires d'une teinte plus foncée, pointues et contournées en faucille ; queue d'un brun foncé ; deux tubercules charnus à la base du bec, adossés, élevés en crête, d'un beau jaune orange vif, diminuant de ton vers le bec, qui est d'un jaune tirant sur le citron ; tarses et doigts d'un jaune brunâtre, avec la membrane noire ; iris noir.

Mâle adulte, après l'époque des amours : Il a une livrée qui se rapproche de celle du jeune âge ; sa crête charnue est affaissée et atrophiée. Dès la fin de février, il a repris le plumage de noces, et la caroncule frontale se relève et prend un accroissement d'autant plus grand que le sujet est plus âgé.

Femelle adulte : Elle est un peu plus petite. Tête et cou d'un roux moucheté de noir ; dessus du corps d'un brun noirâtre, avec les plumes du dos bordées de roux, les scapulaires bordées et tachetées de roux vers leur milieu ; bas du dos, cou, poitrine, flancs et sus-caudales d'un roux rougeâtre, avec des taches noires en fer de lance ; abdomen cendré brun-roussâtre ; petites couvertures supérieures des ailes pareilles au manteau ; moyennes et grandes couvertures d'un brun noirâtre, avec la pointe blanche, et formant, par leur réunion, deux bandes transversales ; rémiges et rectrices brun-noir ; point de crête relevée ; bec se prolongeant de chaque côté du front par deux lames aplaties.

Jeunes avant la première mue : Dessus de la tête, partie supérieure de la nuque d'un brun roussâtre ; bas de la nuque d'une teinte plus brune ; dessus du corps brun, avec toutes les plumes bordées de cendré, de roussâtre, et les scapulaires terminées de blanchâtre ; toutes les parties inférieures variées de lignes transversales alternativement brunes et d'un cendré roussâtre ; joues d'un brun noirâtre.

Après la mue : Joues et cou plus ou moins blancs dans les *mâles*, avec deux bandes noires à la gorge ; poitrine en partie blanc-roussâtre ; plumes noires aux ailes et aux flancs ; dessus de la tête avec un mélange de plumes rousses et de plumes d'un cendré bleuâtre. Chez les *femelles*, il y a au milieu des plumes de l'enfance des plumes de l'âge adulte. Ce n'est qu'à l'âge de deux ans que les jeunes mâles prennent la belle livrée des adultes.

Cette espèce habite, comme l'Eider, les régions du pôle arctique, principalement le Groënland, le Spizzberg et Terre-Neuve ; elle se montre accidentellement sur les côtes de la Suède, de la Norwége, de l'Angleterre et de la France.

Un sujet tué à Boulogne-sur-Mer est déposé au Musée de cette ville.

L'Eider à tête grise niche dans les endroits marécageux. Ses œufs sont d'un gris olivâtre comme ceux de l'Eider vulgaire et mesurent :

Grand diam. 0^m,064 à 0^m,073 ; petit diam. 0^m,045 à 0^m,048.

Observations. 1° La femelle, malgré les grands rapports qu'elle a avec celle de l'Eider vulgaire, en diffère sensiblement par la teinte plus rousse de son plumage, son bec plus court et ses pattes de couleur jaune.

2° Nous pensons avec M. Hardy, qu'après la saison des amours, le mâle, comme celui de l'Eider vulgaire, reprend la livrée du jeune âge ou de la femelle, et qu'au commencement des couvées il a les crêtes charnues du bec beaucoup plus développées. L'on voit, en effet, des individus en robe de noces chez lesquels les crêtes sont excessivement élevées, tandis que chez d'autres, sous la même livrée, ces excroissances sont effacées. Les premiers, selon toute probabilité sont des mâles tués dans la première période des amours, et les seconds au déclin de la saison des pontes. L'on rencontre aussi des mâles dont le plumage bigarré annonce la transition de la livrée d'amours à la livrée d'hiver.

GENRE CCXXXIX

MACREUSE — *OIDEMIA*, Flem.

Oidemia, Flem. *Phil. of Zool.* (1822).
Melanitta, Boie, *Isis* (1822).
Maceranas et Macroramphus, Less. *Man. d'Ornith.* (1828).
Pelionetta, Kaup, *Nat. Syst.* (1829).

Bec à peu près aussi long que la tête, robuste, élevé, large dans toute son étendue, à mandibule supérieure renflée ou gibbeuse vers la base, déprimée à l'extrémité ; lamelles larges, fortes, très-espacées, peu ou point visibles à la base des mandibules ; mandibule inférieure cachée dans sa moitié antérieure ; onglets très-larges, voûtés, couvrant l'extrémité des mandibules ; narines sub-médianes, élevées, ovales ; ailes de moyenne longueur, sur-aiguës ; queue courte, conique, à pennes terminées en pointe ; jambes très à l'arrière du corps ; tarses plus courts que le doigt interne.

Les Macreuses, indépendamment des caractères que nous venons d'énumérer, se distinguent encore, parmi les Fuliguliens, par un plumage à teintes foncées, généralement sans éclat, rarement relevées par d'étroites taches blanches.

Elles ne fréquentent que les eaux salées tant des mers intérieures que de l'Océan : ce n'est même qu'accidentellement qu'on les rencontre sur la partie des fleuves où la marée se fait sentir, et elles n'abandonnent que momentanément les eaux, au moment des pontes. Les Macreuses sont des oiseaux plongeurs par excellence, et peuvent rester longtemps submergées. C'est en plongeant qu'elles fouillent les fonds sablonneux pour y découvrir les mollusques bivalves dont elles font leur principale nourriture. Leur vol est très-bas, mais il est puissant et rapide.

La chair des Macreuses est dure et de fort mauvais goût.

Le mâle diffère de la femelle par des teintes plus foncées et plus franches. Les jeunes, avant la première mue, ressemblent à la femelle. Leur mue est double. ·

Trois espèces représentent ce genre en Europe.

507 — MACREUSE ORDINAIRE — *OIDEMIA NIGRA*
Flem. ex Linn.

Point de miroir sur l'aile ; plumage entièrement noir (mâle) ou brun, avec les joues cendrées (femelle) ; plumes du front et des joues formant une ligne à peu près droite et ne se prolongeant pas sur le bec ; protubérance de la base du bec, chez le mâle, noire au sommet.

Taille : $0^m,48$ *environ.*

Anas nigra, Linn. *S. N.* (1766), t. I, p. 196.
Anas cinerea, S. G. Gmel. *Reise* (1774-1784), t. II, p. 184.
Anas cineraceus, Bechst. *Nat. Deuts.* (1809), t. IV, p. 1025.
Anas atra, Pall. *Zoogr.* (1811-1831), t. II, p. 247.
Oidemia nigra, Flem. *Phil. of Zool.* (1822), t. II, p. 260.

MELANITTA NIGRA, Boie, *Isis* (1822), p. 564.
OIDEMIA LEUCOCEPHALA, Flem. *Brit. Anim.* (1828), p. 119.
Buff. *Pl. enl.* 978, *mâle.*

Mâle adulte : Entièrement d'un noir brillant, velouté et nuancé de violet bleuâtre à la tête et au cou ; bec noir, avec la partie moyenne de la mandibule supérieure, les narines, le sillon qui sépare les protubérances et le bord libre des paupières d'un jaune orange ; tarses et doigts d'un cendré brun ; palmures noires ; iris rouge.

Femelle adulte : Dessus de la tête, haut de la nuque, toute la ligne médiane de la moitié inférieure de la nuque d'un brun-noirâtre ; dessus du corps également brun noirâtre au centre des plumes, d'un cendré roussâtre sur les bords ; joues, devant et côtés de la moitié supérieure du cou d'un cendré clair, marqué de petites taches brunes ; bas du cou, haut de la poitrine, flancs et sous-caudales bruns ; bas de la poitrine et abdomen d'un brun cendré, avec les plumes terminées de grisâtre ; couvertures supérieures des ailes pareilles au manteau ; rémiges et rectrices d'un brun noir ; bec noir, avec deux légères bosselures à la base, une tache vers le bout et les narines jaunâtres ; pieds d'un cendré noirâtre ; iris brun.

Dans la vieillesse, la femelle ressemble au mâle, mais elle est d'un noir moins profond et sans nuance bleuâtre ; les gibbosités de la base du bec, quoique très-prononcées, le sont moins que chez celui-ci et n'ont pas de jaune.

Jeunes avant la première mue : D'un brun légèrement roussâtre sur la tête, le cou et le corps ; d'une teinte plus claire sur les côtés et le devant du cou, le haut de la poitrine et l'abdomen ; plumes de cette dernière région bordées de cendré blanchâtre ; bec brun noir, sans gibbosités ; pieds d'un vert jaunâtre sale ; iris brun.

Les jeunes femelles ont des teintes plus claires que les mâles du même âge.

Après la mue : Ceux-ci ont à la tête, au cou, au dos, sur les ailes, à la poitrine et aux flancs, des plumes noires entremêlées, avec les plumes brun-roussâtre de l'enfance ; le bec est toujours sans protubérances et d'un brun noirâtre.

La Macreuse ordinaire habite les régions arctiques de l'Europe ; se répand en hiver dans les régions tempérées. Elle est régulièrement de passage en Hollande, en Belgique, en Angleterre et en France.

Elle visite nos côtes maritimes de l'Océan en quantité prodigieuse, y arrive à l'époque des gelées, par un vent du nord ou du nord-ouest, et les quitte vers la fin d'avril. Durant le séjour qu'elle y fait, elle est l'objet d'une chasse fort destructive. C'est par centaines qu'elle se prend quelquefois aux filets dont on se sert pour la chasser, ou plutôt pour la pêcher. On en voit toute l'année sur les côtes de Dunkerque, mais isolément.

Elle niche dans les endroits marécageux; pond huit à neuf œufs, d'un blanc grisâtre, un peu jaunâtre, sans taches. Ils mesurent :

Grand diam. 0^m,064; petit diam. 0^m,045.

Sa nourriture consiste principalement en coquilles bivalves, surtout en petites moules. Sa chair est d'un goût fort désagréable.

Observation. La Macreuse d'Amérique, *Anas nigra*, Wilson (*Oidemia Americana*, Bp.), diffère de celle d'Europe. Elle a le bec plus large, une gibbosité moins élevée, plus élargie, entièrement de couleur orange depuis les plumes du front jusqu'aux narines exclusivement ; tandis que dans la nôtre, le jaune ne commence qu'au bas de la tubérosité, entoure les narines et n'occupe que le milieu de la partie moyenne du bec.

Cette protubérance dans l'espèce d'Amérique est unique, avec une sinuosité médiane ; dans celle d'Europe, elle semble formée par deux demi-sphères adossées, séparées par une échancrure.

508 — MACREUSE BRUNE — *OIDEMIA FUSCA*
Flem. ex Linn.

Un miroir blanc sur l'aile ; plumage noir (mâle) *ou brun, avec deux taches blanches ou blanchâtres sur les côtés de la tête* (femelle) ; *plumes des joues s'avançant sur les côtés du bec bien au delà des commissures.*

Taille : 0^m,55 environ (mâle).

Anas fusca, Linn. *S. N.* (1766), t. I, p. 196.
Anas nigra major, Briss. *Ornith.* (1760), t. I, p. 423.
Anas fuliginosa, Bechst. *Nat. Deuts.* (1809), t. IV, p. 962.
Anas carbo, Pall. *Zoogr.* (1811-1831), t. II, p. 244.
Oidemia fusca, Flem. *Phil. of Zool.* (1822), t. II, p. 260.
Melanetta fusca, Boie, *Isis* (1822), p. 564.

Buff. *Pl. enl.* 956, *mâle adulte*, sous le nom de *Grande Macreuse*; 1007, *jeune mâle*, sous le nom de *Canard brun*.

Mâle adulte : Entièrement d'un noir profond, avec la paupière inférieure blanche, et un miroir étroit de même couleur sur l'aile, occupant l'extrémité des grandes sus-alaires secondaires et les rémiges secondaires; bec jaune-rougeâtre, avec l'onglet plus rouge, les narines, les petites gibbosités et les deux tiers postérieurs de la mandibule inférieure noirs; tarses et doigts rouges, avec les palmures noires; iris blanc.

Femelle adulte : Un peu plus petite ; d'un brun de suie en dessus et en dessous, avec l'espace entre le bec et les yeux, la région parotique, variés de blanchâtre ; bec d'un brun cendré, noirâtre à la base et sur les bords, plus court et moins large que chez le mâle et sans gibbosités ; tarses et doigts d'un rouge pâle ; iris brun.

Jeunes avant la première mue : Ils ressemblent à la femelle.

Après la mue : Les mâles ont le milieu de la poitrine et de l'abdomen d'un gris blanc argentin, avec une tache brune au centre des plumes, un espace devant et derrière les yeux varié de roussâtre et de blanchâtre ; le bec plus large et plus long que celui de la femelle ; les tarses et les doigts d'un orange lavé de brun, avec les palmures brunes, bordées d'orange brunâtre près des doitgs, celle du pouce et celle qui déborde le doigt externe de cette couleur en dessus et d'un brun uniforme en dessous.

La Macreuse brune ou double Macreuse habite les mers du Nord, surtout celles qui baignent les Orcades, la Suède et la Norwége. Elle est de passage, en hiver, sur les côtes maritimes de la Hollande, de la Belgique, de l'Angleterre et de la France, comme la Macreuse ordinaire, et s'avance quelquefois dans l'intérieur des terres. M. J. Ray, dans des notes qu'il nous a communiquées, signale deux faits de ce genre. En décembre 1844, trois individus, sur cinq, furent tués par M. Courtot de Guernoyenne, sur la Seine, et en fin février 1845, M. Herbin, de Troyes, reçut un mâle tiré dans les environs de cette ville.

Cette espèce niche parmi les herbes ; ses œufs, au nombre de huit à dix, sont d'un blanc grisâtre, légèrement jaunâtre, sans taches. Ils mesurent :

Grand diam. 0ᵐ,062 à 0ᵐ,065 ; petit diam. 0ᵐ,046 à 0ᵐ,048.

Elle se nourrit principalement, comme la précédente, de coquilles bivalves.

Observation. La double Macreuse d'Amérique (*Oidemia Deglandi*, Bp.) diffère de la nôtre. Elle a les plumes du front qui descendent davantage sur le bec, ce qui fait paraître celui-ci plus court, et la tache blanche de la paupière inférieure beaucoup plus grande et affectant une forme triangulaire.

509 — MACREUSE A LUNETTES
OIDEMIA PERSPICILLATA
Steph. ex Linn.

(Type du genre *Pelionetta*, Kaup.)

Point de miroir sur l'aile ; plumage noir, avec une grande tache blanche sur le front en avant des yeux et une autre de même couleur à la nuque (mâle), *ou brun avec deux taches blanchâtres sur les côtés de la tête* (femelle) ; *plumes du front se prolongeant en*

pointe au moins jusqu'au deuxième tiers du bec, à partir de la base.
Taille : 0^m,50 *environ.*

ANAS PERSPICILLATA, Linn. *S. N.* (1766), t. I, p. 201.
ANAS NIGRA MAJOR FRETI-HUDSONIS, Briss. *Ornith.* (1760), t. VI, p. 425.
MELANITTA PERSPICILLATA, Boie, *Isis* (1822), p. 564.
OIDEMIA PERSPICILLATA, Steph. in : Shaw, *Gen. Zool.* (1824), t. XII, p. 249.
PELIONETTA PERSPICILLATA, Kaup, *Nat. Syst.* (1829), p. 107.
Buff. *Pl. enl.* 995, *mâle,* sous le nom de *Canard du Nord, appelé le Marchand.*

Mâle adulte : Entièrement d'un noir profond, avec un espace blanc
sur le front, et un autre plus grand comprenant presque toute l'étendue de la nuque ; bec d'un jaune rougeâtre, lavé d'un peu de grisâtre
sur les côtés de la mandibule supérieure, avec une grande tache noire,
arrondie, sur chaque protubérance latérale ; tarses et doigts rouges,
avec les membranes noires ; iris blanc.

Nota : Aux plumes blanches de la nuque sont mêlées des plumes
noires beaucoup plus courtes, qui prennent probablement un plus grand
développement à la saison des amours et modifient la tache blanche, et
la font peut-être disparaître en totalité ou en partie.

Femelle adulte : Pareille, en dessus, à la femelle de la Macreuse
brune, avec une teinte tirant sur le cendré et une calotte noire à la tête,
allant en diminuant jusqu'à la nuque ; cou, haut de la poitrine, flancs,
région anale et sous-caudales d'un brun cendré ; milieu de l'abdomen
d'un blanc gris argentin, ondulé faiblement de cendré ; côtés de la tête
un peu plus cendrés que le dessus du corps, avec une tache blanche devant et derrière les yeux ; rémiges et rectrices noires ; bec brun, sans
renflement et sans protubérance ; iris brun noir ; tarses et doigts
rouges.

Jeunes mâles avant la mue : Parties supérieures d'un brun tirant
sur le cendré, avec le front, le vertex et l'occiput d'un brun noirâtre ;
plumes de la nuque en partie noires, en partie blanches, celles-ci produisant une tache grisonnante ; cou, haut de la poitrine, flancs, région
anale et sous-caudales d'un brun foncé ; bas de la poitrine et abdomen
d'un blanc gris argenté ; côtés de la tête de la même couleur que le dos,
avec une plaque blanche derrière la mandibule supérieure et une
bande de même couleur derrière les yeux ; bec brun, avec les côtés de
la mandibule supérieure rouges à la base et une tache brune arrondie
en arrière et au-dessous de la partie rouge ; tarses et doigts d'un rouge
brun ; palmures noires.

Après la mue . Ils sont noirs en dessus, avec les plumes bordées d'une légère teinte cendrée; le bec est renflé sur les côtés et d'une teinte rougeâtre.

Cette espèce habite particulièrement le nord de l'Amérique; elle est rare en Europe et de passage accidentel en France et en Angleterre.

On la rencontre sur les côtes maritimes de l'Artois, de la Picardie et de la Normandie. Un jeune sujet a été tué près de Calais dans l'hiver de 1835; en 1841, un autre sujet a été trouvé, dans la même saison, sur le marché de Caen. On l'apporte assez souvent sur le carreau de la *Vallée* à Paris : nous l'y avons vue en 1845, 1846, 1852 ; en 1864, quatre ou cinq individus y ont été rencontrés dans le courant de l'hiver ; enfin, on en a capturé en Angleterre, au milieu d'une bande de Macreuses brunes.

Cette espèce niche dans les marais salants et pond, suivant les auteurs, huit ou dix œufs blancs ou blanchâtres.

Elle paraît avoir les habitudes et le régime des autres Macreuses.

GENRE CCXL

ERIMISTURE — *ERIMISTURA*, Bp.

Erimistura, Bp. *B. of Eur.* (1838).
Undina, Keys. et Blas., *Wirbelth.* (1840).

Bec à peu près aussi long que la tête, très-élevé et renflé à la base, très-déprimé à l'extrémité qui est relevée, évasée et plus large que le reste du bec; mandibule supérieure dessinant au profil une courbe très-prononcée à partir du bord postérieur des fosses nasales, à arête divisée par un large sillon, du front au-dessus des narines ; lamelles de la mandibule supérieure petites, perpendiculaires, peu visibles vers le milieu du bec; lamelles de la mandibule inférieure très-nombreuses, très-fines, à peine visibles, donnant aux bords de la mandibule une apparence striée ; narines médianes, élevées, larges, ovales ; onglet supérieur très-petit, s'évasant un peu à son extrémité, fortement recourbée et faisant retour en arrière; ailes très-courtes, aiguës ; queue allongée, conique, à pennes roides, pointues, en gouttières; tarses une fois plus courts que le doigt médian, y compris l'ongle,

Les Érimistures se distinguent franchement de tous les autres Fuliguliens par la forme du bec, de l'onglet, des lamelles de la mandibule inférieure ; par celle de la queue et par la brièveté des ailes.

Ce sont des oiseaux nageurs et plongeurs par excellence. Leur corps, lorsqu'ils nagent, est complétement immergé. Leur nourriture paraît être à la fois animale et végétale.

Le mâle se distingue de la femelle, et les jeunes, avant leur première mue, diffèrent peu de cette dernière. Leur mue est double.

310 — ÉRIMISTURE LEUCOCÉPHALE
ERIMISTURA LEUCOCEPHALA
Bp. ex Scop.

Point de miroir sur l'aile ; tête blanche ou blanchâtre, avec le vertex noir ou brun sombre ; extrémité des ailes atteignant à peine la base de la queue.

Taille : 0ᵐ,51 (mâle).

ANAS LEUCOCEPHALA, Scop. *Ann. I Hist. Nat.* (1769), p. 65.
ANAS MERSA, Pall. *Voy.* (1779), édit. franç. in-8°, append. t. VIII, p. 40.
ERIMISTURA MERSA, Bp. *B. of Eur.* (1838), p. 59.
UNDINA MERSA, Keys. et Blas. *Wirbelth.* (1840), p. 86.
ERIMISTURA LEUCOCEPHALA, Bp. *C. R. de l'Acad. des Sc.* (1856), t. XLIII, p. 652.
Savigny, *Descript. de l'Égypte*, pl. 10, f. 2.
Gould, *Birds of Eur.* pl. 381.

Mâle adulte : Tête et haut du cou blancs, avec le vertex noir, un collier de cette couleur à la partie moyenne du cou, occupant les côtés et le dessus de la moitié inférieure ; dessus du corps d'un roux marqué de fines raies en zigzag d'un brun noirâtre ; croupion d'un roux pourpre barré de noirâtre ; sus-caudales d'un roux pourpre sans barres ; bas de la face antérieure du cou, poitrine, flancs d'un roux pourpre lustré et foncé, traversés de zigzags noirs plus ou moins apparents ; abdomen, sous-caudales d'un blanc roussâtre métallique, coupé transversalement de raies noirâtres ; couvertures supérieures des ailes d'un cendré brun, variées de taches et de zigzags grisâtres et roussâtres ; rémiges d'un brun clair ; rectrices brunes ; bec bleu vif ; pieds brun cendré ; iris brun.

Femelle adulte : Un peu plus petite que le mâle ; dessus de la tête et nuque d'un brun foncé, dessus du corps roux, nuancé de brun cendré, avec les lignes en zigzag moins distinctes que chez le mâle ; joues, gorge, devant du cou d'un blanc jaunâtre ; bec et pieds roussâtres ; iris brun.

Jeunes mâles, avant la première mue : Ils ressemblent à la femelle, mais ils sont un peu plus forts.

L'Érimisture leucocéphale habite les contrées orientales de l'Europe et la région centrale et orientale de la Sibérie ; elle se montre très-accidentellement en France ; on l'a observée un peu plus fréquemment sur les bords de la mer Noire, en Sardaigne et en Grèce.

Un jeune individu a été tué dans le midi de la France et donné à M. de Lamotte ; un jeune mâle a été trouvé sur le marché de Dieppe par M. Hardy, dans les premiers jours de janvier 1842. M. Bouteille, dans le même mois, mais en 1846, en a acheté quatre sur le marché de Grenoble.

Cette espèce niche sur les bords de la mer et des lacs ; construit avec des joncs, selon Temminck, un nid flottant, et pond huit œufs, très-gros, très-renflés, obtus, rugueux, d'un blanc pur ou légèrement jaunâtre, et ne ressemblant en rien à des œufs d'Anatidés. Ils mesurent :

Grand diam. 0ᵐ,067 à 0ᵐ,070 ; petit diam. 0ᵐ,051 à 0ᵐ,053.

M. Bouteille n'a trouvé, dans le jabot des quatre individus dont il a fait l'acquisition sur le marché de Grenoble, que du gravier et quelques graines noires qu'il a cru appartenir au genre *Carex*, de la famille des *Cypéracées*.

SOUS-FAMILLE LXXXII

MERGIENS — *MERGINÆ*

MERGINÆ, Bp. *B. of Eur.* (1838).
MERGIDÆ, Bp. *C. R. de l'Acad. des Sc.* (1856).

Mandibule inférieure découverte dans toute son étendue ; lamelles dentiformes, débordant partout les mandibules et dirigées en arrière ; onglet supérieur recouvrant exactement l'extrémité de la mandibule ; jambes très en dehors de l'équilibre ; doigts allongés, l'externe aussi long que le médian ; palmures larges.

Cette sous-famille est parfaitement distincte des précédentes. Elle tire son principal caractère de la forme et de la disposition des lamelles du bec, qui sont coniques, distinctes, saillantes, extérieurement visibles sur toute l'étendue des bords des mandibules, à pointe très-dirigée en arrière.

Elle repose uniquement sur le genre *Mergus* de Linné.

GENRE CCXLI

HARLE — *MERGUS*, Linn.

MERGUS, Linn. *S. N.* (1735).
MERGANSER, Briss. *Ornith.* (1760).
MERGELLUS, Selby, *Cat. Gen. and Subgen. of B.* (1840).
LOPHODYTES, Reich.

Bec généralement aussi long ou plus long que la tête, rarement plus court, droit, épais et déprimé à la base, puis effilé et cylindrique jusqu'à l'onglet inférieur terminal, qui est aussi large que la partie osseuse du bec, fortement recourbé et débordant beaucoup la mandibule inférieure ; toutes les lamelles dentiformes qui garnissent les bords de la mandibule supérieure visibles lorsque le bec est fermé ; narines sub-médianes, latérales, elliptiques ; ailes médiocrement allongées, aiguës ; queue moyenne, arrondie ou légèrement conique ; jambes placées à l'arrière du corps ; tarses plus courts que le doigt interne ; palmures larges ; pouce surmonté et ne touchant à terre que par l'extrémité de l'ongle.

Les Harles ont des formes assez élancées, le sommet de la tête et l'occiput généralement garnis d'une touffe de plumes allongées, formant une huppe plate.

Ce sont des oiseaux éminemment aquatiques et de grands nageurs. Leur corps, lorsqu'ils nagent, est en grande partie immergé, la tête, le cou et le dos étant seuls visibles. Ce sont aussi d'excellents plongeurs. Ils poursuivent au fond de l'eau les petits poissons dont ils font leur principale nourriture. La position reculée de leurs jambes leur rend la marche difficile. Malgré la brièveté de leurs ailes, leur vol est puissant, rapide, mais bas, et ils franchissent de très grandes distances d'une seule traite.

Le mâle porte un plumage différent de celui de la femelle. Les jeunes, avant leur première mue, ressemblent à celle-ci. Leur mue est simple : elle a lieu au printemps chez le mâle, en automne chez la femelle et les jeunes. Ces derniers ne revêtent le plumage parfait qu'à la troisième année.

Ce genre est représenté en Europe par les espèces suivantes.

Observation. Les quatre espèces de Harles que l'on rencontre en Europe sont devenues les types de quatre genres ou sous-genres distincts. A moins que l'on ne veuille considérer comme caractères essentiels ou génériques les légères différences de formes que présente la huppe, et les différences tout aussi peu importantes qu'offre la distribution des couleurs, rien ne peut justifier ces genres.

511 — HARLE BIÈVRE — *MERGUS MERGANSER*
Linn.

(Type du genre *Merganser*, Bp.)

Grandes sus–alaires secondaires blanches sur la moitié postérieure (mâle), *ou blanches, lavées de cendré au bout* (femelle); *rémiges secondaires, de la cinquième à la onzième, blanches; rémiges cubitales blanches, bordées extérieurement de noir velouté* (mâle) *ou cendrées* (femelle).

Taille : 0^m,66 (mâle); 0^m,61 (femelle).

MERGUS MERGANSER et CASTOR, Linn. *S. N.* (1766), t. I, p. 209.
MERGANSER et MERGANSER CINEREUS, Briss. *Ornith.* (1760), t. VI, p. 231 et 254.
MERGUS RUBRICAPILLA, Brünn. *Ornith. Bor.* (1764), p. 22.
MERGANSER RAII, Leach, *Syst. Cat. M. and B. Brit. Mus.* (1816), p. 36.
MERGANSER GULO, Steph. in : Shaw, *Gen. Zool.* (1824), t. XII, p. 161.
MERGANSER CASTOR, Bp. *B. of Eur.* (1838), p. 59.
Buff. *Pl. enl.* 951, *mâle adulte;* 953, *femelle.*

Mâle adulte : Tête et moitié supérieure du cou d'un noir verdâtre à reflets, tirant au bronze noir sur la gorge, avec les plumes du vertex allongées et formant une huppe courte et touffue; moitié inférieure du cou blanche; partie supérieure du dos, scapulaires les plus rapprochées du corps d'un noir profond; milieu du dos, croupion et sus-caudales cendrés, avec l'extrémité des plumes très-légèrement frangée çà et là de grisâtre; poitrine, abdomen et sous-caudales d'un blanc nuancé de rose jaunâtre, tirant sur le beurre frais, s'éclaircissant sur les côtés; couvertures supérieures des ailes et scapulaires les plus éloignées du corps d'un blanc lavé de jaune beurre frais, ces dernières lisérées en grande partie de noir; poignet de l'aile noirâtre; rémiges d'un noir brun luisant; rectrices d'un gris cendré, relevé par le gris-brun luisant de la tige des plumes; bec rouge-brunâtre avec le dessous, l'onglet et la mandibule supérieure, sur la ligne médiane, d'un noir verdâtre; pieds rouge de corail; iris rouge.

Femelle adulte : Elle est plus petite; a le vertex et la partie supérieure de la nuque d'un brun roux, avec les plumes longues, effilées, formant une huppe tombante vers le cou; partie inférieure de la nuque, dos, scapulaires et sus-caudales d'un cendré foncé au centre des plumes et d'une teinte plus claire sur les bords ; gorge blanche ; milieu du cou d'un brun roux ; bas du cou, côtés de la poitrine et flancs d'un cendré clair ; poitrine, abdomen et sous-caudales d'un blanc jaunâtre ; joues rouge-jaunâtre, avec les membranes interdigitales tirant sur le cendré ; iris brun-roux.

Jeunes avant la première mue : Ils ressemblent à la femelle.

A l'âge d'un an, les mâles se distinguent par des plumes noires, qui paraissent au vertex et à la gorge ; les couvertures alaires, qui deviennent blanches ; et les plumes rousses du cou, qui ont une teinte brune à leur extrémité.

Le Harle bièvre, grand Harle ou Harle commun habite, l'été, les contrées arctiques de l'Europe, et se répand, l'hiver, dans les contrées tempérées.

Il est de passage régulier en France, en automne et au printemps, et s'y montre surtout en abondance lorsque l'hiver a été très-froid. Dans le mois de février 1830 toutes les eaux des environs de Lille en étaient couvertes.

Il niche sur les bords des eaux, parmi les pierres, quelquefois dans les trous des arbres creux ; pond de douze à quatorze œufs, blanchâtres, nuancés d'une teinte un peu verdâtre, sans taches. Ils mesurent :

Grand diam. 0^m,072 à 0^m,075 ; petit diam. 0^m,049 à 0^m,050.

512 — HARLE HUPPÉ — *MERGUS SERRATOR*
Linn.

Grandes sus-alaires secondaires blanches dans la moitié terminale ; rémiges secondaires, de la cinquième à la onzième, noires à la base, blanches sur la moitié postérieure, le blanc des grandes sus-alaires et des rémiges secondaires formant un miroir que coupe obliquement une bande noire ; rémiges cubitales blanches, bordées extérieurement de noir (mâle), *ou grises, avec une bordure brunâtre en dehors* (femelle).

Taille : 0^m,56 à 0^m,57.

Mergus serrator, Linn. *S. N.* (1766), t. I, p. 208.
Merganser cristatus, Briss. *Ornith.* (1760), t. VI, p. 237.
Mergus serratus et niger, Gmel. *S. N.* (1788), t. I, p. 546.
Merganser serrator, Steph. in : Shaw, *Gen. Zool.* (1824), t. XII, p. 165.
Mergus leucomelas, Brehm, *Hand. Nat. Vög. Deuts.* (1831), p. 947.
Mergus serrator a *Pallasii*, Bp. *C. R. de l'Acad. des Sc.* (1856), t. XLIII, p. 652.
Buff. *Pl. enl.* 207, mâle, sous le nom de *Harle huppé.*

Mâle adulte, au printemps : Tête et partie supérieure du cou d'un noir verdâtre à reflets, avec les plumes du vertex et de l'occiput longues, effilées, relevées en disque et formant une huppe rayonnée longitudinalement; bas du cou blanc, avec une ligne médiane noire en arrière; haut du dos et scapulaires d'un noir profond; milieu du dos et sus-caudales cendrés, avec des zigzags grisâtres; poitrine roussâtre, marquée de taches noirâtres; abdomen et sous-caudales d'un blanc pur; couvertures supérieures des ailes blanches, coupées transversalement par deux bandes noires; rémiges primaires noires; rémiges secondaires noires à la base, blanches à l'extrémité; rémiges cubitales ou tertiaires blanches, lisérées de noir en dehors; rectrices brunes; bec et iris rouges; pieds orange.

Femelle adulte : Plus petite que le mâle, dessus de la tête d'un brun cendré roussâtre, avec une huppe très-courte; joues, côtés et partie postérieure du cou d'un roux jaunâtre clair, avec une bande longitudinale, de la même teinte que le vertex, sur la ligne médiane de la nuque; dessus du corps d'un brun cendré, avec une teinte grisâtre sur les bordures des plumes et noirâtre sur la tige; gorge d'un blanc plus ou moins lavé de roussâtre; devant du cou cendré clair; poitrine et abdomen blancs, avec les plumes des flancs et les sous-caudales d'un brun cendré, et bordées de blanchâtre; bec et pieds d'un orange terne; iris brun.

Jeunes avant la première mue : Ils ressemblent à la femelle, dont ils ne diffèrent que par une taille plus petite, des teintes moins pures, la tête brune et la gorge cendrée.

A l'âge d'un an, les jeunes mâles sont plus grands que la femelle; ils ont la huppe longue, d'un roux nuancé de cendré, et des plumes noires, qui paraissent autour des yeux et au-devant du cou.

Le Harle huppé habite les contrées du cercle arctique.

En automne et au printemps, époque de ses migrations, on le voit de passage sur les côtes maritimes de la France, principalement sur celles de l'Océan; mais il y est ordinairement moins commun que le précédent. En février 1830 il s'en fit un grand passage. Un autre passage non moins abondant a eu lieu en 1855. Tous les individus tués à ces deux époques avaient un plumage à peu près identique.

Cet oiseau niche sur les bords des eaux; pond de huit à treize œufs, d'un gris jaunâtre, sans taches. Ils mesurent :

Grand diam. 0^m,063 à 0^m,068; petit diam. 0^m,043 à 0^m,045.

513 — HARLE COURONNÉ — *MERGUS CUCULLATUS*
Linn.

(Type du genre *Lophodytes*, Reich.)

Grandes sus-alaires secondaires blanches, coupées transversalement par deux bandes noires ; rémiges secondaires, de la cinquième à la onzième, blanches extérieurement sur la moitié terminale ; rémiges cubitales blanches au centre ; noires sur le bord externe.

MERGUS CUCULLATUS, Linn. *S. N.* (1766), t. I, p. 207.
MERGANSER VIRGINIANUS CRISTATUS, Briss. *Ornith.* (1760), t. VI, p. 258.
MERGUS FUSCUS, Lath. *Ind.* (1790), t. II, p. 832.
MERGANSER CUCULLATUS, Steph. in : Shaw, *Gen. Zool.* (1824), t. XII, p. 168.
Buff. *Pl. enl.* 935, *mâle ;* 936, *femelle*, sous le nom de *Harle huppé de Virginie*.

Mâle adulte : Huppe haute, ample, demi-circulaire, et joues d'un vert bronzé noirâtre, avec un grand espace angulaire d'un blanc pur ; cou, dos, scapulaires et deux croissants sur les côtés de la poitrine d'un noir profond ; bas de la face antérieure du cou, poitrine, abdomen d'un blanc pur, avec les flancs d'un blanc roussâtre, vermiculés de zigzags noirs ; bas-ventre brun ; ailes brunes, marquées de quatre bandes noires et blanches, avec les plus grandes couvertures subulées, courbées, allongées, blanches et lisérées de noir ; queue d'un brun foncé ; bec rougeâtre ; pieds couleur de chair ; iris jaune d'or.

Femelle adulte : Plus petite que le mâle ; parties supérieures brun d'Ombre, avec une petite huppe formée de plumes filamenteuses d'un brun roussâtre ; parties inférieures blanches, avec les flancs d'un brun noir ; joues et haut du cou brunâtres ; les côtés de la partie inférieure du cou linéolés comme chez le mâle, mais les plumes brunes sont frangées de gris ; ailes avec de légères bandes blanches ; bec, pieds de teintes plus pâles que dans le mâle.

Jeunes mâles : Ils ressemblent à la femelle, mais ils ont le dessus du corps et le devant du cou teintés de brun plus foncé, les ondes blanches moins prononcées, le blanc des ailes à peu près comme chez le mâle adulte ; leur huppe est nulle ou presque nulle ; ils n'ont point d'espace triangulaire devant les yeux, ni de croissants noirs aux côtés de la poitrine ; leur bec est rouge-noirâtre.

Cette espèce habite l'Amérique du Nord et se montre accidentellement sur les côtes des mers de l'Europe.

Les auteurs anglais l'inscrivent au nombre des oiseaux qui font de rares apparitions dans la Grande-Bretagne. M. Selby parle d'une jeune femelle qui fut tuée à Yarmouth, dans le Norfolk, durant l'hiver de 1829, et qui lui fut envoyée par un de ses correspondants. D'après Temminck, l'espèce aurait aussi été tuée en France, mais il ne donne à ce sujet aucune indication précise.

Le Harle couronné construit avec des herbes un nid qu'il tapisse intérieurement de plumes. Sa ponte est de huit à dix œufs blanchâtres, lavés de verdâtre. Ils mesurent :

Grand diam. 0ᵐ,044 à 0ᵐ,046 ; petit diam. 0ᵐ,033 à 0ᵐ,035.

314 — HARLE PIETTE — *MERGUS ALBELLUS*
Linn.

(Type du genre *Mergellus*, Selby.)

Grandes sus-alaires secondaires et rémiges secondaires noires sur les barbes externes, avec une bordure terminale blanche, le noir des sus-alaires et des rémiges secondaires formant un miroir que coupe une bande oblique blanche ; deux des rémiges cubitales blanches sur les barbes externes, les autres cendrées (mâle) *ou d'un brun cendré* (femelle).

Taille : 0ᵐ,42 (mâle).

Mergus albellus et minutus, Linn. *S. N.* (1766), t. I, p. 209.
Merganser cristatus minor et stellatus, Briss. *Ornith.* (1760), t. VI, p. 243 et 252.
Mergus glacialis, Brünn. *Ornith. Bor.* (1764), p. 24.
Mergus asiaticus, S. G. Gmel. *Reise* (1774-1784), t. II, p. 188.
Mergellus albellus, Selby, *Types of Birds* (1840).
Buff. *Pl. enl.* 449, *mâle ;* 450, *femelle,* sous le nom de *Piette.*

Mâle adulte : Tête, cou, d'un blanc pur, avec une tache d'un noir verdâtre sur les joues et la région ophthalmique, et une bande longitudinale de même teinte sur les côtés de l'occiput ; haut et milieu du dos et deux croissants qui s'étendent sur les côtés de la poitrine d'un noir profond ; le reste du dos d'une teinte moins noire ; sus-caudales cendrées et bordées de gris ; plumes scapulaires blanches, bordées de noir profond, quelques-unes des plus longues d'un noir cendré vers la pointe ; poitrine, abdomen et sous-caudales d'un blanc pur, avec les flancs et les jambes variés de zigzags cendrés ; petites couvertures supérieures des ailes blanches ; les moyennes noires ; les grandes secondaires noires, terminées de blanc ; rémiges primaires d'un brun noirâtre à reflets, lavées de cendré vers le bout ; rémiges secondaires d'un noir violet sur les barbes externes; blanches à l'extrémité; rémiges cubitales ou tertiaires, les deux premières blanches, les suivantes cendrées; rectrices d'un brun lavé de cendré; bec cendré bleuâtre; tarses et doigts bleu de plomb, avec les membranes noires; iris brun-roux.

Femelle adulte : Elle est plus petite que le mâle; dessus de la tête, joues, occiput, les deux tiers supérieurs de la nuque et côtés correspondants du cou d'un roux nuancé de brunâtre; bas du cou d'un cendré roussâtre; dessus du corps et sus-caudales d'un brun cendré; gorge, partie supérieure des faces antérieure et latérales du cou, bas du cou, abdomen et sous-caudales d'un blanc pur; haut de la poitrine d'un cendré clair; côtés du bas-ventre d'un brun cendré; petites couvertures supérieures des ailes blanches, lavées de cendré; grandes couvertures secondaires noirâtres et terminées de blanc, quelques-unes des plus grandes d'un brun cendré verdâtre; rémiges primaires et tertiaires d'un brun cendré; rémiges secondaires noirâtres avec l'extrémité blanche; rectrices d'un brun cendré.

Jeunes avant la première mue : Ils ressemblent à la femelle.

Après la mue, les mâles se distinguent des femelles par une taille plus grande; par des plumes noires qui indiquent l'emplacement de la tache noire des joues de l'oiseau adulte, et par les petites couvertures supérieures des ailes qui sont d'une teinte plus blanche.

Dans la deuxième année : Ils ne diffèrent plus des vieux que par quelques plumes rousses sur les côtés de la tête, une teinte cendrée au bas du cou, et le blanc moins pur et moins étendu aux scapulaires et aux ailes.

Le Harle piette habite, l'été, les contrées boréales des deux mondes et se répand, en hiver, dans les pays tempérés et méridionaux.

Il passe dans le nord de la France en automne et à l'approche du printemps, et se mêle aux bandes de Harles bièvres et de Harles huppés. Les mâles adultes paraissent plus rares que les femelles et les jeunes.

Il niche sur les bords des lacs et des rivières. Sa ponte est de huit à douze œufs blanchâtres, jaunâtres ou roussâtres, sans taches. Ils mesurent :

Grand diam. 0^m,043 à 0^m,045 ; petit diam. 0^m,033 à 0^m,034.

Observation. Un hybride de Harle piette et de Garrot vulgaire (*Clangula glaucion*), tué en 1825 dans les environs de Brunswick, a été décrit et figuré comme nouvelle espèce, sous le nom de *Mergus anatarius*, par M. Eimbeck (*Isis*, 1831, 3e livrais. p. 299).

M. Naumann, de son côté, a donné de ce métis une longue description et une excellente figure dans le tome XII, p. 194, pl. (sans numéro d'ordre) de son *Histoire naturelle des Oiseaux d'Allemagne.*

QUATRIÈME DIVISION

PALMIPÈDES BRACHYPTÈRES
PALMIPEDES BRACHYPTERI

Brevipennes ou Uropodes, Dumer. *Zool. Anal.* (1806).
Natatores conirostres, Mey. et Wolf, *Tasch. Deuts.* (1810).
Pygopodes, Illig. *Prodr. Syst.* (1811).
Uniratores et Brachypteri, Vieill. *Ornith. élém.* (1816).
Palmipèdes plongeurs ou Brachyptères, G. Cuv. *Rég. Anim.* (1817).

Ailes courtes, très-étroites, en quelque sorte nulles dans plu-
sieurs genres ; queue courte, à pennes rigides, ou remplacée par un
petit faisceau de plumes décomposées; jambes tout à fait à l'arrière
du corps; tarses plus ou moins comprimés; quatre doigts ou trois
seulement, le pouce, lorsqu'il existe, lisse en dessous ou pinné; bec
à bords tranchants.

Les Palmipèdes brachyptères, qu'on nomme aussi *Palmipèdes brévipennes*, *Palmipèdes plongeurs*, sont parfaitement caractérisés par la position de leurs jambes. Des ailes excessivement courtes et étroites chez les uns, réduites, chez les autres, à un moignon comprimé, dépourvu même de rémiges, constituent aussi un de leurs principaux caractères. Cette organisation en fait de mauvais voiliers et de très-mauvais marcheurs. Lorsqu'ils sont à terre ou sur les glaces et qu'ils veulent se déplacer, ils rampent plutôt qu'ils ne marchent, et ceux dont les ailes sont le mieux développées n'ont qu'un vol fort bas et peu soutenu. Mais ils excellent à nager et à plonger; aussi l'eau est-elle leur élément essentiel. Ils fuient un danger ou un ennemi qui cherche à les approcher en se submergeant et en nageant entre deux eaux avec une rapidité extrême. On ne les voit à terre qu'au moment de la reproduction, ou lorsqu'ils y sont poussés par une tempête.

Les jeunes, à peine éclos, vont à l'eau ou y sont transportés, et ils nagent et plongent avec autant d'habileté que leurs parents.

FAMILLE L

PODICIPIDÉS — *PODICIPIDÆ*

Podicipinæ, Bp. *B. of Eur.* (1838).
Podicipidæ, de Sélys, *Faune Belge* (1842).

Lorums nus ; tarses très-comprimés latéralement, scutellés,
les scutelles du bord postérieur bifides, denticulés ; quatre
doigts garnis sur les côtés de larges expansions membraneuses lobées, doigt externe plus long que le médian ; les plus
grandes scapulaires au moins égales aux grandes rémiges,
souvent plus longues ; ongles très-larges et très-aplatis ; queue
nulle.

Des lorums nus, des doigts lobés, des scapulaires recouvrant et dépassant les
rémiges primaires, une queue nulle, et surtout des ongles larges, plats, écailleux, tels enfin qu'on n'en rencontre chez aucun autre oiseau, sont les principaux attributs caractéristiques de cette famille.

Les Podicipidés ont encore une physionomie toute particulière. Leur tête
est petite, leur cou allongé et mince ; leur corps raccourci, ovale et déprimé ;
leur plumage est très-décomposé et en même temps très-soyeux et lustré. Tout
enfin contribue à les détacher des Colymbidés et à en faire une famille à part
et des plus naturelles.

La plupart des espèces portent à la tête, à l'état adulte et durant l'été, des
ornements très-remarquables.

GENRE CCXLII

GRÈBE — *PODICEPS,* Lath.

Colymbus, p. Linn. *S. N.* (1735).
Podiceps, Lath. *Ind.* (1790).
Lophoaithia, Dytes, Proctopus, Pedetaithya, Kaup, *Nat. Syst.* (1829).
Sylbeocyclus, Bp. *Distr. Meth. An. vert.* (1832).
Tachybaptes, Reich. *Syst. Av.* (1850).

Bec aussi long ou plus court que la tête, généralement droit,
pointu, assez large à la base, comprimé vers l'extrémité, à bords
un peu rentrants ; narines sub-médianes, étroites, oblongues,
ouvertes dans de larges fosses nasales ; ailes courtes, aiguës ;

jambes emplumées jusqu'à l'articulation tibio-tarsienne ; tarses courts, très-larges d'avant en arrière, à peu près de la longueur du doigt interne, déjetés en dehors, partout couverts de larges scutelles, celles du bord postérieur saillantes comme les dents d'une scie ; pouce grêle, pinné sur ses deux bords ; membrane lobée des doigts formée en dessus par une série de longues écailles, réticulée en dessous.

Les Grèbes sont des oiseaux essentiellement aquatiques. Ils préfèrent les eaux douces aux eaux salées ; vivent isolément, ou ne se réunissent qu'en très-petit nombre ; volent assez bien ; émigrent l'hiver et se répandent alors dans tous les cours d'eau des pays tempérés ; et se nourrissent de frai de poissons, de vers, d'insectes et de végétaux aquatiques. Ils ont aussi l'habitude, comme les Plongeons, d'avaler les plumes qu'ils rencontrent à la surface de l'eau, et même celles qui tombent de leur propre corps. Nous en avons toujours trouvé plus ou moins dans l'estomac des individus que nous avons ouverts.

Le mâle et la femelle portent le même plumage. Les jeunes, avant la première mue, s'en distinguent. Leur mue est double.

515 — GRÈBE HUPPÉ — *PODICEPS CRISTATUS*
Lath. ex Linn.

(Type du genre *Lophaithya*, Kaup.)

Joues blanches ou d'un blanc roussâtre ; un trait brun de l'œil aux commissures ; deux taches longitudinales blanches sur l'aile, formées, l'une par les rémiges secondaires, l'autre par les petites couvertures supérieures et un faisceau de plumes brachiales ; bec droit des commissures à la pointe, plus long que le doigt interne, l'ongle compris, ce doigt mesurant environ 0ᵐ,058.

Taille : 0ᵐ,51 à 0ᵐ,52.

COLYMBUS CRISTATUS et URINATOR, Linn. S. N. (1766), t. II, p. 222 et 223.

COLYMBUS, COLYMB. CRISTATUS et CORNUTUS, Briss. *Ornith.* (1760), t. VI, p. 34, 38 et 45.

PODICEPS CRISTATUS, Lath. *Ind.* (1790), t. II, p. 780.

LOPHAITHYA CRISTATA, Kaup, *Nat. Syst.* (1829), p. 72.

PODICEPS MITRATUS et PATAGIATUS, Brehm, *Handb. Nat. Vög. Deuts.* (1831), p. 953 et 954.

Buff. *Pl. enl.* 400, *adulte* en plumage d'amour, sous le nom de *Grèbe cornu* ; 941, *jeune* ; 944, individu de deuxième ou de troisième année, sous le nom de *Grèbe huppé.*

Mâle adulte, en plumage d'amour : Dessus de la tête et haut de la nuque d'un noir lustré, avec les plumes de l'occiput allongées, formant, de chaque côté, une touffe aplatie de haut en bas ; moitié inférieure de la nuque d'un brun cendré ; dessus du corps d'un brun noirâtre, avec les bordures des plumes cendrées ; gorge et joues d'un blanc plus ou moins pur, suivi d'une large fraise ou collerette d'un roux ardent supérieurement et noir lustré inférieurement ; devant du cou et parties inférieures du corps d'un blanc argentin lustré, avec une teinte rousse, mêlée de cendré, sur les côtés de la poitrine et de l'abdomen ; partie nue des lorums rouge ; côtés du cou, couvertures supérieures des ailes et rémiges secondaires d'un blanc pur ; bec brun en dessus, rougeâtre sur les côtés et en dessous, avec la pointe blanche ; pieds nuancés de vert et de jaune en devant, d'un brun vert en dehors et en dessous des doigts, avec les bords des membranes interdigitales jaunes ; iris d'un rouge plus ou moins foncé.

Femelle adulte, en plumage d'amour : Elle ressemble au mâle ; elle a seulement la fraise moins large et les deux touffes de l'occiput moins longues.

Mâle et femelle adultes, en automne : Ils ont les teintes moins pures et n'ont ni collerette ni huppe.

Jeunes avant la première mue : D'un brun nuancé de noirâtre et de roussâtre en dessus et sur les côtés, avec une teinte claire au cou ; d'un blanc argentin en dessous, avec la gorge et les joues lavées de roussâtre en bas, et trois bandes brunes, allongées sur chaque côté de la tête et deux autres plus petites au-dessous ; bas du miroir de l'aile blanc, tacheté de brun ; bec brun de corne en dessus et sur les bords des mandibules à la base ; pieds d'un brun vert en dehors, d'un jaune verdâtre en dedans et en dessus, avec les doigts variés de traits transversaux d'une teinte d'un brun verdâtre.

Après la mue : Ils offrent peu de changements.

A l'âge d'un an : Ils commencent à offrir une indication de huppe occipitale et de fraise.

A deux ans, au printemps : La huppe et la fraise existent, mais cette dernière est courte, les plumes qui la composent sont roussâtres et terminées par un mélange de brun et de roux.

A trois ans révolus : Le plumage est complet.

Le Grèbe huppé est répandu en Europe, en Asie, en Afrique et en Amérique.

Il est de passage régulier en France, en automne et au printemps. Nous le voyons dans nos départements de l'Ouest et du Nord, pendant les mois de mars, d'avril, de mai, d'octobre, de novembre et de décembre. Il est très-abondant en Suisse, pendant l'hiver.

Cette espèce se reproduit dans plusieurs de nos départements, en Suisse et en Sicile. Elle niche dans les marais; construit un nid flottant, attaché aux joncs et aux roseaux. Sa ponte est de trois ou quatre œufs, oblongs, également pointus aux deux bouts, enduits d'une couche lisse de matière crétacée, dont la teinte change depuis le moment de la ponte jusqu'à celui de l'éclosion. Les premiers jours ils sont blanchâtres ou d'un blanc légèrement azuré; après quelque temps d'incubation, ils se chargent de maculatures roussâtres sur fond jaunâtre ou grisâtre, et quelques jours avant l'éclosion, ils sont quelquefois d'un brun roussâtre sale nuancé. Ils mesurent :

Grand diam. 0^m,051 à 0^m,056 ; petit diam. 0^m,033 à 0^m,037.

Les individus qui passent aux environs de Lille, vers la fin de mars et surtout dans le courant d'avril et de mai, sont en robe de noces, c'est-à-dire qu'ils portent une large collerette et une huppe de chaque côté de l'occiput. En automne, lorsqu'ils retournent, ils ne les ont plus ou il ne leur en reste que des vestiges.

Les peaux de cette espèce sont employées comme fourrure et deviennent dans quelques pays l'objet d'un commerce important.

516 — GRÈBE JOUGRIS — *PODICEPS GRISEGENA*
G. R. Gray ex Boddaert.

(Type du genre *Pedetaithya*, Kaup.)

Joues grises (adultes en amour); *grandes sus-alaires secondaires brunes; rémiges secondaires, à compter de la troisième, blanches; bec droit, des commissures à la pointe, un peu plus court que le doigt interne, l'ongle compris, ce doigt mesurant* 0^m,056; *base de la mandibule inférieure, jaune-orange.*

Taille : 0^m,33 d 0^m,40.

COLYMBUS GRISEGENA, Boddaert, *Table des Pl. enl. de Daubenton* (1783), p. 55.
COLYMBUS SUBCRISTATUS, Jacq. *Beitr. zur. Geschichte der Vög.* (1784), p. 37.
COLYMBUS PAROTIS, Sparrm. *Mus. Carls.* (1786-1789), pl. 3.
COLYMBUS RUBRICOLLIS, Gmel. *S. N.* (1788), t. I, p. 592.
PODICEPS RUBRICOLLIS, Lath. *Ind.* (1790), t. II, p. 783.
PODICEPS SUBCRISTATUS, Bechst. *Nat. Deuts.* (1809), t. IV.
COLYMBUS CUCULLATUS, Pall. *Zoogr.* (1811-1831), t. II, p. 355.
PEDETAITHYA SUBCRISTATUS, Kaup, *Nat. Syst.* (1829), p. 44.
PODICEPS CANOGULARIS, Brehm, *Handb. Nat. Vög. Deuts.* (1831), p. 938.
PODICEPS GRISEGENA, G. R. Gray, *Gen. of B.* (1844-1846), t. III, p. 633.
Buff. *Pl. enl. adulte.*

Mâle adulte, au printemps : Dessus de la tête d'un noir lustré, s'étendant, sous forme de bande, le long de la partie moyenne de la nuque,
avec les plumes occipitales allongées et formant sur chaque côté une
huppe courte et aplatie; parties supérieures du corps d'un brun roussâtre, avec les plumes bordées de cendré; joues et gorge d'un beau gris
bleuâtre, environné par une teinte blanche; devant et côtés du cou,
haut de la poitrine d'un roux ardent; parties inférieures du corps d'un
blanc argentin, parsemées de petites taches d'un brun cendré; flancs et
côtés de la poitrine teintés de brun et de roussâtre; rémiges brunes,
avec une partie des secondaires blanche, terminées ou maculées en dehors de brun et de roussâtre; bec noir, avec les côtés et le dessous
jaune-orange à la base; pieds d'un noir verdâtre en dehors, d'un jaune
verdâtre nuancé de noir clair en dedans; dessus des doigts orange pâle,
teinté de jaune rose, de jaune gris et de brun verdâtre plus foncé en
dehors et sur les bords, avec une ligne brune longitudinale au milieu
de chacun d'eux; iris roux clair.

Femelle adulte, au printemps : Elle ressemble au mâle; elle a seulement les teintes un peu moins vives, et moins de taches brunes aux
parties inférieures.

Mâle et femelle adultes, en automne : Sans huppe, sans taches
brunes à la poitrine et à l'abdomen, avec le roux du cou moins vif, les
joues et la gorge gris de souris, sans encadrement de blanc; bec vert-
bouteille en dessus, jaune-citron sur les côtés et en dessous à la base,
avec l'intérieur rouge livide; pieds vert plombé en dessus, nuancé de
jaune rougeâtre et linéolé transversalement, vert-bouteille en dessous
et en dehors; iris jaune clair.

Jeunes avant la première mue : De taille beaucoup plus petite que
les adultes; dessus de la tête, du cou et du corps, d'un brun noirâtre;
gorge et joues blanches, avec trois bandes courbes brun-noirâtre, dont
l'inférieure est interrompue; devant et côtés du cou, haut de la poitrine
d'un cendré roussâtre, avec les teintes plus rousses sur les côtés; dessous du corps blanc luisant ou roussâtre, avec les flancs et le bas-ventre
d'un cendré brunâtre; bec brun-verdâtre en dessus, rouge-jaunâtre en
dessous; pieds d'un noir verdâtre en dehors, d'un jaune verdâtre,
nuancé de noir clair et de rougeâtre, en dedans; iris jaune-roussâtre.

Après la mue d'automne : Le changement de plumage est peu remarquable.

Après la mue du printemps : La taille de l'oiseau est sensiblement
plus grande; il n'y a plus qu'une ou deux bandes brunes aux joues,

celles qui ont disparu sont remplacées par un peu de roussâtre.

Nota : Un sujet tiré près de Lille, le 2 mars 1844 (Collect. Degl.), est brun-noirâtre en dessus, sans huppe ; blanc en dessous, avec de nombreuses taches d'un brun cendré à la poitrine et sur les côtés de l'abdomen ; brun cendré aux parties latérales et antérieure du cou, nuancé de cendré et de gris bleuâtre aux joues et à la gorge ; bec, iris et pieds comme chez le mâle adulte en robe d'amour.

Un autre, tiré dans la même localité, le 12 novembre 1842, conservait encore la moitié des plumes de la huppe occipitale et avait la poitrine et l'abdomen blancs, sans taches, avec les flancs brun cendré.

La longueur du bec et des tarses est très-variable dans cette espèce.

Le Grèbe jougris habite l'Europe, l'Asie et l'Amérique. On le dit très-répandu dans le Holstein. Il est de passage dans le midi et le nord de la France ; mais il y est rare, surtout sous son plumage de noces. Cependant ou l'a tué sous cette livrée, en Suisse, dans les mois de mai et de juillet. Il se montre quelquefois aussi, en plumage parfait d'amour, vers la fin du printemps, dans le département du Nord : un individu sous cette livrée a été rencontré, en mai 1841, sur le marché de Lille. Les jeunes passent irrégulièrement de septembre en janvier ; les individus en plumage d'adulte ne paraissent qu'en avril et dans la première quinzaine de mai.

Cette espèce niche dans les marais ; pond trois ou quatre œufs oblongs, d'un blanc jaunâtre ou légèrement verdâtre. Ses teintes se modifient et s'assombrissent par suite de l'incubation. Ils mesurent :

Grand diam. 0^m,048 à 0^m,051 ; petit diam. 0^m,032 à 0^m,033.

Observation. Le Grèbe suivant, dont on a fait une espèce sous le nom de *Podiceps Holbölli,* ne diffère absolument du *Pod. grisegena* que par des proportions plus fortes. Il nous semble donc ne former, comme quelques auteurs l'ont déjà reconnu, qu'une simple variété locale de ce dernier.

A — GRÈBE DE HOLBÖLL — *PODICEPS HOLBÖLLI*
Reinh.

Joues grises (adultes en amour), *grandes sus-alaires secondaires brunes ; rémiges secondaires blanches ; bec droit, épais, des commissures à la pointe plus long que le doigt interne, l'ongle compris, ce doigt mesurant* 0^m,060 ; *mandibule inférieure entièrement? jaunâtre.*

Taille : 0^m,48 *environ.*

PODICEPS RUBRICOLLIS, Audub. (nec Lath.).
PODICEPS HOLBÖLLI, Reinh.

Adultes au printemps : Plumage absolument semblable à celui du *Podiceps grisegena* dans la même saison (le gris des joues sur le spécimen que nous avons examiné, nous a cependant paru un peu moins franc); mandibule supérieure brune ; mandibule inférieure jaunâtre; pieds comme chez l'espèce précédente.

Jeunes en hiver : Sommet de la tête, derrière du cou, parties supérieures du corps bruns, avec des ondes blanchâtres au dos, et des teintes roussâtres derrière le cou ; menton, gorge, haut du cou, d'un blanc mat; bas et côtés du cou mélangés de roux ; toutes les parties inférieures d'un beau blanc lustré, avec les flancs mélangés de brun et de blanc; rémiges primaires et rectrices brunes, rémiges secondaires blanches; bec? et pieds jaunes, avec de grands espaces verdâtres.

Ce Grèbe habite les côtes de l'Amérique septentrionale et se montre accidentellement en Europe.

Observation. Afin de mieux faire apprécier les différences que les *Pod. Holbölli* et *grisegena* présentent sous le rapport des dimensions de quelques parties du corps, nous donnerons ici le tableau comparatif que nous en avons dressé d'après un *Holbölli* ayant son plumage presque parfait d'amour, et deux forts exemplaires de *Pod. grisegena*, l'un en noces, l'autre en plumage d'hiver.

	HOLBÖLLI	GRISEGENA
Longueur du bec des commissures à la pointe.	0ᵐ,066	0ᵐ,054
— de l'angle frontal à la pointe........	0ᵐ,050	0ᵐ,040
— des ailes....................	0ᵐ,210	0ᵐ,175
— des tarses....................	0ᵐ,063	0ᵐ,057
— du doigt externe....................	0ᵐ,082	0ᵐ,070
— du doigt médian....................	0ᵐ,074	0ᵐ,065
— du doigt interne....................	0ᵐ,060	0ᵐ,056

? 517 — GRÈBE LONGIROSTRE — *PODICEPS LONGIROSTRIS* Bp.

Grandes sus-alaires secondaires blanches sur les barbes externes; rémiges secondaires blanches; bec relevant en haut vers l'extrémité; des commissures, à la pointe, beaucoup plus long que le doigt médian, l'ongle compris, ce doigt mesurant 0ᵐ,055.

Taille : 0ᵐ,52 *environ.*

PODICEPS LONGIROSTRIS, Bp. *Faun. Ital.* introduct. à la classe des Ois. p. 1.

Jeune de sexe indéterminé : Front, vertex, derrière du cou, partie supérieure du corps, couvertures supérieures des ailes et flancs d'un brun noirâtre; côtés de la tête d'un blanc sale; devant et côtés du cou roussâtres, poitrine et abdomen d'un blanc lustré; rémiges primaires blanches à la base, brunes à l'extrémité; rémiges secondaires et grandes couvertures supérieures des ailes blanches; bec brunâtre en dessus, d'un blanc jaunâtre en dessous; pieds verdâtres. (D'après M. Salvadori.)

Nota : M. Salvadori fait observer avec raison que l'individu dont il donne la description que nous venons de lui emprunter, paraît jeune, car la teinte rousse du cou est lavée et variée de blanchâtre, et la bande pectorale est à peine indiquée par une teinte roussâtre qui, du côté du cou, s'avance un peu sur la poitrine.

Ce Grèbe, auquel le prince Ch. Bonaparte a donné la Sardaigne pour patrie, paraît, en effet, habiter cette île : le Musée de Cagliari possède un individu (celui décrit ci-dessus) qui y a été tué. Si les renseignements que M. Cara a fournis à M. Salvadori sont exacts, l'espèce ne serait même pas rare dans l'étang de Tortoli, sur la côte orientale de l'île.

On ne connaît ni ses habitudes, ni son mode de nidification, ni ses œufs.

Observation. L'existence du *Podiceps longirostris* a pu être mise en doute, avec d'autant plus de raison, que l'espèce ne repose jusqu'ici que sur un et peut-être deux exemplaires : celui du Musée de Cagliari, que signale M. Salvadori dans son *Catalogo degli Uccelli di Sardegna*, et l'exemplaire type que le prince Ch. Bonaparte aurait vu dans la Collection du marquis Durazzo, à Gênes, comme semblent l'indiquer quelques mots de son introduction à la classe des Oiseaux, dans la *Fauna Italica*. Quelques auteurs ont rapporté le *Pod. longirostris* au *Pod. grisegena* (*Colymbus subcristatus*, Jacq.; *Pod. rubricollis*, Lath.); mais M. Salvadori ne doute nullement qu'il n'en soit distinct et ne constitue une espèce particulière. Si les *Pod. grisegena* et *longirostris* ont des rapports de coloration, ils diffèrent considérablement par les dimensions et la forme du bec. Ainsi, tandis que le *Pod. grisegena* ou *subcristatus* ne mesure, au maximum, que $0^m,43$ ou $0^m,44$, le *Pod. longirostris* a environ $0^m,52$; la longueur du bec de celui-ci est de $0^m,088$, de la pointe aux commissures; elle n'est que de $0^m,032$ chez celui-là; enfin le bec du *Pod. longirostris* relève en haut comme chez le *Pod. nigricollis*, il est droit chez le *Pod. grisegena*.

Voici, du reste, les dimensions que M. Salvadori reconnaît au *Pod. longirostris* :

Longueur totale (environ).........................	$0^m,520$
Longueur du bec, de la pointe aux commissures......	$0^m,088$
— de la pointe à l'angle frontal............	$0^m,076$
— de la pointe à l'angle antérieur des narines.	$0^m,063$
Hauteur du bec à la base.........................	$0^m,017$
Longueur des tarses..............................	$0^m,060$
— du doigt externe et médian...............	$0^m,072$
— du doigt interne.........................	$0^m,035$
— de l'aile pliée.........................	$0^m,180$

L'espèce, en supposant que les caractères sur lesquels elle repose ne soient pas individuels, serait donc en tout beaucoup plus forte que le *Pod. grisegena*, et elle s'en distinguerait encore par son bec retroussé.

518 — GRÈBE OREILLARD — *PODICEPS AURITUS* (1)
Lath. ex Linn.

Joues et haut du cou noirs (adultes) ; bec droit, plus haut que large en arrière des fosses nasales, noir, avec la pointe rouge et la base rougeâtre ; la seconde moitié des rémiges primaires et des rémiges secondaires blanche.

Taille : 0^m,35.

COLYMBUS AURITUS, Linn. S. *N.* (1758), p. 135 ; et (1766), t. I, p. 222.

COLYMBUS CRISTATUS MINOR (jeune), COL. CORNUTUS MINOR (plum. d'hiver), et COL. MINOR, Briss. *Ornith.* (1760), t. VI, p. 42, 50 et 56.

COLYMBUS NIGRICANS, Scop. *An. 1. Hist. Nat.* (1769), p. 101 (plum. d'hiver).

COLYMBUS CASPICUS, S. G. Gmel. *Reise* (1774-1784), t. IV, p. 137.

COLYMBUS CRISTATUS, N. Mohr (nec Linn.), *Islandsk. naturhist.* (1785), p. 39, pl. 2.

PODICEPS AURITUS, Var. B. (plum. de transit.), OBSCURUS, CORNUTUS (plum. d'hiver), HYBRIDICUS (plum. d'été), Lath. *Ind.* (1790), t. II, p. 781, 782 et 785.

PODICEPS ARCTICUS, Boie, *Reise durch Norw.* (1822), p. 308.

PODICEPS SCLAVUS, Bp. *Cat. Parzud.* (1855), p. 13.

Buff. *Pl. enl.* 404, fig. 2, *adulte*, en plumage d'amour, sous le nom de *Grèbe de l'Esclavonie* ; 942, *jeune*, sous le nom de *Petit Grèbe.*

Vieill. *Gal. des Ois.* pl. 281, sous le nom de *Podiceps cornutus.*

Mâle et femelle adultes en plumage d'amour : Dessus de la tête d'un noir à reflets verdâtres ; dessus du cou et du corps d'un noir luisant ; gorge et joues d'un noir profond, lustré, avec les plumes allongées et effilées, formant une large collerette ; devant et côtés du cou, haut de la poitrine et abdomen d'un blanc pur à reflets métalliques ; flancs d'un roux marron nuancé de cendré ; une grande touffe de plumes rousses au-dessus des yeux et derrière, commençant aux lorums inclusivement, et formant, pour ainsi dire, deux cornes ; bord libre des paupières roux ; couvertures supérieures des ailes un peu moins noires que les scapulaires ; rémiges primaires brunes ; rémiges secondaires blanches ; bec noir, avec la base rose et la pointe rouge ; pieds noir-verdâtre en dehors, gris livide, varié de jaunâtre en dedans et derrière ; iris rouge-groseille, entrecoupé d'un cercle jaunâtre.

(1) Nous établissons la synonymie de cette espèce et de la suivante, d'après la note qu'en a publiée M. Sundevall, dans les Memoires de l'Academie royale de Stockholm, pour 1848.

Mâle et femelle en automne, après la mue : Sans touffes de plumes derrière les yeux et sans collerette ; d'un cendré brun-verdâtre lustré, en dessus, avec une teinte plus claire aux bordures des plumes dorsales et des scapulaires ; d'un blanc pur en dessous, avec la moitié du cou cendré clair, et les flancs cendré foncé ; bas des joues, gorge et côtés du quart supérieur du cou jusqu'à la ligne médiane de la nuque, blancs ; bec brun-verdâtre, plus foncé en dessus, avec la base rougeâtre ; pieds brun-verdâtre en dehors, cendré bleuâtre en dedans ; iris rouge, avec un cercle blanchâtre qui le partage en deux parties inégales.

Jeunes avant la première mue : Plus petits, d'un brun moins foncé en dessus ; d'un blanc moins lustré en dessous ; avec le devant du cou et les flancs gris de souris ; la gorge, le bas des joues variés de roussâtre et de brun, et quelques traits longitudinaux de cette dernière couleur ; iris rouge, avec un cercle grisâtre.

Le Grèbe oreillard habite les contrées septentrionales et orientales de l'Europe ; il est de passage en Belgique et dans le nord de la France.

Ses apparitions dans le département du Nord sont très-irrégulières ; on en tire de loin en loin, au printemps, dans les marais ou les prairies inondées qui avoisinent l'Escaut, près de Tournai. Il est aussi rare dans le midi de la France que dans le nord de cet État, surtout en robe d'amour.

Il niche dans les marais, parmi les roseaux ; son nid est flottant et attaché aux joncs ; ses œufs, au nombre de trois ou quatre, sont allongés, à peu près également épais des deux bouts, quelquefois avec une grosse extrémité bien accusée. Ils sont d'un blanc légèrement bleuâtre ou verdâtre lorsqu'ils viennent d'être pondus, mais ils ne tardent pas à passer au brun jaunâtre sale ou café au lait comme ceux des espèces précédentes, et arrivent parfois au brun roussâtre assez foncé, avec des maculatures plus sombres. Ils mesurent :

Grand diam. 0^m,044 à 0^m,049 ; petit diam. 0^m,030 à 0^m,031.

519 — GRÈBE A COU NOIR — *PODICEPS NIGRICOLLIS*
Sundev.

Joues et tout le cou noirs (adultes) ; *bec déprimé vers le milieu, notablement relevé vers l'extrémité, plus large que haut en arrière des fosses nasales, noir ; la seconde moitié des rémiges primaires et rémiges secondaires blanches.*

Taille : 0^m,31 *environ.*

COLYMBUS AURITUS, Var. B. Linn. *S. N.* (1766), t. I, p. 222.
COLYMBUS AURITUS, Briss. *Ornith.* (1760), t. VI, p. 54.

Podiceps auritus, Lath. *Ind.* (1790), t. II, p. 781.

Podiceps nigricollis, Sandw. *Ofvers. Kongl. Vetcsnk-Akad.* (1848), p. 210.

Naum. *Vög. Deuts.* pl. 70, fig. 108.

Werner, pl. du *Man. d'Ornith.* (sans numéro d'ordre), sous le nom de *Grèbe oreillard.*

Mâle et femelle adultes, en plumage d'amour : Parties supérieures d'un noir à reflets verdâtres, avec les plumes du vertex allongées et susceptibles d'érection ; côtés et devant du cou, haut de la poitrine pareils au dos ; bas de la poitrine, abdomen, d'un blanc pur, à reflets métalliques, avec les côtés roux marron vif, nuancé de cendré ; pinceau de longues plumes effilées d'un jaune clair et roux luisant derrière chaque œil, s'épanouissant sur la région parotique ; couvertures supérieures des ailes noires, à reflets ; rémiges primaires noirâtres, rémiges secondaires entièrement blanches et plus ou moins nuancées de brun en dehors ; bec noir ; iris et bord libre des paupières rouge-vermillon ; pieds d'un brun verdâtre en dehors, cendré verdâtre en dedans.

Mâle et femelle adultes, en automne : Ils ressemblent à ceux de l'espèce précédente dans la même saison, et ne s'en distinguent que par une taille plus petite, un bec moins fort, déprimé à sa base, relevé à la pointe, et par l'absence du cercle blanchâtre qui partage l'iris.

Jeunes avant la première mue : Plus petits que les adultes, d'un cendré noirâtre en dessus, blanc en dessous, avec une teinte roussâtre à la gorge ; d'un roux tacheté de brun à la région parotique ; le reste comme chez les vieux en hiver.

Le Grèbe à cou noir habite l'Europe septentrionale et plusieurs points de l'Europe tempérée.

Il est rare dans le nord de la France et assez commun, au contraire, dans quelques localités du Midi, dans les environs de Nîmes, par exemple, où il se reproduit quelquefois. On le voit aux environs d'Abbeville, de Bayonne. Il est annuellement de passage près de Lille, dans les mois d'avril, de mai, de septembre et d'octobre. Le 14 avril 1842 deux mâles et quatre femelles en mue, et ayant revêtu plus ou moins le plumage d'amour, ont été tués dans un marais à 4 ou 5 kilomètres de Béthune. Les individus qui se montrent en mai dans les mêmes localités sont généralement en livrée parfaite d'amour.

Le Grèbe à cou noir niche sur les bords des lacs et des rivières ; ses œufs, au nombre de trois ou quatre, sont d'un jaune roussâtre, sans taches, ou d'un roux vif lorsque l'incubation est avancée ; d'un blanc bleuâtre ou verdâtre, ou d'un blanc sali de brun lorsqu'ils sont fraîchement pondus. Ils mesurent :

Grand diam. 0^m,042 à 0^m,044 ; petit diam. 0^m,029 à 0^m,030.

520 — GRÈBE CASTAGNEUX — *PODICEPS FLUVIATILIS*

(Type du genre *Sylbeocyclus,* Bp. *Tachybaptes,* Reich.)

Rémiges primaires brunes ; rémiges secondaires brunes sur les barbes externes, blanches sur les barbes internes ; côtés du bas-ventre variés de roux marron ; bec jaunâtre à la pointe et à la base de la mandibule inférieure ; lorums blanchâtres.

   Taille : 0^m,23 à 0^m,24.

COLYMBUS FLUVIATILIS, Briss. *Ornith.* (1760), t. VI, p. 59.

COLYMBUS PYRENAICUS, Lapeyr. *Mém. de l'Acad. de Stockholm* (1782), t. III, p. 105.

COLYMBUS MINOR et HEBRIDUS, Gmel. *S. N.* (1788), t. I, p. 591 et 594.

PODICEPS MINOR, Lath. *Ind.* (1790), t. II, p. 784.

PODICEPS PYGMÆUS, Brehm, *Hand. Nat. Vog. Deuts.* (1831), p. 966.

SYLBEOCYCLUS MINOR, Bp. *B. of Eur.* (1838), p. 64.

SYLBEOCYCLUS EUROPÆUS, Macgill. *Man. Brit. Orn.* (1840), t. II, p. 205.

TACHYBAPTES MINOR, Reich.

Buff. *Pl. enl.* 905, individu en plumage d'hiver ou de jeune.

Mâle et femelle adultes, en été : Dessus de la tête et gorge d'un noir profond ; lorums blanchâtres ; nuque et dessus du corps noirs, lavés d'olivâtre ; devant et côtés du cou d'un roux marron vif ; poitrine et flancs roussâtres, milieu de l'abdomen d'un cendré noirâtre, avec une teinte bleuâtre ; cuisses et croupion roussâtres ; couvertures supérieures des ailes pareilles au manteau ; rémiges primaires brunes ; rémiges secondaires brunes sur les barbes externes, blanches sur les barbes internes et à l'extrémité ; bec noir, blanc jaune-verdâtre à la pointe et en dessous à la base ; pieds brun-verdâtre en dehors, carnés en dedans ; iris rouge-brun.

Nota : Cette espèce commence à quitter la robe d'été à la mi-octobre, et la reprend à la fin d'avril ou dès les premiers jours de mai.

Mâle et femelle adultes, en hiver : Dessus de la tête, nuque, parties supérieures du corps d'un brun cendré très-légèrement lavé de roussâtre ; gorge et bas-ventre blanc pur ; devant du cou, haut de la poitrine roux blanchâtre ; côtés du cou roux cendré clair ; bec brun cendré, avec les commissures jaunâtres ; iris brun-rougeâtre.

Jeunes avant la première mue : Ils ressemblent aux adultes en robe d'hiver, mais ils sont plus petits.

A la sortie du nid : Ils sont couverts d'un duvet cendré en dessus et blanc en dessous, avec des raies brunes en zigzag sur fond blanc aux côtés de la tête et du cou.

Le Grèbe castagneux habite presque toute l'Europe. Il est commun partout en France, durant l'hiver, et sédentaire dans le nord de cet État.

Il niche dans les marais d'eau douce, au milieu des joncs et des roseaux ; établit son nid à fleur d'eau, sur des herbes sèches, placées négligemment, et pond quatre ou cinq œufs, un peu allongés, qui sont ou d'un blanc roussâtre, d'un jaune pâle, d'un gris brunâtre, roussâtre, ou d'un jaune marbré et maculé de brun châtain, selon qu'ils sont fraîchement pondus, ou que l'incubation est plus ou moins avancée. Ces œufs varient beaucoup dans leurs teintes, et l'incubation influe beaucoup sur ces dernières. Ils mesurent :

Grand diam. 0^m,036 à 0^m,038 ; petit diam. 0^m,025 à 0^m,027.

Le Grèbe castagneux répand une odeur musquée qui rend sa chair fort désagréable. M. Millet dit que le fiel de cet oiseau donne une belle couleur verte qu'on pourrait employer en lavis, sans autre préparation que d'y ajouter un peu de gomme.

FAMILLE LI

COLYMBIDÉS — *COLYMBIDÆ*

COLYMBIDÆ, Leach, in : Vig. *Gen. of B.* (1825).

Tarses très-comprimés latéralement, réticulés ; quatre doigts, les trois antérieurs réunis par une palmure pleine, pouce garni d'une membrane sur son bord inférieur ; doigt externe plus long que le médian ; les plus grandes des scapulaires égalant ou dépassant un peu les plus longues des rémiges cubitales ou tertiaires ; ongles médiocrement larges.

Les Colymbidés comprennent pour quelques auteurs, non-seulement les Plongeons, mais aussi les Grèbes, c'est-à-dire tous les Brachyptères qui, avec des narines découvertes, percées de part en part, ont des tarses très-comprimés, et un pouce bien détaché et assez long. Les Plongeons et les Grèbes ont entre eux, à la vérité, de grands rapports. Toutefois, la somme des différences nous paraît plus grande que celle des rapports, et ces différences sont assez importantes pour devenir caractéristiques de deux familles. Ainsi, les Plongeons sur lesquels repose la famille des Colymbidés, n'ont pas les lorums nus des Grèbes ; leurs doigts sont réunis par des membranes entières ; leur pouce n'est lobé qu'à son bord inférieur ; leurs ongles, quoique larges et un peu déprimés, sont loin d'avoir la configuration si exceptionnelle de ceux des Grèbes ; leurs tarses, au lieu d'être grandement scutellés, sont simplement réticulés ; leurs scapulaires atteignent à peine le milieu des grandes rectrices ou ne l'atteignent même pas ; leur plumage est bien moins décomposé ; enfin leur queue, quoique très-courte, n'en est pas moins complète.

Les caractères oologiques sont tout aussi différentiels et confirment la distinction des deux familles : celle des Colymbidés repose absolument sur le genre suivant.

GENRE CCXLIII

PLONGEON — *COLYMBUS*, Linn.

Colymbus, Linn. *S. N.* (1735).
Cepphus, Mœhr. *Av. Gen.* (1752).
Mergus, Briss. *Ornith.* (1760).
Eudytes, Illig. *Prodr. Syst.* (1811).

Bec aussi long ou plus long que la tête, droit, robuste, légèrement comprimé, pointu, à bords très-rentrants ; narines basales, assez larges, oblongues ; ailes médiocres, sur-aiguës ; queue très-courte, très-arrondie, à pennes roides ; jambes emplumées jusqu'à l'articulation tibio-tarsienne ; tarses courts, robustes, très-larges d'avant en arrière, un peu plus longs que le doigt interne, déjetés en dehors ; pouce mince, court, articulé en dedans du tarse, pinné ; ongles droits, déprimés, assez larges.

Les Plongeons fréquentent les eaux salées de préférence aux eaux douces. Cependant à l'époque des migrations on les rencontre assez fréquemment loin de la mer sur les fleuves et les grands lacs de l'intérieur. Lorsqu'ils nagent, leur corps est souvent entièrement submergé, la tête seule étant à découvert. Dans cet état, ils offrent si peu de prise aux coups du chasseur, ils disparaissent d'ailleurs avec une telle promptitude, qu'il est difficile de les atteindre. Aussi dans quelques provinces de la France, notamment en Picardie, leur a-t-on donné le nom trivial de *Mangeurs de plomb*. En nageant et en plongeant, leurs pieds au lieu d'agir d'avant en arrière, comme chez la plupart des Palmipèdes nageurs, se meuvent de côté et se croisent en diagonale. La marche paraît leur être interdite : toujours est-il que ceux que l'on rencontre parfois sur le rivage, sont incapables de se mouvoir : ils restent étendus sur le sol et se laissent prendre à la main sans essayer de se dérober par la fuite. « Ils sentent si « bien, dit M. Hardy (*in Litt.* à Degl.), qu'ils ne peuvent plus fuir lorsqu'ils sont « à sec sur le rivage, qu'ils n'approchent nos côtes qu'alors que le vent vient de « terre et que la mer est fort calme. Alors ils aiment à longer le rivage de très-

« près ; mais que le vent vienne à changer, qu'il doive même changer pour ve-
« nir du large, on les voit aussitôt prendre leur vol et gagner la haute mer.
« Grâce à cet instinct, je n'en ai jamais vu de surpris par la tempête et de tués
« sur les lames qui battent les rochers du rivage, comme nous le voyons pour
« les Guillemots, les Pingouins, les Fous, etc. »

La nourriture des Plongeons consiste en fretins de poissons, qu'ils poursuivent jusqu'au fond de l'eau, en insectes aquatiques, en crustacés et même,
dit-on, en productions végétales. Nous avons constaté bien souvent que la plupart de ceux que l'on apporte l'hiver sur les marchés de Paris, n'ont absolument dans l'estomac que des fragments de plumes ou des plumes entières,
tandis que d'autres offrent des débris de poissons.

Le mâle et la femelle ne diffèrent que par la taille. Les jeunes, pendant les
deux premières années, ont un plumage particulier. Leur mue est double et
il paraîtrait, d'après les observations de M. Hardy, que les très-vieux quittent
plus tard et reprennent plus tôt leur livrée d'amour. De là des individus que
l'on trouve en plumage complet, tandis que d'autres sont encore en mue.

Observation. Le *Colymbus Balticus* (Hornschuh et Schilling), que le
prince Ch. Bonaparte admettait en 1838 et 1841 comme quatrième espèce européenne du genre Plongeon ; qu'il rapportait avec doute au *Colymb. arcticus*
dans la *Revue critique* ; dont il faisait en 1855 (*Cat. Parzud.*) non plus une espèce mais une race de ce même *arcticus* sous le nom de *minor* ; et qu'il rapportait de nouveau au Plongeon lumme en 1856 (*C. R. de l'Acad. des Sc.* t. XLII,
p. 774), n'est en réalité qu'une espèce, ou, si l'on veut, qu'une race nominale,
établie sur des *Colymb. arcticus* dont la taille est un peu au-dessous de celle
qu'offre le plus ordinairement ce Plongeon.

Le genre ne repose jusqu'ici que sur les trois espèces suivantes.

321 — PLONGEON IMBRIN — *COLYMBUS GLACIALIS*
Linn.

Cou noir, avec deux demi-colliers variés de blanc (adultes en
amour) ; *plumes des flancs noires à l'extrémité et marquées de
chaque côté d'une tache ovale blanche ; bec, des commissures à la
pointe, bien plus long que le doigt médian, l'ongle compris ; profil
des deux mandibules convexe.*

Taille : 0ᵐ,76 environ.

COLYMBUS GLACIALIS et IMMER, Linn. *S. N.* (1766), t. I, p. 221 et 222.
MERGUS MAJOR et MERGUS MAJOR NÆVIUS, Briss. *Ornith.* (1760), t. VI, p. 105 et 120.
COLYMBUS TORQUATUS, Brünn. *Ornith. Bor.* (1764), p. 41.
COLYMBUS ATROGULARIS, Mey. *Tasch. Deuts.* (1810), t. II, p. 449.
CEPPHUS TORQUATUS, Pall. *Zoogr.* (1811-1831), t. II, p. 340.
COLYMBUS MAXIMUS et HIEMALIS, Brehm, *Hand. Nat. Vög. Deuts.* (1831), p. 971
et 972.

Eudytes glacialis, Naum. *Vög. Deuts.* (1844), t. XII, p. 397, pl. 327.

Buff. *Pl. enl.* 952, *adulte*, en plumage d'amour, sous le nom d'*Imbrim des mers du Nord.*

Mâle et femelle adultes, en plumage d'amour : Tête et cou noirs, à reflets verts et bleuâtres, avec une petite bande transversale composée de raies longitudinales blanches; un large collier formé aussi de raies longitudinales, interrompu devant et derrière vers la partie inférieure du cou; parties supérieures du corps d'un noir profond, avec deux taches carrées à l'extrémité des plumes, petites au dos et sur les sus-caudales, grandes sur les scapulaires; poitrine, et abdomen blancs; flancs, sous-caudales et une bande transversale vers l'anus, bruns, parsemés de taches blanches; couvertures supérieures des ailes d'un noir tacheté de blanc; raies longitudinales blanches et noires sur les côtés de la poitrine; bec entièrement d'un noir profond, quelquefois cendré vers le bout; pieds d'un brun noirâtre en dehors, tirant sur le cendré en dedans; iris rouge vif.

La femelle est sensiblement plus petite que le mâle.

Mâle et femelle adultes, en automne : Dessus de la tête, du cou et du corps d'un brun noirâtre, avec une teinte cendrée remplaçant les taches carrées blanches sur les plumes du dos et les scapulaires; toutes les parties inférieures blanches, avec quelques taches brunâtres au-dessous de la gorge, une bande transversale de même couleur sur l'anus, et les flancs d'un brun noirâtre; bas des joues d'un blanc nuancé de cendré; côtés du cou d'un brun noirâtre; couvertures supérieures des ailes de même couleur, avec quelques points cendrés; bec brun, nuancé de cendré sur les côtés et en dessous; pieds et iris comme en été.

Jeunes avant la première mue : Ils ressemblent aux vieux en livrée d'automne, mais leur taille est plus petite; ils sont bruns en dessus, avec des bordures cendrées, blancs en dessous, et ils ont le bec d'un gris cendré, les pieds d'un brun verdâtre en dehors, blanchâtre en dedans; iris brun.

A l'âge d'un an, ils portent une sorte de collier brun au milieu du cou et au-dessous; sur les côtés de petites taches brunes.

A l'âge de deux ans, le collier est plus prononcé, la tête et le cou sont variés de plumes d'un noir verdâtre; le dessus du corps, les ailes et le cou se couvrent de taches blanches.

A trois ans, ils possèdent la livrée des adultes.

Le Plongeon imbrin habite le nord de l'Europe et de l'Amérique; il est de passage en France.

Nous le voyons sur nos côtes maritimes du Nord à la suite des ouragans, en automne et en hiver, et quelquefois dans l'intérieur des terres, lorsque les eaux sont hautes ; mais il nous visite, le plus souvent, sous son plumage des premiers âges.

On l'a trouvé en robe de noces sur le lac de Zurich, où les jeunes des trois espèces ne sont pas rares durant l'hiver.

Il niche dans les îles solitaires, parmi les rochers ; ses œufs, au nombre de deux, sont un peu allongés, de couleur de suie un peu verdâtre ou d'un brun olive de diverses nuances, avec des taches et des points noirs ordinairement très-accentués, d'autres fois peu apparents. Ils mesurent :

Grand diam. 0ᵐ,088 à 0ᵐ,091 ; petit diam. 0ᵐ,056 à 0ᵐ,058.

522 — PLONGEON LUMME — *COLYMBUS ARCTICUS* Linn.

Devant du cou noir, avec un demi-collier varié de blanc au-dessous de la gorge (adultes en amour) ; *plumes des flancs noires, sans taches, à l'extrémité ; bec, des commissures à la pointe, plus court que le doigt médian, l'ongle compris ; profil des deux mandibules convexe.*

Taille : 0ᵐ,68 environ.

Colymbus arcticus, Linn. *S. N.* (1766), t. II, p. 221.
Mergus gutture nigro, Briss. *Ornith.* (1760), t. VI, p. 115.
Cepphus arcticus, Pall. *Zoogr.* (1811-1831), t. II, p. 91.
Colymbus macrorhynchos, Brehm, *Hand. Nat. Vög. Deuts.* (1831), p. 974.
Eudytes arcticus, Naum. *Vög. Deuts.* (1844), t. XII, p. 418, pl. 328.
Buff. *Pl. enl.* 914, *jeune,* sous le nom de *Grand Plongeon.*

Mâle et femelle adultes, en plumage d'amour : Dessus de la tête et du cou d'un brun cendré, plus foncé au front ; milieu du dos et sous-caudales d'un noir profond, à reflets, sans taches ; chaque côté de la partie supérieure du dos marqué de dix ou douze raies transversales blanches ; scapulaires portant quatorze ou quinze bandes transversales de même couleur sur fond noir ; gorge, devant et côtés du cou noirs, à reflets violets, avec une petite bande transversale, formée de raies longitudinales blanches, sous la gorge, interrompue antérieurement et se dirigeant en arrière vers l'occiput ; une autre bande, plus large, verticale, formée de raies plus longues, sur les côtés du cou, occupe toute l'étendue de ces régions ; poitrine blanche, avec les côtés rayés de noir ; abdomen blanc, avec les flancs et une bande transversale sur l'anus, noirs ; joues nuancées de noir et de cendré ; couvertures supérieures des ailes noires, parsemées de petites taches blanches ; rémiges et rectrices d'un noir à reflets ; bec noir profond ; iris brun roux ; pieds bruns en dehors, d'un cendré verdâtre en dedans ; iris brun roux.

La femelle est sensiblement plus petite que le mâle.

Mâle et femelle adultes, en hiver : D'un cendré noirâtre en dessus, sans raies ni bandes blanches sur le haut du dos et aux scapulaires ; ces raies et ces bandes étant remplacées par une teinte moins foncée ; blanc en dessous, avec les côtés de la poitrine rayés de brunâtre ; les flancs et une bande sur l'anus d'un brun noir ; couvertures supérieures des ailes avec quelques taches blanches ; bec brun-noirâtre en dessus, cendré en dessous et sur les côtés ; pieds comme en été ; iris d'un brun roux.

Jeunes de l'année avant la mue : Dessus de la tête et du cou d'un brun cendré ; dessus du corps d'un brun noirâtre, avec les bordures des plumes cendrées ; parties inférieures blanches, avec le devant du cou brun fuligineux ; rectrices terminées de blanc ; bec plus grêle, brun de corne en dessus, grisâtre en dessous ; iris brun ; pieds d'un brun verdâtre en dehors, d'un cendré livide en dedans.

Dans leur seconde année, le dessus de la tête et du cou prend une teinte noirâtre ; le noir violet de la gorge, du cou, et les bandes longitudinales commencent à paraître ; le dessus du corps prend les bandes et les taches blanches, le bec noircit.

A l'âge de trois ans, ils ne diffèrent plus des adultes.

Le Plongeon lumme habite l'hémisphère boréal. On le trouve dans le nord de la Sibérie, dans le nord-est de la Russie d'Europe, au pic des Monts-Ourals et il se répand dans beaucoup de contrées de l'Europe à l'époque de ses migrations.

Il est de passage dans le nord de la France, mais il s'y montre plus rarement que l'Imbrim. On ne voit guère, sur nos côtes maritimes et dans nos marais, que des individus jeunes.

M. Hardy possède une femelle en robe d'amour, qui a été tuée le 29 novembre sur la côte de Dieppe. C'est le seul individu qui y ait encore été trouvé sous cette livrée. Un mâle tué en Norwége, pendant l'été, lui ressemble ; mais il a une taille beaucoup plus forte. Un individu adulte, tué en décembre sur la côte de Dunkerque, avait l'iris brun-roux et quelques taches blanches sur les ailes ; deux autres de l'année, tirés dans les marais de Vendin, le 10 décembre, à la suite de tempêtes et d'un vent impétueux soufflant du nord-ouest depuis quinze jours, avaient l'iris brun.

Le docteur Schinz a reçu cette espèce en chair et en plumage parfait d'amour, dans les mois de juin et de juillet, provenant des lacs de la Suisse. Il est donc probable qu'elle y niche, accidentellement du moins. On assure qu'elle était très-commune aux Orcades, et qu'on l'y a détruite en faisant un grand commerce de ses œufs.

Le Plongeon lumme niche parmi les roseaux, principalement sur les bords des lacs salés et souvent très-loin de la mer. Il pond deux œufs allongés, à teintes fort variables : ils sont ou brun-olive foncé, nuancé de rougeâtre, ou d'un brun olive pur, de nuances diverses, ou d'un brun chocolat ; quelquefois le fond en est grisâtre. Ils sont généralement variés de points et de taches noires, auxquelles se mêlent parfois des traits irréguliers, principalement au gros bout. L'on rencontre aussi des variétés unicolores. La coquille est tantôt polie, tantôt rugueuse comme sur les œufs de l'Érimisture leucocéphale. Ces œufs mesurent :

Grand diam. 0ᵐ,080 à 0ᵐ,083 ; petit diam. 0ᵐ,049 à 0ᵐ,051.

523 — PLONGEON CAT-MARIN
COLYMBUS SEPTENTRIONALIS
Linn.

Une tache roux-marron vif sur le devant du cou, enveloppée par une teinte gris de souris (adultes en amour) ; *plumes des flancs variées de taches longitudinales brunes ; bec, des commissures à la pointe, aussi long que le doigt médian, l'ongle compris, ou un peu plus court ; profil de la mandibule supérieure droit ; profil de la mandibule inférieure très-convexe.*

Taille : 0ᵐ,62 *environ.*

COLYMBUS SEPTENTRIONALIS, Linn. *S. N.* (1766), t. II, p. 220.
MERGUS GUTTURE RUBRO, Briss. *Ornith.* (1760), t. VI, p. 111.
COLYMBUS LUMME, BOREALIS et STELLATUS, Brünn. *Ornith. Bor.* (1764), p. 39.
COLYMBUS STRIATUS, Gmel. *S. N.* (1788), t. I, p. 586.
COLYMBUS RUFOGULARIS, Mey. *Tasch. Deuts.* (1810), t. II, p. 453.
CEPPHUS SEPTENTRIONALIS, Pall. *Zoogr.* (1811-1831), t. II, p. 342.
EUDYTES SEPTENTRIONALIS, Naum. *Vög. Deuts.* (1814), t. XII, p. 435, pl. 329.
Buff. *Pl. enl.* 308, *adulte*, sous le nom de *Plongeon à gorge rouge de Sibérie* ; 992, *jeune*, sous le nom de *Plongeon.*
Vieill. *Gal. des Ois.* pl. 282.

Mâle et femelle adultes, en plumage d'amour : Partie moyenne du vertex, dans toute la longueur, d'un gris brun verdâtre, marqué de taches noires ; occiput, parties postérieure et inférieure du cou variées de raies longitudinales noires et blanches ; dessus du corps d'un brun noirâtre, avec quelques petites taches blanches irrégulières à la partie supérieure du dos, à la partie inférieure et sur les sus-caudales, prenant la forme de raies ou de bandes à l'extrémité des scapulaires ; côtés du front et de la tête, gorge et côtés du cou d'un gris de souris foncé ; devant du cou portant une bande d'un roux marron très-vif, plus large en bas qu'en haut ; le reste de la partie antérieure du cou, poitrine et abdomen d'un blanc luisant, avec une ligne transversale brune, formant un angle au-devant de l'anus, une autre sur les sous-caudales, et de larges taches longitudinales d'un brun noir sur les côtés de la poitrine et sur les flancs ; ailes pareilles au manteau ; rémiges d'un brun noir lavé de cendré, à reflets verdâtres ; bec noir ; membrane sous-maxillaire de couleur cerise livide ; tarses d'un noir verdâtre, nuancés de rose sur le milieu de la face interne ; doigts bruns en dehors, verdâtres en dedans et sur le devant, avec des taches transversales brunes vis-à-vis de chaque articulation ; ongles plombés ; membrane interdigitale cendrée au centre, jaunâtre sur les bords ; iris d'un rouge lie de vin.

Chez les *individus très-vieux*, suivant Temminck, toutes les parties supérieures du corps, les sus-caudales, les couvertures supérieures des ailes et les flancs sont d'un brun noirâtre sans taches blanches.

Mâle et femelle adultes, en hiver : Dessus de la tête et du cou d'un brun cendré foncé, avec des taches noires au milieu du vertex, des taches longitudinales noirâtres et blanchâtres à l'occiput et à la nuque ; dessus du corps et des ailes d'un brun noirâtre comme en été, mais avec une très-grande quantité de petites taches blanches ; bas des joues, gorge, devant et côtés du cou, poitrine, abdomen et sous-caudales d'un blanc pur lustré, avec les flancs tachetés longitudinalement de brun noirâtre, et des raies de même couleur sur l'anus et les sous-caudales ; bec d'un brun noirâtre sur la ligne médiane de la mandibule supérieure, le reste brun de plomb ; tarses bruns en dehors, livides ou d'un jaune verdâtre en dedans, sur les doigts, et nuancés de brunâtre près des articulations et sur la membrane interdigitale ; iris brun-roux.

Jeunes avant la première mue : Sensiblement plus petits que les adultes ; dessus de la tête et du cou comme ceux-ci en hiver, mais avec des teintes moins vives, tirant sur le cendré ; dessus du corps et des ailes d'un brun cendré, avec une multitude de petites taches blanches, ovalaires, de directions différentes et quelques-unes en forme de V sur les scapulaires ; gorge et dessous des yeux blancs ; partie moyenne de la face antérieure du cou d'une teinte brun-roussâtre ; côtés du cou variés de taches d'un brun roussâtre, moins foncées, sur fond blanc ; bas de la face antérieure du cou, poitrine, abdomen et sous-caudales d'un blanc pur luisant, avec une bande transversale brune sur l'anus, et quelques raies sur les couvertures inférieures de la queue, qui est d'un brun cendré et terminée de grisâtre ; le reste comme chez les adultes en hiver.

À mesure que l'oiseau avance en âge, le nombre des taches des parties supérieures diminue : à la première mue de printemps, le cou devient cendré, comme chez les vieux, et offre des plumes d'un roux marron à sa face antérieure. À la mue suivante, il prend presque son plumage complet ; on ne voit plus que quelques plumes blanches parmi les plumes rousses du cou.

Le Plongeon Cat-Marin habite les mers arctiques, la Norwége, les îles Loffoden et l'Islande. Il est de passage annuel sur les côtes maritimes de Hollande de Belgique, d'Angleterre et de France.

Nous le voyons communément, l'hiver, sur nos côtes maritimes; il est plus rare sur celles du midi de la France. Il se montre en Suisse dans la même saison et dans quelques-unes de nos départements du Centre : un jeune a été tué en décembre 1851, dans le département de l'Aube, sur la Seine.

Il niche parmi les roseaux ; pond deux œufs d'un brun clair, d'un brun olivâtre ou roussâtre plus ou moins foncé, avec des points et des taches intenses noirs ou d'un brun noir. Les taches sont quelquefois confluentes sur le gros bout et forment calotte. Ils mesurent :

Grand diam. 0^m,069 à 0^m,071 ; petit diam. 0^m,045 à 0^m,047.

Nous possédons une variété dont les diamètres sont de 0^m,080 sur 0^m,044.

Ce Plongeon, durant son séjour sur nos côtes, paraît se nourrir en grande partie de poissons, il paraît surtout s'attaquer aux sardines et aux petits poissons plats. D'après les divers états de plumage sous lesquels il se présente de l'automne au printemps, sa mue d'hiver commencerait en octobre, et sa mue d'été en mars. Ainsi, des individus que l'on tue vers la fin de ce dernier mois sont déjà en livrée parfaite d'amour et il est rare que ceux que l'on observe dans le courant d'octobre ne soient pas en pleine mue, et n'aient pas en grande partie leur plumage d'hiver, comme l'a constaté M. Hardy et comme nous l'avons vu nous-mêmes.

FAMILLE LII

ALCIDÉS — *ALCIDÆ*

ALCADÆ, Vig. *Gen. of B.* (1825).
ALQUES, Less. *Tr. d'Ornith.* (1831).
ALCINÆ, Bp. *Distr. met. An. vert.* (1831).
ALCIDÆ, Bp. *B. of Eur.* (1838).

Mandibule inférieure emplumée jusqu'à la rencontre de ses deux branches ; tarses médiocrement comprimés, entièrement ou en très-grande partie aréolés ; pouce nul ; le doigt externe, y compris l'ongle, un peu plus court que le médian ; les plus grandes des scapulaires bien plus courtes que les plus grandes rémiges cubitales ou tertiaires ; ongles plus ou moins comprimés.

Cette famille est particulièrement caractérisée par l'absence du pouce. Elle diffère encore des précédentes par les tarses bien moins comprimés ; des scapulaires plus courtes, et par un bec, dont les côtés sont généralement couverts de plumes sur une grande étendue.

Les oiseaux qui en font partie ont une fécondité très-bornée, ne pondent qu'un œuf, très-exceptionnellement deux et nichent dans des trous.

A l'exemple de la plupart des auteurs, nous la diviserons en deux sous-familles.

SOUS-FAMILLE LXXXIII

URIENS — *URIINÆ*

URINÆ, G. R. Gray, *List Gen. of B.* (1841).
URIINÆ, Bp. *Consp. Syst. Orn.* (1850).

Bec lisse, convexe, médiocrement comprimé, peu élevé et presque droit ; tarses réticulés.

GENRE CCXLIV

GUILLEMOT — *URIA*, Briss.

COLYMBUS, p. Linn. *S. N.* (1735).
URIA, Briss. *Ornith.* (1760).
GRYLLE et LOMVIA, Brandt, *Descript. et Icon.* (1836).

Bec plus court que la tête, droit, pointu, comprimé, convexe en dessus, anguleux en dessous, un peu courbé et échancré à l'extrémité des deux mandibules ; narines étroites, ovalaires, à moitié fermées par une membrane emplumée, percées de part en part en avant ; ailes de moyenne longueur, sur-aiguës ; queue courte, arrondie ; tarses courts, grêles, réticulés ; ongles falciformes, comprimés, pointus.

Les Guillemots sont des oiseaux très-sociables : ils vivent en troupes plus ou moins nombreuses dans les mers qui baignent les contrées septentrionales du globe ; nichent en commun parmi les rochers escarpés des rivages ; émigrent, l'hiver, par grandes bandes, le long des côtes maritimes des pays tempérés, et ne viennent à terre qu'à l'époque de la reproduction ou lorsqu'ils y sont poussés ou jetés par la tempête. Quoique mal organisés pour le vol, ils se transportent à d'assez grandes distances, en rasant la surface de l'eau.

Leur nourriture consiste en vers, en petits crustacés et en frai de poissons de mer.

Le mâle et la femelle ne diffèrent pas. Les jeunes, avant la première mue, portent une livrée particulière. Ils naissent couverts d'un duvet abondant, et sont nourris par le père et la mère jusqu'à ce qu'ils puissent gagner la mer. Leur mue est double.

524 — GUILLEMOT TROILE — *URIA TROILE*
Lath. ex Linn.

Teintes des parties supérieures d'un brun de suie ; plumes des flancs variées de taches longitudinales d'un brun noirâtre ; bec un peu plus haut que large à la base.

Taille : 0^m,42 à 0^m,43.

COLYMBUS TROILE, Linn. *S. N.* (1766), t. I, p. 220.
URIA, Briss. *Ornith.* (1760), t. VI, p. 70.
URIA LOMVIA et SVARBAG, Brünn. *Ornith. Bor.* (1764), p. 27.
COLYMBUS MINOR, Gmel. *S. N.* (1788), t. I, p. 591.

URIA TROILE, Lath. *Ind.* (1790), t. II, p. 796.
URIA NORWEGICA, Brehm, *Handb. Nat. Vög. Deuts.* (1831), p. 933.
Buff. *Pl. enl.* 903, oiseau en plumage d'amour.

Mâle et femelle adultes, en été : Tête, cou d'un noir brun de suie
velouté ou d'un noir profond, avec un trait de même couleur derrière
l'œil, descendant, en formant une courbe, sur les côtés du cou ; dessus
du corps d'un noir profond ; dessous d'un blanc pur, entaillant le bas
de la face antérieure du cou, avec les flancs marqués de larges taches
longitudinales noires ; ailes pareilles au manteau ; les rémiges secondaires terminées de blanc ; queue noire ; bec noir cendré en dehors,
jaune vif en dedans ; tarses et doigts d'un brun jaunâtre antérieurement, face postérieure et membrane interdigitale noires ; iris brun-
roussâtre.

Mâle et femelle adultes, en hiver : Dessus de la tête, du cou et du
corps d'un noir velouté tirant sur le cendré, avec l'occiput blanc, varié
de taches noirâtres ; gorge, devant et presque la totalité des côtés du
cou, milieu de la poitrine, abdomen et sous-caudales d'un blanc pur ;
flancs tachetés longitudinalement de noirâtre ; espace entre le bec et
l'œil, une bande immédiatement au-dessous de l'empreinte linéaire
située en arrière de l'œil, d'un noir cendré ; bas des côtés du cou également d'un noir cendré, qui se confond avec celui du dos et forme, en
avançant sur les côtés de la poitrine, une sorte de demi-collier ; ailes
comme en été ; bec brun de corne, avec une teinte plus claire, roussâtre aux commissures et à l'angle de la mandibule inférieure ; pieds
brunâtres en dessous et en dehors, d'un brun livide jaunâtre en dedans, sur les doigts et sur les membranes, celles-ci d'une teinte plus
foncée.

Jeunes de l'année : D'un noir nuancé de brun cendré en dessus,
blanc en dessous, avec le bas du cou brun cendré, les côtés de la
partie supérieure du cou tachetés de cette couleur et les flancs flammés
longitudinalement de noir ; bec plus court que chez l'adulte, cendré,
à base roussâtre ; pieds d'un jaunâtre livide, avec les palmures
brunes.

Variétés accidentelles : Les auteurs citent des variétés qui n'ont pas
de blanc aux rémiges secondaires, et d'autres dont les rectrices sont
tapirées de taches d'un cendré jaunâtre. Le Museum de Paris en possède une chez laquelle le noir des parties supérieures est remplacé par
une teinte d'un brun clair tournant à l'isabelle.

Le Guillemot Troïle habite principalement les mers glaciales.

Il se répand, l'hiver, le long de la Baltique, des côtes de la Hollande, de la Belgique et de la France jusqu'à Bayonne. Toutefois, il est sédentaire sur plusieurs points des côtes de l'Angleterre et de la France. Ainsi, on le rencontre toute l'année, sur les îles de la Manche, sur nos côtes et nos îles du golfe de Gascogne.

Il se reproduit en grand nombre aux Aiguilles d'Étretat, à 18 kilomètres de Fécamp, dans les falaises de Jaubourg, à Aurigny, quelquefois dans le Boulonais, sur toutes les côtes et les îlots de la Bretagne. Il se reproduit aussi dans les rochers près de Douvres.

C'est le plus ordinairement par bandes qu'il niche. Il établit son nid dans les trous des rochers, et pond un seul œuf très-gros, piriforme, dont le fond et les taches varient à l'infini. Cet œuf est généralement ou d'un gris bleuâtre plus ou moins intense, ou d'un gris verdâtre, ou d'un gris cendré, ou d'un gris jaunâtre, et il est varié tantôt de petites taches et de points isolés; tantôt de grandes taches, confluentes au gros bout et y formant couronne ou calotte; d'autres fois, aux taches sont mêlés des traits irréguliers en zigzag, dirigés en tous sens; souvent enfin, la surface de l'œuf est enveloppée de traits seuls, brouillés, enchevêtrés, noueux, dirigés dans tous les sens. Les taches et les traits sont ou noirs ou bruns ou roussâtres, et les plus profonds sont d'un gris cendré ou d'un cendré vineux. Cet œuf mesure :

Grand diam. 0ᵐ,080 à 0ᵐ,090; petit diam. 0ᵐ,048 à 0ᵐ,052.

Les œufs de cette espèce sont fort recherchés en Angleterre; l'on en fait des coquetiers, et l'on se sert, prétend-on, du jaune, pour donner de la nuance et de la solidité à certaines couleurs.

Observation. L'*Uria unicolor*, Benicken, paraît n'être qu'une variété accidentelle de l'*Uria Troïle*.

Quant à l'*Uria Troïle* a minor Bp., dont le prince Ch. Bonaparte avait fait une race (*Cat. Parzud.*), qu'il a ensuite abandonnée, il n'est qu'un *Uria Troïle* jeune, comme, du reste, Gmelin l'avait soupçonné.

A — GUILLEMOT BRIDÉ — *URIA RINGVIA*

Brünn.

*Un cercle blanc autour des yeux, se continuant en arrière avec une ligne de même couleur; teintes des parties supérieures et des flancs comme chez l'*Uria Troïle.

Taille : 0ᵐ,42 d 0ᵐ,43.

URIA RINGVIA e ALCA, Brünn. *Ornith. Bor.* (1764), p. 28.

URIA TROILE, p. Temm. *Man.* (1815), p. 607.

URIA LACRIMANS, La Pylaie, in : Choris, *Voy. pitt. autour du monde* (1822).

URIA TROILE LEUCOPHTHALMOS, Faber, *Prodr. Island. Orn.* (1822), p. 42.

URIA LEUCOPSIS, Brehm, *Handb. Nat. Vög. Deuts.* (1831), p. 982.

Choris, *Voy. pitt.* pl. 23.

Gould, *Birds of Eur.* pl. 397.

Mâle et femelle adultes, en été : Tête et cou d'un noir de suie ou d'un bleu noir profond, avec le bord libre des paupières et une raie sur une empreinte, ou suture linéaire derrière les yeux, d'un beau blanc ; dessus du corps d'un noir profond; dessous d'un blanc pur, entaillant le bas de la face antérieure du cou, avec les flancs marqués de larges taches longitudinales noires, comme dans l'espèce précédente ; ailes pareilles au manteau, avec les rémiges secondaires terminées de blanc; bec noir cendré en dehors, jaune en dedans: pieds brun-jaunâtre; iris brun.

Mâle et femelle adultes, en hiver : Dessus de la tête, du cou et du corps noirs, nuancés de cendré, avec des points d'un noir parfait à l'extrémité des plumes ; tour des yeux, devant et côtés de la plus grande partie du cou blancs, mouchetés de brun noirâtre, avec une bande noire derrière les yeux et une ligne blanche immédiatement au-dessus, formant une courbe en s'étendant au delà de l'occiput ; bas de la face antérieure du cou, poitrine, abdomen, sous-caudales d'un blanc pur, avec les flancs largement tachetés de noir; bas des côtés du cou d'un noir nuancé de cendré, se confondant avec celui du dos et formant, en avançant sur les côtés de la poitrine, une sorte de demi-collier ; ailes, queue, bec, pieds et iris comme en été.

Jeunes de l'année : Ils nous sont inconnus.

Ce Guillemot habite les régions arctiques, l'Islande, Feroë, Terre-Neuve. Il est de passage sur les côtes septentrionales de la France. On a trouvé des individus morts sur les côtes de la Manche et on en a tué près de Dunkerque, de Montreuil-sur-Mer, d'Abbeville et de Dieppe. Le 7 juin 1846, un mâle et deux femelles, d'après M. Hardy (*in Litt.* à Degl.), ont été tirés au milieu d'une grande quantité de Guillemots Troïles, aux Aiguilles d'Etretat.

Cet oiseau, selon le même observateur, s'est reproduit deux fois à sa connaissance sur ces mêmes Aiguilles d'Étretat.

Il niche dans les trous de rochers, sur les bords de la mer, en compagnie du Troïle; pond un seul œuf, très-piriforme, d'un blanc jaunâtre, avec quelques taches d'un gris cendré et des traits sinueux ou des zigzags d'un roux clair et d'un brun noir. Du reste, cet œuf varie autant que celui de l'espèce précédente. Il mesure :

Grand diam. 0^m,080 à 0^m,085 ; petit diam. 0^m,049 à 0^m,052.

Observation. Faber et Graba, qui ont séjourné en Islande et à Féroë, prétendent que le Guillemot bridé et le Guillemot à gros bec ou Arra, dont il sera question ci-après, ne sont que des variétés de l'*Uria Troile.* M. Thienemann, qui a également visité ces contrées, est d'un avis contraire; il considère ces oiseaux, dont les œufs auraient constamment des couleurs différentes, comme formant trois espèces distinctes. Les avis sont très-partagés là-dessus. Cependant, pour ce qui concerne l'*Uria ringvia*, l'on s'accorde assez généralement aujourd'hui à le considérer sinon comme espèce distincte, du moins comme race ou variété locale de l'*Uria Troile*. Nous nous rangeons à cette opinion.

525 — GUILLEMOT ARRA — *URIA ARRA*
Keys. et Blas. ex Pall.

Teintes des parties supérieures noires ; plumes des flancs variées de taches longitudinales noires ; bec au moins aussi large que haut à la base.

Taille : 0^m,40 environ.

Uria Troile, Brünn. (nec Linn.), *Ornith. Bor.* (1764), p. 27.
Cepphus arra, Pall. *Zoogr.* (1811-1831), t. II, p. 347.
Uria Brunnichii, Sabine, *Trans. Linn. Soc.* (1818), t. XII, p. 538.
Uria Francsii, Leach, *Trans. Linn. Soc.* (1818), t. XII, p. 588.
Uria pica, Faber, *Prodr. Island. Orn.* (1822), p. 41.
Uria arra, Keys. et Blas. *Wirbelth.* (1840), p. 92.
Choris, *Voy. pitt.* pl. 21.
Gould, *Birds of Eur.* p. 398.

Mâle et femelle adultes, en été : Dessus de la tête, du cou et du corps d'un noir profond, reflétant légèrement le bleuâtre ; gorge, milieu et côtés du cou d'un noir brunâtre velouté ; bas de la face antérieure du cou, poitrine, abdomen, flancs et sous-caudales d'un blanc pur ; ailes pareilles au dos, avec l'extrémité des rémiges secondaires blanche ; bec bleu clair à la base, bleu noirâtre dans le reste de son étendue ; tarses et iris noirs.

Mâle et femelle adultes, en hiver : Ils ont le devant du cou blanc comme le dessous du corps, avec le bas des côtés du cou tacheté et noir comme le dos.

Jeunes avant la première mue : Ils ressemblent aux adultes sous leur plumage d'hiver, mais le bec est sensiblement plus court.

Le Guillemot Arra habite les mers glaciales, et se montre accidentellement en Angleterre et dans le midi de l'Europe.

Il niche dans les trous de rochers ; pond un œuf très-gros et très-piriforme, d'un vert bleuâtre ou d'un bleu clair plus ou moins brillant, avec des points et des taches noirs ou d'un brun noir, rapprochés vers le gros bout. Il mesure : Grand diam. 0^m,080 ; petit diam. 0^m,050.

Observation. L'*Uria arra* a de si grands rapports avec l'*Uria Troile* que quelques auteurs, comme nous l'avons dit précédemment, l'ont rapporté à cette espèce ; cependant, il en est très-distinct, d'après Pallas. Son bec est autrement conformé; il est plus court, plus emplumé à la base, qui nous paraît aussi sensiblement plus large; l'arête de la mandibule supérieure a un profil beaucoup plus courbe, et la mandibule inférieure présente un angle bien plus prononcé que chez l'*Uria Troile.*

Ce qui nous paraît surtout distinguer l'*Uria Arra* de l'*Uria Troile,* ce sont les teintes noires bien prononcées des parties supérieures, et les taches des flancs qui sont également d'un noir franc, tandis qu'elles sont d'un brun plus ou moins noirâtre chez l'*Uria Troile.*

526 — GUILLEMOT GRYLLE — *URIA GRYLLE*
Lath. ex Linn.

Moyennes couvertures supérieures des ailes et moitié terminale des grandes secondaires d'un blanc pur (adultes), *ou d'un blanc taché de noirâtre à l'extrémité* (jeunes); *toutes les rémiges noires ; bec, haut de* 0^m,010 *environ, à la base.*

Taille : 0^m,33 *d* 0^m,34.

COLYMBUS GRYLLE, Linn. *S. N.* (1766), t. I, p. 220.
URIA MINOR NIGRA et STRIATA, Briss. *Ornith.* (1760), t. VI, p. 76 et 78.
URIA GRYLLOIDES et BALTHICA, Brünn. *Ornith. Bor.* (1764), p. 28.
CEPPHUS LACTEOLUS, Pall. *Spicil. Zool.* (1767-1774), t. V, p. 33.
URIA GRYLLE et LACTEOLA, Lath. *Ind.* (1790), t. II, p. 797 et 798.
CEPPHUS COLUMBA, Pall. *Zoogr.* (1811-1831), t. II, p. 348.
URIA SCAPULARIS, Steph. in: Shaw, *Gen. Zool.* (1824), t. XII, p. 250.
CEPPHUS MEISNERI et FŒRROERENSIS, Brehm, *Handb. Nat. Vög. Deuts.* (1831), p. 989 et 990.
URIA GROENLANDICA, G. R. Gray, *List Gen. of B.* (1841), p. 98.
GRYLLE COLUMBA, Rp. *Ucc. Eur.* (1842), p. 82.
Vieill. *Gal. des Ois.* pl. 294.
Choris, *Voy. Pitt.* p. 22.

Mâle adulte, en plumage d'amour : Entièrement d'un noir assez profond, avec les moyennes couvertures supérieures des ailes et la moitié terminale des grandes secondaires d'un blanc pur ; bec noir en dehors, rouge en dedans ; pieds d'un rouge vif; iris brun foncé.

Femelle adulte sous la même livrée : Semblable au mâle, mais d'un noir un peu moins profond et de taille plus petite.

Mâle et femelle adultes, en hiver : Dessus de la tête et du corps noirs, avec les plumes terminées de blanc ; joues et cou, blancs, laissant apercevoir le noir des plumes dont il est garni ; poitrine, abdomen, sous-caudales, petites et moyennes couvertures supérieures des ailes d'un blanc pur ; bec noirâtre en dehors et rougeâtre en dedans.

Jeunes avant la première mue : Dessus de la tête, dos et sus-caudales d'un noir terne ; nuque variée de blanc et de noir ; scapulaires noires, tachetées de blanc ; gorge blanche ; joues, côtés et devant du cou, haut et côtés de la poitrine, flancs, d'un blanc sali de noir à l'extrémité des plumes ; abdomen blanc ; petites et moyennes couvertures supérieures des ailes d'un blanc pur, terminées de brun noirâtre.

Ce Guillemot habite les mers du pôle arctique. Il est de passage irrégulier sur les côtes de France, et notamment sur celles de nos départements septentrionaux, où on l'a rencontré quelquefois en mai et en novembre.

Il niche dans les trous de rochers ; sa ponte est d'un, de deux et quelquefois de trois œufs, d'un cendré clair, ou d'un gris légèrement verdâtre ou bleuâtre, quelquefois d'un jaune ocreux assez prononcé. Ces œufs sont plus ou moins couverts de points et de taches généralement petites, arrondies ou irrégulières, plus confluentes vers la grosse extrémité que sur le reste de l'œuf, et y dessinant souvent une couronne incomplète. Les taches et les points sont, ou superficiels et d'un noir profond, ou d'un brun noirâtre ; ou profonds et d'un gris violet, ou vineux. Ils mesurent :

Grand diam. 0^m,57 à 0^m,061 ; petit diam. 0^m,040 à 0^m,041.

Observation. Nous considérerons avec MM. Schlegel, de Sélys-Longchamps, etc., le Guillemot suivant (*Uria Mandtii*, Lichst.), comme simple variété locale de l'*Uria grylle*.

A — GUILLEMOT DE MANDT — *URIA MANDTII*
Lichst.

*Rémiges secondaires blanches à l'extrémité ; bec grêle, haut de 0^m,007 environ à la base ; couvertures supérieures des ailes comme chez l'*Uria Troile.

Taille : 0^m,33 à 0^m,34.

Uria Mandtii, Lichst. *Doubl. Zool. Mus.* (1823), p. 88.

Adultes : Teintes du plumage comme chez l'Uria Grylle, tournant un peu au bleuâtre sur le dos ; rémiges brunes, avec un trait blanc à l'extrémité des secondaires ; bec noir ; pieds rouges.

Les *jeunes* ont les parties inférieures blanches comme ceux de l'espèce précédente.

Le Guillemot de Mandt habite le Spitzberg et le Groenland.

Il diffère du précédent, selon Lichstenslein, par des rémiges secondaires plus longues et blanches à la pointe (elles sont noires chez l'*Uria Grylle*), par un bec plus grêle, une queue, des tarses et des doigts relativement plus longs.

GENRE CCXLV

MERGULE — *MERGULUS*, Vieill.

Alca, p. Linn. *S. N.* (1766).
Mergulus, Vieill. *Ornith. élém.* (1816).
Cepphus, G. Cuv. *Règ. Anim.* (1817).
Arctica, G. R. Gray, ex Mœhr. *List Gen. of B.* (1841).

Bec très-court, épais, renflé, convexe, aussi large que haut à la base ; mandibule inférieure très-anguleuse à la rencontre de ses branches ; narines amples, arrondies, operculées, ailes sur-aiguës ; queue très-courte, arrondie ; tarses médiocrement com-primés, grêles, de la longueur du doigt interne, l'ongle compris largement scutellés en avant, finement réticulés sur les côtés et en arrière ; ongles comprimés, médiocrement recourbés, pointus.

Les Mergules se distinguent principalement des Guillemots proprement dits par la forme du bec, des narines et par des tarses en partie scutellés, en partie aréolés. Ils ont aussi un corps relativement plus trapu et une tête plus ar-rondie.

Leurs mœurs ne diffèrent pas de celles des Guillemots.

Le mâle et la femelle portent absolument le même plumage ; les jeunes s'en distinguent. Leur mue est double.

Une seule espèce appartient à ce genre.

327 — MERGULE NAIN — *MERGULUS ALLE*
Vieill. ex Linn.

La plupart des scapulaires bordées sur un côté, ou sur les deux côtés à la fois, d'une étroite bande blanche ; sous-alaires d'un cen-dré ou d'un brun noirâtre.

Taille : 0ᵐ,23 environ.

Alca alle, Linn. *S. N.* (1766), t. I, p. 211.
Uria minor, Briss. *Ornith.* (1760), t. VI, p. 73.
Alca candida, Brünn. *Ornith. Bor.* (1764), p. 26.
Uria alle, Temm. *Man.* (1815), p. 611.
Mergulus melanoleucos, Leach, *Syst. Cat. M. and B. Brit. Mus.* (1816), p. 42.
Mergulus alle, Vieill. *N. Dict.* (1818), t. XX, p. 209.
Cepphus alle, Less. *Tr. d'Ornith.* (1831), p. 639.
Mergulus arcticus, Brehm, *Handb. Nat. Vög. Deuts.* (1831), p. 994.
Arctica alle, G. R. Gray, *List Gen. of B.* (1841), p. 98.

Buff. *Pl. enl.* 917, oiseau en plumage d'hiver sous le nom de *Petit Guillemot femelle.*

Vieill. *Gal. des Ois.* Pl. 295.

Mâle adulte, en plumage d'amour : Tête, cou, dessus du corps et sus-caudales d'un noir profond ; poitrine, abdomen et sous-caudales d'un blanc pur ; petites et moyennes couvertures supérieures des ailes pareilles au manteau ; scapulaires noires, la plupart bordées de blanc soit sur un seul côté, soit sur les deux côtés à la fois ; queue noire ; bec noir ; tarses et doigts brun-jaunâtre, avec les palmures brun-verdâtre ; iris noirâtre.

Femelle adulte, en amour : Semblable au mâle ; seulement un peu plus forte.

Mâle et femelle adultes, en hiver : Dessus de la tête, la plus grande partie des joues, nuque, dessus du corps, sus-caudales d'un noir plus profond qu'en été ; gorge, bas des joues, devant et côtés du cou, poitrine, abdomen et sous-caudales d'un blanc pur, avec quelques faibles taches plus ou moins apparentes à la partie inférieure du cou, une tache blanche sur la paupière supérieure ; une espèce de bande noirâtre sur les côtés du cou, derrière l'oreille ; couvertures supérieures des ailes et rémiges de la même teinte que le manteau ; rémiges secondaires terminées de blanc ; le reste comme en été. La femelle a, en outre, l'occiput varié de taches blanches et les côtés du cou de taches noires, les bandes des scapulaires plus larges et plus longues.

Jeunes de l'année : Ils diffèrent peu des adultes en robe d'hiver ; ils ont seulement le bec plus court et les joues cendrées.

Variétés accidentelles : On trouve des individus de cette espèce avec un plumage, entièrement blanc ; d'autres n'offrent aucune trace de bandes blanches sur les ailes. M. de Sélys-Longchamps possède la variété d'un blanc gris, désignée sous le nom de *Colymbus lacteolus.*

Le Mergule nain habite les régions polaires des deux mondes, et paraît être en plus grand nombre en Amérique qu'en Europe. Il est de passage irrégulier sur nos côtes maritimes, où il se montre ordinairement en automne, dans les hivers rigoureux ou après un ouragan. On le rencontre assez souvent mort ou mourant sur les plages, après une tourmente. La tempête le pousse même parfois très-avant dans l'intérieur des terres ; c'est ainsi qu'un individu mâle, d'après M. J. Ray, a été tué, il y a quelques années, dans le département de l'Aube.

Il niche dans les trous des rochers ; pond un seul œuf, gris azuré ou vert sale très-clair, le plus ordinairement sans taches, quelquefois avec de petites taches roussâtres, principalement au gros bout. Il mesure :

Grand diam. 0^m,045 à 0^m,048 ; petit diam. 0^m,030 à 0^m,032.

SOUS-FAMILLE LXXXIV

ALCIENS — *ALCINÆ*

Alcinæ, G. R. Gray, *List Gen. of B.* (1841).
Alcinæ et Phaleridinæ, p. Bp. *Consp. Syst. Orn.* (1850).

Bec sillonné sur les côtés des deux mandibules, très-comprimé, très-élevé ; mandibule supérieure crochue à l'extrémité ; tarses scutellés en avant.

Les Alciens, indépendamment de la forme du bec, sont encore parfaitement caractérisés par les sillons qui règnent sur les côtés de cet organe. Deux genres représentent cette sous-famille en Europe.

GENRE CCXLVI

MACAREUX — *FRATERCULA*, Briss.

Alca, p. Linn. *S. N.* (1744).
Fratercula, Briss. *Ornith.* (1760).
Mormon, Illig. *Prodr. Syst.* (1811).
Lunda, Pall. *Zoogr.* (1811-1831).
Larva, Vieill. *Ornith. élém.* (1816).

Bec, aussi haut ou plus haut que long, à arêtes vives, celle de la mandibule supérieure saillante en avant du front et surmontant le niveau du crâne, un peu fléchie et échancrée à la pointe ; garnie à la base d'une peau papilleuse ; narines très-étroites, linéaires, percées de part en part dans une peau nue ; ailes aiguës ; queue courte, légèrement arrondie sur les côtés ; tarses plus courts que le doigt interne, l'ongle compris, minces, réticulés, avec quelques scutelles peu larges vers le milieu de la face antérieure ; ongles des doigts externe et médian falciformes, celui du doigt interne très-arqué.

Les Macareux, par leur organisation et leur genre de vie, ont de grands rapports avec les Pingouins : toutefois, la forme toute particulière de leur bec et leurs narines à découvert les en distinguent suffisamment. Ils sont aussi remarquables par la cirrhe qui surmonte l'œil.

Ce sont des oiseaux essentiellement marins, qui ne viennent à terre que durant les pontes ou lorsque la tempête les y contraint. Ils nichent dans des trous profonds; émigrent en automne et se transportent alors des régions polaires, qu'ils habitent, jusque dans le midi de l'Europe. C'est à l'aide d'un vol rapide, peu soutenu mais fréquemment repris, qu'ils opèrent ces grands déplacements. En volant, ils effleurent presque constamment la surface de l'eau.

Les Macareux se nourrissent de mollusques, de petits crustacés, d'animaux rayonnés, d'insectes et, dit-on, de plantes marines.

Le mâle et la femelle ne diffèrent pas. Les jeunes s'en distinguent par un bec bien moins élevé et par des teintes particulières.

528 — MACAREUX ARCTIQUE — *FRATERCULA ARCTICA*
Vieill. ex Linn.

Bec, de l'angle postérieur des narines à la pointe au moins aussi long que le doigt interne, celui-ci mesurant, avec l'ongle, 0^m,029 environ ; sillons des mandibules obliques et formant un angle à leur point de rencontre ; collier limité supérieurement au bas de la gorge.

Taille : 0^m,30.

ALCA ARCTICA, Linn. *S. N.* (1766), t. I, p. 211.
FRATERCULA, Briss. *Ornith.* (1760), t. VI, p. 81.
ALCA DELETA, Brünn. *Ornith. Bor.* (1764), p. 25.
ALCA LABRADOR, Gmel. *S. N.* (1788), t. I, p. 550.
ALCA CANAGULARIS, Mey. *Tasch. Deuts.* (1810), t. II, p. 442.
MORMON FRATERCULA, Temm. *Man.* (1815), p. 614.
FRATERCULA ARCTICA, Leach, *Syst. Cat. M. and B. Brit. Mus.* (1816), p. 42.
LUNDA ARCTICA, Pall. *Zoogr.* (1811-1831), t. II, p. 363.
MORMON POLARIS et GRABÆ, Brehm, *Handb. Nat. Vög. Deuts.* (1831), p. 998 et 999.
FRATERCULA (*ceratoblepharum*) ARCTICA, Brandt, *Bull. Ac. I. Sc. de St-Péters.* (1837), t. II, p. 348.
MORMON ARCTICUS, Macgill. *Man. Brit. Orn.* (1840), t. II, p. 218.
Buff. *Pl. enl.* 275.
Gould, *Birds of Eur.* pl. 403.

Mâle et femelle adultes : Dessus de la tête, du cou, du corps et sus-caudales d'un noir lustré, formant autour du cou une sorte de collier de treize millimètres de largeur en devant et le double plus large sur les côtés ; gorge, joues, dessus des yeux et haut des faces latérales du cou d'un gris clair, brunâtre derrière la mandibule inférieure ; bas du cou, poitrine, abdomen et sous-caudales d'un blanc pur ; couvertures supérieures des ailes, rémiges et rectrices pareilles au manteau ; bec gris de fer, avec la base teintée de bleu, la pointe rouge, trois sillons à la mandibule supérieure, deux à l'inférieure et une rosace orange aux commissures ; bord libre des paupières de cette dernière couleur ; pieds de couleur orange rouge ; iris blanchâtre.

Jeunes avant la première mue : Brun-noirâtre en dessus, blanc en dessous, avec le cou couvert de plumes et de duvet gris-noir ; bec petit, sans sillons, brunâtre ; iris brun.

Après la mue : Noir en dessus, blanc en dessous, avec le collier et les joues d'un cendré brun, les côtés de la tête et du haut du cou d'un cendré sombre, les côtés de la poitrine et les flancs lavés de cendré clair ; bec rougeâtre rembruni, avec un sillon sur la mandibule supérieure ; iris brun clair ; pieds brun-rougeâtre.

Les jeunes, en naissant, sont couverts d'un long duvet brun à la tête, au cou, sur le corps, sur les flancs, et blanc à la poitrine et au milieu de l'abdomen.

Le Macareux arctique est répandu dans les régions septentrionales des deux mondes et dans certaines localités de l'ouest de la France. Il est de passage le long des côtes maritimes de cet État, jusqu'à Bayonne.

Il se reproduit en grand nombre sur les côtes et les îles de la Bretagne, à Aurigny, aux Aiguilles d'Étretat principalement.

C'est vers le 15 du mois de mai que ces oiseaux commencent à s'occuper de la reproduction. Ils s'emparent, à cet effet, des trous des rochers et de ceux des lapins ; parfois ils en creusent eux-mêmes de très-profonds dans le sable. Ils se plaisent, dit M. Jules de Lamotte, qui a eu occasion de les observer, à nicher les uns près des autres, et le local qu'ils choisissent est quelquefois tellement miné, qu'on s'y enfonce jusqu'aux genoux, lorsque l'on passe dessus. La ponte est d'un seul œuf, d'un blanc un peu grisâtre, souvent très-sale et couvert d'un enduit roussâtre. Il mesure :

Grand diam. 0^m,058 ; petit diam. 0^m,043.

Le 15 de juillet, ces oiseaux quittent la terre pour retourner à la mer, qu'ils n'abandonnent plus que par des circonstances fortuites. Leur cri est grave et fort ; leur vol est facile et quelquefois assez élevé.

529 — MACAREUX A CROISSANTS
FRATERCULA CORNICULATA
Brandt ex Nauman.

Bec, de l'angle postérieur des narines à la pointe, beaucoup plus court que le doigt interne, celui-ci mesurant avec l'ongle, 0^m,036 environ ; sillons des mandibules presque perpendiculaires à leur

*point de rencontre et dessinant une courbe parfaite ; collier remon-
tant en pointe jusqu'au menton.*

    Taille : 0^m,36 à 0^m,38.

MORMON CORNICULATA, Naum. *Isis* (1821), p. 782.

MORMON CORNICULATUM, Kittl. *Kupf. zu. Nat. Vog.* (1832), pl. 1, f. 1.

FRATERCULA (*ceratoblepharum*) CORNICULATA, Brandt, *Bull. Sc. Acad. I. des Sc. St-Pétersb.* (1837), t. II, p. 340.

MORMON GLACIALIS, Temm. *Man.* (1840), 4e part. p. 579.

Gould, *Birds of Eur.* pl. 404, sous le nom de *Mormon glacialis.*

G. R. Gray, *Gen. of B.* pl. 174.

    Mâle et femelle adultes, en été : Tout le dessus de la tête, du front à l'occiput, d'un gris brun lie de vin ; limité sur les côtés par une teinte plus foncée ; un large collier complet, embrassant le cou et remontant en avant jusqu'au menton, d'un noir lustré sur les faces postérieure et latérales du cou, d'un noir mat sur le devant de cette région, nuancé de cendré à la gorge et au menton ; dessus du corps, des ailes, sus-caudales, d'un noir lustré comme le dessus du cou ; un trait noirâtre de l'angle postérieur de l'œil à la nuque ; côtés de la tête et toutes les parties inférieures, à partir du collier, d'un blanc pur, ou d'un blanc lavé de jaunâtre ; rémiges brunes, entièrement lisérées de noir lustré ; rectrices d'un noir lustré en dessus, noirâtres en dessous ; bec, d'un orange rougeâtre, de la base au premier sillon, d'un rouge brun à l'extrémité ; rosace des commissures jaune-orange ; bord libre des paupières et protubérance charnue qui surmonte l'œil, jaunes (d'un gris bleuâtre sur les individus en peau) ; pieds d'un beau jaune-orange ; ongles bruns ; iris blanchâtre.

    Mâle et femelle adultes, en automne : Les côtés de la tête sont d'un blanc lavé de gris, et la gorge tourne plus au brun.

    Jeunes avant la première mue : Ils ont une taille plus petite ; le bec plus long que haut et sans rainures ; la paupière supérieure dé-pourvue d'appendice charnu ; les joues grises, plus rembrunies que celles des adultes en hiver, et les teintes noires moins pures.

    En naissant, ils sont, comme le Macareux moine, couverts d'un long duvet.

    Le Macareux à croissants habite les mers du pôle arctique, jusqu'aux limites glaciales ; il est commun au Spitzberg, au Groënland, au Kamtschatka et à Terre-Neuve.

    M. Jules de Lamotte a eu occasion de tuer, en Norwége, quelques individus de cette espèce, qui ne paraît pas rare dans ce pays.

Il niche, comme le Macareux arctique, dans des trous pratiqués dans le sable ou entre les rochers. Son œuf est plus gros et à peu près la même teinte. Il mesure :

Grand diam. 0^m,062 ; petit diam. 0^m,044.

Le Macareux à croissants aurait, selon M. Jules de Lamotte, un cri d'appel différent de celui du Macareux moine : il en a, du reste, le genre de vie et les habitudes.

Observations. 1° Le Macareux à croissants, très-voisin du Macareux arctique, s'en distingue cependant par des caractères bien tranchés : non-seulement ses dimensions sont en tout plus grandes ; ses tarses et ses doigts sont bien plus épais et plus longs ; ses ailes et sa queue plus étendues, mais le bec, qui est presque unicolore, présente, en outre, d'autres formes : il est plus élevé que celui du Macareux arctique et en même temps plus court, si on le mesure en ligne droite, soit de l'angle postérieur, soit de l'angle antérieur des narines à la pointe. Ce qui nous semble surtout caractéristique, c'est que les rainures qui sillonnent cet organe n'ont plus, chez le Macareux à croissants, une direction oblique et ne se rencontrent pas angulairement sur les bords des mandibules, mais sont à peu près perpendiculaires, et forment une courbe continue parfaite. En outre, le collier noir qui s'arrête au bas de la gorge chez le *Fratercula arctica*, remonte chez le Macareux à croissants jusqu'à la base de la mandibule inférieure. Enfin, celui-ci se distingue encore par la bande étroite noire qui (dans beaucoup de cas du moins), de l'angle postérieur de l'œil, s'étend jusqu'à la nuque.

2° Il est certain que le Macareux figuré par M. Gould et décrit par Temminck sous le nom de *Mormon glacialis* n'est pas le même oiseau que Leach a nommé *Fratercula glacialis*. Le *glacialis* de Leach, dont Naumann donne la figure de la tête, dans l'*Isis* pour 1821, est un vrai Macareux arctique par son collier, qui ne remonte pas jusqu'à la mandibule inférieure ; par la forme de son bec et surtout par la direction qu'affectent les sillons qui le parcourent ; tandis que le *glacialis* de M. Gould et de Temminck est bien sous tous les rapports le *Mormon corniculata*, Naum. Le Macareux glacial de Leach, dont l'existence, même comme race locale, est encore incertaine, ne représente probablement qu'une variété individuelle du *Fratercula arctica*, et c'est dans la synonymie de cette espèce que le *glacialis* (Leach) devrait figurer.

GENRE CCXLVII

PINGOUIN — *ALCA*, Linn.

Alca, Linn. *S. N.* (1744).
Chenalopex, Mœhr. *Av. Gener.* (1752).
Pinguinus, Bonnat. *Tabl. Encycl.* (1790).
Utamania, Leach, *Syst. Cat. M. and B. Brit. Mus.* (1816).

Bec à peu près de la longueur de la tête, droit, plus élevé au

niveau de l'angle maxillaire qu'à la base, à mandibule supérieure échancrée et fortement recourbée à l'extrémité ; mandibule inférieure infléchie à la pointe, dans le sens de la mandibule
supérieure ; narines marginales, très-étroites, linéaires, presque entièrement fermées par une membrane emplumée ; ailes
sur-aiguës ; queue pointue ; tarses un peu plus courts que le
doigt interne, l'ongle compris, couverts, en avant, d'une série de
scutelles, réticulés en arrière et sur les côtés ; ongles médiocrement recourbés.

Les Pingouins ont les habitudes et le régime des Guillemots et des Macareux : ils habitent comme eux les mers polaires, se tiennent le long des côtes ;
ne viennent à terre que pour nicher ou lorsque la tempête les y pousse ; nichent dans les anfractuosités des rochers et se nourrissent de poissons, de crustacés et d'insectes.

Le mâle et la femelle portent le même plumage. Les jeunes se distinguent
des adultes par un bec plus petit et dépourvu de sillons. Leur mue est double.

Observation. Les deux espèces qui composent ce genre sont devenues,
pour quelques auteurs, les types de deux coupes distinctes. Le caractère principal et en quelque sorte unique sur lequel on fait reposer ce genre, sera
pour nous, malgré son importance, un simple caractère de groupe.

A — *Espèces dont les ailes sont propres au vol et dépassent la
base de la queue.*

350 — PINGOUIN TORDA — *ALCA TORDA*
Linn.

(Type du genre *Utamania*, Leach.)

Une fine ligne blanche continue (adultes en amour) *ou interrompue* (adultes en hiver et jeunes), *de l'angle antérieur de l'œil à
l'angle frontal du bec ; trois à quatre sillons courbes sur les côtés de
la mandibule supérieure.*

Taille : 0^m,38 *environ.*

ALCA TORDA et PICA, Linn. S. N. (1766), t. I, p. 210.
ALCA et ALCA MINOR, Briss. Ornith. (1760), t. VI, p. 89 et 92.
ALCA BALTHICA, et UNISULCATA, Brünn. Ornith. Bor. (1764), p. 25.

Utamania torda et pica, Leach, *Syst. Cat. M. and B. Brit. Mus.* (1816), p. 42.

Alca glacialis, Brehm, *Handb. Nat. Vóg. Deuts.* (1831), p. 1004.

Buff. *Pl. enl.* 1003, oiseau en plumage d'été; 1004, oiseau en plumage d'hiver, donné pour la femelle.

Mâle et femelle adultes, en été : Tête, gorge, partie supérieure de la face antérieure du cou, la totalité des faces latérales et postérieure d'un noir tirant sur une couleur de suie rougeâtre, avec une ligne d'un blanc pur, qui du haut du bec se rend aux yeux; dos, sus-caudales, d'un noir profond; scapulaires d'un noir tirant sur le brunâtre; bas de la face antérieure du cou, poitrine, abdomen et sous-caudales d'un blanc pur; queue noire; bec noir à l'extérieur, jaune-orange à l'intérieur, avec trois rainures courbes sur la mandibule supérieure, celle du milieu blanche et la plus étendue, deux ou trois rainures également sur l'inférieure, correspondant aux précédentes, la plus longue blanche; pieds noirs; iris brun.

Mâle et femelle adultes, en hiver : Front, vertex, occiput, nuque, région supérieure du corps et sus-caudales, d'un noir moins profond à la tête et au cou; toutes les parties inférieures d'un blanc pur; devant des yeux de la même teinte que le vertex, avec la ligne blanche qui, du bec, se rend à ces organes, moins apparente et entrecoupée de brun; côtés de l'occiput et de la nuque maculés de cendré et de noirâtre sur fond blanc; couvertures supérieures des ailes pareilles au manteau; rémiges noires, avec les secondaires terminées de blanc éclatant et formant, sur l'aile pliée, une bande transversale assez large; queue noire; bec, pieds et iris commé en été; bouche d'un jaune livide.

Jeunes avant la première mue : Ils ressemblent aux vieux en plumage d'été; sont plus petits, d'un noir tirant sur le cendré, avec du duvet noirâtre au cou; ils ont le bec court, étroit, sans sillons et l'iris plus foncé.

Après la mue : Ils ressemblent aux vieux en plumage d'hiver; sont presque aussi grands; n'ont pas de duvet au cou, et point de rainure au bec.

Au printemps : Toute la tête et une partie du cou se couvrent de plumes noires, qui restent jusqu'à la mue d'automne; le bec s'élargit; on commence à y apercevoir les vestiges de quelques sillons ou rainures.

En sortant de l'œuf, ils sont couverts de duvet cendré à la tête et au cou, noir sur le corps et blanc en dessous.

Aux époques des mues, on trouve des individus de tous âges qui ont les joues, la gorge, les faces latérales et antérieure du cou maculées de noir et de blanc, et qui ressemblent plus ou moins à ceux d'hiver ou d'été, suivant que la mue est plus ou moins avancée.

Le Pingouin torda habite de préférence les mers glaciales des deux mondes et quelques contrées tempérées de l'Europe. Il est de passage sur les côtes maritimes de la France, principalement sur celles du nord, où on le voit en grand nombre, l'hiver, lorsqu'il règne des vents du nord et surtout du nord-ouest. Il se montre aussi, en cette saison, sur nos côtes du sud, en Italie et en Sicile. Nous le voyons quelquefois en été, mais rarement.

Il se reproduit en France, aux Aiguilles d'Étretat, sur les côtes de la Bretagne, de Cherbourg et à Aurigny. Il se reproduit aussi, dit-on, sur la côte occidentale de l'Angleterre. Il niche sur les bords de la mer ou sur les îlots, dans les crevasses des rochers ; pond un seul œuf très-grand, oblong, d'un blanc grisâtre ou d'un gris cendré clair un peu bleuâtre, avec des points et des taches grandes et petites, irrégulières, ordinairement plus nombreuses vers la grosse extrémité, où elles dessinent une calotte ou une couronne par leur confluence ; ces taches sont, les unes superficielles, noires ou d'un brun noir ; les autres profondes, d'un gris cendré ou vineux. Il mesure :

Grand diam. 0^m,074 à 0^m,079; petit diam. 0^m,047 à 0^m,049.

Cette espèce, sur nos côtes, se nourrit de fretin de poissons et de crevettes. Ses mues ont lieu en mars et en août.

B — *Espèce dont les ailes sont impropres au vol et n'atteignent pas le croupion.*

551 — PINGOUIN BRACHYPTÈRE — *ALCA IMPENNIS* Linn.

Une grande tache blanche, de chaque côté, entre le bec et les yeux; sept à huit sillons sur les côtés de la mandibule supérieure.

Taille : 0^m,65 *environ.*

ALCA IMPENNIS, Linn. *S. N.* (1766), t. I, p. 210.
ALCA MAJOR, Briss. *Ornith.* (1760), t. VI, p. 85.
Buff. *Pl. enl.* 367, sous le nom de *Grand Pingouin des mers du Nord.*

Mâle et femelle adultes, en été : Tête, derrière et côtés du cou, gorge, dessus du corps d'un noir profond, avec une grande tache blanche, ovalaire, entre l'œil et la mandibule supérieure ; devant du cou, poitrine, abdomen et sous-caudales d'un blanc pur ; couvertures supérieures des ailes pareilles au manteau ; rémiges noires, les secondaires terminées de blanc ; queue noire ; bec également noir, avec huit sillons à fond blanc sur la mandibule supérieure, et dix ou onze sur l'inférieure ; pieds noirs ; iris brun foncé.

Jeunes : Ils n'ont pas de sillons au bec ; *en naissant,* ils sont couverts de duvet gris brunâtre.

Le Pingouin brachyptère ou grand Pingouin habite les mers glaciales des deux mondes, notamment le Groënland, la baie de Baffin, le nord-ouest de l'Islande. Il se trouvait en assez grand nombre, il y a une quinzaine d'années, aux Orcades ; mais le ministre presbytérien dans le Mainland, en offrant une forte prime aux personnes qui lui apportaient cet oiseau, a été cause de sa destruction sur ces îles.

On l'a vu accidentellement en France. Ainsi, trois individus ont été tués il y a quarante ou cinquante ans sur les côtes de Cherbourg ; l'un d'eux fait partie de la riche collection de M. de Lamotte. D'un autre côté, M. Hardy, dans son *Catalogue des Oiseaux observés dans le département de la Seine-Inférieure,* dit en avoir tiré et manqué deux, dans le mois d'avril, sur la plage de Dieppe.

Il niche dans les grandes crevasses des rochers ; pond un seul œuf, énorme (c'est le plus grand des œufs pondus en Europe), très-piriforme, d'un roux très-clair ou d'un gris isabelle, avec des taches, des raies irrégulières noduleuses et des zigzags noirs ou d'un brun plus ou moins foncé lorsqu'ils sont superficiels, d'un gris violet ou cendré lorsqu'ils sont profonds. M. O. des Murs a publié dans *la Revue et Magasin zoologique* pour 1863 de bonnes figures de cet œuf, qui mesure :

Grand diam. 0^m,125 à 0^m,130 ; petit diam. 0^m,075 à 0,078.

FIN DU TOME DEUXIÈME ET DERNIER.

ERRATA

DANS LE TOME PREMIER

De la p. 114 à la p. 144, substituer, en tête du verso, OISEAUX DE PROIE à RAPACES.

P. 501. Ligne 42, aux caractères de la *Sylvia icterina*, lisez : *jaunâtre à l'extérieur*, au lieu de *jaunâtre à l'intérieur*.

P. 513, au titre du genre, lisez *Rousserolle*, au lieu de *Rousserolle*.

DANS LE TOME DEUXIÈME

De la p. 94 à la p. 112, en tête du verso, au mot ECHASSIERS, ajoutez COUREURS

P. 271, ligne 3, lisez GRALLÆ au lieu de GRALLATORES.

Même correction à faire à la page 331, ligne 3.

TABLE ALPHABÉTIQUE

DES ORDRES, SOUS-ORDRES, FAMILLES, SOUS-FAMILLES
GENRES, ESPÈCES ET SOUS-ESPÈCES

CONTENUS DANS CET OUVRAGE

C

D

E

F

G

H

N

O

P

T

FIN DE LA TABLE ALPHABÉTIQUE

CORBEIL, typogr. et stereotyp. de CRÉTÉ.